准噶尔盆地油气勘探开发系列丛书

准噶尔盆地南缘复杂构造地震成像方法与实践

娄 兵 罗 勇 范 旭 等著

石油工业出版社

内 容 提 要

准噶尔盆地南缘前陆冲断带复杂构造区是新疆油田近年来油气勘探的重要领域，但该区地表条件恶劣、目标区构造复杂、目的层埋深变化大。准噶尔盆地南缘的地震数据具有复杂山前带地震数据的所有难点。本书详细介绍了新疆油田物探技术人员针对这些难点与挑战，从野外采集、噪声压制、近地表速度建模、复杂构造偏移速度建模与成像等各个关键技术环节，总结形成了一整套极具针对性和实用价值的技术系列。这些技术系列涵盖了山前带低信噪比复杂构造地震成像中的所有环节，其有效性已经在实际处理中得到了验证，并在实践中不断得到丰富和完善。上述技术系列的应用使得南缘前陆冲断带的成像质量得到大幅改善，为圈闭的落实提供了扎实的基础资料保障。本书是新疆油田物探工作者在南缘复杂构造地震成像方法方面多年来不断攻关和实践的一个深入总结。

本书可供从事地震勘探的科研工作者及相关院校师生参考。

图书在版编目（CIP）数据

准噶尔盆地南缘复杂构造地震成像方法与实践／娄兵等著．— 北京：石油工业出版社，2019.1

（准噶尔盆地油气勘探开发系列丛书）

ISBN 978-7-5183-3121-5

Ⅰ. ①准… Ⅱ. ①娄… Ⅲ. ①准噶尔盆地—地震层析成像—研究 Ⅳ. ①P631.4

中国版本图书馆 CIP 数据核字（2019）第 011111 号

出版发行：石油工业出版社
（北京安定门外安华里 2 区 1 号　100011）
网　　址：www.petropub.com
编辑部：（010）64523708
图书营销中心：（010）64523633
经　　销：全国新华书店
印　　刷：北京中石油彩色印刷有限责任公司

2019 年 1 月第 1 版　2019 年 1 月第 1 次印刷
787×1092 毫米　开本：1/16　印张：22.5
字数：570 千字

定价：180.00 元
（如发现印装质量问题，我社图书营销中心负责调换）
版权所有，翻印必究

《准噶尔盆地南缘复杂构造地震成像方法与实践》编写人员

娄　兵　罗　勇　范　旭　张　龙

杨　锴　郑鸿明　蒋　立　潘　龙

蒋在超　肖立新

序

准噶尔盆地位于中国西部,行政区划属新疆维吾尔自治区。盆地西北为准噶尔界山,东北为阿尔泰山,南部为北天山,是一个略呈三角形的封闭式内陆盆地,东西长700千米,南北宽370千米,面积13万平方千米。盆地腹部为古尔班通古特沙漠,面积占盆地总面积的36.9%。

1955年10月29日,克拉玛依黑油山1号井喷出高产油气流,宣告了克拉玛依油田的诞生,从此揭开了新疆石油工业发展的序幕。1958年7月25日,世界上唯一一座以石油命名的城市——克拉玛依市诞生。1960年,克拉玛依油田原油产量达到166万吨,占当年全国原油产量的40%,成为新中国成立后发现的第一个大油田。2002年原油年产量突破1000万吨,成为中国西部第一个千万吨级大油田。

准噶尔盆地蕴藏着丰富的油气资源。油气总资源量107亿吨,是我国陆上油气资源当量超过100亿吨的四大含油气盆地之一。虽然经过半个多世纪的勘探开发,但截至2012年底石油探明程度仅为26.26%,天然气探明程度仅为8.51%,均处于含油气盆地油气勘探阶段的早中期,预示着巨大的油气资源和勘探开发潜力。

准噶尔盆地是一个具有复合叠加特征的大型含油气盆地。盆地自晚古生代至第四纪经历了海西、印支、燕山、喜马拉雅等构造运动。其中,晚海西期是盆地坳隆构造格局形成、演化的时期,印支—燕山运动进一步叠加和改造,喜马拉雅运动重点作用于盆地南缘。多旋回的构造发展在盆地中造成多期活动、类型多样的构造组合。

准噶尔盆地沉积总厚度可达15000米。石炭系—二叠系被认为是由海相到陆相的过渡地层,中、新生界则属于纯陆相沉积。盆地发育了石炭系、二叠系、三叠系、侏罗系、白垩系、古近系六套烃源岩,分布于盆地不同的凹陷,它们为准噶尔盆地奠定了丰富的油气源物质基础。

纵观准噶尔盆地整个勘探历程,储量增长的高峰大致可分为西北缘深化勘探阶段(20世纪70—80年代)、准东快速发现阶段(20世纪80—90年代)、腹部高效勘探阶段(20世纪90年代—21世纪初期)、西北缘滚动勘探阶段(21世纪初期至今)。不难看出,勘探方向和目标的转移反映了地质认识的不断深化和勘探技术的日臻成熟。

正是由于几代石油地质工作者的不懈努力和执著追求,使准噶尔盆地在经历了半个多世纪的勘探开发后,仍显示出勃勃生机,油气储量和产量连续29年稳中有升,为我国石油工业发展做出了积极贡献。

在充分肯定和乐观评价准噶尔盆地油气资源和勘探开发前景的同时,必须清醒地看到,由于准噶尔盆地石油地质条件的复杂性和特殊性，随着勘探程度的不断提高，勘探目标多呈"低、深、隐、难"的特点，勘探难度不断加大，勘探效益逐年下降。巨大的剩余油气资源分布和赋存于何处，是目前盆地油气勘探研究的热点和焦点。

由新疆油田公司组织编写的《准噶尔盆地油气勘探开发系列丛书》历经近两年时间的努力，今天终于面世了。这是第一部由油田自己的科技人员编写出版的专著丛书，这充分表明我们不仅在半个多世纪的勘探开发实践中取得了一系列重大的成果、积累了丰富的经验，而且在准噶尔盆地油气勘探开发理论和技术总结方面有了长足的进步，理论和实践的结合必将更好地推动准噶尔盆地勘探开发事业的进步。

系列专著的出版汇集了几代石油勘探开发科技工作者的成果和智慧，也彰显了当代年轻地质工作者的厚积薄发和聪明才智。希望今后能有更多高水平的、反映准噶尔盆地特色地质理论的专著出版。

"路漫漫其修远兮，吾将上下而求索"。希望从事准噶尔盆地油气勘探开发的科技工作者勤于耕耘，勇于创新，精于钻研，甘于奉献，为"十二五"新疆油田的加快发展和"新疆大庆"的战略实施做出新的更大的贡献。

新疆油田公司总经理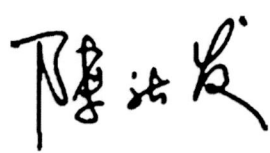
2012.11.8

前 言

随着油气勘探的不断深入，准噶尔盆地南缘前陆冲断带成为准噶尔盆地近年来油气勘探的重要目标区。南缘前陆冲断带下组合具有贴近烃源层、成藏条件优越、圈闭多、面积大的特点，是准噶尔盆地"十三五"规划重大战略突破领域之一。其中霍、玛、吐背斜带紧邻生油凹陷，构造位置十分有利。目前已发现玛纳斯气田、呼图壁气田，探明天然气储量达$440×10^8 m^3$。

南缘前陆冲断带的地表条件十分恶劣、目的层埋深大、目标区构造复杂，制约了冲断带下组合的油气勘探获得进一步突破。从地震勘探角度而言，南缘前陆冲断带精确成像是一个典型的、具有系统工程特色的山前带低信噪比复杂构造地震成像问题，要解决这些困难，必须在野外地震采集与室内成像算法等关键技术环节上有所突破。

《准噶尔盆地南缘复杂构造地震成像方法与实践》详细介绍了针对准噶尔盆地南缘复杂构造地震成像的技术系列，包括针对南缘高陡构造与噪声特点的三维高密度地震采集、基于波动方程照明分析的观测系统优化设计、基于严格理论分析的基准面选取策略、基于静校正数据库与层析反演相结合的近地表校正方案、基于十字排列与OVT域的三维复合噪声压制技术、基于构造模型约束下的偏移速度建模方法、同时考虑起伏地表与各向异性的叠前偏移成像等，这个技术系列基本涵盖了山前带低信噪比复杂构造地震成像中的所有重要环节，该技术系列的有效性已经在南缘复杂构造实际地震成像处理中得到了充分证明，同时它也在实践中不断丰富和完善。

例如在霍尔果斯实例研究中，无论是高密度采集方案，还是通过符合实际测线地震地质条件的模型建立及波动方程照明分析，还是在霍玛吐背斜带构造北翼采取加密炮点和接收点的优化采集方式，都明显提高了目标区地震成像质量，改善了地震资料信噪比。基于十字排列域与OVT域的三维复合噪声压制流程都成功地压制了影响成像的随机噪声与散射噪声。在独山子实例研究中，针对近地表问题微测井信息约束下的初至时间层析反演模型建立方法、初至时间拟合法表层结构反演静校正技术、分区分方法的表层模型拟合拼接技术等技术序列，都有效消除了突变区域的静校正问题，地震成像品质明显改善，构造可解释性增强。在吐谷鲁研究实例中，通过对不同近地表高速层及不同成像参考面的试验分析，确定了最佳低降速带底界面速度及合适的排列长度静校正量平滑作为最佳成像参考面。面向叠前深度偏移的去噪技术研究，通过保留道集中低频速度信息，结合多域空间信噪比提高技术，显著改善了下组合的成像质量。需要强调，在多个实例研究中，都利用了新疆油田自行开发的构造模型约束下的井控速度建模技术，保证了在数据低信噪比条件下依然可以实现相对精确的偏移速度建模。

由此将上述技术系列按照背景介绍、观测系统优化设计、近地表速度建模、噪声压制、偏移速度建模、现代成像技术的顺序组织了本书的各个章节，本书结构即按照上述顺序展开。

第一章对准噶尔盆地南缘勘探概况及地震成像难点做了基本介绍，让读者对南缘复杂构造地震成像所面临的挑战有一个全面认识。

第二章对波动方程地震波正演模拟技术进行了详细介绍。这是后续章节中的算法研究大量涉及理论数据模拟，而所有的理论数据都是基于新疆油田公司专家自行设计的模型模拟得到，无论模型还是理论数据均具有准噶尔南缘的典型特征，是宝贵的研究成果。没有这些先导性理论研究结果，不可能得到后续的精彩实例。因此特地在本章集中介绍数值模拟算法细节，避免在后续章节中提及时产生不必要的重复。

第三章介绍基于波动方程照明分析的地震采集优化设计及低信噪比窄陡构造采集技术。本章重点介绍基于第二章列出的正演模拟算法如何实施波动方程照明分析，以及如何利用波场快照和照明分析结果，对采集方案实施论证。通过照明分析结果，可以更好地研究地质目标的波场特征，优化观测方案，同时可以对面向目的层的采集参数进行评价，减低勘探风险。

第四章重点介绍基于近地表综合建模系统的模型约束综合基准面校正技术。南缘地表复杂多变，地表高差变化剧烈，常规基准面校正难以有效解决南缘的表层校正问题，通过多年研究，新疆油田在实践中形成了以准噶尔盆地近地表结构解释系统为依托，野外采用大折射、超深微测井及瞬变电磁表层调查方式结合采集表层信息，室内采用折射、层析及模拟退火基准面校正结合的方式联合反演近地表结构特征，结合初至波层析反演信息进行表层结构反演与基准面校正处理的流程，取得了良好的应用效果。此外波动方程基准面校正丰富了技术手段，取得了良好的应用效果。

第五章重点介绍面向叠前深度偏移的噪声压制技术。南缘地表条件复杂，地表激发条件差别很大，由此产生不同类型的噪声干扰。在解决好基准面校正问题的基础上，根据噪声发育特征和反射倾角特征，分析噪声的属性及其与有效信号的差异，在炮域、检波点域和偏移距域开展分区、逐级多域噪声压制，提高资料信噪比。本章各节依次介绍了随机噪声与高频噪声压制、异常能量道预测压制与衰减、矢量分解压噪技术、提高信噪比处理的共反射面元技术、基于模型炮的时频一致性相对保真处理技术，以及面向叠前偏移成像的去噪技术研究，其中三维情形下 OVT 域噪声压制是一个值得重视并具有推广价值的技术。

第六章重点介绍面向南缘高陡构造的速度建模与叠前深度偏移成像技术，是全书的精华部分。第二节详细介绍了用于南缘复杂构造成像的几种算法及用于偏移速度建模的两种主要反演算法：成像点道集层析反演与立体层析反演。第三节重点介绍了新疆油田技术人员在实践中摸索出的三项技术：（1）区域速度场建立；（2）构造模型约束下的井控速度建模；（3）二维拟三维叠前深度偏移速度建模。这三项技术在南缘处理攻关得到大量应用，取得了非常好的应用效果。第四节介绍了霍尔果斯地区基于高密度采集的一个三维叠前成像的成功案例。详尽论述了基于高密度采样的、具有极强针对性的南缘山地数据噪声压制、速度建模，以及各向异性叠前成像方法的技术序列，并指出这是南缘复杂构造成像技术系列发展的一个长远方向。

CONTENTS 目 录

第一章　准噶尔盆地南缘勘探概况 ……………………………………………………（1）
  第一节　准噶尔盆地南缘复杂构造地球物理勘探历程 ……………………………（4）
  第二节　南缘地震成像难点与现有资料存在问题 …………………………………（6）
第二章　面向准噶尔盆地南缘复杂构造成像的地震波正演模拟技术 ………………（10）
  第一节　水平地表高阶有限差分正演模拟 …………………………………………（10）
  第二节　PML区域划分及边界吸收测试 ……………………………………………（16）
  第三节　简单模拟地下介质速度变化 ………………………………………………（18）
  第四节　新疆准噶尔盆地南缘起伏地表模型地震波传播正演模拟 ……………（19）
  第五节　天山模型地震波传播正演模拟 ……………………………………………（39）
  参考文献 …………………………………………………………………………………（40）
第三章　波动方程正演模型技术在南缘采集设计中的应用 …………………………（42）
  第一节　波动方程正演发展概况 ……………………………………………………（42）
  第二节　有限差分波动方程数值模拟原理 …………………………………………（43）
  第三节　波动方程模拟分析 …………………………………………………………（46）
  第四节　采集方案设计应用实例 ……………………………………………………（57）
  第五节　准噶尔盆地南缘霍尔果斯背斜三维高密度采集 ………………………（62）
  第六节　小结 …………………………………………………………………………（70）
  参考文献 …………………………………………………………………………………（71）
第四章　面向南缘山地勘探的复杂表层结构反演与基准面校正技术 ………………（72）
  第一节　基准面静校正的理论与方法 ………………………………………………（73）
  第二节　基准面静校正 ………………………………………………………………（95）
  第三节　波动方程基准面校正 ………………………………………………………（103）
  第四节　剩余静校正 …………………………………………………………………（131）
  第五节　南缘巨厚突变带表层结构反演及校正方法 ……………………………（155）
  第六节　小结 …………………………………………………………………………（173）
  参考文献 …………………………………………………………………………………（174）
第五章　提高信噪比处理技术 …………………………………………………………（176）
  第一节　南缘噪声特点及压制方法概述 ……………………………………………（176）
  第二节　随机噪声与高频噪声压制 …………………………………………………（180）
  第三节　异常能量道预测与衰减 ……………………………………………………（188）
  第四节　矢量分解压噪技术 …………………………………………………………（199）

第五节　提高信噪比处理的共反射面元零偏移距成像技术 …………………（202）
   第六节　面向叠前偏移成像的去噪技术研究 ………………………………（223）
   参考文献 ………………………………………………………………………（241）
第六章　南缘复杂构造速度建模与偏移成像 ……………………………………（243）
   第一节　引言 …………………………………………………………………（243）
   第二节　叠前时间/深度偏移速度场建立方法与实践 ………………………（243）
   第三节　各种叠前深度偏移算法理论与成像效果分析 ………………………（264）
   第四节　适用于南缘复杂构造的速度建模技术 ………………………………（290）
   第五节　霍尔果斯地区三维复杂构造建模与偏移成像 ………………………（313）
   参考文献 ………………………………………………………………………（346）

第一章 准噶尔盆地南缘勘探概况

准噶尔盆地南缘油气勘探工作始于20世纪30年代,不过油气勘探工作步入正轨要从20世纪50年代算起。当时的勘探工作主要以地质填图、地面油气苗调查和重、磁力普查为主,完成了部分构造的1:5万、1:2.5万地质填图和地面油气苗调查及全盆地的重、磁普查。直至20世纪90年代,在地面地质、遥感解释、大地电磁测深(MT)等方面开展了大量工作,基本完成了准噶尔盆地南缘地区遥感地质解释和环形影像解释,绘制了准噶尔盆地南缘1:10万地质图和数条地质横剖面,这些资料对该区的地层分布、局部构造特征和含油气情况都有详细的分析和研究,为后续地震勘探工作奠定了一定的资料基础。

在准噶尔盆地南缘开展大规模的数字地震勘探工作始于20世纪80年代末,通过实施多轮地震勘探普查及详查,初步查明本区基本的地质结构,发现了侏罗系至新近系中存在的一些潜伏构造,如托Ⅱ、Ⅲ号潜伏构造,东湾潜伏构造,齐古北断块,昌吉构造等。准噶尔盆地南缘地处天山山脉北坡带,半个多世纪以来,该区几经勘探,都未有重大突破,准噶尔盆地西北缘和东部历经几十年勘探已进入勘探成熟区,盆地腹部发现的圈闭已基本被钻探,发现隐蔽圈闭的难度不断加大,在此情况下,盆地南缘的山前构造带已成为盆地油气勘探最现实的战略接替区。准噶尔盆地南缘能否找到新的储量增长点将直接影响新疆大庆勘探规划乃至于全中国的油气储量增长计划的实现。

准噶尔盆地南缘西起精河县,东到吉木萨尔。行政区划位于新疆维吾尔自治区精河县、乌苏市、奎屯市、独山子区、五家渠市、奎屯市、沙湾县、石河子市、玛纳斯县、呼图壁县、昌吉市、米泉、吉木萨尔等八县五市境内(图1-1)。

准噶尔盆地南缘区域构造位置位于准南山前冲断带(图1-2),包括四棵树凹陷、霍玛吐背斜带、齐古断褶带、阜康断裂带。东西长约500km,南北宽约20~50km,勘探面积约23000km^2。

准噶尔盆地南缘山前包括南缘西部3排背斜带、3排向斜带及南缘东部阜康断裂带、南缘西段的四棵树凹陷。盆地南缘构造区划上属北天山山前坳陷,为一大型持续沉积坳陷,发育多套生储盖组合,沉积岩厚达15000m,其中包括6套生油层及多套生储盖组合,是准噶尔盆地最主要的生烃坳陷之一,资源潜力巨大。在漫长的地史发育过程中,该区经历了多期构造运动,特别是喜马拉雅期受北天山强烈活动影响,使山前强烈褶皱并伴生一系列大型逆掩(冲)断裂,深、浅构造相差很大。浅层构造为近东西向延伸的3排构造带(图1-3),限于现有资料的信息量,深层构造还无法确切认识清楚。南缘东部的博格达山前坳陷为二叠纪的前陆型生油坳陷,发育巨厚的二叠系烃源层,具有丰富的油气资源和勘探前景。

经过几代石油勘探者的不懈努力,在准噶尔盆地南缘先后发现了独山子油田、齐古油田、呼图壁气田、甘河子油田和玛河气田;西湖背斜西参2井、霍8a井获工业油气流。随着勘探的不断深入,2000年以来获得了较大进展。2000年南缘西段四棵树凹陷内卡6井于

图 1-1　准噶尔盆地南缘行政区划图

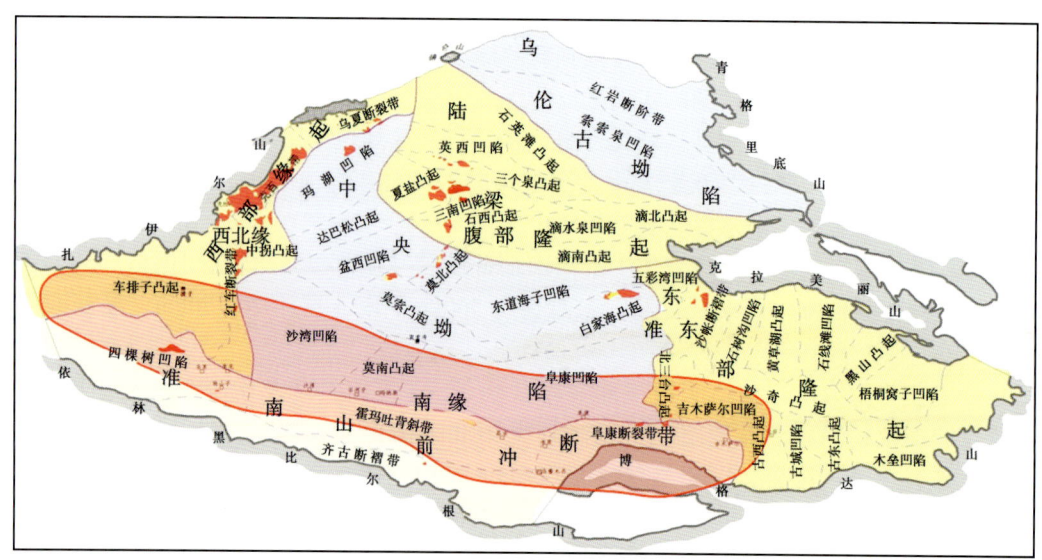

图 1-2　准噶尔盆地区域构造位置图

艾卡断阶下盘侏罗系获高产工业油流；2003 年南缘中段的霍尔果斯构造霍 10 井于滑脱带下盘古近系获重大突破。

盆地油气资源的评价成果表明，南缘山前带勘探面积约 $2.3×10^4 km^2$；石油资源量 $10.8×10^8 t$，探明率为 2.7%，天然气资源量 $5671×10^8 m^3$，探明率为 7.6%，勘探程度较低，表明盆地南缘油气勘探的潜力很大。作为北天山山前冲断带，南缘油气勘探近半个世纪来几上几

【第一章】 准噶尔盆地南缘勘探概况

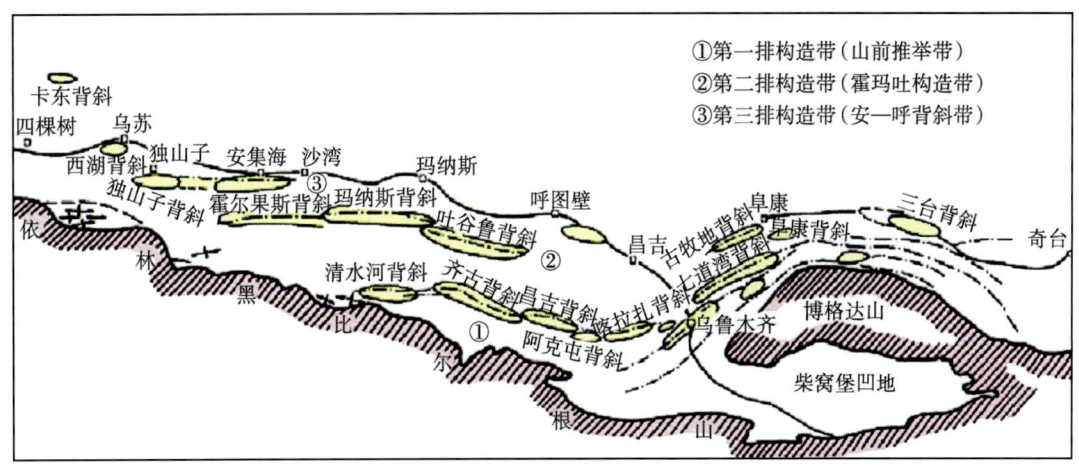

图1-3 准噶尔盆地南缘构造单元划分图

下,与准噶尔盆地其余勘探区带(腹部、西北缘、准东)进展相比较为滞后,这是山前带地质构造复杂与钻探难度大等客观因素共同决定的。

准噶尔盆地南缘地表地形总趋势呈南高北低的斜坡(图1-4)。在与背斜构造主体部位对应的地表范围,山峦叠嶂,沟谷纵横,地形剖面多呈锯齿状,一般坡度30°~50°,局部可达85°左右。海拔最高3200m,最低500m。区内地表由南向北出露地层变化较大,南部地层老,北部地层新,由南向北依次出露石炭系、二叠系、侏罗系、白垩系、新近系、古近系砂泥岩、第四系黄土及砾石(图1-5)。

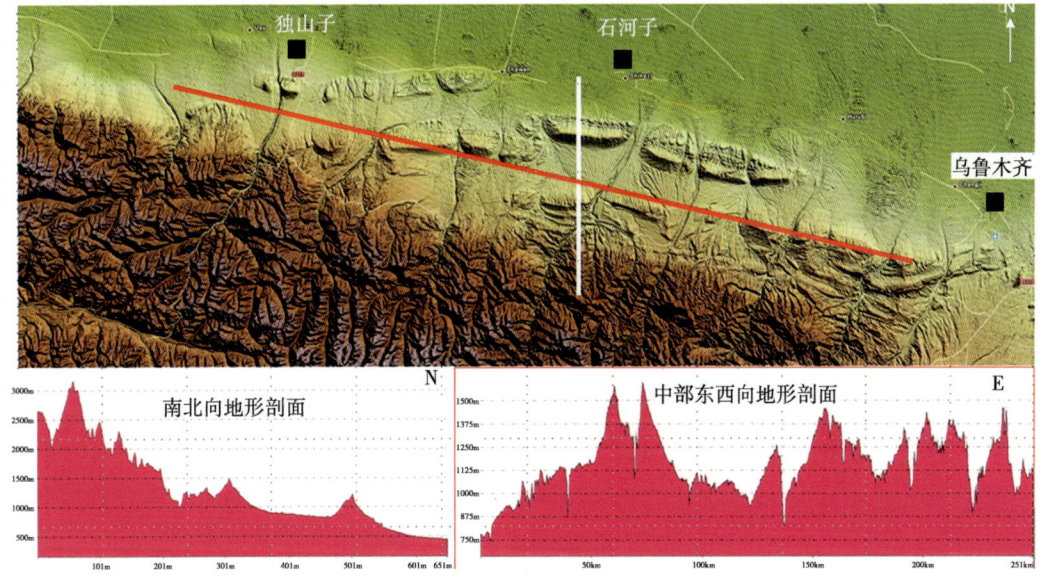

图1-4 准噶尔盆地南缘数据高程模型图

— 3 —

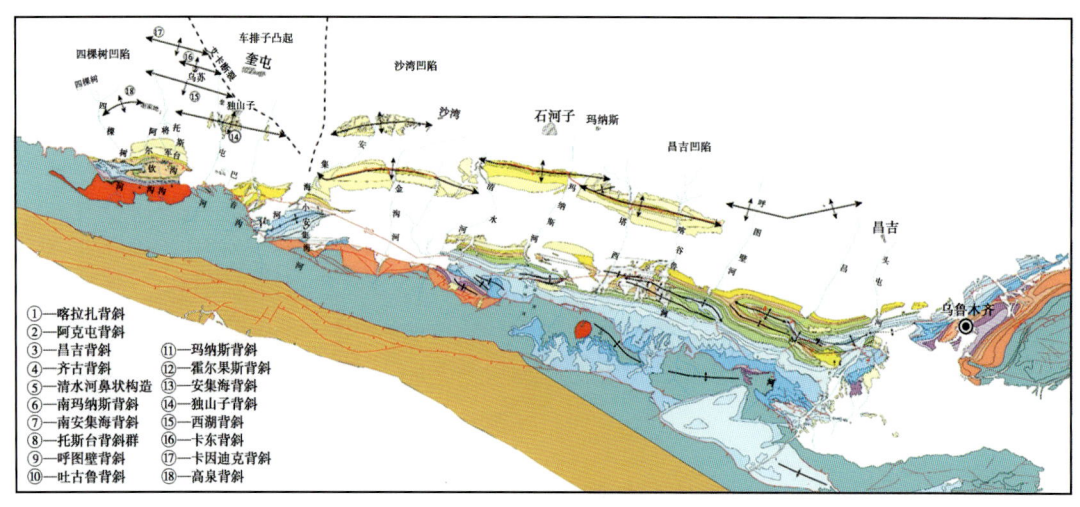

图 1-5　准噶尔盆地南缘地面地质图

第一节　准噶尔盆地南缘复杂构造地球物理勘探历程

准噶尔盆地南缘复杂构造地球物理勘探历程可分为以下 5 个阶段：

第一阶段：1936 年至 1960 年，地球物理普查阶段。完成对盆地南缘 1∶5 万地面地质详查、局部地区 1∶20 万重磁力普查及"光点"模拟地震普查，探明了独山子油田，发现了齐古油田。受当时勘探技术条件所限，地质认识主要停留在寻找地表构造、按地表构造高点部署井位这一较为初级的找油思路阶段；主要描述浅层表皮构造，仅能依靠表层构造推断深层构造样式，无论对深部构造样式或对油气保存条件都无法认识到位。

第二阶段：20 世纪 80 年代初至 90 年代中期，新疆石油管理局在引进法国 CGG 数字化地震勘探技术基础上，针对山前开展了二维地震概查与普查阶段，基本查清了山前构造凹隆格局，建立了深、浅层构造对应关系，确定了有利勘探区带，先后发现了小泉沟油田、三台油田、呼图壁气田、西湖含油气构造等。此阶段其他地球物理勘探技术也同时展开：完成全盆地重、磁力普查，并对卡因迪克进行了详查；1984 年完成了全盆地 1∶20 万航磁测量；1987—1989 年完成托斯台地区 600km 高精度重磁力细测；1993 年完成乌苏—呼图壁 1∶20 万重力调查；1995 年完成一条 CEMP 试验剖面；此外，对安集海构造进行了地面化探测量。1996 年完成 5 条大地电磁测深剖面，以及南缘 1∶20 万的遥感解释工作。在对山前构造带演化、深浅层构造高点不一致认识的基础上，认识到表皮构造与深层厚皮构造的对应关系可能是非常复杂的；开始注重滑脱层之下深部较为完整的构造，以及可能存在油源通道的张性断裂系统；初步建立了针对保存条件较好的滑脱层深层进行勘探的找油思路。但受当时地震勘探技术制约，不能有效确定构造高点偏移位置；同时受当时钻探技术的条件限制，针对山前复杂高压、高陡构造，钻井无法实现预想目的，这些都是当时难于逾越的技术障碍。

限于当时的地震采集装备条件，主要是采取沿沟侦察的方式，采用小吨位震源、浅井组合、坑炮激发，对局部构造形态有了初步了解，充分认识到山地勘探的复杂性和艰巨性。二维弯测线大多沿沟部署，多分布于地形相对简单的近平原山前斜坡区和半丘陵区。受当时技术装备所限，仪器道数多为120道以内，道距25m、30m、50m不等，覆盖次数一般为30次左右，观测排列最大炮检距一般不超过3000m，按照弯线处理方法进行处理，时间成像剖面在地下构造较简单的地段信噪比略高，在地表及地下构造复杂区信噪比很低。

第三阶段：20世纪90代中后期至2007年，四川石油管理局接管南缘勘探阶段。重点发挥四川石油管理局特有的山地二维地震勘探技术，在地震资料重新处理并认真分析山前构造格架的基础上，优选安集海、霍尔果斯、吐谷鲁、玛纳斯、托斯台、东湾和昌吉构造开展目标详查，发现了吐谷鲁浅层古近系油藏。深入研究了山前冲断带油气生成与异常压力对油气成藏的影响，认识到深、浅层不一致，构造高点偏移较大，构造样式与受力部位发生变化，初步建立了油气聚集在深层的中、深层成藏模式；并按照钻探深层的完整构造以寻找突破口的思路进行勘探。尽管当时钻井技术已取得长足进步，山前复杂构造钻探能力已经能够突破异常高压带、高陡带，但是由于山地二维地震勘探技术尚处于探索与发展阶段，在地震资料的采集与处理环节上尚未形成成熟的配套技术，地表基准面校正、叠前偏移归位均不到位，致使构造高点难以落实，钻探多以失利告终。

这一阶段采用山地地震的直线采集技术，激发采用深井与浅井相结合的方法，查清了南缘构造的基本轮廓。上山井炮用单深井或深组合井，资料比以往有所改善；地势平坦区域采用了18吨位的可控震源激发，反射波能量较弱；砾石区用井深小于2m的组合坑炮激发，信噪比很低，时间剖面上则出现大段空白。20世纪90年代后期进一步推广山地地震勘探直线施工方法。在激发井深、加大炮检距上有所改进，仪器接收道数增加，施工质量和效率都有明显提高。仪器道数得到大幅度提高，达到480道，覆盖次数提高到120次左右，最大炮检距达到9360m，同时强化了激发和接收方式，查清了地面与地下构造之间的关系，发现一批可供钻探的中、上组合圈闭。在此基础上，吐谷鲁背斜吐谷2井古近—新近系安集海河组获得工业油流。但在处理中仅实施了相对简单的地形高程校正，近地表的影响依然相当严重，剖面信噪比依然不高，造成后续成像剖面上地层的反射形态不准，也造成了一些钻探上的失误。

第四阶段：2008—2012年新疆油田分公司重新接管目标勘探阶段。这一阶段可以认为是下组合二维宽线采集、处理方法攻关阶段，地质目标是解决下组合大构造地震成像，落实下组合构造圈闭。这期间油田分公司高度重视山前勘探，到西南油田分公司、塔里木油田分公司多方取经，开展南、北天山冲断带成藏条件对比，认真总结了南缘勘探成功及失利的经验教训，取得了一系列突破。宽线的观测方式相比常规二维有重大变化：强调长排列、宽线大组合，最高覆盖次数达到700次以上；此外还特别重视强化激发条件，激发点基本都选择在高速层或降速层内进行单深井和组合井的激发，使得剖面成像效果得到大幅改善。

在地震解释方面，2008年首次开展南缘中段霍玛吐背斜整体地震地质解释、对147条测线共计4072.05km的二维地震资料进行了统一基准面及替换速度的叠后处理，并开展了在统一基准面基础上的区域构造解释与变速成图；同时通过分段分层系统开展野外地质考察、沉积体系研究，认识到上侏罗统喀拉扎组、齐古组及白垩系清水河组发育规模有效储层，把下组合主力勘探目的层聚焦到3个层组；设立准噶尔盆地南部含油气系统与资源评价项目。新疆油田公司还与中国石油大学（北京）、南京大学、东方物探乌鲁木齐分院、川庆钻探物探中心及杭州分院等单位联合，开展了阶段综合研究，重点分析整理了南缘烃源岩地球化学研究资料，建立了南部钻揭侏罗系 20 口探井的地球化学剖面；通过地震标定，建立了 8 条格架剖面，开展烃源岩厚度解释工作。经过近 3 年南缘烃源条件与成藏过程进一步研究、构造建模与整体地震构造解释、露头—钻井—地震为一体的沉积体系与深埋条件下规模有效储层分布研究，认为南缘下部成藏组合位于或贴近主要烃源层——中下侏罗统煤系地层，烃源条件好；大中型宽缓构造圈闭发育；上侏罗统—下白垩统发育 3 套规模有效储层；下白垩统吐谷鲁群厚层湖相泥岩盖层发育。南缘区带资源量大，中上组合勘探程度高，资源探明率低；下组合圈闭与规模有效储层分布空间匹配、圈闭形成时间与主生排烃期时间匹配，指出南缘乌奎背斜带呼图壁、高泉、吐谷鲁、独山子、东湾背斜及齐古断褶带南玛纳斯隐伏背斜、齐古深层背斜、昌吉背斜等 10 大目标为油气勘探重要领域。

第五阶段：2013 年至今面向地质目标的高密度三维采集、处理与成像阶段。基于"整体评价、先易后难、重点突破"的指导思想，新疆油田分公司在准噶尔盆地南缘开展了一系列重点部署与研究工作。重点优选西段艾卡断裂带卡因迪克、中段霍尔果斯、东段古牧地背斜作为突破口，重点部署常规与山地三维地震。开始着重应用新的、强化的山地高密度三维采集技术，结合准噶尔盆地低降速带数据库的高精度近地表调查技术，与高等院校、国内外有特色的服务公司开展各种先进的叠前深度偏移技术合作，引入断层相关褶皱理论进行构造建模，开展采集—处理—解释—工业制图一体化研究；明确了山前东西分段、南北分带的构造格局；较为客观地建立了各段构造基本样式，能够有效确定构造高点。有针对性地研究—部署—解剖—上钻，勘探效果逐渐显现。其中霍尔果斯背斜三维单点激发、单点接收高密度地震采集方法明显改善了数据处理品质，由于覆盖次数大为增加、空间采样非常精细，满覆盖区构造成像品质从浅到深获得整体提升，其中侏罗系中深层地层接触关系较老资料改善尤为明显；尤其是目标区——霍尔果斯背斜核部古近系紫泥泉子组、白垩系东沟组的成像品质得到大幅改善，背斜目的层轴部断裂特征及断点位置得到准确刻画，这是之前的采集方案无法做到的。

根据本次高密度深度偏移结果并参考叠后、叠前时间偏移结果，证实了之前获得突破的霍 10 井正处于构造高点处，同时又部署了新的霍 101 井；资料显示，目的层紫泥泉子组在霍 10 井与霍 101 井之间存在地鞍，无明显断层。目前霍 101 井的钻探结果证实了地震成像结果的准确性。更重要的是霍尔果斯实例研究同时还初步形成了一套适用于准噶尔盆地南缘的高密度资料处理流程和方法，例如三维十字排列与 OVT 域噪声压制处理与数据规则化、构造认识约束下的 TTI 各向异性速度建模与叠前偏移成像等技术，将有助于将高密度勘探技术序列进一步拓展到南缘的其他区块。

第二节 南缘地震成像难点与现有资料存在的问题

一、成像难点

准噶尔盆地南缘特有的地表与地下地质特点涵盖了国内外山前带复杂构造区的几乎所有地震技术难题，给地震勘探造成了极大困难。长期以来，南缘复杂构造带的地震成像品质一直难以满足精细构造解释需求，制约了南缘油气勘探获得突破。南缘地震成像难点主要有以下几个方面。

1. 近地表结构复杂，基准面校正问题突出

除了地形陡峭，起伏高差大外，地表冲沟河流密布，表层除有较厚的黄土覆盖外，山间盆地和冲积扇区亦有巨厚松散砾石堆积，严重影响资料的信噪比。表层风化剥蚀严重，低、降速带在纵、横向厚度和速度变化大，难以建立准确的表层模型，基准面校正问题严重。研究区没有统一、稳定的折射界面，高速顶界面起伏大。戈壁和农田区有较稳定的高速层顶界面，低速层速度为200~800m/s，降速层速度为400~1400m/s，高速层速度为1600~2000m/s；山体露头区基本为东西走向，地形高差起伏剧烈，地表古近—新近系出露红色泥岩和黄色砂岩等。部分表面覆盖有1~3m的黄土层，速度在500m/s左右。第四系风化物或砾石层，速度为1200~1600m/s，厚度不大，高速层顶界速度稳定在2500m/s。河道冲沟区内的河道基本是南北走向，冲沟呈网状分布。河道和冲沟表层以砾石为主，无胶结，表层结构相对简单，厚度不大，速度为1200~1600m/s，高速层顶界速度稳定在2300m/s。山体两翼及冲积扇区地形比较平缓，表层结构相对比较复杂，北翼表面一般覆盖有1~3m厚的黄土层，南翼个别地段表面有30~70m厚的黄土层，速度在500m/s左右。下伏地层为巨厚的砾石层，最大厚度可达100~200m，速度为900~1900m/s，高速层顶界速度为2200~3000m/s。图1-6展示了在独山子、霍尔果斯、玛纳斯、吐谷鲁等地区抽出的4条二维地形剖面，可见地表条件变化之复杂。复杂近地表结构对基准面校正提出了很高要求。不到位的基准面校正将有可能同时影响信噪比和构造准确成像，这一问题若不能解决，校正量的低频成分势必造成叠后地震剖面构造形态的畸变，而其高频成分必然影响成像剖面的品质。

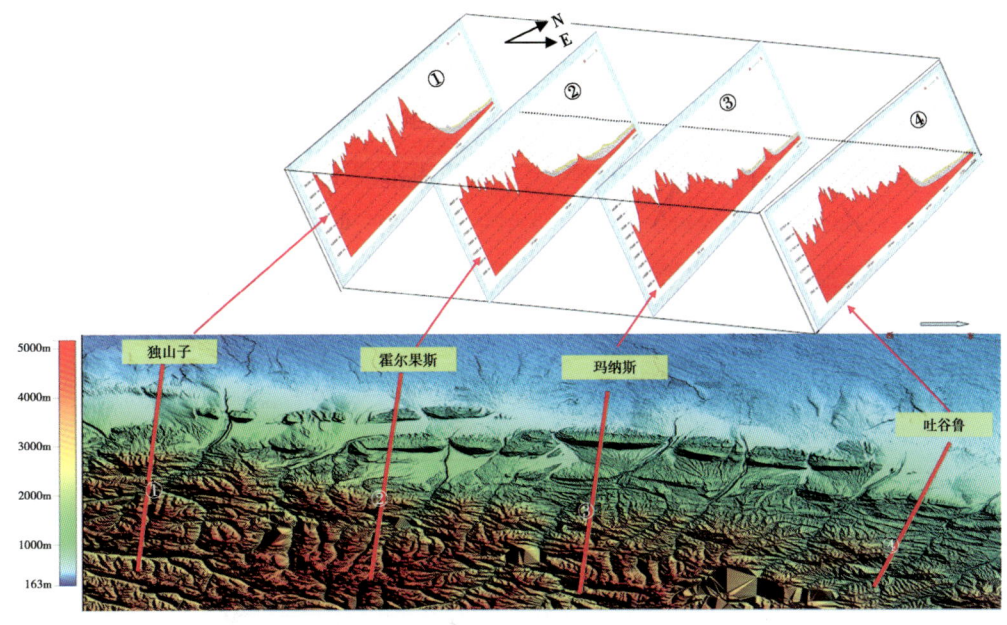

图1-6 准噶尔盆地典型表层模型示意图

2. 地形地貌变化剧烈，激发接收条件均不理想，造成原始资料信噪比极低

南缘地形陡峭，山高谷深坡陡，高差起伏较大，冲沟河流密布，表层除有较厚的黄土覆

盖外，山间盆地和冲积扇区有巨厚的松散砾石堆积，此外受山包、山丘及冲沟产生的次生干扰影响，原始地震资料信噪比极低。

3. 地震波场复杂，二维勘探难以建立准确的叠前偏移速度场

如前所述，强烈的构造运动作用造成了复杂的地表类型。有石炭系出露的高山区可能影响激发点的选择；白垩系出露地表的悬崖绝壁区可能影响地震波传播路径；侏罗系出露的煤矿区对目的层具有屏蔽作用；古近—新近系、第四系出露地表的砂砾石对地震波有强散射作用等。这些本身就相当复杂的波动现象，和之前提到的近地表因素结合在一起，对数据的信噪比、基准面校正乃至于叠前偏移速度建模造成极大的困难。可以说，要想在南缘山前地带落实构造圈闭，二维采集是无法完成任务的，三维采集是唯一的解决方案。

二、现有资料存在的问题

以准噶尔盆地南缘具有代表意义的霍玛吐背斜带为例。2001年后新疆油田公司分别在霍玛吐背斜带主体区实施了三块三维地震勘探，2002年、2003年、2004年、2006年、2007年、2008年对工区主体部位分年度实施了二维地震测线有限加密，并分批进行了老资料重新处理，部分地震资料品质得到改善。但受原始资料的限制，霍玛吐背斜带3个背斜主体区中深层部分主测线重新处理后，资料品质改善潜力有限，仍为三类剖面。中部上组合古近系地震资料品质较好，为二类资料，解释结果较为可信。深部下组合地震资料成像较差，反射杂乱，构造形态及细节不清，内部层间断层归位不准，为三类资料，仅侏罗系西山窑组波组特征较为明显。该区圈闭目标落实方面存在主要问题如图1-7、图1-8所示：（1）中深层目的层资料信噪比低，背斜北翼空白反射区较大，主体反射杂乱，构造形态及细节不清，难以准确刻画圈闭形态；（2）深层下组合资料品质差异较大，叠前、叠后偏移成像效果不佳，下组合各层系圈闭形态及断裂展布具有多解性；（3）静校正问题造成构造成像形态畸变，构造精度低。

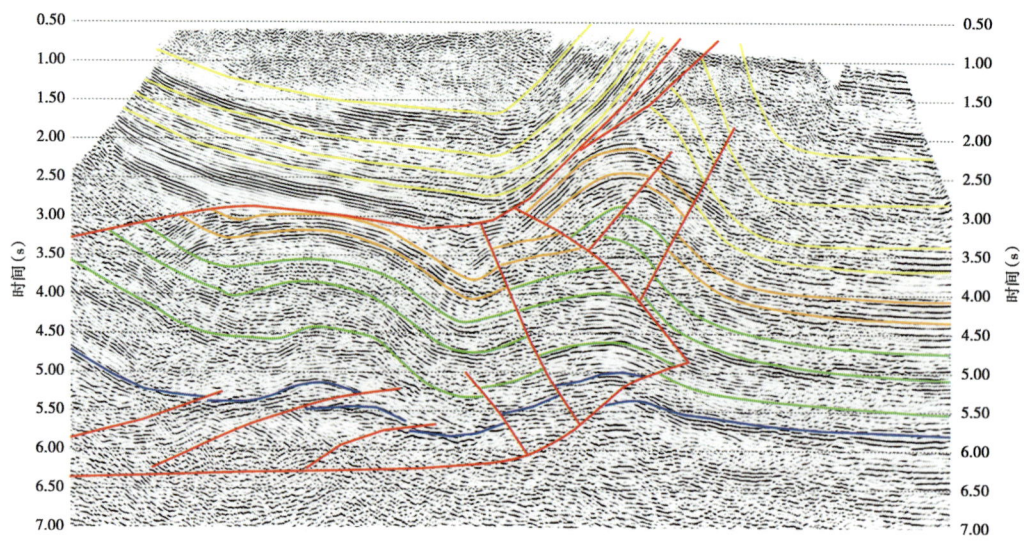

图1-7 玛纳斯背斜典型剖面

显然，要解决上述这些问题，从地震勘探的角度，必须有一个完整的采集、处理、解释、构造建模、储层建模的系统思维；从地质建模的角度，必须有一个完整的从地表到地下的地质认识的系统思维。

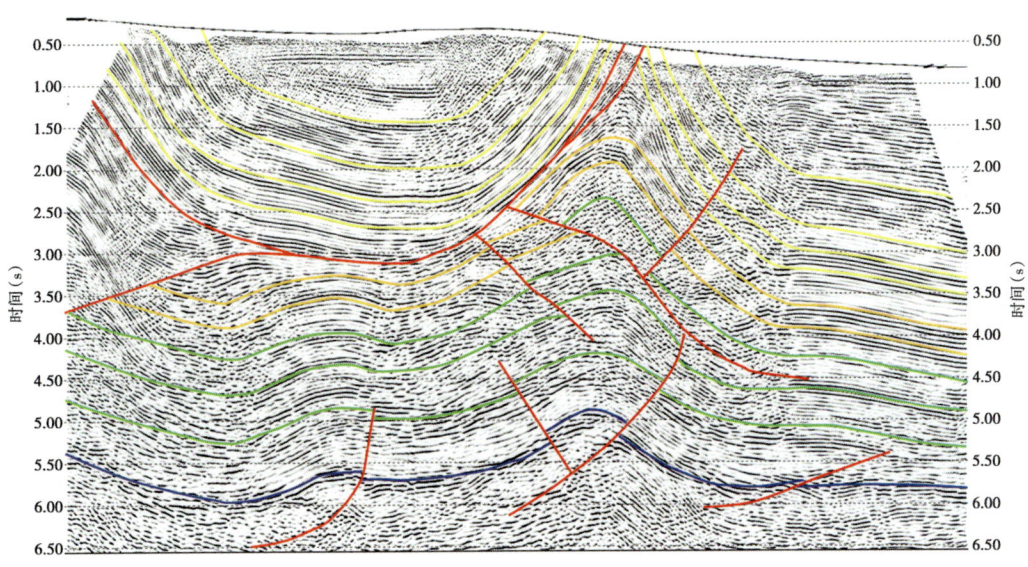

图 1-8　吐谷鲁背斜典型剖面

第二章 面向准噶尔盆地南缘复杂构造成像的地震波正演模拟技术

在介绍准噶尔盆地南缘复杂构造成像有关的各项技术之前，必须先把面向准噶尔盆地南缘复杂构造的地震波正演模拟技术做一详细介绍。因为在后续所有章节中，无论是第三章中的波动方程照明分析，第四章的基准面校正方法研究，第五章的提高信噪比与噪声压制研究，还是第六章的起伏地表成像方法研究，都涉及大量理论数据的研究，这些理论数据都是基于新疆油田分公司科研人员自行设计的理论模型模拟得到的。无论是模型本身还是理论数据，均具有准噶尔盆地南缘的典型特征，是非常珍贵的研究成果。没有这些先导性的理论研究结果，就不可能有后续的一系列研究实例。因此特地在本章集中介绍有关数值模拟算法及成果数据的特征。避免在后续章节使用过程中产生不必要的重复。

第一节首先介绍常规水平地表高阶有限差分算法实现以及基于南缘模型的波场模拟与照明分析，这个模拟算法被大量用于观测系统照明度分析及波场与快照模拟；

第二节详细介绍考虑起伏地表的高阶有限差分波动方程模拟算法实现及基于南缘起伏天山模型的模拟结果。这个模拟数据被大量用于测试适用于南缘山前数据的初值波层析、静校正、波动方程基准面校正、起伏地表偏移等，具体细节见后续有关章节。

第一节 水平地表高阶有限差分正演模拟

一、从弹性波方程中得到纵横波方程

由应力运动方程：

$$\frac{\partial \sigma_{xx}}{\partial x} + \frac{\partial \sigma_{xy}}{\partial y} + \frac{\partial \sigma_{xz}}{\partial z} + f_x = \rho \frac{\partial v_x}{\partial t}$$

$$\frac{\partial \sigma_{yx}}{\partial x} + \frac{\partial \sigma_{yy}}{\partial y} + \frac{\partial \sigma_{yz}}{\partial z} + f_y = \rho \frac{\partial v_y}{\partial t}$$

$$\frac{\partial \sigma_{zx}}{\partial x} + \frac{\partial \sigma_{zy}}{\partial y} + \frac{\partial \sigma_{zz}}{\partial z} + f_z = \rho \frac{\partial v_z}{\partial t} \qquad (2-1)$$

在流体介质中，切应力为零，即 $\mu = 0$，此时，设 $\sigma_{ij} = -P\delta_{ij}$，代入应力运动方程，此时方程变为

$$\rho \frac{\partial v_x}{\partial t} = -\frac{\partial P}{\partial x} + f_x$$

$$\rho \frac{\partial v_y}{\partial t} = -\frac{\partial P}{\partial y} + f_y$$

$$\rho \frac{\partial v_z}{\partial t} = -\frac{\partial P}{\partial z} + f_z$$

即
$$\rho \frac{\partial v}{\partial t} = -\nabla P + \vec{f} \tag{2-2}$$

两边求散度，得

$$\frac{\partial}{\partial t}(\nabla \vec{v}) = -\nabla(\frac{1}{\rho}\nabla P) + \nabla \frac{\vec{f}}{\rho}$$

由于 $\sigma_{ij} = \lambda\theta\delta_{ij} + \mu\left(\frac{\partial u_j}{\partial x_j} + \frac{\partial u_j}{\partial x_i}\right)$，对流体而言有 $-\frac{1}{\lambda}\frac{\partial P}{\partial t} = \nabla \vec{v}$

代入，得声波方程：

$$\frac{1}{\lambda}\frac{\partial^2 P}{\partial t^2} = \nabla(\frac{1}{\rho}\nabla P) - \nabla \frac{\vec{f}}{\rho} \tag{2-3}$$

纵波速度为 $v_p = \sqrt{\frac{\lambda+2\mu}{\rho}}$ ($\mu=0$)，代入化简得到声波方程：

$$\frac{1}{v_p^2}\frac{\partial^2 P}{\partial t^2} = \nabla^2 P + f \tag{2-4}$$

二、基于声波方程的有限差分模拟

在得到声波方程后，对于二维速度—深度模型，地下介质中地震波的传播规律可以近似地用声波方程描述：

$$\frac{\partial^2 u}{\partial t^2} = v^2(\frac{\partial^2 u}{\partial x^2} + \frac{\partial^2 u}{\partial z^2}) + s(t) \tag{2-5}$$

式中，$v(x, z)$ ——介质在点(x, z)处的纵波速度；

u ——描述速度或者压力的波场；

$s(t)$ ——震源函数。

使用有限差分的方式来求解式（2-5）。首先将计算区域网格化，其次用差分近似微分，即用某点周围各网格点来计算该点处的微分。

设 x、z 方向的网格间隔长度为 Δh，时间采样步长为 Δt，则有

$x=i\Delta h$（i 为正整数），$z=j\Delta h$（j 为正整数）$t=n\Delta t$（n 为正整数）

$u_{i,j}^k$ 表示在(i, j)点，k 时刻的波场值。

1. 二阶差分

将 $u_{i,j}^{k+1}$ 在(i, j)点 k 时刻用 Taylor 展式展开：

$$u_{i,j}^{k+1} = u_{i,j}^k + \frac{\partial u}{\partial t}\bigg|_{t=k*\Delta t} * \Delta t + \frac{1}{2}\frac{\partial^2 u}{\partial t^2}\bigg|_{t=k*\Delta t} * \Delta t^2 + o(\Delta t^2) \tag{2-6}$$

将 $u_{i,j}^{k-1}$ 在 (i, j) 点 k 时刻用 Taylor 展式展开：

$$u_{i,j}^{k+1} = u_{i,j}^k - \frac{\partial u}{\partial t}\bigg|_{t=k*\Delta t} * \Delta t + \frac{1}{2}\frac{\partial^2 u}{\partial t^2}\bigg|_{t=k*\Delta t} * \Delta t^2 + o(\Delta t^2) \qquad (2-7)$$

将上两式相加，略去高阶小量，整理得 (i, j) 点 k 时刻的二阶时间微商为

$$\frac{\partial^2 u}{\partial t^2} = \frac{u_{i,j}^{k+1} - 2u_{i,j}^k + u_{i,j}^{k-1}}{\Delta t^2} \qquad (2-8)$$

同样可以得到 (i, j) 点在空间上的二阶微商，分别为

$$\frac{\partial^2 u}{\partial x^2} = \frac{u_{i+1,j}^k - 2u_{i,j}^k + u_{i-1,j}^k}{\Delta x^2} \qquad (2-9)$$

$$\frac{\partial^2 u}{\partial x^2} = \frac{u_{i,j+1}^k - 2u_{i,j}^k + u_{i,j-1}^k}{\Delta z^2} \qquad (2-10)$$

整理得到

$$\frac{1}{v^2}\frac{1}{\Delta t^2}(u_{i,j}^{k+1} - 2u_{i,j}^k + u_{i,j}^{k-1}) = \frac{1}{\Delta x^2}(u_{i+1,j}^k - 2u_{i,j}^k + u_{i-1,j}^k) + \frac{1}{\Delta z^2}(u_{i,j+1}^k - 2u_{i,j}^k + u_{i,j-1}^k)$$
$$(2-11)$$

这样便可以得到一个如图 2-1 所示的三维数据体。

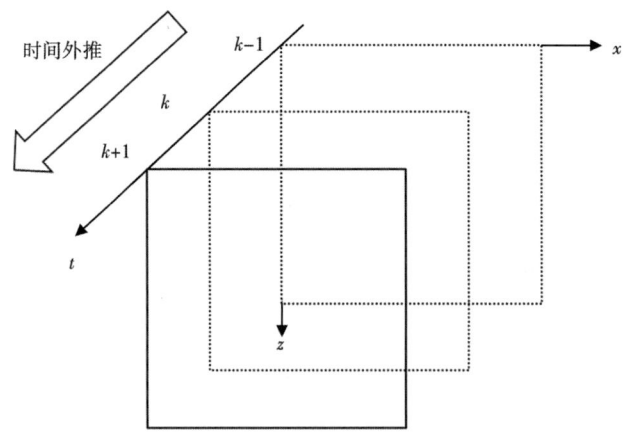

图 2-1　波场延拓示意图

2. 高阶差分方法

传统 2 阶差分格式为

$$\frac{\partial^2 f}{\partial x^2} = \frac{1}{\Delta x^2}[f(x+\Delta x)f(x) + f(x-\Delta x)] + o(\Delta x^2) \qquad (2-12)$$

2M 阶差分格式为

$$\frac{\partial^2 f}{\partial x^2} = \frac{1}{\Delta x^2} \sum_{m=1}^{m} C_m^{(M)} [f(x+\Delta mx)f(x) + f(x-\Delta mx)] + o(\Delta x^{2M}) \quad (2-13)$$

高阶差分系数可由下面的线性方程组确定：

$$\begin{bmatrix} 1^2 & 2^2 & 3^2 & \cdots & M^2 \\ 1^4 & 2^4 & 3^4 & \cdots & M^4 \\ 1^6 & 2^6 & 3^6 & \cdots & M^6 \\ \vdots & \vdots & \vdots & \ddots & \vdots \\ 1^{2M} & 2^{2M} & 3^{2M} & \cdots & M^{2M} \end{bmatrix} \begin{bmatrix} c_1^{(M)} \\ c_2^{(M)} \\ c_3^{(M)} \\ \vdots \\ c_M^{(M)} \end{bmatrix} = \begin{bmatrix} 1 \\ 0 \\ 0 \\ \vdots \\ 0 \end{bmatrix} \quad (2-14)$$

时域二阶、空间 2M 阶精度声波方程差分格式为

$$u_{i,j}^{k+1} = 2u_{i,j}^k - u_{i,j}^{k-1} + \frac{v^2 \Delta t^2}{\Delta h^2} \left(\sum_{m=1}^{M} C_m (u_{i+m,j}^k + u_{i-m,j}^k - u_{i,j}^k) \right)$$

$$+ \frac{v^2 \Delta t^2}{\Delta h^2} \left(\sum_{m=1}^{M} C_m (u_{i+m,j}^k + u_{i-m,j}^k - u_{i,j}^k) \right) \quad (2-15)$$

式中，$v(i, j)$ ——介质速度的空间离散值；

Δh ——空间离散步长；

Δt ——时间离散步长；

$s(k)$ ——震源函数。

本实验中选取 Ricker 子波作为震源，其表达式为

$$f(t) = -A\exp[-\pi^2 f_0^2 (t-t_0)^2][1 - 2\pi^2 f_0^2 (t-t_0)^2] \quad (2-16)$$

式中，A ——振幅；

t ——时间；

f ——中心频率，取 30Hz；

t_0 ——延迟时间，取 0.05s。

在实际计算过程中，需把此震源函数离散，参与波场计算。$\delta(i-i_0) * \delta(j-j_0)$ 确定震源位置，其中 i_0 与 j_0 为震源坐标。具体的程序实现流程为：（1）对各个所需要的参数进行预定义（包括计算区域大小、Ricker 子波参数、时间片清零），并设定速度模型，差分阶数，炮点位置；（2）用 Gauss 消去法计算各阶差分系数；（3）建立三重循环，时间 t 为最外重，x 与 z 方向为里面两重，计算出各个时间片的值，如某时间符合预输出要求，则将该时间对应的时间片数据写入到二进制 dat 文件中；（4）计算完成整个三维数据体，退出程序。

下图为分别显示了 2M（M=1、2、4、5）阶波场在 900ms 的快照。空间区域 500m×500m，空间采样间隔为 10m，x 与 z 轴方向各 5000m，时间采样间隔为 0.001s，炮点在区域中心。从这些图中可以看到，2 阶精度的结果非常不理想，有严重的频散现象。随着精度的提高，频散现象逐渐减轻，当精度达到 8 阶、10 阶时结果已经到达实验所需要求（图 2-2）。

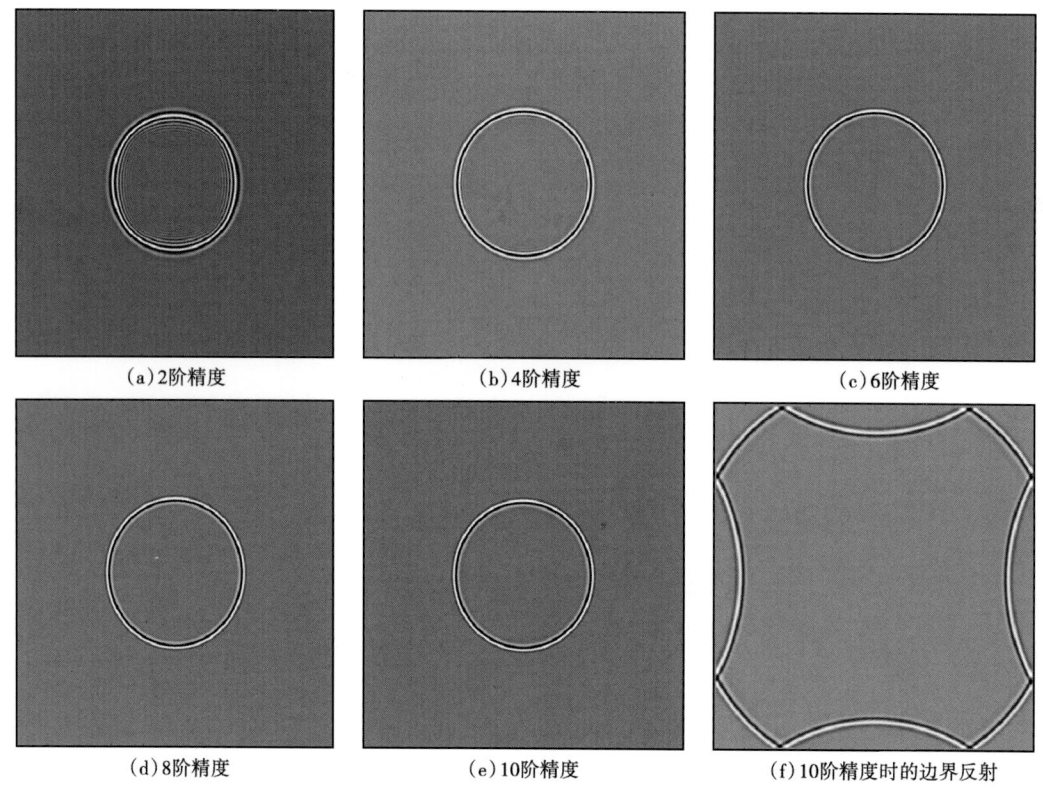

图 2-2 2M（M=1、2、4、5）阶波场在 900ms 的快照

三、基于完美匹配层（Perfect Matched Layer）的边界反射处理

图 2-3f 中，当正演时间计算到 1400ms 时，会出现强烈的边界反射。边界反射现象的原因在于地下空间无限性和计算区域的有限性，从而引入了人为边界。未经处理的边界为刚性边界，反射系数为-1，导致人为边界反射严重。产生原因分析如下。

二维声波方程为

$$\frac{\partial^2 u}{\partial t^2} = v^2(\frac{\partial^2 u}{\partial x^2} + \frac{\partial^2 u}{\partial z^2}) + S(t) \tag{2-17}$$

$\frac{\partial^2 u}{\partial x^2}$ 要用到 Ω 外的值，会引入边界反射；$\frac{\partial^2 u}{\partial z^2}$ 不会引入边界反射。但是任何数值方法都具有一定的离散方式，一个点 P 的波场值都是通过周围一些点的波场值计算的。根据如下原则可以判定是否某点需要进行边界处理：（1）如果用到的这些点全部位于计算区域之内，那么 P 点是一个内部点；（2）若这些点中有的点位于计算区域之外，那么 P 点即为边界点；（3）人为边界是具有一定宽度的条带。注意数值模拟时，波传播到边界时会产生强烈的反射。而实际情况中，地下介质是无限的，故需要对边界进行处理。这里我们使用完美匹配层（PML）的思路将 PML 衰减因子引入声波方程，并用差分格式对波动方程的导数进行逼近。

对波场进行分解，有

$$u = u_1 + u_2 \tag{2-18}$$

令

$$\frac{\partial^2 u}{\partial x^2} = \frac{1}{V^2}\frac{\partial^2 u_1}{\partial t^2}; \quad \frac{\partial^2 u}{\partial z^2} = \frac{1}{V^2}\frac{\partial^2 u_2}{\partial t^2} \tag{2-19}$$

将 xx 加入 PML 衰减项并进行傅里叶变换，得

$$V^2 \frac{1}{s_x^2}\frac{\partial^2 U}{\partial x^2} = -\omega^2 U_1$$

$$V^2 \frac{1}{s_z^2}\frac{\partial^2 U}{\partial z^2} = -\omega^2 U_2 \tag{2-20}$$

其中，$\frac{1}{s_x^2}$、$\frac{1}{s_z^2}$ 为 x，z 方向上的衰减函数经过傅里叶变换后的形式，以 x 方向为例，做坐标变换 $x' = x - \frac{i}{\omega}\int_0^x d_x(s)d_s$ 有

$$\frac{\partial^2 u}{\partial x^2} = \frac{\partial^2 u}{\partial x'^2}\left[1 - \frac{2i}{\omega}d(x) - \frac{1}{\omega}d^2(x)\right] \tag{2-21}$$

其中 $d(x)$ 控制 x 方向上的衰减，整理后进行傅里叶逆变换即可得到 PML 在时域的控制方程：

$$v^2\frac{\partial^2 u}{\partial x^2} = \frac{\partial^2 u_1}{\partial t^2} + 2d(x)\frac{\partial u_1}{\partial t} + d^2(x)u_1 \tag{2-22}$$

基于 PML 边界的时域 2 阶、空间 $2M$ 阶精度声波方程差分格式为

$$\begin{aligned}
u^{n+1} &= u_1^{n+1} + u_2^{n+1} \\
&= \frac{1}{1+d(x)dt}\left[(1-d^2(x)dt^2)u_1^n + (d(x)dt-1)u_1^{n-1} + V^2\frac{dt^2}{dh^2}\Big(\sum_{m=1}^{M}C_m(u_{i+m,j}^n + u_{i-m,j}^n - u_{i,j}^n)\Big)\right] \\
&+ \frac{1}{1+d(z)dt}\left[(2-d^2(z)dt^2)u_1^n + (d(z)dt-1)u_1^{n-1} + V^2\frac{dt^2}{dh^2}\Big(\sum_{m=1}^{M}C_m(u_{i+m,j}^n + u_{i-m,j}^n - u_{i,j}^n)\Big)\right]
\end{aligned} \tag{2-23}$$

式中，$d(x)$、$d(z)$ ——x、z 上的衰减函数；

dt——时间采样间隔；

u_i^n、u_i^{n-1}、u_i^{n+1}——当前时刻、前一时刻与下一时刻 u_i^n 的值。

四、理论数据计算

程序实现时，$d(x)$ 与 $d(z)$ 取为相同，即 $d(x) = d(z) = \exp(M+N-i-1)\times 5.5 \div N$ 其中 M 数值为精度阶数的一半，N 为 PML 区域宽度，i 为 x 或 z 方向的坐标值。取 10 阶精度，即 $M=5$，PML 区域宽度 n 分别为 5、10、20、30，再次得到 1400ms 的波场快照。

第二节　PML 区域划分及边界吸收测试

一、PML 区域划分

如图 2-3 所示，Ω 是计算区域，Ω_1、Ω_2、Ω_3、Ω_4、Ω_{13}、Ω_{13}、Ω_{14}、Ω_{24} 是 PML 区域。Ω 区域不对波进行衰减，在 Ω_3、Ω_4 区域仅对波进行 z 方向的衰减，Ω_1、Ω_2 区域仅对波进行 x 方向的衰减。Ω_{13}、Ω_{24}、Ω_{14}、Ω_{23} 区域对波进行 x、z 方向的衰减。处理结果如图 2-4 所示。

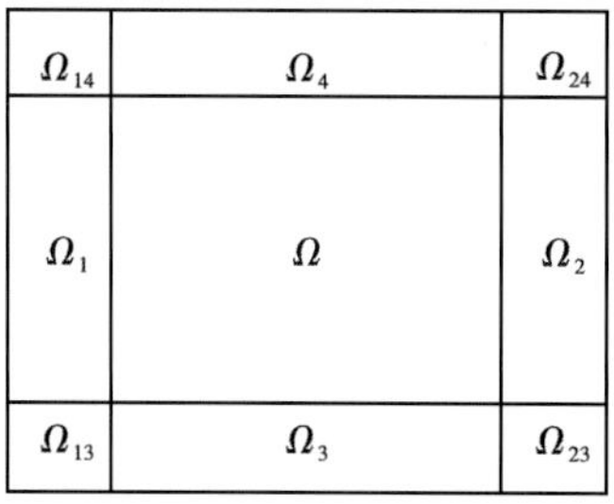

Ω_{14}	Ω_4	Ω_{24}
Ω_1	Ω	Ω_2
Ω_{13}	Ω_3	Ω_{23}

图 2-3　PML 区域划分

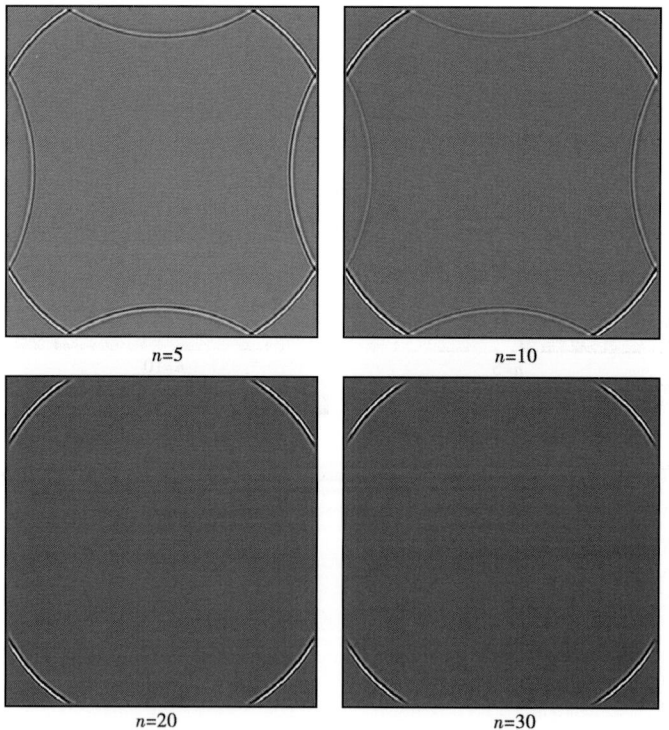

图 2-4　$2M$（$M=1$、2、4、5）阶波场在 1400ms 的快照

可以看到，随着 PML 宽度的增加，波吸收的效果越来越好，当 $n=30$ 时，在图中几乎看不到边界反射。

二、角点处理划分

资料表明,第一种划分方式波在角点处发生反射,第二种离散方式在角点处理得很好,几乎没有边界反射(图2-5、图2-6)。

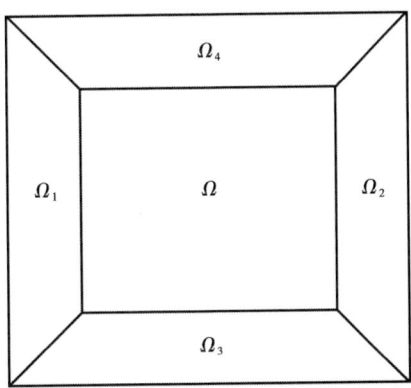

图 2-5 PML 角点处理划分

处理结果:

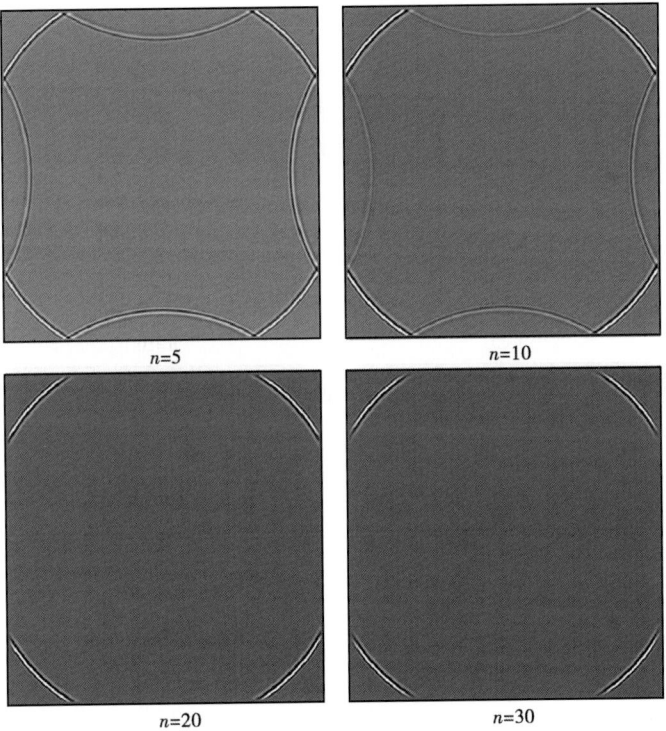

图 2-6 2M(M=1、2、4、5)阶波场在 1400ms 的快照

第三节 简单模拟地下介质速度变化

一、水平层状介质

3 层速度介质的速度分布信息为：0~1500m，$v=2000$m/s；1500~3000m，$v=3000$m/s；3000~5000m，$v=5000$m/s。

从 $t=800$ms 的快照中，可以明显地看到在 1500m 处有一明显的分界面，即第一层介质与第二层介质的分界面，波在界面处发生反射与折射现象。从 $t=1200$ms 快照中，与 $t=800$ms 时类似，可以看到第二层与第三层介质的分界面，在 3000m 处。两分界面位置与模型设定相符。另外，从两图中可以看到，由于各层介质之间速度差异很大，在两层交界处，由于下层介质中速度较大，折射波传播的比上层的波传播的快，两者间产生了一段距离，即观察到了首波存在（图 2-7）。

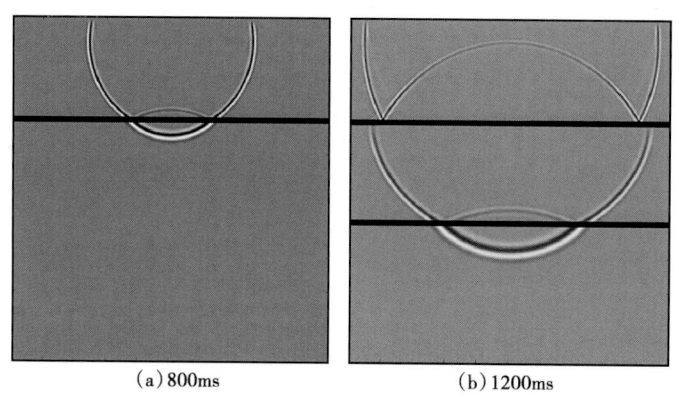

图 2-7　800ms、1200ms 波场快照图

VSP 记录中可以观察到折线上有两个折点，由 3 条斜率不同的直线构成。在折点处有颜色比较淡的向下的直线，这是因为波到达两种介质分界面时反射造成的，从图中可以看到反射面应在 1500m 与 3000m，与模型给定参数一致。地面记录在此处也十分清晰，可以明显地看到直达波记录。而后面的两条抛物线为两次反射波（蓝色椭圆圈出）（图 2-8）。

二、地下倾斜介质

从波前快照可以明显看出 2000m 后右下角的波传播速度非常快。因为地下左半部分有两个介质分界面，所以波在左半部分有两次反射，而在右半部分只有一次反射。从 VSP 记录中可以看到，折线有 3 段斜率不同的直线构成，中间一段直线比较少，是因为在 $x=2500$m 处的垂直检波器在 $v=2000$m/s 介质中占比例较小。地面记录十分清晰地记录到了反射波，左半部分有两个反射波（蓝色椭圆圈出），而右半部分只有一个，这与波前快照中显示的图形符合。以上数值试验证明了高阶有限差分结合 PML 吸收边界条件有能力模拟出高质量地震记录，这些技术储备为后续的起伏地表数值模拟及考虑吸收衰减的数值模拟奠定了良好的基础（图 2-9）。

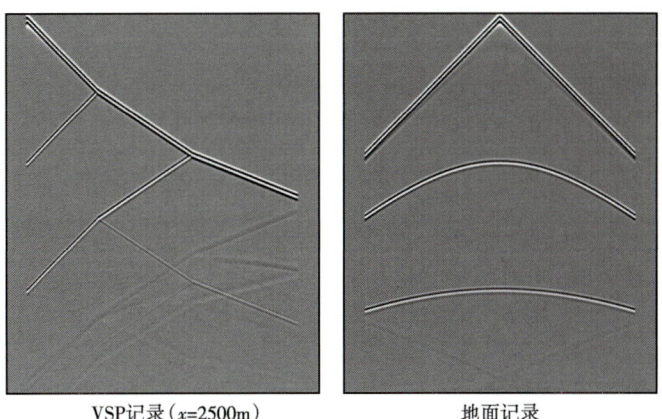

图 2-8 VSP 记录与地面记录

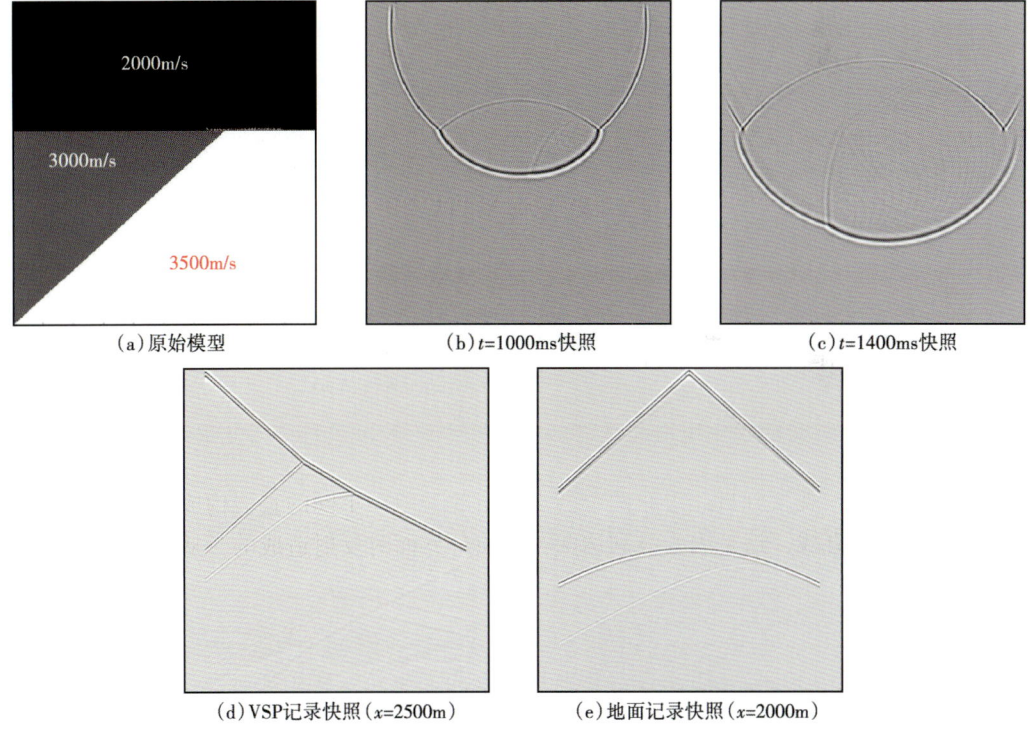

图 2-9 VSP 记录与地面记录

第四节 新疆准噶尔盆地南缘起伏地表模型地震波传播正演模拟

一、概述

实际地表是介质与空气之间的物性突变界面，称为自由界面，其边界条件为垂直地表的应力为零。在实际地震波传播数值模拟中，根据模拟目的不同，在该界面上可以采用不同的边界条件（Crase，1990）。在目前的常规反射地震勘探数据处理中，一般将由地表产生的一系列信号（如地表多次波、面波、地表散射等）看作干扰，这时可以在模型顶界面处使用吸收边界条件，只考虑地形起伏对地震波传播旅行时的改变，而忽略其对地震波传播动力学的影响，这样做相对比较容易。实际上，地形起伏对地震波传播影响非常大，它使地震波在近地表的传播变得异常复杂，造成了地震波振动强度的变化以及地震波型之间的相互转化，引起面波、散射体波、多重散射面波之间的共振耦合（吴如山、Frankel，1992）。天然地震检测中区域性地震波能量异常，以及山地油气勘探中地震数据低信噪比和静校正问题，都是由地形起伏以及近地表速度异常所造成的。要研究这些问题，需要在模型顶界面处使用自由边界条件。

在地形起伏情况下的地震波传播数值模拟方面，两个关键问题是如何选择适合不规则地表的数值计算方法及如何更好地实现自由边界条件，实际模拟中这两个问题也是有机联系在一起的。在模拟方法问题上，有限元（FE）方法计算效率低，但处理不规则地表比较方便，成为模拟起伏地表情况下地震波传播的有效方法。为此，发展了一些有限元和其他方法相结合的混合方法，例如，Moczo 等（1997）用离散波数方法模拟震源激发和下部介质中地震波的传播，而通过有限元方法来模拟沿起伏地表波的传播（DW-FE）；黄自萍等（2003）用有限元和有限差分（FE-FD）相结合的方法来模拟起伏地表地震波传播。这类方法的主要问题是 FE 和其他方法计算区域交界处易产生人为反射，吸收边界也不易处理。边界积分或边界元（BE）方法将散射波场通过地表的一个半解析的积分来表示，其中积分项中 Green 函数一般在频率波数域中计算。这种方法在研究起伏地表地震波传播时使用较多，例如，Bouchon（1996）、Pedersen（1994）、Durand（1999）等就是用这种方法研究了地形的区域变化对天然地震波场的影响，分析了地表散射及地表振动随地形的变化，而 Ru-Shan Wu 等（1998）将边界元和屏传播算子相结合提出了一种混合模拟方法，在处理起伏地表的同时提高了模拟效率。BE 方法的半解析性质决定了该方法不能适用于地表速度变化较大的情况，而实际情况是由于后期地质作用造成浅部地层速度变化更为剧烈，因此限制了 BE 方法的实际应用。

有限差分（FD）方法计算效率高，在模拟复杂模型中地震波传播时应用最为广泛，但该方法的一个重要缺陷是处理复杂地形比较困难。为此，Tessmer、Kosloff 和 Behle（1992）提出了一种新的思路，即通过坐标变换将具有起伏地表的模型及弹性波方程变换到新的具有水平地表的坐标系中，在新坐标系中求解弹性波方程，时间上用差分法，空间上横向用 Fourier 法，纵向采用 Chebyshev 方法计算波场对空间的导数，使用的吸收边界和自由边界条件均由 Gottlieb（1982）所提出。Hestholm 和 Ruud（1994、1998、1999）借鉴了 Tessmer 等的思路，通过坐标变换将起伏的地表转换成水平地表后，完全通过差分方法求解弹性波方程，在适应地表起伏的同时提高了计算效率。甘文权（2001）利用类似方法对位移波动方程进行了数值求解。

关于地形起伏情况下弹性波模拟的另一个关键问题是自由边界条件的实施方法，这个问题实际上是和模拟方法有机结合在一起的。即使是水平地表，为了研究面波等地震波现象，对自由边界条件实施方式也进行了大量研究（Jin，1988；Robertsson，1996；Gottschammer 和 Olsen，2001），但每一种方法都存在一定的缺陷，不是理论上不完备，就是和具体的数值方法结合时实施困难。

垂直地表应力为零的自由边界条件理论上非常简单，但离散波动方程的数值方法对此困难很大（Zahradnik 和 Moczo，1993）。由于一般的数值计算方法以波场连续性为前提，因此，仅在模型之上增加一空气层的办法是不正确的。差分算子越复杂，实现难度越大（Kosloff，1990），而伪谱法几乎难以处理，仅令地表应力为零也容易引起算法不稳定（Byliss，1986）。另外，这个问题还和地表的起伏联系在一起，更增加了这个问题的难度。因此，除了数值频散和吸收边界外，自由边界条件的实施成为地震波模拟中又一个棘手的问题（Vidale 和 Clayton，1986）。

到目前为止，在用 FD 方法进行弹性波数值模拟过程中，有以下几种自由边界条件实施方法：（1）隐式自由边界（Vidale 和 Clayton，1986），即将自由边界条件利用二阶差分离散，因此，只能通过解方程组来求解。这种算法稳定，但精度难以提高。（2）补零网格法（Kosloff，1984；Zahradrik，1993），即令地表之上弹性参数为零，而密度为一个非常小的量。该方法的优点是对整个模型可以采用统一的差分形式，缺点是只对 2 阶空间差分算子稳定。（3）应力反对称法（Levander，1988），即令应力 σ_{iz}（$i=x,y,z$）关于地表反对称，也就是说令 σ_{iz}（$i=x,y,z$）为局部奇函数，从而确定地表之上网格点上的应力值，保证在自由边界上满足应力为零的自由边界条件。而 Crase（1990）还补充了位移或速度关于 $z=0$ 的对称性质，来保证算法的稳定。该方法算法比较稳定，使用也比较多，但缺乏理论基础。

一般情况下，自由边界数值实现必然降低整个模型的模拟精度，为此，可以沿垂向采用 Chebychev 多项式求波场对空间的微分，该方法实现了近地表处的精细采样（Fornberg，1992），也可以在差分法中通过变网格来达到提高地表模拟精度的目的（Jastram，1991、1992）。总之，自由边界条件在理论上不存在什么问题，困难是地震波模拟中关于自由边界的实施技巧问题。上述实现思路均是在水平地表情况下提出的，对起伏地表模型，自由边界条件以及实现方式会更加复杂。为此，Jih（1988）提出一种直接离散方法（Straightforwad technique），即根据局部地表，将地表每个边界点划分成如上倾、下倾、陡坡、缓坡等 6 种不同情况，并给出了每一种情况具体的差分格式。此方法在地表附近要通过大量的插值来达到实现自由边界的目的，影响了模拟的精度。而 Hestholm 和 Ruud（1994、1998、1999）在用纵向坐标变换法使用位移波动方程模拟起伏地表模型中弹性波传播时，将自由边界条件也同时进行了相应坐标变换。

本次研究在 Tessmer 和 Hestholm 等人研究的基础上，利用类似的纵向坐标变换思路，将不规则计算区域转变为新坐标系下的规则计算区域，为进行统一的差分计算铺平了道路。不同的是，在零应力自由边界概念基础上，导出了新坐标系下的自由边界条件，为利用交错网格差分法提供方便，利用速度—应力方程模拟了地表起伏情况下弹性波的传播。以下首先介绍起伏地表下弹性波传播数值模拟方法，然后将该思路应用到新疆准噶尔盆地南缘起伏地表模型的声波传播正演模拟中。

二、坐标变换模拟方法原理

为了研究问题的方便，假定介质为各向同性，那么由速度—应力表示的二维弹性波方程为

$$\frac{\partial U}{\partial t} = A\frac{\partial U}{\partial x} + B\frac{\partial U}{\partial z} \qquad (2-24)$$

其中，$U = (v_x, v_z, \sigma_{zz}, \sigma_{xz}, \sigma_{xx})^T$ 是由速度 $v_i(i=x, z)$ 和应力分量 $\sigma_{ij}(i, j=x, z)$ 构成的列向量，**A**、**B** 为系数矩阵，分别为

$$A = \begin{bmatrix} 0 & 0 & 0 & 0 & \rho^{-1} \\ 0 & 0 & 0 & \rho^{-1} & 0 \\ \lambda & 0 & 0 & 0 & 0 \\ 0 & \mu & 0 & 0 & 0 \\ \lambda+2\mu & 0 & 0 & 0 & 0 \end{bmatrix} \quad B = \begin{bmatrix} 0 & 0 & 0 & \rho^{-1} & 0 \\ 0 & 0 & \rho^{-1} & 0 & 0 \\ 0 & \lambda+2\mu & 0 & 0 & 0 \\ \mu & 0 & 0 & 0 & 0 \\ 0 & \lambda & 0 & 0 & 0 \end{bmatrix}$$

这里，$\rho(x, z)$ 为介质密度，λ 和 μ 为介质 Lame 常数。

利用交错网格高阶差分法对水平地表下的上述方程进行数值求解可以取得较好的模拟效果。但在起伏地表条件下，在近地表区域将难以构建合适的差分方程。为此，这里利用纵向坐标拉伸的途径将不规则计算区域变为适合于差分计算的矩形规则区域。

设地表高程变化 $z_0 = f(x)$ 为一个单值函数，且起伏比较平缓，最高点高程为 $z_{\max}$。将 XOZ 坐标系作线性变换：

$$\begin{cases} \xi = x \\ \eta = \dfrac{z_{\max}}{f(x)} z, \quad (0 \leqslant x \leqslant x_{\max}) \end{cases} \qquad (2-25)$$

通过这样的纵向拉伸变换，原来顶界面起伏的不规则计算区域（图2-10a）就变换为顶界面水平的规则计算区域（图2-10b），曲网格也相应地变换为矩形网格，为进行有限差分数值计算提供了方便。

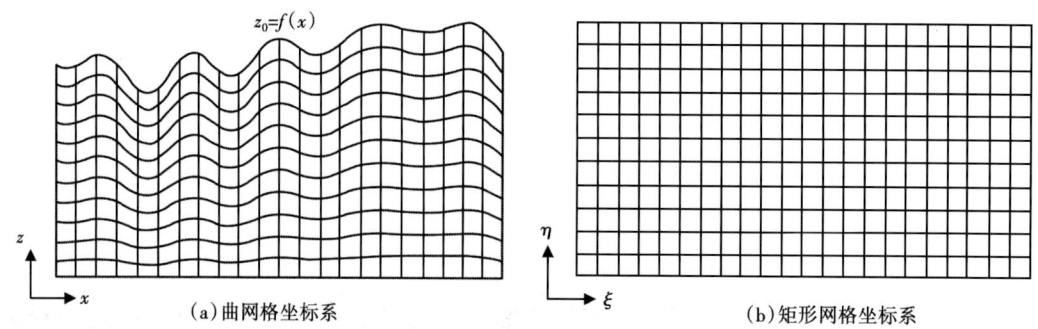

图 2-10　纵向拉伸变换示意图

同时，弹性波方程在新坐标系 $\xi O\eta$ 下变换为

$$\frac{\partial U'}{\partial t} = A\frac{\partial U'}{\partial \xi} + p(\xi)B\frac{\partial U'}{\partial \eta} + q(\xi, \eta)A\frac{\partial U'}{\partial \eta} \qquad (2-26)$$

其中，$U = (v_\xi, v_\eta, \sigma_{\xi\eta}, \sigma_{\xi\eta}, \sigma_{\xi\eta})^T$ 为 $\xi O\eta$ 坐标系下速度、应力构成的列向量。$p(\xi) = \dfrac{z_{\max}}{f(\xi)}$ 和 $q(\xi, \eta) = -\dfrac{\eta}{f(\xi)} f'(\xi)$ 为坐标拉伸系数，$f'(\xi) = \dfrac{\partial f}{\partial \xi}$ 为 $x = \xi$ 处地形坡度。

由于两个坐标系之间的变换是一个线性变换，决定了 $\xi O\eta$ 坐标系下物理量 U' 和 XOZ 坐标系下物理量 U 是一个一一对应的映射关系。因此，只要在规则坐标系下求得每个网格点上的 $U' = (v_\xi, v_\eta, \sigma_{\xi\eta}, \sigma_{\xi\eta}, \sigma_{\xi\eta})^T$，就可以确定弯曲坐标系 XOZ 下每个网格点上的物理量 $U = (v_x, v_z, \sigma_{zz}, \sigma_{xz}, \sigma_{xx})^T$。上述思路实际上是通过复合求导来数值计算 XOZ 坐标系下弯曲网格点处波场的空间导数。

式（2-26）在坐标系 $\xi O\eta$ 下可以通过交错网格高阶差分法求解，在计算式（2-26）最后一项时，需要进行插值运算。

另外，在 $\xi O\eta$ 坐标系下进行数值计算时，还需要进行两方面的工作：（1）根据映射关系和 XOZ 坐标系下原始模型，通过插值确定各网格点上的介质物性参数；（2）如果采用纵波或横波震源，需要根据不同震源模拟方式映射关系对其作相应变换。

三、自由边界条件

起伏地表模型地震波传播模拟中的另一个主要问题是自由边界条件及其实现方法。如图 2-11 所示，设 O 点局部地形倾角为 ϕ，原点定义在 O 点的两个坐标系分别为：X' 轴沿地表切向的 $X'OZ'$ 局部坐标系和 x 轴沿水平方向的 XOZ 坐标系。根据张量坐标变换关系，两个坐标系中应力分量之间满足关系，$\sigma'_{ij} = a_{ik} a_{jl} \sigma_{kl}$ 其中旋转矩阵为

$$A = \begin{bmatrix} a_{11} & a_{12} \\ a_{21} & a_{22} \end{bmatrix} = \begin{bmatrix} \cos\phi & \sin\phi \\ -\sin\phi & \cos\phi \end{bmatrix}$$

由此可以得到局部坐标系 $X'OZ'$ 中 O 点处的法向应力分量，分别为

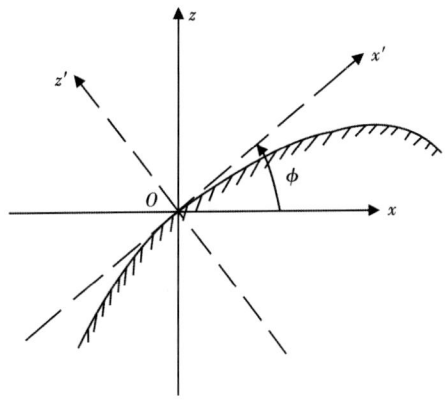

图 2-11 局部坐标系示意图

$$\sigma_{nn} = \sigma'_{zz} = \sin^2\phi \sigma_{xx} - \sin(2\phi)\sigma_{xz} + \cos^2\phi \sigma_{zz}$$
$$= \frac{\sigma_{zz} - 2f'\sigma_{xz} + (f')^2 \sigma_{xx}}{1 + (f')^2} \tag{2-27}$$

$$\sigma_{nt} = \sigma'_{xz} = -\sin\phi\cos\phi \sigma_{xx} + \cos(2\phi)\sigma_{xz} + \sin\phi\cos\phi \sigma_{zz}$$
$$= \frac{f'(\sigma_{zz} - \sigma_{xx}) + [1 - (f')^2]\sigma_{xz}}{1 + (f')^2} \tag{2-28}$$

由 $\sigma_{nn} = 0$ 和 $\sigma_{nt} = 0$ 的自由边界条件，可以得到 XOZ 坐标系下自由边界条件：

$$\sigma_{zz} = (f')^2 \sigma_{xx} \tag{2-29}$$

$$\sigma_{xz} = f' \sigma_{xx} \tag{2-30}$$

将式（2-29）、式（2-30）和式（2-27）中关于 v_X、v_Z、σ_{xx} 的 3 个方程变换至 $\xi O \eta$ 坐标系，从而得到计算自由地表各点波场的方程：

$$\frac{\partial v_\xi}{\partial t} = \frac{\partial \sigma_{\xi\xi}}{\partial \xi} + p(\xi) \frac{\partial \sigma_{\xi\eta}}{\partial \eta} + q(\xi, \eta) \frac{\partial \sigma_{\xi\xi}}{\partial \eta}$$

$$\frac{\partial v_\eta}{\partial t} = \frac{\partial \sigma_{\xi\eta}}{\partial \xi} + p(\xi) \frac{\partial \sigma_{\eta\eta}}{\partial \eta} + q(\xi, \eta) \frac{\partial \sigma_{\xi\eta}}{\partial \eta}$$

$$\frac{\partial \sigma_{\xi\xi}}{\partial t} = (\lambda + 2\mu) \left[\frac{\partial v_\xi}{\partial \xi} + q(\xi, \eta) \frac{\partial v_\xi}{\partial \eta} \right] + \lambda p(\xi) \frac{\partial \sigma_{\xi\eta}}{\partial \eta}$$

$$\sigma_{\eta\eta} = (f')^2 \sigma_{\xi\xi}$$

$$\sigma_{\xi\eta} = f' \sigma_{\xi\xi} \tag{2-31}$$

同样，由于两个坐标系之间的映射关系，只要在 $\xi O \eta$ 坐标系下通过式（2-31）求得自由表面上每个网格点上的波场 $U = (v_\xi, v_\eta, \sigma_{\xi\eta}, \sigma_{\xi\eta}, \sigma_{\xi\eta})^T$，就可以确定坐标系 XOZ 下每个网格点上的物理量 $U = (v_x, v_z, \sigma_{zz}, \sigma_{xz}, \sigma_{xx})^T$。

四、吸收边界条件

在利用上述坐标变换方法进行地表起伏模型的地震波模拟时，对于吸收边界条件，同样需要利用式（2-32）将它们变换至 $\xi O \eta$ 坐标系下进行求解，然后利用映射关系将计算得到的波场值变换至 XOZ 坐标系下。例如，在各向同性介质中，右边界吸收边界条件为

$$\frac{\partial U}{\partial t} = A^{(-)} \frac{\partial U}{\partial x} + B \frac{\partial U}{\partial z} \tag{2-32}$$

$$A^{(-)} = \frac{1}{2} \begin{bmatrix} -\sqrt{\frac{\lambda+2\mu}{\rho}} & 0 & 0 & 0 & \frac{1}{\rho} \\ 0 & -\sqrt{\frac{\mu}{\rho}} & 0 & \frac{1}{\rho} & 0 \\ \lambda & 0 & 0 & 0 & -\sqrt{\frac{\lambda}{\rho(\lambda+2\mu)}} \\ 0 & \mu & 0 & -\sqrt{\frac{\mu}{\rho}} & 0 \\ \lambda+2\mu & 0 & 0 & 0 & -\sqrt{\frac{\lambda 2+\mu}{\rho}} \end{bmatrix}$$

其中

$$B = \begin{bmatrix} 0 & 0 & 0 & \dfrac{1}{\rho} & 0 \\ 0 & 0 & \dfrac{1}{\rho} & 0 & 0 \\ 0 & \lambda+2\mu & 0 & 0 & 0 \\ \mu & 0 & 0 & 0 & 0 \\ 0 & \lambda & 0 & 0 & 0 \end{bmatrix}$$

为了在 $\xi O \eta$ 坐标系下使用上述吸收边界条件，同样需要据式（2-32）作坐标拉伸变换，结果为

$$\frac{\partial U'}{\partial t} = A^{(-)} \frac{\partial U'}{\partial \xi} + p(\xi) B \frac{\partial U'}{\partial \eta} + q(\xi, \eta) A^{(-)} \frac{\partial U'}{\partial \eta} \tag{2-33}$$

其他计算区域吸收边界条件在 $\xi O \eta$ 坐标系下分别变换为

左边界：

$$\frac{\partial U'}{\partial t} = A^{(+)} \frac{\partial U'}{\partial \xi} + p(\xi) B \frac{\partial U'}{\partial \eta} + q(\xi, \eta) A^{(+)} \frac{\partial U'}{\partial \eta} \tag{2-34}$$

底边界：

$$\frac{\partial U'}{\partial t} = A \frac{\partial U'}{\partial \xi} + p(\xi) B^{(-)} \frac{\partial U'}{\partial \eta} + q(\xi, \eta) A \frac{\partial U'}{\partial \eta} \tag{2-35}$$

右下角：

$$\frac{\partial U'}{\partial t} = A^{(-)} \frac{\partial U'}{\partial \xi} + p(\xi) B^{(-)} \frac{\partial U'}{\partial \eta} + q(\xi, \eta) A^{(-)} \frac{\partial U'}{\partial \eta} \tag{2-36}$$

左上角：

$$\frac{\partial U'}{\partial t} = A^{(+)} \frac{\partial U'}{\partial \xi} + p(\xi) B^{(+)} \frac{\partial U'}{\partial \eta} + q(\xi, \eta) A^{(+)} \frac{\partial U'}{\partial \eta} \tag{2-37}$$

右上角：

$$\frac{\partial U'}{\partial t} = A^{(-)} \frac{\partial U'}{\partial \xi} + p(\xi) B^{(+)} \frac{\partial U'}{\partial \eta} + q(\xi, \eta) A^{(-)} \frac{\partial U'}{\partial \eta} \tag{2-38}$$

左下角：

$$\frac{\partial U'}{\partial t} = A^{(+)} \frac{\partial U'}{\partial \xi} + p(\xi) B^{(-)} \frac{\partial U'}{\partial \eta} + q(\xi, \eta) A^{(+)} \frac{\partial U'}{\partial \eta} \tag{2-39}$$

五、理论模型试验

顶边界使用起伏地表自由边界条件，其余边界使用吸收边界条件，采用纵向坐标拉伸的思路，利用交错网格高阶差分方法，对图 2-12 所示的地表起伏形态为正弦曲线的简单模型，模拟了 P 波源时的弹性波传播。在横向 1700m 范围内，地表起伏高差达 500m，地表局部最大倾角为 42°。其中，地表一层网格采用 2 阶差分精度，而计算第 3、第 3 层网格点时

分别使用了 4、6 阶差分精度，从第 4 层开始深部各点均采用 8 阶差分精度。

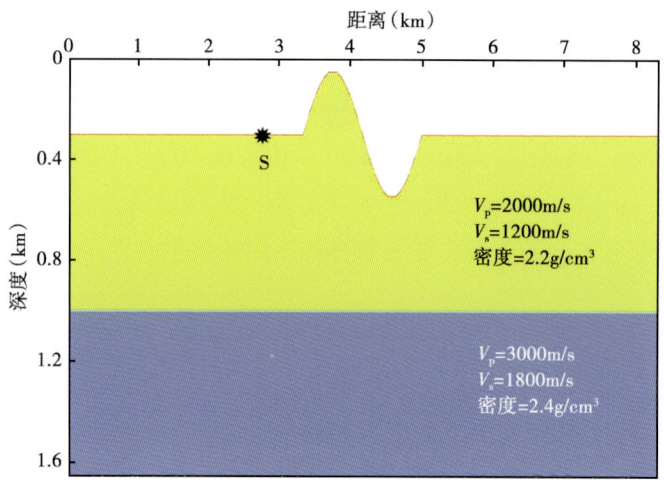

图 2-12　起伏地表模型

从模拟地震波场的瞬时快照以及地面记录上发现，地形起伏对地震波传播的影响不仅表现在走时上，起伏的地表引起了体波和面波（R）的相互转化，产生了大量散射 P 波和散射 S 波。这些地表散射在整个记录上都可以检测到（实际野外记录也是如此），影响了浅、中、深层反射波的识别，降低了数据的信噪比。

另外，改变图 2-12 模型地表起伏变化频率，从而改变地表局部最大坡度，对一系列模型进行了试验。发现当坡度过大（从 $\phi_{max} = 52°$ 开始）时，上述模拟方法出现不稳定现象，而且稳定允许的最大地表倾角 ϕ_{max} 随模型厚度增大而增大（图 2-13、图 2-14）。

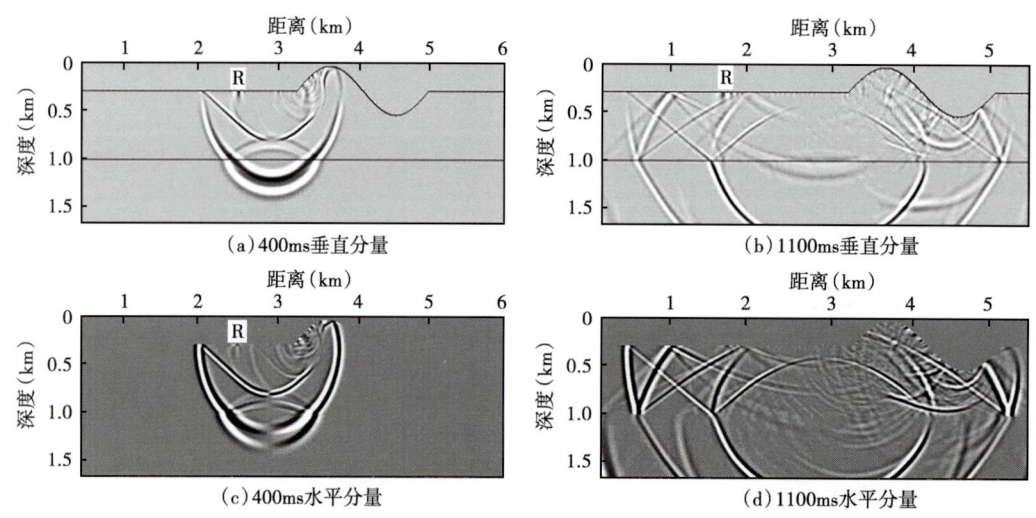

图 2-13　波场快照

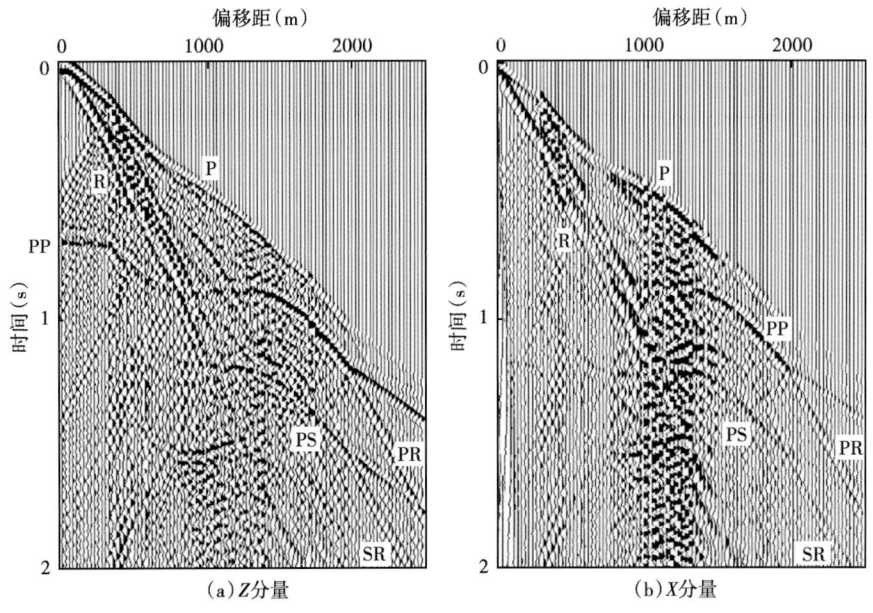

图2-14 模拟的地面记录

六、新疆准噶尔盆地南缘起伏地表模型地震波传播数值模拟

地表起伏会引起地震数据的低信噪比问题及数据处理中的静校正问题。本次对新疆准噶尔盆地南缘地表起伏模型（图2-15）中地震波模拟的目的是为了清楚模拟直达波及折射波，为检验静校正方法提供理论模型数据。因此，本次模拟采用声波方程，以回避地表起伏产生的各种干扰，影响对初至的拾取。

原始模型横纵向分别为50km和6km，模型网格间距均为2.5m。为了模拟需要，将模型左右分别延伸12.5km，即模型变为30000×2400个网格点，横纵向分别为75km和6km。模拟所采用的观测系统均为：第一炮炮点位于12500m处（即在原模型的最左端），炮间距50m，共1001炮。采用左边放炮方式，第一道炮间距0m，道距25m，每炮241道，最大炮检距6000m。采样间隔0.25ms，共24000个样点，即道长为6s。

模拟结果数据量：4×1001炮×241×24000＝23,159,136,000 bytes，即生成的数据量为23G。

从图2-16到图2-36的几个模拟单炮记录上可以发现，波形保持良好，模拟精度高，数值频散很小，直达波和折射波比较清楚。从150炮开始，由于排列所在地表起伏较大，对地震波走时的影响在模拟记录上表现明显。在750~800炮范围内，由于高速层出露，浅部无折射层存在，模拟记录上几乎看不到折射波，初至拾取比较困难。

这个模拟数据具有准噶尔盆地南缘山前的地表特征，基于该数据的算法与模块测试对南缘数据的流程设计与参数设置具有很好的指导意义。该数据将用于后续章节中所有与起伏地表有关的算法测试，如基准面校正与表层速度反演、起伏地表偏移对基准面的要求以及直接从起伏地表进行的叠前偏移等各种测试。

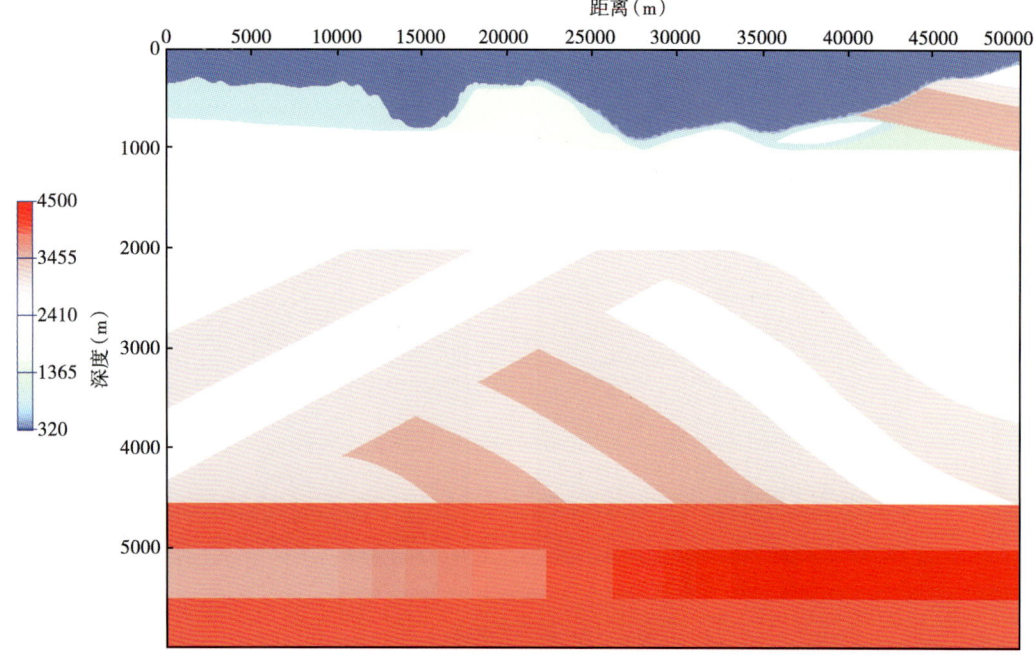

图 2-15　新疆地表起伏模型

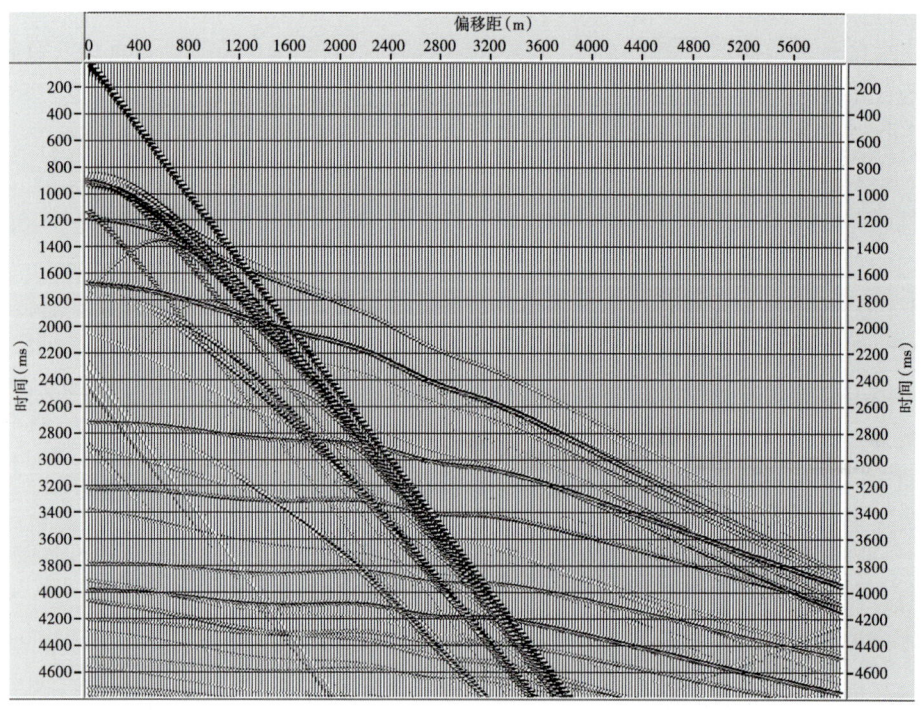

图 2-16　第 10 炮模拟记录

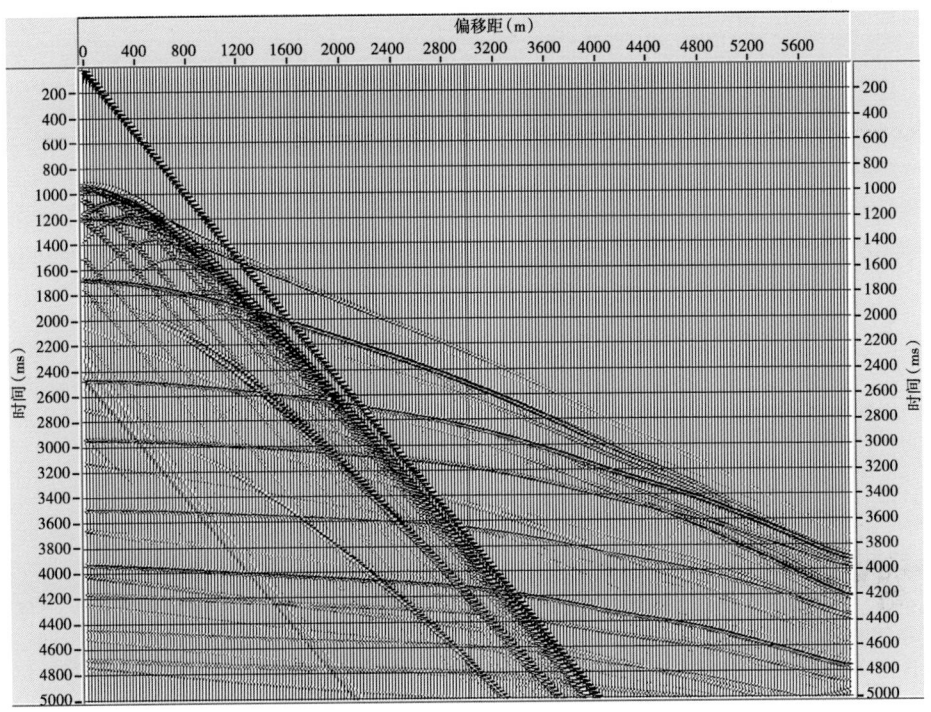

图 2-17 第 90 炮模拟记录

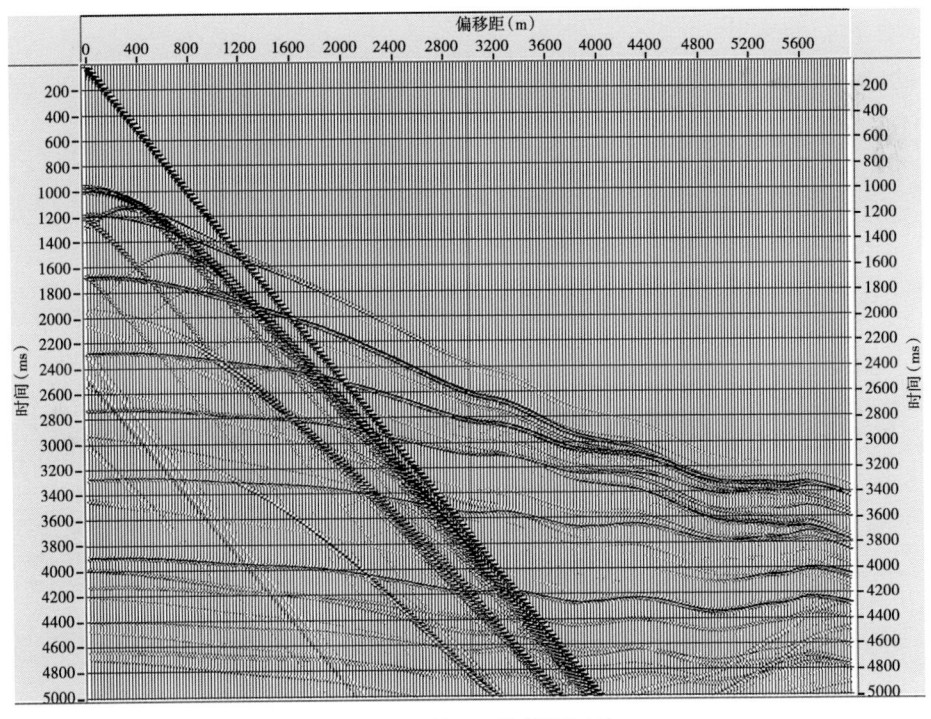

图 2-18 第 150 炮模拟记录

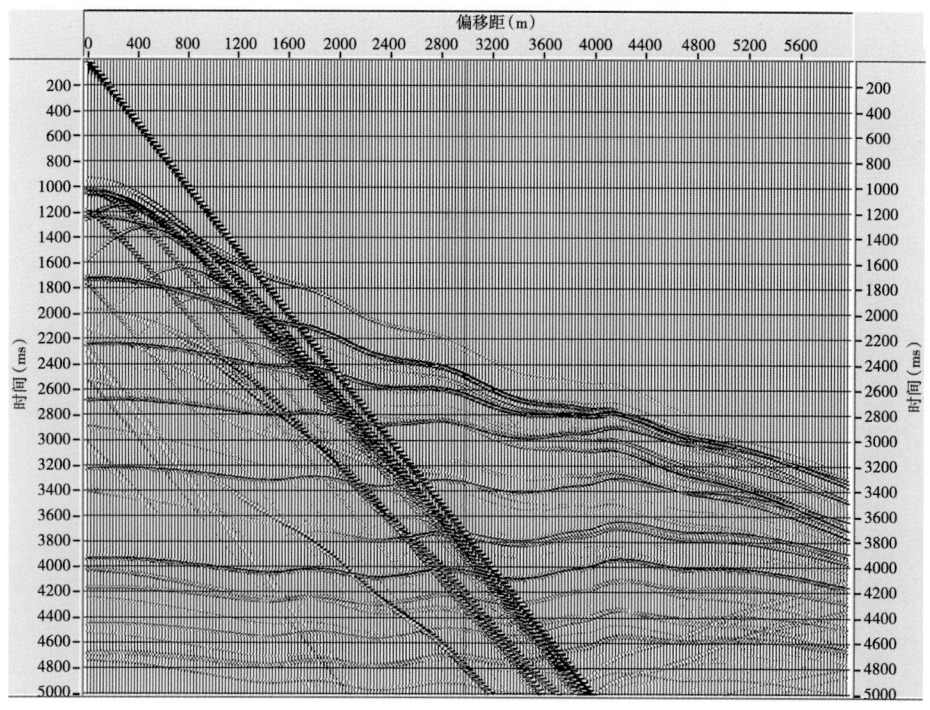

图 2-19　第 180 炮模拟记录

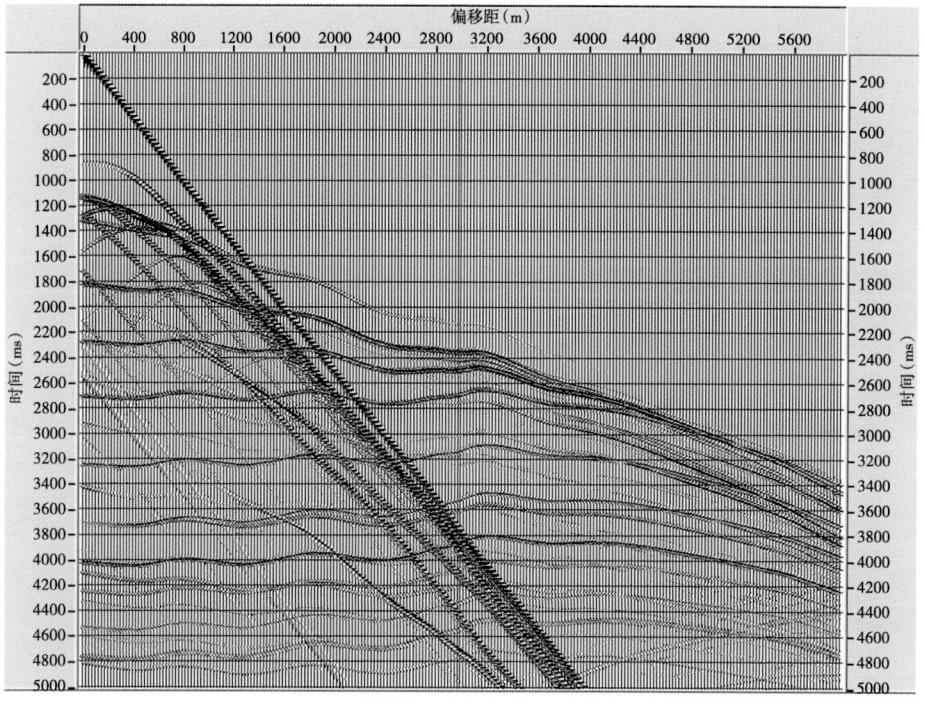

图 2-20　第 200 炮模拟记录

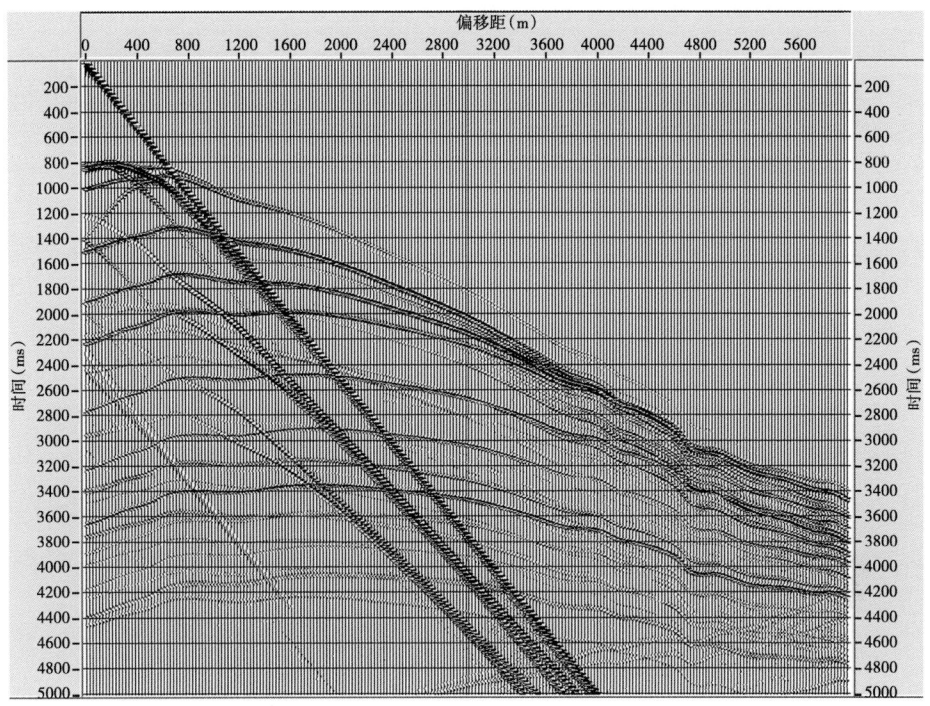

图 2-21 第 250 炮模拟记录

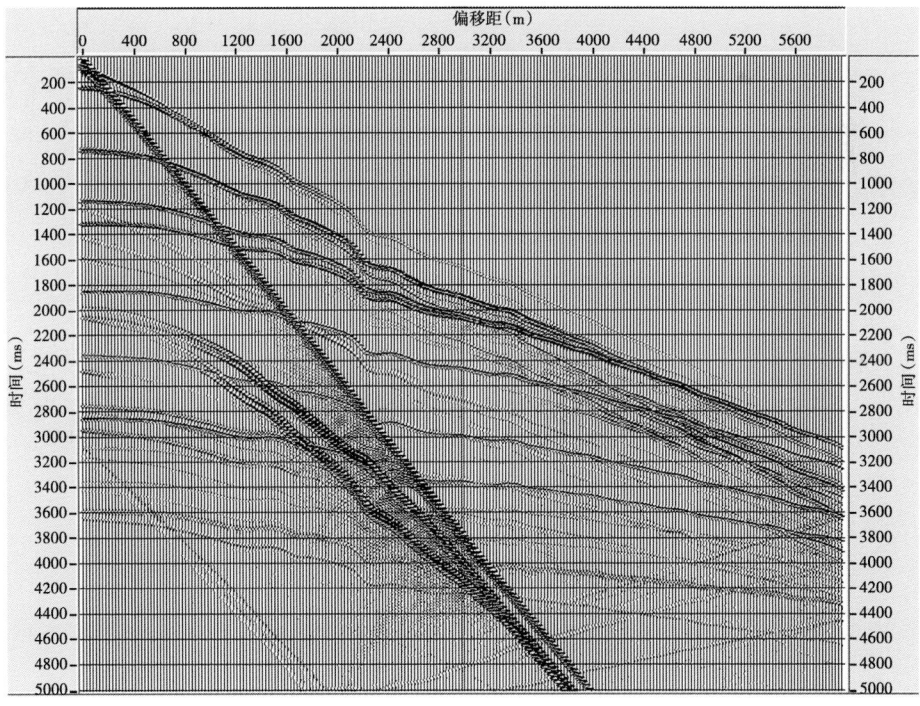

图 2-22 第 300 炮模拟记录

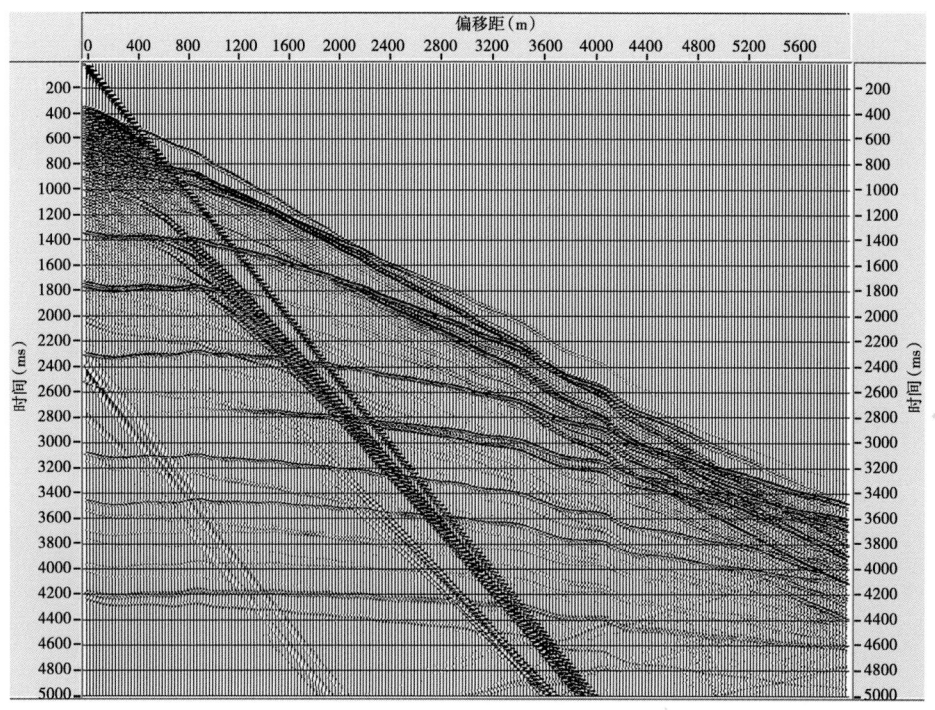

图 2-23 第 350 炮模拟记录

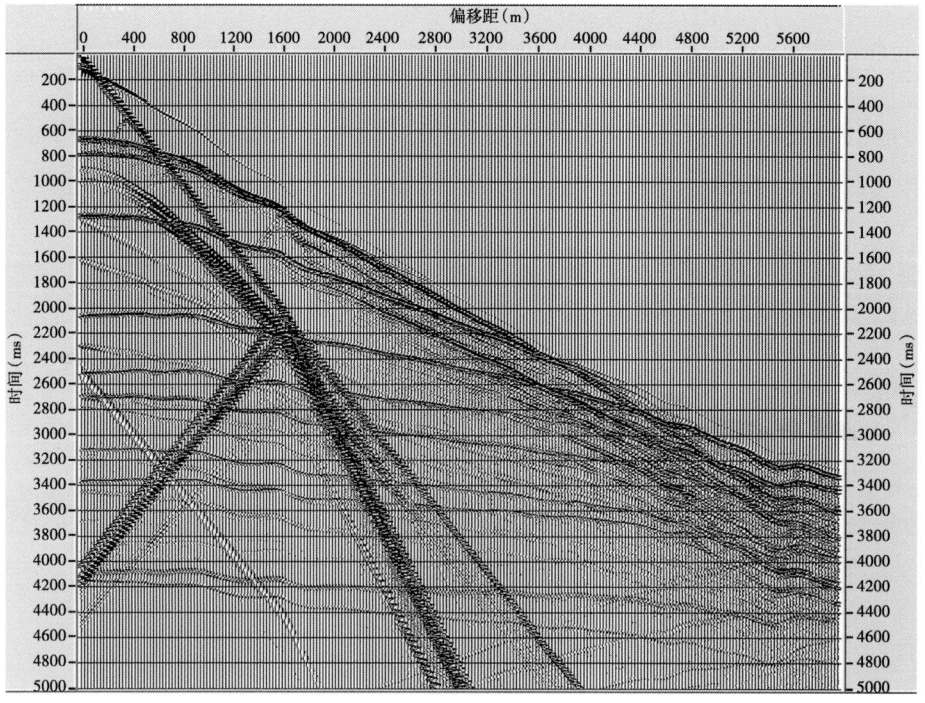

图 2-24 第 400 炮模拟记录

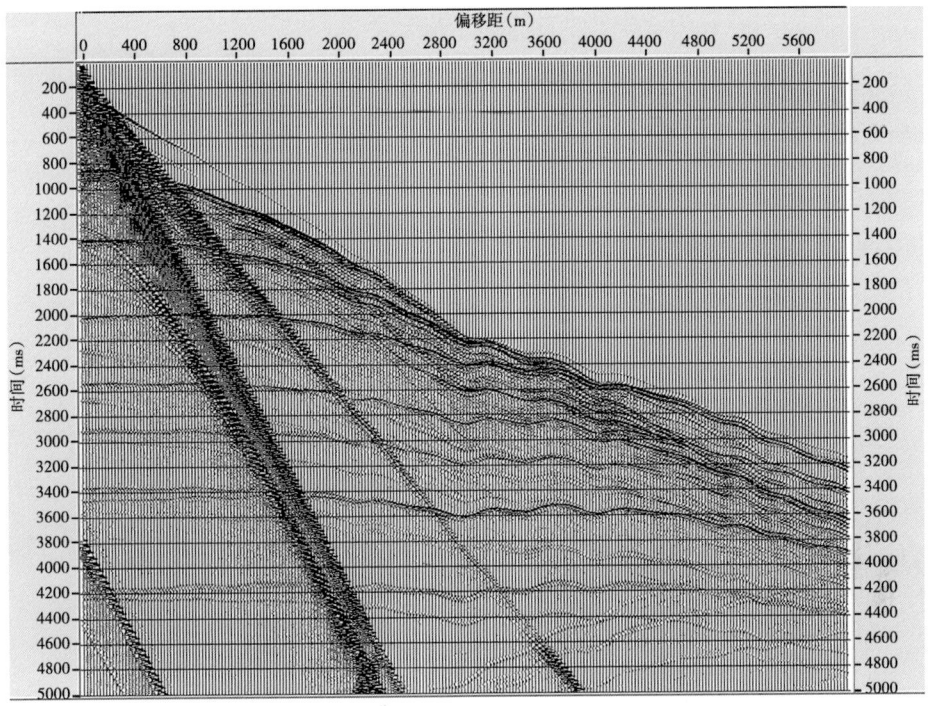

图 2-25 第 450 炮模拟记录

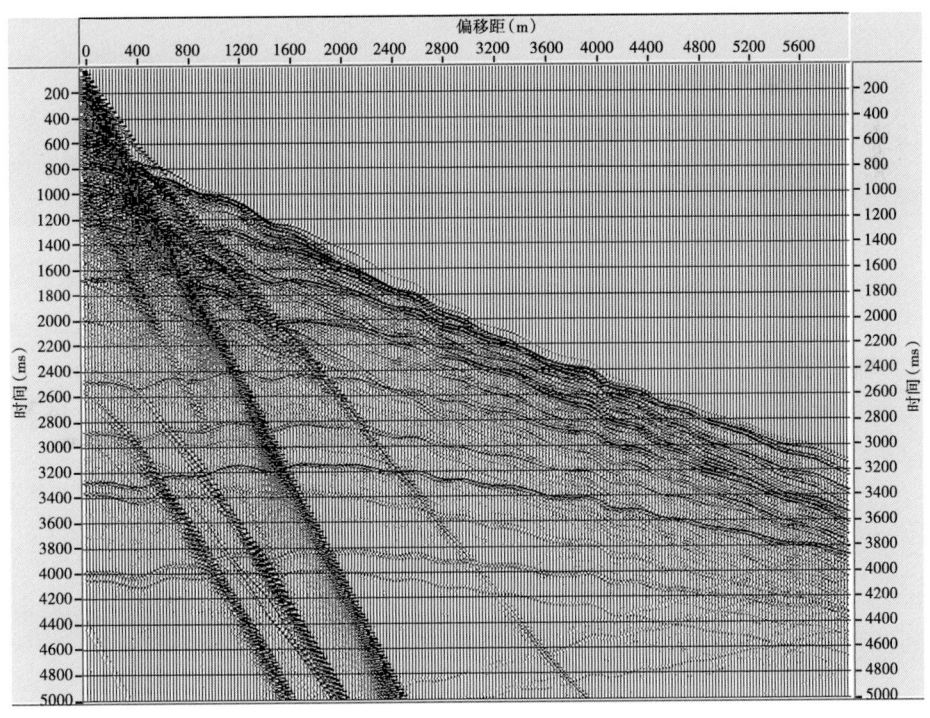

图 2-26 第 500 炮模拟记录

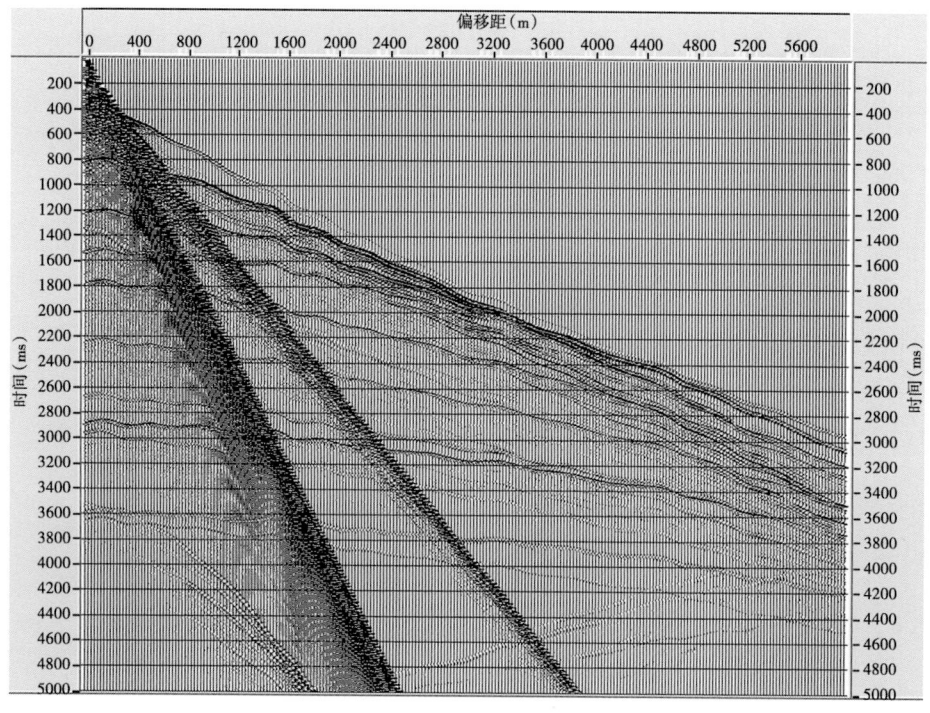

图 2-27 第 550 炮模拟记录

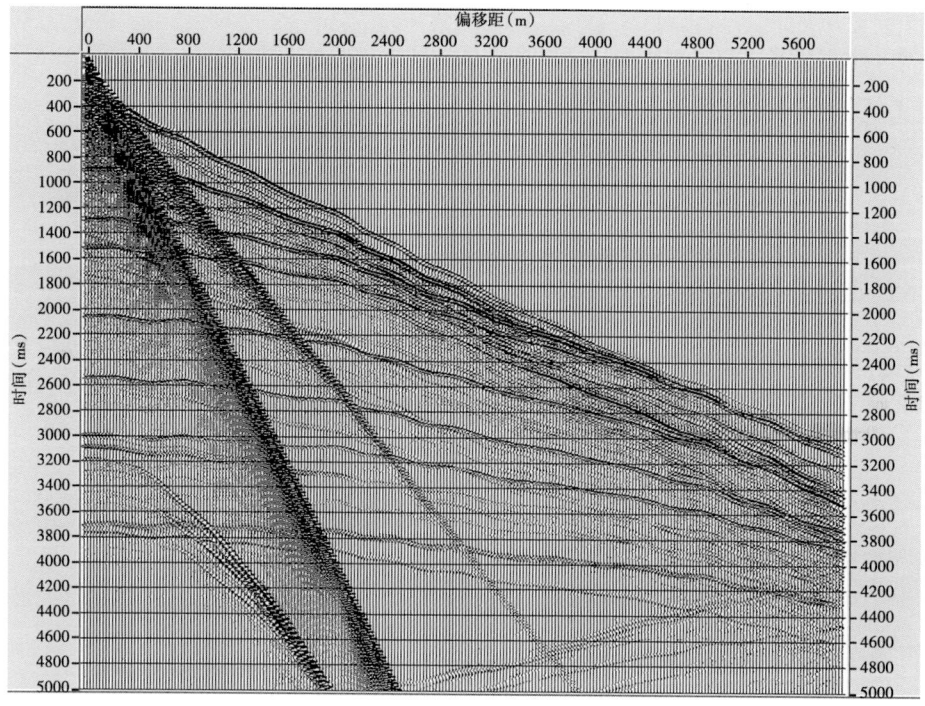

图 2-28 第 600 炮模拟记录

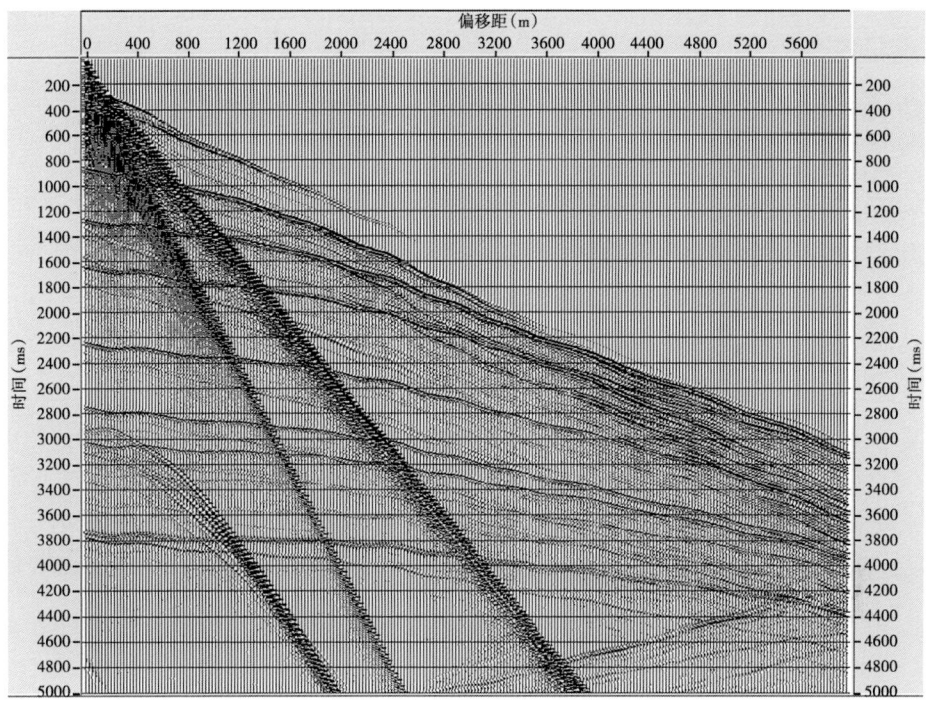

图 2-29　第 660 炮模拟记录

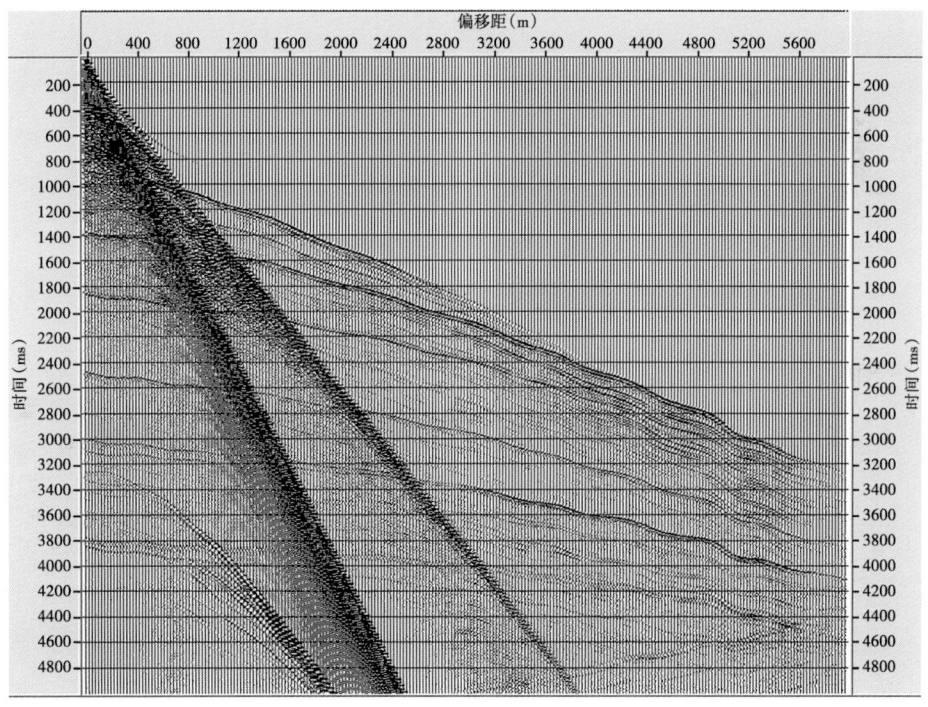

图 2-30　第 700 炮模拟记录

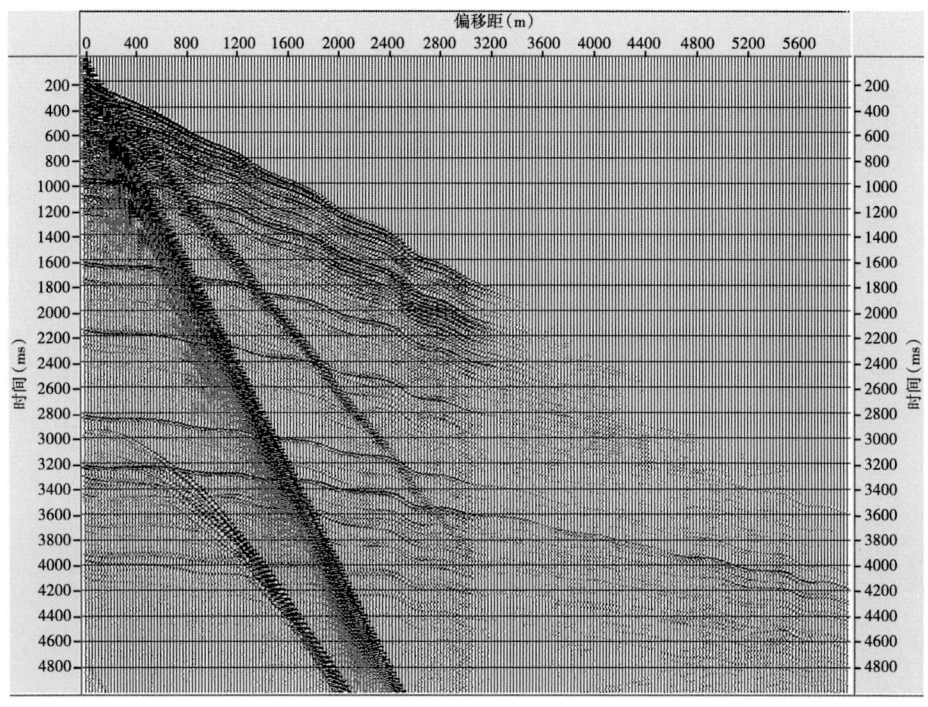

图 2-31　第 750 炮模拟记录

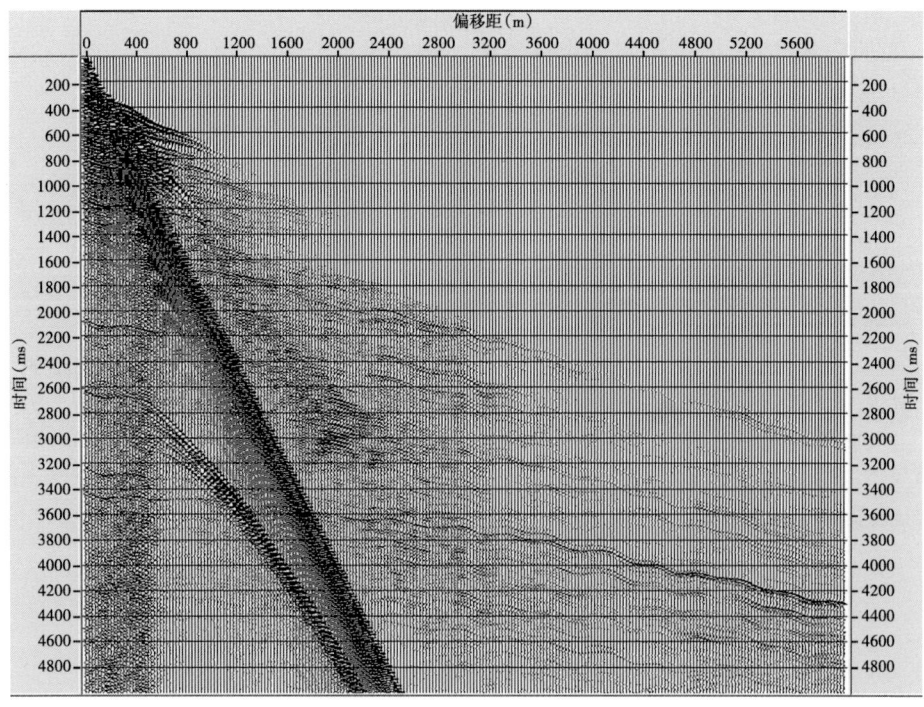

图 2-32　第 800 炮模拟记录

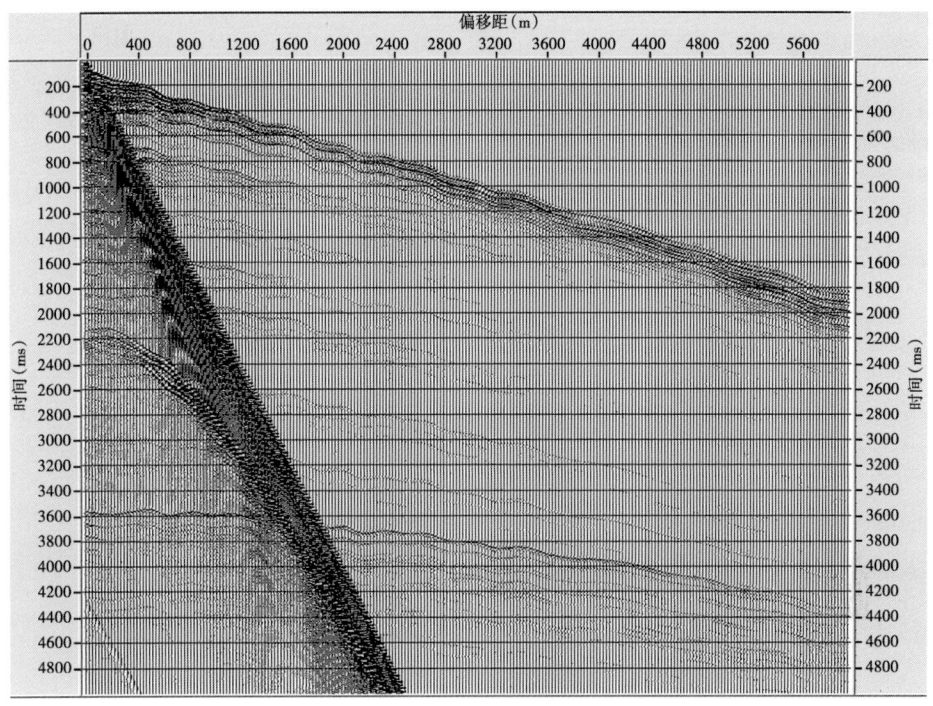

图 2-33 第 850 炮模拟记录

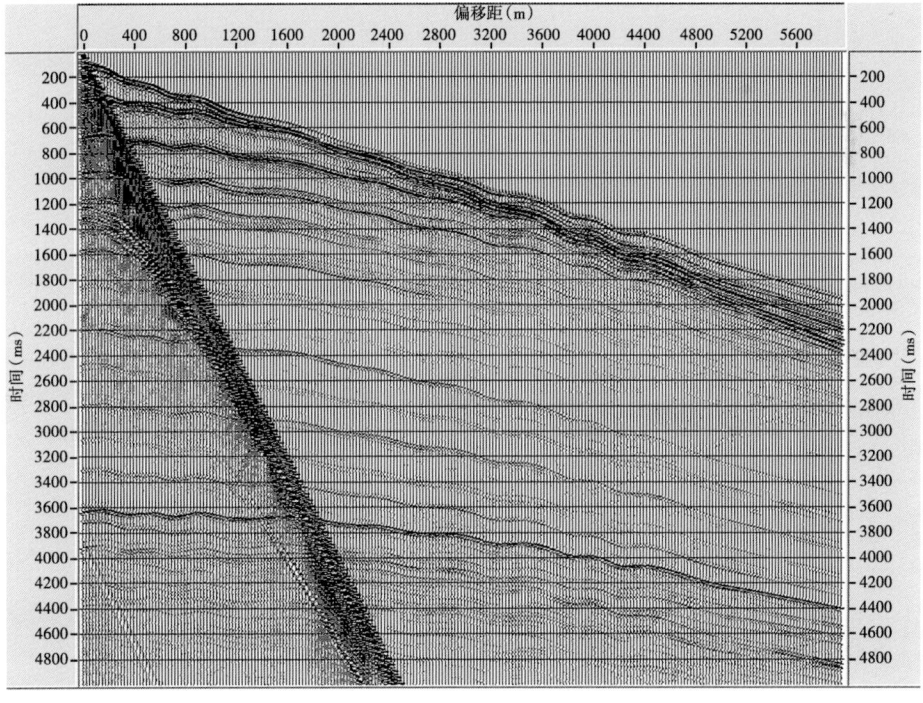

图 2-34 第 900 炮模拟记录

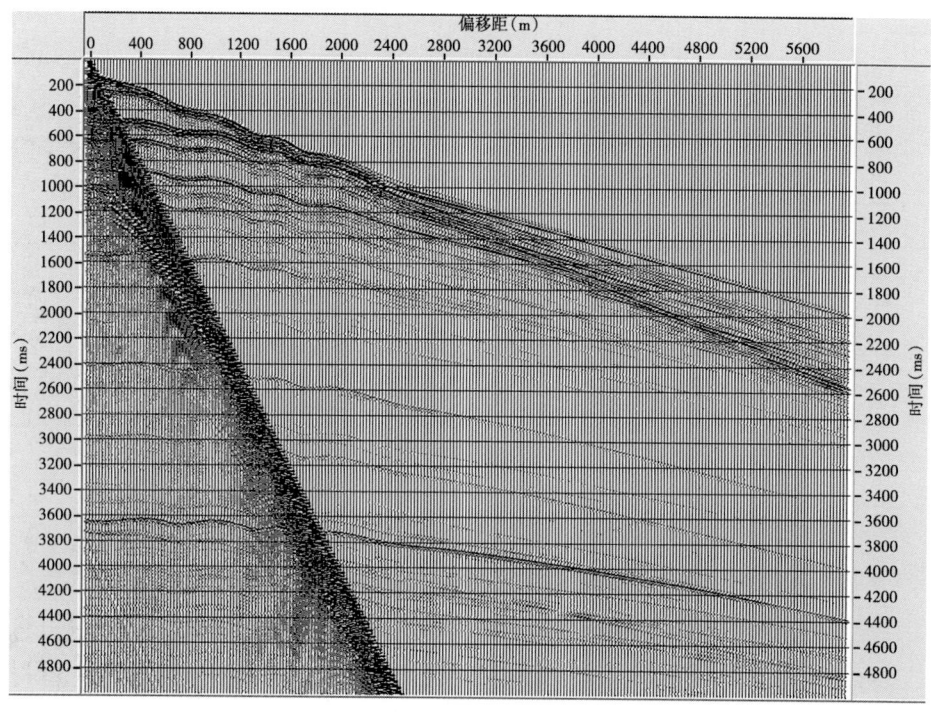

图 2-35 第 950 炮模拟记录

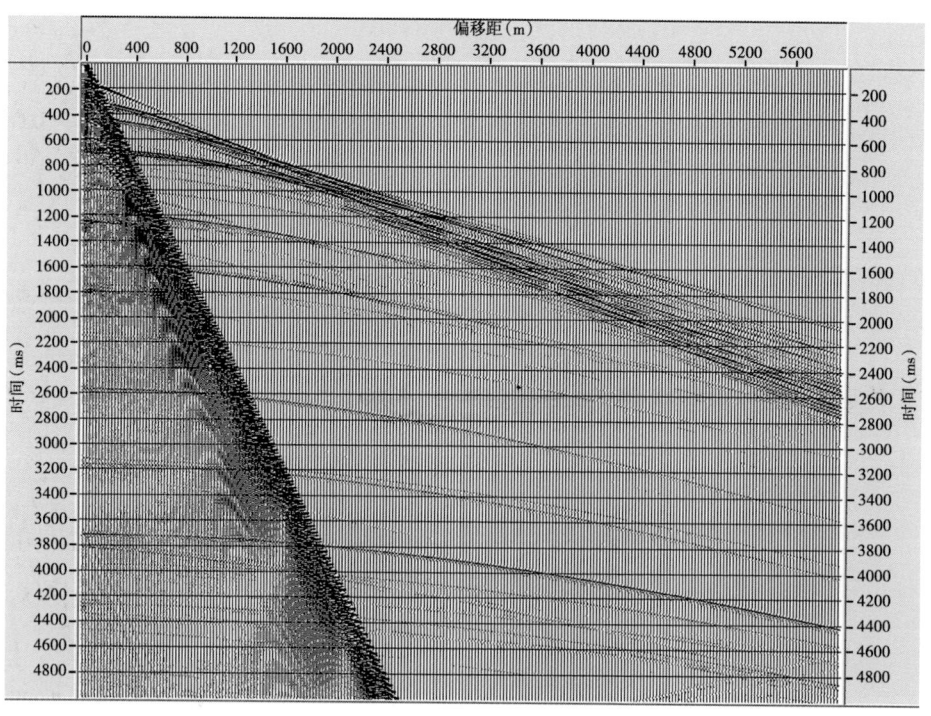

图 2-36 第 1000 炮模拟记录

第五节 天山模型地震波传播正演模拟

一、天山模型

地表起伏会引起地震数据的低信噪比问题及数据处理中的静校正问题。天山模型模拟了南缘山前带在没有低降速层覆盖时的情况。本次对天山起伏地表模型（图2-37）进行地震波模拟的目的是为了清楚模拟直达波及地表散射波，为检验静校正方法提供理论模型数据。因此，本次模拟采用声波方程，以回避地表起伏产生的各种干扰，影响对初至的拾取。

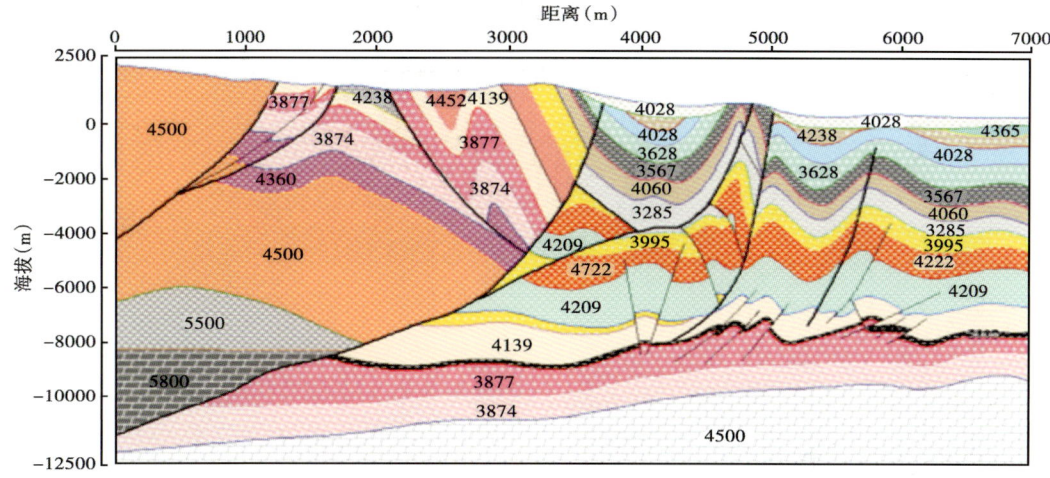

图2-37 天山模型

原始模型横纵向分别为70km和12.5km，模型网格间距均为2.5m。模拟所采用的观测系统为：第一炮炮点位于2000m处，炮间距20m，共3001炮。采用中间放炮方式，第一道距离炮点距离2000m，道距10m，每炮801道，最大炮检距4000m。采样间隔0.125ms，共32000个样点，即道长为4s。

模拟结果数据量：4×3001 炮 $\times 401 \times 32000 = 1.540353e+11$ bytes，即生成的数据量为154G。

二、天山模型地震波传播数值模拟

从图2-38到图2-42的几个模拟单炮记录上可以发现，波形保持良好，模拟精度高，数值频散很小，直达波和折射波比较清楚。这个模拟数据具有南缘的地表特征，基于该数据的算法与模块测试对南缘数据的流程设计及参数

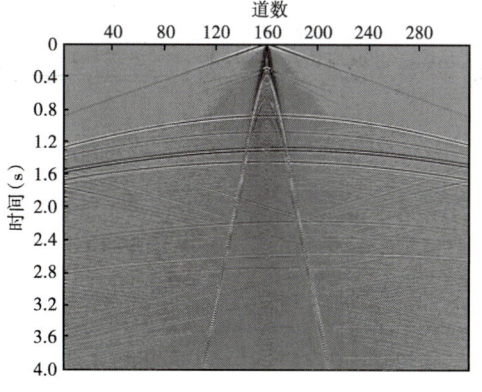

图2-38 第1炮模拟记录

设置具有很好的指导意义。该数据将用于后续章节中所有与起伏地表有关的算法测试，如基准面校正与表层速度反演、起伏地表偏移对基准面的要求及直接从起伏地表进行的叠前偏移等各种测试。

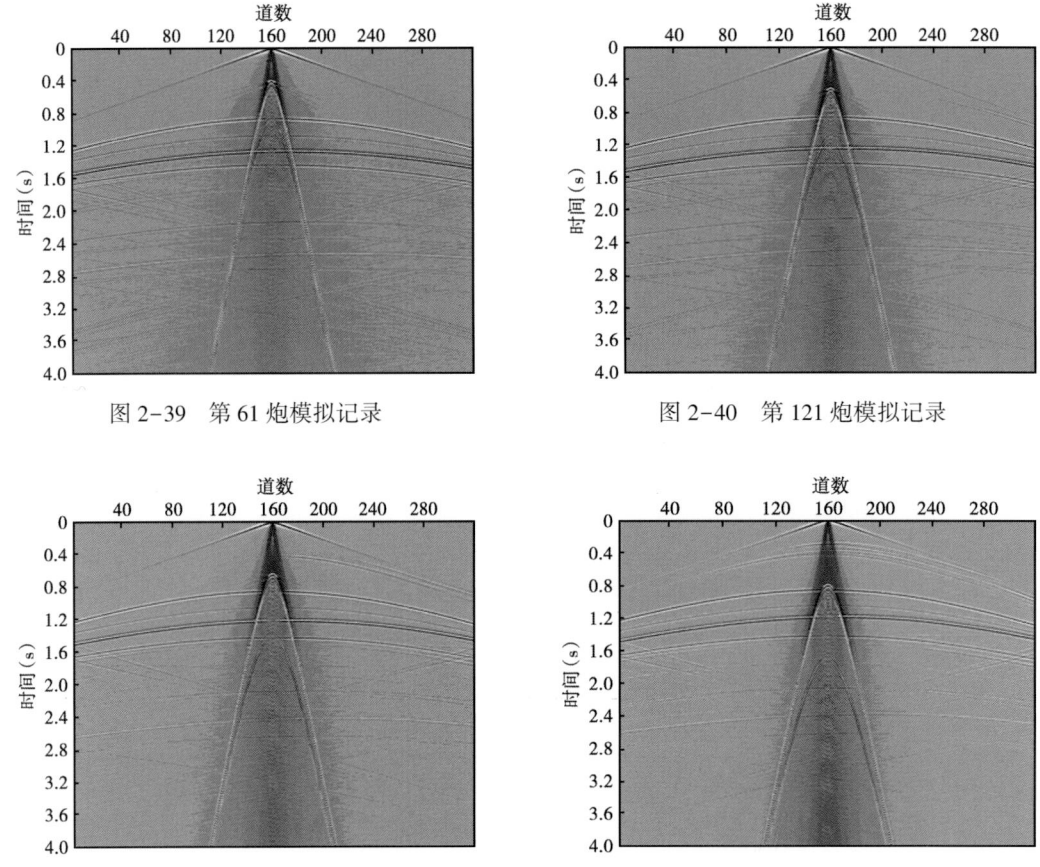

图 2-39　第 61 炮模拟记录　　　　　　　　图 2-40　第 121 炮模拟记录

图 2-41　第 181 炮模拟记录　　　　　　　　图 2-42　第 241 炮模拟记录

参 考 文 献

Cord Jastram, Alfred Behle, 游有志. 1991. 用有限差分法及快速展开法实现弹性波模拟. 美国勘探地球物理学家学会年会.

黄自萍, 董良国. 2003. 弹性波传播数值模拟的区域分裂法. 地球物理学报, 47（6）: 1094-1100.

吴如山. 1994. 地震波传播与散射. 北京: 石油工业出版社.

夏凡, 董良国, 马在田. 2003. 三维弹性波数值模拟中的吸收边界条件. 地球物理学报, 47（1）: 132-136.

Behle A, Kosloff D, Carcione J, et al. 1990. Development and Testing of a General Modelling Technique. Optimization of the Production and Utilization of Hydrocarbons.

Bouchon M, Schultz C A, Toksoz M N. 1996. Effect of three-dimensional topography on seismic motion. Journal of Geophysical Research, 101, 3: 5835-5846.

Bouchon M, Schultz C A, Toksoz M N. 1996. Effect of three-dimensional topography on seismic motion. Journal of Geophysical Research, 101, （3）: 5835-5846.

【第二章】 面向准噶尔盆地南缘复杂构造成像的地震波正演模拟技术

Crase E. 1990. High-order (space and time) finite-difference modeling of the elastic equation. Expanded Abstracts, 987-991.

Fornberg B, Meyer-Spasche R. 1992. A finite difference procedure for a class of free boundary problems. Academic Press Professional.

Frankel A, Leith W. 1992. Evaluation of topographic effects on P and S-waves of explosions at the Northern Novaya Zemlya test site using 3D numerical simulations. Geophysical Research Letters, 19 (18): 1887-1890.

Gottlieb D, Gunzburger M, Turkel E. 1982. On numerical boundary treatment of hyperbolic systems for finite difference and finite element methods: SIAM J, Anal, 19: 671-682.

Gottlieb D, Gunzburger M, Turkel E. 1982. On numerical boundary treatment of hyperbolic systems for finite difference and finite element methods: SIAM J. Numer, 19: 671-682.

Hestholm S O, Husebye E S, Ruud B O. 1994. Seismic wave propagation in complex crust-upper mantle media using 2D finite-difference synthetics. Geophysical Journal International, 118 (3): 643-670.

Hestholm. 1999. Three-dimensional finite difference viscoelastic wave modelling including surface topography, Geophys, 139: 852-878.

Jastram. 1993. Accurate finite-difference operators for modeling the elastic wave equation, Geophysical Prospecting, 41: 453-458.

Jih R. 1988. Free-boundary conditions for arbitrary polygonal topography in a two-dimensional explicit elastic finite-difference scheme. Geophysics, 53 (8): 1045-1055.

Jin R. 1988. Free-boundary conditions for arbitrary polygonal topography in a two-dimensional explicit elastic finite-difference scheme, Geophysics, 53 (8): 1045-1055.

John Vidale, Robert W, Clayton. 1986. A Stable Free-Surface Boundary Condition for 2D Elastic Finite-Difference Wave Simulation. Geophysics, 51: 2247-2249.

Kosloff D, Reshef M, Loewenthal D. 1984. Elastic wave calculations by the Fourier transform, Bull. Seism. Soc. Am, 74: 875-891.

Levander A R. 1988. Four-order finite-difference P-SV seismograms. Geophysics, 53 (11): 1425-1436.

Moczo P, Kristek J, Galis M, et al. 2010. The finite-difference and finite-element modeling of seismic wave propagation and earthquake motion. Acta Physica Slovaca, 57 (2): 177-406.

Pedersen E P, Butler D. 1994. Use of Geophysical Methods to Refine Geological Site Characterization at an Eastern Nebraska Landfill—A Case History [C]. Symposium on the Application of Geophysics to Engineering and Environmental Problems. Environment and Engineering Geophysical Society, 1994: 247-259.

Robertsson J O A, Lever A, Holliger K. 1996. Modeling of the Acoustic Reverberation Special Research Program deep ocean seafloor scattering experiments using a hybrid wave propagation simulation technique. Journal of Geophysical Research, 101 (101): 3085-3102.

Tessmer E, Kosloff D, Behle A. 1992. Elastic wave propagation simulation in the presence of surface topography, Geophys. J. Int, 108: 621-632.

Tessmer E, Kosloff D, Behle A. 1992. Elastic wave propagation simulation in the presence of surface topography. Geophys, 108: 621-632.

Vidale J, Helmberger D V, Clayton. 1985. W. Finite-difference seismograms for sh waves. Bulletin of the Seismological Society of America.

Virieux J. 1986. P-SV Wave Propagation in Heterogeneous Media: Velocity-stress Finite Difference Method, Geophysics, 51 (4): 889-901.

第三章　波动方程正演模型技术在南缘采集设计中的应用

地震采集方法的合理与否直接影响地震数据品质，对后续地震资料的成像处理及综合解释研究影响较大，开展针对复杂地震地质条件下的地震采集方法研究可以有效指导设计人员优选关键采集参数，确定合适的观测方式。现有的采集技术设计主要从以下几方面开展：（1）典型论证点参数论证，该方法是在探区选取代表性的论证点，根据每个论证点目的层的地球物理参数，计算各目的层所需的地震采集采样参数，结合实际资料及试验资料，进行采集方法的设计；（2）基于波动方程的高频渐进解，研究目的层反射路径，定量化、直观化分析各目的层合理的采样参数，该方法主要是基于地质模型以射线追踪的方式进行模拟采集，分析各目的层的反射波传播路径，依据定量化指标确定合理的野外观测方法。

在准噶尔盆地南缘推覆构造发育地区，由于复杂的上覆地质构造及高速推覆体的存在，不同目的层及同一目的层不同部位的地震波照明强度变化很大，经常存在一些照明较弱的区域（称为照明阴影区），造成下伏勘探目的层照明强度显著下降，从而使得这些目的层界面成像更加困难。如何在采集阶段提高这些地下阴影区的地震波照明强度，一直是地震采集设计努力的目标。尽管采用了基于模型的观测系统模拟分析技术，但是由于射线高频近似的原因，该技术不能正确模拟各种复杂构造的地震反射波场，因此在复杂构造区不能真实反映勘探目标的所需的采样参数，达到准确确定地面炮检点位置进而提高逆掩高陡构造区的照明强度，改善成像质量的目的，因此增加了采集观测系统设计的盲目性，进而增加了勘探的风险与成本。

本章针对以上问题，分析了以往地震采集设计中基于射线模拟方法存在的不足，开展了波动方程照明技术在采集设计中的应用研究，实践证实应用效果良好，对南缘山前带目标层在逆掩推覆体之下的观测系统采集具有指导意义。

第一节　波动方程正演发展概况

目前主要采用的地震正演模拟方法有射线理论（射线追踪）法和波动方程数值解法（克希霍夫积分法、有限差分法、有限单元法、边界单元法和虚谱法）。射线追踪法是建立在波动方程的高频近似基础上的一种方法，该算法实际仅计算了旅行时和振幅函数的特征曲线，效率高，计算量小，但是对类似南缘山前带这样复杂的探区很难满足要求。对于复杂构造、复杂地质体和复杂岩性模型而言，基于波动方程的数值解法才是真正有效的。

国际学术界早已提出多种弹性波动方程的求解方法。20 世纪 50 年代初 Ewing（1957）和 Jones（1962）提出了传播矩阵法；Alterman 和 Karal 提出了数值求解弹性波动方程的有限差分方法；Aki 和 Richards（1980）提出了谱分析的 Aki 方法；Cerveny（1977）对传统的射线方法进行了进一步的研究；Hong 和 Helmberger（1978）提出了横向非均匀介质中的 glorified optics 方法；Nazarian S. 和 Stokoe（1983）提出了处理三维问题的 principal curvatures 方法；Kaneko 等（1990）提出了"边界积分方程—离散波数法"，用于研究波在具有非均匀界面的多层介质中的传播；Meju 等（1994）提出了谱方法，用来模拟波在弹性介质中的传播。

这些不同算法有以下特点：（1）传播矩阵方法和谱方法具有计算速度快、占用内存少、计算精度高等优点，但只适用于简单地层模型（如水平层状地层）；（2）基于变分和积分原理的有限单元法和边界元法，优点在于其稳定性、收敛性以及边界适应性较好，但是有限单元法在进行大规模的线性方程组求解时，特别是用于波动响应计算的情况下，计算量和内存占用量都非常大，因此使用不是很广泛；（3）基于惠更斯原理的射线追踪方法计算速度很快，但是这种旅行时正演方法缺少振幅信息；（4）有限差分方法是求解双曲型偏微分方程最常用的数值方法之一，通过网格差分近似波动方程微分算子，能够得到完整的弹性波场信息，而且具有编程简单的优点，可以用来分析处理各种复杂地质构造中的波动问题。但是，这种方法也面临复杂界面处理难度大等问题，局部物理和几何参数的变化要求加密整个模型网格，导致计算量大大增加，算法耗时长是目前几乎所有波动方程模拟方法的特点。

近年来基于波动方程的地震照明分析成为研究热点，它克服了射线照明方法的缺陷，能适应横向强速度变化介质，可对目标地质体进行有效的地震照明分析，使得目标照明分析更加合理、准确。定向照明分析基于单程波传播算子和局部平面波分解算子（如余弦分解、小波变换分解）实现总照明和定向照明度计算。该类方法在每点的地震波场都要进行角度域分解，计算量很大。前人提出了基于波动方程有限差分正演的地震照明分析方法，并对比了单程算子和双程算子两种传播算子计算地震照明度的优缺点，指出与双程算子相比，单程算子由于存在忽略散射损失、反射损失、散焦损失及广角反射近似等方面的不足，所计算的地震照明度存在一定误差，尤其在复杂区误差更大。

目前基于双程算子的波动方程正演技术在国内外地震采集设计、处理、解释中广泛应用，并已形成成熟软件。如裴正林（2011）提出了基于玻印亭矢量的地震波场方向性分解方法和地震波定向照明度计算方法；董良国（2005）提出的单程波波动方程照明分析软件。

第二节　有限差分波动方程数值模拟原理

一、相速度空间频散曲线与差分网格稳定性条件

声波方程的高阶差分模拟方法原理在第二章已经做过详细陈述，这里不再赘述。这里补充说明相速度空间频散曲线的计算过程，给出差分网格的稳定性条件。如果将平面谐波代入二维声波差分方程，可以得到相速度空间频散曲线：

$$\frac{v}{v_0} = \sqrt{\frac{-1}{2\pi^2\left(\frac{\Delta x}{\lambda}\right)^2}\left\{\sum_{n=1}^{N} C_n^{(N)}\left[\cos\left(2n\pi\frac{\Delta x}{\lambda}\cos\theta\right) + \cos\left(2n\pi\frac{\Delta x}{\lambda}\sin\theta\right) - 2\right]\right\}} \quad (3-1)$$

从频散曲线公式可见，影响频散的主要因素包括一个波长内离散点数、差分精度和传播方向。通过进一步分析，从不同差分精度的空间频散和时间频散曲线可知，实际模拟中的频

散主要由空间离散引起。稳定性问题是数值求解波动方程的基本问题。数值计算过程中离散参数选择不合理,可能产生无物理意义的、按指数增大的计算结果,造成模拟结果网格频散严重,影响分析的准确性,严重时会造成溢出而使计算无法进行。因此,对一种数值解法,需要知道计算稳定的离散参数区域,即分析解法的稳定性。

二维声波 $2N$ 阶空间差分精度的理论上的稳定性条件:

$$v\Delta t \sqrt{\frac{1}{\Delta x^2} + \frac{1}{\Delta z^2}} \leq \sqrt{\frac{2}{\sum_{n=1}^{N} C_n^{(N)}[1 - (-1)^n]}} \tag{3-2}$$

对 $2N = 2$,$v\Delta t \sqrt{\frac{1}{\Delta x^2} + \frac{1}{\Delta z^2}} \leq 1$。当 $\Delta x = \Delta z$ 时,$\frac{v\Delta t}{\Delta x} \leq \frac{1}{\sqrt{2}} = 0.707$。

对 $2N = 4$,$v\Delta t \sqrt{\frac{1}{\Delta x^2} + \frac{1}{\Delta z^2}} \leq 0.866$。当 $\Delta x = \Delta z$ 时,$\frac{v\Delta t}{\Delta x} \leq 0.612$。

对 $2N = 6$,$v\Delta t \sqrt{\frac{1}{\Delta x^2} + \frac{1}{\Delta z^2}} \leq 0.813$。当 $\Delta x = \Delta z$ 时,$\frac{v\Delta t}{\Delta x} \leq 0.575$。

对 $2N = 8$,$v\Delta t \sqrt{\frac{1}{\Delta x^2} + \frac{1}{\Delta z^2}} \leq 0.784$。当 $\Delta x = \Delta z$ 时,$\frac{v\Delta t}{\Delta x} \leq 0.555$。

对 $2N = 10$,$v\Delta t \sqrt{\frac{1}{\Delta x^2} + \frac{1}{\Delta z^2}} \leq 0.765$。当 $\Delta x = \Delta z$ 时,$\frac{v\Delta t}{\Delta x} \leq 0.541$。

三维声波 $2N$ 阶空间差分精度理论上的稳定性条件:

$$v\Delta t \sqrt{\frac{1}{\Delta x^2} + \frac{1}{\Delta y^2} + \frac{1}{\Delta z^2}} \leq \sqrt{\frac{2}{\sum_{n=1}^{N} C_n^{(N)}[1 - (-2)^n]}} \tag{3-3}$$

二、任意连续介质的波动方程正演模拟的算法

任意连续介质的波动方程正演能模拟任意连续介质的波场特征,得到绕射波,地震波场到达地面的垂直分量和水平分量,并能体现多次波和反射波的振幅衰减等。二维各向同性完全弹性介质中的弹性波方程主要基于如下一阶动力学方程组来进行求解:

$$\rho \frac{\partial v_x}{\partial t} = \frac{\partial \tau_{xx}}{\partial x} + \frac{\partial \tau_{xz}}{\partial z}$$

$$\rho \frac{\partial v_z}{\partial t} = \frac{\partial \tau_{xz}}{\partial x} + \frac{\partial \tau_{zz}}{\partial z}$$

$$\frac{\partial \tau_{xx}}{\partial t} = (\lambda + 2\mu) \frac{\partial v_x}{\partial x} + \lambda \frac{\partial v_z}{\partial z}$$

$$\frac{\partial \tau_{zz}}{\partial t} = (\lambda + 2\mu) \frac{\partial v_z}{\partial z} + \lambda \frac{\partial v_x}{\partial x}$$

$$\frac{\partial \tau_{xz}}{\partial t} = \mu\left(\frac{\partial v_x}{\partial z} + \frac{\partial v_z}{\partial x}\right) \tag{3-4}$$

其中，$\tau_{xx} = \tau_{xx}(x, z, t)$，$\tau_{zz} = \tau_{zz}(x, z, t)$，$\tau_{xz} = \tau_{xz}(x, z, t)$ 是应力张量；$\rho = \rho = (x, z)$ 是密度；$(v_x = v_x(x, z, t)$，$v_z = v_z(x, z, t))$ 是速度向量；$\lambda = \lambda(x, z)$，$\mu = \mu(x, z)$ 是拉梅系数。用有限差分法求解上述方程组。这里采用 Virieux（1986）的交错网格差分公式，L. T. Ikelle 和 S. K. Yung 证明该算法可以精确、稳定地应用于复杂的随机介质模型。当每一个波长中的网格点数多于 10 个时，Levander 的结果显示，这时的网格色散与网格各向异性均可忽略不计。在下面的正演模拟中，都使用 Cerjan 的吸收边界条件。例如，要实现左边界的吸收，可向（左边界）外设置宽度为 40 个网格的条形吸收区域：$\{-40 \leq i \leq 0\}$，在吸收区域内的五个波场量，每计算一个时间步长后，所做的波场衰减就是乘以因子 $G = \exp(-0.00015i^2)$（对 $i = 0$ 时 $G = 1$，对 $i = -40$ 时 $G = 0.8$）。

三、层状介质射线追踪算法

根据 Snell 定律，已知入射波的法线单位向量和界面法线的单位向量，在矢量空间里，如何直接得到反射及透射波的单位向量呢？如果存在简便的算法，将会使射线追踪过程得到简化。反射波和透射波射线单位向量（图 3-1）可以简单地由下面公式得到

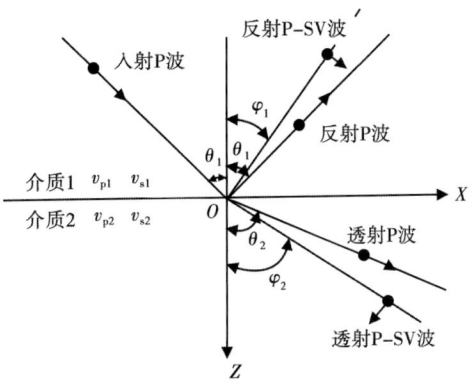

图 3-1　平面波入射到水平分界面是的波动转换与能量分配

$$\cos\theta_1 = \boldsymbol{v} \cdot \boldsymbol{p}$$
$$\cos\theta_2 = \sqrt{1 - \left(\frac{v_1}{v_2}\right)^2(1 - \cos^2\theta_1)}$$
$$V_{\text{反}} = \boldsymbol{v} - (2\cos\theta_1)\boldsymbol{p}$$
$$V_{\text{透}} = \left(\frac{v_1}{v_2}\right)\boldsymbol{v} + \left(\cos\theta_2 - \frac{v_1}{v_2}\cos\theta_1\right)\boldsymbol{p} \tag{3-5}$$

式中，$\boldsymbol{v}$——入射波单位向量；

$\boldsymbol{p}$——界面法线单位向量；

θ_1——入射角；

θ_2——透射角；

v_1——入射波波速；

v_2——透射波波速；

$V_{\text{反}}$——射波单位向量；

$V_{\text{透}}$——透射波单位向量。

其中，透射角由 Snell 定律直接计算，公式如下：

$$\theta_2 = \sin^{-1}\left(\frac{v_2\sin\theta_1}{v_1}\right) \tag{3-6}$$

四、Zoeppritz 方程

为了研究不同角度入射地震波的振幅情况，需要从原始的 Zoeppritz 方程入手。目前大多数 AVO 处理是通过一定的近似求解，即对 Zoeppritz 方程做一个近似的函数逼近，而不是直接求解 Zoeppritz 方程。这些近似有一个共同的特点，就是在小于临界角内吻合度比较好；而在大于临界角以后，其拟合误差较大。而本项目的研究需要得到精确的火山岩的振幅属性，所以需要直接对它进行求解。P 波入射时 Zoeppritz 方程如下：

$$\begin{bmatrix} \sin\theta_1 & \cos\varphi_1 & -\sin\theta_2 & \cos\varphi_2 \\ -\cos\theta_1 & \sin\varphi_1 & -\cos\theta_2 & -\sin\varphi_2 \\ \dfrac{v_{s1}^2}{v_{p1}}\sin 2\theta_1 & v_{s1}\cos 2\varphi_1 & \dfrac{\rho_2 v_{s2}^2}{\rho_1 v_{p2}}\sin 2\theta_2 & -\dfrac{\rho_2 v_{s2}}{\rho_1}\cos 2\varphi_2 \\ v_{p1}\cos 2\varphi_1 & -v_{s1}\sin 2\varphi_1 & -\dfrac{\rho_2 v_{p2}}{\rho_1}\cos 2\varphi_2 & -\dfrac{\rho_2 v_{s2}}{\rho_1}\sin 2\varphi_2 \end{bmatrix} \begin{bmatrix} R_{pp} \\ R_{ps} \\ T_{pp} \\ T_{ps} \end{bmatrix} = \begin{bmatrix} -\sin\theta_1 \\ -\cos\theta_1 \\ \dfrac{v_{s1}^2}{v_{p1}}\sin 2\theta_1 \\ -v_{p1}\cos 2\varphi_1 \end{bmatrix} \quad (3-7)$$

式中，R_{pp}、R_{ps}、T_{pp}、T_{ps}——P 波、反射 P-SV 波、透射 P 波、透射 P-SV 波的位移振幅系数（即各波分量振幅与入射波振幅的比值）；

θ_1——P 波入射角及其反射角；

ϕ_1——P-SV 波的反射角；

θ_2、ϕ_2——透射 P 波、透射 P-SV 波的透射角；

ρ_1、ρ_2——介质 1 和介质 2 的密度；

v_{p1}、v_{s1}、v_{p2}、v_{s2}——介质 1 和介质 2 的纵波和横波速度。

将后两个方程简化一下得

$$\begin{bmatrix} \sin\theta_1 & \cos\varphi_1 & -\sin\theta_2 & \cos\varphi_2 \\ -\cos\theta_1 & \sin\varphi_1 & -\cos\theta_2 & -\sin\varphi_2 \\ \sin 2\theta_1 & \dfrac{v_{p1}^2}{v_{s1}}\cos 2\varphi_1 & \dfrac{\rho_2 v_{p1} v_{s2}^2}{\rho_1 v_{p2} v_{s1}^2}\sin 2\theta_2 & -\dfrac{\rho_2 v_{p2} v_{s2}}{\rho_1 v_{s1}^2}\cos 2\varphi_2 \\ \cos 2\varphi_1 & -\dfrac{v_{s1}}{v_{p1}}\sin 2\varphi_1 & -\dfrac{\rho_2 v_{p2}}{\rho_1 v_{p1}}\cos 2\varphi_2 & -\dfrac{\rho_2 v_{s2}}{\rho_1 v_{p1}}\sin 2\varphi_2 \end{bmatrix} \begin{bmatrix} R_{pp} \\ R_{ps} \\ T_{pp} \\ T_{ps} \end{bmatrix} = \begin{bmatrix} -\sin\theta_1 \\ -\cos\theta_1 \\ \sin 2\theta_1 \\ -\cos 2\varphi_1 \end{bmatrix} \quad (3-8)$$

通过直接求解上述方程，便可以得到不同角度的纵波入射后反射波和透射波的振幅情况。

第三节　波动方程模拟分析

一、基于射线追踪模拟分析

长期以来在地震采集方法设计中一直采用基于射线追踪的方法进行采集参数论证分析，在层状介质的情况下通过射线追踪模拟分析，能够得到地下目的层的有效反射，分析结果具有一定的指导作用。但是对于比较复杂的地质模型，射线理论会出现盲区，不能完全描述地震波场的传播（图3-2）。

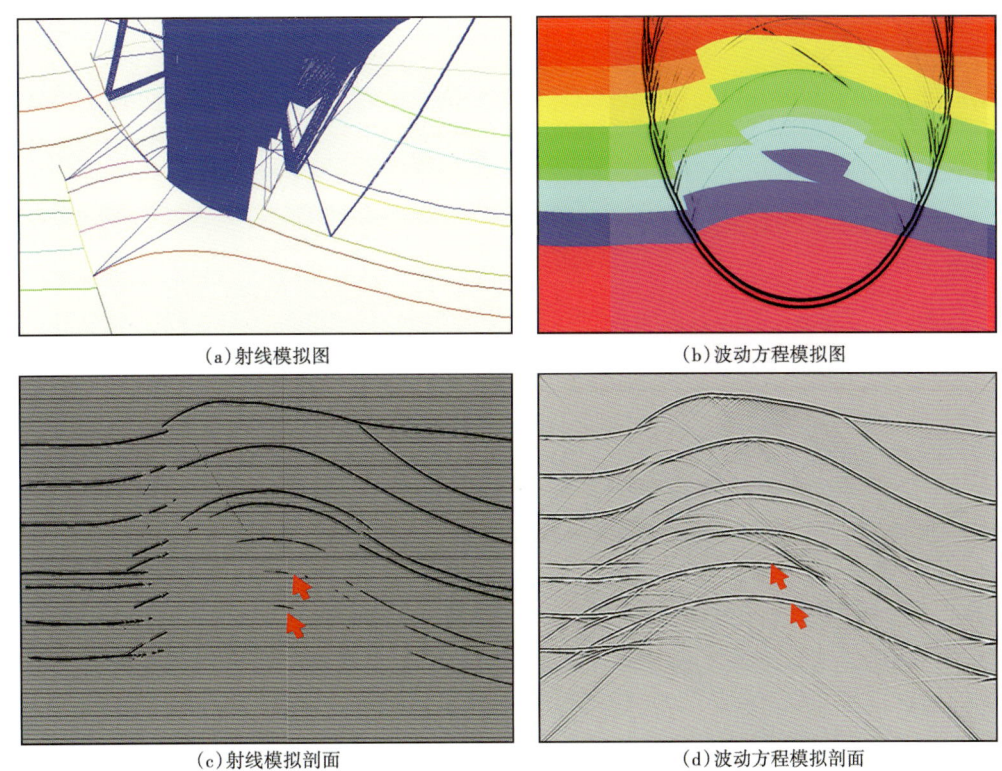

(a) 射线模拟图　　(b) 波动方程模拟图

(c) 射线模拟剖面　　(d) 波动方程模拟剖面

图 3-2　射线追踪与波动方程模拟对比图

射线模型基于简单的程函方程，反映的是简单的地质构造几何特征变化。而波动方程模型能适应横向强速度变化介质，可对目标地质体进行有效的地震照明分析，使得目标照明分析更加合理、准确。从 NS200714 线模型的波动方程模型照明度分析结果看，推覆构造下盘没有很好的有效照明，出现了空白区（图 3-3），因此最终成像效果不理想（图 3-4a）。根

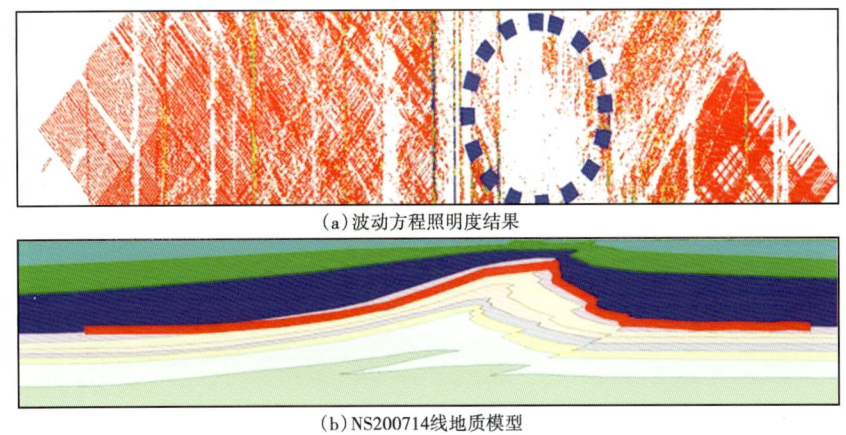

(a) 波动方程照明度结果

(b) NS200714 线地质模型

图 3-3　波动方程照明度结果及 NS200714 线地质模型

据波动模拟结果,针对空白区进行补充采集提高有效照明后,最终成像得到一定改善,逆掩推覆构造得到显现(图 3-4b)。因此只有建立模型,针对目的层进行波动方程正演及照明度分析,才能正确指导观测系统的方案设计。

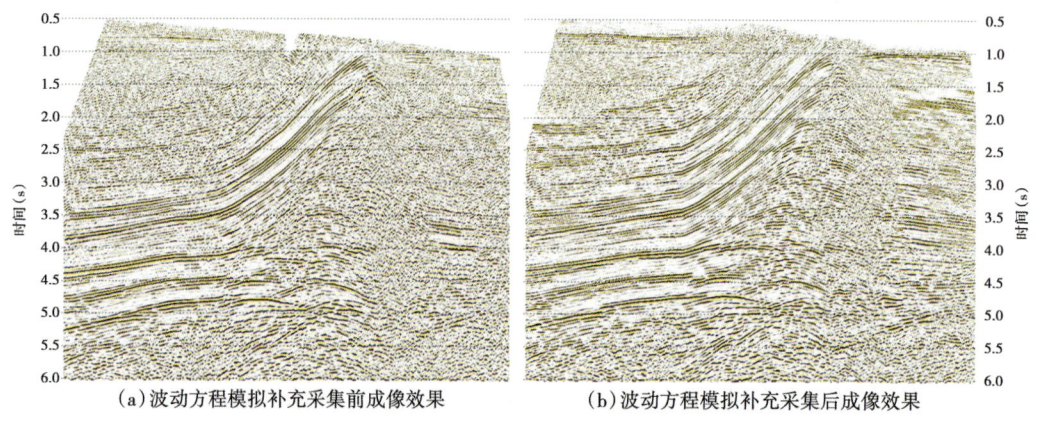

(a)波动方程模拟补充采集前成像效果　　(b)波动方程模拟补充采集后成像效果

图 3-4　波动方程模拟补充采集前后最终成像效果对比

二、基于波动方程的照明分析

基于二维地质模型,通过基于波动方程理论的单向或双向照明分析,分别选取不同道距、不同炮点距和不同炮检距的观测系统,分析不同观测方法对目的层照明度的影响,为观测系统参数的选取提供依据。如图 3-5 所示,通过 25m、50m 道距的照明分析可见,采用 25m 道距对目的层照明度较高,采用 50m 道距对目的层的照明度明显降低,可见小道距有利于目的层的观测。

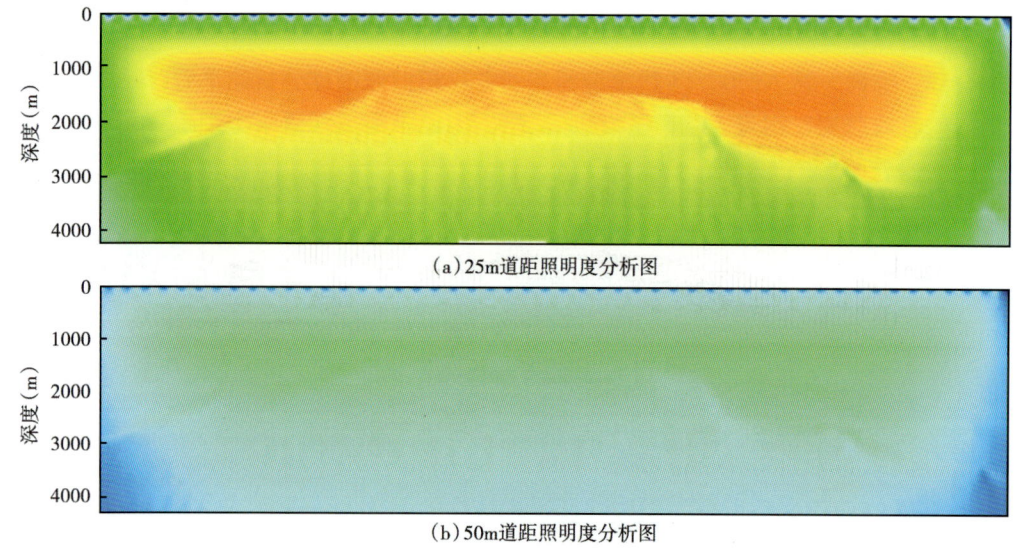

(a)25m 道距照明度分析图

(b)50m 道距照明度分析图

图 3-5　25m 道距与 50m 道距照明度分析对比图

如图3-6所示，采用相同的接收道距和偏移距，对比分析不同炮检距对目的层照明强度的影响。分析结果表明，炮检距在4000m左右完全能够满足目的层的观测要求。

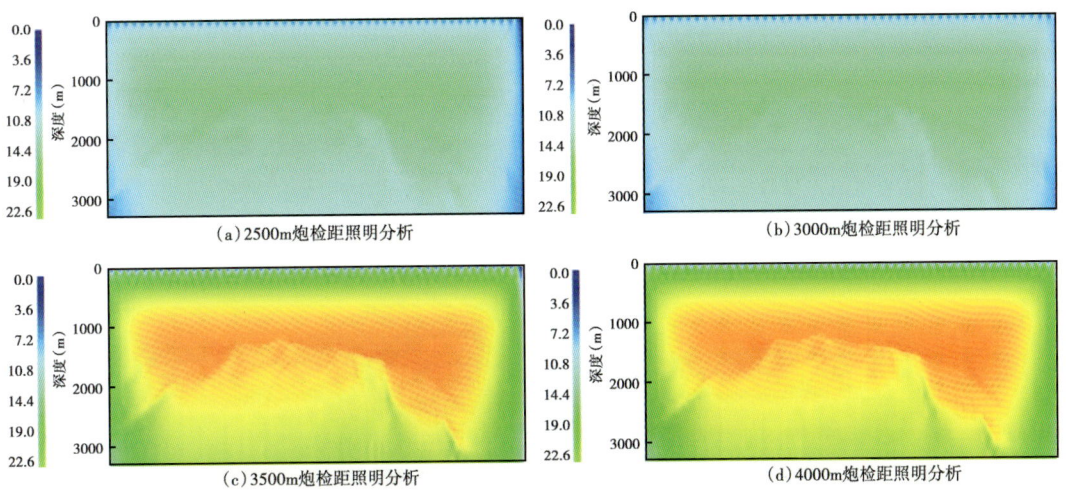

图3-6 不同炮检距照明强度分析图

三、声波与弹性波波动方程模拟采集分析

由于实际采集中大多数仅仅使用Z分量，因此声波方程模拟基本就可以满足要求，该方法能估算实际地震中地震能量传播的二维波场效应。它假设介质中横波速度为零，当大部分地震能量传播到不连续界面时，转换波的振幅很小，可以忽略不计（图3-7）。当然，最准确合理的依然是弹性波方程模拟、有限差分弹性波模拟结果，包含了断点、绕射波、直达波和反透射波等丰富的波场信息。对于复杂地质构造模型，波动方程正演模拟的剖面地质信息更丰富，克服了射线追踪法只能适应均匀介质及存在射线盲区的缺点；能适应横向强速度

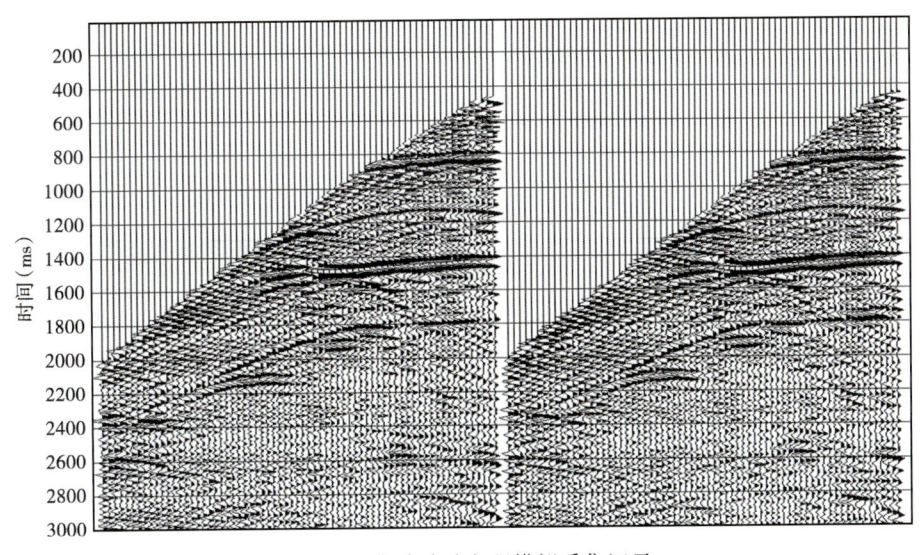

图3-7 声波波动方程模拟采集记录

变化及方向各向异性等各种复杂介质,使得目标的地震响应分析更加合理、准确,更有助于观测系统的优化及资料处理方法的确定,从而得到更高品质的地震资料。

四、地表起伏地质模型建立与弹性波数值模拟分析

为了能够模拟出更为合理的波动记录,需要充分利用以往地震速度、解释成果、钻井资料、测井资料,来建立地表起伏的地质模型。地质模型中纵横波的速度可以在纵横向上按一定梯度变化,考虑波在传播过程中的吸收衰减情况,需要给定介质的岩石密度、品质因素等参数,如果研究裂缝等地质问题,需要考虑各向异性介质参数(图3-8)。

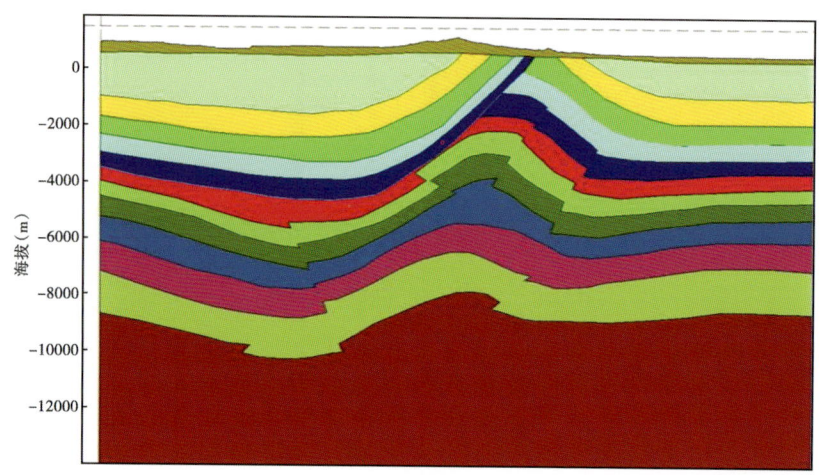

图3-8 MN200206线起伏地表模型图

从图3-9所示的MN200206线实际单炮与弹性波动方程模拟采集对比来看,弹性波动方程模拟波场丰富,能够更加真实地反映各目的层的反射波场传播过程。通过这样不同的观

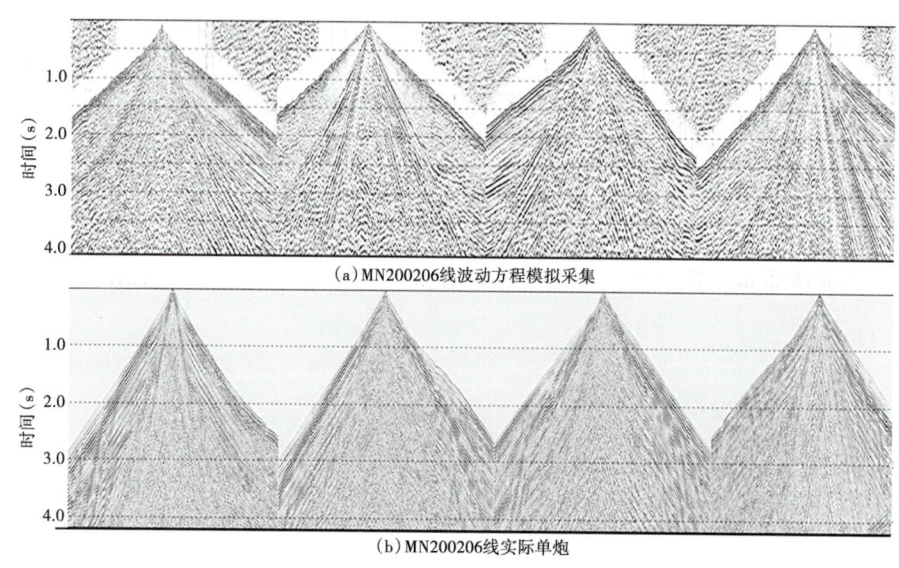

图3-9 MN200206线实际单炮与弹性波动方程模拟采集对比

测方法模拟采集，同时利用照明度分析技术对勘探目的层进行观测参数分析，分析采集结果能否达到地质目标的需求，通过反复模拟采集结果，对不同观测系统进行评价，优化最终采集观测方案，使得最终确定的采集方法能够解决地质问题，获得高质量的地震勘探资料。

弹性波模拟的潜力在于可以通过波场快照研究分析不同特征地质体的波场情况，分析研究反射波、绕射波的传播路径。对于横波勘探，需要分析转换波的波场情况，最后确定观测范围。

五、基于波动方程照明分析的采集设计思路及流程

对于准噶尔盆地南缘这样的复杂山地探区，必须采用基于模型、面向目标的波动方程照明分析优化观测系统参数，包括面元边长、有效照明、最大炮检距等观测系统设计的基本参数。面向目标的照明分析能够告知我们目标层的有效照明强度及改善有效照明强度的地面炮检点分布位置，这样就可以经济有效地设计出针对地质目标的合理采集方案。

本节重点讨论基于起伏地表的波动方程照明分析算法及其应用，特别是基于提高目标区有效照明强度的地表炮检点布设的问题。

1. 问题的提出：如何探明地震波照明阴影区

在构造复杂地区，受上覆结构变化的影响，不同目的层及同一目的层上不同部位的地震波照明强度变化很大，经常存在一些照明强度较弱的区域（称为照明阴影区），造成下伏勘探目的层照明强度的显著下降，使得这些目的层界面成像困难，致使这些区域成像较差。如何在采集阶段提高这些地下照明阴影区的地震波照明强度一直是采集设计努力的目标。通过在地面某区域加密炮点可以实现这一目标，但第一个问题是：如何确定地面炮点加密范围？

基于模型、面向目标的地震波照明和观测系统设计是解决这个问题的重要手段。本节我们基于波动方程的傅里叶有限差分传播算子实现面向目标的地震波照明和成像。通过分析不同观测系统对地下不同区域的照明强度，确定照明阴影区范围。利用照明统计方法或地震波场上传方法，计算出对目的层界面均匀照明所需要的地面震源能量曲线，从而确定最优的地面激发接收点分布范围。有一点可以明确：在确定出的炮点分布范围之外激发的地震数据，对目的层界面的成像贡献不大；在信噪比较低的地区，这些地震能量甚至对目的层成像起反作用。

在类似逆冲推覆这种构造复杂地区，覆盖次数除了与炮点和检波点排列有关外，还决定目的层的深度、倾角及上覆地质结构。目的层上各 CRP 点的覆盖次数和地震波照射能共同决定了该点的成像质量。第二个问题是：如何在观测系统设计中，基于 CRP 点的覆盖次数和地震波照明能量的分析，确定最优的接收排列方式和排列长度？

针对上述两个野外地震观测系统设计中的问题，本文利用射线追踪和波动方程联合照明技术的联合分析给出了解决办法。

2. 如何确定炮点加密范围

我们知道，目的层上各 CRP 点的覆盖次数和地震波照射能量共同决定了该点的成像质量。因此，应该根据目的层上各 CRP 点的照明能量和覆盖次数的分布来确定观测系统。具体可采用波动方程和射线追踪联合计算每个目的层上各 CRP 点的覆盖次数和照射能量，统

计不同炮检距地震道对各 CRP 点的覆盖次数和照射能量的贡献,从而确定最佳的接收排列长度和排列方式。

具体来说,根据波动方程地震波照明结果,利用照明统计或波场上传方法,可以确定针对某勘探目的层的地面最优炮点分布范围。这里我们使用了基于单程波方程的照明统计方法。通过单程波方程利用波场局部角度域分解方法,计算每炮地震数据对地下的照明强度分布影响。该方法与通常的照明方法相比,考虑了观测孔径对照明强度的影响。在此基础上,统计不同位置激发的地震波对目标区域的照明强度分布曲线。分布曲线高的区域,说明在该范围内激发对目标区域照明强度高,有利于该目标区域的成像。因此该方法可以用来确定炮点加密范围,我们称这种方法为"照明统计法"。利用射线追踪法虽然有理论限制,但是依然可以和波动方程照明分析联合使用,更好地确定各目的层上不同炮检距地震道对各 CRP 点的覆盖次数和照射能量的贡献分布,综合分析这些分布曲线得到针对这些目的层的最优检波器排列方式和排列长度。这里以准噶尔盆地南缘典型逆掩推覆构造模型为例进行分析。

逆掩推覆构造是准噶尔盆地南缘地区的主要构造特征,勘探目标就位于逆掩推覆断面之下。推覆上盘的地震波速度可达 6000m/s,而下盘的速度只有 4000m/s,造成推覆构造下目的层界面的照明强度非常低(图 3-10)。虽然经过了多次勘探攻关,但下伏结构仍然不是非常清楚,有必要在该地区进行面向目标的观测系统照明分析。以下对图 3-10 所示的南缘典型逆掩推覆构造模型进行地震波照明分析。设计 501 炮,炮距 40m,每炮 1001 道,观测系统为 10000—20—0—20—10000m。

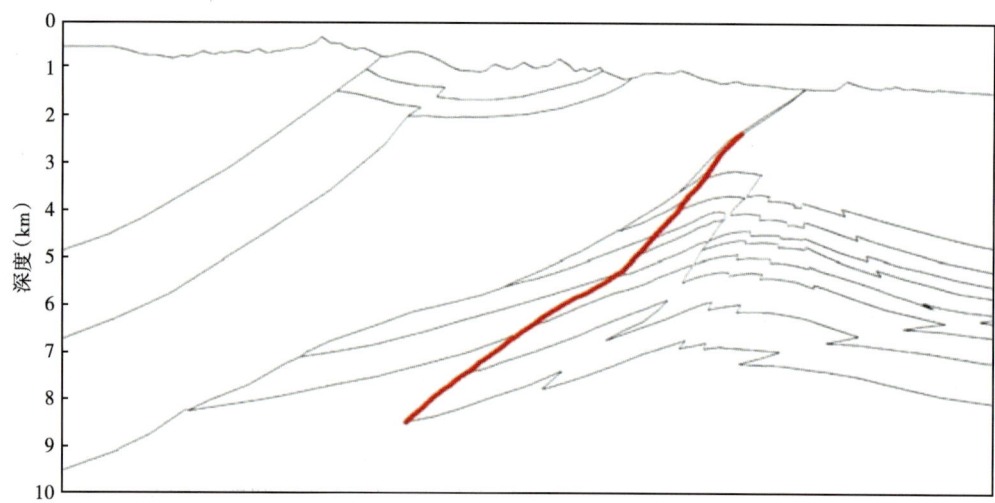

图 3-10 南缘典型逆掩推覆构造模型

图 3-11 为该观测系统情况下地下照明强度分布。由于地震波能流密度与介质速度成正比,因此左侧的高速推覆体显示的照明强度比较高,推覆体下伏构造照明强度明显偏弱,这就是实际资料下伏构造成像不好的主要原因。注意图 3-11 中,在逆掩断层之下明显存在一个照明强度非常低的阴影区,造成实际资料处理剖面上该区域成像效果明显较差,在模拟地震数据处理的叠加剖面上(图 3-12),该区域成像效果也同样不好。

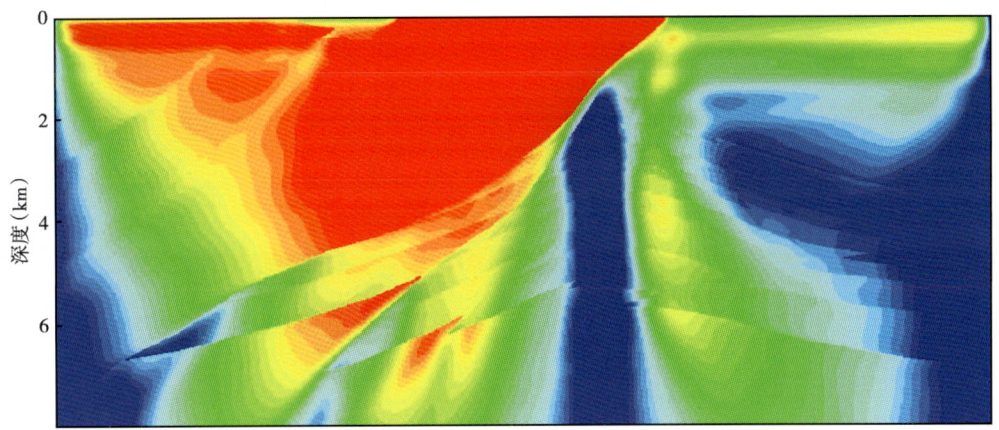

图 3-11　南缘典型逆掩推覆构造模型地下照明强度

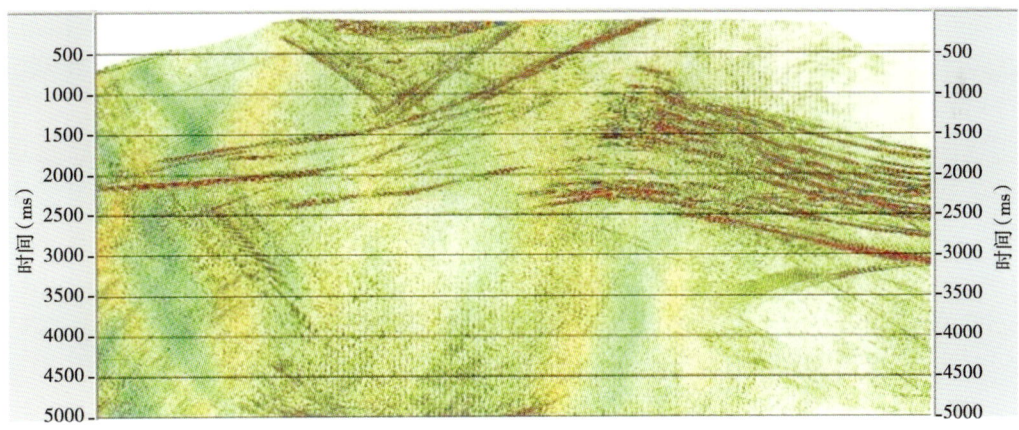

图 3-12　模拟地震数据处理叠加剖面

那么，在地面何处加密炮点可以提高该阴影区的照明强度？统计地面不同位置激发的单炮地震波对图 3-11 中阴影区域总的照明能量的贡献（图 3-13 曲线值高，说明在该处激发对标定区域的照明较强），可以看出，在两侧激发的地震波对该区域的照明贡献非常低，在 7.4~12.7km 范围内激发的地震波对该区域的照明贡献比较大。因此，可以在地面 7.4~12.7km 范围内加密炮点。

图 3-14 是在地面 7.4~12.7km 范围内炮点加密一倍后地下照明强度分布图，在该范围内增加 132 炮。可以发现，阴影区有所减小，但照明强度仍然比较低。说明即使在最合理的位置炮点加密一倍，仍不足以消除由于高速推覆体所引起的阴影区。

根据地震波传播的互易性原理，在目的层界面上均匀分布的震源产生的地震波到达地面，如果按照地面不同位置接收到的地震波能量进行激发，应该对该目的层界面达到均匀照明。在地面接收到的地震波能量越强的地表位置处激发，对该目的层界面的照明越有利。因此，可以根据该原理确定地面加密炮最有利的范围。而地震波的传播可以采用双程波方程，也可以采用单程波方程。前者精度更高，而后者尽管精度上有差异，但效率更高。

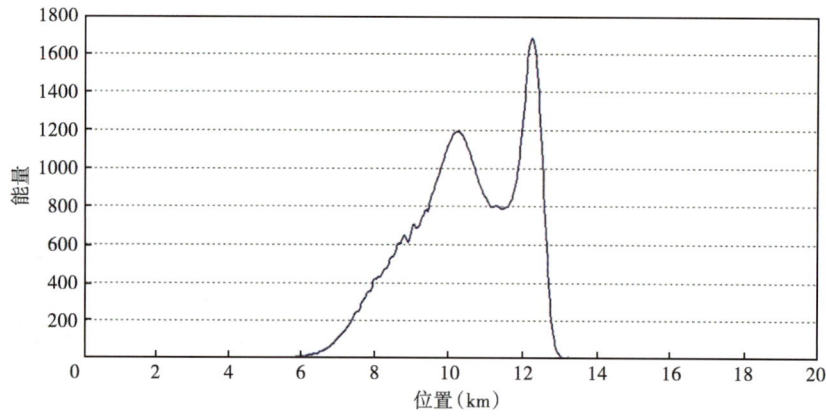

图 3-13 不同位置激发对阴影区照明强度贡献分布曲线

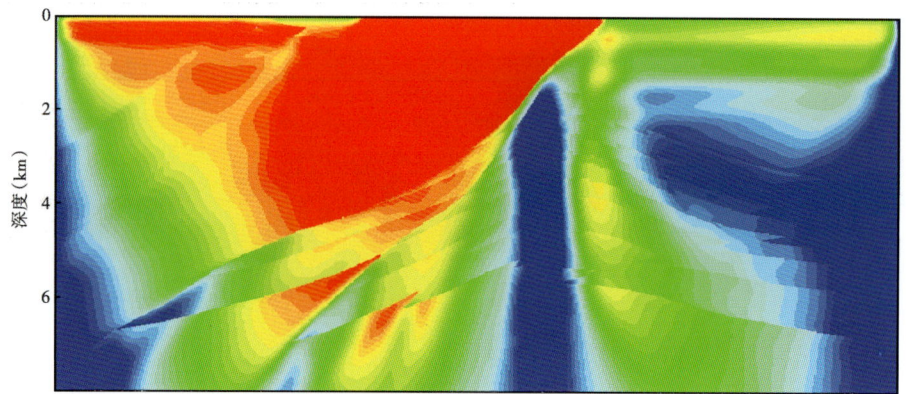

图 3-14 地面 7.4~12.7km 范围内炮点加密一倍后地下照明强度

选定南缘典型模型推覆断面下一地层界面（图 3-15 中黑线部位），利用双程波和单程波方程计算的地震波照明结果见图 3-16。在地表检测到的地震波最大振幅分布分别见

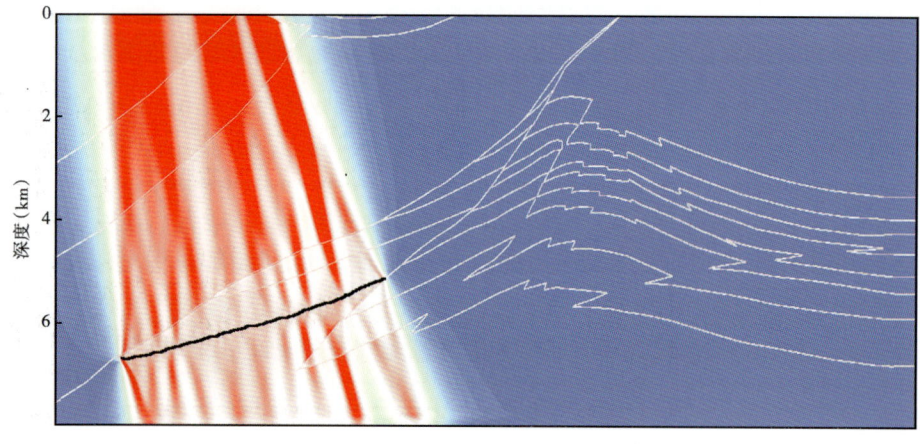

图 3-15 目的层上激发的上传波场照明强度分布

图 3-16a 和图 3-16b，而用照明统计方法确定的地表最大能量分布见图 3-16c。可以发现，尽管三种不同方法确定曲线有一定差别，但趋势相同，最大能量分布范围为 0~6.8km，说明了方法的可靠性。因此，在地面 0~6.8km 的范围内加密炮点，更有利于提高推覆断面下该界面的照明强度。

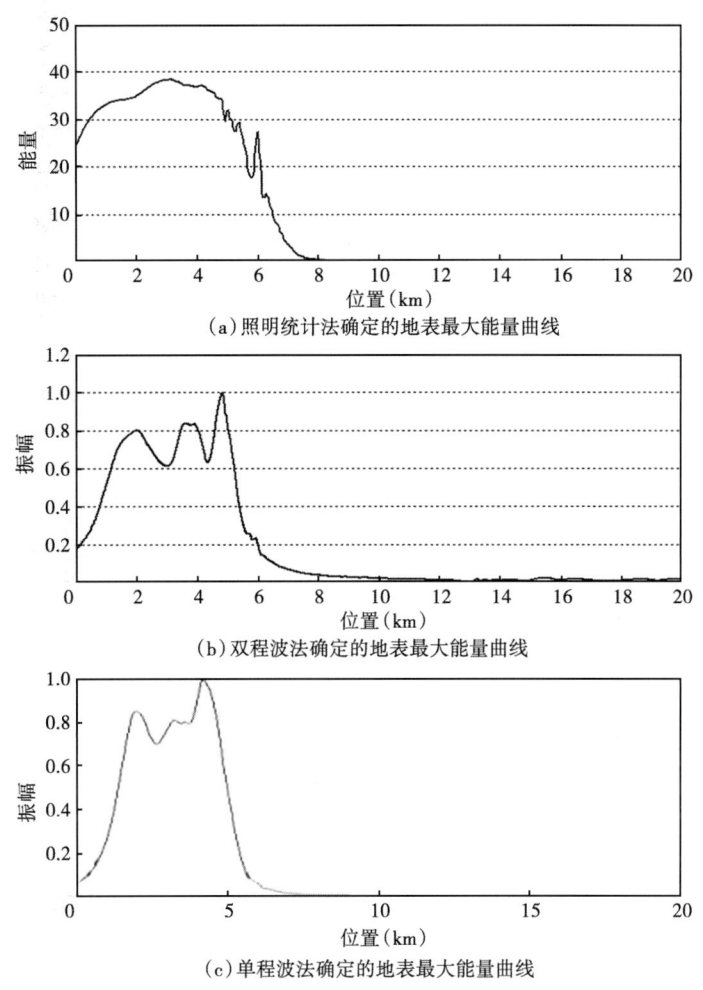

图 3-16　照明统计、双程波与单程波法确定的地表最大能量曲线

在 0~6.8km 范围内炮点加密一倍，即增加 170 炮后，模型右侧地下的照明强度基本没有变化，而目的层界面处的照明显著增强（图 3-17b）。如果实际采集中在 0~6.8km 范围内对炮点进行加密，应该可以提高该目的层的成像效果。

3. 确定检波器排列方式及排列长度

射线追踪可以用来计算目的层上各 CRP 点的覆盖次数（Muerdter 和 Ratcliff, 2001）。对构造平缓地区，射线追踪也可以比较精确地计算目的层上各 CRP 点的地震波照射能量。但如果构造比较复杂，射线追踪计算的地震波能量是不正确的，这时需要利用波动方程来对

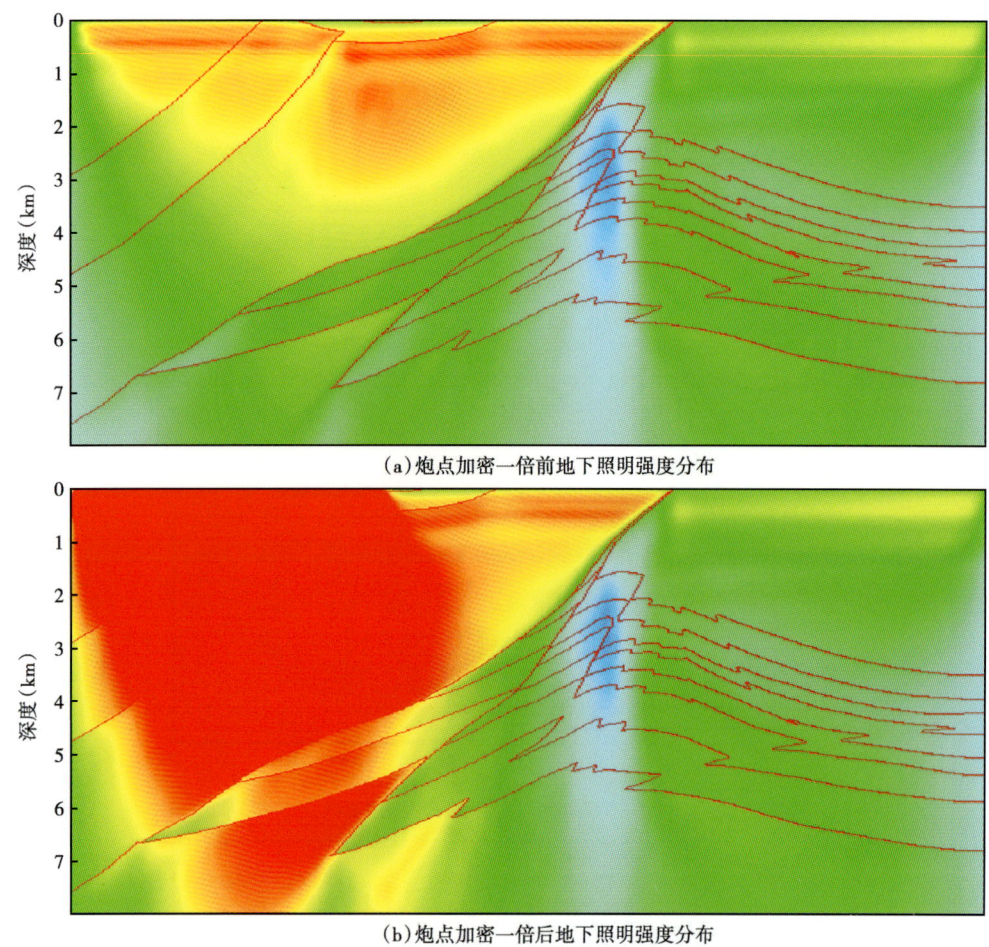

(a)炮点加密一倍前地下照明强度分布

(b)炮点加密一倍后地下照明强度分布

图 3-17　0~6.8km 范围内炮点加密一倍前后地下照明强度分布

能量进行计算（当然，这样计算效率会显著降低）。根据射线追踪和波动方程模拟结果，可以确定各 CRP 点的覆盖次数和能量沿目的层上各 CRP 点的分布曲线，通过对这些曲线进行分析，可以确定面向该目的层的最优的观测系统。

图 3-18 是不同炮检距地震道对推覆断面（图 3-10 中红线部位）上各 CRP 点的覆盖次数和能量的贡献分布图。可以看到，对推覆断面左侧各 CRP 点的覆盖次数和能量的主要贡献来自右排列，对推覆断面右侧各 CRP 点的覆盖次数和能量的主要贡献来自左排列。

图 3-19 是左右排列不同炮检距对推覆断面上各 CRP 点的覆盖次数和叠加能量的贡献。可以发现，对推覆断面上各 CRP 点的覆盖次数和能量的主要贡献来自 0~7.5km 炮检距的地震数据，而炮检距为 7.5~10km 的地震道对覆盖次数和能量的贡献比较小。因此，该测线比较合理的观测方式是双边接收，最大炮检距为 7.5km。从图 3-18 和图 3-19 上可以看到，在推覆断面的中间部位，覆盖次数和叠加能量较低，地震波照射能量突然下降，这可能是实际资料中该部位成像效果比较差的主要原因。

可见，在西部逆掩推覆构造地区，应该根据目的层上的 CRP 点进行基于模型、面向目

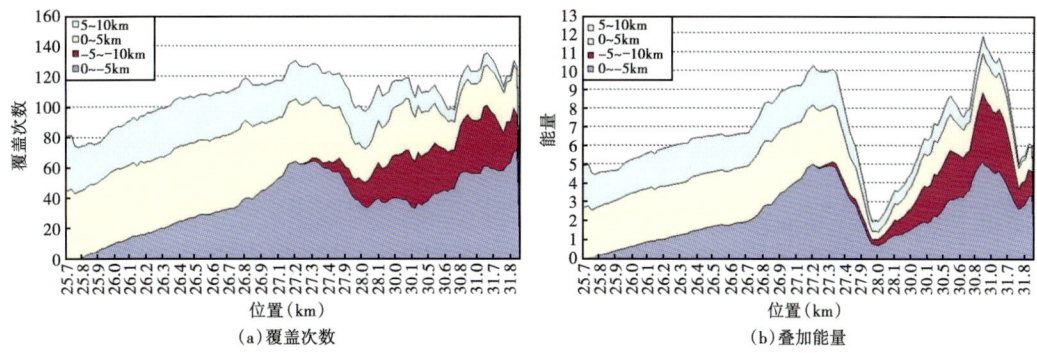

图 3-18　两侧炮检距对图 3-10 所示断面上各 CRP 点的覆盖次数和叠加能量的贡献图

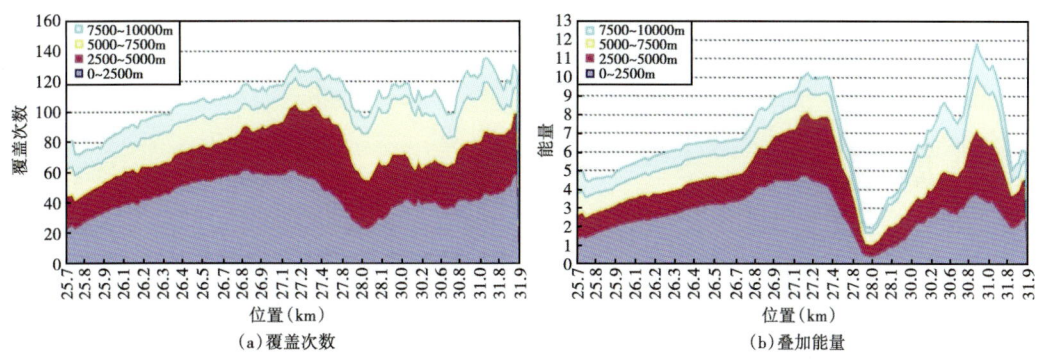

图 3-19　两侧炮检距对推覆断面上各 CRP 点的覆盖次数和叠加能量贡献图

的层的观测系统优化设计，常规的基于 CMP 点的简单设计方法是不适用的。可以利用射线追踪和波动方程联合照明，来具体计算目的层上各 CRP 点的覆盖次数和叠加能量分布。根据波动方程照明结果及不同炮检距地震道对各 CRP 点的覆盖次数和照明能量的贡献，来确定对该目的层最佳的激发点范围和检波器排列长度。通过照明统计、双程波照明或单程波照明，可以确定针对勘探目的层的地面最优炮点加密范围。利用射线追踪和波动方程模拟联合照明，可以分析目的层上不同炮检距地震道对各个 CRP 点的覆盖次数和照明能量的贡献，说明了联合照明方法可以确定针对目的层的最优检波器排列方式和排列长度。对如图 3-10 所示的南缘高速推覆构造模型，在上盘激发有利于逆冲推覆断面及下伏构造的照明和成像，双边接收，最大炮间距为 7.5km 的检波器排列比较合理。

第四节　采集方案设计应用实例

一、炮点加密方案设计实例

南缘推覆构造带下盘成像一直是勘探的难点，采集观测系统设计覆盖次数从 30～60 次提高到 100～150 次，接收排列从 1500～3000m 增加到 5000～8000m，可推覆构造的下盘成像质量一直没有得到实质性提高。分析以往测线 NS200714 认为，独山子背斜是一个不对称的南缓北陡的短轴背斜，构造北翼倾角较陡，达65°~87°。断层下盘，因地层褶皱挤压剧烈，加之倾轴逆断层多次切割，地层破碎，导致地震资料品质较差，反射层杂乱，成像十分困难。以往观测系统分析断裂下盘资料采集没有达到满覆盖次数，观测系统设计时虽然针对断裂在构造顶部加了一条炮线，但从基于波动方程的地震照明分析来看，高陡倾构造反射处没有得到足够的反射信息，成像效果差。利用NS200714以往表层资料及处理解释成果，给定介质的岩石密度、品质因素，纵横波速度及传播过程中的吸收衰减变化情况，建立精确地表起伏的波动方程二维地质模型（图3-20）。

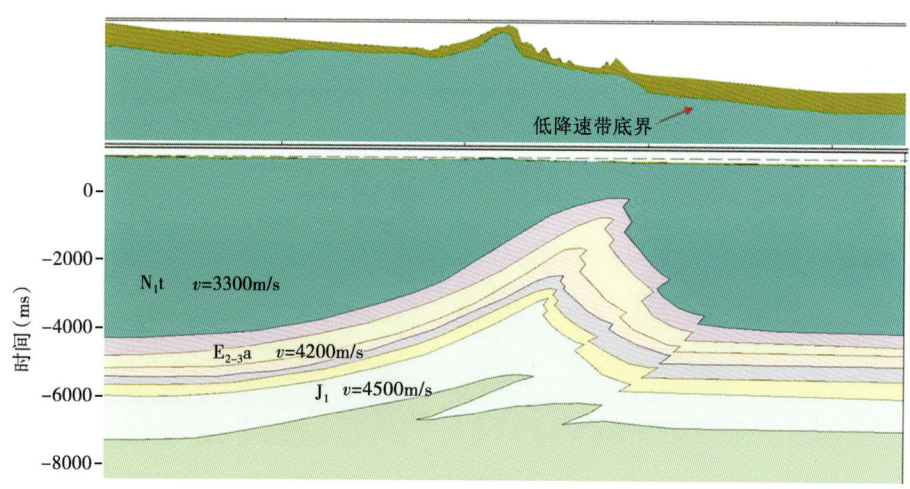

图3-20 NS200714线起伏地表二维地质模型

波场分析指导观测系统设计利用波场快照，分析主要目的层在记录上对应的同相轴及其采集的最佳地面位置。图3-21为不同位置的波场快照高陡倾断裂处照明度分析及共炮点道集。当炮点位于背斜上盘或顶部时，从波场及共炮点道集分析可以看到没有得到高陡倾断裂处的有效反射信息；而将炮点移至背斜下盘时，无论是波场、还是共炮点道集都得到了高陡

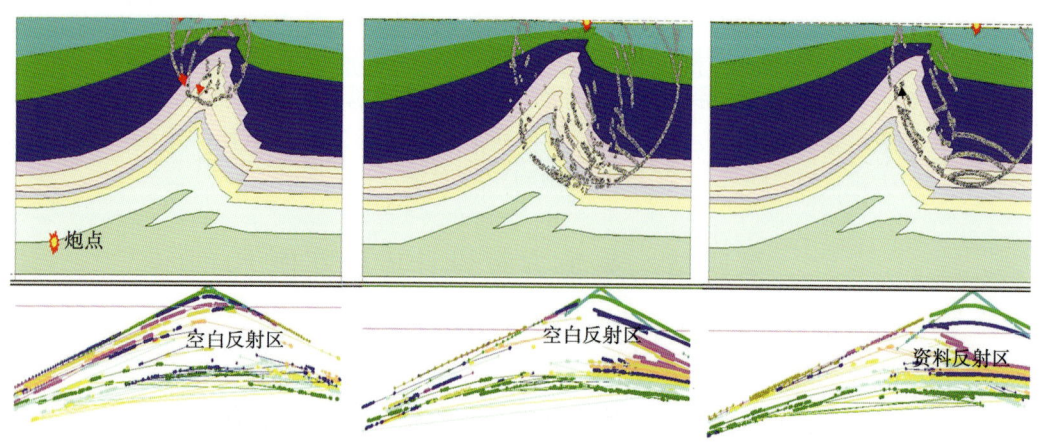

图3-21 波动方程模拟不同位置激发采集效果分析

倾断裂处的有效反射信息。从上述分析可以确定实际观测时为得到高陡倾断裂处的有效反射信息的加炮范围及观测排列范围，这是面向目标的观测设计技术的核心所在，对于南缘复杂地区的采集有着很好的指导意义。

基于上述分析结果，在 DS201103K 测线的观测设计中，针对背斜高陡倾断裂处优化了观测系统设计，在背斜下盘加了一条炮线，从 NS200714 线与 DS201103K 线叠加剖面对比图中可以看到通过地质目标导向的观测系统优化设计，背斜高陡倾断裂处的成像质量得到了明显的改善，断层清楚，目的层反射连续。这说明基于波动方程模拟和面向地质目标的波场分析能够对采集观测系统的设计起到很好的指导作用，为更好地完成南缘复杂构造勘探提供了技术保障（图 3-22）。

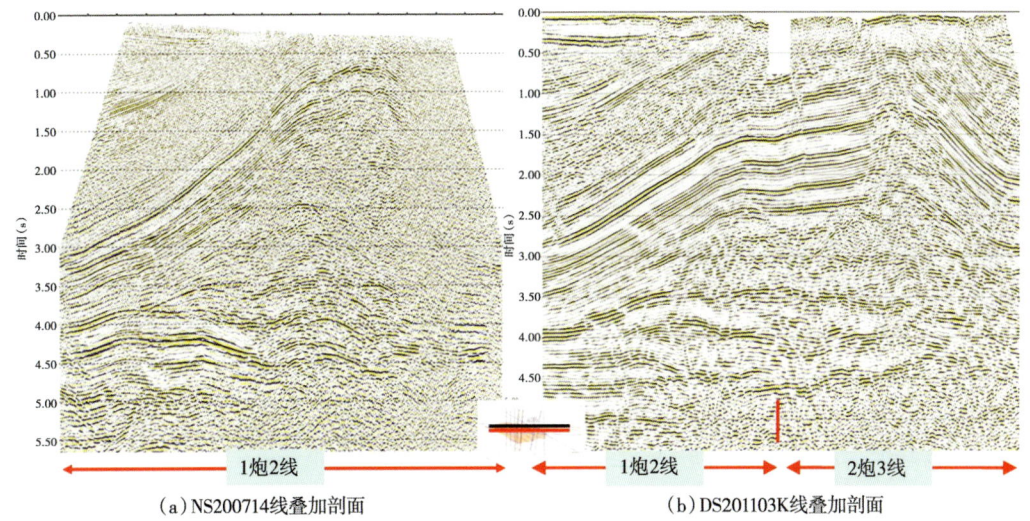

(a) NS200714 线叠加剖面　　　　(b) DS201103K 线叠加剖面

图 3-22　NS200714 线与 DS201103K 线叠加剖面对比

二、测线观测长度设计实例

NS200705 线是独山子地区于 2007 年施工的一条测线，当时采用 720 道接收，90 次覆盖，观测系统为 7190-10-20-10-7190，道距 20m。这条线经过多家单位几轮处理，高陡构造下盘中下组合资料始终得不到理想的结果。2011 年重新对这条线进行处理，采集和处理方面的有关技术人员经过认真分析，认为在测线北面加一条炮线和接收线，会改善高陡构造下盘中下组合资料成像质量。2011 年在测线北段采集了 NS200705A 线。对比加了炮线和接收线前后重新处理的结果来看，高陡构造下盘中下组合资料信噪比得到了明显提高，研究成果很好地指导了采集观测系统的设计（图 3-23）。

三、三维观测方案评估分析实例

随着南缘勘探步伐的加快，如何更好地提高南缘复杂构造的成像精度，是勘探技术人员面临的重要技术难题。近几年南缘二维勘探在观测系统、激发、接收方面的技术提高，使剖面质量也得到了大幅度提高，给南缘勘探打开了新的局面。近年来三维地震采集在南缘地区也部署了不少，但总体成像质量都不大理想。有些三维数据经过多家单位处理，始终没有得

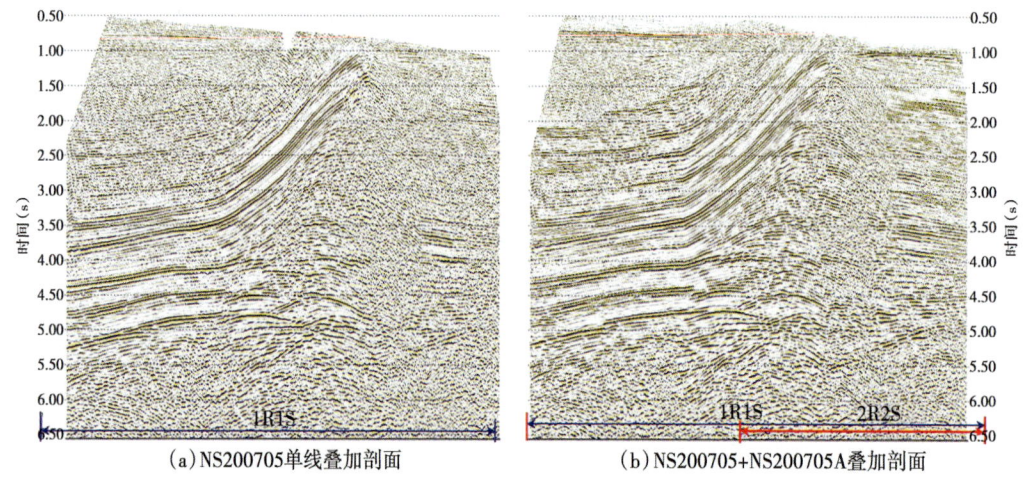

图 3-23　NS200705 单线叠加和 NS200705+NS200705A 叠加剖面对比

到预期结果。目前南缘地震勘探在激发技术环节改善空间已经不大,只有在观测系统设计上进行优化才有可能进一步提高成像质量。要达到这个目的,首先要对以往采集观测系统进行细致的分析,才能对后续的工作提出建设性的建议。

这里以 2006 年施工的玛河气田三维勘探为例进行分析。玛河气田三维勘探主要目的层是紫泥泉子组和东沟组,准确落实玛纳斯背斜构造高点位置,查明地层特征、构造特征及内幕是重要勘探任务。按照常规层状地层介质进行观测系统设计,主要参数:20m×40m,纵 19×横 6 = 114 次,观测系统 6060-20-40-20-6060,接收线距 160m,纵向炮点距 320m。表 3-1 为不同深度的目的层覆盖次数统计结果。图 3-24 显示了工区内的炮检距变化、方位角变化率以及覆盖次数。综合来看,无论是覆盖次数、炮检距变化还是方位角变化都是比较均匀的,主要目的层 3000m 左右的紫泥泉子组也达到了 60 次覆盖,从设计结果分析,满足勘探设计要求,为什么最终结果不理想呢?

表 3-1　不同深度目的层覆盖次数统计

偏移距(m)	500	1000	1500	2000	2500	3000	3500	4000	4500	5000	5500	6000
覆盖次数	3~7	20~28	33~37	13~17	43~48	52~57	60~67	69~77	82~85	87~94	98~104	107~115

　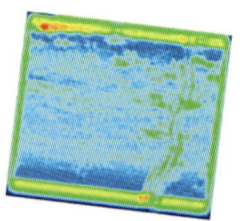　

(a)玛河气田三维炮检距变化图　　(b)玛河气田方位角变化图　　(c)玛河气田覆盖次数变化图

图 3-24　玛河气田三维炮检距、方位角与覆盖次数变化图

利用玛河气田三维勘探结果，根据该区构造格局，建立该区紫泥泉子组典型三维地质模型，进行波动方程模型正演分析。(图3-25)

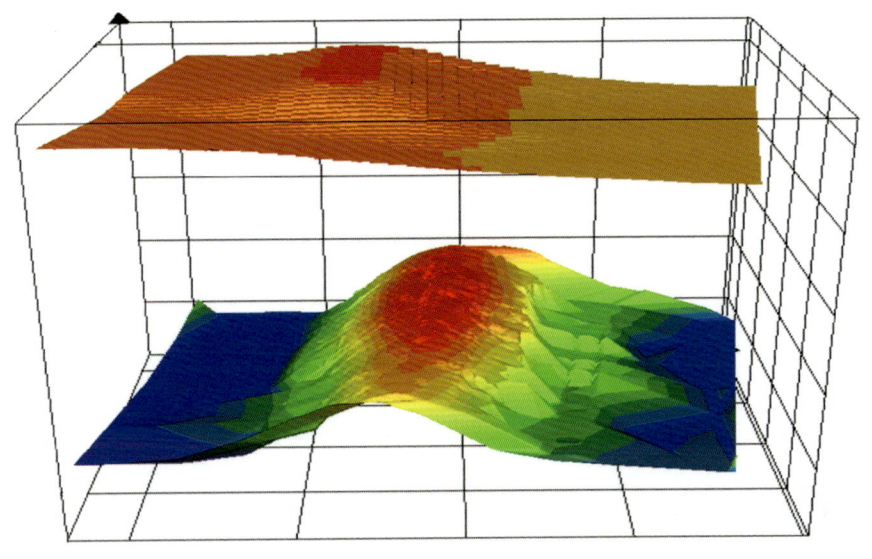

图3-25 紫泥泉子组三维模型

模型建立以后再按实际观测系统进行布设，进行不同目的层照明度分析。模拟结果表明，目的层紫泥泉子组并没有达到设计覆盖次数，相对于构造顶部，背斜两翼覆盖次数差异较大，在背斜南翼断层附近观测效果较差，在背斜北翼受地表起伏影响局部观测次数减少（图3-26）。

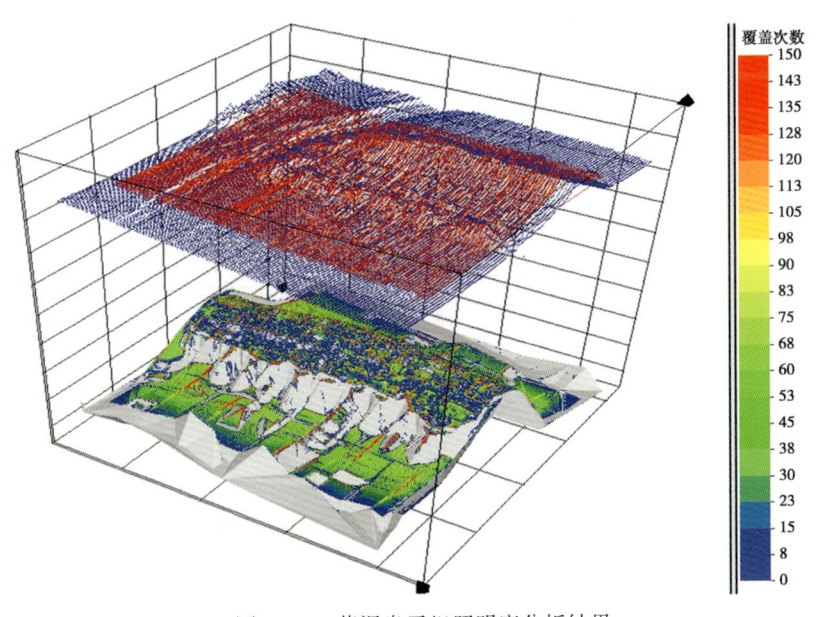

图3-26 紫泥泉子组照明度分析结果

实际资料处理表明，在构造主体部位及南翼的高倾角地层地震资料品质较以往有明显改善，背斜北翼地层的成像信噪比及连续性均明显低于南翼。背斜南翼的新近系高倾角单斜地层的地震反射波组相对较连续，但北翼的新近系地层反射杂乱，无明显强能量反射层，实际资料的结果印证了前述观测系统的照明分析结果的正确性（图3-27）。

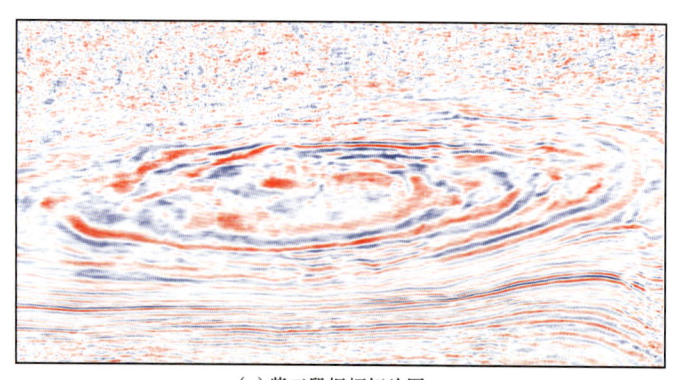

(a) 紫三段振幅切片图

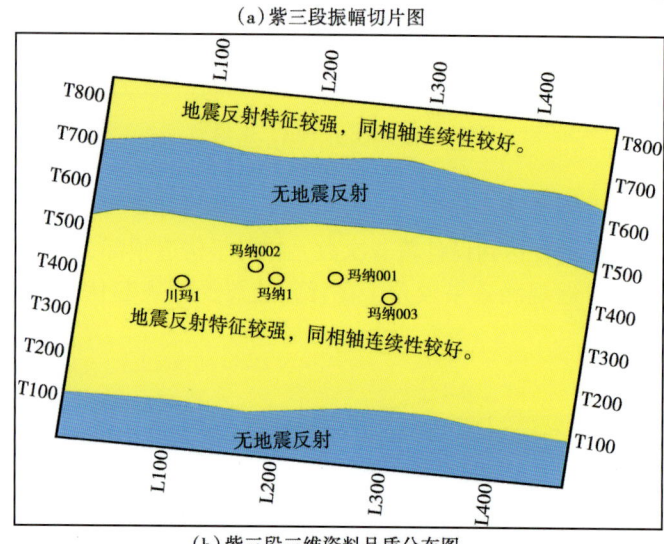

(b) 紫三段三维资料品质分布图

图3-27　紫三段振幅切片和三维资料品质分布图对比

第五节　准噶尔盆地南缘霍尔果斯背斜三维高密度采集

一、工区位置及表层条件

霍尔果斯背斜高密度三维地震工区位于准噶尔盆地南缘中段，行政区划上隶属于沙湾县，北距沙湾县城约15km，工区东西方向宽约10km，南北方向长约30km，施工面积约300km²。

霍尔果斯背斜在地表上表现很明显，表现为近东西向的长条状隆起山体，以山地、戈壁为主，地表多为锯齿状地形及单面山，冲沟发育，地面海拔600~1500m（西高东低）。工区发育有安集海河组和金沟河组,工区北部有北疆铁路和312国道,东、西有两条干线乡村简易公路,交通较便利。按地表情况可以将工区划分为四种类型:山前戈壁区(占37%)、岩石出露区(占36%)、砾石山区(占18%)和河道砾石覆盖区(占9%)。工区内水系相对发育,西北部有由北向西流向的安集海河,东部有由北向南流向的金沟河。因河流切割及冲刷,河两岸陡峭,落差较大,河漫滩较宽(图3-28)。

图3-28 霍尔果斯背斜三维地表地形图

工区中部霍尔果斯背斜核部出露最老地层为新近系沙湾组,两翼依次出露新近系塔西河组、独山子组砂泥岩,第四系西域组砾石。工区表层结构复杂,纵横向速度和厚度变化较大,激发点降速层速度大于900m/s,低速层厚度小于6m的占70%,6~10m的占25%,大于10m的占5%。工区南北向表层结构变化较大,构造主体岩层出露区,低降速层较薄,一般在2.5~10m,南北两翼砾石区低降速层较厚,一般在20~50m,最厚可达60m。因此,表层地震地质条件比较复杂,黄土砾石区等地表激发条件比较差,激发能量衰减严重,下传能量不够,原始记录中面波干扰发育,次声干扰多,严重影响了反射的信噪比,单炮资料品质较差。

二、工区构造特点及地震地质条件

霍尔果斯背斜为近东西向长轴背斜,呈弧形分布,受滑脱逆冲断裂和滑脱反冲断裂控制,构造高陡,断裂发育,地震波场复杂。工区目的层紫泥泉子组底界埋深3170~6180m,霍尔果斯1号断裂上盘平均埋深3500m左右,断裂下盘平均埋深5300m左右;最浅目的层新近系塔西河组埋深1700~3300m。背斜基本特征是滑脱冲断背斜,山前推举带的位移量通过霍玛吐断裂,深部以较陡产状向上位移,延至中部古近系内部变缓,顺层滑脱,至浅部以陡倾角形式突破地表,形似躺椅状断裂,形成深浅层构造明显不一致的特征。断裂上盘背斜形态在地表遭冲断破坏,并产生若干次级断裂,表现为紧闭线形,南翼缓(40°~50°),北翼陡(60°~88°),甚至出现倒转现象;断裂下盘是完整背斜,两翼较浅层明显变缓,并夹持于相向逆断层之间。研究表明,背斜沿轴向有五个高点,呈不连续的串珠状排列。

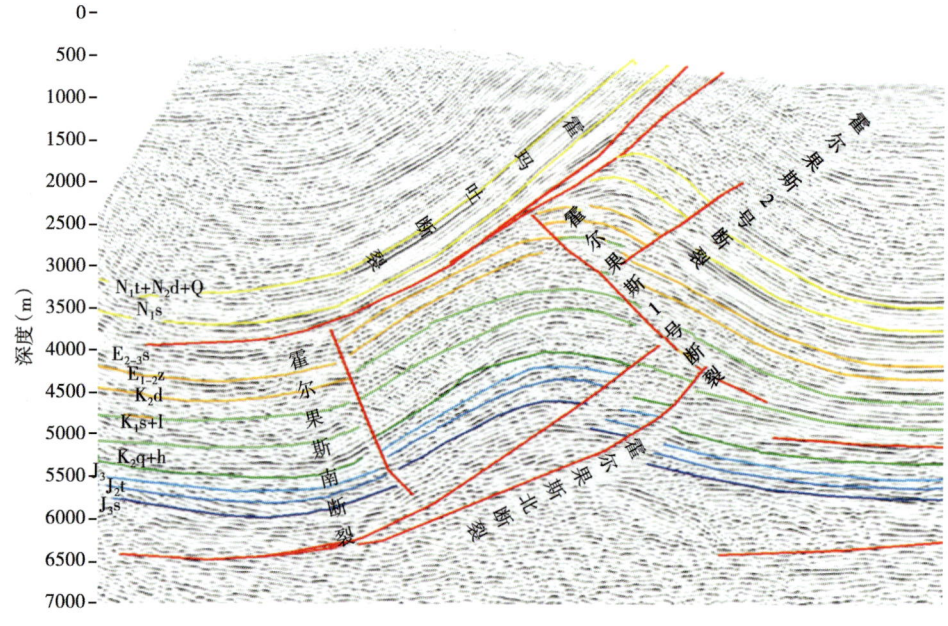

图3-29 霍尔果斯背斜构造模式图

霍尔果斯背斜位于准噶尔盆地南缘北天山山前坳陷坳中背斜带西端,西北为独山子背斜,东接玛纳斯背斜。区域上霍尔果斯背斜与吐谷鲁背斜、玛纳斯背斜一起称作准噶尔盆地南缘第二排背斜带,处于油气运移指向区,油气源落实,构造位置优越。由于区内地层倾角较陡,断裂及断块非常发育,因此以往地震勘探资料反射同向轴连续性差、信噪比低,成像不能满足油气研究的需要。

三、以往勘探概况及部署目的

准噶尔盆地南缘油气勘探已经历了近60年的历程,而南缘冲断带霍玛吐背斜带始终是南缘油气勘探的重点领域,20世纪50年代末,基本完成了1:5万的地质详查,部分构造进行了1:2.5万地质填图和油苗调查。20世纪60年代之前为霍尔果斯背斜地面构造浅井钻探阶段(霍1井、霍2井、霍3井、霍4井、霍5井、霍6井、霍7井、霍9井、霍13井共钻井9口),霍2井在霍玛吐断裂上盘单斜沙湾组(N_1s)井段706~708m、678~684m试油,获原油1.9t/d;1986—1991年新疆石油局在该区做了部分二维普查测线,测网密度达到了2km×3km,1990年3月上钻霍8a井,1991年4月完钻井深2600m,完钻层位于古近系安集海河组。霍8a井从525m开始发现油气显示,见油气水浸两次,发现岩屑含油显示厚度

56.33m，岩心含油显示厚度 5.77m，气测显示 87m。井深 1821.5~1826m 试油，获原油 3.82t/d，同年至 1992 年 11 月先后多次试油，试出少量原油（累计产油 5.58t），后因试油层出砂遇堵，加之井眼条件复杂（钻井液污染，固井质量不合格），未获油气勘探大突破。

2001 年在霍尔果斯背斜部署山地三维地震采集工区一块，勘探资料一次覆盖面积 261.02km^2，满覆盖面积 129.244km^2。2002 年 8 月部署上钻霍 10 井，2003 年 8 月 26 日，霍 10 井在古近系紫泥泉子组 3159~3170m 井段试油，获得高产油、气流，产油最高达到 53.6t/d，产天然气 3.25×10^{4}m^3/d。在安集海河组底部、3064~3067m 井段再次试油，产油 13.4t/d，产天然气（11.132~8.9417）×10^{4}m^3/d。2002 年在霍尔果斯背斜南、北两侧向斜部位各部署一条近东西向区域格架测线，并在构造主体部位、过霍 10 井部署了一条近南北向分布的主格架测线。2003 年在霍尔果斯背斜东、西两侧翼加密一轮二维测线。2003 年 8 月至 9 月，相继钻探了霍 001 井、霍 002 井、霍 003 井三口评价井，其中霍 001 井在霍玛吐断裂上盘，油气显示十分活跃，同年针对霍尔果斯背斜浅层分别钻探了霍浅 1 井、霍浅 2 井、霍浅 3 井三口浅井，其中霍浅 1 井与霍浅 2 井在塔西河组、沙湾组见到良好的油气显示。后期多次试油，霍 003 井未试出油气，霍 002 井试出少量原油（原油达 3.76t/d），霍 001 井因井眼条件复杂（钻井液污染，套管破裂，固井质量不合格），试油层出水见少量天然气，未扩大霍 10 井有利含油气范围。

2009 年，通过对霍 8a 井老井复查及沙湾组以上构造层重新解释工作，在霍 8a 井附近部署钻探的金河 1 井在霍尔果斯断裂下盘的新近系目的层中也见到良好油气显示。2010 年在霍尔果斯背斜西围斜实施四条浅组合目标地震测线，2011—2012 年以中下组合为目标，共部署 18 条测线进行宽线攻关，地震勘探资料品质改善较明显，为重新认识霍尔果斯背斜起到了重要作用。

工区以往地震勘探主要采集方法见表 3-2。

表 3-2 霍尔果斯背斜高密度三维工区以往地震采集方法统计表

年度	观测系统	道距（m）	面元	最大偏移距（m）	覆盖次数（次）
1998 年 1991—1999 年	1800-120-0-120-1800-30 3600-120-0-30	30	15m	3600	30~60
2001 年	8L8S270R 正交 5380-20-40-20-5380m	40	20m×40m	5445.18	4×15=60
2003 年	6400-20-0-20-6400m 7200-20-0-20-7200m	20	10m	7200	80~120
2010 年	4990-10-20-10-4990m	20	10m	4990	100
2011 年	1S2R/2S2R/2S3R/3S2R/3S3R 7190-10-20-10-7190m	20	10m	7190	240~1080
2012 年	2S2R 8390-10-20-10-8390m	20	10m	8390	560

尽管经过多年攻关，但现有资料无法满足准确落实构造圈闭形态和储层预测的需要，因此 2013 年，为进一步查明背斜构造形态、断裂展布特征、精细储层描述，实现圈闭整体评价，落实储量规模，部署了满覆盖面积 41.76km² 的高密度试验三维地震采集区，主要目的是落实霍尔果斯背斜构造形态、精细刻画断裂展布规律，准确描述霍 10 井与霍 101 井之间的储层变化，实现圈闭整体评价，落实储量规模并拓展南缘地震勘探技术新领域。

四、采集方法及采集工作量

为满足准确落实断块性构造圈闭形态、精细刻画断裂展布特征、精细储层描述和含油气层砂体纵横向分布预测要求，本轮采集采用 UNIQ 系统进行高密度三维采集，通过高炮道密度、宽频激发接收技术提高地震勘探资料信噪比和分辨率。所用观测系统参数见表 3-3，采集工作量见表 3-4。

表 3-3 霍尔果斯背斜高密度三维地震观测系统参数表

线束号	HEGSBXGMD-2013-3D-（1-29）	激发线距（m）	200
观测方式	正交	最小炮检距（m）	5
排列形式	24L20S1660R/24L20S1540R	最大最小炮检距（m）	275.8
纵向观测系统	15595-5-10-5-15595 13395-5-10-5-13395	最大非纵距（m）	2395
接收道数（道）	39840/36960 道	最大炮检距（m）	15595/13395
覆盖次数	>360	束间移动距（m）	200
纵向覆盖次数	>30	束间重复激发（条）	0
横向覆盖次数	12	束间重复接收线（条）	23
纵向面元（m）	5	横纵比	0.4
横向面元（m）	5	主要目的层横纵比	
道距（m）	10	道密度（万道/km²）	1440
接收线距（m）	200	炮密度（炮/km²）	500
激发点距（m）	10	覆盖密度（次/km²）	

表 3-4 霍尔果斯背斜高密度三维地震完成工作量统计表

名称	工作量	名称	工作量
线束数（束）	29	资料面积（km²）	185.6
接收线数（条）	52	施工面积（km²）	205.938
接收线总长度（km）	1054.37	炮点面积（km²）	99.588
接收点数（点）	104886	微测井点数（点）	3
激发线数（条）	87	激发线总长度（km）	503.73
激发点数（炮）	49887	试验炮数（炮）	100
满覆盖面积（km²）	41.76		

五、采集难点及针对性技术方法

根据项目地质任务要求，通过对区内地震地质条件及以往地震勘探资料进行详细分析，总结出本次三维地震采集主要存在以下技术难点：（1）地震地质条件复杂，单炮品质横向变化大，主要勘探目的层段获得高信噪比、高分辨率资料难度大，工区岩性变化快，表层厚度、速度纵横向变化快，结构复杂，工区南北向构造主体岩层出露区，低降速层较薄，一般在 2.5~10m，南北两翼砾石区低降速层较厚，一般在 20~50m，最厚可达 60m，工区内强低频面波发育，速度频率变化范围大，表层结构复杂带来散射等其他干扰，特别是山前带黄土砾石区及戈壁砾石区各种干扰波更发育，此外激发噪声也严重地影响了单炮资料的品质；（2）获得高陡断块性构造准确成像、小断块精细刻画断裂展布特征、分辨 20m 断距小断块的高质量三维数据体难度较大；（3）工区属于高陡逆掩推覆体，地腹断裂发育，背斜两翼地层倾角较陡，地震波场复杂，成像难度大，以往老资料剖面频带范围较窄，纵向分辨率不能满足地质任务要求，同时受静校正问题影响，断层位置的接触关系不清，以往的二维采集施工偏移剖面偏移归位不准确。

针对上述主要技术难点，通过对工区特征进行认真分析，拟采取以下针对性技术措施：（1）基于噪声充分采样的高密度三维观测系统，要解决获得高信噪比、高分辨率资料、准确构造成像这些问题，要求地震资料必须具备较高的纵横向分辨率，以满足开展各向异性研究的条件，而这些要求已经达到了现有常规地震技术分辨率的极限，不能满足提高成像精度和纵横向分辨率的要求。高密度三维地震是提高地震资料纵横向分辨率和信噪比的一项技术手段，"高密度"一般采用点激发、点接收、小面元、宽方位观测系统，通过提高地震资料的信噪比、分辨率和保真度，进而提高构造成像精度、薄储层识别精度和储层预测精度，更有利于解决该区主要地质问题；（2）通过开展系统的药量、井深系统试验，优选适合该地区的高密度观测配套激发参数，降低激发噪声，提高激发子波频率。

1. 生产组织及施工方法

围绕 UNIQ 高密度三维施工，针对技术应用难点，新疆油田公司建立了较完善的高密度施工作业技术。主要包含以下几点：

（1）高密度勘探（UNIQ）采集技术系列；高密度地震观测系统设计技术；宽频地震勘探的激发接收技术。

（2）现场地震数据质量控制体系；高密度地震勘探辅助数据管理方法；高密度地震数据记录评价方法。

（3）UNIQ 采集系统高效运行方法系列；基于实测坐标的检波器定位方法；加大电源站投入，保障数据传输安全。

（4）高密度海量排列高效定位技术。野外排列坐标定位，野外人员通过坐标野外定义排列，不用通过仪器车。排列铺设阶段就能将排列定位，提高了排列铺设的效率。MINIPIU 野外坐标定位方式，采用 MINIPIU 能一次性定位 260 道的野外排列，并能现场排查、整改倾斜、绕道、空道和坐标错误问题。RFID 野外坐标定位方式，针对绕道较多区采用 RFID 进行单个检波器的绕道设置，避免 MINIPIU 一次性导入 260 道坐标出现错误。

（5）高密度系统采集施工技术（图 3-30）。

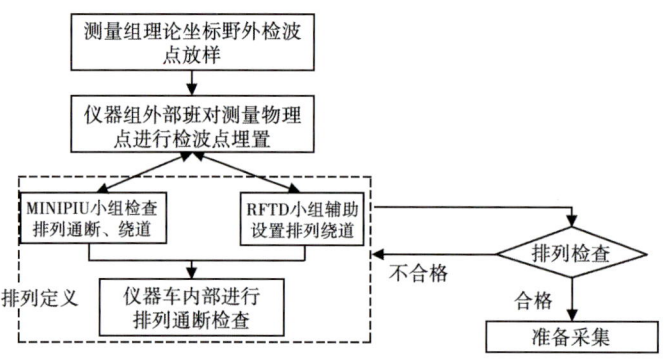

图 3-30　高密度设备三维采集流程

（6）强有力野外电源补给。

UNIQ 野外设备耗电量大，传统的 408/428 设备电瓶在 7V 仍可使用，而 UNIQ 设备低于 10.7V 电瓶将停止供电，满负荷的电瓶在本项目只能使用 4~5 小时。为此，项目部投入电瓶 1300 块、太阳能电板 400 块、160kW 充电房助推生产，实现了白天全排列太阳能辅助供电，夜间备用电瓶充足，保障了项目的高效运行。

（7）高密度海量排列高效维护运转。在石河子基地建立设备维修基地，实现 24 小时维护。

2. 激发试验与激发因素确定方法

为了优化激发参数，以穿越工区的 HW201101K 测线上的微测井区分不同岩性，共布设八个试验点 100 炮进行井深、药量系统试验，以确定本次霍尔果斯背斜高密度三维最佳激发参数。试验点分布如图 3-31 所示，试验内容见表 3-5。

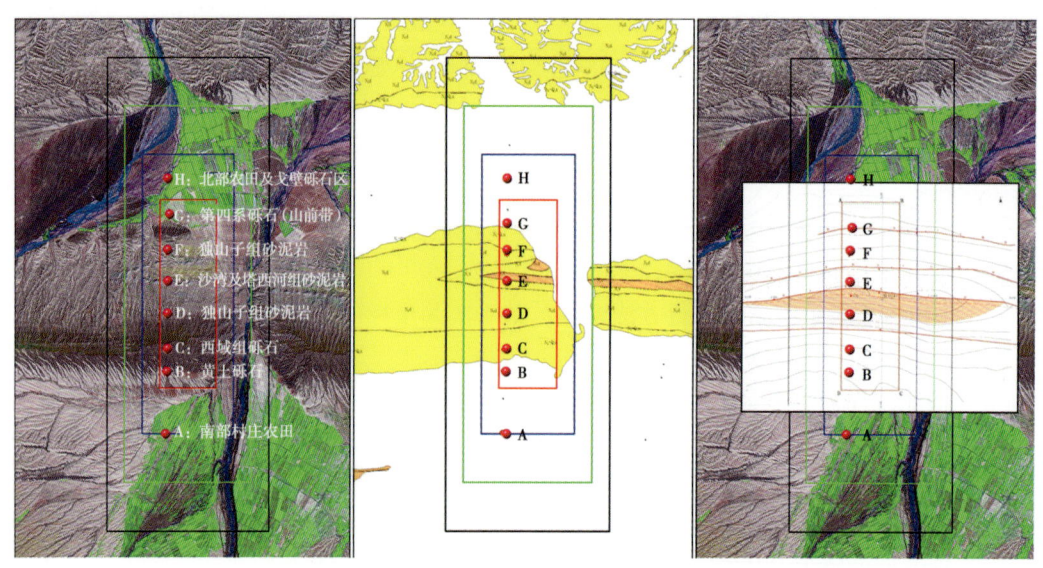

图 3-31　2013 年度准南霍尔果斯背斜高密度三维地震试验点分布示意图

表 3-5 2013 年度准南霍尔果斯背斜高密度三维地震试验内容一览表

试验点	试验项目	具体试验内容	钻井井深（m）	药量（kg）	备注
A 点（农田区）	激发井深试验	1000m/s 速度层下（3m、5m、7m）	6、8、10	2、4	
	激发药量试验	1000m/s 速度层下（1~8kg）	6	1、3、5、6	根据井深优化激发深度
			8	7、8	
B 点（黄土砾石区）	激发井深试验	1000m/s 速度层下（3m、5m、7m）	6、8、10、2、4		
	激发药量试验	1000m/s 速度层下（1~8kg）	6	1、3、5、6	根据井深优化激发深度
			8	7、8	
C 点（西域组砾石）	激发井深试验	1400m/s 速度层下（1m、3m、5m、7m）	6、8、10、12	2、4	
	激发药量试验	1400m/s 速度层下（1~8kg）	6	1、3、5、6	根据井深优化激发深度
			8	7、8	
D 点（独山子组砂泥岩）	激发井深试验	1800~2000m/s 速度层下（3m、5m、7m）	6、8、10	2、4	
	激发药量试验	1800~2000m/s 速度层下（1~8kg）	6	1、3、5、6	根据井深优化激发深度
			8	7、8	
E 点（塔西河组—沙湾组砂泥岩）	激发井深试验	1800~2000m/s 速度层下（3m、5m、7m）	6、8、10	2、4	
	激发药量试验	1800~2000m/s 速度层下（1~8kg）	6	1、3、5、6	根据井深优化激发深度
			8	7、8	
F 点（独山子组砂泥岩）	激发井深试验	1800~2000m/s 速度层下（0m、2m、4m）	6、8、10	2、4	
	激发药量试验	1000~2000m/s 速度层下（1~8kg）	6	1、3、5、6	根据井深优化激发深度
			8	7、8	
G 点（第四系砾石区，交界处山前带）	激发井深试验	6、8m（低速层 500m/s）、10m（降速层 900m/s 下）	6、8、10、12	2、4	
	激发药量试验	900m/s 速度层激发	6	1、3、5、6	根据井深优化激发深度
			8	7、8	
H 点（戈壁砾石区）	激发井深试验	6m、8m、10m（低速层 750m/s）	6、8、10	2、4	
	激发药量试验	1400m/s 速度层下（1~8kg）	6	1、3、5、6	根据井深优化激发深度
			8	7、8	

经过对八个试验点的资料分析，执行以下试验结论：

A 点：南部村庄农田区，1 口×6m×4kg，离居民设施较近井位，药量可降低至 2kg；

B 点：构造南翼黄土砾石区，1 口×6m（最浅钻井井深）×4kg，保证药柱完全进入砾石中激发，钻井井深大于 10m 时，药量 6kg；

C 点：构造南北翼西域组砾石，1 口×6m×4kg；

D 点：构造南翼独山子组砂泥岩，1 口×6m×3kg；

E 点：构造轴部塔西河组、沙湾组砂泥岩，1 口×6m×3kg；

F 点：构造北翼独山子组砂泥岩，1 口×8m（最浅钻井井深）×4kg，保证药柱完全进入未风化岩层中激发；

G点：北部山前带第四系砾石区，1口×6m×4kg；

H点：北部农田及戈壁砾石区，1口×6m×3kg。

六、应用效果

经过攻关，地震资料浅、中、深层同相轴连续与信噪比得到提高，成像品质得到明显改善，波组特征较好，高陡逆掩带成像质量、构造细节以及地层接触关系更加清楚，霍玛吐断裂的位置较以往更加准确，出油层段波组特征横向比较稳定，与井资料的吻合度较前期资料好，构造形态协调，尤其是安集海、紫泥泉组两高一低的关系明显（图3-32）。应用新的攻关资料，背斜主要目的层断裂系统、构造形态与圈闭特征得到落实，部署上钻的探井获高产油气流。实钻证实，地震资料与钻井误差仅10m。

本次高密度三维地震勘探的成功，证实准南山地地震勘探可以通过单点激发、单点接收、高覆盖密度采集的方法改善高陡逆掩带成像质量，落实主要目的层断裂系统、构造形态与圈闭特征，为该区勘探提供了新的思路与基础研究素材。

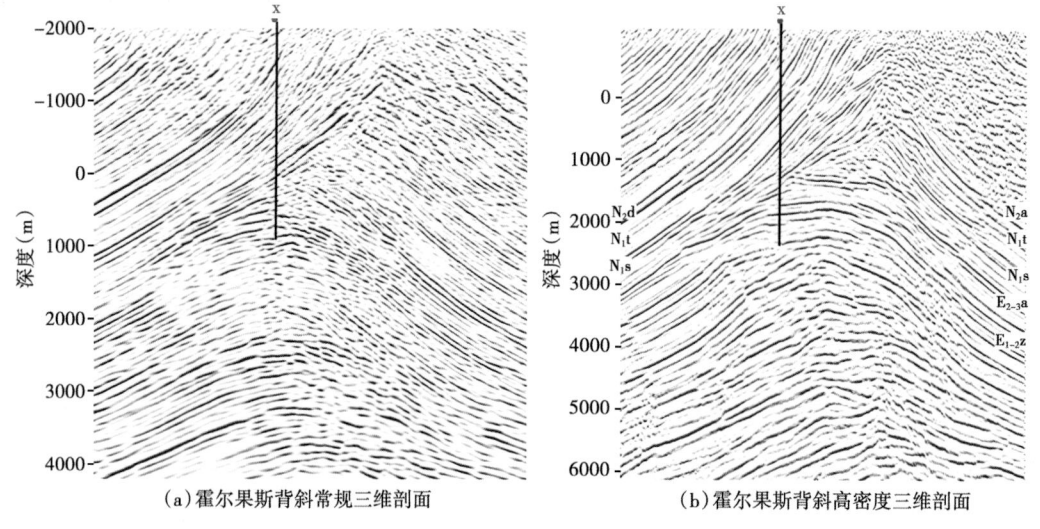

（a）霍尔果斯背斜常规三维剖面　　　　（b）霍尔果斯背斜高密度三维剖面

图3-32　霍尔果斯背斜常规三维与高密度三维剖面对比

第六节　小　　结

（1）基于地质模型的波动方程正演的观测系统论证，可以真实地再现复杂构造的地震波场，并根据照明分析、有效覆盖次数及叠加能量确定最佳的炮检点布设方案，优化采集观测方式，为复杂构造采集提供可靠的采集方案。

（2）总结形成了真地表模型建立技术，井、震结合的速度场建立技术，波动方程正演技术，基于模型观测系统评价等技术，有效指导了准南地震采集方案的应用。

（3）准南前陆逆冲带依据实际地质模型的波动方程照明分析及炮检点优化，可以有效提高逆掩断裂下盘波场空白区的照明强度，改善该区的成像质量。

（4）观测系统设计应遵循最大限度获得勘探目的层的有效覆盖次数，照明强度沿目的层尽量均匀变化的原则，从这个原则出发来确定炮点、检波点位置，炮检距范围和方位角，以保证叠加成像和偏移成像有较高的信噪比和分辨率。

（5）2013年霍尔果斯高密度三维地震采集攻关的成功，证明在准南采用高覆盖密度、小空间采样间隔、宽（全）方位角、均匀炮检距道集等技术手段，可以得到较理想的宽频波场信息，利于近地表速度深度模型的反演、面向成像的噪声压制及高陡构造叠前成像。事实上准南高密度三维采用20m道距、100万道/km^{2}的炮道密度是经济可行的。针对局部高陡复杂区域，可在模型正演的指导下合理布设炮检点，提高炮道密度，改善有效照明度，进一步提高采集方法的技术经济可行性。

参 考 文 献

程玖兵，王华忠，马在田. 2001. 频率—空间域有限差分法叠前深度偏移. 地球物理学报，44（3）：389-395.

董良国. 2004. 地震波数值模拟中的频散问题. 天然气工业，25（6）：53-56.

裴正林. 2011. 不分裂卷积完全匹配层与旋转交错网格有限差分在孔隙弹性介质模拟中的应用. 中国科学院地质与地球物理研究所第十届（2010年度）学术年会论文集.

Aki K, Richards P G. 1980. Quantitative Seismology：Theory and Methods. W. H. Freeman and Company.

Carcione J M, Kosloff D, Kosloff R. 1988. Viscoacoustic wave propagation simulation in the earth. Geophysics，53：769-777.

Cervenvy, Molotkovl A, Psenciki. 1977. Ray Methods in Seismology, Univerzita.

Chapra S C, Canale R P. 1998. Numerical Methods for Engineers. Mc-Graw Hill.

Ewing W M, Jardetzky S, Press F. 1957. Elastic Waves in Layered Media. McGraw-Hill Book Company.

Hong, Helmberger. 1978. Glorified optics and wave propagation in nonplanar structure. Bulletin of the Seismological Society of America，68（5）：1313-1330.

Jones R. 1962. Surface Wave Technique for Measuring The Elastic Properties and Thickness of Roads：Theoretical Development. Brit. J. Applied Geophysics，13.

Kaneko F, Kanemori T, Tonouchi K. 1990. Low-frequency Shear Wave Logging in Unconsolidated Formations for Geotechnical Applications，in Paillet et al, Ed. Geophysical Applications for Geotechnical Investigations. ASTM.

Karlova, Praha, Muerdter, Ratcliff. 2001. Understanding subsalt illumination through ray-trace modeling, Partl：Simple 2-D salt models. The Leading Edge，20（6）：578-594.

Kosloff D, Reshef M, Loewenthal D. 1984. Elastic wave calculations by the Fourier transform, Bull. Seism. Soc. Am，74：875-891.

Meju M A. 1994. Geophysical Data Analysis：Understanding Inverse Problem Theory and Practice. Course Notes Series，6 Society of Exploration Geophysicist.

Nazarian S, Stokoe K H. 1983. Nondestructive Testing of Pavement Using Surface Waves. Transportation Research Record 993.

Virieux J. 1986. P-SV Wave Propagation in Heterogeneous Media：Velocity-stress Finite Difference Method. Geophysics，51（4）：889-901.

Wu R S, Chen L. 2002. Mapping directional illumination and acquisition aperture efficacy by beamlet propagators. Expanded Abstracts of 72nd Annual Internat SEG Mtg：1352-1355.

第四章　面向南缘山地勘探的复杂表层结构反演与基准面校正技术

　　静校正技术是地震勘探资料处理中一项非常关键的技术。如第一章所述，复杂的近地表条件是准噶尔盆地南缘地震勘探的一大障碍，研究和查明近地表地质结构情况，搞清地下的速度模型，校正由于地表高程、激发井深和低降速带等变化引起的地震波旅行时间差，使共中心点道集能同相叠加，是提高南缘巨厚突变区剖面成像品质的关键环节。

　　目前，还没有哪一种手段能完全解决准噶尔盆地南缘巨厚突变带的静校正问题。由于复杂表层结构不满足静校正方法本身的条件限制，只能采用试验的方法，看成像效果的好坏来确定静校正方法，成像的好坏只是一个相对的概念，是否彻底解决了静校正问题，仍然存在疑问。也就是说，目前所采用的静校正方法，以及使用的静校正软件，对于复杂地表结构不能完全满足静校正方法的初始条件，静校正结果也就不能保证是全局最优的解，重复试验的过程只是向全局最优解的逼近。

　　因此，针对性的研究和探索各复杂地表区的表层建模方法、室内模型反演等新技术与新方法，形成针对性的技术序列，对最大限度解决南缘巨厚突变区静校正问题显得尤为重要。其意义包括：（1）满足南缘下组合大构造地震成像的需求，随着近年来准噶尔盆地南缘巨厚突变带地震勘探进程的加快，地质目标已从以往落实中上组合局部构造圈闭和查清高陡构造带断裂展布特征，转向了现在的解决下组合大构造地震成像，落实下组合构造圈闭，地质目标的转换对地震成像及静校正精度提出了更高的要求，如何建立准确的表层结构模型来解决静校正问题成了提高南缘下组合大构造成像品质的关键因素之一；（2）起伏地表成像提高构造形态准确性的需求，以往沿铅垂方向计算剥离延迟量和填充时间量，用于消除低降速带对地震波场的影响的方法存在的误差越来越难以接受，在地表高程及地下结构剧烈变化区，往往构造准确性难以落实，存在误差，随着以起伏地表直接成像技术为代表的新技术的开发与应用，表层速度会直接参与地震成像而不是用于校正处理，因此准确建立近地表模型会成为成像环节走时及构造形态准确性的保障环节之一。

　　南缘巨厚突变带表层结构反演难点体现在以下三方面：（1）南缘山地地形起伏剧烈，冲沟河流密布，表层采集点密度难以满足地表建模需求，单炮初至复杂，无法有效描述来自各层段的时间信息；（2）山前盆地和冲积扇区有巨厚的松散砾石堆积，表层结构复杂，调查难度大，缺乏稳定的折射层界面，给近地表建模带来很大困难；（3）同一区域应用单一静校正方法难以完全解决复杂的静校正问题，利用多种方法联合解决又会引入静校正拼接、多测线交点静校正闭合等新问题。

　　本章详细介绍了新疆油田公司的技术专家多年在南缘巨厚突变带表层结构反演与校正方面的工作。本章第一节首先介绍基准面静校正的概念与常用的几种估算静校正量的方法，并给出了针对南缘资料在实施静校正方面的难点和特点；第二节介绍了一种在南缘资料上应用效果较好的方法——初至拟合高精度静校正及其应用效果展示，考虑到静校正方法中地表一

【第四章】 面向南缘山地勘探的复杂表层结构反演与基准面校正技术

致性假设的限制,新疆油田引进了先进的波动方程基准面校正技术,该方法采用波动方程外推将观测数据从一个地表面延拓至另一个面上,它可以是平面,也可以是曲面,真实重现了地震波在地层中的实际传播过程,在地表高程变化剧烈、地表一致性假设又不成立的情况下,波动方程基准面校正是常规静校正技术的必要替代,第三节介绍了波动方程基准面校正的概念、算法流程以及在南缘数据上的应用实例;第四节介绍了新疆油田公司自主研制的初至波剩余静校正与模拟退火剩余静校正算法及其应用实例;第五节介绍了新疆油田公司自主研制的、适用于南缘巨厚突变带表层结构反演及校正的一系列特色方法与技术。其中包括:(1) 微测井信息约束下的初至时间层析反演初始模型建立方法;(2) 基于近地表结构解释系统这一数据平台的静校正拼接拟合、交点闭合以完成静校正量的无缝拼接和多测线的交点闭合,同时得到高精度的长波长和短波长静校正,既解决了叠加效果问题,又确保了构造形态的真实可靠,这是一项具有新疆油田公司自主知识产权的近地表结构解释系统,在实践中有很好的应用效果;(3) 初至波折射与层析反演法边界效应解决方法等。第六节给出了针对准噶尔盆地南缘的表层反演与校正技术系列与实践效果的认识与结论。

第一节 基准面静校正的理论与方法

基准面静校正的目的是消除非均匀的表层介质对地震波场的延迟。对于地表特定的空间位置,某一炮点或某一接收点,我们只要知道这一位置低降速层的厚度、速度或地震波的旅行时间,在给定基准面后就可以计算该点的基准面静校正量了,校正后相当于在基准面上进行激发或接收地震波。那么,所有炮点或接收点都依据所在空间位置的低降速层结构特征进行校正,就相当于将整个观测面校正到基准面上了。

基准面主要有两种形式:水平基准面和浮动基准面。基准面实质上是一个假想界面,经过基准面静校正后相当于将原来地表的观测面校正到给定的观测面上。由于地震数据的处理理论大多是以水平基准面上观测均匀层状介质的地震波场为前提,包括反射时距曲线方程、共 CMP 道集建立、NMO 方法、偏移等。因此,在地表结构简单、地表高程差不大的地区,尽可能定义为水平基准面。有些地区,如山地或山前地带,低降速带各向异性和地表的高程差很大,水平基准面将会在局部产生绝对值很大的静校正量,对一个 CMP 道集来说,相当于在原来的反射时距曲线方程上加了一个常量,引起 NMO 无法将同相轴较平,在这种情况下可采用浮动基准面,避免过大的静校正量出现。校正量的计算大多数情况下是低速剥离高速填充,因此,基准面应保持在地表之上,才能减小静校正量的绝对值。浮动基准面应尽可能平缓,确保一个 CMP 道集跨度内的起伏以时间衡量小于 1/2 波形周期。

基准面静校正的关键是如何准确地得到低降速带各层的厚度、速度和传播时间,归纳起来主要依靠两方面的信息:一是由野外直接观测,利用微测井或小折射观测表层的物理特征,通过单点调查资料和测量成果用数学方法进行空间内插得到速度模型和相应校正信息;二是由生产记录的大炮初至时间进行反演得到速度模型,然后计算相应的静校正量。

准噶尔盆地南缘山地区岩层出露地表的部分由于长期风吹日晒形成风化层,地震波速度比未风化的岩层速度低,厚度不大,一般紧邻速度较高的老地层。低洼处是周围的风化物沉积,速度更低。不同时代地层的岩性差异很大,横向上地震速度突变现象较为普遍。由于表层结构的复杂性，给表层调查点的布设带来了很大的难度：调查点密度太稀，不能准确恢复复杂的表层结构；调查点太密，无疑增加了勘探成本。因此在准噶尔盆地南缘，表层结构变化相对不大的区域可以用模型法建立表层结构模型，复杂的区域不能完全依靠表层调查资料建立表层结构模型，还需要利用大炮初至时间反演近地表模型。

一、直接法——野外表层调查

野外表层调查方法主要有：微测井调查法、大小折射调查法和电磁调查法。微测井表层测定是目前公认的最准确的表层调查方法，也是对表层观测最直接的方法，它可直接得到不同深度的延迟时间。对单点来说，比其他调查方法精度高，但在低降速层较厚时相对成本较高。微测井观测的密度依据近地表结构的变化情况而定，变化越大密度越高。由于成本的限制，不可能无限加大密度，实际工区应采用其他的方法建立表层结构模型，少量的微测井资料作为约束控制使用。

在南缘山前或山地区有效的表层调查方法是微测井调查法，其他的方法由于地表条件或结构的限制精度受到影响。野外施工方式如图4-1（a）所示，通常在地表按一定的密度或根据底降速层的变化情况设计微测井的位置，井深依据表层的厚度而定，必须打穿低降速带进入高速层，为了保证低降速带底界划分的准确性，高速层内的调查点数不得少于三个点。由于表层成层的低速介质厚度一般随深度逐渐增加，微测井内激发点的间隔从浅至深可逐渐增大。激发和接收点可以互换，由于放炮对地表的破坏较大，很难做到同一位置多次激发。因此，通常的做法是井中放炮，井口接收。检波器埋置在井口旁，可采用多个检波器同时接收，获得不同偏移距检波器得到的时深关系，增强抗干扰能力。

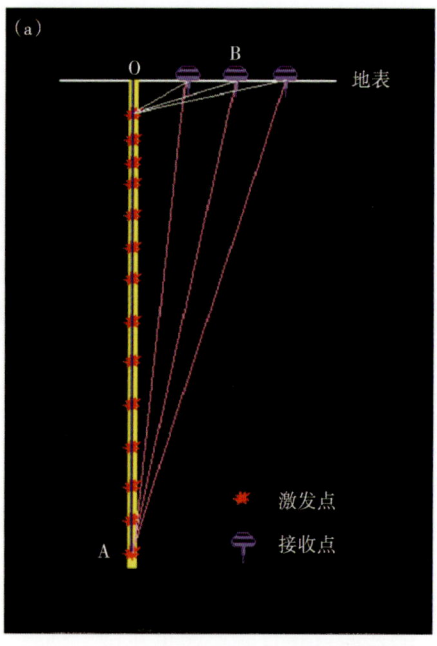
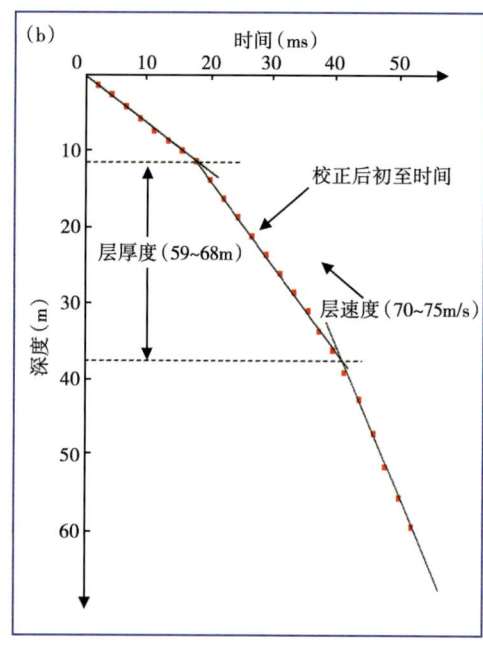

图 4-1　微测井表层测定示意图

【第四章】 面向南缘山地勘探的复杂表层结构反演与基准面校正技术

对于地面的任一检波器,它记录来自不同深度激发的初至时间,忽略地层倾角的影响,将激发点到接收点的传播路径视为直线。那么,初至时间 t_i 可表示为激发点深度 h_i 的函数:

$$t_i = f(h_i) \tag{4-1}$$

我们需要的是垂直传播时间。因此,对上式进行偏移距 x 校正:

$$t'_i = \frac{h_i}{\sqrt{x^2 + h_i^2}} \times t_i \tag{4-2}$$

式中,x——检波器到井口的距离,$i \in 1, 2, 3, \cdots, n$;

n——观测点个数。

将时间、深度对 (t_i, h_i) 展布在平面上,如图 4-1(b)所示,横坐标表示初至时间,纵坐标表示激发点深度。根据时深曲线的斜率的不同,划分出各层的厚度(两层斜率线的交点为层的分界面),根据各层的时间差计算出各层的层速度。

通过解释控制点所在的微测井,得到每一个控制点近地表各层厚度 h 和速度 v。因为低降速带观测的起点为地表,为了划分表层结构,以地表高程为起点将各控制点对应的厚度与速度标注在平面坐标系内,图 4-2 为表层结构基础数据的展布。首先,按照各层速度的大小确定低降速带各层的层系,连接控制点间各层系的地质界面,以形成近地表的地质结构剖面,如图 4-3 所示。由于只有控制点的数据是实测的,控制点间地质界面的形态完全凭借静校正人员的经验绘制,误差随近地表复杂程度而增加。

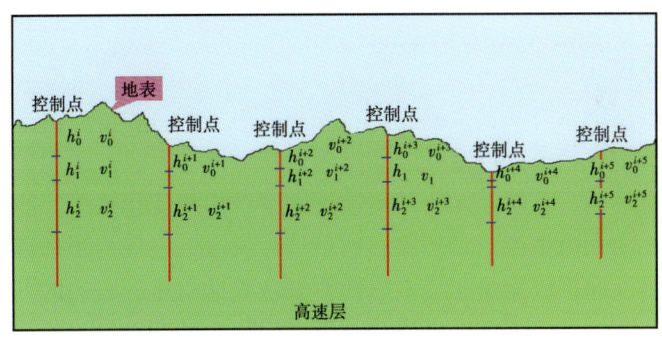

图 4-2 表层结构基础数据的展布

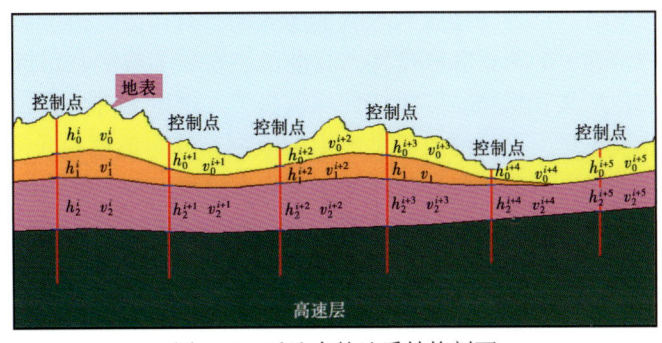

图 4-3 近地表的地质结构剖面

控制点间内插，包括层界面、层速度的内插。早期主要是二维地震勘探，层界面的划分主要由手工完成，三维控制点间内插也可以分解成多条二维测线形式划分各层界面，但相对工作量较大。由于计算机技术的发展，现在多应用专业的交互软件采用数学的方法进行层结构的划分。在复杂地表结构地区还要考虑表层介质的突变和层的尖灭，这些突变点和尖灭点的精确位置往往很难界定。因此，应用控制点内插的方法，若表层结构较简单，且横向速度差异不大的情况下，能得到较好的结果。而当表层速度、厚度变化大、低降速带的底界又起伏较大时，因为控制点间介质变化的非连续性，如图4-4所示，不但不能获得准确的地表延迟时，消除低高频静校正的影响，而且还会产生新的长波长静校正，影响低幅度构造。所以，复杂的山地地区要谨慎应用这种静校正量方法。

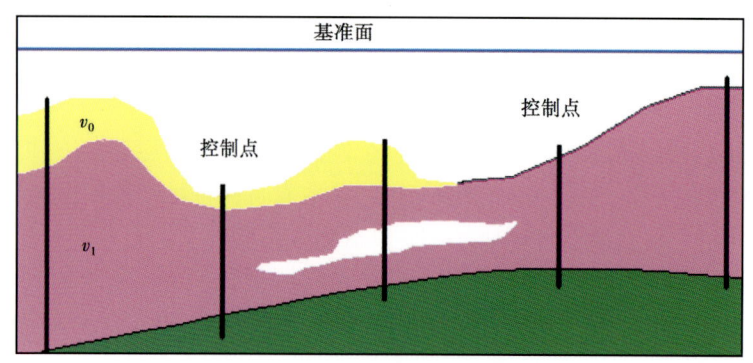

图4-4　低降速带层内插示意图

二、初至波静校正

野外直接观测表层结构时深关系的方法，如小折射、微测井等，由于观测点较少，各炮点、检波点的表层结构靠稀疏的控制点内插得到，所以这种方法只适用于简单层状的地表结构。对于复杂的表层结构，直接法无法准确描述表层结构的变化规律，静校正精度不能满足成像要求。取而代之的是由生产记录的大炮初至进行反演，主要利用来自浅层的折射初至反演地表模型，计算基准面静校正量，也可以计算剩余静校正量。它的优点在于利用了大量的折射初至信息，对每一个炮点或检波点进行了多次覆盖，具有较好的统计性，避免了插值引起的误差。众所周知，低降速带底界面由于速度和密度的差异，形成一个良好的折射界面，当炮检距达到一定距离时，很容易接收到来自上述界面折射初至。折射初至的到达时间就包含了低降速层的物理信息，如速度和厚度等。目前已经发展了很多利用折射初至的静校正的方法，如：延迟时法、广义互换法、广义线性反演法等。理论上讲，这些方法能获得包括高低频在内的基准面静校正量，不受静校正量大小的限制，同时能解决长短波长静校正问题。缺点就是必须有一个平稳光滑的低降速带底界，且初至拾取困难，因为需要做折射波静校正的测线往往地表比较复杂，得不到较好的折射初至。下面主要介绍几种常用的方法。

1. 扩展广义互换法

扩展广义互换法，即EGRM方法，这种方法的优点在于对野外的观测系统没有严格要求，弯线、非纵测线均可，也可应用于三维地震勘探。它的基本流程是：根据拾取的折射波

【第四章】 面向南缘山地勘探的复杂表层结构反演与基准面校正技术

初至时,确定测线上每一桩号的时间深度值,然后用扫描法或给定一个分化层速度,用五点插值法计算出折射面速度,这样就可以把每一个桩号的时间深度换算成折射界面的深度,从而建立一个地表折射界面模型,根据每一点的折射模型计算的延迟时算出静校正量,利用 Gauss-Seidel 迭代算法将其分解到炮点和检波点的时间深度值,具体实现的主要过程如下。

1) 时间深度定义

先讨论最简单的情况,若 A 点激发 B 点接收,如图 4-5a 所示,则地震折射波时间为 T_{AB},可表示为

$$T_{AB} = \frac{H_A \cos\theta}{v_0} + \frac{H_B \cos\theta}{v_0} + \frac{AB}{v_1} \tag{4-3}$$

A 点的时间深度定义为

$$T_A = \frac{H_A \cos\theta}{v_0} \tag{4-4}$$

可见 A 点的时间深度为截距时间的一半。

2) 互换法确定时间深度

如图 4-5b 所示,若 A 点激发 G 点接收和 B 点激发 G 点接收所得到的初至折射旅行时间 T_{AG} 来确定 G 点的时间深度 T_G:

$$T_G = (T_{AG} + T_{BG} - T_{AB})/2 \tag{4-5}$$

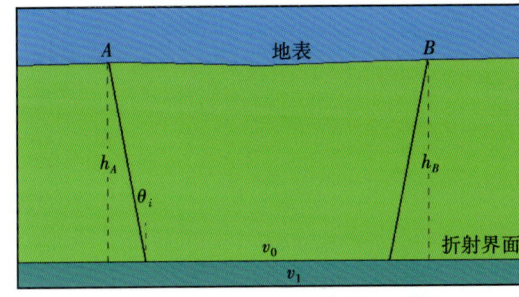
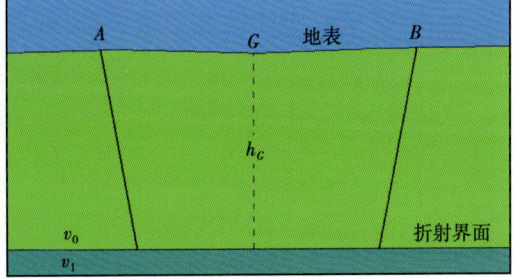

(a) A 点激发 B 点接收时的折射波示意图   (b) A 点激发 G 点接收和 B 点激发 G 点接收的折射波示意图

图 4-5 折射波示意图

仿照式 (4-5),写出 T_{AG}、T_{BG}、T_{AB} 的表达式,化简得

$$T_G = \frac{H_G \cos\theta}{v_0} \tag{4-6}$$

由式 (4-6) 可见,利用观测值 T_{AG}、T_{BG}、T_{AB},就可确定 G 点的时间深度值 T_G。这种方法被称为互换法。

若 G 点不在接收点上,或是更一般的弯曲测线,桩号间隔不等,或炮点偏离测线,加入补偿项后得到更一般的形式:

$$T_G = (T_{AY} + T_{BX} - T_{AB})/[2 - (\overline{AY} + \overline{BX} - \overline{AB})/2v_1] \tag{4-7}$$

式中，X、Y——偏离 G 点的距离。

前一项称为互换项，后一项称为偏移距剩余项，表示了更一般的情况，故被称为扩展广义互换法。

3) 折射界面深度计算

折射界面深度 H_G 为

$$H_G = \frac{T_G \cdot v_0 v_1}{\sqrt{v_1^2 - v_0^2}} \tag{4-8}$$

由此可见要确定深度 H_G，必须知道 T_G、v_0、v_1 三个参数，T_G 可由拾取的初至时间确定，v_0 较难确定。实际使用时，可以事先给定或通过扫描确定。速度 v_1 可通过拟合初至波的斜率确定，由此计算出各站点的静校正量，图 4-6 和图 4-7 分别展示模型法与折射法静校正前后的单炮对比和相应叠加剖面的对比。

通过上述折射波静校正方法，可以清楚地知道 EGRM 存在不足之处，表现为人工干预较多，如低速带速度值、选取折射界面及多层情况下的分层问题。EGRM 不仅要求存在稳定的低降速带底界面和来自该界面的折射初至，而且需追踪全区统一的高速折射层。山地地表条件的测线很难满足这样苛刻的条件，导致静校正后叠加效果不理想，且易造成测线交点静校正不闭合现象。

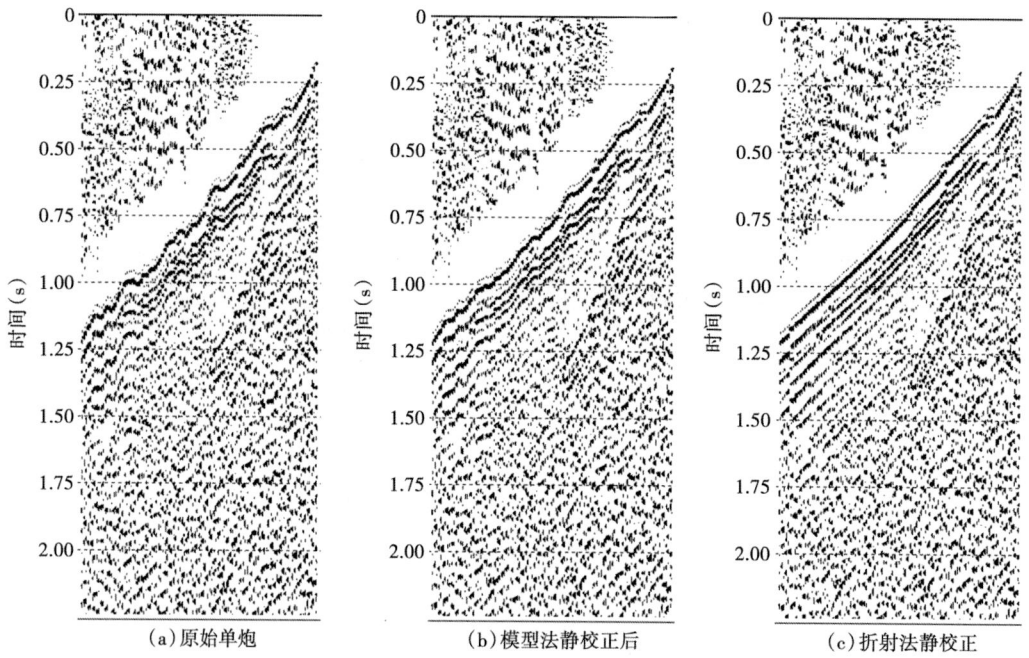

图 4-6 模型法与折射法静校正前后的单炮对比

【第四章】 面向南缘山地勘探的复杂表层结构反演与基准面校正技术

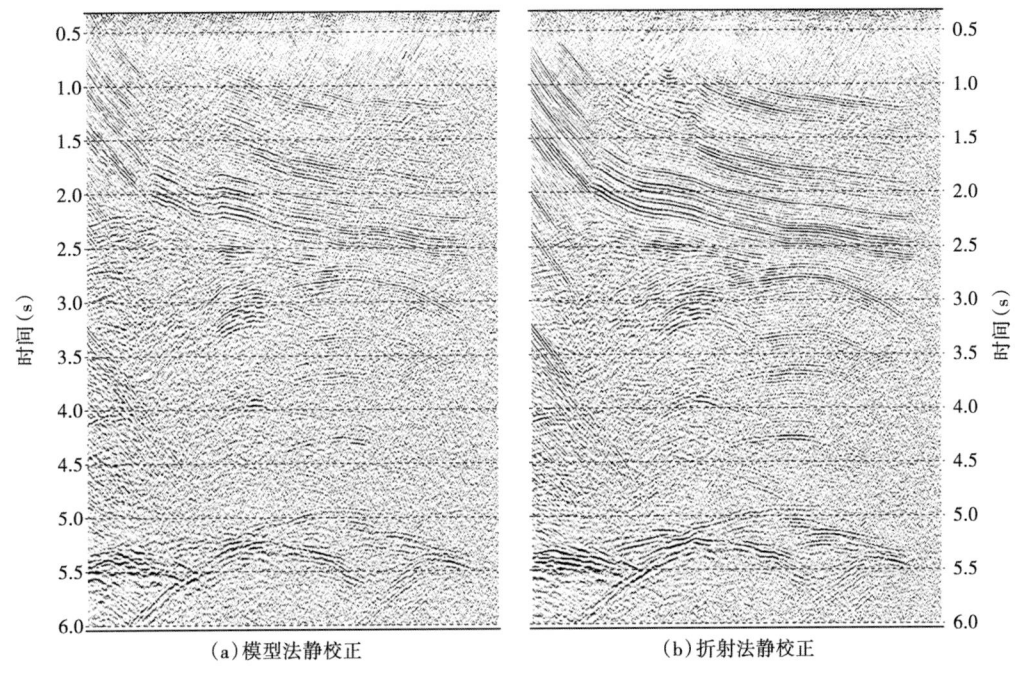

图 4-7 模型法与折射法静校正叠加剖面对比

2. CRM 对比折射法

在三维静校正研究方面，国外折射静校正起步较早，多数方法以确定性技术为主，多数相关软件与大型处理系统包在一起。基于地表一致性的时间项算法较多，时间项法是要建立一个线性方程组，比如，采用 Gauss—Seidel 迭代、奇异值分解和共轭梯度算法求得地表一致的解，即延迟时，该方法特点是利于求取短波长静校正量。另外一种算法为层析法，即先假设一个表层模型，用射线追踪计算其折射初至时间，然后迭代修改模型，使正演的初至时间与实际初至之差达到最小，这时的模型作为静校正计算的模型。此类方法包括：广义线性反演 GLI、反演模拟、数值等价技术等。

对比折射法（Correlation Refraction Method）是由精采软件公司研发的一项折射初至反演静校正技术，CRM 三维静校正技术是在总结了国内外静校正技术的基础上，针对国内复杂地表区的特点及常规静校正技术存在的问题，最新研制的一套技术，在应用效果、处理效率、可交互性及质量控制等多个方面有其独到之处，在多个油田探区的应用取得了明显的效果。

CRM 是该静校正技术中延迟时分析技术的核心，总延迟时的求解是基于经典的对比折射法分析追踪技术来实现的。

折射旅行时基本方程：

$$t_{ij} = t_{s_i} + t_{r_j} + x_{ij}/v_{rv} \tag{4-9}$$

即：旅行时＝炮点延迟时+检波点延迟时+炮检距/折射速度

由上式可知，在同一接收点上，当折射速度不变，或者说在同一折射层情况下，炮点变化时，两组折射旅行时方程仅有一个系统差，那就是炮点延迟时的差，也就是说，两组时距曲线具有平行性、相关性，是可对比追踪的。基于折射波的这些特征，利用 CRM 技术即可构建共接收点方程组，同理，还可构建与共接收点相互锁定的共炮点方程组，两个方程组形成时间包络即总延迟时。

然后，基于共炮、共检、共偏移距、空间和时间域，利用最小二乘算法实现炮检绝对延迟时的一次性分解。图 4-8 为 CRM 延迟时分解显示。

CRM 三维静校正技术是一项确定性方法、非线性技术，可以精确求解低速带绝对延迟时，实现最终基准面静校正。然后由延迟时和近地表速度模式（等效、时深、空变）反演表层模型，最终一次性完成基准面静校正计算（包含低速带校正和高程校正）。

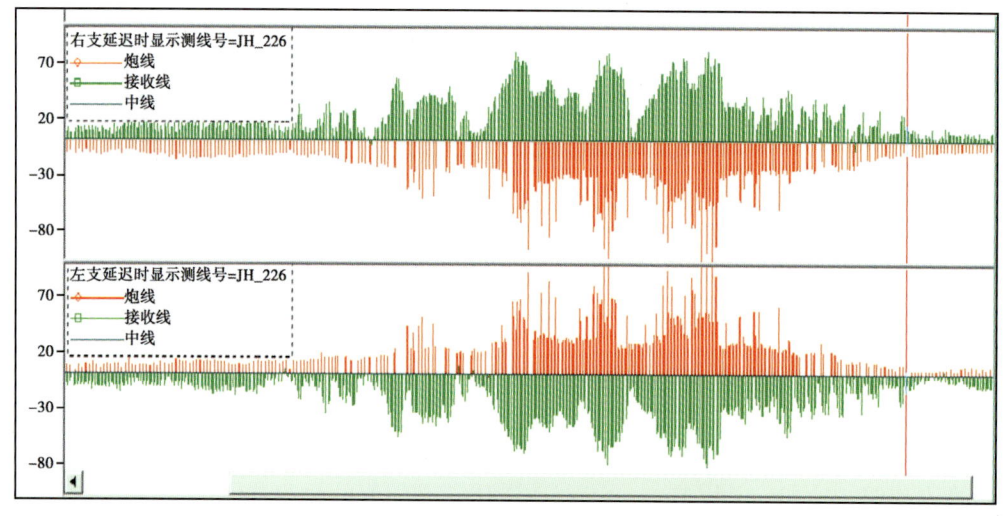

图 4-8　CRM 延迟时分解显示

CRM 三维静校正技术特点如下：

（1）基于信噪能量比和 CRM 技术的自动折射波拾取与多域交互拾取；多域迭代校正基础上的交互折射层分析；采用 CRM 延迟时求解，属非线性技术，其精度不受弯曲折射界面及其速度的影响；基于共炮、共检、共偏移距、空间和时间域，利用最小二乘法实现炮检绝对延迟时的一次性求解，该方法同时涵盖了基于初至的剩余静校正技术；便于在近炮检距域交互实现连续界面折射波追踪及延迟时求解，属确定性方法；具有互换法的优点，可以求得较精确的延迟时和折射速度；具有多种风化层速度模式（等效、时深、空变）建立模型；可实现最小静校正基准面、空变速基准面静校正计算；适用于二维、三维、弯线和宽线等多种观测方式，可实现相邻三维区块的连片处理；适用于沙漠、山地、山前带、丘陵戈壁、黄土塬等复杂地表区；

（2）既能解决短波长静校正问题，又能较好地解决中/长波长静校正问题和测线交点问题（静校正闭合差可控制在 5ms 以内）；

（3）拥有全交互 QC 监控功能，如图 4-9、图 4-10 所示；

【第四章】 面向南缘山地勘探的复杂表层结构反演与基准面校正技术

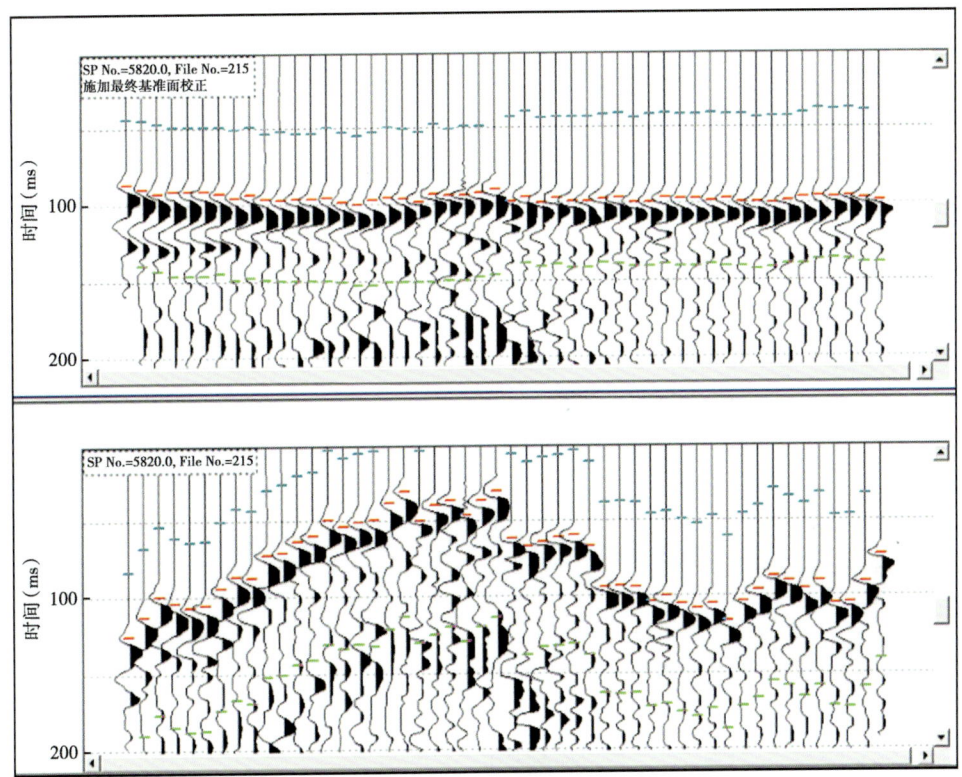

图 4-9　单炮记录静校正对比

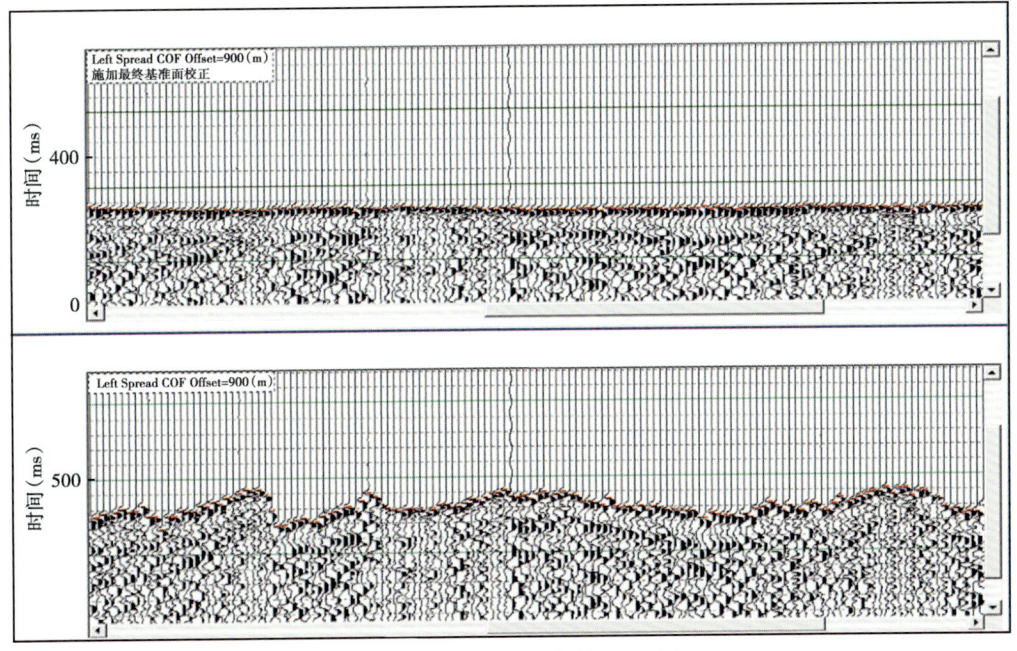

图 4-10　共偏移距道集静校正对比

(4) 批量自动拾取快捷准确，操作灵活，交互性好，实际应用效果显著。

CRM 三维静校正技术推出一年多以来，先后在国内吉林、大庆、塔里木、天山山前带、准噶尔、青海、甘肃、玉门、长庆、四川、内蒙古等油田探区应用，均见到了显著的效果，复杂地表区的静校正有了较大突破。大量的实践证明，CRM 三维静校正技术针对复杂地表区问题是一套成功解决方案。以下列举几个地区的 CRM 三维静校正技术应用实例，以说明该技术的应用效果。

图 4-11 为共炮道集静校正对比，根据西部黄土塬区三维资料，应用高程静校正后的记录初至仍异常跳跃、反射杂乱无章，经应用 CRM 静校正后的记录初至光滑呈线性、反射同相轴清晰可见。

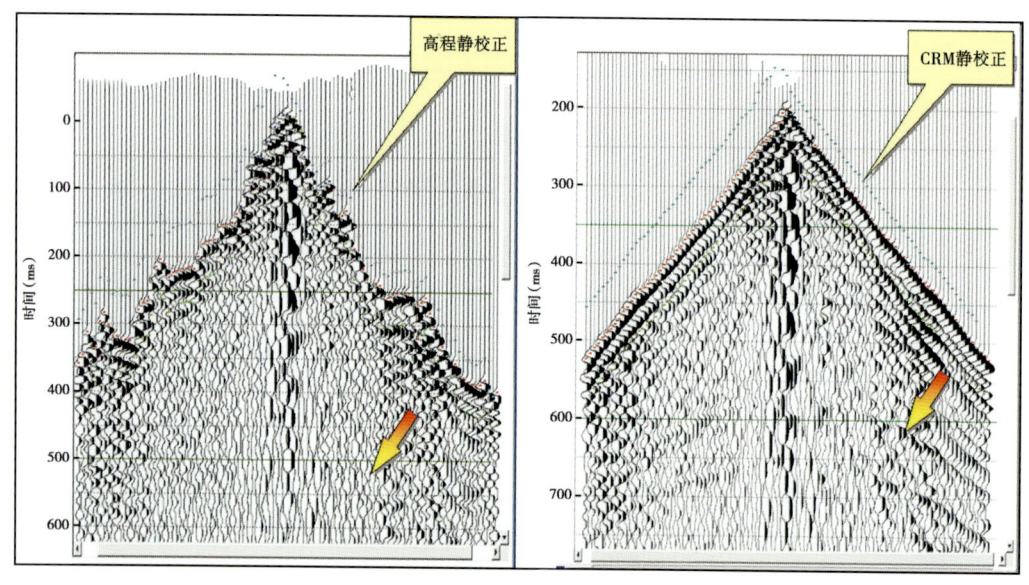

图 4-11 共炮道集静校正对比

图 4-12 为复杂山区三维初叠静校正对比剖面，根据玉门酒泉盆地山区三维资料，该区地形高差达 500m 以上，近地表结构复杂。采用区域速度做静校正对比叠加，CRM 静校正处理的剖面较原方法提供的静校正处理效果显著改善，原静校正处理剖面成像差，并且产生了假象，CRM 静校正处理的剖面反射同相轴连续性好，构造真实可信。

图 4-13 为复杂沙漠区三维初叠静校正对比剖面，根据新疆准噶尔盆地沙漠区三维资料，该区地形高差达 120m 以上，风化层覆盖厚度变化较大，高速顶界高程变化大。采用区域速度做静校正对比叠加，CRM 静校正处理的剖面较原沙丘曲线方法提供的静校正处理效果有显著改善，箭头所示位置原静校正处理剖面几乎不能成像，CRM 静校正处理后，反射同相轴连续性好，构造形态可靠。

图 4-14 为复杂平原区三维初叠静校正对比剖面，根据松辽盆地平原区三维资料，该区地形高差 20 多米，地表为嫩江河流域，古河道、泥滩、小台地纵横，CRM 静校正初叠剖面的反射同相轴连续性较原静校正处理效果明显改善。

【第四章】 面向南缘山地勘探的复杂表层结构反演与基准面校正技术

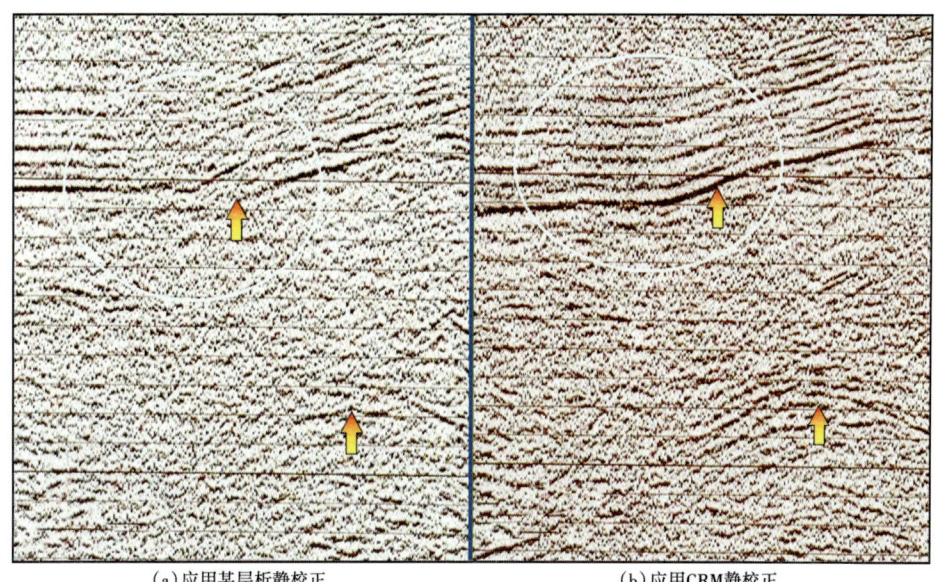

图 4-12 复杂山区三维初叠静校正对比剖面

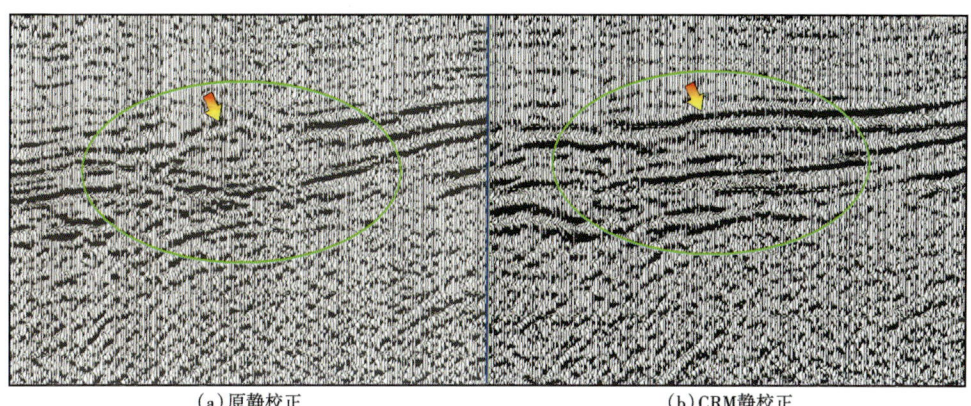

图 4-13 复杂沙漠区三维初叠静校正对比剖面

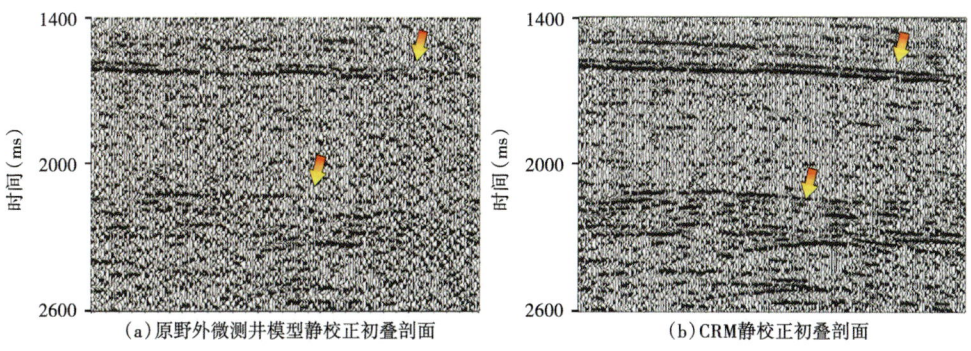

图 4-14 原野外微测井模型静校正初叠剖面与 CRM 静校正初叠剖面对比

3. 层析静校正方法

近年来，层析技术在静校正、井间地震及速度建模中有较为广泛的应用。层析技术用正演问题迭代求解反问题，即用给出的模型所得的理论数据去拟合观测数据，不断修改模型直到满足某个准则即认为最终修改后的模型为反演结果。层析技术利用射线理论研究地下介质的地震波传播问题，经过射线追踪，具体计算地震波的旅行时、波传播路径及振幅。传统的射线追踪是两点法，现在新发展的波前射线追踪，可以模拟多种波在模型中的传播，包括直达波、折射波、反射波和绕射波的传播等。在静校正方法上，已经由线性层析静校正方法进入到非线性层析静校正。层析静校正方法取得了进步，但它还需微测井、小折射以及其他地表调查方法，以利于求解的唯一性。

层析反演近地表模型是一种非线性模型反演技术，以地震记录的初至信息（包括直达波、折射波、回转波等）建立目标函数，直达波主要体现了均匀介质模型，回转波主要体现了连续介质模型，而折射波主要体现了层状介质模型。经反复迭代，根据正演初至时间和拾取的初至之间的残差，不断修改速度模型，最终达到要求的误差精度。求取静校正时采用射线法计算炮点到检波点的旅行时，从而得到基准面校正量。它具有以下优点：(1)反演出较可靠的表层速度模型；(2)射线追踪的地震波传播路径与实际相符；(3)可根据速度模型确定可靠的低降速带底高程。

层析反演近地表速度结构的具体原理如下。

设表层模型由各向异性介质和高速折射界面组成，第一个折射波的旅行时为 t_i，它与模型参数 $p(z, v)$ 有关，其中 z 为深度，v 为速度：

$$t_i = f_i(p) \quad i = 1, 2, 3, \cdots, m \tag{4-10}$$

f_i 是一个非线性函数，将给定的初始模型 p_0 线性化可得到

$$t = f_0 + \boldsymbol{J}_1 \Delta p \tag{4-11}$$

此式就是旅行时折射成像矩阵，这里 $f_0 = f(p_0)$ 是通过模型 p_0 得到的旅行时向量，$\boldsymbol{J}_1$ 是 $m \times n$ 维的雅可比矩阵。Δp 是模型参数的扰动向量。

设实际观测的旅行时 t_0 与模型计算的旅行时 t_c 之差为

$$\Delta t = t_0 - t_c \tag{4-12}$$

将 Δt 按泰勒级数展开，忽略高次项，写成矩阵形式为

$$\begin{bmatrix} \dfrac{\partial t_1}{\partial p_1} & \dfrac{\partial t_1}{\partial p_2} & \cdots & \dfrac{\partial t_1}{\partial p_n} \\ \dfrac{\partial t_2}{\partial p_1} & \dfrac{\partial t_2}{\partial p_2} & \cdots & \dfrac{\partial t_2}{\partial p_n} \\ \vdots & \vdots & \vdots & \vdots \\ \dfrac{\partial t_m}{\partial p_1} & \dfrac{\partial t_m}{\partial p_2} & \cdots & \dfrac{\partial t_m}{\partial p_n} \end{bmatrix} \begin{bmatrix} \Delta p_1 \\ \Delta p_2 \\ \vdots \\ \Delta p_n \end{bmatrix} = \begin{bmatrix} \Delta t_1 \\ \Delta t_2 \\ \vdots \\ \Delta t_m \end{bmatrix} \tag{4-13}$$

即

$$\Delta t = J\Delta p \quad (4-14)$$

雅可比矩阵 J 称为灵敏度矩阵，Δt 称为观测误差向量，Δp 为近地表模型参数（深度、速度）的初始值的修正量，因此模型修正量可以根据矩阵理论求取，对雅可比矩阵 J 进行分解可得到

$$J = UDV^T \quad (4-15)$$

其中 U 和 V 分别是 $m \times m$ 和 $n \times n$ 的正交矩阵，D 是由其奇异值构成的对角矩阵，令矩阵 J 的广义逆为

$$A^+ = VD^+U^T \quad (4-16)$$

则近地表模型的修正量矩阵 Δp 为

$$\Delta p = A^+ \Delta t \quad (4-17)$$

为了得到准确的近地表模型，需要进行迭代运算，迭代过程直到满足收敛条件为止（图4-15）。

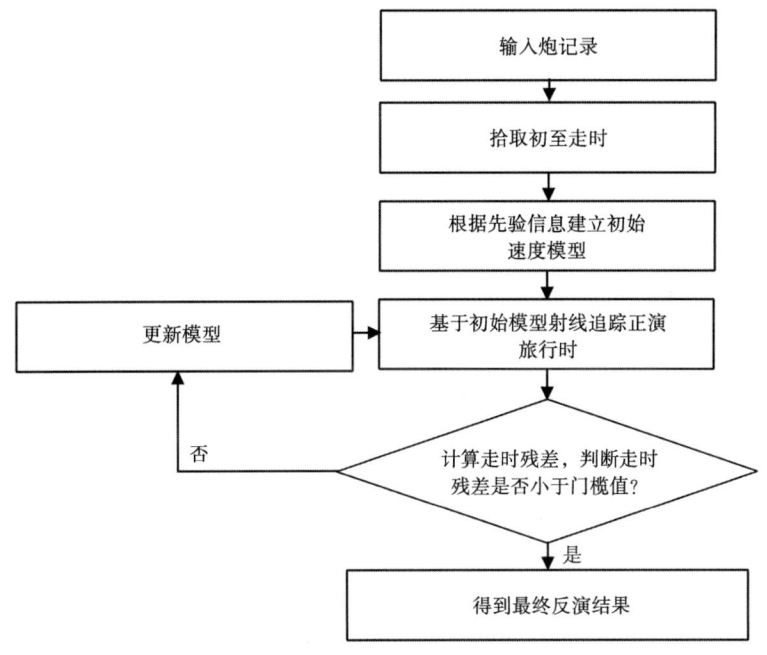

图4-15 初至层析处理流程图

下面来看一条实际二维地震测线的应用实例。图4-16 为层析反演的近地表速度模型，从该反演的速度模型可看出近地表结构的变化情况，地表的起伏并不算大，基本呈左高右低的单斜状，但低降速带的厚度和纵向速度变化较大，隐伏在低降速层之下的高速层顶界面起伏也较大。这样的近地表结构模型单靠野外调查的控制点信息不足以精确恢复，折射静校正方法也因没有一个光滑而稳定的折射界面达不到预期的效果。图4-17 为常规处理的最佳叠

加剖面，其中包括折射波静校正、剩余静校正等，是认为已经达到最佳叠加效果的剖面。图4-18为层析反演静校正后的叠加剖面，相比图4-17的叠加剖面品质有了质的改变，构造形态和层位之间的接触关系更加清晰。

图4-16　层析反演的近地表速度模型

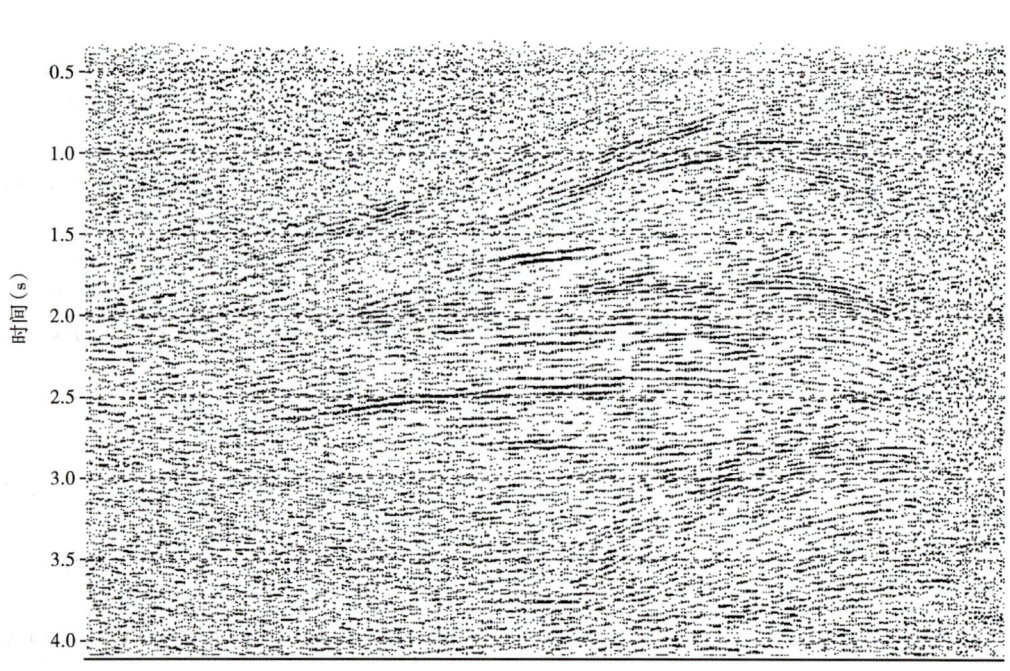

图4-17　常规处理的最佳叠加剖面

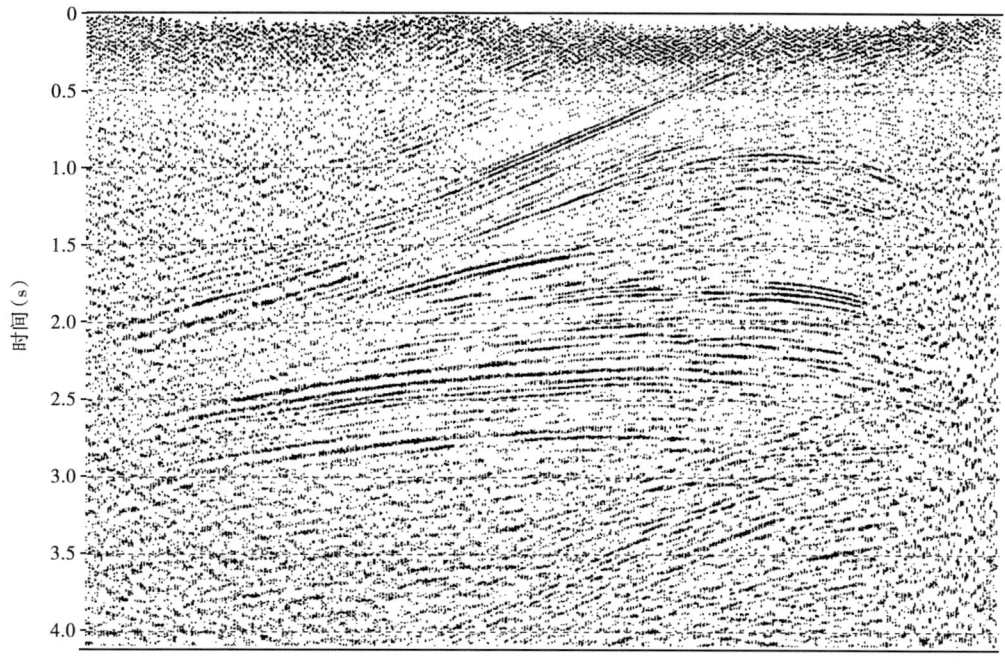

图 4-18 层析反演静校正后的叠加剖面

三、如何做好基准面静校正

静校正技术是理论水平和实际经验的高度结合,缺一不可。结构复杂的近地表地区,丰富的理论知识有助于从众多的静校正软件中选择适合本地区近地表结构的有效方法,并确定合理的关键参数。考虑到外业表层调查的成本问题,密度不可能覆盖到每一个炮点和检波点,因此对本区域表层结构了解的程度,低降速带的速度、厚度变化规律,都需要丰富的实际经验支持。

从原理上来说,静校正无非就是分别给每一炮点和检波点一个固定的时间校正量,而这个校正量就是这一炮点或检波点所在地表位置地震波在低降速带的旅行时,由此只要知道低降速带的厚度和速度,问题就解决了。事实上在复杂地表地区要想得到真实的静校正量也并非易事。假设 $T(t)$ 表示炮点 i 和检波点 j 所对应的实际观测的地震道,$V(t)$ 表示地表一致性条件下记录的地震道,定义一个算子 G,它与炮点 i 和检波点 j 对应的静校正量 s 和 r 有关,它把未知的地震道 V 延迟了 $s+r$。那么,对于实际观测的每一地震道,方程(4-18)就定义了静校正影响前后的地震道之间的关系。

$$T_{ij}(t) = G_{ij}[V_{ij}(t)] \tag{4-18}$$

像这样的方程对一条地震测线来说,有成千上万个。因为 s 和 r 未知,所以 G 也未知,在无假设条件下,尽管 G 是一个线性算子,但是它的反算子却未知,因此不能用线性反演算出 $V(t)$,它是个非线性反演问题。

实际上,目前在处理中所用的静校正方法,都是基于这样一个前提,即各种方法的成立，首先要满足本方法预先设定的假设条件，如折射层的速度和连续性保持平稳变化、地震波垂直入射与出射等。目的就是简化这一方程，使它将难以实现的非线性问题简化为容易求解的线性问题。这样带来的后果就是符合该方法假设条件的地震资料，就能得到较好的处理效果，反之，效果不明显或与期望背离。

基准面静校正是地震资料处理的第一步。进行基准面静校正之前，首先要根据野外近地表调查资料分析整个工区内近地表结构的变化规律，近地表调查点的密度如何，能否控制地表结构的变化，若控制点密度不够，需要补做的必须补做，否则因为静校正问题解决的不好而带来地震处理的剖面品质降低或构造形态的可信度降低，对于整个采集处理来说得不偿失。基准面静校正方法涉及的基础数据来源是野外地震资料采集，因此好的第一手资料是做好基准面静校正的关键。

表层结构相对简单地区，可以通过表层调查点的合理布控，得到控制点的时深关系，通过内插方式建立近地表模型。这时候野外表层调查的设计方案很关键，在哪布设控制点、密度多大、能否控制表层结构的变化。解决这些问题，一是采取先粗后细的方式，先通过大密度普查了解近地表速度和厚度的变化情况，变化大的地方增加控制点，逐渐达到能描述近地表结构变化规律的密度要求。二是借助以往的地震资料对本工区的近地表情况进行分析，更需要与熟悉本工区的专家共同探讨确定表层的调查方案。

表层结构相对复杂地区，由于低降速带纵横向速度和厚度的变化并不遵循一定的变化规律，很难用数学的方法描述，仅仅依靠有限的表层调查控制点很难建立比较精确的表层结构模型。现在有很多方法（如延迟时法、广义互换法、广义线性反演法、层析静校正等）利用野外采集的大炮生产记录的初至时间来反演表层结构模型，因为初至时间是从炮点激发到检波点接收包含了在低降速带的旅行时，间接反映了低降速带的地球物理特征。折射波静校正是利用生产记录的折射初至信息计算静校正量，既可以计算基准面静校正，也可以计算剩余静校正。它的优点在于利用了大量的折射初至信息，对每一个炮点或检波点进行了多次覆盖，具有较好的统计性，避免了模型内插引起的误差。

1. 如何确定基准面

基准面的形态主要分为两种，水平基准面和浮动基准面，从理论上讲，只要清楚地知道表层结构模型的速度、厚度及下伏地层的速度，在遵循基准面静校正选取原则的条件下，都能够得到较好的成像效果。但是在实际处理中，由于各方面的因素影响，很难得到真实的表层结构模型。采用不同的基准面，目的就是最大限度地减少处理过程中引入的误差。

静校正确定的基准面，将贯穿后续的处理、解释全过程。从理论上来说，无论基准面选定在空间的什么位置、是水平的还是倾斜的或者是浮动的，由于这些不同的基准面之间可以相互换算，最终的结果应该是唯一的。实际上，由于静校正的假设条件，以及很多的处理方法都是基于水平层状介质而成立的，最终的解释成果往往因基准面的不同而出现差异。

从处理角度考虑，基准面应尽量贴近地面，使基准面校正量尽可能小，因为地震数据的采集是在地面进行的，反射双曲线的形态由地表这个"基准面"确定，如今的静校正方法只是对地震数据进行垂直移动，而不改变反射双曲线的曲率。换句话说，静校正量越大，速度分析的误差偏离真实速度越大。同样，静校正的时移也使动校正产生误差，我们知道地震反射波的时距曲线可表示为

【第四章】 面向南缘山地勘探的复杂表层结构反演与基准面校正技术

$$t^2 = t_0^2 + \frac{x^2}{v^2(t_0)} \tag{4-19}$$

t 是速度 v 的函数,当进行基准面校正时,相当于对时间轴的平移,即

$$(t + ST)^2 = t_0^2 + \frac{x^2}{v^2(t_0)} \tag{4-20}$$

式中,t——不同偏移距反射时间;
$\quad t_0$——零偏移距反射时间;
$\quad x$——偏移距;
$\quad v$——叠加速度;
$\quad ST$——基准面静校正量。

在该式中,对于固定的反射层和固定偏移距,t_0 和 x 是个常量,$(t+ST)$ 与 v 为函数关系,ST 的大小确定了速度 v 的变化,换句话说,速度误差随基准面校正量 ST 的增大而增大。

图 4-19 为静校正对时距曲线影响的演示示意图,图 4-19a 为水平介质下的时距曲线,图 4-19b 为时移 ST 以后的时距曲线(实线),相当于 x 轴向上移 ST 后,原点由原来的 (0, 0) 变为 (0, ST),而以原点为 (0, ST) 且与该曲线最近似的时距曲线,由图中的虚线表示(计算机软件实现)方程为

$$t^2 = (t_0 - ST)^2 + \frac{x^2}{v^2(t_0)} \tag{4-21}$$

其中,t 为被时移 ST 后的反射时间,也就是说,经平移后的双曲线方程与等 t_0 的双曲线方程是不等同的,而 NMO 模块是采用标准的时距曲线方程校正,所以动校正后如图 4-19c 所示,实线无法校直,残留有剩余动校正量,而这个剩余动校正量无法通过改变速度来消除。

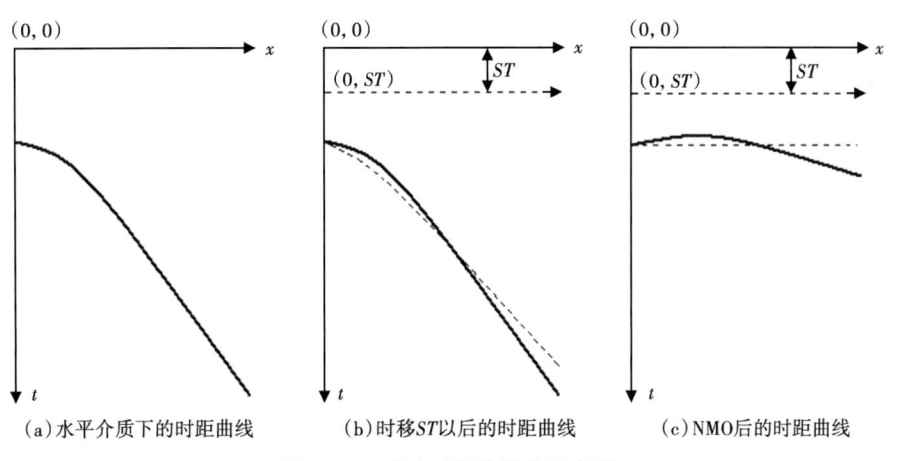

图 4-19 理论时距曲线的示意图

另外，采用一步法静校正时，基准面空间波长的变化和起伏幅度的大小，也会影响CDP 的叠加成像，如图 4-20 所示，这相当于在原时距曲线方程后增加了一项：

$$t^2 = t_0^2 + \frac{x^2}{v(t_0)^2} + \frac{f(x)}{v} \tag{4-22}$$

$f(x)$ 是由基准面形态的变化引起的一个中长波长分量，同样改变了原时距曲线方程，为减小这一分量的影响，在选择基准面时，基准面的空间波长应大于同一个 CDP 所跨越空间距离的 2~3 倍。当采用高程平滑时，平滑点数应大于 CDP 所跨越的空间距离 2~3 倍。换句话说，在同一个 CDP 所覆盖的空间范围，应尽量保证炮点与接收点在同一个平面内，使地震反射双曲线不发生畸变。在同一个 CDP 内，基准面的最大起伏幅度换算成时间，应小于 1/2 波形周期，当然越小越好，使其减小对叠加成像的影响。

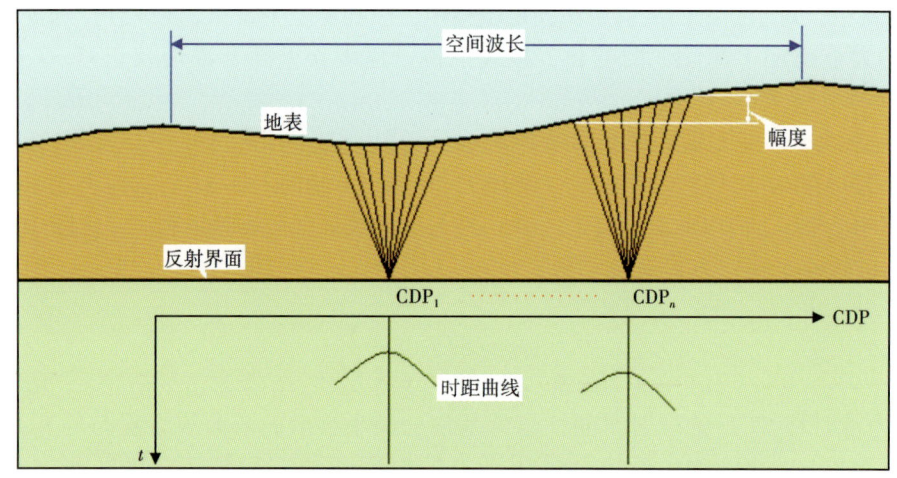

图 4-20　基准面空间波长的变化和起伏幅度的大小对道集的影响

2. 如何确定填充速度

替换速度或称充填速度，引入这一速度的目的就是使同一个区域的地震测线，以此速度校正到同一基准面上，以便对比解释。但应该注意到，即便是通过各种方法，反演出精确的地表模型，但由于给定的替换速度和低降速带底界速度的差异（替换速度往往是一个常量，不随工区而变化），会给我们带来新的误差，这一点不难理解。假定地下有一水平反射层，理想情况下，剥离低降速层后，用高速层速度充填，这时相当于反射层以上为同一介质，反射层时间不会产生误差，而存在差异时，相当于上覆地层存在不同厚度不同速度的介质，反射层以上的校正量明显不一样，反射层的形态随之变化。

假设一个很简单的地表模型，如图 4-21 所示。低降速带只有一层，厚度为 h_0、速度为 v_0，低降速带底界至反射层厚度为 h、速度为 v，基准面高程为 DP，空间任一点的基准面静校正量 Δt_i 为

$$t_i = \frac{h_i}{v} + \frac{DP - E_i(x)}{v_c} \tag{4-23}$$

当充填速度 v_c 等于 v（假设为均匀介质）时，上式可简化为

$$t_i = \frac{h_i + DP - E_i(x)}{v} = \frac{h'}{v} \tag{4-24}$$

这里 $h = h_i + DP - E_i(x)$，即水平基准面到反射层的厚度，也就是说，反射层的上覆地层为一均匀介质，基准面校正量为一常数，因此，它不会影响反射层的形态。

当充填速度 v_c 不等于 v 时，这时相对误差：

$$\Delta t_i = \frac{DP - E_i(x)}{v_c} - \frac{DP - E_i(x)}{v} \tag{4-25}$$

整理后可得

$$\Delta t_i = \frac{(v - v_c)}{v} \frac{DP - E_i(x)}{v_c} \tag{4-26}$$

当 v_c 大于 v 时，反射层形态与低降速带底的形态相似，而 v_c 小于 v_1 时，成镜像显示。

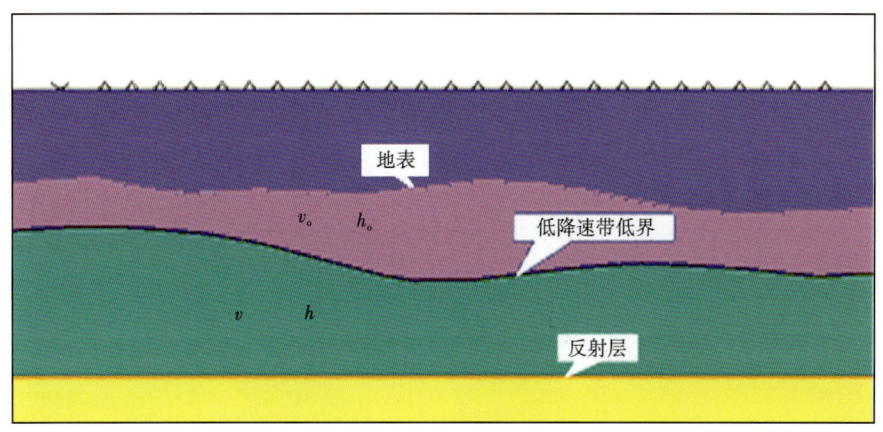

图 4-21 充填速度误差示意图

因此填充速度的选择应该与低降速带底界的高速层速度有直接关系。实际情况由于低降速带底界的高速层速度不可能为一恒速，通常有一个范围，范围不大的情况下可以取中值，若范围较大，取任何值都不合适，这时只能保"将"舍"车"，也就是说，填充速度取目标区低降速带底界的高速层速度。当存在低幅度构造时，更要仔细确定填充速度，确保低幅度构造的真实和准确。

3. 如何做好山区的静校正

山区的静校正，由于地表高差非常大、表层结构也异常复杂，高速层不稳定且速度范围变化也很大，难以满足现有基准面静校正方法的基本条件。地表高差大造成静校正剥离或填充的量也很大，高速层不稳定且速度范围变化很大造成填充速度无法确定，地震波的传播方向与垂直传播路径的假设更是相差甚远。

高程校正，甚至模型法计算静校正，由于表层调查点不可能遍布每个炮点和检波点，实

际情况表层结构的变化周期很多区域都小于一个炮点或检波点间隔,因此依靠表层调查点无法控制横向表层结构的变化,高频包括中频的静校正量不可能求准。

基于初至时间的表层模型反演方法,有折射方法和层析方法。折射方法依靠的是折射初至时,但它要求有稳定的折射界面,这在山区不可能满足。层析反演方法,往往生产排列的道距很大,层析速度模型的网格不可能很小,即使层析反演方法容忍小网格的计算,精度同样达不到要求。层析反演的旅行时是沿传播路径网格走时的累加,它对复杂速度模型起到一个均化作用,也就是说,层析反演的速度模型是与实际表层模型传播时间近似的一个等效模型。

初至波反演近地表模型还存在一个问题,就是初至波与反射波在近地表传播所走的路径不同,引起的静校正量也不同,折射初至波有可能是侧反射、散射或者其他的什么波,而折射波静校正以折射波校为光滑的曲线作为目标函数。因此,用初至反演的近地表模型对反射波校正可能适得其反。图4-22是个很好的实例,图4-22a是未经基准面静校正的单炮记录,初至和反射相位的连续性都不好;校正后反射相位的连续性变好了,初至反而跳动更大。可以想象若将初至波校正光滑,反射相位的特征肯定变差。

基于上述原因可以看出,对于山地地区的静校正,即便是有条件完全弄清楚近地表模型的结构和速度厚度变化规律,也不可能把近地表对地震波场的改造完全校正过来。因为地震波激发后,由于地形和近地表结构的变化,地震波的传播方向和传播角度变化很大,传播路径的差异无法用静校正的方法校正。另外,山区没有稳定的低降速带底界面,剥离完后与填

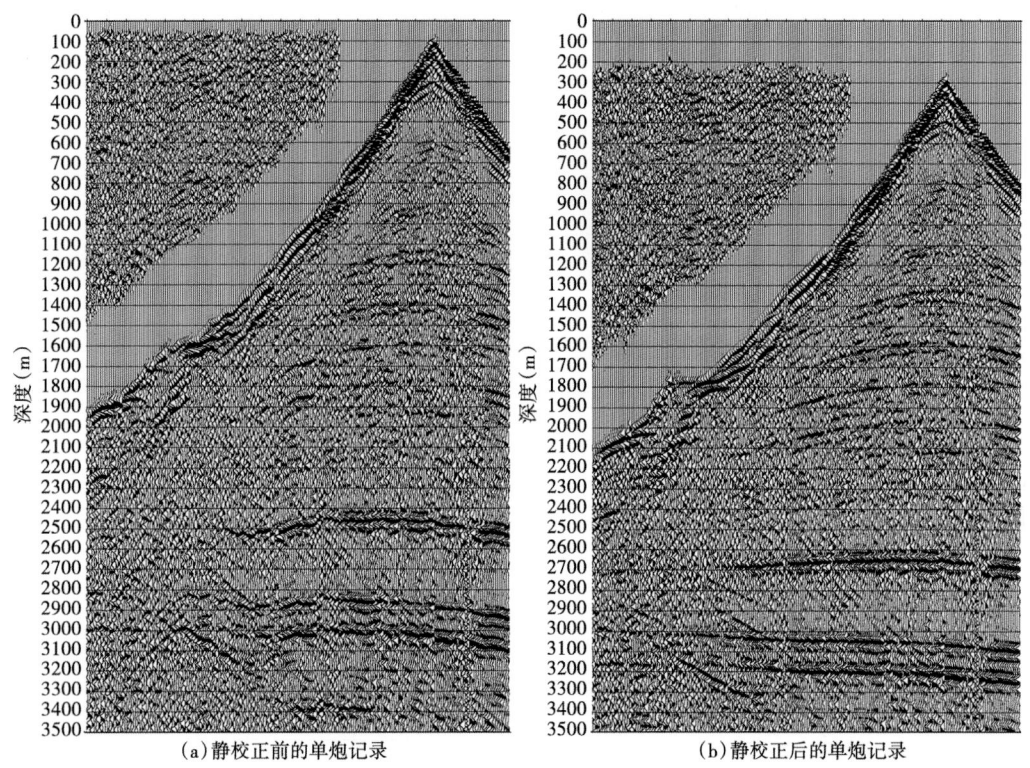

图 4-22 静校正前后的单炮记录

【第四章】 面向南缘山地勘探的复杂表层结构反演与基准面校正技术

充的高速层之间仍有很大差异，特别是横向上的差异同样产生新的静校正问题。

解决好山区的静校正，要结合表层调查资料和生产记录的初至时间，对表层结构的变化规律及目标区所在的地面位置等有一定的认识，由于山区近地表（高程、速度、厚度）变化范围很大，做静校正不可能全面兼顾，只能选择有利于目标区的静校正方法和参数，以提高目标区的成像品质。

首先，山区静校正的基准面选择非常重要，按照基准面的选取原则，应该让低速剥离的校正量尽可能与高速填充的量相互抵消，使基准面静校正量的绝对值达到最小。那么水平基准面肯定不合适，因为水平基准面必将产生地表高程低的部分静校正的填充量过大，地表高程高的部分静校正的剥离量过大。根据实际情况，山区通常选择浮动基准面，浮动基准面既不能太陡也不能太缓，太陡它可能使 CMP 共深度点反射的同相轴与双曲线的形态偏差增大，不利于同相叠加；太缓起不到浮动基准面的作用，仍然存在较大的静校正量，所以应用浮动基准面要注意浮动基准面的原则。

其次是剥离到哪个面很重要，做基准面静校正的目的就是要消除不均匀的近地表给地震波场带来的不等量延迟，如果选择的低降速带底界面虽然速度达到了 2000m/s 以上，但仍然存在横向上速度和高程的剧烈变化，这就达不到基准面静校正的目的，应该继续向下寻找一个稳定的界面，实际上在山区寻找一个稳定的界面可能不太现实，但按照沉积理论，随着深度的增加地层的稳定性越好，稳定的界面找不到，相对稳定的界面总是存在的。当低降速带底界面较深时，表层调查肯定很困难，花费的代价和成本也大，这时需要结合生产中的单炮记录。因为生产单炮偏移距很大，往往达到几千米甚至上万米，可以接收到来自深层的初至到达时（包括折射、反射、回转波等），为反演更深的表层模型提供了条件。静校正的填充速度也不要局限于 2000m/s，应该选择与低降速带底界面相同的速度作为填充速度，填充速度有可能达到 3000~4000m/s 或更高。

再者是山区静校正的应用，对于表层结构简单地区，通常采用的是一步法静校正，即一次将炮点和检波点的校正量作用于地震道上，完成基准面校正的整个过程。而山区地震资料处理的时候最好采用两步法基准面校正，也就是叠加之前只使用静校正的高频分量，近似于基准面在地表的平滑面上，校正量不大，对原始波场的改造也不大，等叠后再进行低频静校正量的校正。两步法校正与浮动基准面校正类似，目的都是减小静校正量的绝对值，但它们之间有个本质的差别，两步法校正虽然基准面是浮动的，而对于一个 CMP 道集来说它又是一个水平基准面，CMP 道集内的所有道拥有同一个基准面。一步法校正到浮动基准面则不然，CMP 道集内的所有道仍然被校正到一个浮动面上，显然两步法校正对后续的处理更有利。

另外对于山地地震资料经常会出现不同次处理，解释的构造高点位置不一样，当然这与时深转换的速度精度有关，同时也与静校正的长波长分量有关。山区的静校正不但短波长分量不易求准，提高长波长分量的精度也很困难。因为表层调查不可能做很多，即使很多也不一定能描述表层山区复杂结构的变化规律。初至反演得到的某一点延迟时间或时深关系是排列跨度包含信息的均化结果，与实际的模型存在一定误差。起伏且速度不断变化的低降速带底界面也是产生长波长静校正的原因。因此，由基准面静校正得到的山区表层结构是不可能完全恢复其等效基准面上的地震波波场的。故在解决长波长问题方面，只能在对表层结构和技术方法的高度认知下，按照上述的思路尽可能减弱这些客观因素的影响。

波场延拓技术的发展为解决山区的表层问题提供了可能，目前存在的主要难点是如何获得精确的表层速度模型，一旦技术突破，有望使速度分析和成像质量得到大幅度提高。波场延拓技术完全根据地震波场在各向异性介质中的传播规律对基准面进行上下延拓，使地震波场经过波场延拓后真正恢复到确定的基准面上，即等效于基准面上放炮接收的地震波场。实际上波场延拓技术已不属静校正范畴，摆脱了静校正的基本假设。波场延拓的目的在于消除非规则表层对反射波的时差影响，解决表层静校正中的曲射线问题。同时消除表层引起的时差及对深层反射波的波场进行校正，使其满足所在位置的波场特征。

总之，对于山区而言目前还没有彻底解决复杂表层引起的静校正问题的方法，还需要地球物理工作者的继续努力。但在现有条件下，虽然这些静校正方法还存在问题，但它可以解决一部分静校正问题。如果在做的过程中尽量满足静校正方法要求的条件，还可以向静校正更高的目标再迈进一步。

4. 如何在南缘山前数据上获得稳定的静校正应用效果

经过复杂的近地表模型建立到完成基准面静校正的计算，静校正工作只是完成了第一步。如何应用静校正，用法不同会对后续的处理产生什么影响，这是本节所要讨论的内容。

表层结构相对简单的地区，如平原、戈壁区，高程变化不是很大，低降速带的速度和厚度较稳定，换句话说，表层结构和层属性所引起的时间变化量，在一个排列跨越范围内小于 1/2 波形周期。这种情况下，只要基准面的选择合理，静校正量的绝对值不会很大，这时可以直接将每一道所在的炮点和检波点静校正量之和作用于此道，它所引起的误差很小，对波场的改变也不大。

当近地表结构比较复杂，如山区、山前冲积带、巨厚的沙漠区等，这些地区无论采用什么样的基准面来计算静校正量，都可能产生较大的静校正量。因为静校正的计算没有考虑射线的路径，静校正量作用于各道之后，对任意一个 CDP 来说相当于时间轴的移动，使校正后反射时距关系不满足动校方程，也就是说动校正不能使同一反射点不同偏移距的反射同相轴校平实现水平叠加，影响随着静校正量的增大而越加明显。因此，在此种情况下通常采用两步法静校正。

两步法静校正应用，就是将计算的静校正量进行分解，分解成影响剖面叠加效果的中短波长分量和影响构造形态的长波长分量，目的就是在叠加处理之前让静校正对处理的影响减到最小，从另一个角度去满足基准面静校正量最小的原则。等叠加之后再将剩余的、绝对值较大的长波长静校正分量应用到叠后剖面上，间接回避了静校正对地震波场的改造。

静校正量分解的方法依据不同的处理系统可能有一些差异，但基本的分解方法都类似，都是以 CMP 为心，将两边一定范围内的静校正量进行平均，作为该 CMP 的一个参考面，有的处理系统称为 RG 面（三维）或 RG 线（二维）。比如，测线上任一 CMP 点对应的 RG 值，是由该 CMP 点相邻的炮点和接收点所在地面位置的基准面静校正量平滑得到，数学表达式为

$$\mathrm{RG}_i = \frac{1}{2}\left(\frac{1}{n}\sum_{j=i-n}^{i} ST_i^{sp} + \frac{1}{m}\sum_{j=i-m}^{i} ST_i^{gp}\right) \quad (4-27)$$

式中，ST_i^{sp}——炮点的基准面静校正量；

ST_i^{gp}——接收点的基准面静校正量；

n——炮点的平滑点数；

m——接收点的平滑点数。

有的地震数据处理系统对式（4-27）再进行一次平滑：

$$RG'_i = \frac{1}{n} \sum_{j=i-n/2}^{i+n/2} RG_j \tag{4-28}$$

由 RG 线的计算公式可知，RG 线实际上是对基准面静校正量的平滑，平滑本身是一个低通滤波，它的物理意义就是基准面静校正的低频分量，如图 4-23 所示。值得注意的是 RG 是一个时间值，是本 CMP 道集的一个时间基准面，而 CMP 道集内的所有道又是以它为基准统一校正到这个时间基准面上，叠前的所有处理均在此基础

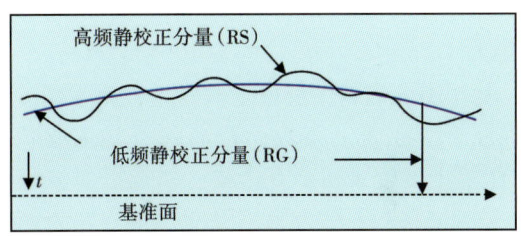

图 4-23 RG、RS 分解示意图

上进行。由于静校正量的大小主要由近地表的结构特征决定，因此 RG 与深度域的高程没有精确的对应关系。

CMP 点相邻的炮点和接收点平滑点数的多少，视表层结构的复杂程度而定，主要与地表高程差有关。太少会造成 CMP 之间 RG 面或线的跳动性太大，不利于大道集组合的速度分析，太大失去了两步法静校正分离的意义，使分离的静校正高频分量中含有大量的中、低频分量，第一步应用的静校正量绝对值仍然很大。

第二节 基准面静校正

目前几乎所有的野外静校正方法都基于近地表结构的模型求取静校正量。最典型的是初至波折射与层析静校正法。其中初至波层析法比初至波折射法多利用了除折射波之外的直达波、回转波等类型的初至时间反演地表模型，再由地表模型求出静校正量。这些方法都可统称为模型法，即这些方法均是利用各种初至波时间换算。初至波折射方法则是通过表层调查中的有效初始速度，反演一个相对稳定的高速层顶界面，即近乎地表与高速顶界面间的等效速度和厚度模型；初至波层析方法则是通过表层调查中的有效速度和厚度信息来约束，反演出地表向下延伸的速度模型。前者的计算静校正量误差主要表现在延迟时和初始速度上，而后者的误差主要偏重于初至时间的拾取和道距中。所以这种同层约束反演模型的静校正技术往往精度差甚至横向窜层。

在准噶尔盆地南缘独山子地区，由于受表层速度结构纵、横向剧烈变化的影响，静校正问题依然是制约地震勘探资料处理成像与构造形态真伪的"瓶颈"。目前通常使用的一些静校正技术在资料处理中起到了一定的效果，为油气勘探开发做出了不小的贡献。但随着勘探

地区复杂化程度的加深，地表越来越复杂，地表高差大，近地表低降速层横向变化大的地区，用这些方法求取的静校正量精度很差，有时甚至不能叠加成像，常规的静校正技术在这些地方所能达到的效果有限。

我们发现初至拟合静校正技术在南缘独山子探区可以取得理想的处理效果。初至拟合静校正方法摆脱了复杂的近地表模型建立过程，以简单表层结构初至旅行时所呈现的线性渐变规律作为静校正量求解的目标。只考虑初至时间的变化，不考虑引起初至时间变化的原因。通过初至拟合的方法实现初至时间线性规律的校正，将校正的初至时间分解到相应的炮检点，达到基准面静校正的目的。初至高精度拟合静校正技术得出的叠加剖面效果好，构造形态更加符合地质规律，同相轴的连续性、能量聚焦性大幅提高，其效果也获得了研究人员的高度认可。

初至拟合高精度静校正假定地表为平滑地表，所有炮点在此平滑地表上激发，所有检波点在此平滑地表上接收，若消除了地表低降速层的影响，各共 CMP 点、共 CRP 点、共 SHOT 点上的记录初至直达波、初至折射波应当满足线性关系：$t=k_x+t_i$。其中：t 为记录时间；x 为偏移距；t_i 为第 i 层交叉时；k 为第 i 层折射波的斜率，且这样的线性在横向上渐变。

有了以上基本假设，对做过地表平滑校正的地震记录，观察其初至波在共 CMP 域内是否呈线性，且横向上渐变；然后再在共接收点域、共 SHOT 域看初至波是否也呈线性渐变趋势，这一过程反复迭代，任何在共 CMP 域、共接收点域、共 SHOT 域不满足线性渐变趋势要求的点都被视为是静校正所引起的，应当给予校正（注意静校正量记为 t_{ij}，其中 i、j 代表炮号和本炮道号）。直到校正后的地震记录初至波在共 CMP 域、共接收点域、共 SHOT 域都满足线性渐变趋势要求，此时的校正量即为最终的静校正量。有了各道的静校正量 T_{ij}，就可以求出各炮、检点的静校正量了。

经静校正后的各道记录为：$t=t_0+t_s+t_r$。其中：t 为校正后的记录时间；t_0 为校正前的记录时间；t_s 为炮点校正量；t_r 为检波点校正量。在有些随机延迟较为严重的地区，这种静校正量表现为：来自同一共接收点的不同的道不具有相同的检校正值，来自同一共 SHOT 点的不同的道也不具有相同的炮校正值，此时测线上的所有各道均不能按炮校正值加检校正值来计算本道的静校正量，而应当对所有的道采用不同的校正量（或强制校正量）。这种方式建立在地表非一致性的基础上，它可以消除地表各向异性、随机延迟时差等问题。

一、具体实现和算法

1. 具体实现

第一步求 CMP 点的高程，并对共 CMP 点的高程作平滑处理，平滑后的 CMP 地表就满足地表平滑假设了。图 4-24 是由炮检点高程求出的共 CMP 点高程图及对其平滑后的平滑效果图。

第二步把所有在原地表上的记录校正到这一平滑地表上，这样所有的记录就都是在平滑地表上激发接收了，校正用的速度用统一的填充速度。

第三步即初至拾取。要求拾取直达波、折射波初至，最好每道都拾取，拾取初至的道越多，统计出的静校正量就越准确。对于初至不清（如两个折射层的分界处有时初至不清、

【第四章】 面向南缘山地勘探的复杂表层结构反演与基准面校正技术

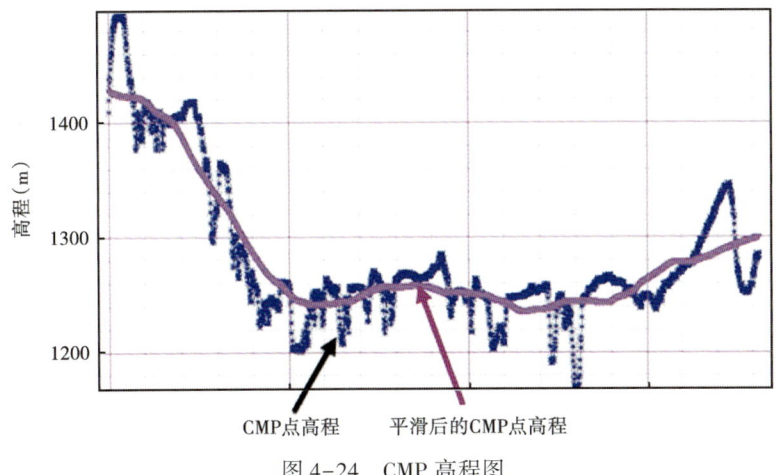

图 4-24 CMP 高程图

有时初至被干扰等）的地方，要根据周围和下部记录判定并拾取初至。初至拾取的软件较多，主要是借助第三方软件进行初至拾取，所不同的是本方法要用到所有道的初至（反射波初至除外），初至拾取越多越准，静校正的效果就越好，程序并不要求初至是来自地下稳定的同层，对偏移距也没有要求。

第四步静校正量计算求取，最后完成记录的校正。在整条测线初至拾取完成后，一般要在共 SHOT 域、共接收点域检查初至拾取是否正确，特别是检查拾取的初至是否串层。

本方法在计算静校正量时对拾取的初至不做同层约束，只要是初至都进行拾取，不必在横向上追踪来自同一折射层的初至，计算时将根据具体地层自动分辨各地层。

2. 静校量计算

本方法采用三步法：第一步算出地表到 CMP 平滑面的静校正量（图 4-25）；第二步对 CMP 平滑面上的数据进行拟合迭代计算，这两步静校正量之和就是 CMP 平滑面的静校正量，这个平滑面就是速度分析面或叠前偏移面；第三步由 CMP 平滑面校到统一水平面。

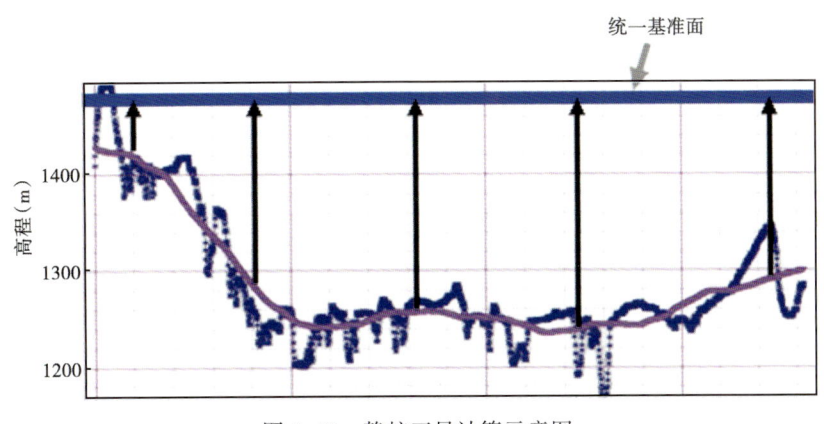

图 4-25 静校正量计算示意图

图 4-26 为程序运行流程图。

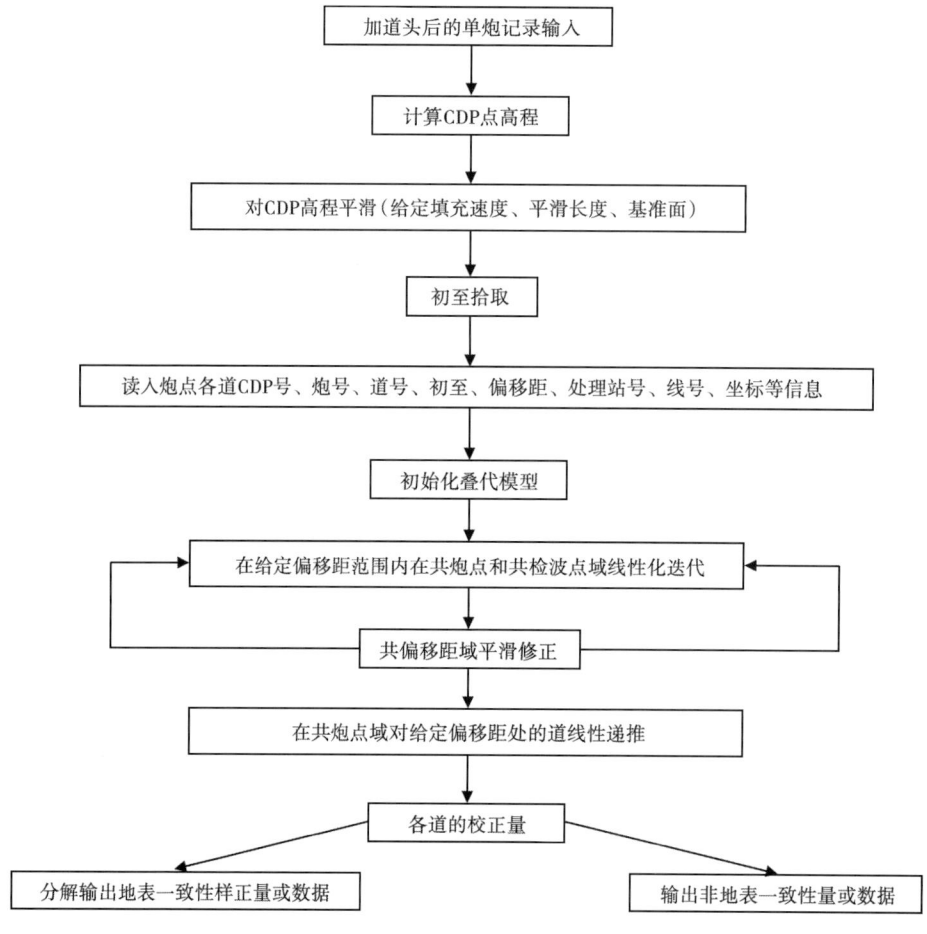

图 4-26　程序运行流程图

二、方法特点、优点及与其他技术的差别

特点：能解决复杂地表的静校正问题，如黄土塬、沙漠区、沼泽、山地等；能消除随机延迟；不求低降速层速度和厚度，只求满足初至线性渐变的校正量，与 CGG、GRISYS、POMAX、FOUCS 等系统中现有的静校正方法相比，该方法在解决低降速层复杂地区的静校正问题上有较大优势，效果明显。

优点：（1）初至波反映了丰富的信息，它包含了长波长和短波长静校正信息，同时还可以充分利用各道集（共炮点、共接收点、共炮检距）的初至信息；（2）初至折射波主要反映了近地表地球物理模型数据的变化，而静校正就是解决近地表地层的影响问题；（3）初至波的到达时间容易拾取且精度较高，因为它前面没有其他波干扰，能量较强，往往有较高的信噪比；（4）初至波的 x-t 曲线是一种线性变化关系，用它来研究表层地球物理模型参数的变化规律更加简单、方便；（5）初至波来源于生产记录，与大炮同时施工，客观反映了野外生产情况；（6）较表层调查资料而言，初至具有较高的覆盖次数和较大的观测范围，能反映每个炮点和检波点的信息，有利于静校正精度的提高；（7）初至波静校正方法是通过对相同炮检距初至时间的连续追踪，得到整条线或其中一段的合成延迟时曲线，用合成延迟时分离出炮检点延迟时，利用表层模型或沙丘曲线对延迟时作 t_0 时间转换，最终计算出基准面静校正量。

与其他技术的差别：该技术完全不依赖地表模型，不求地表模型，只求满足线性渐变的静校量，而且考虑到 CMP 面的处理和校正，其他的静校正技术基本没考虑 CMP 基本面的问题，完全是在共接收点和共炮点数据上反演一个相对的近地表模型；本技术中应用了递推运算，不存在边界效应问题，更重要的是能解决地表一致性静校正问题，也能解决地表非一致性静校正问题。

三、实际资料处理结果

分别对托斯台地区 TS201301K 线、齐古地区 QG201301K 线、克拉美丽山前石炭系 D201303K 线、D201305K 线及夏 40 井区三维一块进行静校正计算及方法试验，对初至校正、拟合校正等关键环节进行了方法试验与参数确立，从这 3 条测线的两种静校正方法处理效果对比可看出，初至拟合静校正的应用效果明显优于分层模型的静校正效果，达到了成像后能准确描述构造型态的效果。

1. 托斯台地区 TS201301K 线

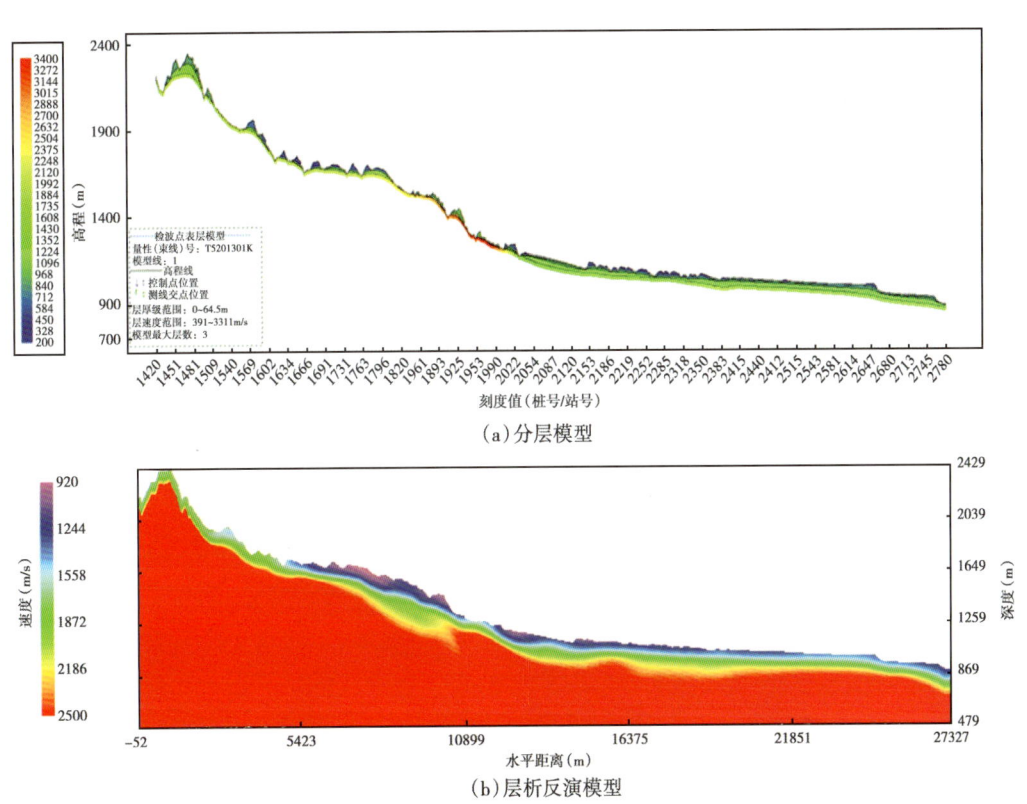

图 4-27　TS201301K 线分层模型和层析反演模型

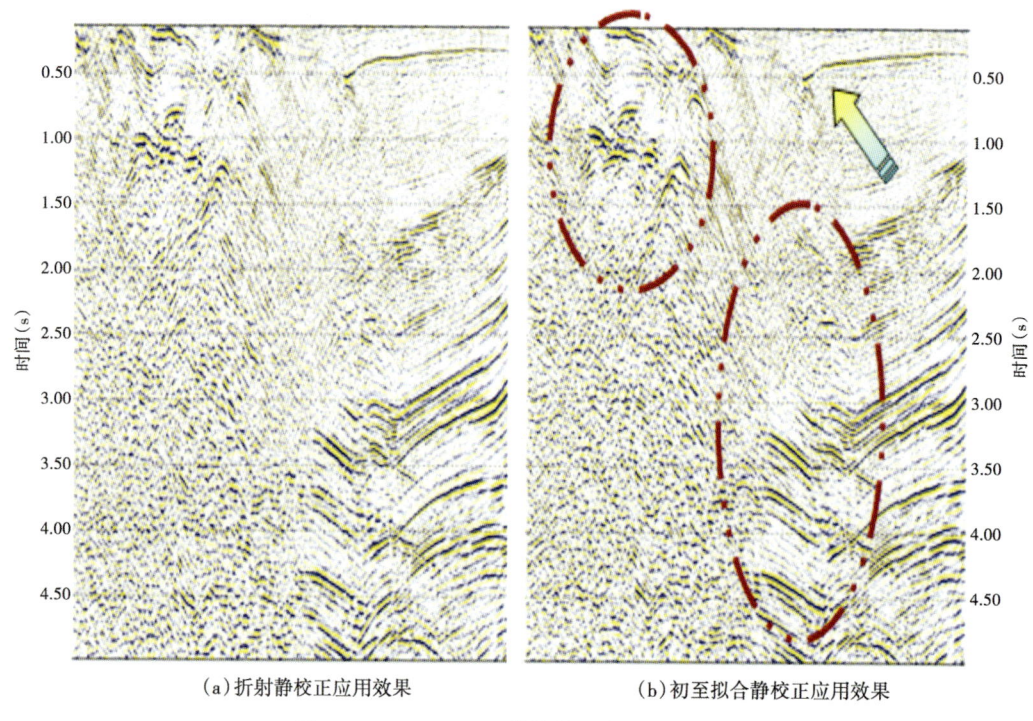

(a)折射静校正应用效果　　　　　　(b)初至拟合静校正应用效果

图 4-28　TS201301K 线静校正应用效果对比

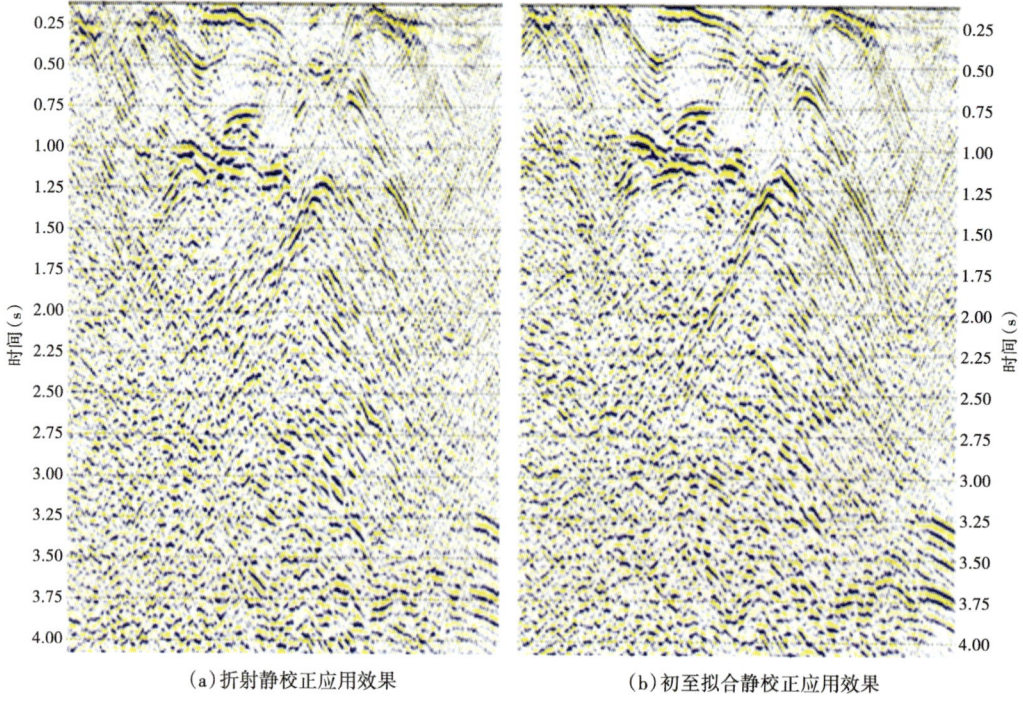

(a)折射静校正应用效果　　　　　　(b)初至拟合静校正应用效果

图 4-29　TS201301K 线静校正应用效果对比（局部）

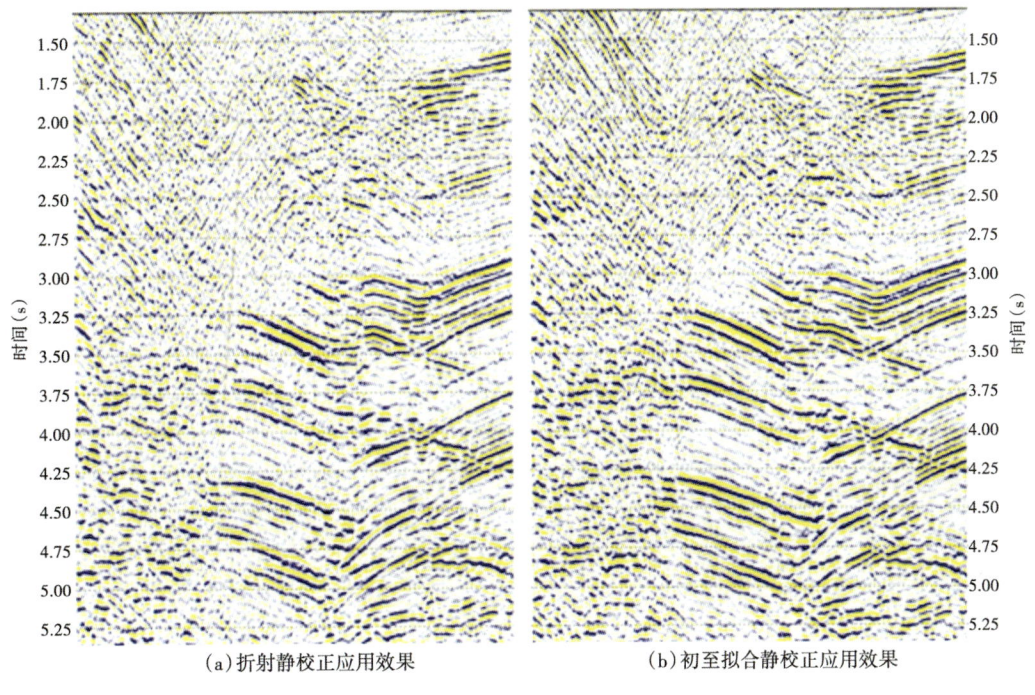

(a）折射静校正应用效果　　　　　　　　（b）初至拟合静校正应用效果

图 4-30　TS201301K 线静校正应用效果对比（局部）

2. 齐古地区 QG201301K 线

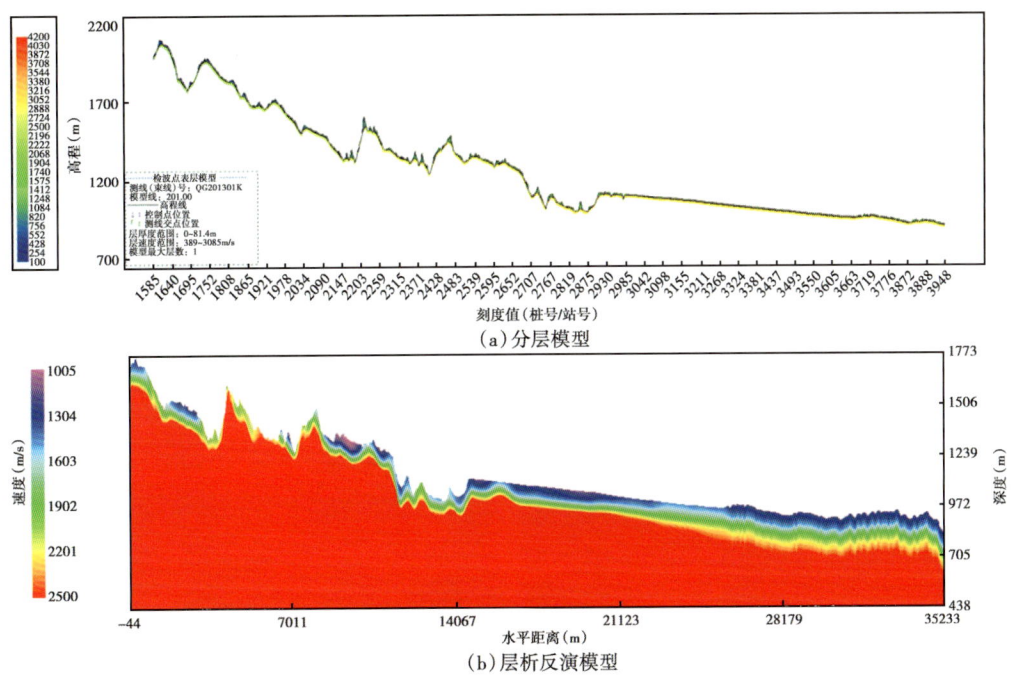

(a）分层模型

(b）层析反演模型

图 4-31　QG201301K 线分层模型和层析反演模型

— 101 —

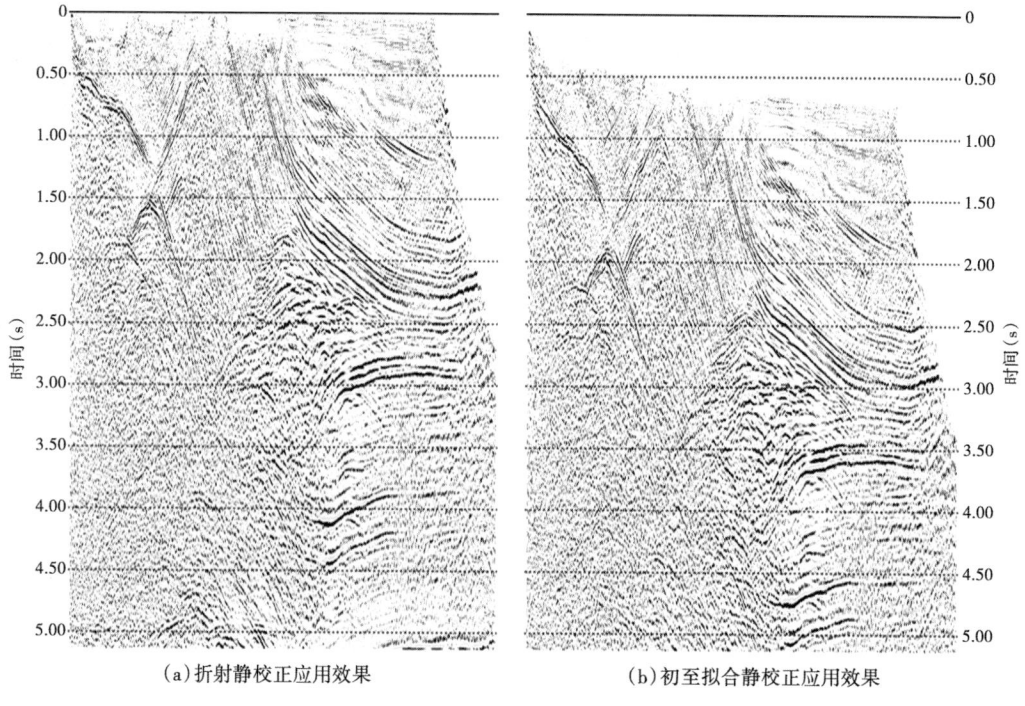

(a)折射静校正应用效果　　　　　　　　　(b)初至拟合静校正应用效果

图4-32　QG201301K线静校正应用效果对比

3. 夏40井区三维

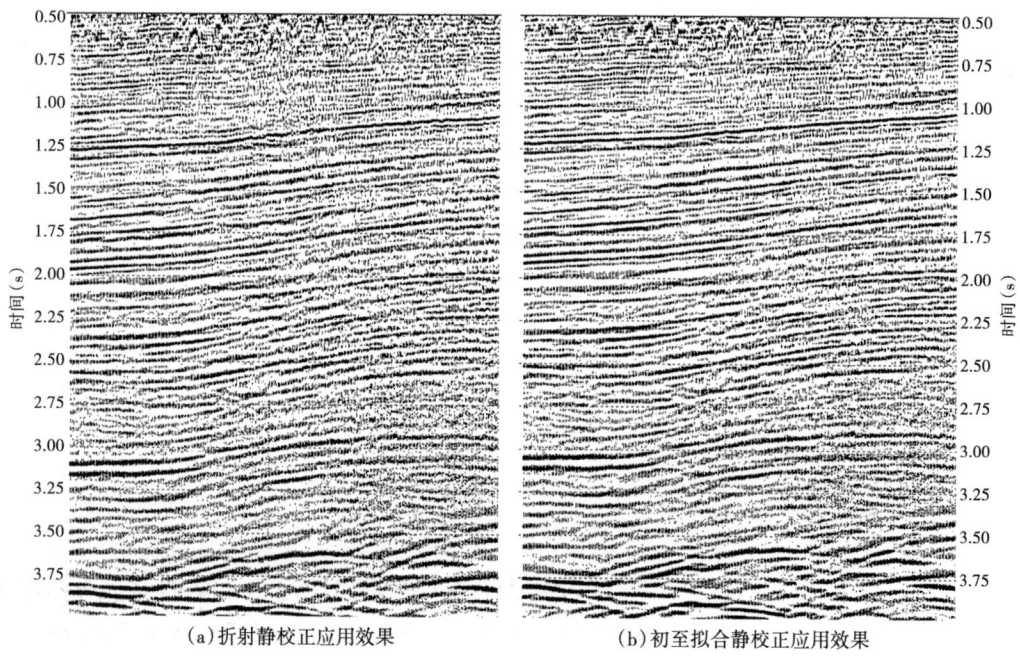

(a)折射静校正应用效果　　　　　　　　　(b)初至拟合静校正应用效果

图4-33　夏40井区三维静校正应用效果对比

四、小结

静校正是地震资料处理的一个重要环节,静校正质量的好坏,直接影响到资料处理的成像质量,特别是对近地表复杂的地区更是如此。传统的地表表层调查方法(微测井、小折射等)不但成本高,而且因控制点密度、深度的限制,致使静校正精度低,特别是在地表高差大、地层横向变化大的地区根本不能满足要求。结合南缘复杂地表区表层结构及地震资料的特点,研究初至拟合高精度静校正方法及实现思路,并研发利用初至拟合静校正技术,开发一套初至拟合高精度静校正软件包,将给日常勘探研究工作带来巨大的效益,具体包括以下几个方面:

(1) 能解决复杂地表层结构的静校正问题,如黄土塬、沙漠区、沼泽、山地、冻土区等;(2) 能消除随机延迟或各向异性引起的时差;(3) 南缘山区的地质条件复杂,近地表常出现高陡背斜、逆掩推覆等地质体,甚至出露高速层,速度场变化剧烈,通过初至波旅行时反演出速度模型难度大,因此目前基于速度模型计算静校正量的方法显得相当局限,而初至拟合静校正方法并不依赖近地表速度模型,该套方法结果稳定可靠,特别对于山地地震资料信噪比改善尤其明显;(4) 利用递推运算,基本不存在边界效应问题,更重要的是能解决地表一致性静校正问题的同时,也能解决地表非一致性静校正问题,使用方便,计算速度快,参数几乎可以不变,工作效率可以提高40%以上。

第三节 波动方程基准面校正

在地表高程变化较大的地震测线处理过程中,常规的基准面校正方法有其局限性,原因有二:其一,基准面高于地表,相当于在地表与基准面之间插入了一个虚拟层,低于地表,相当于有近地表地层在模型静校正之后丢失;其二,偏移用的速度场如何选取,偏移或DMO所用的速度场总是从地表开始,由于简单模型静校正并没有适当地调整同相轴的位置,它将导致速度场的整体性偏差,造成过度偏移。常规解决办法是处理人员依靠人工调整速度场试图改善偏移归位的效果,用一种不得已的折中方式来弥补模型静校正带来的误差。结果的好坏取决于处理人员对该方法的熟悉程度和地球物理知识的水平。

波动方程基准面校正与常规模型静校正在概念上完全不同,通过图4-34a、4-34c两张图片的比较,可以看出图4-34c显示静校正实际上假设地震波在虚拟层中是垂直传播的,横向传播则被忽略。图4-34a显示地下一个散射点的波动传播在波动方程基准面校正之后被校正到了一个更高的基准面上,可以看到波的前进路径与原来的观测面完全一致,波场外推不仅把散射双曲线的顶点进行了正确的时移,同时考虑了波动的横向传播,这样就反映了波动在介质中的真实传播情形。两者对比之下,不难发现双程时差校正对散射双曲线的两翼校正量过大,而且是越靠两侧越大。这样在做速度分析时必然导致得到的速度低于正常速度值。如果用正常的速度场给简单时差校正后的数据做偏移时,将会导致过度偏移。在这样的情况下,在地表高程变化剧烈的工区,模型静校正将对成像精度造成负面影响,无法胜任基准面校正的要求。所以,实施波动方程基准面校正对于地表观测面高程起伏剧烈的地震资料来说,是非常有必要的。

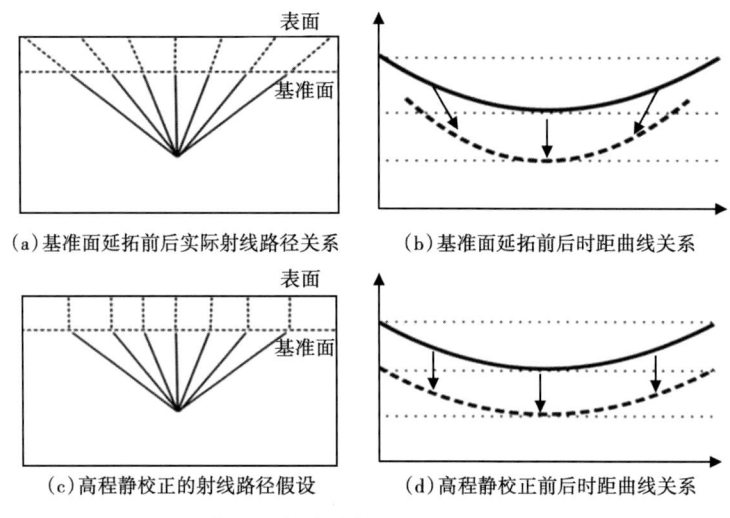

图 4-34 静校正与波动方程基准面延拓之间的差别

在二维基准面校正处理实例方面,前人已进行了很多工作。Beasley 和 Lynn(1992)提出了零速层充填的概念以弥补静校正的不足。Schnider 等(1995)应用 Kirchhoff 积分法以叠前层替换的思路对逆掩推覆带地区的地震数据进行了基准面校正处理。Bevc(1997)同样基于 Kirchhoff 积分算子采用将波场从地表向上延拓到一个平基准面的思路处理实际资料,但是 Kirchhoff 积分算子应对横向变速能力的不足制约了上述思路在近地表速度结构复杂地区的应用价值。此外,直接从地表进行向上延拓时的替换速度也是很难确定的。Gray 采用 Kirchhoff 积分实现了直接从地表开始的偏移手段,Stragger 则采用保角变换实现起伏地表成像,但是他们都假设在偏移之前已经有了从地表开始的速度模型,这在实际工作中是难以做到的。Zhu 等(1998)先通过层析反演得到了近地表速度模型,然后使用有限差分法对山前带地震数据进行了基准面校正处理,这是一个比较完整的解决表层问题的思路,但是他使用的差分算子并不理想,在延拓过程中产生了较强的延拓噪声并导致最终成像剖面中产生了假象。杨锴等应用有限差分法采用"逐步—累加"向下延拓的计算方式实现了非水平观测面有限差分法波动方程基准面校正,并在实际资料处理中得到了比较理想的处理结果,但是近地表速度过于简单,不完全符合实际情况。程玖兵亦以类似的思路基于单程波算子完成了直接从起伏地表开始的叠前深度偏移工作。

一、"逐步—累加"波场延拓

波动方程基准面校正的核心算法是单程波传播算子,由于近地表速度结构的复杂性,在基准面校正中应使用尽可能优化的波场延拓算子。在各向同性完全弹性介质中,地震波的传播可以用如下时间—空间域的声波方程(以三维为例)表示:

$$\begin{cases} \left(\dfrac{1}{v^2(z)}\dfrac{\partial^2}{\partial t^2} - \dfrac{\partial^2}{\partial z^2} - \dfrac{\partial^2}{\partial x^2} + \dfrac{\partial^2}{\partial y^2}\right)p = \delta(\vec{x} - \vec{x}_s)\delta(t) \\ p(x_r, y_r, z=0; t) = Q(x_r, y_r; t) \end{cases} \quad (4\text{-}29)$$

【第四章】 面向南缘山地勘探的复杂表层结构反演与基准面校正技术

式中，p——声压波场；

$Q(x_r, y_t, t)$——声压波场的观测值。

该方程为全波方程，全波方程沿垂向进行分裂得到单程的上、下行波方程。在频率域，上、下行波方程可以写成如下的简单形式：

$$p\frac{\partial \tilde{p}}{\partial z} = \pm \frac{\omega}{v}\sqrt{1 + \frac{v^2}{\omega^2}\left(\frac{\partial^2}{\partial x^2} + \frac{\partial^2}{\partial y^2}\right)}\tilde{p} \tag{4-30}$$

式中，$\tilde{p}$代表上行波或下行波在频率域的波场，"+"对应下行波，"-"号对应上行波。直接用有限差分求解式（4-30）很困难，马在田（1981）采用高阶分裂形式对根号进行展开：

$$\frac{\partial \tilde{p}}{\partial z} = \pm i\frac{\omega}{v}\sqrt{1 + S_x + S_y}\tilde{p} = \pm i\frac{\omega}{v}\left[1 + \sum_{j=1}^{m}\frac{\alpha_j(S_x + S_y)}{1 + \beta_j(S_x + S_y)}\right]\tilde{p} \tag{4-31}$$

其中，$S_x = \frac{v^2}{\omega^2}\frac{\partial^2}{\partial x^2}$，$S_y = \frac{v^2}{\omega^2}\frac{\partial^2}{\partial y^2}$，$\alpha_j$和$\beta_j$是偏微分项的系数。上式可分解成个方程$m+1$，然后串级求解。但是在三维情况下，其差分格式对应于一个改造后的大型稀疏矩阵系数的差分方程，不易求解。为克服这个问题，一般采用方向分裂方法。例如当取时$m=1$，有：

$$\frac{\partial p}{\partial z} = \pm i\frac{\omega}{v}\frac{\alpha_j(S_x + S_y)}{1 + \beta_j(S_x + S_y)} \approx \pm i\frac{\omega}{v}\left[\frac{\alpha_j S_x}{1 + \beta_j S_x} + \frac{\alpha_j S_y}{1 + \beta_j S_y}\right] \tag{4-32}$$

方向分裂处理提高了三维有限差分算法的实用性，但忽略了S_x与S_y的耦合项，人为引入了数值方向各向异性，即在x-y对角方向（45°与135°）将产生最大偏差。为此Li提出了有效的滤波方法以校正算子方向分裂引起的数值各向异性，程玖兵发现上述算法完全可以用于补偿三维方程在分裂计算之后所引起的大角度传播误差。因为这种误差体现在旁轴近似方程与全标量声波方程频散关系的差别上，可以写为

$$E = \sqrt{1 + S_x + S_y} - \sum_{j=1}^{m}\left[1 + \frac{\alpha_j S_x}{1 + \beta_j S_x} + \frac{\alpha_j S_y}{1 + \beta_j S_y}\right] \tag{4-33}$$

将上式转入频率波数域，可以得到二者对应的频散关系之间的偏差。为了补偿这种误差，可在每一步延拓之后按如下算子对三维传播算子实施校正：

$$\frac{\partial \tilde{p}}{\partial z} = \left[\frac{i\omega}{v}E\right]\tilde{p} \tag{4-34}$$

由于式（4-33）同时考虑了三维方向分裂和傍轴近似单程波动方程的误差，因此通过式（4-34）可以很好地对其进行弥补。这种补偿处理明显提高了分裂之后的三维有限差分算子的计算精度，也提高了算子在强横向变速地区的稳定性。上述特点使得该算子能够满足三维波动方程基准面校正的要求。为适应起伏地表的波场延拓情形，只需将杨错采用的"逐步—累加"延拓方式从二维推广到三维、从时空域推广到频率空间域即可。大致流程如图4-35所示：

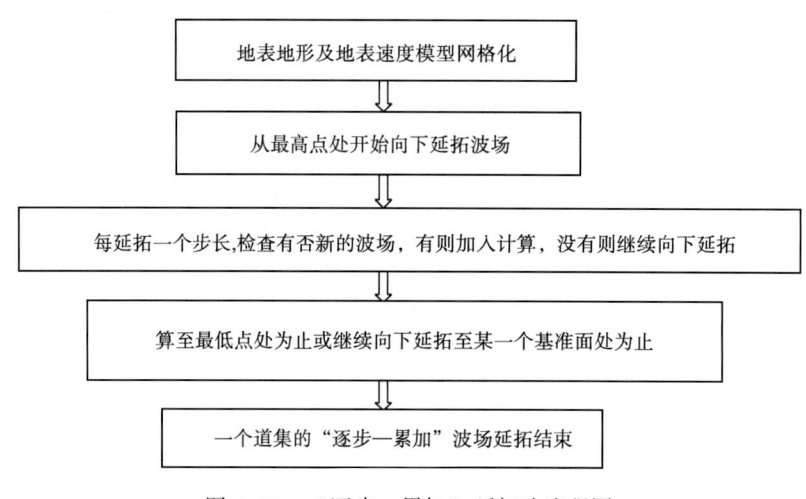

图 4-35 "逐步—累加"延拓法流程图

"逐步—累加"延拓法的最大优点在于它无须从一个水平面上开始计算,对地表地形的离散化使得在任意复杂地表面上做波场延拓成为可能,从这个角度上看,"逐步—累加"延拓方式不仅能帮助我们在资料处理的开始阶段做好基准面校正,为准确的速度分析奠定一个扎实的基础,更有助于我们在资料处理的关键阶段做好深度偏移,在准确的速度分析之后甚至可以直接自起伏地表面开始向下做叠前深度偏移。同时差分法本身就具备这样的特点:做深度延拓时,要延拓到某个深度时只需知道该深度之上的速度场即可。

我们合成的"台阶"地表模型,速度地形中的各项参数如下:地层速度 2000m/s;目的层深度 500m;地表高程最高海拔 200m,最低海拔 0m 观测系统参数为中心点发炮,120 道接收,道间距 15m,1ms 采样,记录道长 1s;接收排列高程参数 1~40 道,海拔 0m;41~80 道,海拔 200m;81~120 道,海拔 0m。基于该模型合成了如图 4-36a 所示单炮理论记录,图 4-36b 显示的是该单炮记录被差分法"逐步—累加"波场演拓之后的结果。从图 4-36a 中我们很容易地看到由于 40 道、41 道之间,80 道、81 道之间高达 200m 的剧烈高差,1~40 道,41~80 道,81~120 道分别对应了三截错断的同相轴。而图 4-36b 所反映的是波场延拓基准面校正之后的结果,我们把 41~80 道记录到的波场"下拉"到海拔 0m 处,相当于把接收面统一到了同一个水平面上,结果同相轴被"弥合"得非常光滑,双曲线规律重新得到恢复,延拓之后的时距关系也完全正确。

二、"逐步—累加"波场延拓三维实际数据算例

图 4-37 为泉二井工区通过拾取三维初至波层析得到的三维速度模型在 inline148 处的切片显示,其输入初始模型速度为 5000m/s 的常速模型。从反演结果可以看到纵向速度变化基本得到了反映,但是从掌握的微测井和小折射资料上认为横向速度变化趋势不可能如此平缓,为此我们将图 4-37 所示的结果作为反射层析的初始模型,再次进行反射层析反演。

反射层析反演的一项基础工作是拾取近地表处的一个标准反射层走时信息。图 4-38 显示了将走时拾取后的炮记录,其中深色同相轴表示人工拾取的走时,浅色同相轴表示通过如图 4-37 所示的初始模型计算得到的走时,可以看出初始模型还是比较合理的。在随后的迭

【第四章】 面向南缘山地勘探的复杂表层结构反演与基准面校正技术

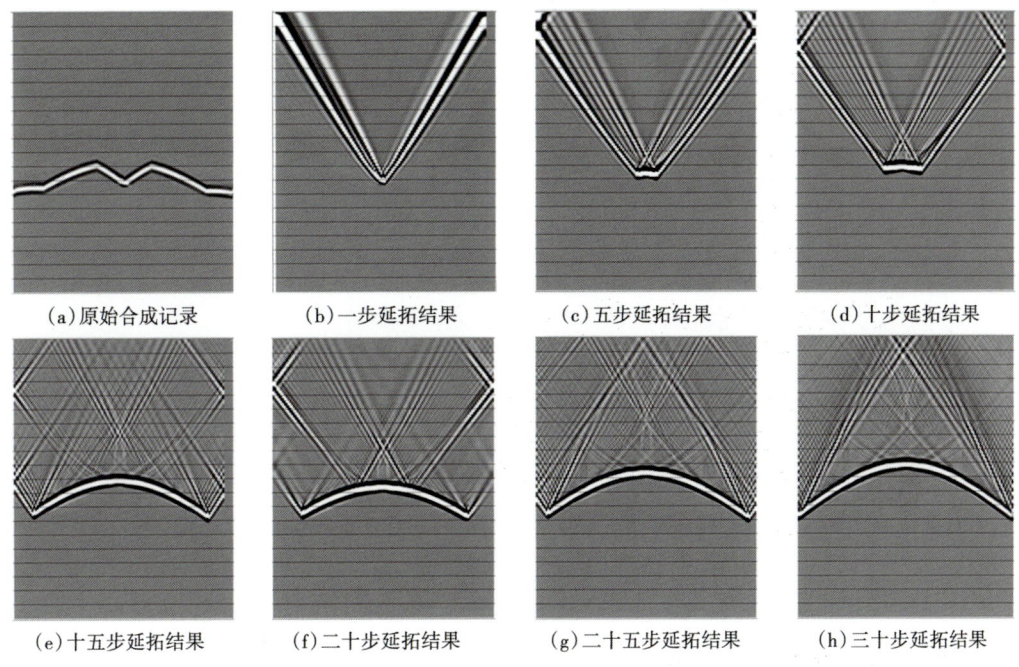

图 4-36 理论模型上的"逐步—累加"波场延拓过程示意图

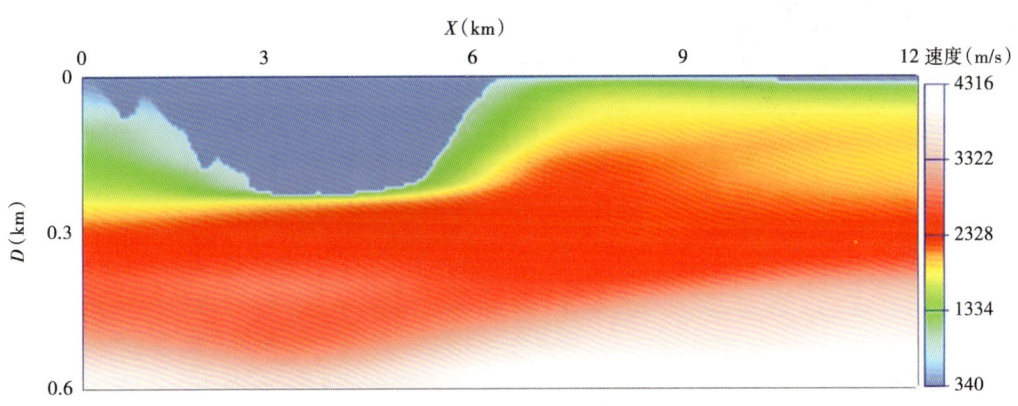

图 4-37 通过初至波层析反演得到的速度模型

代过程中，两者之间的残差不断缩小，最终趋于一致。

图 4-39 显示了通过反射层析反演得到的 Inline148 处近地表速度模型。薛为平综合该工区所有的微测井和低速带调查资料建立了一个近地表速度模型。图 4-40 显示了该模型在 Inline148 处的切片显示，图上的数字代表了每一层的速度。展示该模型并不意味着它是标准答案，而是想验证反射层析反演对横向变速的刻画是否合理，答案是肯定的。与图 4-37 相比，图 4-39 对速度横向变化细节的刻画得到了一定提高，这说明初至层析与反射层析相结合的反演思路确有可能提高速度反演的质量。但是可能是因为标准层较深，也可能是因为观测数据的

空间采样较为稀疏或者射线追踪方法对模型光滑度的较高，这种提高是相当有限的。

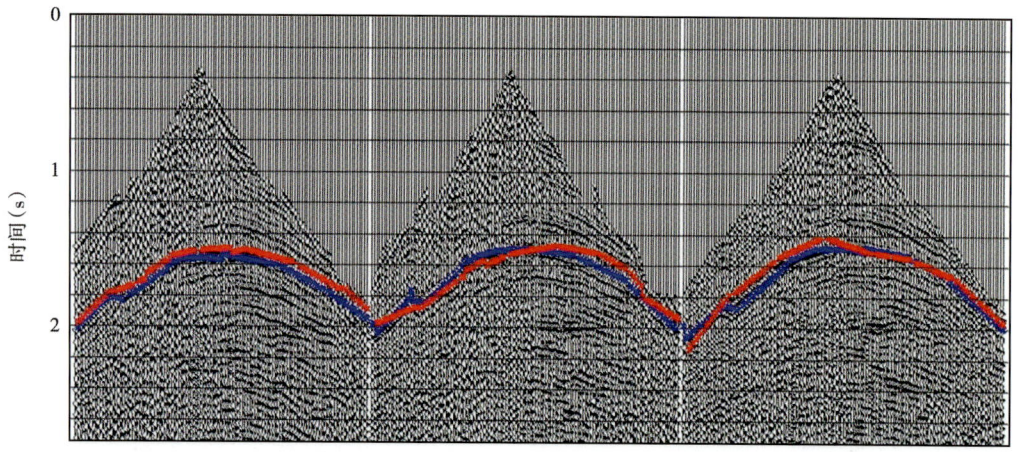

图 4-38　炮道集上实测的旅行时（深色）与基于图 4-37 的初始模型预测的旅行时（浅色）

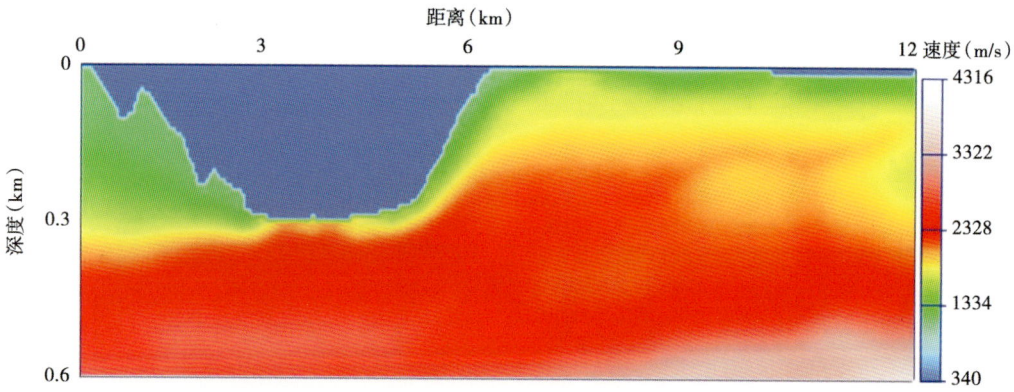

图 4-39　基于图 4-37 模型进行反射层析得到的速度模型

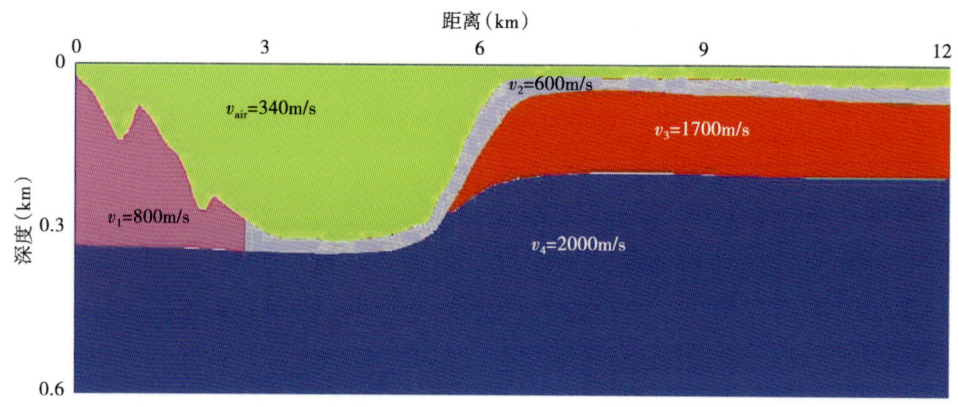

图 4-40　从微测井与小折射资料中分析得到的近速度模型

【第四章】 面向南缘山地勘探的复杂表层结构反演与基准面校正技术

在进行波动方程基准面校正之前,该工区三维地震勘探数据已进行了如下常规处理:带通滤波、初至切除、线性噪声及随机噪声衰减、地表一致性振幅恢复。经过对测量结果的统计其最大高程为海拔 770m,最低高程为 430m。将基准面定到工区地表最低处——海拔 430m 处。常规处理后的炮道集作为基准面校正的输入,图 4-41 分别显示了第 10 炮与第 23 炮的静校正与波动方程基准面校正的对比,全部记录应该是六条检波线,为清楚起见只显示了其中一条。图 4-42a 和图 4-42b 分别是静校正和基准面校正之后某共中心点位置处的速

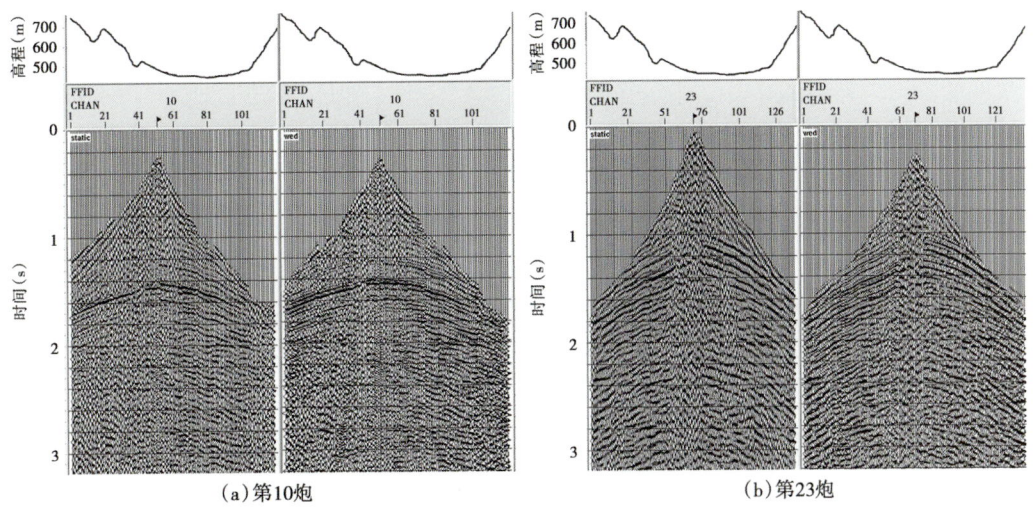

(a)第10炮   (b)第23炮

图 4-41 静校正与波动方程基准面延拓之后的炮记录对比

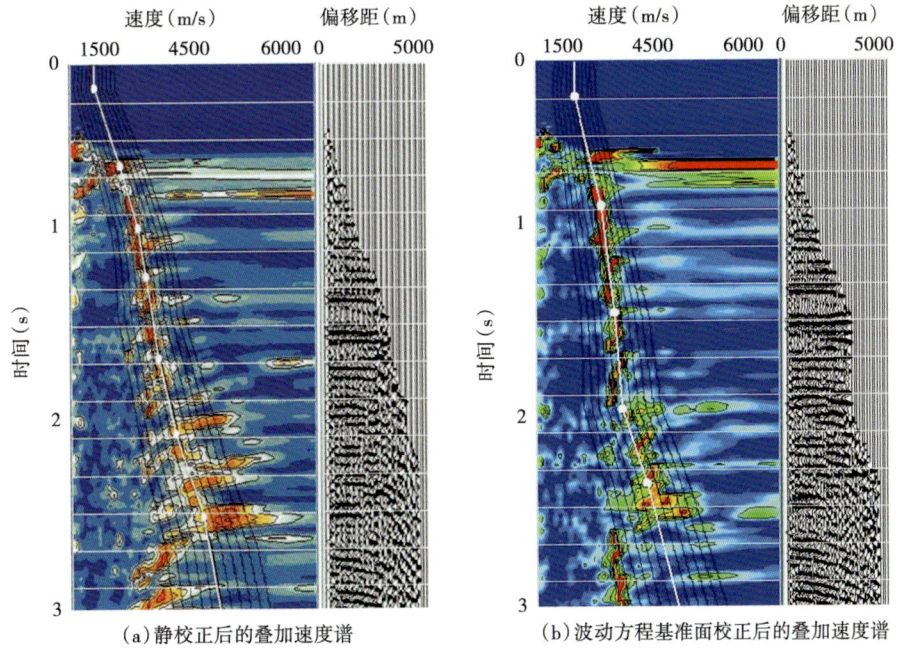

(a)静校正后的叠加速度谱   (b)波动方程基准面校正后的叠加速度谱

图 4-42 静校正与波动方程基准面校正后某 CDP 处的叠加速度谱对比

度谱。从速度谱的比较可以看出,静校正之后叠加速度分析结果相对波动方程基准面校正偏高一些,有可能造成后续成像处理中的过度偏移,而波动方程基准面校正之后的速度分析相对合理一些,这和我们在二维情形下得到的结果是一致的。

图4-43、图4-44分别是静校正和波动方程基准面校正之后的叠加剖面(Inline42)。图4-45、图4-46分别是静校正和波动方程基准面校正之后的叠后时间偏移剖面(Inline42),可以看到无论叠加剖面还是偏移剖面,后者的信噪比远高于前者,这是因为两次波场延拓去除了大量随机噪声;更重要的是,因为波动方程基准面校正反映了地震波传播的真实规律,经过该方法处理后得到的成像剖面的反射层产状更为真实可靠。

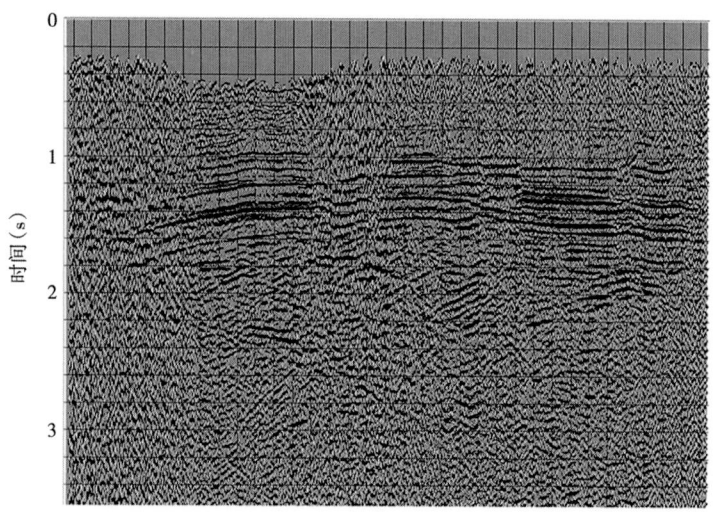

图4-43 静校正后的叠加剖面(Inline42)

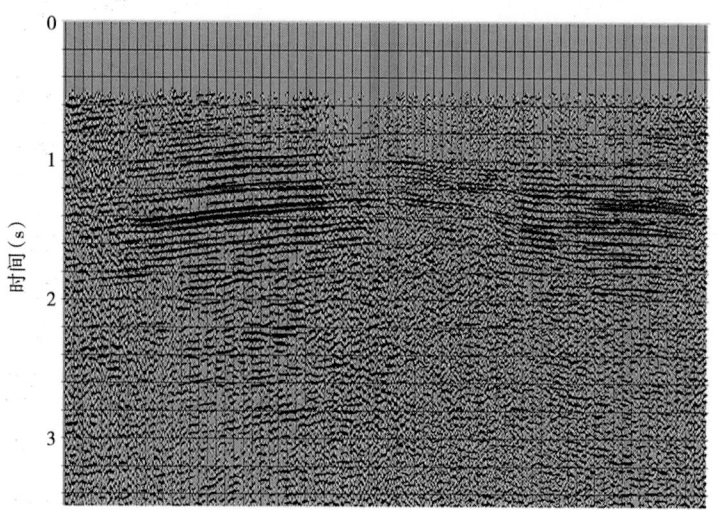

图4-44 波动方程基准面校正后的叠加剖面(Inline42)

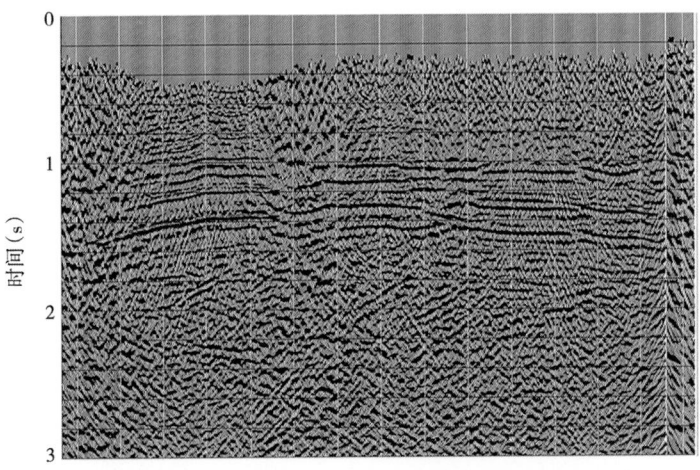

图 4-45　静校正后的时间偏移剖面（Inline42）

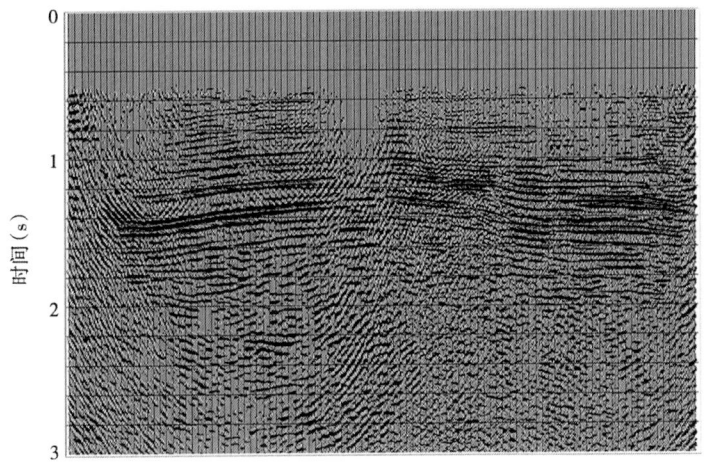

图 4-46　波动方程基准面校正后的时间偏移剖面（Inline42）

三、基于天山模型理论数据"逐步—累加"向下延拓测试

1. 天山模型简介

图 4-47、图 4-48 分别显示了"天山模型"（赖仲康，2003）和基于该模型合成的地震测线中的五炮记录。关于模型和正演模拟过程在第二章中已经详细介绍，这里不再赘述。其地表最高点为 1000m，最低点为 95m，基准面定到 90m 处。注意基准面之下的第一层是一个 2000m/s 的常速层。实验是为测试波动方程基准面校正对于深度偏移成像的影响。该模型的地下构造比较复杂，但是更为复杂的是近地表速度结构，近地表速度结构从 500m/s 到 2500m/s 不等，不但有低降速层，同时伴随着强烈的横向速度变化，每层的层速度如图标所示。观测系统参数设计为左边激发、240 道接收、道间距 25m、炮间距 50m，共 1001 炮。图 4-47 所示分别为第 1、251、501、751、1001 炮的正演记录，可以看到由于在一个 6000m 的接收排列内存在剧烈的地表高程变化和近地表速度变化，使得每一层的反射同相轴都被严重扭曲。

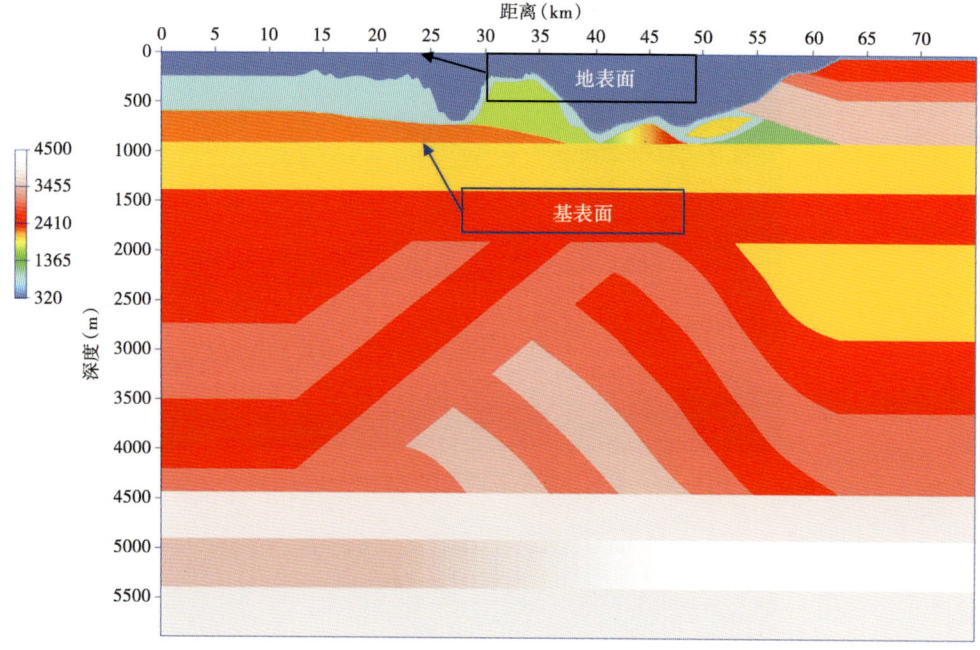

图 4-47 天山模型

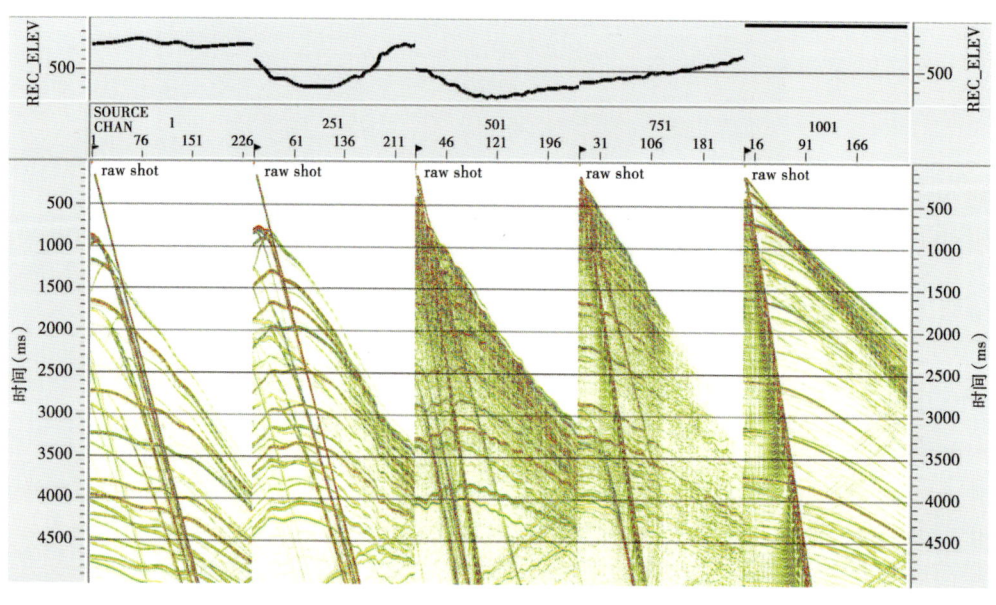

图 4-48 基于天山模型有限差分数值模拟得到的原始炮记录

2. 天山模型波场延拓测试

图 4-49 是这五炮记录的检波点被延拓到平基准面后的记录。很明显，校正后许多反射同相轴恢复了双曲线规律，而且同相轴的曲率较校正前更加弯曲，尤其是对浅层反射更加明

显。这真实体现了波动反向传播到更深的基准面时的情况。延拓计算后差分格式的频散对浅层信噪比有所影响,对深层信息则基本没有影响。

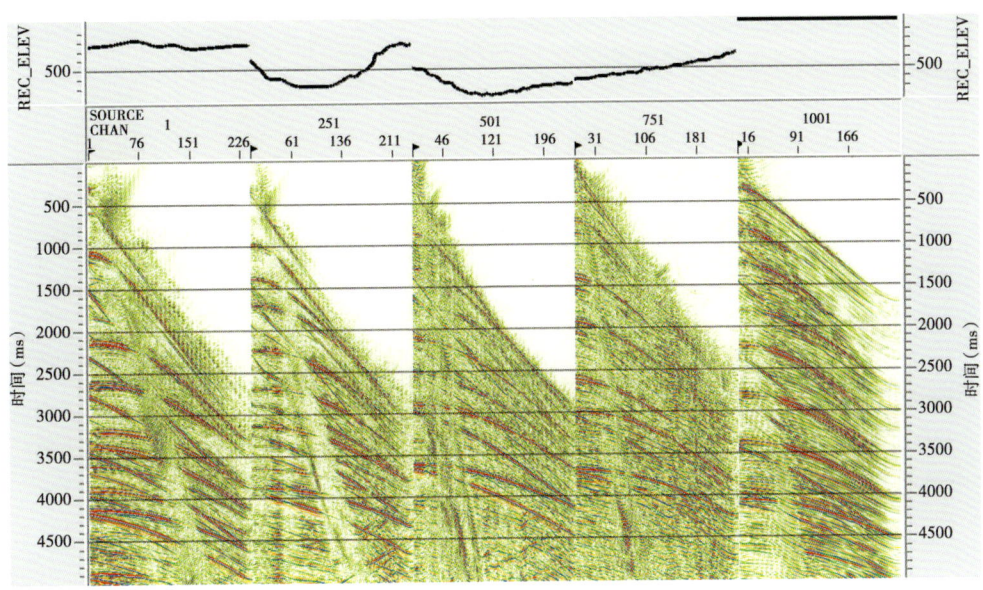

图 4-49　检波点被延拓到基准面后的炮记录

图 4-50 是将所有炮记录的延拓结果分选为共检波点道集之后的显示,和炮道集一样,仅仅随机抽取了五个共检波点道集。由于仅仅是对检波点作了校正,炮点依然在起伏不平的地表上,因此共检波点道集上的反射同相轴依然不满足双曲规律。

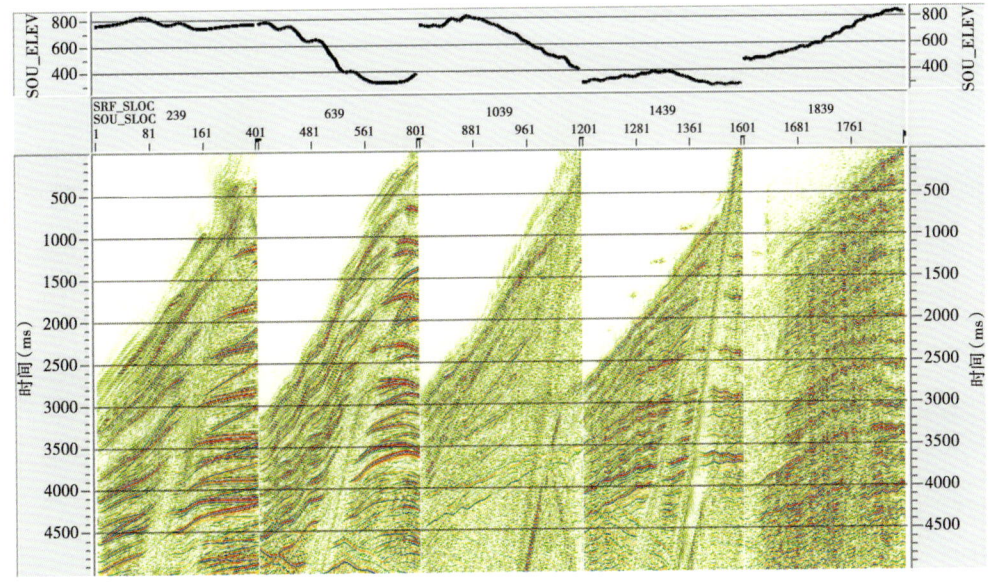

图 4-50　将检波点被延拓后的炮记录分选为共检波点道集

图 4-51 是将图 4-50 所示检波点记录的炮点延拓到基准面之后的显示,与第一步延拓类似,延拓之后反射同相轴的双曲线规律也得到了恢复。

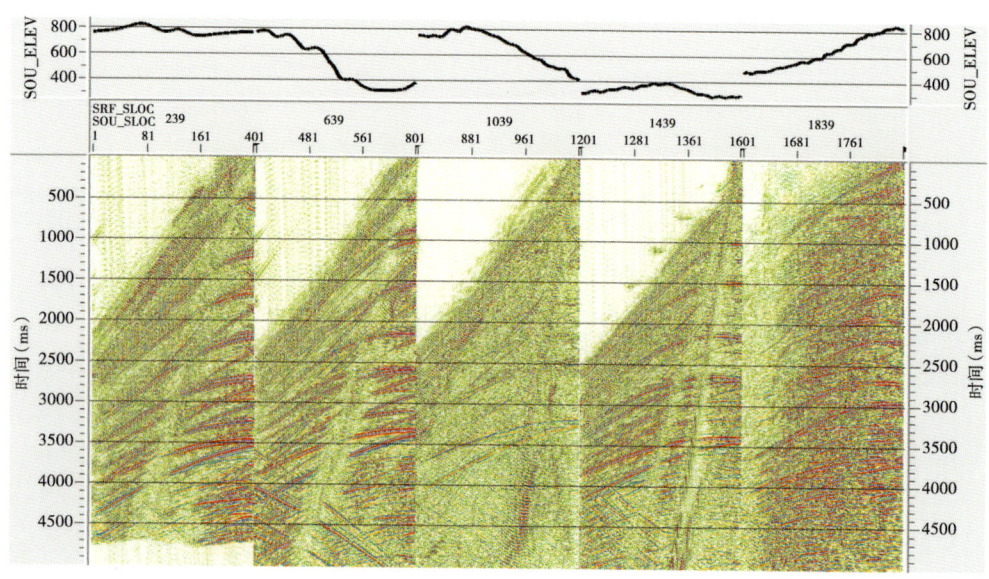

图 4-51 将检波点被延拓后的炮记录分选为共检波点道集

图 4-52 所示即为两步法完成之后的炮道集。图 4-53 为应用同样的近地表速度模型进行了层析静校正的结果。可以看到虽然前者似乎带来了一些延拓噪声,但是我们关注的曲率信息在延拓之后是准确的,静校正虽然信噪比很高,但不幸的是它的曲率信息是不对的,理由如前所述。

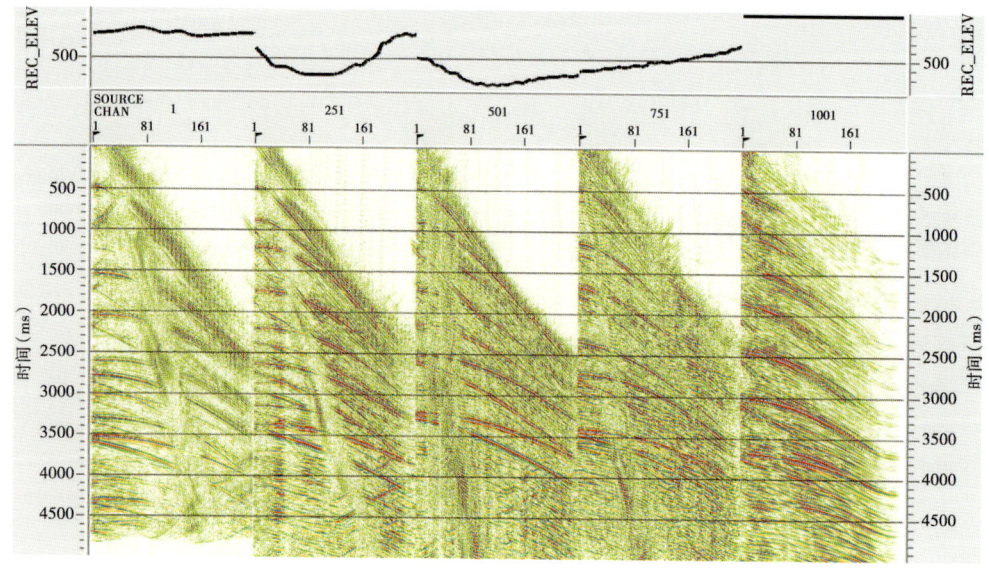

图 4-52 两步法延拓完成后的炮记录

【第四章】 面向南缘山地勘探的复杂表层结构反演与基准面校正技术

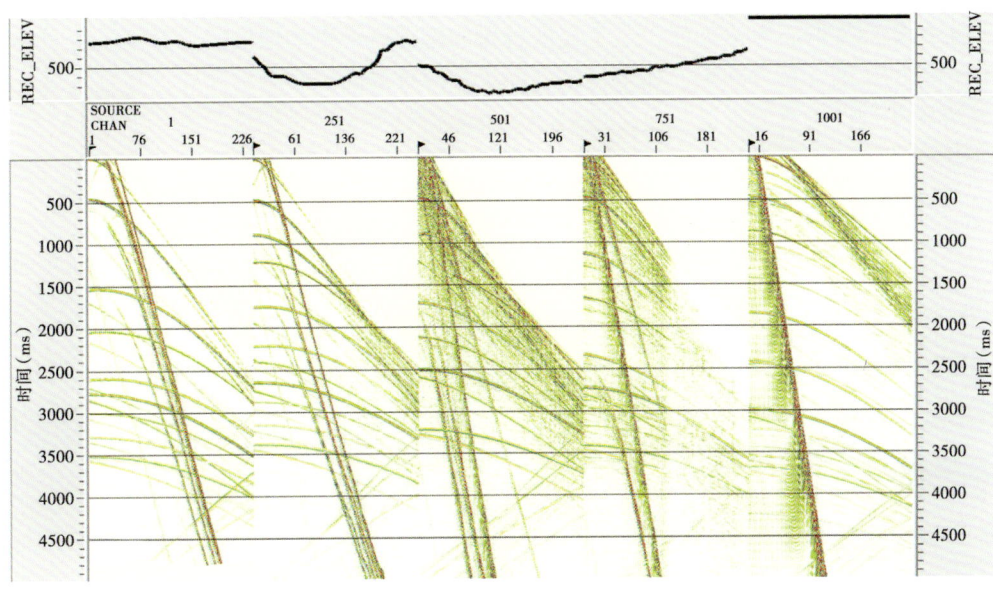

图 4-53 静校正之后的炮记录

图 4-54 与图 4-55 是层析静校正与波动方程延拓基准面校正后，随意抽取了两个 CMP 的叠加速度分析结果进行比较。如前所述，在基准面之下的第一层速度为 2000m/s，所以准确的基准面校正之后的速度应该还是 2000m/s。果不其然，波动方程延拓基准面校正后的叠加速度分析结果正是 2000m/s，而层析静校正后的速度分析结果为 2600m/s，也就是说表层速度分析结果比真实速度大了 500m/s 之多。而波动方程延拓校正后的速度则是正常的。随

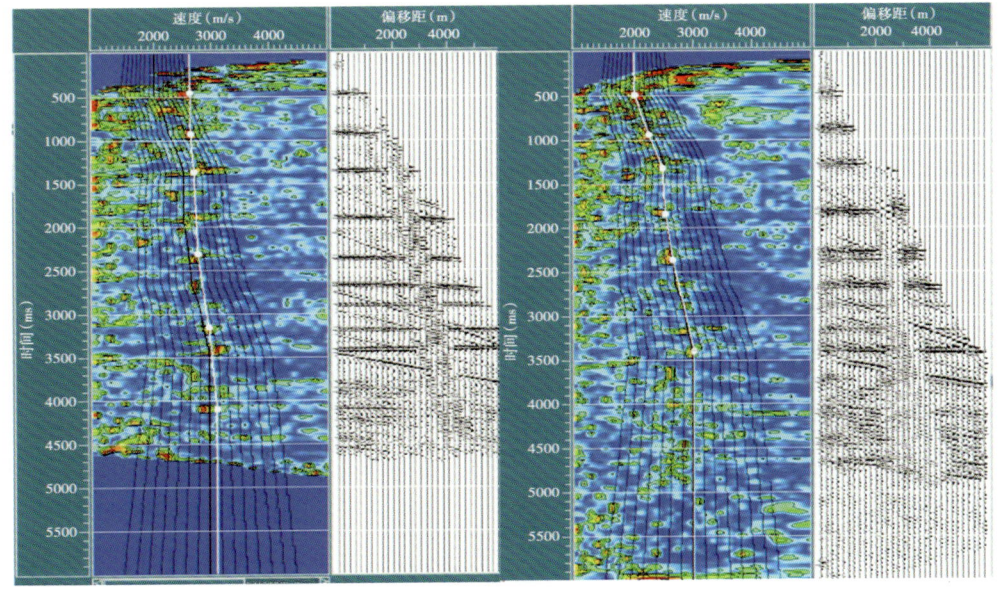

图 4-54 层析静校正

着深度的增加，静校正后的速度分析结果与波场延拓后的结果渐渐趋于一致。这说明表层对深层反射的影响变弱，无论如何，这个速度分析的例子已经生动地证实了静校正会引起速度场整体偏差的论断。可以断定，如果将基准面定在海拔最高点后者更高处，静校正后分析得到的速度将比波动方程基准面校正之后的小。

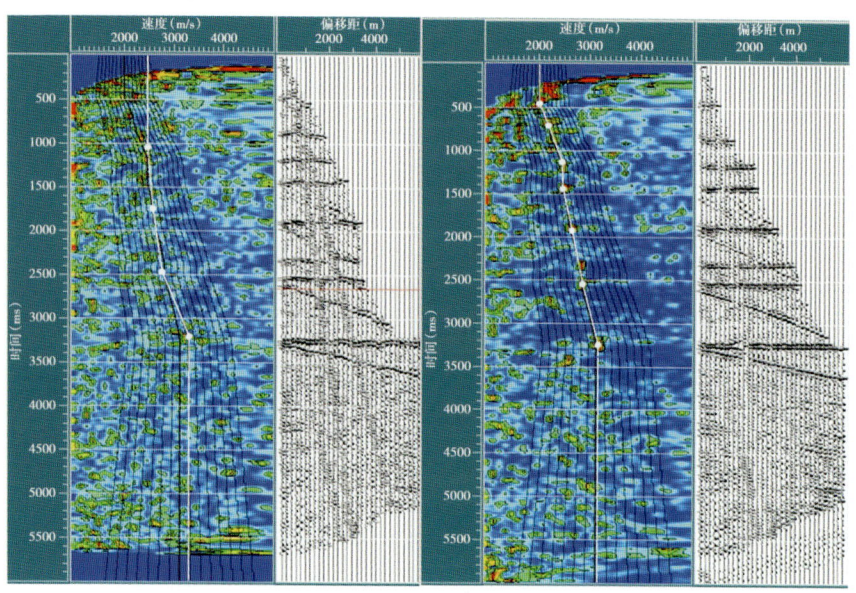

图 4-55 波动方程延拓基准面校正

图 4-56 和图 4-57 是静校正与波动方程基准面校正后的叠加剖面对比。可以看出尽管静校正后的叠加速度比本文校正后的叠加速度更大，但叠加效果在运动学方面是没有差别

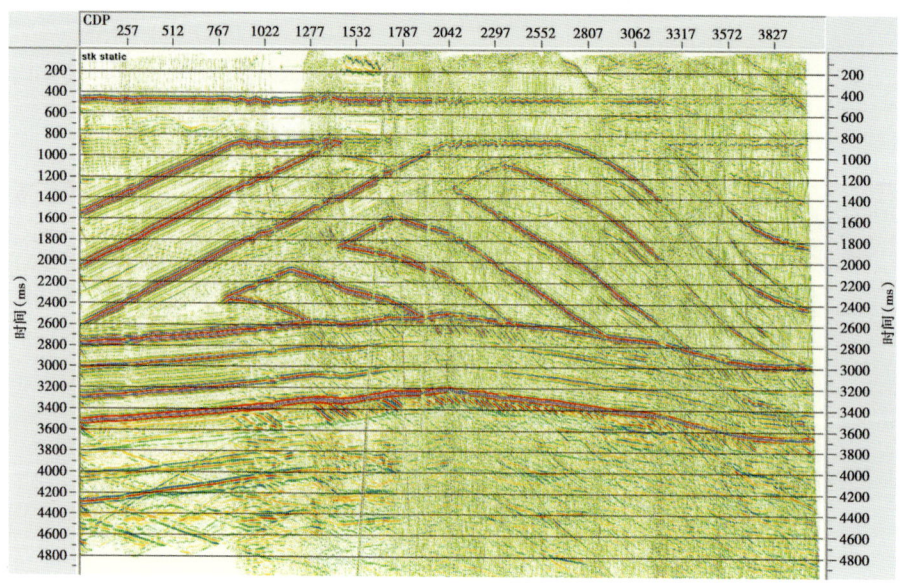

图 4-56 静校正之后的叠加剖面

的，因为叠加速度的选取准则是只要在 CMP 道集上同相即可。但是两者的动力学效果相差甚远，信噪比的差别尤其明显，这说明波场延拓的混波效应能够在一定程度上提高信噪比。

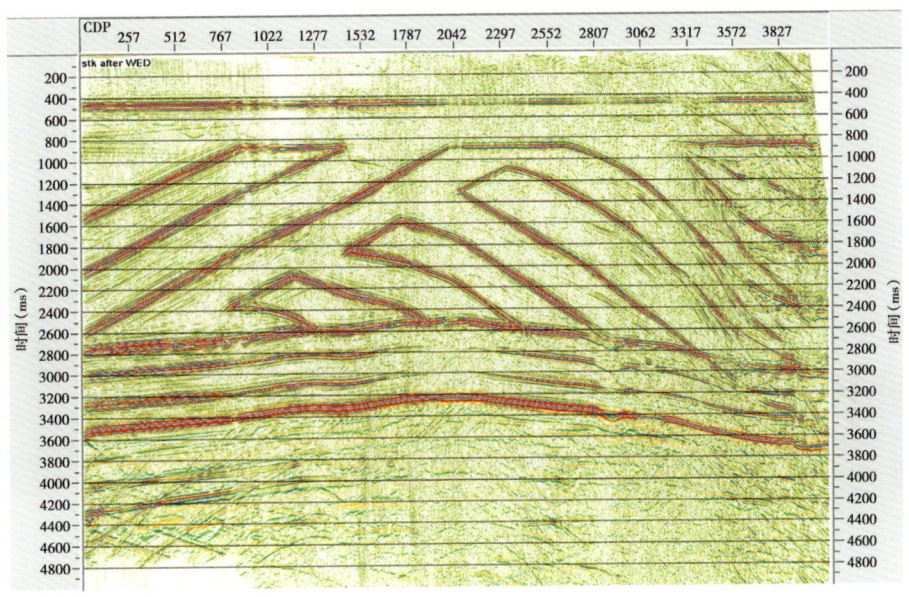

图 4-57　波动方程基准面校正后的叠加剖面

图 4-58 和图 4-59 是静校正和波动方程基准面校正后，根据叠加速度换算出的深度层速度模型对比，可以看出在深度域速度模型上，同一深度的速度前者明显偏大，这是因为曲率信息在静校正这个阶段就已经被篡改了。

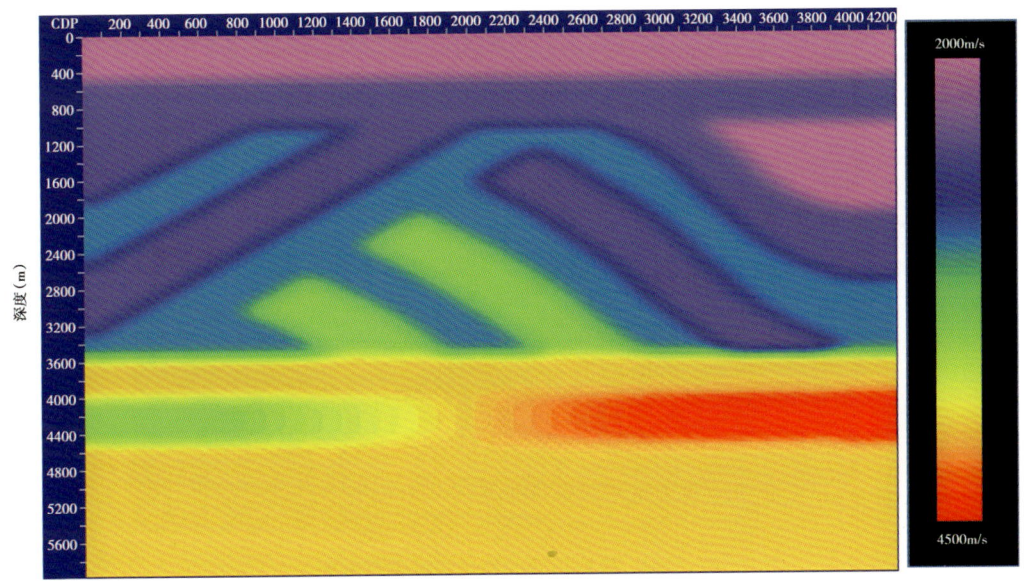

图 4-58　通过时深转换得到的深度层速度模型（静校正）

— 117 —

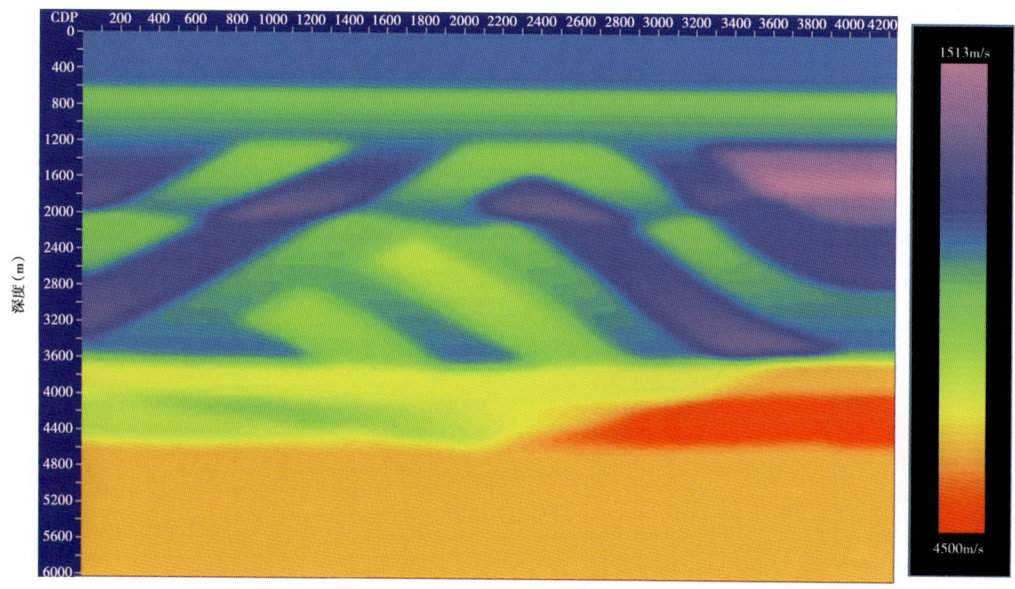

图 4-59 通过时深转换得到的深度层速度模型（波动方程基准面校正）

图 4-60 和图 4-61 是用各自的深度层速度模型进行叠后深度偏移的结果对比。由于向下层析基准面校正引起速度分析结果整体偏大而导致过度偏移，而波动方程基准面校正由于具备正确的速度场信息使得深度成像结果与模型基本一致。同时，信噪比的差别也非常显著。

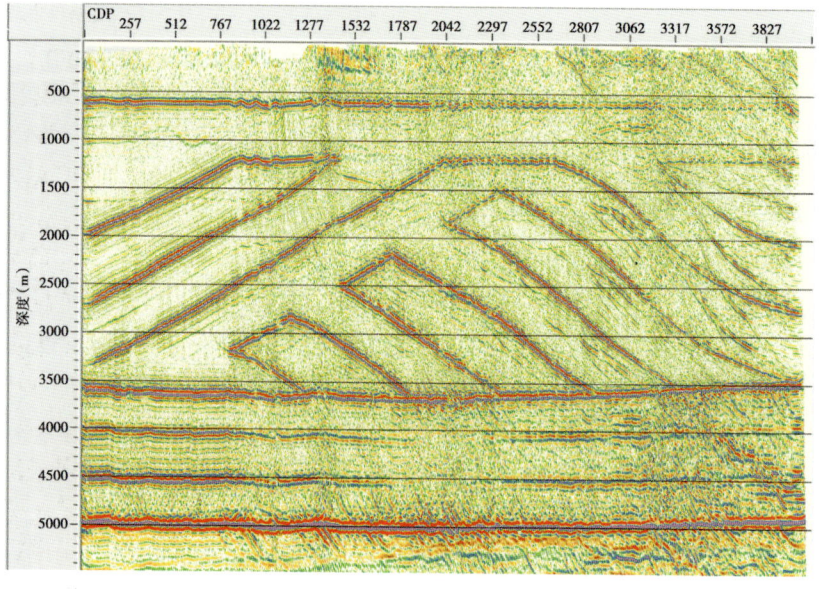

图 4-60 静校正后的叠后深度偏移剖面

【第四章】 面向南缘山地勘探的复杂表层结构反演与基准面校正技术

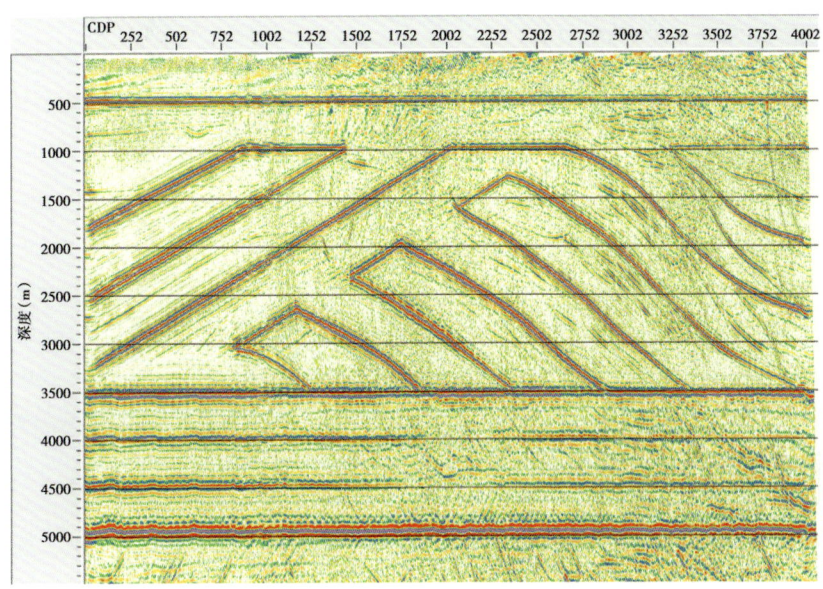

图 4-61　波动方程基准面校正后的叠后深度偏移剖面

如前所述，向下校正已经取得良好的效果，这是基准面校正中最重要的一步。但是，仅有向下剥离是不够的，还要有向上替换的过程。只有两者相结合才是完整的波动方程基准面校正处理流程。

因此，接下来我们在上述的工作基础上进行了向上延拓。这一次我们把最终基准面确定在地表最高点——海拔 1000m 处。图 4-62 即是基于图 4-52 的结果，将检波点向上延拓到

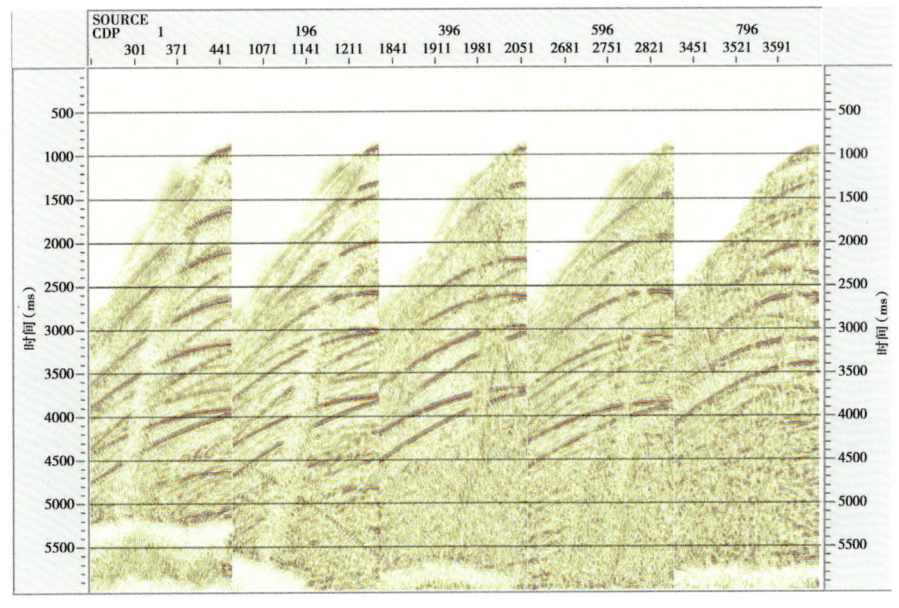

图 4-62　检波点被向上延拓到最终基准面（1000m）后的炮记录

最终基准面的结果，图4-63则是基于图4-62的结果将其分选为共检波点道集之后将炮点向上延拓到最终基准面上的结果。

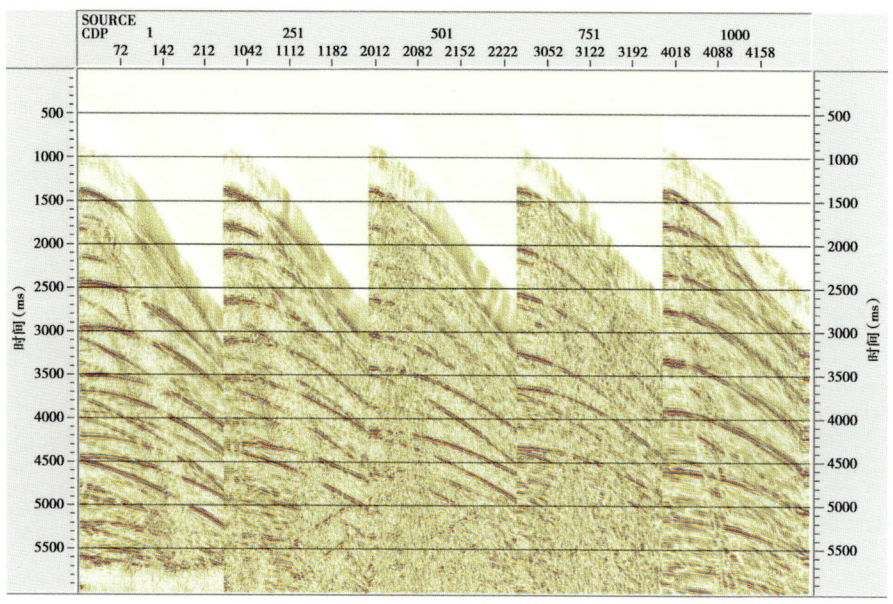

图4-63　炮点也被向上延拓到最终基准面（1000m）后的炮记录

图4-64与图4-65是随意抽取了两个CDP的静校正与波动方程基准面校正结果的速度分析对比。静校正之后的速度分析结果明显偏小，第一层速度变成了1600m/s，而后者的速

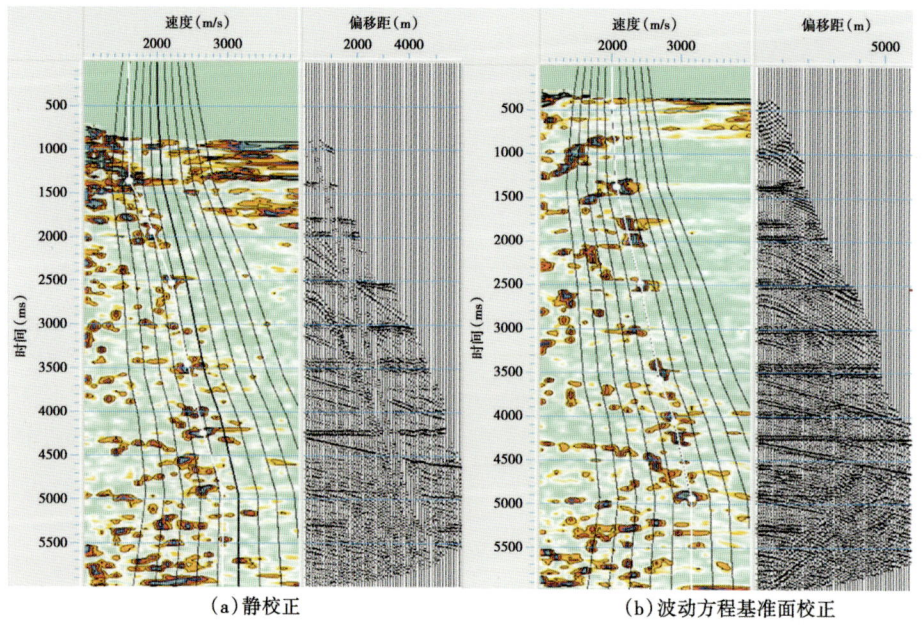

（a）静校正　　　　　　　　　　　　　　（b）波动方程基准面校正

图4-64　静校正与波动方程基准面校正之后的速度分析对比

度分析结果是完全正确的,为2000m/s。同样,随着深度的增加,两者的差异慢慢减小。

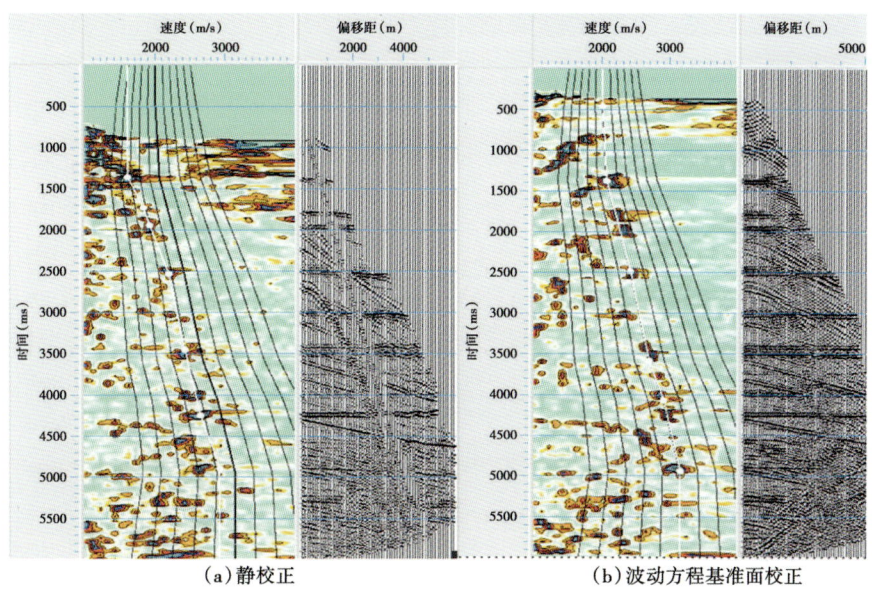

图4-65 静校正与波动方程基准面校正之后的速度分析对比

图4-66与图4-67是静校正与波动方程基准面校正之后的叠加剖面对比,两者相比与向下延拓有着同样的特征。显然,如果基于该剖面作叠后深度偏移,一定会得到如下结果:静校正后的深度偏移剖面欠偏移,而波动方程基准面校正之后的深度偏移剖面恰到好处。

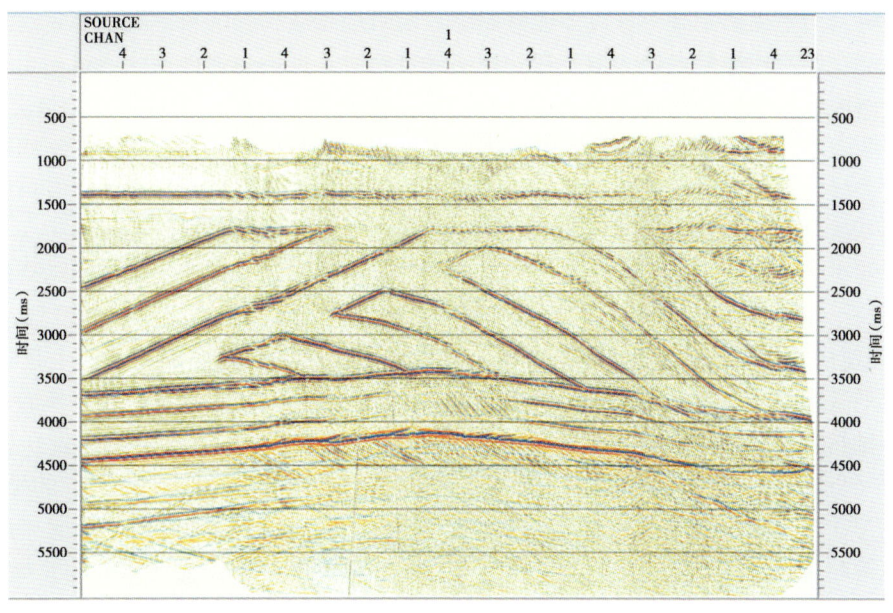

图4-66 校正到最终基准面上的静校正叠加剖面

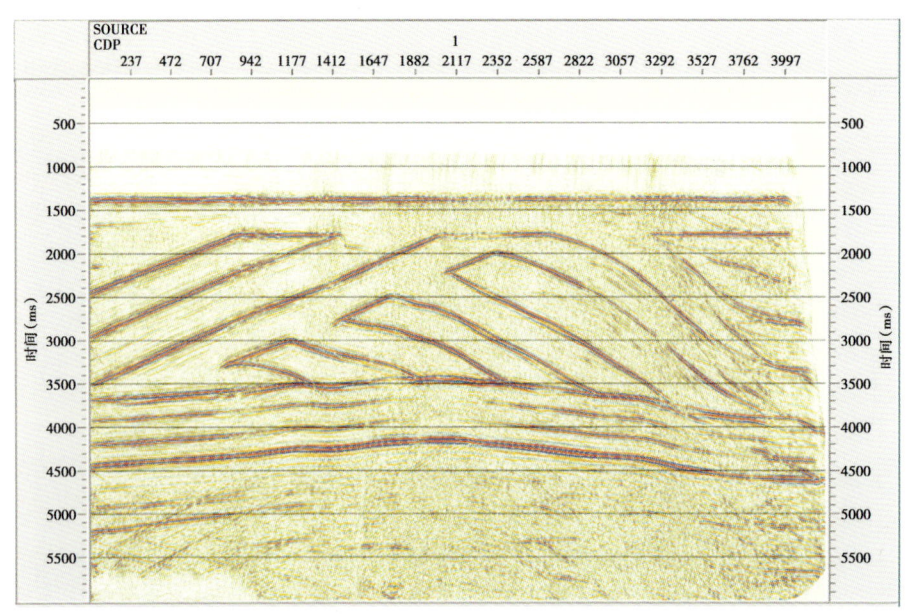

图 4-67 校正到最终基准面上的波动方程基准面校正叠加剖面

四、"逐步—累加"结合"逐步—停放"的波场延拓策略

1. "逐步—停放"波场延拓的必要性

前面采用基于有限差分单程波延拓算子的"逐步—累加"的波场延拓策略,成功实现了将地表记录的波场向下或者向上延拓到某一个固定基准面。当近地表结构比较复杂的时候,需要将其向下延拓到某一深度才能够驱除表层对地震波场的消极影响,通常这个深度被确定为本测线的海拔最低点处。但是在处理实际资料时,近地表速度往往通过初至波走时层析得到,然而通过层析得到的近地表速度模型只有在地表之下的一小段深度内才是可靠的,其精确程度随着深度的增大而急剧降低。因此当处理地表高程差变化非常大的地震勘探数据时,将地表接收到的地震波场延拓到该测线所在位置的海拔最低点处,意味着有可能引入较大的误差,这是因为近地表速度模型的不确定性随着深度增加而增加。

为了解决上述问题,本文采用将波动方程向下延拓和波动方程向上延拓相结合的波动方程基准面校正策略。即首先基于近地表速度模型解释一个相对比较光滑的低降速层底界(或称为高速层顶界),将地表波场向下延拓到该底界,然后再用底界速度向上延拓到最终给定的水平基准面。上述思路构成了一个通过波动方程延拓实现层剥离和层替换的基准面校正策略。显然,上述策略的第一步必须实现如何将地震波场从一个曲面(地表)延拓到另一个曲面(低降速层底界)。通过深入研究,我们构思了一种"逐步—停放"的延拓策略,通过这种方式可以很好地实现地震波场从一个曲面到另一个曲面的延拓。所谓"逐步—停放"延拓策略是指在波场延拓的过程中,每延拓一步都判断是否需要将当前的波场"停放"到当前延拓深度的某些位置上,而这种判断是通过事先给定的低降速层底界的高程文件来进行的。通过在延拓过程中每一步都进行判断就可以将延拓中的波场进行有效的控制,将其

【第四章】 面向南缘山地勘探的复杂表层结构反演与基准面校正技术

"停放"到我们需要的深度位置上去。于是也就实现了从起伏地表到起伏底界的波场延拓过程。

如上所述，通过将"逐步—累加"与"逐步—停放"相结合的思路可以将地震波场从任意起伏的地表向下延拓到任意起伏的低降速层底界，然后再使用"逐步—累加"的向上延拓基准面校正思路就可以实现将波场从低降速层底界延拓回到最终基准面。具体的波动方程延拓层剥离和层替换基准面校正策略依然按照经典的两步法来实施，即首先在共炮点道集上延拓检波点，然后在共检波点道集内延拓炮点，无论向下延拓还是向上延拓都是如此。其过程可以总结为如下九个步骤：（1）输入原始炮记录和相应的近地表速度模型，近地表速度模型应该是通过初至波走时层析并结合了各种近地表观测数据得到的；（2）基于该速度模型进行地质解释，得到一个清晰的、比较平滑的低降速层底界；（3）基于炮道集以"逐步—累加"结合"逐步—停放"的延拓方式将检波点向下延拓到低降速层底界；（4）将延拓后的炮道集分选为共检波点道集；（5）基于共检波点道集以"逐步—累加"结合"逐步—停放"的延拓方式将炮点也向下延拓到低降速层底界；（6）基于上一步的延拓结果，依然在检波点道集内以"逐步—累加"的延拓方式将炮点向上延拓到最终基准面，注意此时要用低降速层底界的速度；（7）将向上延拓后的共检波点道集分选为共炮道集；（8）基于延拓后的炮道集以"逐步—累加"的延拓方式将检波点向上延拓到最终基准面，注意依然使用低降速层底界的速度；（9）输出数据，该输出结果即为炮点和检波点都已经被校正到最终基准面上的数据，至此全部基准面校正工作完成。

2. "逐步—停放"波场延拓计算示意

以下图件展示了这种波动方程层剥离与层替换相结合的基准面校正策略是如何实现的。所有计算都在理论模型上实现。图 4-68 显示了水平地表的正演结果，图 4-69 显示了起伏地表下单一水平反射层的正演结果。图 4-70 显示了"逐步—停放"的延拓示意结果。可以清楚地看到，通过"逐步—停放"可以准确地将波场停放到一个起伏底界上。图 4-70d 显示了将停放到起伏底界上的波场向上延拓回到水平地表的情形，延拓结果与水平地表的正演运动学特征完全一致，说明了算法的正确性和有效性。

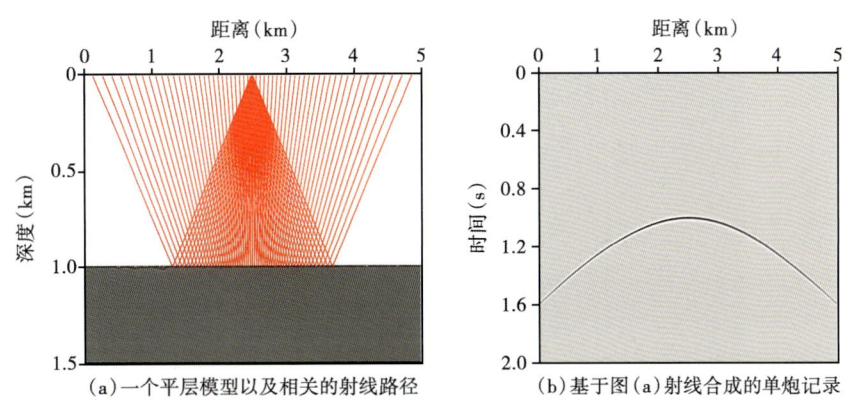

(a) 一个平层模型以及相关的射线路径　　(b) 基于图 (a) 射线合成的单炮记录

图 4-68　一个简单的平层模型

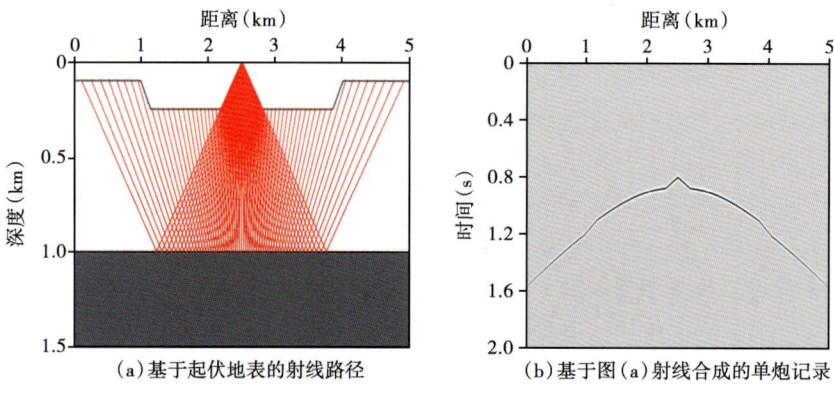

(a) 基于起伏地表的射线路径　　(b) 基于图(a)射线合成的单炮记录

图 4-69　一个起伏地表的模型

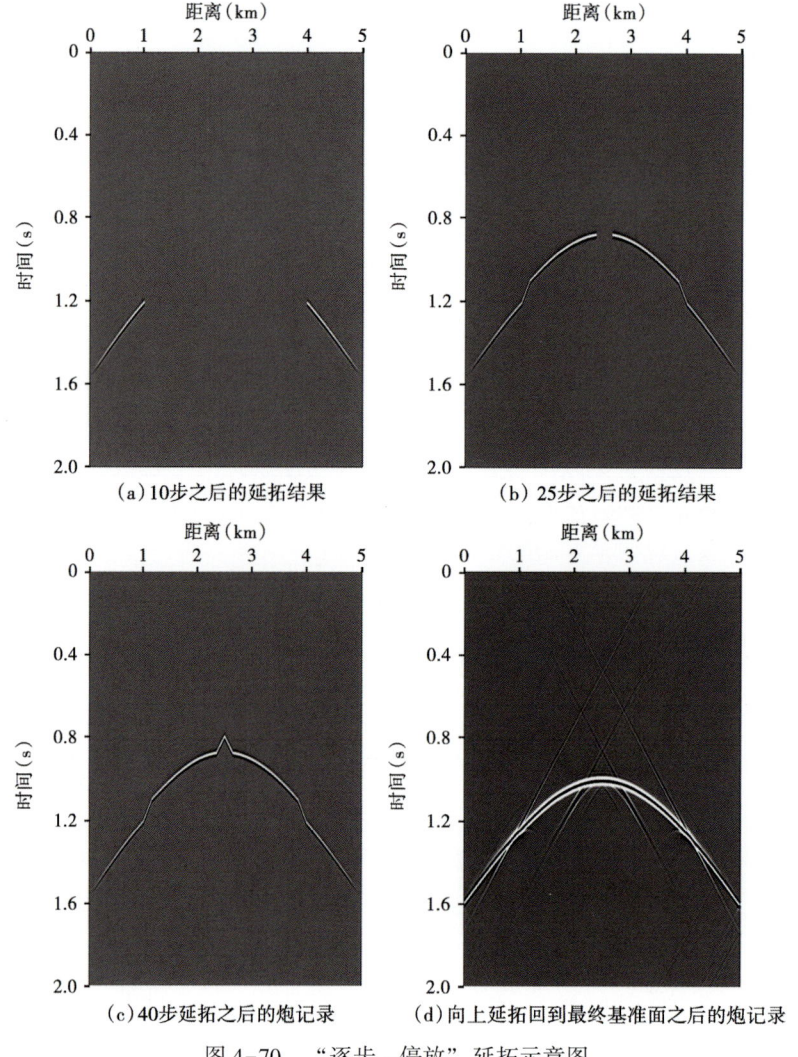

(a) 10步之后的延拓结果　　(b) 25步之后的延拓结果

(c) 40步延拓之后的炮记录　　(d) 向上延拓回到最终基准面之后的炮记录

图 4-70　"逐步—停放"延拓示意图

五、地形校正算子（TDO）基准面校正方法及应用效果分析

1. 波动方程基准面校正与 TDO 校正

如前所述，在南缘山前带这样的采集条件下，地表一致性假设遭到破坏而导致传统的静校正处理产生很大误差，波动方程基准面校正成为必需的处理手段。在这方面国内外学者已经有很多工作。最近，Yang 等设计了一种"逐步—停放"的波场延拓方式，通过该延拓方式可以用单程波延拓算子将地表记录波场延拓到一个起伏底界上，将"逐步—停放"与以往的"逐步—累加"方式相结合，就可以实现一种基于单程波延拓算子的、包括了波动方程层剥离与波动方程层替换的完整的波动方程基准面校正策略。处理实例表明，在近地表速度模型比较可靠的情况下，该策略能够胜任复杂山前资料的基准面校正处理工作。

根据 Berryhill 研究，经典的叠前波动方程基准面校正实现策略是通过"两步法"实现的，即首先在共炮点道集内将检波点延拓到基准面，然后将数据分选为共检波点道集，在共检波点道集内将炮点延拓到基准面。注意这里的两步法还仅仅是完成了一个向上或者是一个向下延拓，无论是 Schnider 基于 Kirchhoff 积分设计的波动方程速度替换策略，还是 Yang 等提出的基于单程波算子的综合基准面校正策略，都需要四步（两步法向下延拓加两步法向上延拓）波场延拓计算才能够完成，因此其计算成本是比较高的。为了在保证基准面校正精度的同时又节约成本，能够将炮点和检波点同时延拓到基准面上的一步法基准面校正方法一直是学界和工业界长期关注的技术方法。人们首先容易想到的是双平方根（DSR）延拓算子，但是 DSR 算子仅能够适应于观测面与基准面都是水平的情况，无法适用于剧烈起伏的实际地表情况。Yang 等建议向上延拓可以放在叠后进行，这样计算成本可以大幅度降低。但是叠后延拓是有条件的，只有当低速层底界比较光滑，基于低速层底界可以进行叠加速度分析与叠加成像才可以实施叠后延拓。事实上，在中国西部的山前带地震数据中，有相当比例的地震资料并不满足这个条件。因此必须寻找新的基准面校正算子来降低计算成本。

Alkhalifah 和 Bagaini 提出的地形基准面校正算子（TDO）正是这样一种可以将炮点与检波点同时进行延拓的基准面校正方法。TDO 算子是在给定的基准面上下基于直射线近似于 Snell 定律导出的，可直接应用于共炮点道集，实现对炮点和检波点的同时延拓。也就是说，在 TDO 计算过程中无需将数据从共炮点道集分选为共检波点道集。相对于波动方程基准面校正，TDO 算法无疑是一个更加高效和更具吸引力的选择。蔡杰雄等（2008）首次将 TDO 算子应用于中国西部的实际资料处理，验证了 TDO 算子在常近地表速度情况下能够用于处理实际数据。本文将对 TDO 算子的理论基础和推导过程进行系统的介绍，并基于具有横向变化的近地表速度模型理论数据与实际数据实现了该算法。在此基础上进一步提高对 TDO 算子的特点和适用范围的认识。

2. TDO 算子的理论基础与导出过程介绍

根据 Alkhalifah 和 Bagaini 的研究，TDO 算子是一种积分叠加型算子，它之所以能够实现将炮点与检波点同时延拓是因为 TDO 算子是在共偏移距域内推导的。我们知道，描述任何一种 Kirchhoff 积分算子都需要给出描述其积分轨迹在时空域分布规律的公式（Tygel 等，1996），TDO 算子也不例外。由于 TDO 的输入域和输出域都是叠前共偏移距域，输入数据的地表必须考虑不规则的情况，而且在检波点和震源点处有不同的速度。这一系列特征使得它

的推导相比倾角时差校正（DMO）和震源延拓（SCO）等的推导更加困难。同时注意即便在二维情况下，在共中心点—共偏移距—时间域内的偏移算子和基准面延拓算子也是具有三维特征的（Hubral 等，1996）。因此 TDO 应该是一种面积分运算。但是如果利用 Snell 定律找到面积分中对计算结果贡献最大的那一部分的话，就能够使得面积分退化为线积分，将会使得推导大大简化，同时也使得计算效率大为提高。从上述设想出发，在引入等效速度近似与平基准面假设后，就可以导出延拓前后的旅行时变化关系与偏移距变化关系，以下将其推导过程做详细介绍。

1）推导 TDO 的地质模型

如图 4-71 所示，射线从震源处下行到倾斜反射层后返回到地表接收点，图中 h_t 是地表处的半偏移距，h_d 是基准面处半偏移距，z_s、z_g 分别是震源处和检波点处至基准面的垂直距离。t_d 代表基准面之下的总旅行时。TDO 算子的推导利用几何光学近似的观点，这种假设意味着基准面之上的射线无论上行还是下行均是在常速介质中传播的。事实上在风化层之上这个假设并不成立，因为在风化层之上速度显然是有变化的。为此需要引入等效速度近似，所谓等效速度其实就是基准面到地表的高程除以总的垂直旅行时的一个平均速度。关于等效速度的计算将在稍后予以讨论。

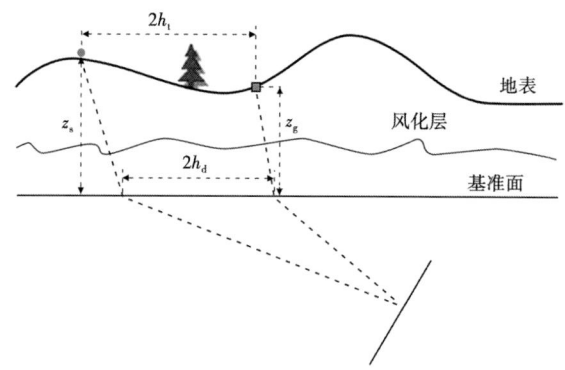

图 4-71 推导 TDO 算子所用的地质模型

2）TDO 算子的推导

这里，我们将地表面上的偏移距 $2h_t$ 与旅行时 t_t 称为输入偏移距和输入旅行时，将基准面上的偏移距 $2h_d$ 与旅行时 t_d 称为输出偏移距和输入旅行时。仔细观察水平基准面之下的射线路径，不难发现炮点和检波点射线在基准面之下到目标反射层的垂直距离相等，并且两者在相同区域的水平偏移距的代数和等于输出偏移距（$2h_d$），我们可以很容易写出方程：

$$(t_d - t_{gd}) * v * \sqrt{1 - v^2 p_s^2} = t_{gd} * v * \sqrt{1 - v^2 p_g^2} \quad (4-35)$$

$$2h_d = v^2 * p_s * (t_d - t_{gd}) - v^2 * p_g t_{gd} \quad (4-36)$$

利用式（4-35）和式（4-36），当给定一个检波点处的射线参数 p_g，就可以计算炮点处的射线参数 p_s：

$$p_s = \frac{4h_d^2 p_g + 4h_d t_d + p_g t_d^2 v^2}{4h_d^2 + 4h_d p_g t_d v^2 + t_d^2 v^2} \quad (4-37)$$

再回到图 4-71，我们还可以写出描述地表与水平基准面之间偏移距变化的方程：

$$2h_t = t_{ws}v_{ts}^2 * p_s - t_{wg}v_{tg}^2 * p_g + 2h_d \tag{4-38}$$

其中：

$$t_{wg} = \frac{z_g}{v_{tg}\sqrt{1 - v_{tg}^2 p_g^2}} \tag{4-39}$$

$$t_{ws} = \frac{z_s}{v_{ts}\sqrt{1 - v_{ts}^2 p_s^2}} \tag{4-40}$$

同时，输出旅行时与输入旅行时的关系如下：

$$t_t = t_d + t_{ws} + t_{wg} \tag{4-41}$$

为了简化计算，引入水平反射层假设，显然对于水平反射则有 $p_s = -1 * p_g$，p_s 也可简化为

$$p_s = \frac{2h_d}{t_d v^2} \tag{4-42}$$

利用式（4-35）至式（4-42），我们得到了输入偏移距、时间和输出偏移距、时间之间的关系。当下伏介质速度确定的时候，这使得 Kirchhoff 算子退化为一个点对点的映射处理而非 Kirchhoff 式的积分叠加过程。相比较两步法波动方程基准面校正，这种映射处理是非常高效的，相对于静校正，其处理也更加准确。

3）两步法波动方程基准面校正与一步法 TDO 向上校正结合的校正策略

需要指出，由于 TDO 只能适用于水平基准面，因此 TDO 算子并不能完全替代波动方程基准面校正，但是我们认为在实践中将这二者组合使用，将有可能得到一种更为优化的、同时兼顾计算精度和计算效率的基准面校正策略。比如说，由于波动方程基准面校正能够应付剧烈横向变化的近地表速度模型和起伏的低速层底界，所以在向下校正的时候，两步法波动方程基准面校正依然是无可替代的。但是在向上延拓的时候，我们认为完全可以用 TDO 校正来实施，因为这时候最终基准面为平面，替换速度为常速，因此 TDO 校正可以获得精确的向上替换计算结果。

这样我们就得到了一个将两步法波动方程基准面校正与 TDO 校正相结合的改进的综合基准面校正处理流程（图 4-72）。

4）天山模型数据测试

天山模型的横向宽度 75km，深度 5000m，炮点和检波点都在起伏地表上，基于该速度模型上正演了 1001 炮，左边放炮右边接收，第一个检波点与炮点重合，每炮 240 道，道间距 25m，炮间距 50m，第一炮位于 14.2km 处。正演数据时间采样点 1500，采样间隔 4ms。起伏地表的最大高程值是 1000m，

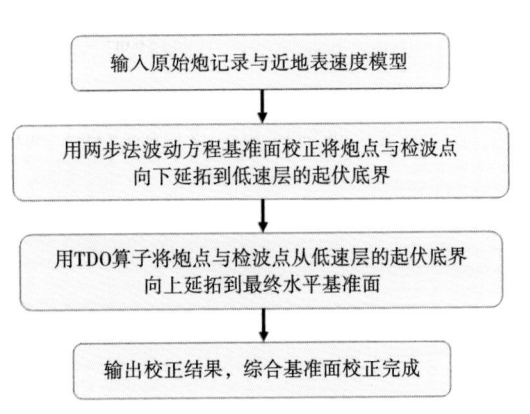

图 4-72 将 TDO 校正加入后的综合基准面校正策略

这里的校正是从起伏地表校正到高程为 90m 的水平基准面上。图 4-73 显示了将天山模型数据应用本次研究提出的综合基准面校正处理流程处理后的单炮数据。

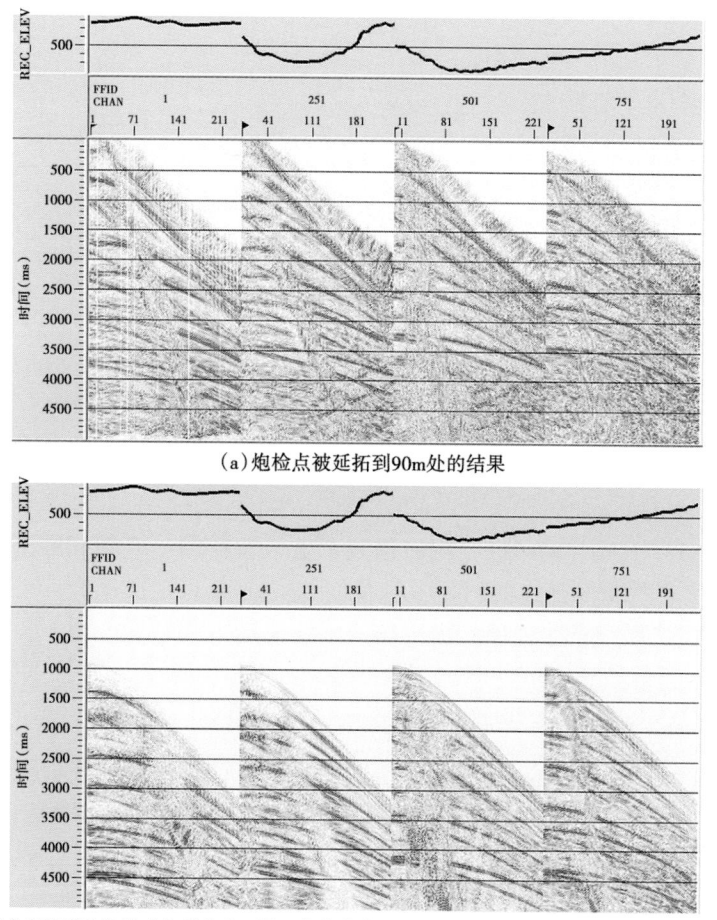

(a) 炮检点被延拓到90m处的结果

(b) 应用两步法波动方程基准面校正将炮检点向上延拓到最终基准面1000m处的炮记录

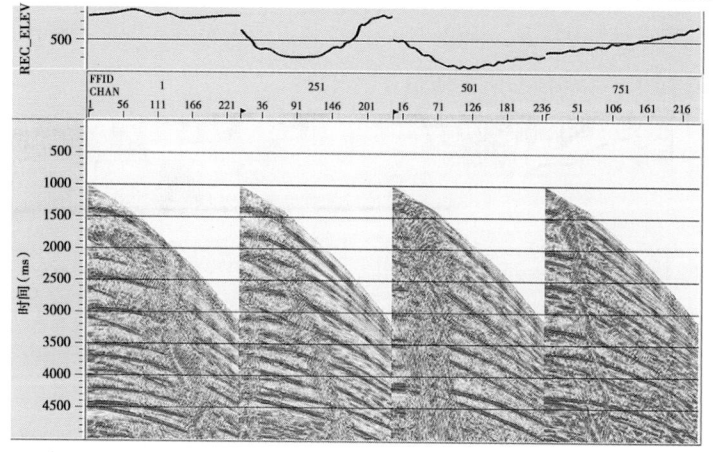

(c) 应用一步法TDO基准面校正将炮检点向上延拓到最终基准面1000m处的炮记录

图 4-73　将波动方程向下延拓与 TDO 向上延拓相结合对天山模型数据处理之后的单炮记录

图4-74显示了传统的四步法波动方程基准面校正与综合基准面校正处理流程后,对于CDP3402的叠加速度分析。可以看出综合基准面校正处理的精度是没有问题的,因为二者的速度分析结果完全一样。因此二者的叠加在运动学意义上没有任何差别,后者的叠加剖面信噪比还更好一些,这是因为TDO的延拓噪声较传统两步法向上延拓稍轻。

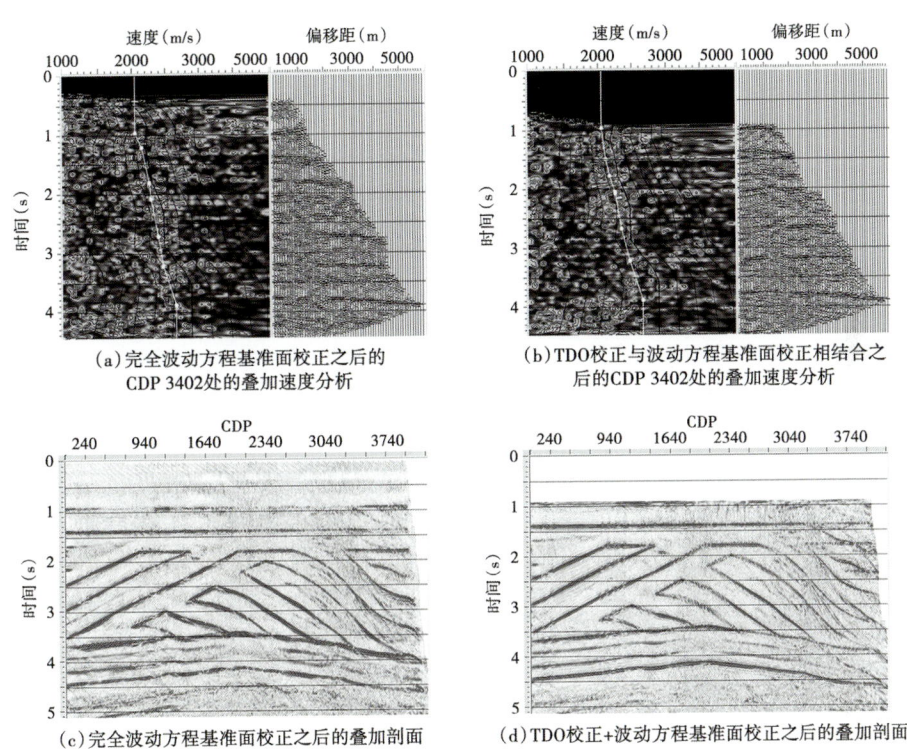

图4-74 传统波动方程基准面校正与本文综合基准面校正处理结果对比

3. TDO在实际数据kb200801的测试结果

TDO在实际数据kb200801的测试结果如图4-75至图4-78所示。

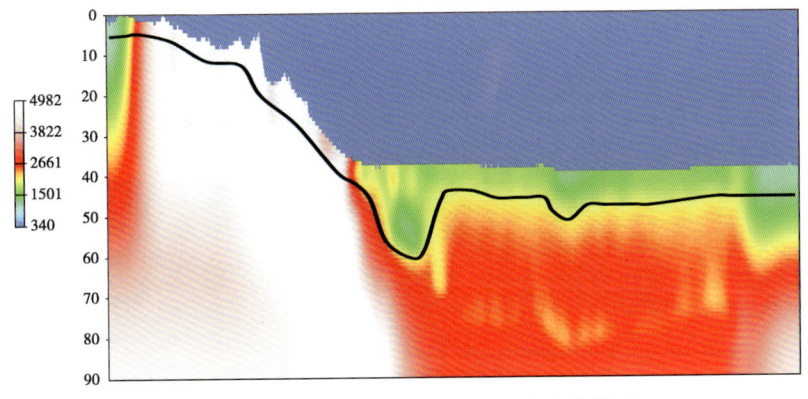

图4-75 底界解释之后的近地表速度模型

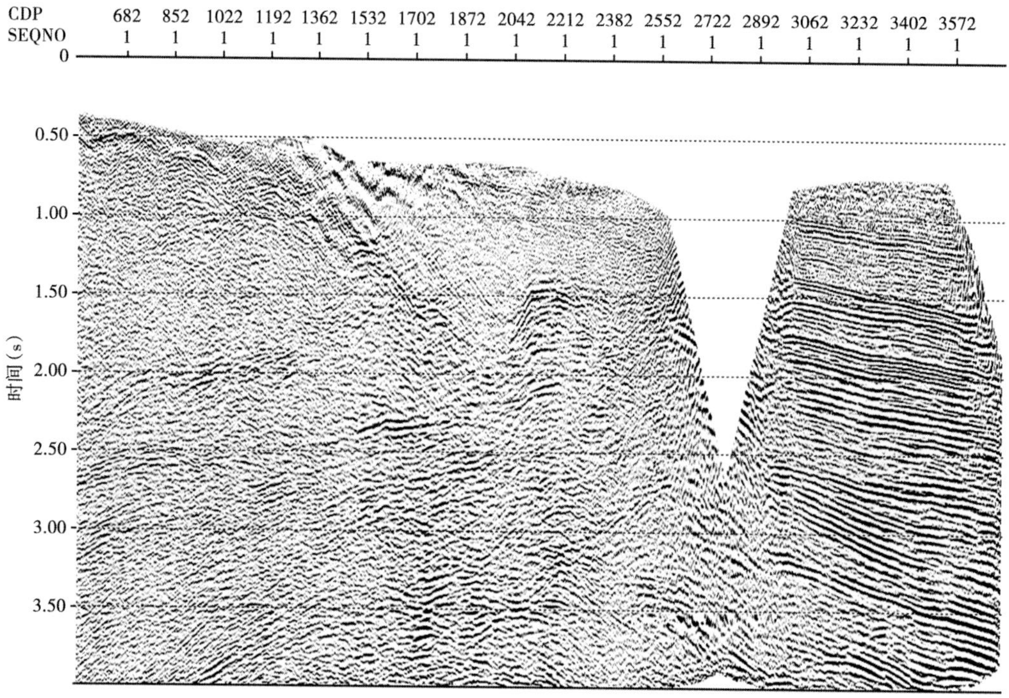

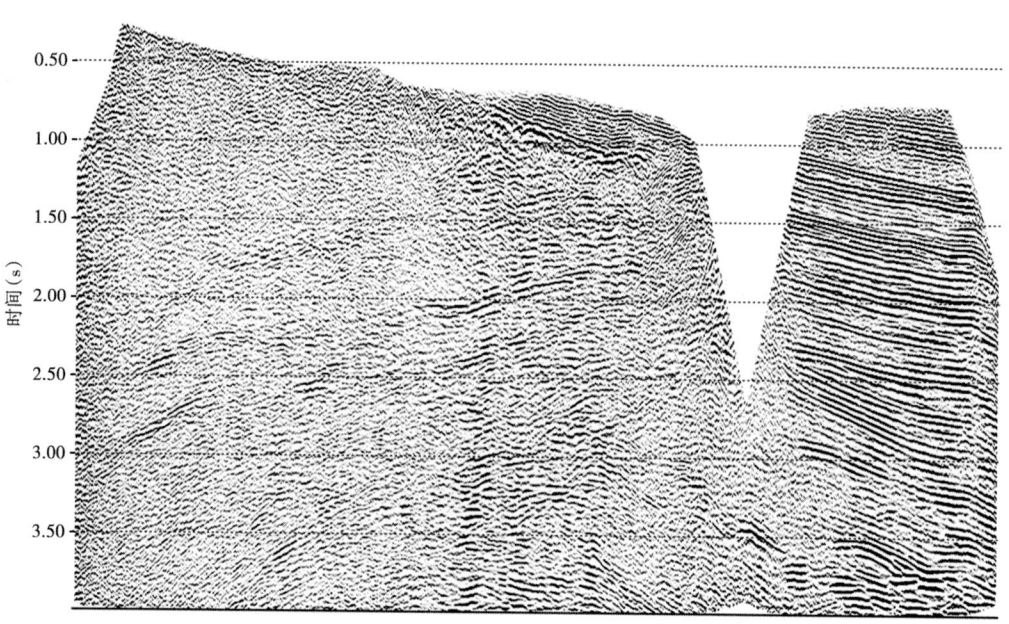

图 4-76 静校正之后的叠加剖面

图 4-77 四步法波动方程基准面校正之后的叠加剖面

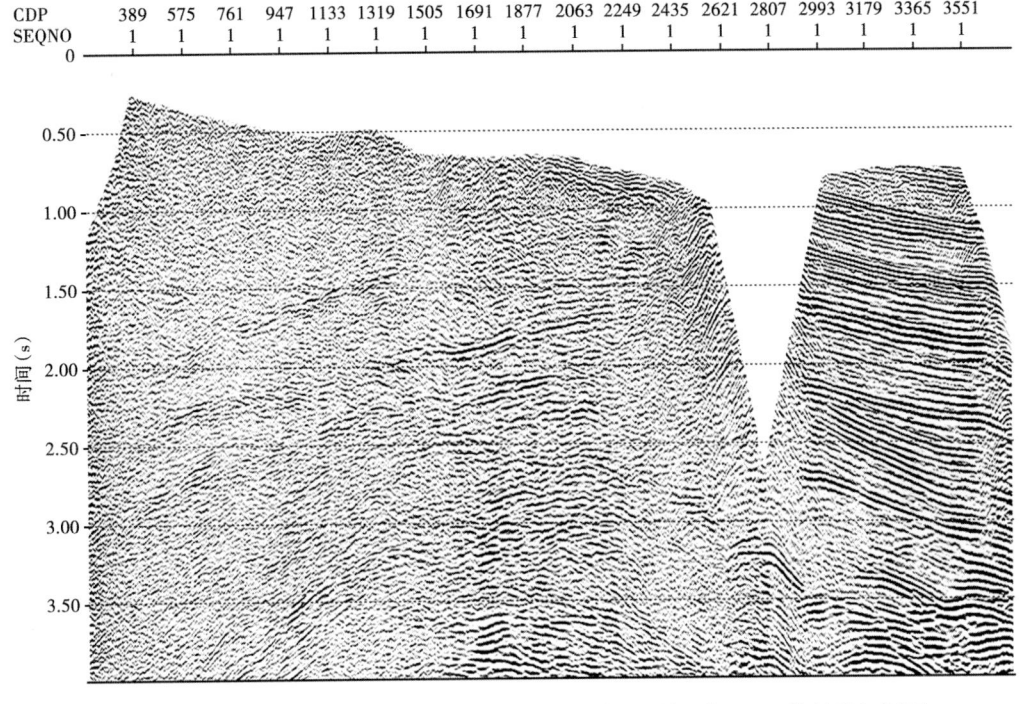

图 4-78 两步法波场延拓到底界再一步法 TDO 向上延拓到 1000m 处的叠加剖面

第四节 剩余静校正

剩余静校正从字面上的意义理解就是基准面静校正没有校正到位而剩余的一部分校正量。无论什么方法得到的近地表模型，都只是实际近地表模型的近似。因为，各种静校正方法本身就是对复杂地表问题的一种近似，最终用于计算静校正的厚度、速度模型都是对地质构造的一种简化。另外，还有近地表调查方法产生的误差，如仪器固有误差、方法假设条件产生的误差、小折射、微测井记录初至拾取的误差等。这些误差使基准面静校正后，在道集上来自同一反射层的时距曲线产生畸变，NMO 校正后相位之间仍存在一定的时差，时差的大小取决于基准面静校正的精度，剩余静校正指的就是这部分时差。

剩余静校正量主要包括两个部分：一是炮检点测量误差引起的大范围的时差变化，属于静校正中的长波长分量，构成其中的低频成分，一般只会影响叠加速度而不会影响同一共中心点道集中旅行时；另一种是由于局部异常引起的随机时差，它使得同一共中心点道集中反射波旅行时畸变，破坏了同相轴的连续性，属于静校正短波长分量。长波长分量静校正一般使用初至折射波法、空间滤波法等予以消除，短波长分量可以采用统计法进行求取。以下介绍几种剩余静校正的方法。

一、自动剩余静校正

目前所有的自动剩余静校正方法基本上都是采用统计相关的方法实现，通过炮点或检波点的地震道与其所在的 CMP 叠加模型道进行互相关，求取相对模型道的时差（由互相关函数的极值确定）并分解到各个炮检点，完成校正工作。以八次覆盖的道集为例，实现的基本过程简述如下。

1. 模型道的建立

因为叠加剖面是由每个 CMP 道集叠加而成，叠加剖面的信噪比同样也反映了叠前道集信噪比的高低。从理论上来说，静校正是整道时移，任何时间段的模型道或整道剩余静校正的作用是同等的，但是，实际地震资料由于噪声的干扰或噪声的分布区域不同，以及反射系数的强弱差异，信号衰减造成的频率降低等，建立模型道需要选择成像较好的区域，原则是反射波组能量强、连续性好、波形稳定、倾角小和反射波主频较高的层段作为模型道的时窗，在 CMP 道集内将分析时窗的波形按等时样点值相加，作为该 CMP 道集的模型道。为了增强模型道的信噪比，再把相邻 n 个 CMP 道集的模型道进行倾角校正后叠加起来，n 的取值由处理人员确定。同样方式，每个 CMP 道集都可以产生一个模型道，用数学表达式可写为

$$M_{\mathrm{CMP}_i}(t) = \sum_{k=-N/2}^{n/2} \sum_{j=1}^{8} T_{\mathrm{CMP}_k}(t, j) \qquad (4-43)$$

式中，$M_{\mathrm{CMP}_i}(t)$ ——第 i 个 CMP 的模型道；

N——相邻的 CMP 道集个数；

$T_{\mathrm{CMP}_k}(t, j)$ ——第 k 个 CMP 道集第 j 道 t 时刻的样点振幅值。

当沿测线形成参考波形时，由于是把大量的记录道叠加起来，故使随机干扰和随机的剩余静校正量在叠加中受到压制，其统计平均值趋于零。对反射波来说，在选定的反射时窗内，单个记录道的反射波形和模型道的波形，都是来自同一个反射界面的反射信息或叠加信息，它们之间的波形具有一定的相似性，如图 4-79 所示。

模型道建立后，就可以利用互相关求取炮点或检波点的剩余静校正量，因为炮点和检波点剩余静校正量计算的方法相同，在此仅以炮点剩余静校正量求取的方法为例。

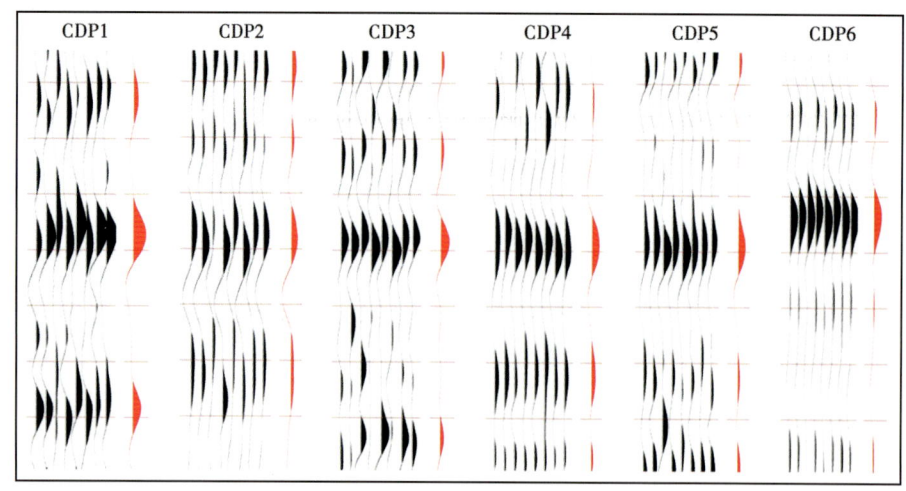

图 4-79 CMP 道集与模型道

2. 道间时差的求取

首先确定要求取剩余静校正量的炮号或炮点桩号,因为地震记录的采集每放一炮排列就搬一次家,排列搬家的距离远远小于排列长度,即多次覆盖采集,那么来自同一炮点的地震道在相邻的 m 个 CMP 道集内都有,m 的个数取决于观测方式,也就是炮点移动的间隔,将这些道与所在的 CMP 道集的叠加道进行互相关,得到 J 个互相关函数。

$$R_{mt}(\tau) = \sum_{i=1}^{w} M(i) * T(i+\tau) \tag{4-44}$$

式中,τ——相关的时移量,大小取决于剩余静校正量的范围,最大应小于 1/2 波形周期,否则容易产生周期跳跃;

w——相关长度,一般取分析窗口的长度。

来自同一炮点的所有地震道与所在 CMP 道集的模型道进行上述的互相关计算,可以得到 m 个互相关函数,每个互相关函数对应一个极大值,此极大值对应的时移量反映的是该地震道炮点和检波点剩余静校正量的总和。

3. 剩余静校正计算的假设条件

在此论述的剩余静校正方法的前提仍然是地表一致性的假设,即同一炮点或同一检波点所引起的校正量是一样的,只与所处的地表位置有关,与观测方式无关。因此某一炮点或检波点校正量是唯一的,既然每个互相关函数的极大值对应的时移量包含的是炮点和检波点剩余静校正量的总和,那么如何才能把它们分开呢?

我们知道,随着地震勘探技术的发展,对成像品质的要求越来越高,叠加是去除随机噪声获得高信噪比剖面的有效手段,野外地震采集资料的覆盖次数往往在几十次至几百次之间,部分地区达到上千次。本章开头分析过,引起基准面静校正误差的原因很多,这些误差的综合反映是没有规律性的,即剩余静校正往往表现为随机分布。当这两个条件同时成立,即覆盖次数足够多且剩余静校正具有随机性,按照统计学的原理,炮点或检波点偏差的均值为零。

4. 炮点剩余静校正的计算

有了上述的假设条件,我们就可以根据互相关函数的极大值时移偏差来计算炮点的剩余静校正量。假设第 i 个 CMP 道集互相关函数极大值点对应的时移量为 $\varphi_i(\tau)$,则对于第 k 炮所有互相关函数极大值点对应的时移量为 $\varphi_i(\tau)$ 可表示为

$$\begin{aligned}
\varphi_1(\tau) &= sp_k + cs_1 \\
\varphi_2(\tau) &= sp_k + cs_2 \\
&\vdots \\
\varphi_{m-1}(\tau) &= sp_k + cs_{m-1} \\
\varphi_m(\tau) &= sp_k + cs_m
\end{aligned} \tag{4-45}$$

将上式等式求和并移项可得

$$sp_k = \frac{1}{m}\sum_{i=1}^{m}\varphi_i(\tau) - \frac{1}{m}\sum_{i=1}^{m}cs_i \tag{4-46}$$

因为剩余静校正计算的假设条件，在计算某一炮点静校正量时，检波点的剩余静校正量均值为零，即 $\frac{1}{m}\sum_{i=1}^{m}cs_i$ 为零，则 $\varphi_i(\tau)$ 的算术和平均值即为该炮点的剩余静校正量。

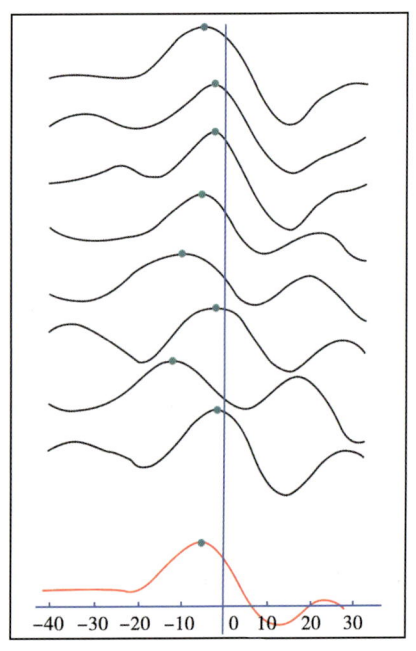

图 4-80　互相关函数的叠加

也可以先将互相关函数叠加，得到一个叠加后的互相关函数，原理与求算术和的方法相同，那么叠加后的互相关函数极大值对应的时移量就是该炮点的剩余静校正量，如图 4-80 所示。

检波点剩余静校正量的算法与上述炮点剩余静校正量的算法相同，在此阐述的只是自动剩余静校正算法的基本原理，有些算法同时还考虑了剩余速度产生的时差，根据时距关系把这部分时差从相关函数中去掉，这样得到的剩余静校正量精度更高，图 4-81 是剩余静校正前后的单炮记录，反射波双曲线变得连续光滑。另外再说明一点，自动剩余静校正处理虽然达到了反射相位同相的目的，提高了记录的信噪比且降低了高频地震信息的损失，但此项处理具有低通滤波性质，容易滤掉一些有意义的小的地质构造，如落差小的断层等，这对于高分辨率地震勘探是不利的。因此，进行反射资料的数据处理时，要注意分析对比剩余静校正处理前后的叠加时间剖面，注意自动剩余静校正处理对小地质构造的影响。

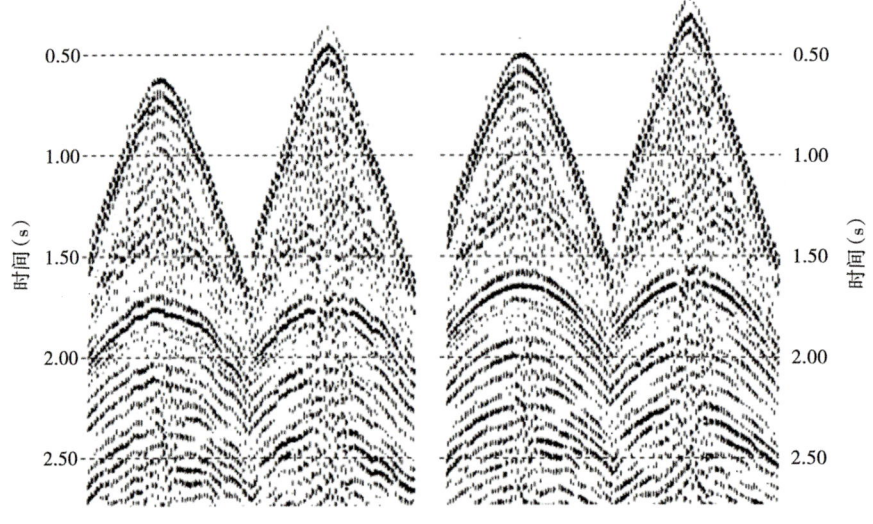

图 4-81　剩余静校正前后的单炮记录对比

二、初至波剩余静校正

反射波与折射波在近地表的传播路径可以认为近似相同，基于这种假设前提，利用折射初至时间既可以计算基准面静校正量，也可以计算剩余静校正量。下面列举一种折射波求取静校正量的方法。

基于折射波静校正有很多方法，如广义互逆法、延迟时法、ABC 法等，这些方法有一个共同特点，就是要精确地获取绝对的折射初至时间，且需追踪同一高速折射层。而本方法根据折射初至波能量强，各道初至相似的特点，利用折射波组进行相邻道互相关计算，以获取相对时差，并利用多次覆盖的优势，采用中值滤波的方法，选取中值时差，求取相对浮动基准面的剩余校正量和以控制点为基础的基准面校正量。实际资料应用表明，该方法既适用于井炮资料，也适用于可控震源资料的处理，是解决复杂地表结构静校正问题的良好工具。

以相似系数确定折射初至相关法获得相邻道的时差。可根据相邻道的相似系数，剔除一些相似较差的时差，提高抗干扰能力。

为叙述方便，只以共炮集记录上求取检波点校正量为例。如图 4-82 所示，在一炮记录中，任意两相邻检波点 D、F，折射波经低降速带沿折射界面滑行到达时间为

$$T_D = T_{ABC} + T_{CD} \tag{4-47}$$

$$T_F = T_{ABC} + T_{CE} + T_{EF} \tag{4-48}$$

两道的时差记为 ΔT_{FD}：

$$\Delta T_{FD} = T_{EF} - T_{CD} + T_{CE} \tag{4-49}$$

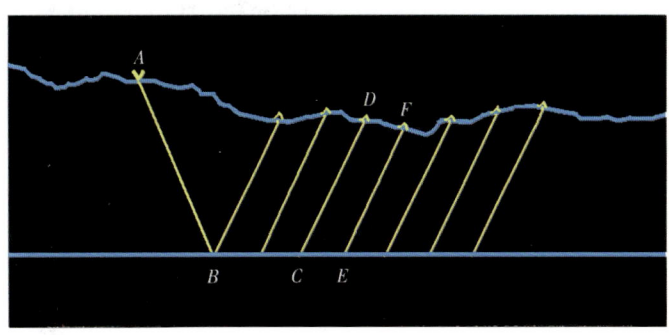

图 4-82　折射波传播路径示意图

因前两项与低降速带的厚度（h_0）和速度（v_0）有关，最后一项与折射界面的速度（v_1）和沿折射界面滑行的距离（d）有关，进一步可写成下式：

$$\Delta T_{FD} = [T_{EF}(h_0, v_0) - T_{CD}(h_0, v_0)] + [T_{CE}(d, v_1)] \tag{4-50}$$

可以看出，相邻两道的时差可分为两部分，前一部分与各道所在风化层的地质条件有关（厚度、速度），它直接反映出这两个检波点的相对静校正量。而后一部分是沿低降速带底界面传播的时间，该界面有两个主要特性：（1）界面比较光滑；（2）速度比较稳定。折射波沿该界面传播的时间应与传播的距离呈线性关系，因此可采用线性方法将其消去。

通过以上分析，只要能求出各检波点相对时差，就能确定低降速带在各检波点变化的相对关系。从图4-83我们可以看到，对于相邻的两个检波点P_i和P_{i+1}来自不同炮的折射初至时差，由式（4-50）可知，这些时差与炮点的位置无关，只与检波点的表层结构有关，故应该是相等的。实际资料中由于随机噪声及其他一些干扰的影响，使得相关时差偏离正常值，故采用中值滤波的方法，求取中值作为这两个检波点的时差。具体实现方法如下。

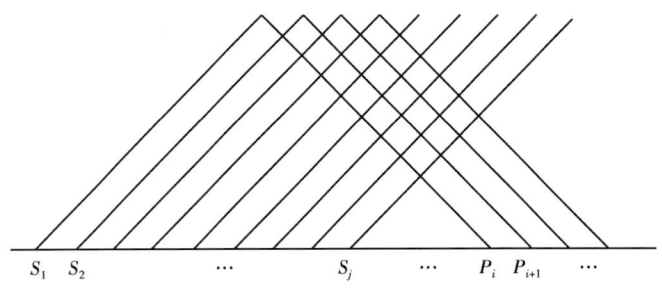

图4-83 多次覆盖观测系统

1. 消除线性时差

首先给一初始速度v，用该速度对初至进行校正，使折射初至拉平。

$$TV = \text{OFFSET}/v \tag{4-51}$$

式中，TV——校正时间；

OFFSET——该道的炮检距；

v——折射波视速度。

相关求取折射时差：

$$\begin{cases} \Delta T^{S_1}_{pi,\,p_{i+1}} = SHIFTM\left[R^{S_1}(\tau) = \sum_{k=1}^{L} T^{S_1}_{p_i}(k) \cdot T^{S_1}_{p_{i+1}}(k-\tau)\right] \cdot SI \\ \Delta T^{S_2}_{pi,\,p_{i+1}} = SHIFTM\left[R^{S_2}(\tau) = \sum_{k=1}^{L} T^{S_2}_{p_i}(k) \cdot T^{S_2}_{p_{i+1}}(k-\tau)\right] \cdot SI \\ \Delta T^{S_3}_{pi,\,p_{i+1}} = SHIFTM\left[R^{S_3}(\tau) = \sum_{k=1}^{L} T^{S_3}_{p_i}(k) \cdot T^{S_3}_{p_{i+1}}(k-\tau)\right] \cdot SI \\ \qquad\qquad \vdots \\ \Delta T^{S_j}_{pi,\,p_{i+1}} = SHIFTM\left[R^{S_j}(\tau) = \sum_{k=1}^{L} T^{S_j}_{p_i}(k) \cdot T^{S_j}_{p_{i+1}}(k-\tau)\right] \cdot SI \end{cases} \tag{4-52}$$

其中 $SHIFTM$——相关函数最大值对应的τ值；

SI——采样间隔；

$\Delta T^{S_j}_{p_i,p_{i+1}}$——来自第$j$炮的第$i$和$i+1$检波点间的时差；

$T^{S_j}_{p_i}$——第j炮的第i检波点地震道；

L——相关时窗长度。

由于多次覆盖观测，对任意相邻的两个检波点都做同样的相关处理后，两个检波点间可得到多个互相关时差。

2. 层位校正

在同一炮中，由于折射波可能不是来自同一层位，应进行层位校正。如图4-84所示，它是一炮记录相关时差的累加曲线。图中圆点为曲线的平滑点，以平滑点的最大值作为分界线，对累加曲线用最小二乘法拟合两个线性函数，图中用虚线表示，然后对累加曲线做线性校正。

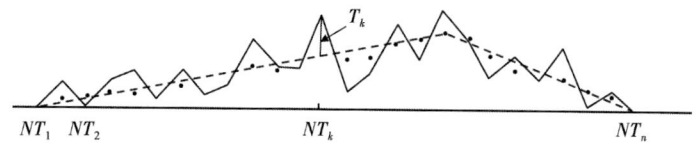

图4-84　层位校正示意图

平滑方法为

$$TS_k = 1/N \sum_{i=1}^{N} \Delta T_{p_i,\ p_{i+1}}^{S_i} \tag{4-53}$$

式中，TS_k——第k点平滑后的时差；
　　　N——平滑点数。

层位校正量：

$$T_k = \Delta T_k - LT_k \tag{4-54}$$

式中，T_k——校正后的时差；
　　　LT_k——拟合函数在k点的函数值；
　　　ΔT_k——第k点的累加时差。

3. 剩余速度校正

由于初始速度不一定准确，造成累加曲线的线性拟合直线斜率不为零，故还应进行剩余速度校正，如图4-85所示。

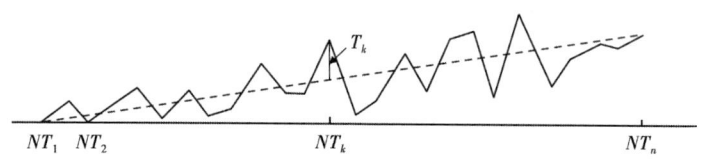

图4-85　剩余速度校正示意图

$$T_k = \Delta T_k - VT_k \tag{4-55}$$

式中，T_k——校正后的时差；
　　　VT_k——拟合函数在k点的函数值；
　　　ΔT_k——第k点的累加时差。

4. 求取中值时差

$$\Delta T_{p_i,\ p_{i+1}} = MID\{T_{p_i,\ p_{i+1}}^{S_1},\ T_{p_i,\ p_{i+1}}^{S_2},\ \cdots,\ T_{p_i,\ p_{i+1}}^{S_j}\} \tag{4-56}$$

式中，$\Delta T_{p_i,p_{i+1}}$——相邻两检波点的中值时差；

$T^{S_j}_{p_i,p_{i+1}}$——两检波点来自炮点 j 的时差。

用同样的主法求取所有两相邻检波点的时差，并同时求出对应中值的均方根误差：

$$\varepsilon = \left[\frac{1}{N}\sum_{k=1}^{i}(T^{S_k}_{p_i,\,p_{i+1}} - \Delta T_{p_i,\,p_{i+1}})\right] \quad (4-57)$$

若误差太大，则发出警告信息，以便查找原因。

5. 求取相对时差

将获得的中值时差沿检波点所在桩号的增序方向进行累加，形成一条时差曲线，它表示各检波点静校正量的相对时差：

$$ST_i = \sum_{k=1}^{i} \Delta T_{p_k,\,p_{k+1}} \quad (4-58)$$

6. 基准面静校正量的求取

基准面校正量必须以控制点为基础，控制点的间隔据具体情况而定。对于地表结构比较复杂、地形起伏较大的地区，间隔可为 1~2km，地表条件较好的地区，间隔可适当放大。

设控制点用 CP 表示，控制点的基准面校正值用 CPV 表示，则控制点间的校正量可用以下公式求出，如图 4-86 所示。

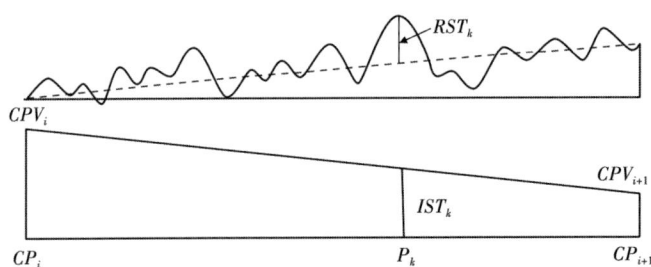

图 4-86 控制点间相对内插示意图

（1）在两控制点 CP_i 和 CP_{i+1} 之间求出各点相对 CP_i 点的相对静校正量：

$$RST_k = CPV_i + ST_k - ST_i - \frac{(ST_{i+1} - ST_i)(P_k - P_i)}{P_{i+1} - P_i} \quad (4-59)$$

（2）控制点间线性内插静校正量：

$$IST_k = \frac{(CPV_{i+1} - CPV_i)(P_k - P_i)}{P_{i+1} - P_i} \quad (4-60)$$

（3）基准面静校正量则为

$$DST_k = RST_k + ST_k \quad (4-61)$$

式中，P_i——检波点 i 所在的桩号；

DST——最终的基准面校正量。

7. 剩余静校正量的求取

在地表条件复杂地区，由于地表一致性方法本身的误差，在完成野外静校正后，仍有较大的剩余静校正量。因此我们可以在完成第 6 步的基础上用浮动基准面求取相对剩余静校正量。

1) 以多项式拟合曲线作为浮动基准面求取剩余静校正量

首先构造一多项式：

$$f(P) = \sum_{j=0}^{n} a_j P^j \tag{4-62}$$

$$\varepsilon = \sum [f(P_i) - ST_i]^2 = \sum_{i=0}^{m} \left(\sum_{j=0}^{n} a_j P_i^j - ST_i \right)^2 \tag{4-63}$$

达到最小，即 $\dfrac{\partial \varepsilon}{\partial a_k} = 0$，得正规方程组：

$$\sum_{j=0}^{n} a_j \sum_{i=0}^{m} P_i^{j+k} = \sum_{i=0}^{m} ST_i P_i^k, \ k = 1, 2, 3, \cdots, n \tag{4-64}$$

解上式正规方程组，求出 a_i，从而得多项式：

$$f(P) = \sum_{j=0}^{n} a_j P^j \tag{4-65}$$

那么，剩余静校正量为

$$RST_i = f(P_i) - ST_i \tag{4-66}$$

式中，n——多项式的次数；

m——检波点总数；

RST_i——i 检波点的剩余静校正量。

2) 以平滑曲线作为浮动基准面求取剩余静校正量

$$SST_i = \frac{1}{N} \sum_{j=i-N/2}^{i+N/2} ST_j \tag{4-67}$$

那么，剩余静校正量为

$$RST_i = SST_i - ST_i \tag{4-68}$$

式中，N——平滑点数；

RST_i——i 检波点的剩余静校正量。

以上只介绍了在共炮集记录上求取检波点静校正量的方法。根据炮点与检波点的互换原理，在共检波点道集上，用同样的方法可求取炮点的静校正量。

本方法在实际应用中所取得的明显效果，进一步说明它具有一定的实用价值。它的特点概括起来主要有：(1) 无须拾取初至，用相关法求取时差，故也适用于可控震源资料；(2) 利用控制点求取基准面校正量，且控制点间隔不受限制；(3) 采用浮动基准面，计算剩余静校正量；(4) 因校正量在动校正前求取，有助于提高速度谱的质量；(5) 无须知道低降速层的速度与厚度；(6) 可利用来自不同折射层的初至波组进行计算；(7) 自动化程度高，人为因素少；(8) 当地选取平滑点数，可求取长波长或短波长静校正量。

图 4-87 为移植后用于验证的理论模型，图 4-88 为加入随机校正量后的叠加剖面，图 4-89 是本模块校正后的结果，模型已完全恢复。图 4-90a 是某条山地测线的炮集记录，由于地表起伏很大，低降速带厚度和速度变化剧烈，引起相邻地震道初至时间跳动很大。可看出该记录无论用批量或交互方式拾取初至都是很困难的。图 4-90b 为本方法校正的结果，清晰的反射相位已呈现在图中，求出的校正量高达 70ms。图 4-91 为初叠剖面，由于存在较大的剩余静校正量，叠后不能很好地成像，反射相位断断续续。图 4-92 为本方法校正后的结果，剩余时差基本消除，相位连续性得到改善，信噪比也有所提高。

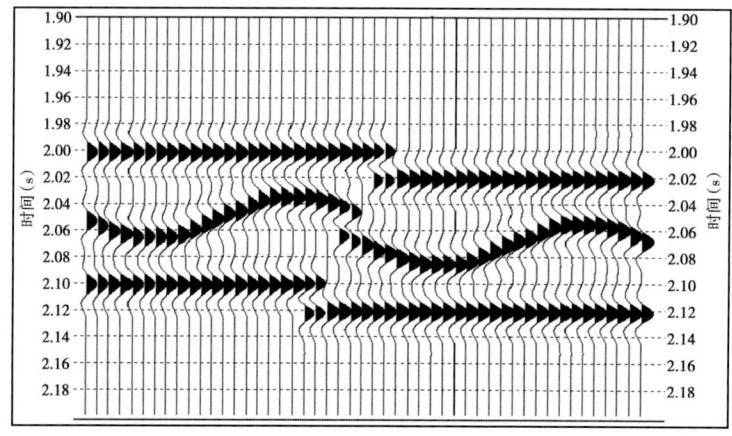

图 4-87　理论模型的叠加剖面（模型）

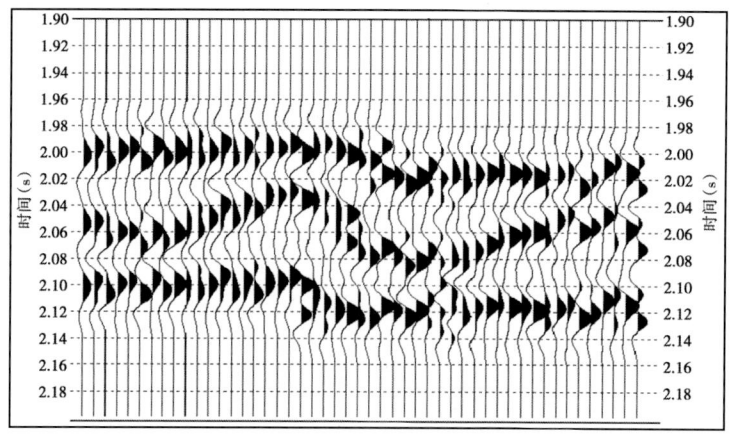

图 4-88　加入随机校正量后的叠加剖面（模型）

【第四章】 面向南缘山地勘探的复杂表层结构反演与基准面校正技术

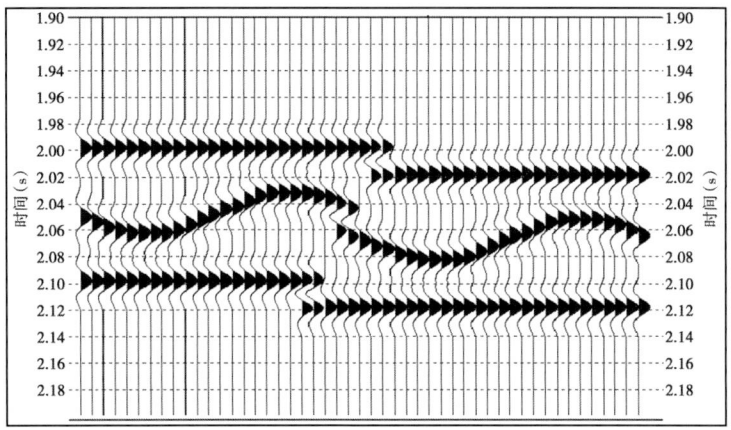

图 4-89 用本文方法校正后的叠加剖面（模型）

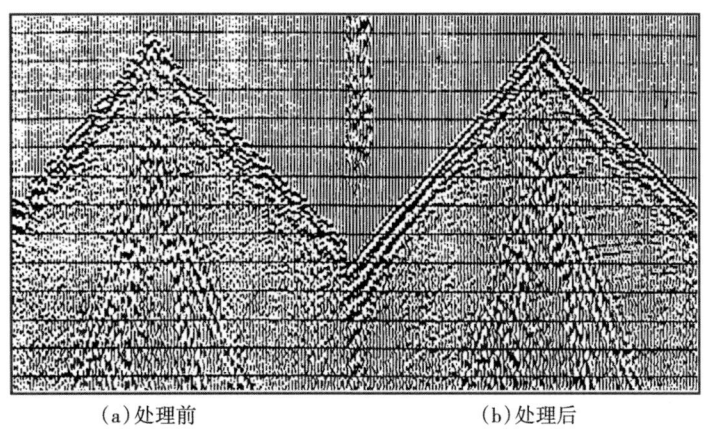

(a) 处理前　　　　　　　　(b) 处理后

图 4-90 共炮集记录经本方法处理前后的比较

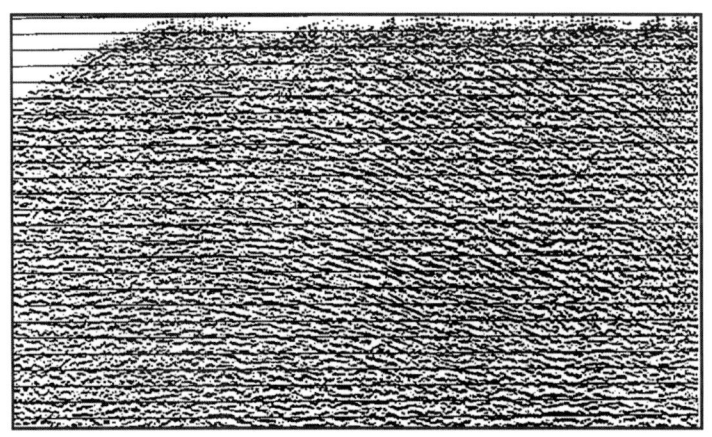

图 4-91 用本文方法校正后的叠加剖面（实际资料）

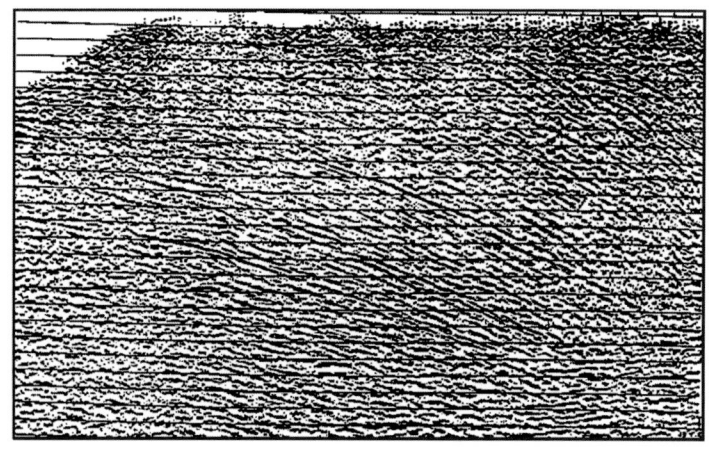

图 4-92 原始叠加剖面（实际资料）

三、模拟退火剩余静校正

模拟退火静校正技术摆脱了常规静校正方法的框架，它采用非线性反演技术，求解地表一致性静校正问题，能较好地克服低信噪比、大静校正量引起的周期跳跃。本文分析了常规剩余静校正方法的欠缺，阐述了模拟退火静校正技术的方法原理和在现有计算机速度条件下，求取全局最优解的可能性，并通过理论模型验证方法的可靠性，证明在解决复杂地表结构引起的大静校正量问题时，该方法优于常规静校正方法。

获取准确的静校正，取决于准确地计算道与道之间的时间延迟。常规的延迟计算方法是由叠加模型道与所在的同一 CDP 的其他未叠加道做互相关，假定模型道与未叠加道之间的差别只是时移和不相干的噪声，那么，互相关函数的最大值就被当作真正时间延迟的最佳估计。如图 4-93 所示，模型道与未叠加道具有较好的相似性，互相关函数仅存在一个最大的峰值，对应于 8ms。这个峰值无疑是一个可靠的估值。

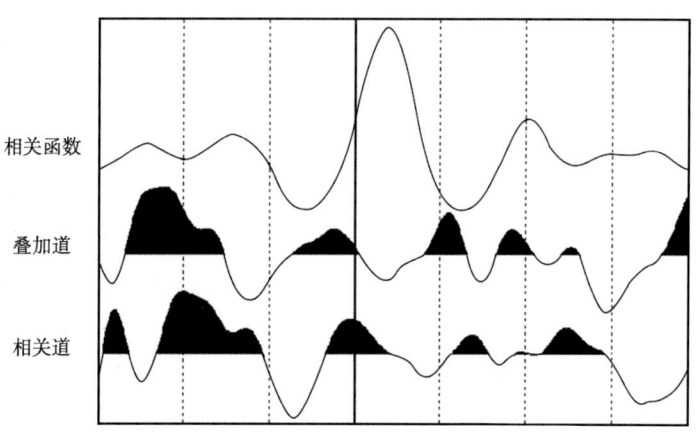

图 4-93 相似性较好的地震道与相关曲线

但是，当CDP道集受静校正影响较大时，叠加模型道就会受到较大影响，如图4-94所示是不同扰动时差的叠加模型道，子波主频25Hz，从左到右，第一道扰动时差为0ms的叠加模型道，后续依次为扰动增量为5ms的叠加模型道，可看出，当扰动小于半个波形周期，虽然波形不断变宽，但仍然保持原有的层位反射特征。而扰动大于半个波形周期时，波形的畸变逐渐变大，以至面目全非。与这样的模型道互相关会是怎样的结果呢？如图4-95所示，互相关函数出现几个大小近于相等的峰值，最大的峰值对应的时间并不可靠地代表真正的时间延迟。常规的静校正只是单一地向目标函数减小的方向搜寻，近似的峰值可能以相同的可靠程度被拾取，这就是产生"周期跳跃"的根源。

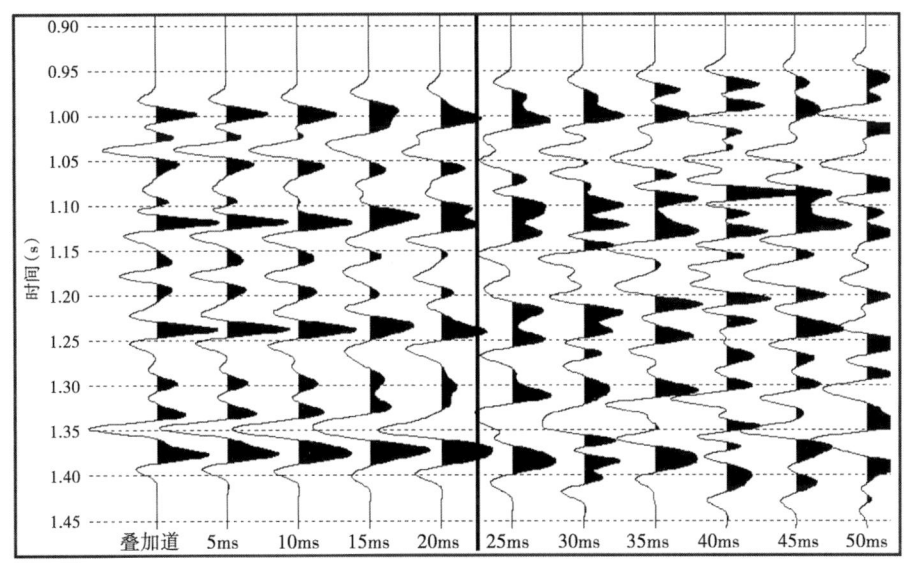

图4-94 加入不同随机静校正量后的叠加道

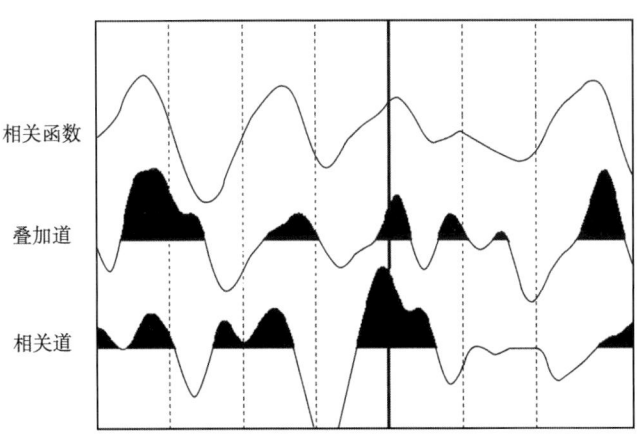

图4-95 相似性较差的地震道与相关曲线

模拟退火是一个 Monte Carlo 优化过程，它模仿退火的物理过程，将炮点或检波点扰动后的能量，转换成概率曲线，在一定的温度控制下，按概率分布函数随机取值，即可向目标函数增大的方向搜寻，也可向目标函数减小的方向搜寻。在温度控制下，通过迭代的方法，逐渐向目标函数的全局极值逼近，当温度达到临界点，即得到全局最优解。

1. 方法原理

模拟退火技术自引入地震数据处理领域后已在静校正、速度分析、波组抗反演等求解大规模优化问题中显示出很强的优势。模拟退火的核心思想与热力学的原理十分相似，尤其类似于液体流动和结晶，以及金属冷却和退火的方式。在高温下，一种液体的大量分子彼此之间进行着相对自由移动，如果该流体慢慢地冷却下来，热能可动性便会消失。大量原子常常能够自行排列成行，形成一个纯净晶体，对于这个系统来说，晶体状态是能量最低的状态。如果某种液体被迅速冷却或"猝熄"，那么它不会达到这种状态，而只能达到一种具有较高能量的多晶或非结晶状态。

1) 地表一致性静校正模型

设 $T_{ij}(t)$ 表示炮点 i 和检波点 j 所对应的实际观测的地震道，$V_{ij}(t)$ 表示地表一致性条件下记录的地震道，定义一个算子 G_{ij}，它与炮点 i 和检波点 j 对应的静校正量 s_i 和 r_j 有关，它把未知的地震道 V_{ij} 延迟了 s_i+r_j。那么，对于实际观测的每一地震道，式（4-69）就定义了静校正影响前后的地震道之间的关系。

$$T_{ij}(t) = G_{ij}[V_{ij}(t)] \tag{4-69}$$

像这样的方程对一条地震测线来说，有成千上万个。因为 s_i 和 r_j 未知，所以 G_{ij} 也未知，在无假设条件下，尽管 G_{ij} 是一个线性算子，但是它的反算子未知，因此不能用线性反演算出 $V_{ij}(t)$，实际上它是个非线性反演问题。

2) 目标函数

所谓的全局最优解，也就是这样一组静校正值，在排除动校速度的影响下，第一不产生周期跳跃，第二使 CDP 道集相位同相。这时叠加剖面能量达到最大，在最大值之前加一负号，可以将它转换为最小问题。不同的 s_i 和 r_j 反映出叠加剖面能量的变化，叠加剖面的能量 $E(s, r)$ 是炮点 s_i 和检波点 r_j 的多元函数，即

$$E(s, r) = -\sum_{c \in \text{CDP}} \sum_{g \in \text{gate}} \left\{ \sum_{o \in \text{offset}} T_{co}[t + s_i(c, o) + r_j(c, o)] \right\}^2 \tag{4-70}$$

对于确定的炮点 s_i 和确定检波点 r_j 只影响到与 s_i 和 r_j 有关的 CDP，因此叠加能量的变化是局部的，不需要重新叠加所有的 CDP 道集，只需要重新叠加那些与修改的炮点静校正或检波点静校正有关的 CDP 道集，即炮点静校正 s_i 只直接影响所有共中心点 c 中的子集 c'_{s_i} 的叠加能量，检波点静校正 r_j 只影响 c'_{r_j} 的叠加能量。涉及 s_i 的叠加能量为

$$e_{s_i}(s_i) = -\sum_{c \in c'_{s_i}} \sum_{g \in \text{gate}} \left\{ \sum_{o \in \text{offset}} T_{co}[t + s_i(c, o) + r_j(c, o)] \right\}^2 \tag{4-71}$$

而其他的炮点静校正 s_k，$k \neq i$ 和 r_j 保持不变。同样地，涉及 r_j 的叠加能量为

【第四章】 面向南缘山地勘探的复杂表层结构反演与基准面校正技术

$$e_{r_i}(r_i) = -\sum_{c \in c'_{r_i}} \sum_{g \in \text{gate}} \left\{ \sum_{o \in \text{offset}} T_{co}[t + s_i(c, o) + r_j(c, o)] \right\}^2 \qquad (4-72)$$

而 r_k、$k \neq j$ 和 s_i 保持不变。计算 $e_{s_i}(s_i)$ 和 $e_{r_i}(r_i)$ 比炮点静校正和检波点静校正同时修改时的计算要简单。

3) 静校正反演

那么，如何来反演 s_i 和 r_j 呢？将在 s_i 和 r_j 扰动范围内可能的取值当作一个向量 $x = [s, r]$，在此向量中的所有元素的排列组合中，必定有一组最佳的静校正量，使剖面的叠加能量达到最大。怎样得到这组最佳的静校正值呢？若彻底搜寻，在现今的计算机运算速度条件下是不可能的，因为静校正问题的可能答案很多。假定每个炮点和检波点的静校正可以取 N 个值，对于 M 个炮点和检波点，就存在 N^M 个可能的答案。

我们的目的是寻找这样的一组静校正量，它能够使目标函数达到全局极小，即

$$\min E(s, r) \qquad (4-73)$$

目标函数 $E(s, r)$ 的形状反映了静校正量的可信度，我们把 s 和 r 的分量当成一个 M 维向量 $x = [s, r]$ 的分量。若 $E(x)$ 只有一个极小值，就可以直接求全局极小值，即沿 $E(x)$ 的梯度减小方向搜寻。当静校正量较大或信噪比较低时，目标函数 $E(x)$ 会出现多个大小相近的极小值，常规方法沿 $E(x)$ 的梯度减小方向搜寻，很快就能得到 $E(x)$ 的极小值，但这个极小值不一定是全局极小值，导致叠加剖面"串相位"，其实质上是局部极小值而引起的"周期跳跃"。模拟退火方法独特之处就在于，在退火温度控制下，它不但可以沿 $E(x)$ 的梯度减小方向搜寻，而且也可以沿 $E(x)$ 的梯度增大方向搜寻，这就使目标函数 $E(x)$ 向全局极值逼近成为可能。

对于确定的炮点 s_i 和检波点 r_j，其对应的叠加能量 $e_{s_i}(s_j)$ 和 $e_{r_i}(r_i)$，由式（4-71）和式（4-72）给出。前面谈到过当静校正量较大或信噪比较低时，会出现多个且大小近似的极小值。当取叠加能量极大值以计算静校正时，互相关函数可以代替叠加能量的计算（Ronen 和 Claebout，1985），其证明也很简单。这些极小值以近似的可信度确定时间延迟，既然无法确定究竟哪一个极小值可靠性最高，那我们对极小值的取舍做随机假设，在做随机

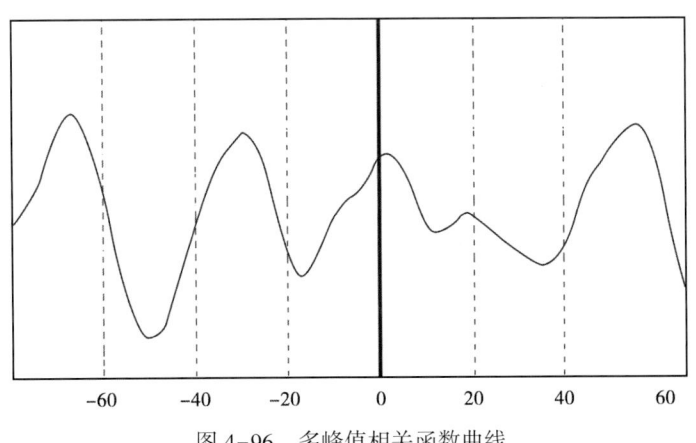

图 4-96 多峰值相关函数曲线

假设之前先算出承认每次可能搜寻的相对概率。

设炮点静校正和检波点静校正是一个单值的随机变量 $X = X_m$，$m = 1, 2, 3, \cdots M$。假设任何炮点静校正和检波点静校正 X_m 可以在 N 个值中取一个值 τ_p，$p = 1, 2, 3, \cdots, N$，那么，叠加能量所对应的概率分布函数为

$$P(X_m = \tau_p) = \frac{\exp[e_m(\tau_k)/T]}{\sum_{p=1}^{N} \exp[e_m(\tau_p)/T]}, \quad k \in p \tag{4-74}$$

图 4-97 是转换后的概率函数分布，可看出它的峰值与图 4-96 峰值是对应的，这时的退火温度接近于与这一炮或这一检波点有关的 CDP 叠加能量的数学期望值。那么，随着温度的改变，概率函数曲线是如何变化的呢？我们对式（4-74）做进一步的分析，令 $T \to \infty$ 则

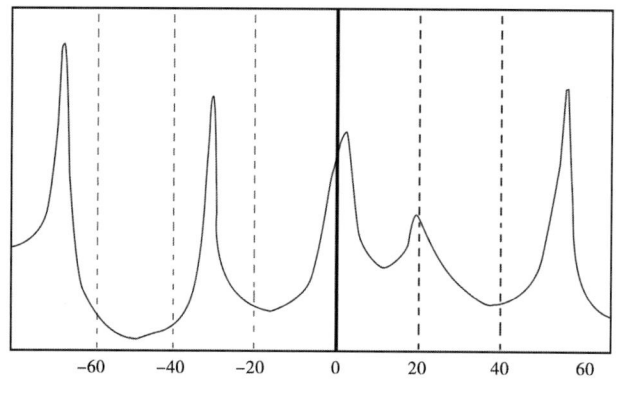

图 4-97 概率函数分布曲线

$$P(X_m = \tau_p) = \lim_{T \to \infty} \frac{\exp[e_m(\tau_p)/T]}{\sum_{p=1}^{N} \exp[e_m(\tau_p)/T]} = \frac{\exp[0]}{\sum_{p=1}^{N} \exp[0]} = \frac{1}{N} \tag{4-75}$$

当 $T \to 0$ 时

$$\begin{aligned}
P(X_m = \tau_p) &= \lim_{T \to 0} \frac{\exp[e_m(\tau_p)/T]}{\sum_{p=1}^{N} \exp[e_m(\tau_p)/T]} \\
&= \lim_{T \to 0} \frac{\exp[e_m(\tau_k)/T]}{\exp[e_m(\tau_1)/T] + \exp[e_m(\tau_2)/T] + \cdots + \exp[e_m(\tau_k)/T] + \cdots + \exp[e_m(\tau_N)/T]} \\
&= \lim_{T \to 0} \frac{\exp[e_m(\tau_k)/T]}{\exp[e_m(\tau_k)/T]} + \lim_{T \to 0} \frac{\exp[e_m(\tau_k)/T]}{\exp[e_m(\tau_1)/T] + \exp[e_m(\tau_2)/T] + \cdots + \exp[e_m(\tau_N)/T]} \\
&= \begin{cases} 1 & \text{当 } e_m(\tau_k) = \text{MAX}\{e_m(\tau_i) i = 1, 2, 3, \cdots, N\} \\ 0 & \text{其他} \end{cases}
\end{aligned} \tag{4-76}$$

也就是说，当退火温度最大时，概率以均值分布，随着温度的降低，相关函数或叠加能

量的最大峰值会逐渐突出出来,当温度趋于0时这个峰值变成单位高度的脉冲,所以在温度为0时称为"熄火"算法。

(1) Metropolis 静校正算法。

对 M 个炮点或检波点中的某一点 x_m 的当前值给予一个扰动,计算能量变化 Δe,如果 $\Delta e<0$,这个扰动就被承认,如果 $\Delta e>0$,该扰动被承认的概率为

$$P(\Delta e) = \exp\left(\frac{-\Delta e}{T}\right) \tag{4-77}$$

这种有条件地承认可借助于一个0与1之间均匀分布的随机数 r,若 $r \leqslant P(\Delta e)$,接受这个扰动,否则就保留原来的扰动。每当某个参数的扰动被承认之后,该参数的值立即被修改;在该参数未被再次修改之前,所有以后的能量计算都继续使用这个值。实际上整个过程由两步完成:(1) 先对静校正做随机假设;(2) 决定是否承认这个假设。

(2) 一步随机搜寻静校正算法。

为提高随机假设的"舍取比",一步随机搜寻静校正算法在做随机假设之前先算出承认每次可能搜寻的相对概率,该方法永远给出被承认的加权假设,而不是给出承认或舍弃的随机假设。无论叠加能量是否改变,x_m 的新值永远保留,扰动总是在 X 中产生,且叠加总是修改。如果叠加能量增大,则 $x_m = \tau p$ 的概率也增加,选择使能量减小的 τp 也是可能的,但概率较小。

4) 温度控制

退火温度是整个迭代过程中影响最大的物理量,也是最难确定的。若初始温度太高,概率近似均匀分布,目标函数会很容易失去极小值,而向增大方向搜寻,降低运算效率;若初始温度太低,算法很难跳出目标函数的局部极小值向全局极值搜寻。退火降温速度也是个关键参数,Rothman 给出一个降温函数,即

$$T_k = T_0 \lg k_0 / \lg(k_0 + 2k) \tag{4-78}$$

式中,T_0——初始温度;

k_0——初始常数;

k——迭代次数。

虽然明确定义了迭代次数与温度的函数关系,当 $T_k = T_0 / \lg k$ 时,计算可以收敛,但是对于不同的原始数据采用同一初始值是不合适的。实际上温度 T 与能量是有关系的,包括初始温度和临界温度,而这个在降温函数中却没有反映出来,这样就无法自动地确定它。若采用试验的方法来确定这些参数,实际应用中,由于计算量之大,很难通过几次试验确定出合适的初始温度和临界温度。

2. 理论模型

模型包含水平层、断层及正弦曲界面,如图4-98所示,首先在对应的CDP道集中加入随机静校正量,在此基础上加入一定量的噪声。

图4-99是经动校正后的叠加模型中的某一道集,图4-99a为原始模型的道集,图4-99b为加入随机静校正量和噪声前后的道集,由于给定的静校正量大于1/2波形周期,反射相位完全被破坏,并掩盖在噪声里。

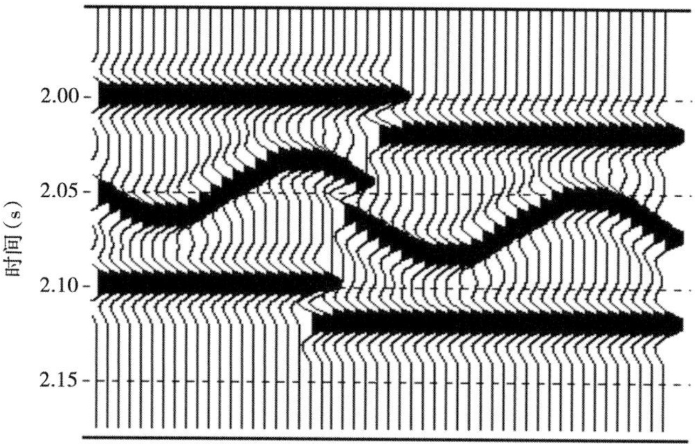

图 4-98 叠后理论模型

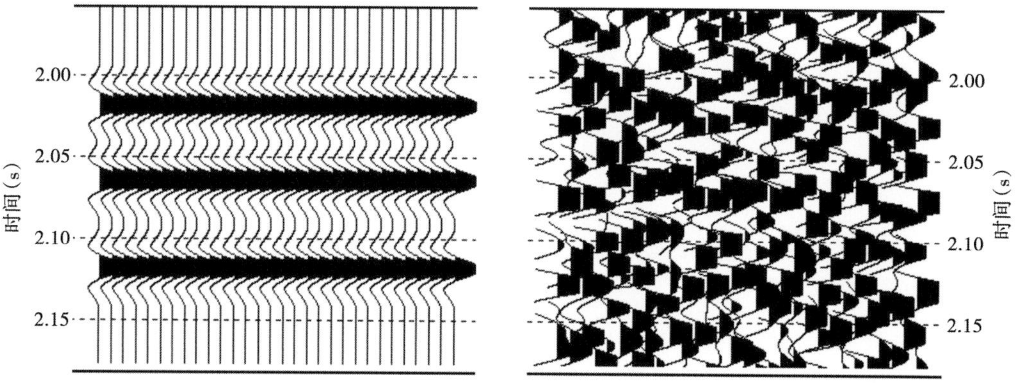

(a) 原始模型道集   (b) 加入随机静校正量和噪声后的道集

图 4-99 模型经动校后的某一道集

图 4-100 为常规静校正方法求解和模拟退火静校正求解后的叠加模型,因为常规静校正方法不能向目标函数增大的方向搜寻,只能收敛于局部极值,虽然相位连续,但已改变了

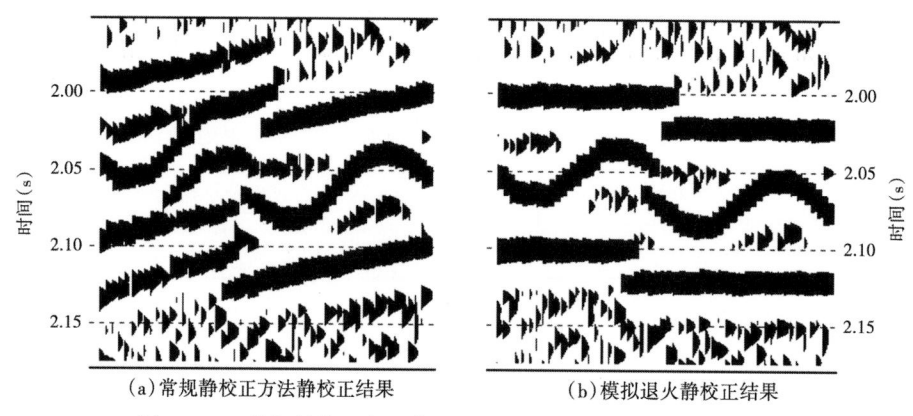

(a) 常规静校正方法静校正结果   (b) 模拟退火静校正结果

图 4-100 常规静校正方法静校正与模拟退火静校正的结果对比

原始模型的基本特征。而模拟退火静校正方法则能较好地恢复原始模型的形态,正确成像。图 4-101 为给定模型炮点、检波点随机静校正量与模拟退火静校正方法计算获得的静校正量对比曲线图,只有微小的差别,相似性很好。

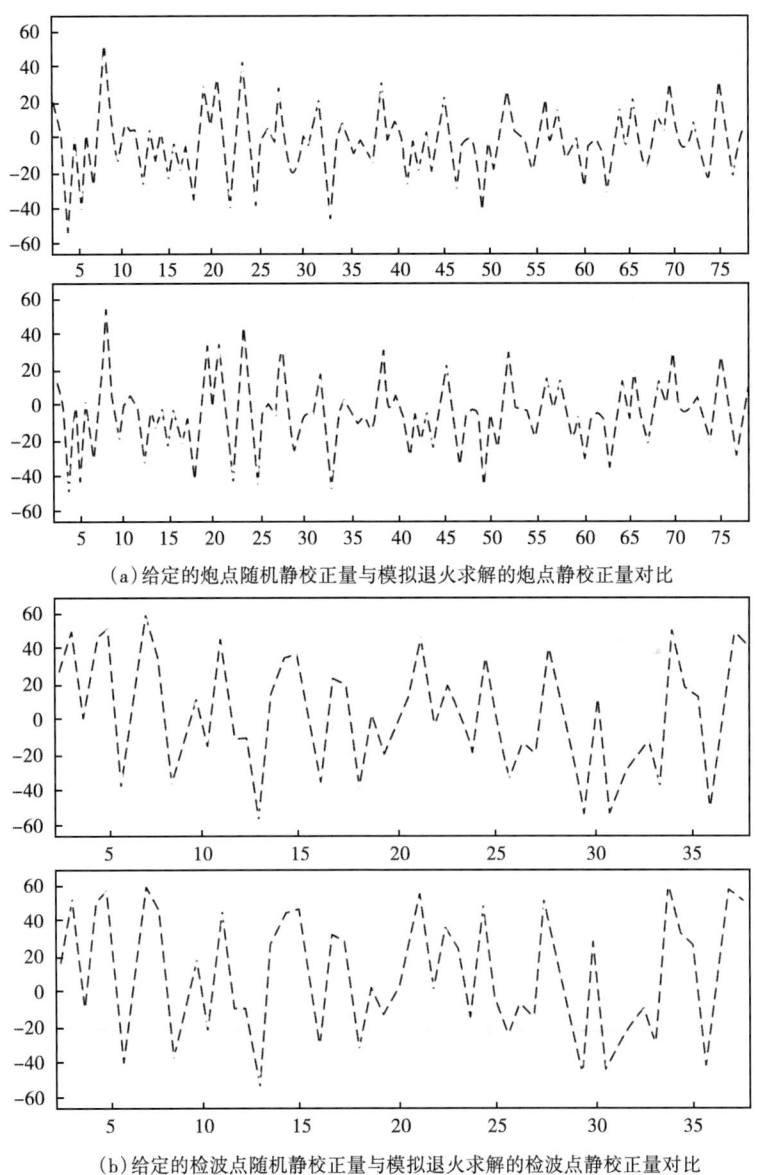

图 4-101 给定的随机静校正量与模拟退火求解的结果对比

3. 实际算例

图 4-102 为新疆某地区的一条地震测线,这条测线不但信噪比低,而且存在较大的静校正量,道集上根本无法分辨有效反射。该叠加剖面已用常规方法做过多次静校正和速度分析,仍然不能正确成像。而图 4-103 是在原速度分析的基础上经模拟退火静校正后的结果,

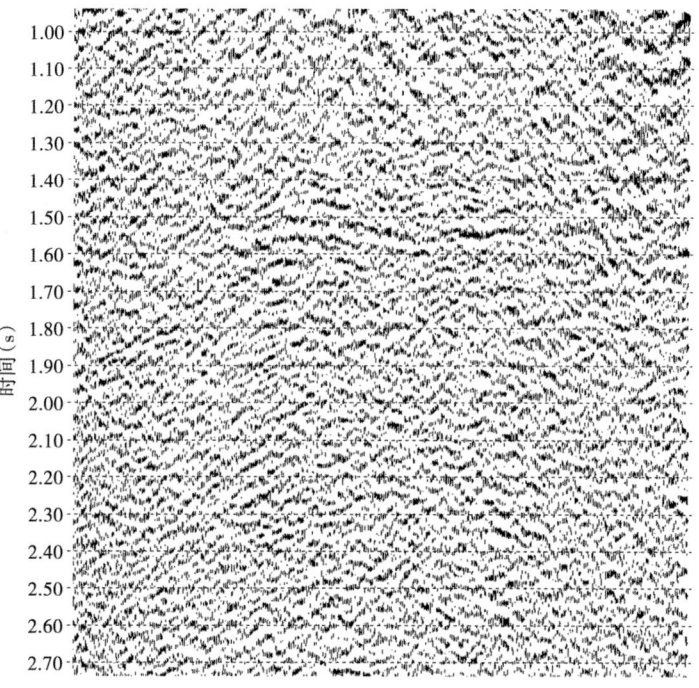

图 4-102　测线一常规静校正方法得到的最佳叠加剖面

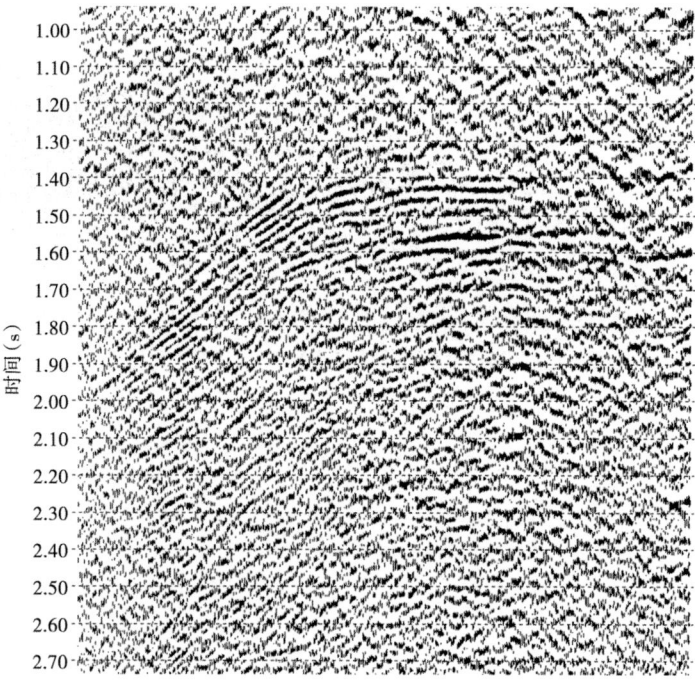

图 4-103　测线一模拟退火静校正后的叠加剖面

构造形态已呈现出来,反射相位的连续性得到很好的改善。

图 4-104 为新疆某地区的另一条地震测线,这条测线虽然有一定的信噪比,但因静校正量过大,做完常规静校正后,背斜右翼由浅至深出现呈"人"字形的反射相位,图 4-105 为模拟退火静校正后的叠加剖面,由于消除了周期跳跃的影响,相位自然地连接起来。

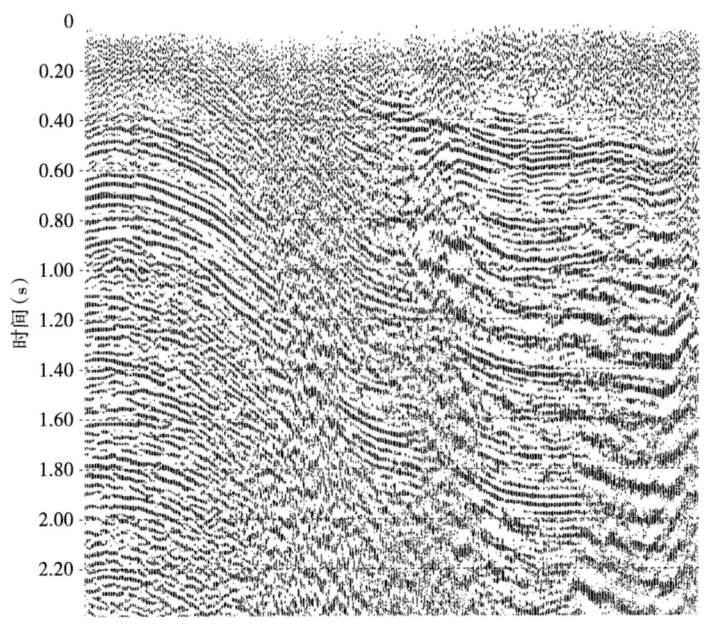

图 4-104　测线二常规方法得到的最佳叠加剖面

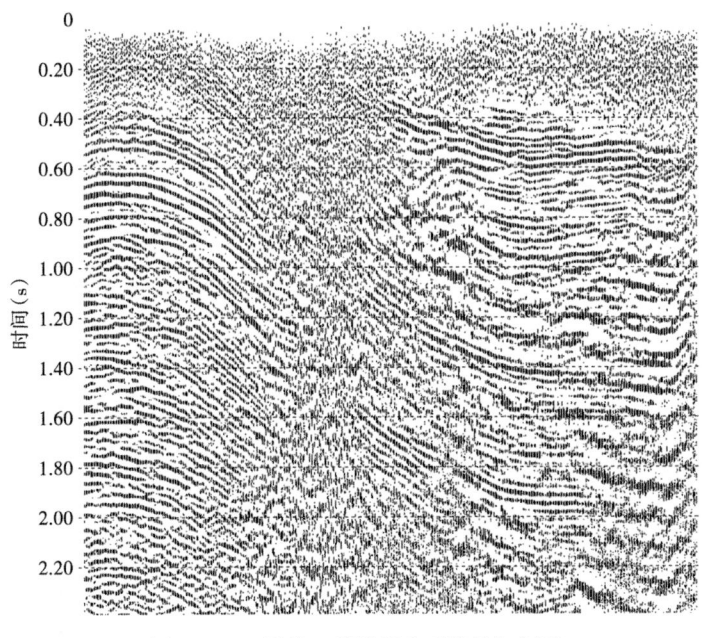

图 4-105　测线二模拟退火后的叠加剖面

图4-106为新疆某地区的第三条地震测线，同样，也是静校正量太大，剖面中部由上至下出现"串相位"现象。多次使用常规静校正方法仍然无法解决。图4-107为模拟退火静校正后的叠加剖面，"串相位"现象得以消除，相位连续性变好。

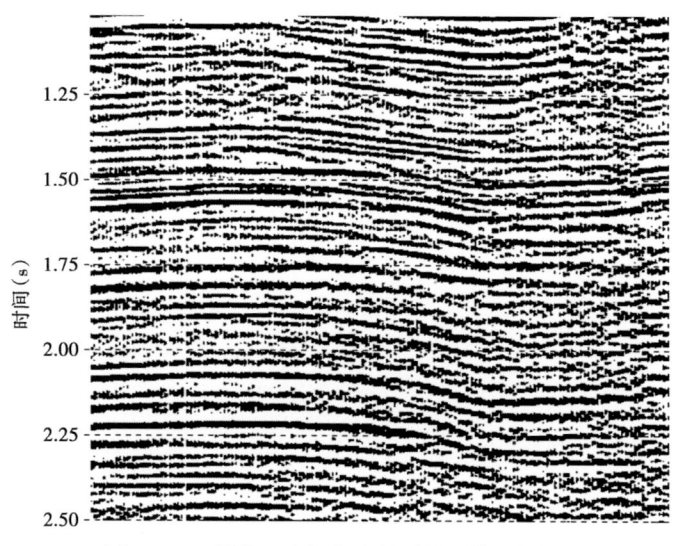

图4-106 测线三常规方法得到的最佳叠加剖面

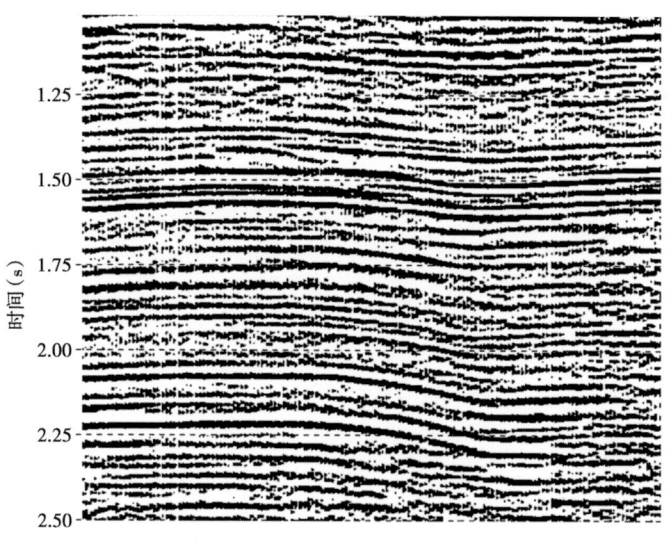

图4-107 测线三模拟退火后的叠加剖面

通过以上的理论模型与实际地震资料的处理，可以看出，模拟退火静校正方法是一种解决复杂地表结构引起的大静校正量问题的新途径。近几年来，国内外有关模拟退火静校正方法的论文不断发表，大量实例已证明，模拟退火静校正方法在解决地表非均匀性引起的大静校正量方面，效果明显。甚至有些测线会出现意想不到的"戏剧"性变化，使杂乱无章反射剖面清晰地成像。但是，该方法是对系统的整体优化，双向逼近目标函数，寻找全局最优解，计算量巨大，且占用很大的计算机内存。虽然在算法和迭代过程中做了大量的改进，在现有的计算机速度条件下仍不可能进行彻底的搜寻，最终结果不确定性概率较大。尽管如此，通常模拟退火静校正处理后的剖面效果明显优于常规方法的处理结果。相信随着计算机技术的飞速发展，模拟退火静校正技术在解决地表复杂地区静校正问题上将发挥重大作用。

四、如何做好剩余静校正

剩余静校正目的是解决基准面静校正没有彻底解决的剩余部分，使叠加成像的品质得到进一步提高。剩余静校正方法很多，从计算的数据源分为基于初至波组或到达时计算的剩余静校正方法和基于反射波计算的剩余静校正方法。从算法上分为基于全局寻优的非线性算法和基于与模型道互相关的算法。这些方法主要差异表现在解决静校正量大小的能力上。基于初至波组或到达时计算方法，由于初至波组与反射波相比信噪比高、能量强，算法上根据旅行时或速度的数学运算或求取与时间中值的偏差来获得剩余静校正量，不存在周期跳跃问题。基于全局寻优的非线性算法，比如神经网络算法、遗传算法、模拟退火算法等，可以双向逼近目标函数并能够在一定的准则下跳出局部极值的干扰。因此，这些算法主要用于求解大的剩余静校正量。而最常用的是基于互相关的自动剩余静校正方法，它的能力有限（存在周期跳跃问题），优点是稳定性好、速度快，应用时最好先确认剩余静校正量小于1/2波形周期，或确认大的剩余静校正量在此之前已被解决。

目前采用的自动剩余静校正都是基于互相关法求得源自不同炮检点地震道与模型道的时差，这种方法解决了难以避免的周期跳跃问题。因此，解决剩余静校正的根本方法还是使基准面静校正误差保持在1/2波形周期以内。

基准面静校正是解决好静校正问题的前提，长波长静校正应尽可能地在这一步校正，短波长静校正控制在1/2波形周期以内。由于现今处理手段的限制，消除长波长静校正的影响比较困难，应尽可能在野外数据采集中，减少其影响。方法是加大排列长度，加密测量间距，获取准确的地表测量数据。折射波基准面静校正是目前消除长波长静校正的有利方法，但对野外采集的要求是单炮记录要有良好的折射初至且提供精确的地表测量成果。

复杂地表地区的地震测线，往往静校正问题、剩余速度和低信噪比共存，这三者是解决静校正问题的矛盾所在，相互制约，相互影响。由于静校正的存在，破坏了规则干扰的连续性，使去噪效果变差。而用包含噪声地震记录求解剩余静校正，又会影响剩余静校正的准确性，剩余速度的影响也是如此。因此，处理过程中需要循环迭代多次，逐渐逼近最佳的目标函数。

剩余静校正方法最关键的参数就是时窗的确定，通常从叠加剖面上沿层选取信噪比较高的时窗范围。时窗选取应注意如下几点：（1）时窗的长度依据信噪比的情况确定，信噪比大于1的情况下，窗口长度尽可能长，因为这些数据对自相关函数峰值的贡献随信噪比的提高而增大，信噪比小于1的情况下，应避开低信噪比的数据而缩短窗口长度；（2）初次剩余静校正，窗口尽量选择在中深层，虽然理论上假设静校正量的大小只与表层结构有关且与反射时间无关，实际上浅中深层对静校正的敏感性不一样，随着深度的增加，地震波在低降速带的传播路径与垂直入射垂直出射的假设更接近；（3）浅层与深层的覆盖次数不一样，覆盖次数太低会影响到静校正值的精确度，另外，时窗的确定最好再参考一下叠前CDP道集，避开道集上的强规则干扰。

当采用自动剩余静校正时,时窗内应包含主要的反射波,为避免周期跳跃的出现,互相关函数曲线的主峰应比旁瓣大得多,这意味着窗口内要有足够的样点与频带宽度及足够的信噪比,并且与模型道的波形特征有一定的相似度。早期 O'Brien 研究了信噪比对互相关拾取时间的影响。其中一个研究结果是当噪声超过信号 6dB 时,互相关的最大峰值处一般不是正确的时间值。这意味着所拾取的时间有一个周期或更大的误差。图 4-108 所示为用互相关法估算的均方根时间误差随信噪比、带宽和时窗长度变化的情况。例如,对于信噪比为 -6dB、频带宽度为 20~60Hz 的数据,当时窗长度为 1s 时,均方根误差为 2ms;当时窗为 400ms 时,均方根误差为 3ms。均方根误差随着时窗、带宽(时窗带宽之积)和信噪比的增加而减小。图 4-108 右展示的是当带宽为 20~60Hz 时错误拾取互相关峰值的概率随时窗长度和信噪比的变化情况。例如,给定时窗长度为 500ms,当信噪比为 0dB 时,错误拾取峰值的概率为 10%,当信噪比为 -3dB 时,错误拾取峰值的概率变为 35%。任意增大时窗长度并不一定能改善互相关的结果,因为这会导致总信噪比的降低。在实际资料处理中,要综合考虑时窗长度和信噪比两个因素。此外,增大频带范围也可能会导致信噪比降低。

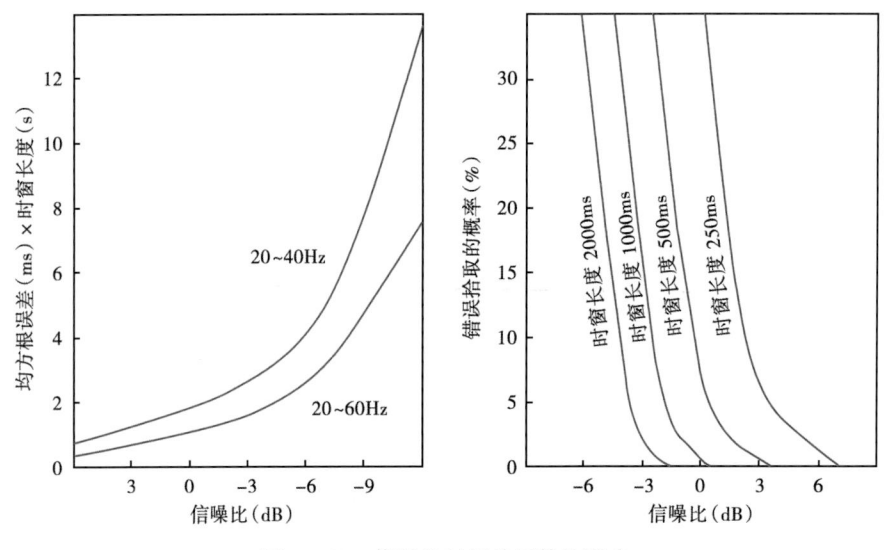

图 4-108 信噪比对相关函数的影响

一些可求取大于 1/2 波形周期的剩余静校正量的全局寻优的静校正方法,如模拟退火算法、神经网络算法、基于初至时间的剩余静校正方法等,依据系统整体的优化,双向逼近目标函数,寻找全局最优解,有效克服了相关法"周期跳跃"的问题。因此,在表层结构复杂地区,基准面静校正后如果仍然存在较大的剩余静校正量,应该先用此方法先将"大值"校正后,再进行自动剩余静校正量的校正。

目前自动剩余静校正算法中基本上都考虑了剩余速度对剩余静校正量的影响,自动校正由剩余速度产生的时差。但要注意一点,这个时差与剩余静校正地表一致性的假设一样,对于同一炮点或检波点时差量相同。因此,剩余静校正之前 NMO 速度分析的 CDP 间隔不易太小,或者随着剩余静校正精度的提高逐渐减小速度分析的间隔。

如何判断剩余静校正的效果,很多人认为通过速度分析与剩余静校正的多次迭代,剩余静校正量的范围逐步缩小，迭代逐步收敛，所求取的剩余静校正量趋近于0或剩余静校正量都在一个样点间隔内，则认为静校正问题已被完全解决，实际上这带有一定的片面性。可以发现，虽然剩余静校正收敛了，但从叠加剖面上仍有较明显的静校正问题，最常见的是所谓的"串相位"。另外是速度分析的影响，如果改变了速度方案，其他任何条件都不变，仍然会得到大于一个样点间隔的剩余静校正量。前面分析了各种静校正方法解决剩余静校正问题的能力，不能以剩余静校正量趋近于零为剩余静校正解决好坏的标准，关键是要看目标函数是否收敛到全局极值，因为局部极值同样可以使剩余静校正量趋近于零，这会给人们造成剩余静校正较好的假象。

到目前为止，在近地表复杂地区，利用现有的基准面静校正方法仍然不能得到唯一正确的静校正解，只是谁下的功夫大、谁做的认真、谁的处理经验多，谁就向真实的静校正解的目标逼近一步。虽然在后续处理中，剩余静校正可解决计算基准面静校正带来的误差，甚至经过剩余静校正的多次迭代，使剩余静校正量的绝对值趋近于零（一个样点间隔内），也只能表示经过剩余静校正后，小于1/2波形周期剩余量基本上被解决。基准面静校正误差量大于1/2波形周期的部分仍然存在，大值剩余静校正量实际上仍未得到解决。

模拟退火静校正方法等一些非线性全局寻优算法，可以避免周期跳跃问题。由于计算机硬件的限制，在现有的计算机速度条件下对目标函数不可能进行彻底搜寻，有些算法在运算过程中增加了一些约束减少样本遍例的条件个数，以达到快速收敛的目的，但代价是目标函数逼近局部极值的概率增大。因此，目前还不能把希望完全寄托在该方法上，提高基准面静校正的精度才是根本。

第五节 南缘巨厚突变带表层结构反演及校正方法

一、微测井信息约束下的初至时间层析反演模型建立方法

层析反演静校正方法，是利用野外地震记录的初至（直达波、回折波、折射波等）时间，采用非线性的层析反演技术，利用道间设计的密集单元划分来准确描述其近地表复杂的速度场，反演准确的近地表速度模型，计算基准面静校正量。该方法假设地质模型由多个介质单元构成，采用高密集度的速度单元进行反演，因此不受地表起伏变化及近地表结构横向变化的约束，适用于地表起伏剧烈、表层低速带速度横向变化较大的复杂地表区。

地震层析反演静校正技术是应用地震波射线的走时与网格路径联合反演层间速度的一种方法。对于层析反演，影响模型精度的主要因素是拾取的初至时间精度和初始模型精度，初至时间可以通过人工拾取使其达到最优化，而初始模型则存在较多的制约因素。从理论上来说，在反演算法和各种假设条件都能满足的情况下，层析反演精度与初始模型无关，无论利用何种初始模型经过一定的迭代后都能有唯一解。然而对于实际资料，不完善的层析反演算法和复杂多变的表层结构模型都不能完全与理论吻合。因此，针对实际复杂地区的表层模型层析反演，如何建立与实际表层结构吻合的初始模型将会直接影响反演结果，即影响表层模型与静校正量精度。

1. 研究目标区位置及表层结构特点

长山1井区三维位于准噶尔盆地东部，地表岩性多变，中部、东部的山地出露岩石和巨

厚砾石，西部区域为黄土区，北部、南部部分区域有戈壁砾石。多样化的表层介质导致工区内表层结构速度、厚度变化剧烈，工区地形起伏大，静校正问题严重（图4-109）。

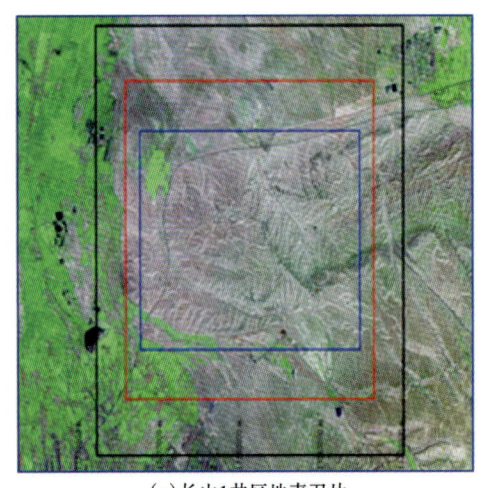 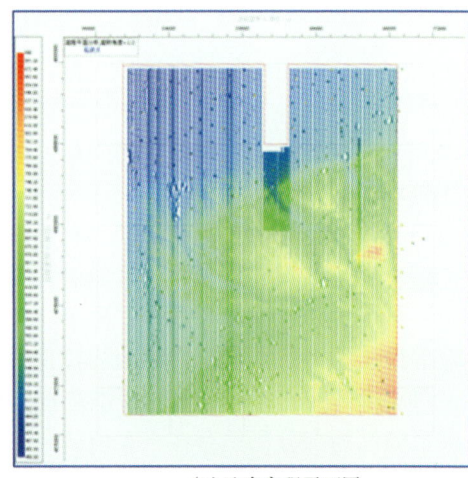

(a) 长山1井区地表卫片　　　　　　(b) 地表高程平面图

图4-109　长山1井区地表卫片和地表高程平面图

从已有的低降速带资料来看，戈壁区和农田区底界较为平稳，有较稳定的高速层顶界面，低速层速度200~800m/s，降速层速度400~1400m/s，高速层速度1600~2000m/s；山地区变化较大，高速层速度较高，最高达4100m/s。整体由南部山地向北部戈壁、农田过渡，区域表层结构变化复杂，速度、厚度纵横向变化剧烈，静校正问题严重。

由于该区复杂的近地表结构条件，无法满足常用的野外静校正方法，如分层建模法和折射法要求的表层结构空间变化单一、速度变化稳定及具有连续可追踪的稳定折射底界面的假设条件。

2. 层析反演中初始模型构建方法研究

1) 利用表层控制点成果构建初始模型

该方法的实现过程是将全工区已有的130口微测井进行精细解释，并将控制点表层速度、厚度成果数据空间内插至工区所有物理点，以此得到整个工区层结构的初始深度速度模型（图4-110）。

该方法由于利用了较多的微测井成果信息，所得到的控制点附近的风化层及低速层速度可靠，但受微测井钻井深度的影响，降速层和高速层速度难以准确得到，同时由于控制点稀疏，控制点间的速度深度变化规律难以确定。

利用该方法建立的初始速度模型进行初至时间层析反演后（图4-111），能较为清楚地刻画极浅层的表层速度与厚度变化关系，但对于深层，由于层析射线反演速度与实际微测井速度的差异及层析反演收敛算法的局限，无法细致刻画钻井深度之外的速度横向变化规律，因此其较深处的速度模型精度难以保证。

【第四章】 面向南缘山地勘探的复杂表层结构反演与基准面校正技术

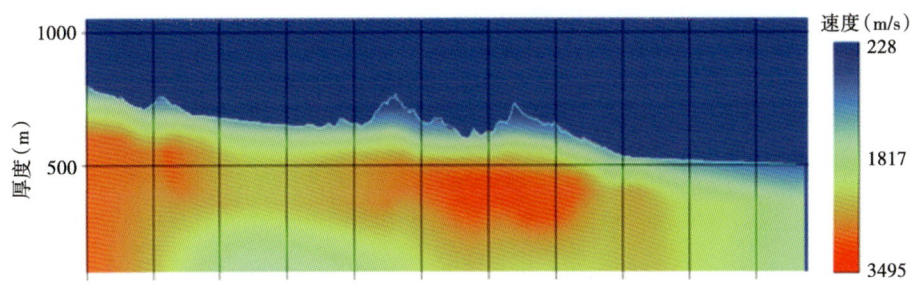

图 4-110　表层控制点内插初始模型层析反演结果

2）层模型假设条件下利用初至时间线性反演（LMI）建立初始模型

该方法先通过空间控制点上的初至时间时距曲线的精细解释建立第一次初始速度场，然后在层模型假设条件下，利用初至时间线性反演法建立较为准确的初始速度模型（图 4-111）。

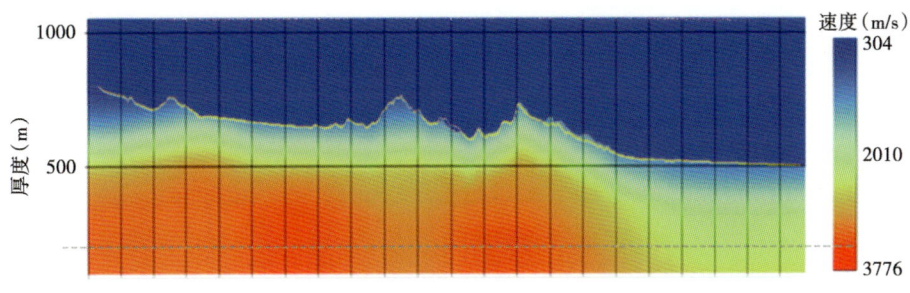

图 4-111　LMI 线性反演初始模型

由于该方法利用了工区中全部记录的初至时间信息并进行了多次迭代，因此其空间控制点密度高，浅地表降速层和高速层的速度空间变化规律基本能很好地控制。同时，由于与层析反演算法走时计算方法一致，因此层析反演迭代更容易收敛。但由于生产记录上最小炮检距大，同时道间距大于风化层及低速层的厚度，致使风化层及降速层区反演精度低。

用该速度模型进行初至时间层析反演时，由于风化层射线照明强度低，速度往往无法反演精确，但降速层及高速层反演稳定，所得模型浅层精度难以保障，容易引起高频分量误差（图 4-112）。

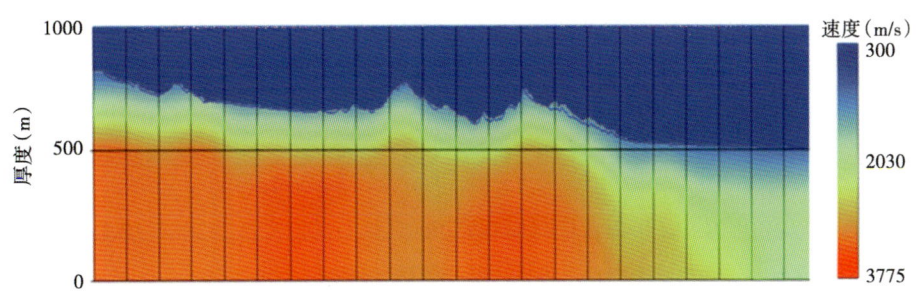

图 4-112　LMI 线性反演初始模型层析反演结果

3) 微测井信息约束下的综合初始模型建立方法

由于前两种初始模型建立方法各自都有优缺点，因此发挥两种方法的优点，避免其缺点就可以较好建立初至时间层析反演的初始速度模型，其方法是利用微测井分层内插所得的风化层和低速层信息，更新 LMI 线性反演初始模型中的第一层速度、厚度，以此来提高 LMI 线性反演模型中的第一次速度精度。

该方法能充分利用表层调查点成果和初至信息得到精度较高的表层初始模型，使层析反演迭代收敛精度更高，静校正高频成分更加精确。

微测井信息约束下的综合初始模型建立方法如下：

（1）向系统导入微测井点深度—时间对曲线，并进行精细解释；

（2）以微测井点为原点，调显一定半径区域内初至时间，进行时距曲线精细分层解释；

（3）将微测井成果展布于初至时间时距曲线精细分层上，将风化层速度—厚度进行替换，保留微测井中风化层速度—深度对和初至时间的较高速的速度—深度对，合成新的表层控制点成果（图 4-113）；

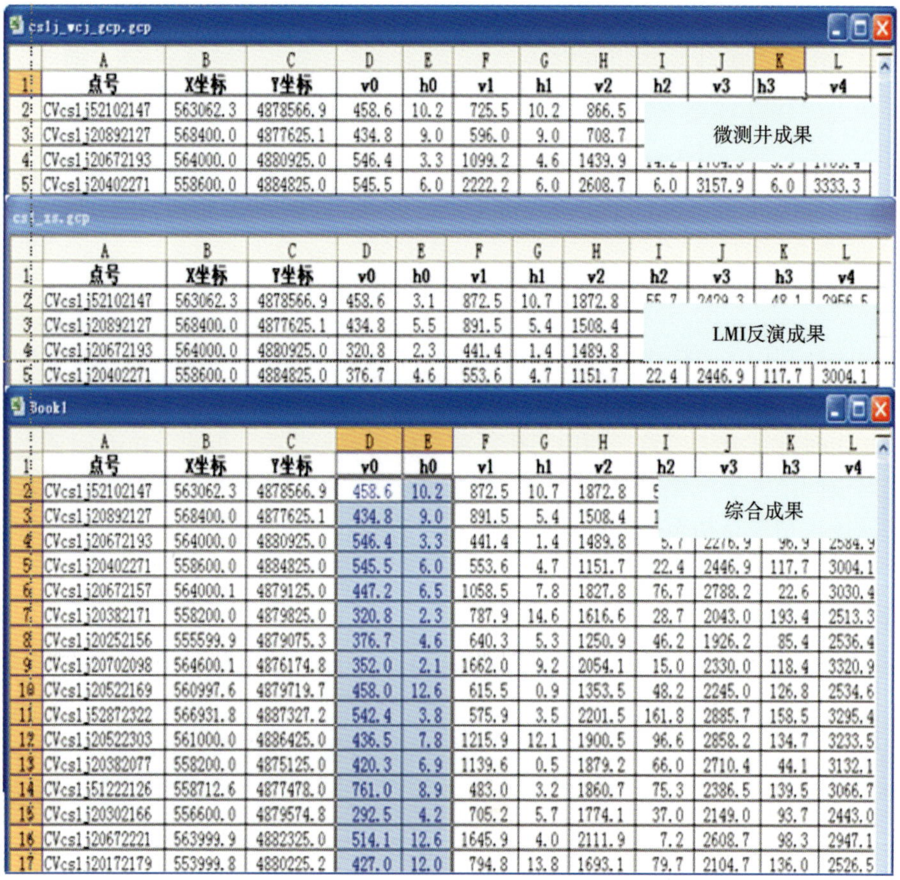

图 4-113 成果速度—厚度对替换与合并

(4) 将新表层成果进行空间插值形成初始模型并进行 LMI 线性反演，得到最终的综合初始模型（图 4-114）。从图中可以看出，不论是极浅层的还是较深层的表层模型信息都有较好的刻画，反演模型精度较高。

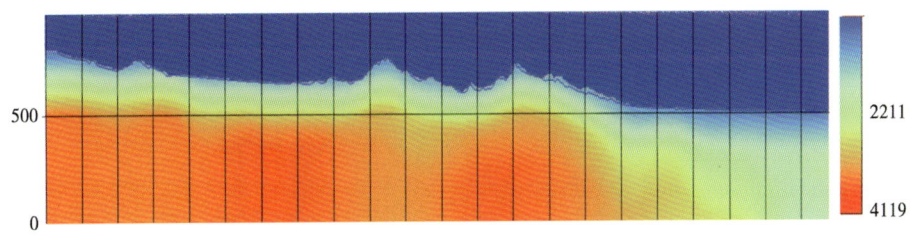

图 4-114　微测井信息约束下的综合初始模型反演结果

3. 微测井信息约束的初始模型层析反演校正效果

应用几种不同结果计算出的静校正量，叠加剖面构造整体形态一致，但其具体成像品质存在显著差异。在南缘巨厚突变区，通过利用微测井分层内插所得的风化层和低速层信息，更新 LMI 线性反演初始模型中的第一层速度、厚度，构建的初始速度模型用于层析反演取得良好效果。应用微测井信息约束下的综合初始模型建立方法后，层析反演的静校正量效果明显较其他方法要好，同相轴能量与连续性都有较大提高，对主体构造的刻画更加清晰（图 4-115）。

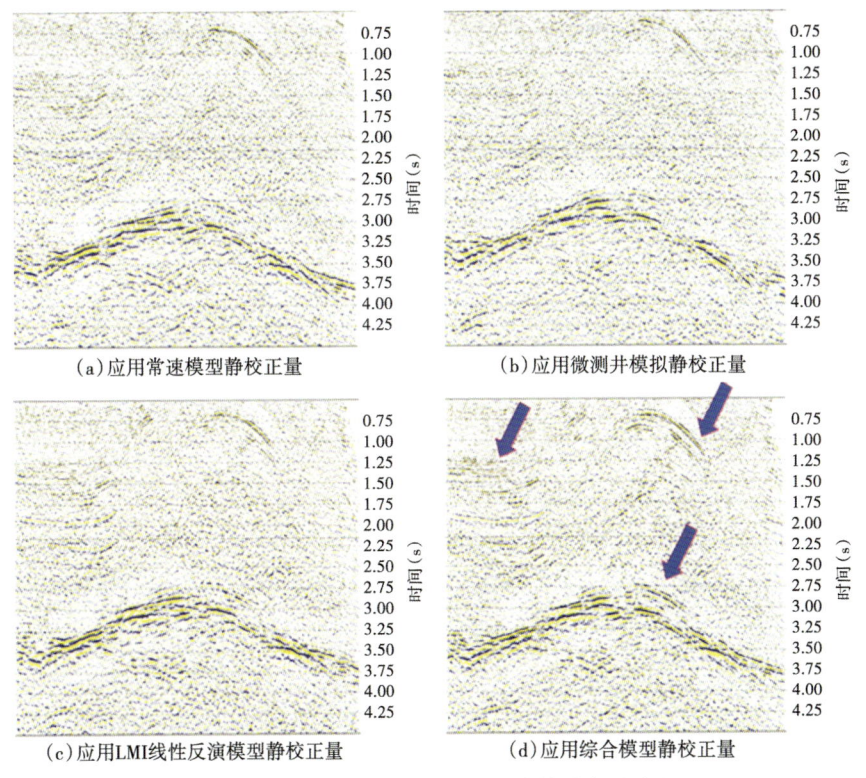

图 4-115　不同初始模型层析反演结果应用对比

通过对初始模型进行逐步修正，使层析反演的模型与静校正精度逐渐提高，虽然没有完全解决该区的静校正问题，但其精度得到了提高。

因此南缘巨厚突变带表层结构反演应发挥各单一静校正手段的长处，综合建立速度模型。利用微测井的风化层速度信息和初至时间的较高速度层信息合成相对合理的速度模型后，再利用层析反演的迭代修正，可以在当前技术条件下最大限度解决南缘复杂构造区的静校正问题。

二、静校正拟合拼接技术研究

1. 静校正拟合拼接技术研究的意义

在准噶尔盆地南缘巨厚突变带，复杂的近地表结构引起的静校正问题不言而喻。长期以来令人困惑的是：模型法是基于控制点的，如果控制点准确，在保证控制点密度足够的情况下，通常长波长静校正精度可以保证，但短波长静校正不够准确，叠加效果不尽人意；而折射和层析静校正是基于初至的，可求取出每炮每道的延迟时或静校正量，短波长静校正相对准确，但当没有约束和控制的话，长波长静校正精度难以保证。

想要用一种方法或者一种软件来解决南缘巨厚突变带的所有静校正问题也难以实现，因为在一个二、三维工区跨度内可能会涉及山地、山前巨厚突变带、黄土砾石、戈壁农田等多种地形与表层介质。但如果在同一区域采用不同的静校正方法势必有会带入静校正量的拼接、多条二维测线交点之间的闭合等新问题，因此有必要开展静校正拟合拼接技术研究，实现多套静校正量的拟合拼接，改善南缘巨厚突变带成像品质。

2. 静校正拟合拼接技术实现方法

为了解决分层模型、层析模型等基于模型的静校正量无缝拼接问题，以近地表结构解释系统为统一数据平台，增加外部炮检点静校正量、延迟时、表层模型等数据项（图4-116），进

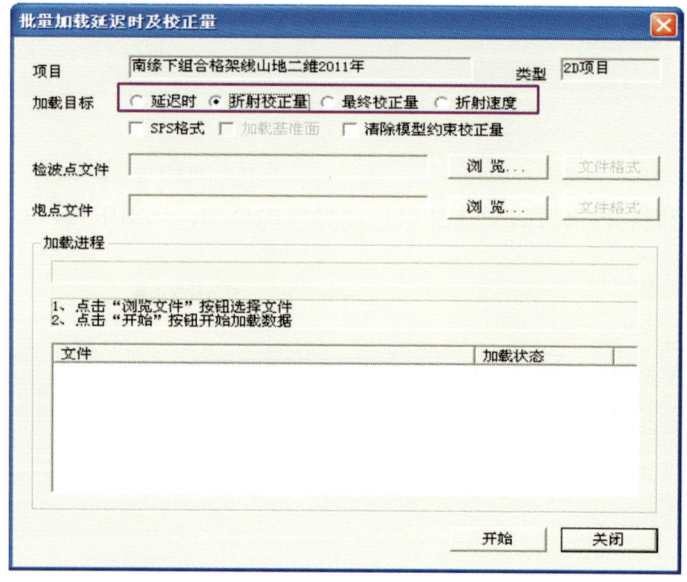

图4-116 外部各方法静校正量、速度导入界面

行后续的静校正拼接拟合及交点闭合处理,完成静校正量的无缝拼接和多测线的交点闭合。得到了高精度的长波长和短波长静校正,既解决了叠加效果问题,又确保了构造形态的真实可靠。

1) 微测井分层与折射静校正量的拟合拼接

总体思想是取微测井分层模型与折射波静校正各自的优点,用微测井分层模型控制静校正量的低频,保证构造形态;用折射波法控制静校正量的高频,保证成像。

将折射法静校正量导入近地表结构解释系统平台进行存储后,利用表层采集的控制点(主要为击穿低降速带底界的微测井)进行精细模型建立,然后利用控制点平差技术进行约束控制,求取最终静校正量。

图4-117为二维控制点平差约束示意图,RST为折射静校正量,MST为模型法静校正量,在控制点i、$i+1$处则可求出两种静校正量的差:

$$DT_i = RST_i - MST_i$$
$$DT_{i+1} = RST_{i+1} - MST_{i+1}$$

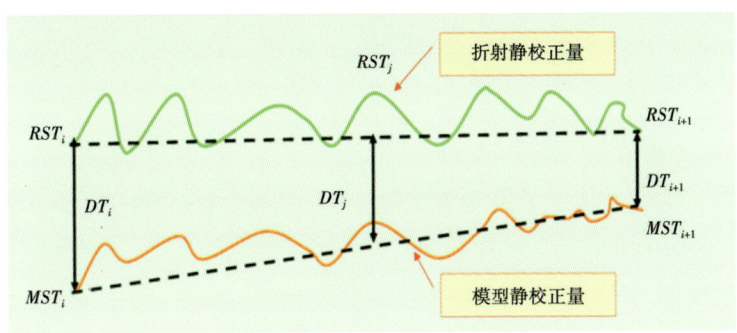

图 4-117 二维控制点约束下的平差技术示意图

据此,可由差值函数求出i与$i+1$两点间j点的差值,则j点的最终静校正量为

$$ST_j = RST_j - DT_j$$
$$DT_j = f(DT_i, DT_{i+1})$$

图4-118为控制点约束后的最终静校正量趋势示意图,从图中可以看出,在控制点处

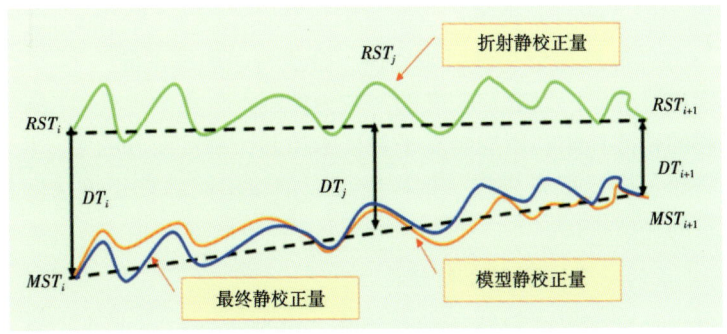

图 4-118 二维控制点约束后的静校正量效果示意图

静校正量保持不变,并保持了模型的整体中、长波长量和折射法静校正量的短波长量,实现了整体套校正量的拼接合并。

图 4-119 为三维方式下的控制点平差技术示意图,同理可得出在 A、B、C 3 点的两种方法静校正量差:

$$DT_A = RST_A - MST_A$$
$$DT_B = RST_B - MST_B$$

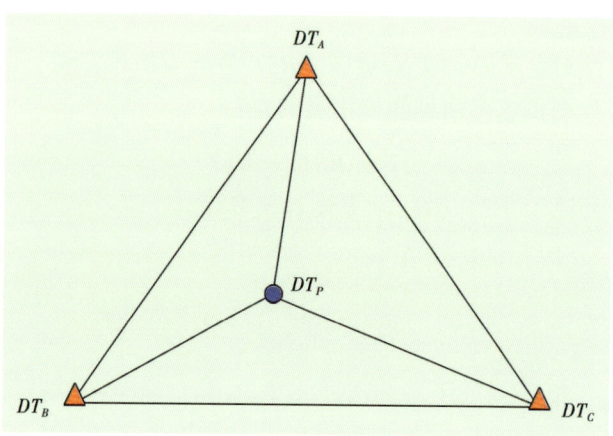

图 4-119 三维方式下的控制点平差技术示意图

然后根据三角网平差技术实现约束控制,得到

$$DT_P = f(DT_A, DT_B, DT_C)$$

从而求取 P 点位置的综合静校正量:

$$ST_P = RST_P - DT_P$$

2) 多套静校正量拟合拼接

在导入各种方法的静校正量后,多套静校正量拟合拼接技术主要分三步实现:

(1) 划分各方法静校正效果较好的区域;
(2) 利用有效控制点做时差校正;
(3) 更新区域外的静校正量,做区域置换,合成新的静校正量。

在静校正量置换过程中,以选定较好的区域为控制点,整个过程保持不变,且置换时两种静校正方法之间的长波长差利用控制点平差技术控制,拼接部分的中、长波长量由整体模型控制,只取其高频量进行拟合拼接,这样就可以消除不同静校正方法间的中、长波长量差,确保静校正量的完整拼接。

3) 多套静校正量的测线交点闭合处理技术

交点静校正量闭合,其实可归结于模型闭合,模型闭合时交点处的静校正量肯定也闭合。因此,为使其静校正量闭合,就必须先建立一个统一的近地表结构模型,这个模型可以

【第四章】 面向南缘山地勘探的复杂表层结构反演与基准面校正技术

是由控制点进行空间内插而得,也可以是由其他方法反演模型所得合理、准确的模型。在模型准确的基础上,利用模型来约束各种静校正技术,求取最终的整体静校正量,消除闭合差。

从图4-120和图4-121可以看出,当整体模型一致时,其应用综合后的静校正量叠加剖面完全闭合。

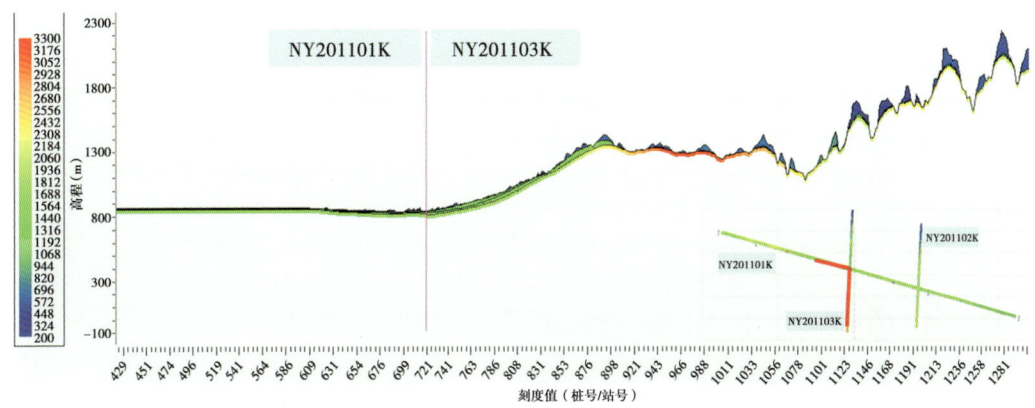

图4-120　NY201101K线与NY201103K线交点处模型

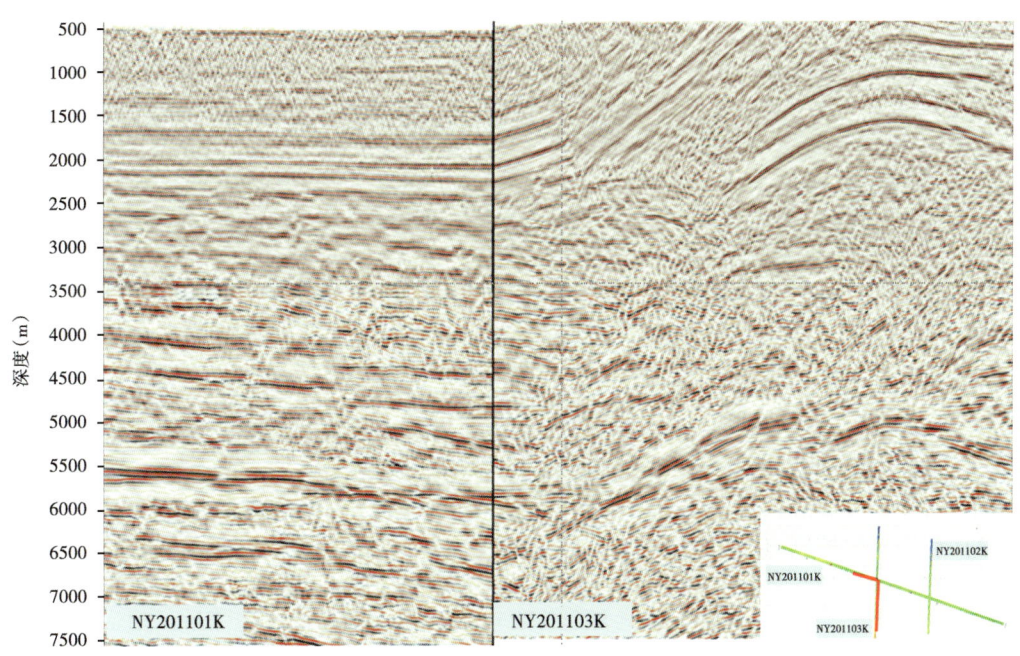

图4-121　NY201101K线与MY201103K线的剖面闭合显示

3. 静校正拟合拼接技术的效果

本次研究,依托自主知识产权的近地表结构解释系统平台,利用控制点平差技术进行约束控制,实现了多套静校正量的拟合拼接,使南缘独山子地区二维攻关测线成像品质明显改善。

图 4-122 所示为 NY201103K 线拼接前后的效果，基本上保持了两种静校正方法的优势，且解决了空间闭合问题。

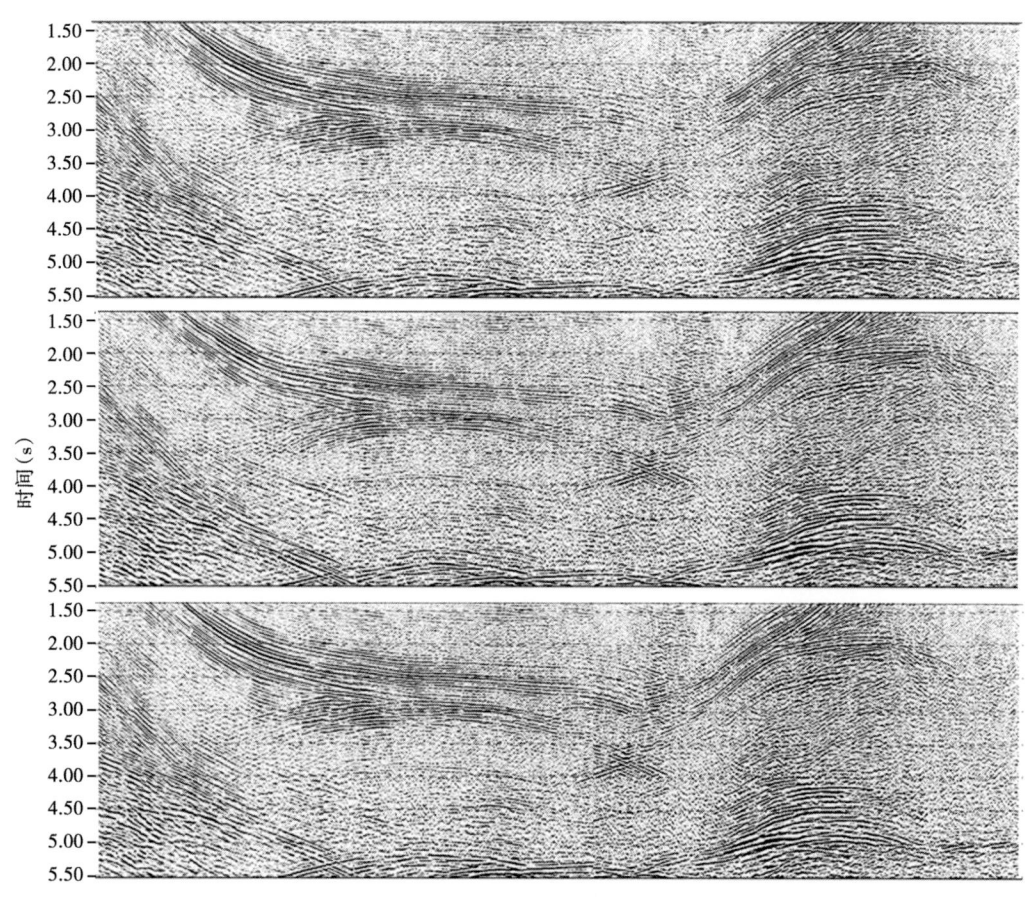

图 4-122 应用不同方法静校正量的初叠剖面对比

三、初至波折射与层析反演法边界效应解决方法

1. 研究目标区位置及资料特点

NS200714 测线为东西向测线，地理位置在新疆维吾尔自治区沙湾县境内的独山子—安集海地区，西邻乌苏市，东距沙湾县城约 40km，奎屯河从该线中部穿过，地面海拔 680~1100m。其地表地貌以山地、冲积砾石扇坡积物为主，涵盖多个洪积扇体。表面覆盖有黄土，厚度 5~30m。下伏西域砾岩厚度分布不均，最大厚度超过 200m，激发接收条件极差。

表层调查采用常规的微测井和小折射方法。目的有两个：（1）为该二维采集测线优选激发参数；（2）为静校正计算提供所需的建模数据。本次采集小折射点 32 个，微测井七口，同时 10 个交点处有四口微测井，六个小折射点（表4-1）。从表格中分析，有一半多的点是为第一目的服务，其余是构建表层模型的点。

【第四章】 面向南缘山地勘探的复杂表层结构反演与基准面校正技术

表 4-1　微测井表层成果参数统计

序号	桩号	高程(m)	采集类型	v_0(m/s)	h_0(m)	v_1(m/s)	h_1(m)	v_2(m/s)	h(m)	$\bar{v}$(m/s)	相交测线名
1	1646	799.9	wcj	518	5.8	1276	25.7	2073	31.5	1005	
2	1981.5	1069.1	wcj	412	3.0	1335	12.3	1828	15.3	927	
3	2047.5	962.5	wcj	447	3.9	1398	7.5	2073	11.4	809	
4	2059.5	946.2	wcj	365	1.9	1206	13.7	2137	15.6	941	
5	2208.5	905.3	wcj	481	2.8	1440	9.7	2022	12.5	995	
6	2309.5	886.5	wcj	387	2.0	1346	9.4	1967	11.4	938	
7	2596	853.3	wcj	463	5.0	1011	27.3	1816	32.3	854	
8	1934	929.7	wcj	420	24.5	—	—	1989	24.5	420	701
9	1929.5	1037.5	wcj	378	2.5	1598	11.9	1993	14.4	1024	702
10	1913.5	889.9	wcj	649	2.0	1360	8.7	1879	10.7	1128	705
11	2589.5	823.9	wcj	447	3.6	1293	9.4	1924	13.0	848	709

2. 几种典型静校正方法及边界效应

1) 分层建模法及效果

利用该测线中微测井和小折射控制点的低降速带成果数据（速度、厚度），结合地貌、地质特征及卫片信息，建立近地表结构模型。对所建模型不合理处进行分析和必要的调整，以求得合理、准确的近地表模型。本次完全遵照表层控制点信息，在建模过程中，由于测线较长，跨越了多种地表条件，给建模带来了诸多问题。其中由于山地与冲积砾石扇，高速层无法统一在一个速度面上的问题尤为突出。从近地表剖面的结果分析，黄土层覆盖不均匀，速度基本在 400~800m/s。由于微测井调查受钻机性能的约束（钻井最大能力为 45m），微测井只能调查到 1800~2100m/s 的速度范围，10~35m 深度。而小折射与微测井对砾石的调查速度和厚度吻合率较差，其变化 1800~2400m/s，厚度 10~45m。因此，统一建模难度较大，增加了空间模型的误差，图 4-123 为利用表层控制点所建立的表层结构模型。

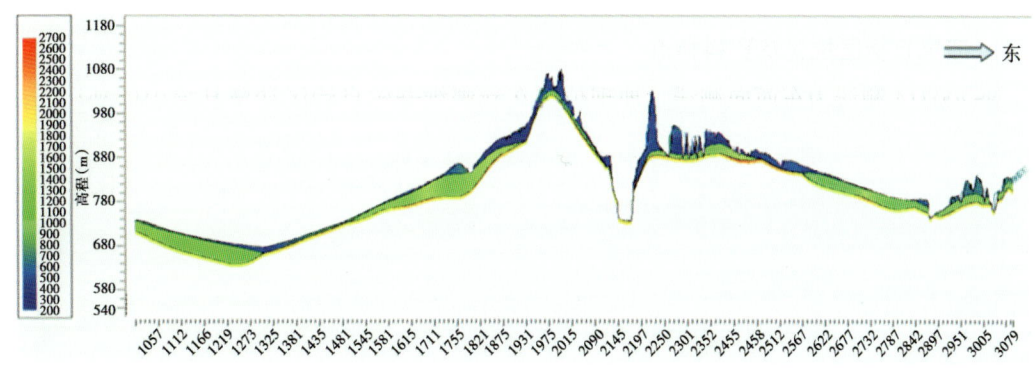

图 4-123　分层法建立的表层结构模型

— 165 —

2) 初至折射波静校正及效果

该方法在建模中主要使用了两个重要信息：一是野外原始单炮中的初至折射波；二是小折射和微测井的速度成果资料。利用初至折射波信息来寻找相对合理的、统一的校正速度面。因此，在初至拾取上，加大了初至追踪拾取的偏移距，选择基本统一的高速层校正速度2200m/s，使表层延迟时间保持在相对稳定的速度面上，最终利用表层控制点有效速度反演近地表模型（图4-124）。从模型反演的结果看，由于折射静校正方法受原理、算法的制约，使检波点延迟时间在无激发点的区域以常数外推，导致边界模型底界出现外延的随机变化，产生不同程度的边界效应。

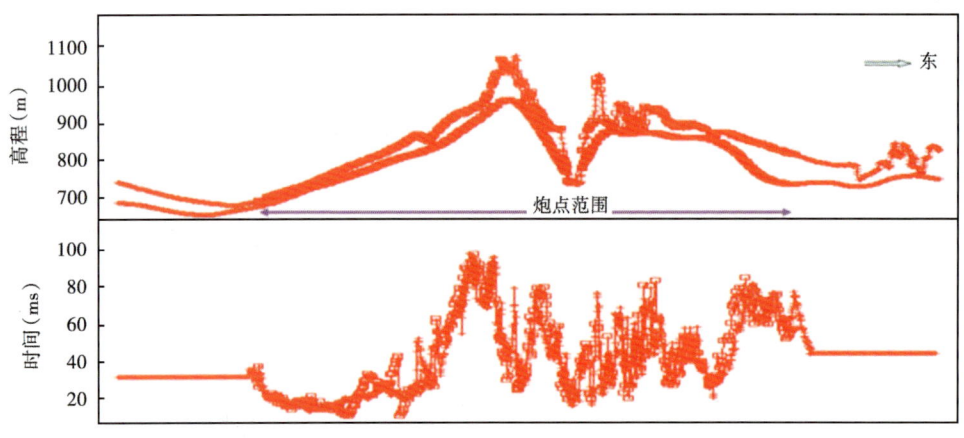

图4-124 NS200714测线折射波反演表层模型剖面和延迟时

3) 初至波层析静校正

初至波层析反演法脱离了水平均匀层状介质这个假设前提，是一个非线性反演问题。在实际应用中，因为有多条射线（炮—检对），把一个地下速度模型分成矩形像素，通过求解该线性方程组，就可以得到各个像素的速度值。从初至波层析速度模型的结果分析（图4-125），满覆盖段由于射线的可靠度较高，获得了较好的速度模型。而满覆盖向炮点过渡时，由于射线对逐渐减少，使模型精度降低。同时越靠近炮点的模型变形越大，近地表的真实状态产生畸变。同时炮点外没有炮—检对射线通过，也就没有模型，只能依据炮点内的模型进行外延。测线向西部外延时，由于是冲积砾石扇体的中部，横向速度、厚度变化基本趋于稳定，选择炮点附近较为稳定的模型向外延，基本可以获得较为准确含一定系统差的静校正量值。但测线向东部外延时，由于地表是两山夹着一个厚度超出100m以上的冲积砾石扇体，靠近炮点处射线回路无法获取走时互换迭代，使模型产生较大的误差，导致模型和静校正量的精度误差较大。

3. 边界效应产生原因分析

通过分层建模、初至波折射和初至波层析三种静校正方法在初叠剖面中的应用，初至波静校正方法整体成像效果要好于分层建模法，初至波折射和初至波层析基本相当，但在细节上还有一定差别。比如构造顶部以西的高频成像和同相轴连续性方面，初至波层析要优于折

【第四章】 面向南缘山地勘探的复杂表层结构反演与基准面校正技术

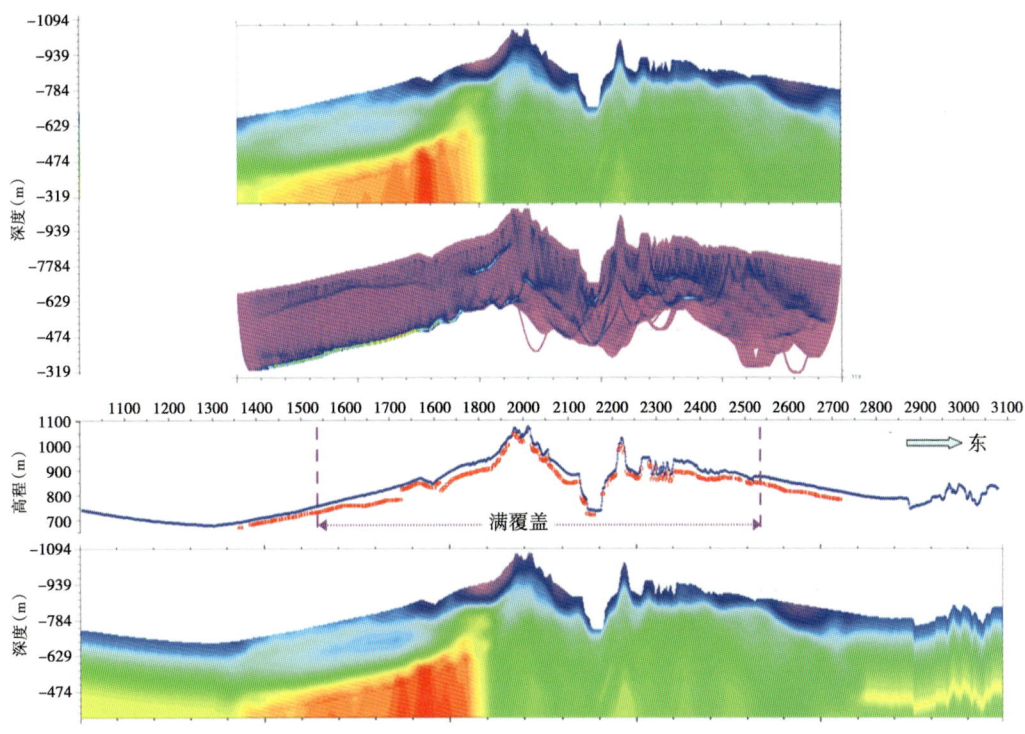

图 4-125　NS200714 测线初至波层析反演边界外推模型

射（图 4-126）。从东部满覆盖处到东部线头各种静校正方法都没有得到好的效果，其主要原因有两点：（1）地形和表层结构的变化，导致表层调查点没能从实质上反映出近地表结构的形态，因此不可能获取到可靠的静校正量；（2）初至波折射和初至波层析静校正方法在解决边界问题上，由于受其采集和本身算法因素的影响，是单靠外延模型来达到目的的，必定会产生不同程度的边界效应问题。

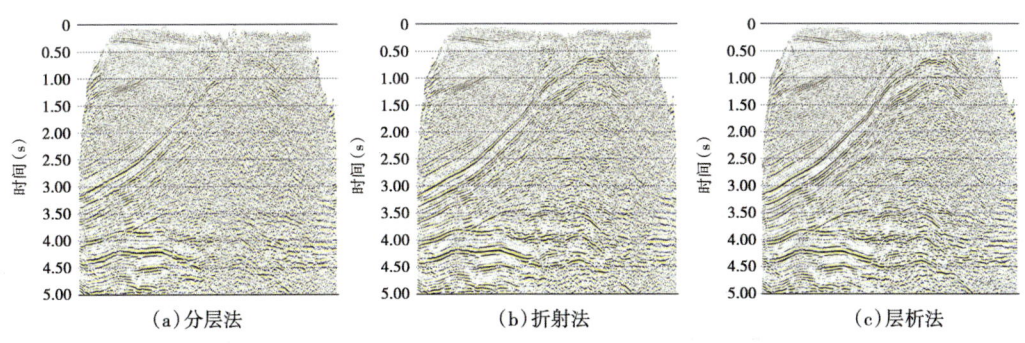

图 4-126　NS200714 测线三种不同静校正方法应用后的叠加剖面

从折射波静校正到初至波层析静校正，其共性问题就是速度、厚度模型外延，它不但使模型畸变，同时在叠加剖面中产生边界效应问题。从实际资料分析，NS200714 测线从满覆盖东就开始出现边界问题，这主要是浅层覆盖次数降低，回转波射线数稀疏而引起的。这也说明满覆盖到激发点之间，其精度与表层厚度的大小有着直接关系，厚度大浅层覆盖次数低，射线通过率减少，则精度偏向满覆盖位置，反之则靠近激发点位置。

精细地震勘探对野外采集观测方法要求较高，二维采集观测的检波线长度往往要大于炮线长度，一般观测方式为中心点放炮（图4-127），单边放炮基本少见。近几年二维观测系统的特点是，道数逐渐增多，道距减小，偏移距较大。二维宽线观测也逐年增多，其炮检排列形式与常规有很大区别，基本与三维线束相同。三维采集观测也同样是检波点面积大于激发点面积，满覆盖边界与施工边界各方向都存在一定的偏移距离（图4-128）。

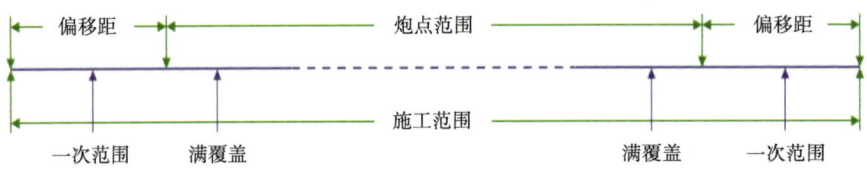

图4-127 二维地震测线外业采集观测系统示意图

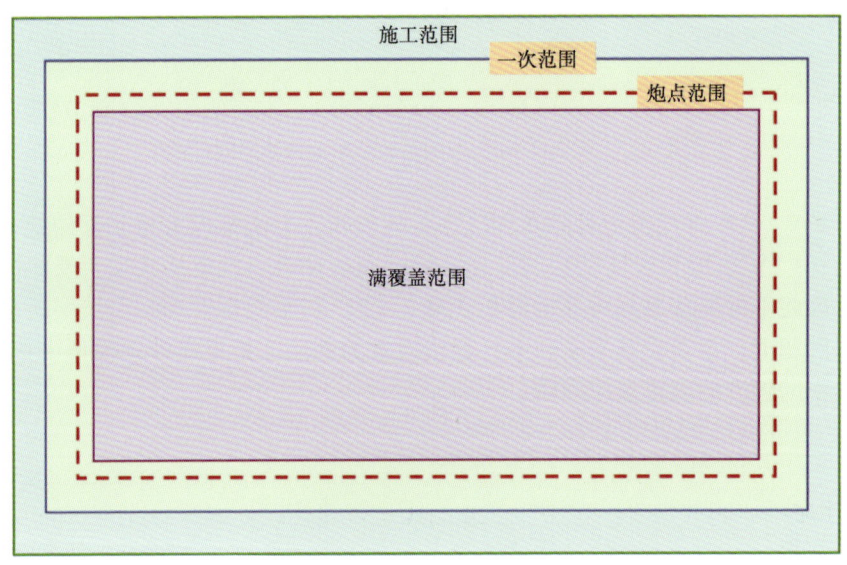

图4-128 三维地震测线外业采集观测系统示意图

当采用折射和层析静校正方法时，两者使用的主要元素都是从野外原始单炮中提取的单炮初至时间。从折射的基本原理分析，当存在折射界面时，激发点与接收点的折射初至旅行时间通过互换关系计算，才能获取到近地表低降速带厚度延迟时间。

初至波层析静校正基本过程也是利用炮与炮之间的射线互换走时迭代反演来完成的。依据施工测线的道距和近地表地质状况等因素，进行网格化面元划分，其目的是为层析反演提供一个初始的速度空间范围，使反演迭代过程在有限的速度空间内进行，网格面元大小决定着反演速度模型的精度。

层析方法是把近地表划分为常速网格,其目标就是估计每一个网格中的速度,炮点到检波点的射线路径由不同网格中的射线段组成(图4-129)。用估计的起始近地表模型计算所有射线的旅行时,然后与实测的时间相比较,时差用于修改模型,最终完成速度模型的构建。这种迭代过程包括正演模拟、测量时间差、修改模型,直至时间差达到某一预设的门槛为止,一般需要多次迭代。层析反演得到的速度模型一般只限定在炮点范围内,炮点外射线由于无回路修正,只能通过模型外延充填,必然会产生边界效应问题。

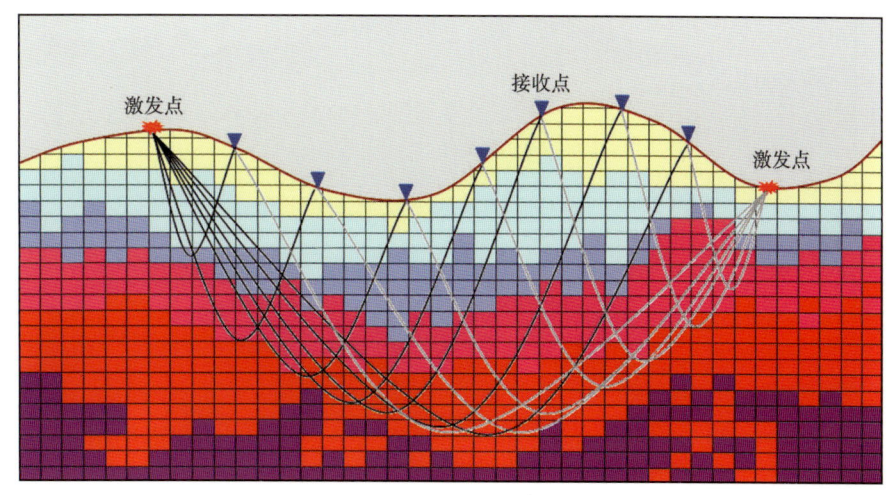

图4-129 回转波射线 Rji 轨迹示意

4. 初至波折射与层析反演法边界效应解决方法

施工时边界的甩道引起炮点范围之外的反演边界效应,影响地震资料处理边界成像及形态。针对这一问题,经过精细的资料分析与方法探索,通过增加边界控制单炮的方式解决了折射波与层析法反演中的边界效应问题。

1) 边界借用炮记录后的层析反演效果

NS200714 测线是一条常规的二维测线,由于在设计时没有对主体构造进行完全覆盖,故增加施工了一条向东延伸的 NS200714K 测线(宽线设计)短线,目的是使其与 NS200714 测线衔接(图4-130),增加主体构造边界上的炮点,使构造东部的中浅层覆盖次数得到了

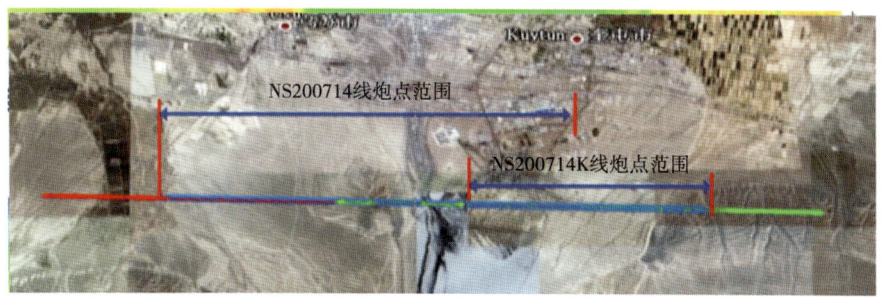

图4-130 NS200714 线与 NS200714K 线位置示意图

提高。通过对 NS200714+NS200714K 测线进行整体层析速度模型的反演，构造东部方向上的速度模型相比缺少补充记录的单线模型线有较大改善（图 4-131a）。

经过合拼后初至波层析反演的速度模型所处理的测线，初叠剖面对顶部构造以东有了一定的改善，反射同相轴明显要好于常规二维测线的结果，连续性也得到了提升（图 4-132），再通过后续的处理会有本质的改善。

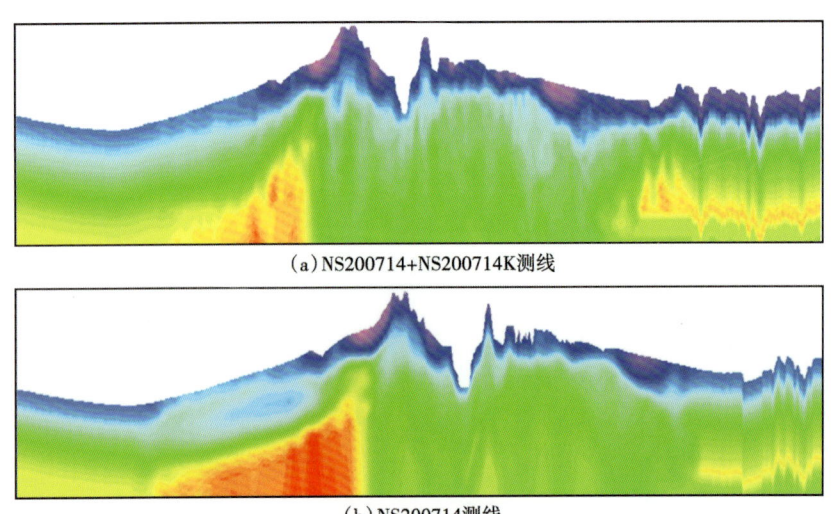

图 4-131　增加炮点记录后的层析反演剖面对比

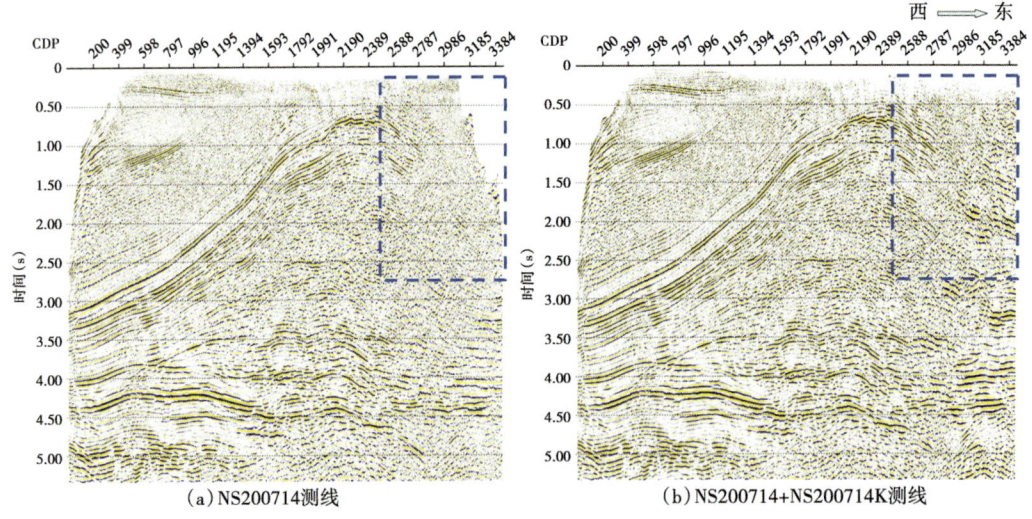

图 4-132　NS200714 与加 NS200714K 测线叠加剖面

2) 新思路重新采集后的层析反演效果

2011 年在 NS200714+NS200714K 测线南部 1.2km 处平行施工了一条 DS201103K 宽线，其长度要小于 2007 年的两线相加（图 4-133），横跨在一个构造单元内。单条宽线在综合应用了

【第四章】 面向南缘山地勘探的复杂表层结构反演与基准面校正技术

初至波层析反演等技术后,速度模型得到了较大的改善(图4-134)。通过对2007年NS200714+NS200714K测线剖面进行比较,DS201103K剖面成像效果获得了质的改观(图4-135)。

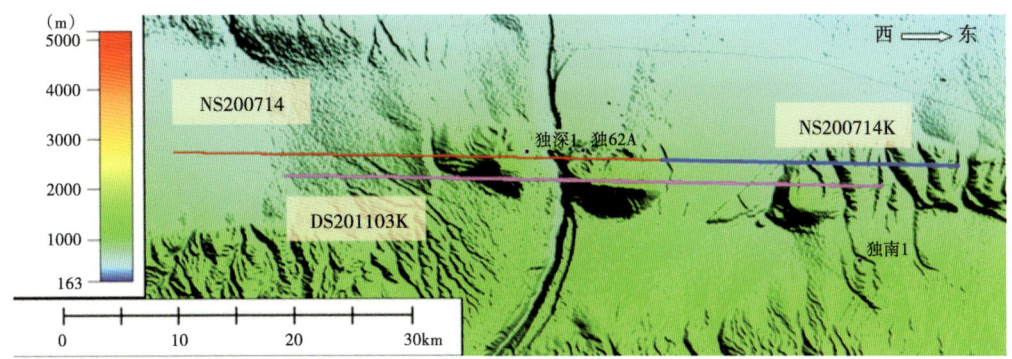

图4-133　2007年与2011年测线位置

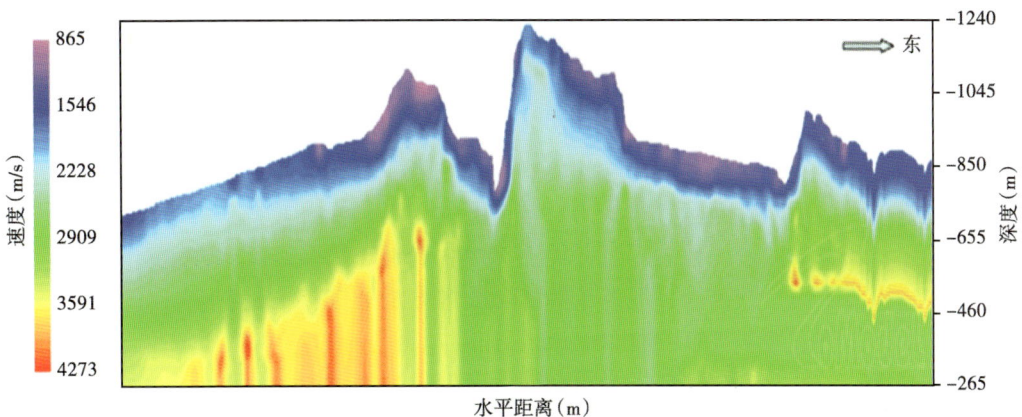

图4-134　DS201103K测线层析速度模型

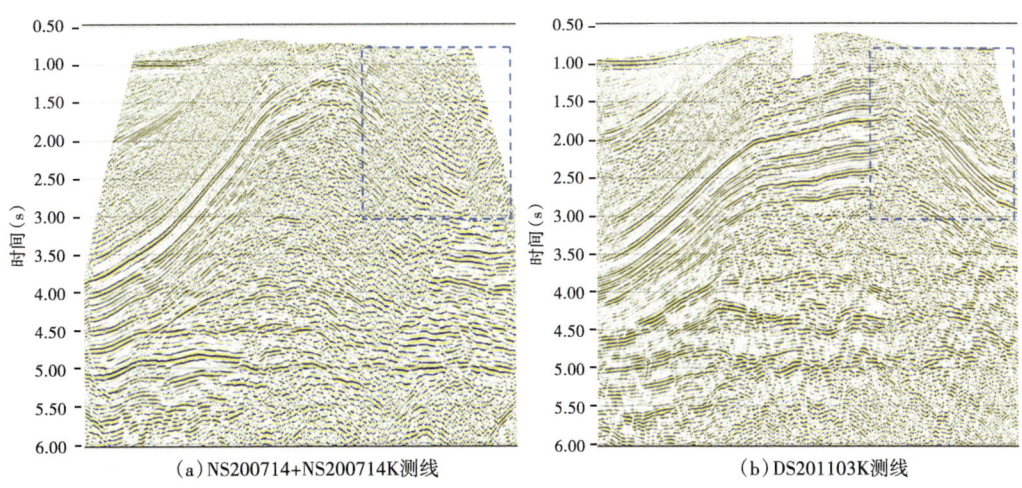

图4-135　2007年与2011年两线叠加剖面对比

在边界上按照一定的炮点间隔适当增加静校正控制炮,能较好地解决边界效应问题。无控制炮其静校正效果差(图4-136b),增加控制炮后静校正效果较好(图4-136c)。好的静校正效果为独山子等地区的勘探提供了合格的资料。

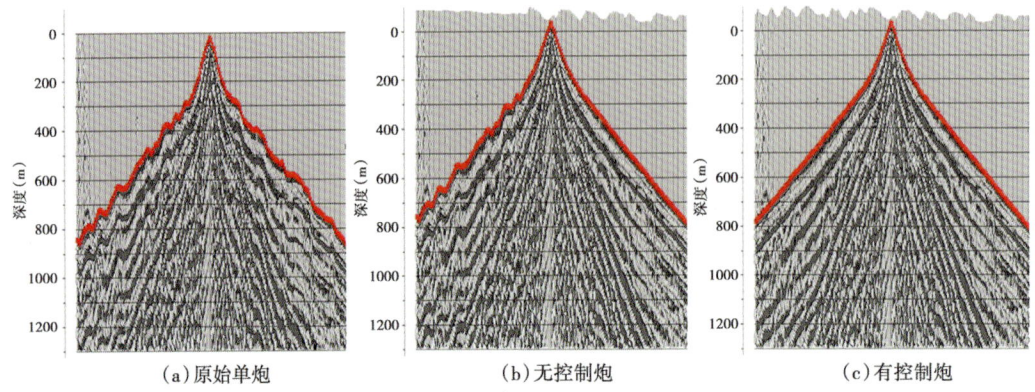

图4-136 有无静校正控制炮单炮校正对比效果

四、应用效果

南缘巨厚突变带复杂表层结构反演与校正处理技术研究,主要的过程在于深入实际资料的应用现场处理,依据实际问题逐步找出对策,制定方案,针对方案运用多学科知识进行攻关,使新方法、新技术的研发摆脱了过去无法针对复杂地表的模型反演方法的落后局面,研究步骤紧跟物探技术发展的需求,提升了静校正技术方法的进步,对新疆油田公司的发展起到了不可估量的作用。图4-137至图4-139为在不同区块中的成果应用效果对比,可以看出所有的静校正处理都较大程度地提高了地震资料处理剖面成像品质。

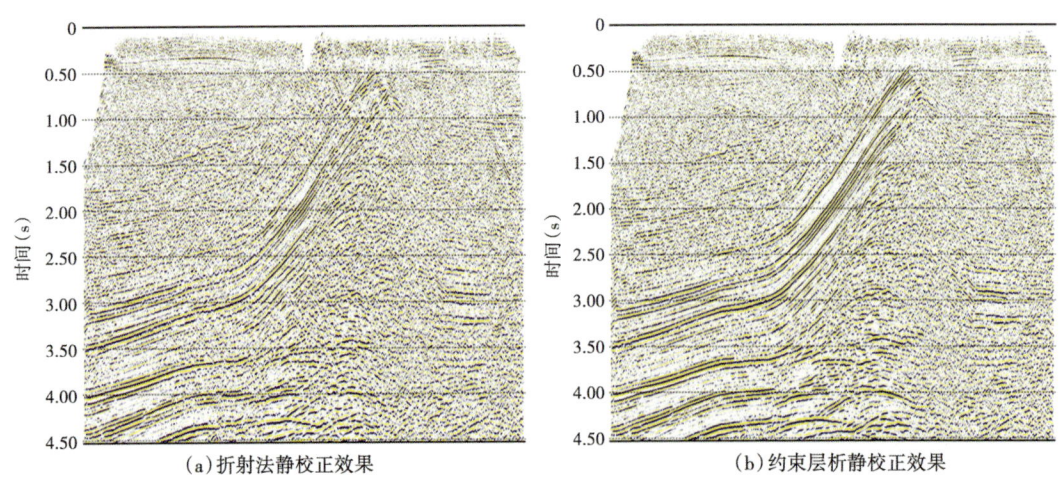

图4-137 南缘独山子地区 NS200705 线静校正效果对比

【第四章】 面向南缘山地勘探的复杂表层结构反演与基准面校正技术

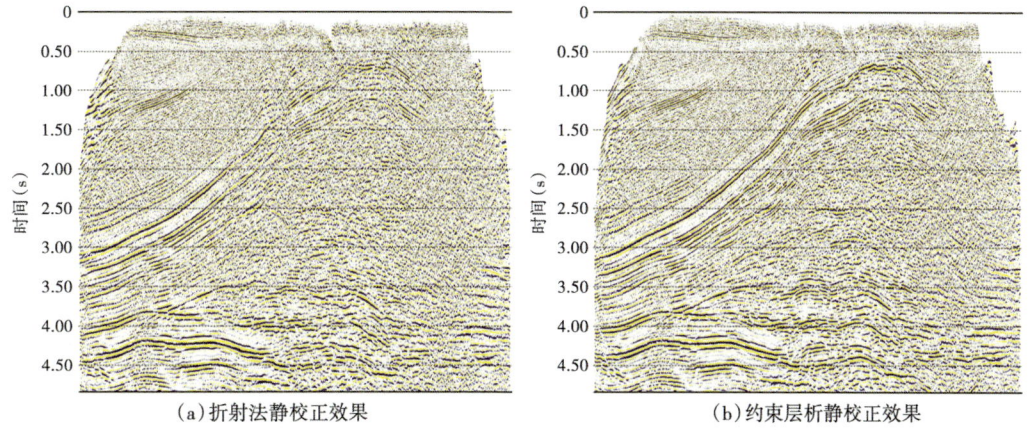

(a) 折射法静校正效果　　　　　　　　(b) 约束层析静校正效果

图 4-138　南缘独山子地区 NS200714 线静校正效果对比

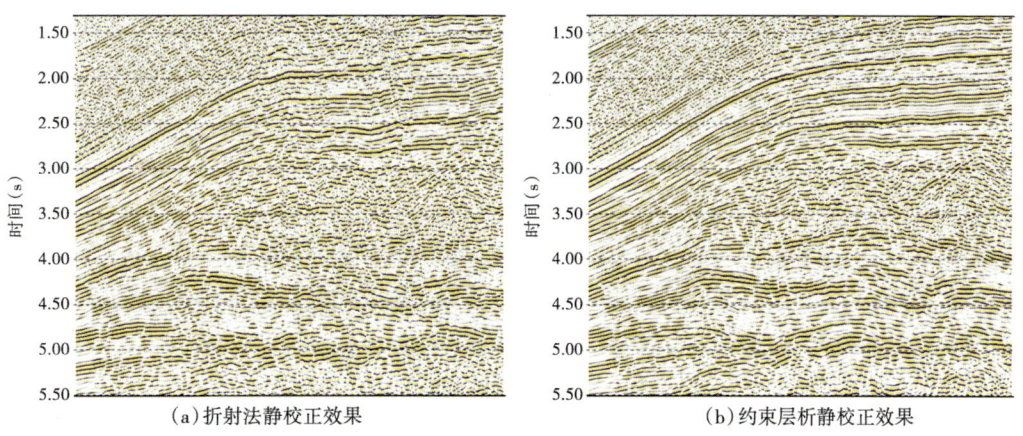

(a) 折射法静校正效果　　　　　　　　(b) 约束层析静校正效果

图 4-139　南缘独山子地区 DS201103K 线静校正效果对比

第六节　小　　结

如大家在前面几节所看到的，再先进的理论方法也不能一次性解决所有复杂地表区的静校正问题，无论何种静校正方法都有它的特点、适用的地表条件及所能解决的问题。要想处理好南缘地震资料，不但要熟悉各种静校正方法，而且要了解该测线的低降速带变化情况，如地表高程、速度分布、低降速带底界变化等，进行综合分析、综合应用，才有可能综合解决复杂的南缘山前带静校正问题。将最终成像质量的优劣作为依据永远是一个相对的测试标准。南缘山前带的基准面校正问题永远是一个系统工程。静校正结果也不能保证是全局最优的解，重复试验的过程只是向全局最优解逼近。

在新疆油田公司有关技术专家多年来的不懈努力下，一个针对南缘巨厚突变带的基准面技术系列已经建立，并且在实践中获得了良好的效果。比如通过在南缘巨厚洪积砾石扇实施超深微测井,以及初至波约束下反演技术的应用,逐渐对巨厚黄土和砾石表层结构变化区域有了清晰的认识,对揭示和解决该区近地表静校正问题有一定的突破,也对以往表层调查进行了筛选和重新解释,基本否定了盆山带以潜水面进行校正的方式,同时也打破了以"山高水高"建模的思维。重新认识了山前巨厚表层区表层地质介质间的相互依存关系,以及厚度与速度纵、横向剧烈变化的结构模式,为初至波方法的综合模型反演提供了有利的数据。对于层析反演,初始模型的精度制约着表层模型反演精度,如何建立反映浅层速度变化规律的初始速度模型至关重要。后续将通过小折射和微测井速度信息来细致地刻画出表层速度变化,并在其约束下进行反演,解决初始速度所带来的浅层速度不准等问题。

通过表层超深微测井及初至波等方法的结合应用,对南缘盆山带表层结构校正界面有了新的认识,发现了新的方法能有效消除中、长波长静校正的最有利的校正界面,不但能有效地衔接盆山带模型,而且能为后续处理提供可靠的静校正量,也为独深 1 井、克深 1 井两口风险井的论证提供了有力论据;研发了砾石区初至波深井微测井时深曲线综合建模校正技术、初至波折射、层析约束反演下的静校正技术、多方法校正量无缝拟合拼接技术。

到目前为止,新疆油田公司自主研发的静校正特色序列技术,已经能有效解决由准噶尔盆地南缘山前巨厚带纵、横向速度变化剧烈引起的表层模型反演精度差的问题,提高了处理成像精度及解释构造的准确性,这些方法在南缘巨厚突变带的二、三维处理中已初见成效。我们相信,在高密度三维采集的强力支撑下,困扰多年的南缘山前地震数据的表层建模与基准面校正问题将得到较好的解决。

参 考 文 献

蔡杰雄,杨锴. 2008. TDO 基准面校正方法研究与应用. 石油地球物理勘探, 43 (4): 397-400.
江凡,杨锴,程玖兵. 2006. 复杂地表有限差分波动方程向上基准面校正. 石油物探, 45 (1): 15-20.
杨锴,程玖兵,刘玉柱,等. 2007. 三维波动方程基准面校正应用研究. 地球物理学报, 50 (5): 854-862.
杨锴,程玖兵,郑鸿鸣,等. 2007. 三维波动方程基准面延拓方法研究. 地球物理学报, 50 (4): 1232-1240.
杨锴,王华忠,程玖兵,等. 2002. 非水平观测面有限差分法叠前波动方程基准面延拓. 石油地球物理勘探, 37 (2): 154-162.
赵传雪,王丽,吴靖,等. 2009. 有限差分波动方程基准面校正方法及其在丘陵地区的应用. 石油物探, 48 (5): 505-509.
郑鸿明,杨晓海,崔琴,等. 2005. 基准面校正的理论研究及误差分析. 新疆石油地质, 23 (1): 210-213.
郑鸿明. 赖仲康. 天山模型波动方程正演模拟研究. 新疆油田公司年度勘探会议论文集.
Al-Ali M N, Verschuur D J. 2006. An integrated method for resolving the seismic complex near-surface problem. Geophysical Prospecting, 54: 739-750.
Alkhalifah T, Bagaini C. 2006. Straight-rays redatuming: A fast and robust alternative to wave-equation-based datuming. Geophysics, 71: 37-46.
Beasley C, Lynn W. 1992. The zero-velocity layer: Migration from irregular surfaces. Geophysics, 57 (11): 1435-1443.
Berryhill J R. 1979. Wave-equation datuming. Geophysics, 44 (8): 1329-1344.
Berryhill J R. 1984. Wave-equation datuming before stack. Geophysics, 49 (11): 2064-2067.
Bevc D. 1997. Flooding the topography: Wave-equation datuming of land data with rugged acquisition topography. Geophysics, 62 (3): 1558-1569.

Hubral P, Schleicher J, Tygel M. 1996. A unified approach to 3-D seismic reflection imaging, Part I: Basic Concepts. Geophysics, 63 (1): 742-758.

Schneider W, Phillips L, Paal E. 1995. Wave-equation velocity replacement of the low-velocity layer for overthrust-belt data. Geophysics, 60 (2): 573-579.

Shtivelman V, Canning A. 1988. Datum correction by wave-equation extrapolation. Geophysics, 53 (10): 1311-1322.

Tygel M, Schleicher J, Hubral P. 1996. A unified approach to 3-D seismic reflection imaging, Part II: Theory. Geophysics, 63 (1): 759-775.

Yang K, Jiang F, Cheng J B, et al. 2007. An integrated wave equation datuming scheme for the overthrust data based on the one-way extrapolator. Expanded Abstracts of 77th SEG annual meeting: 1134-1137.

Yang K, Wang H Z, Ma Z T, et al. 1999. Wave equation datuming from irregular surfaces using finite difference scheme. 69th Annual International Meeting, SEG, Expanded Abstracts: 1485-1488.

Yang K, Jiang F, Cheng J B, Wang L. 2007. An integrated wave equation datuming scheme for the overthrust data based on the one-way extrapolator. 77th Annual International Meeting, SEG, Expanded Abstracts: 1134-1137.

Zhu X H, Angstman B G, Sixta D P. 1988. Overthrust imaging with tomo-datuming: A case study. Geophysics, 63 (1), 25-38.

第五章 提高信噪比处理技术

第一节 南缘噪声特点及压制方法概述

地震记录由信号和噪声组成。噪声的存在降低了地震资料的信噪比,影响速度分析、剩余静校正量求取、动校正叠加效果及偏移成像的精度,从而降低地震资料处理成果的品质。噪声的存在也使有效波振幅产生变化,影响 AVO 保真处理及叠前反演的准确性。因此提高信噪比是地震数据处理中极其重要的环节,其基本原理是根据噪声和有效信号在数据域(变换域)的分布差异设计相应的滤波器进行分离。当然,也可以通过波动方程延拓实现有效信号和噪声的分离。或者通过优化静校正、动校正参数、改进叠加成像方法,也可以实现更好的同相叠加与随机噪声压制。

准噶尔盆地南缘地区地震资料噪声干扰严重,主要包括面波、浅层多次折射、随机干扰(图 5-1)、异常振幅能量干扰(图 5-2)、侧面干扰(图 5-3)等。

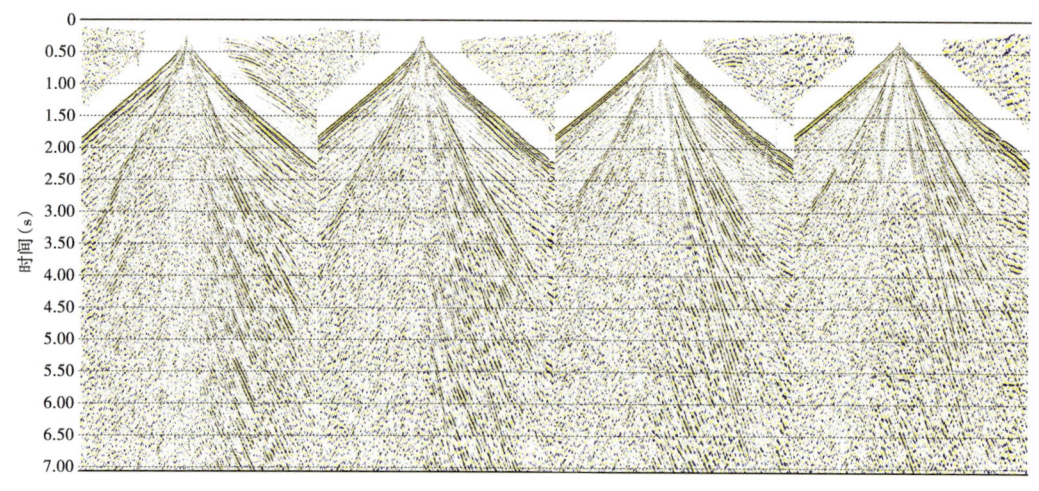

图 5-1 南缘地区单炮记录(内含面波、浅层多次折射波、随机干扰等噪声)

针对准噶尔盆地地震资料噪声特点,新疆油田公司研发了许多去噪方法。目前已经应用在生产中的方法有:利用视速度差异压制浅层多次折射波(图 5-4)、利用相似系数滤波(图 5-5)和内切滤波方法(图 5-6)压制面波、利用多项式拟合方法增强有效信号(图 5-7)、利用均值加权方法消除线性噪声(图 5-8),结合处理软件中已有的 FK 滤波、FX 域预测滤波等方法,取得了一定的应用效果。

随着准噶尔盆地勘探程度的提高,研究目标的日益复杂对地震资料的精度要求也越来越高。近年来,地震采集、处理和解释技术都发生了巨大变化,采集技术向高密度、高覆盖、

【第五章】 提高信噪比处理技术

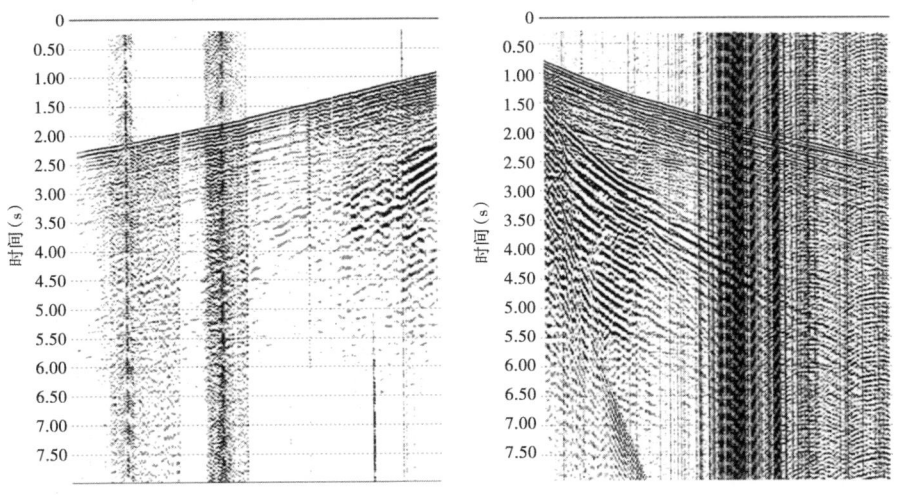

图 5-2 南缘地区异常能量噪声单炮

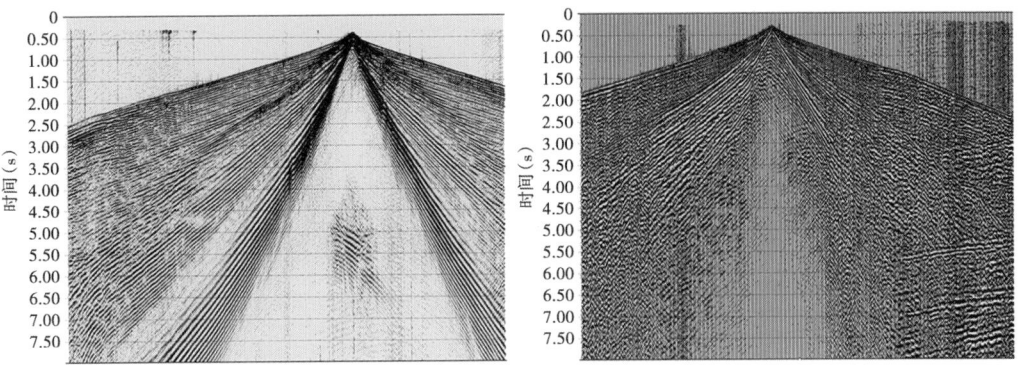

图 5-3 南缘地区侧面干扰单炮

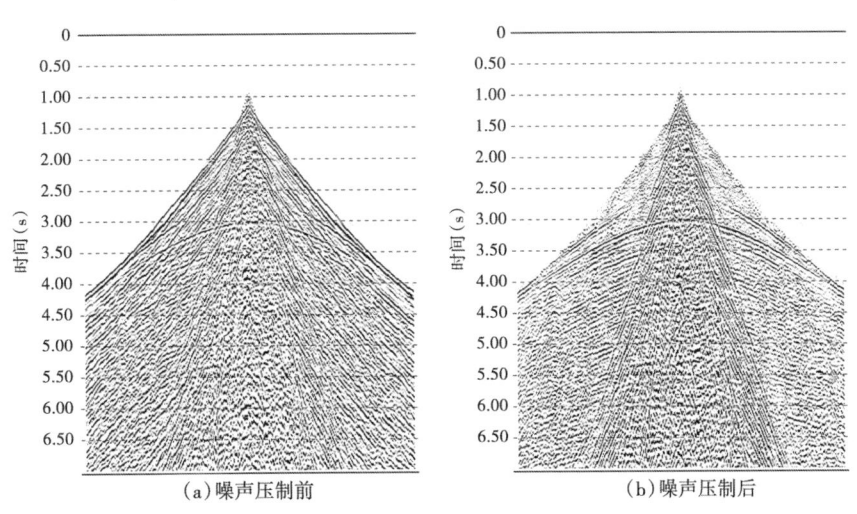

(a) 噪声压制前　　　　　　　　　　(b) 噪声压制后

图 5-4 视速度差异压制浅层多次折射

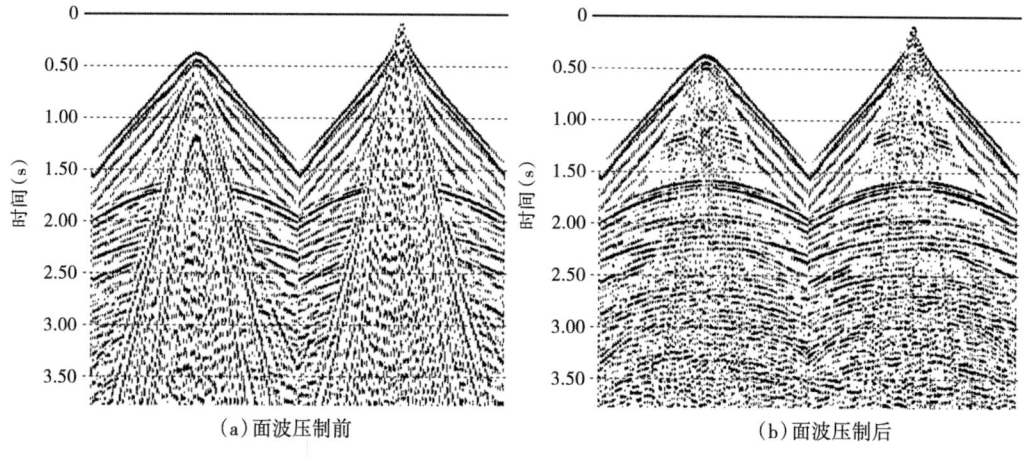

图 5-5　相似系数滤波压制面波

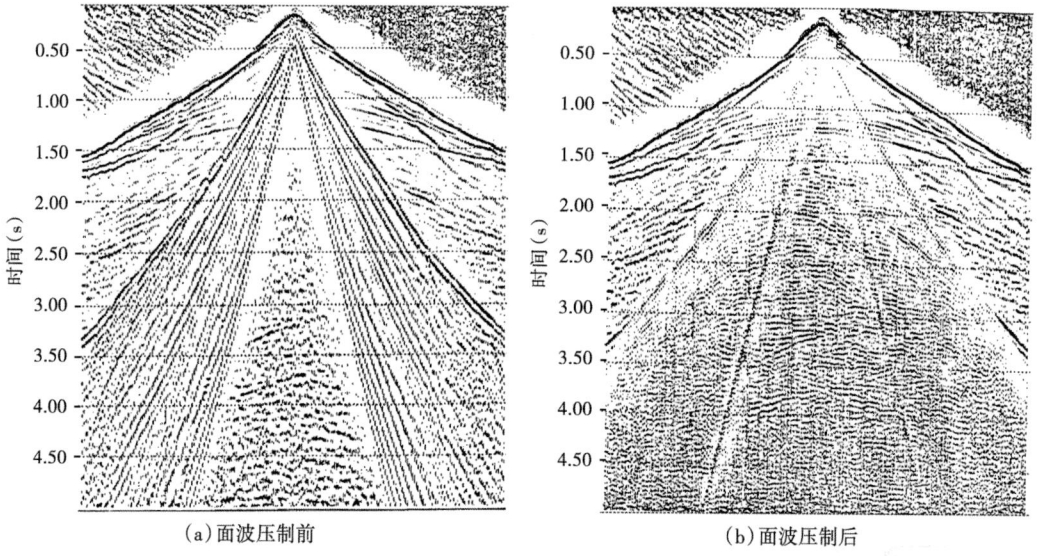

图 5-6　内切滤波压制面波

宽方位发展，处理技术向高分辨、高保真、高精度成像方向发展，解释技术向叠前反演、AVO 属性提取等基于岩性和含油气性识别技术发展。传统的去噪模块对地震有效波的振幅有一定损伤，不能满足高保真处理的要求。因此新疆油田公司在原去噪模块的基础上研发了新的去噪模块，主要有：（1）时频域比较相邻频带振幅能量自动识别与压制叠前高频随机噪声；（2）用剔除大值后的平均能量法分频压制面波；（3）用波场变换和中值预测反滤波方法压制初至折射波；（4）用波场变换和中值预测反滤波压制面波；（5）用加权中值滤波自动检测并压制强能量干扰；（6）时频域自动识别与压制高频噪声；（7）时空域减去法消除随机噪声；（8）振幅衰减法预测并压制异常能量道。

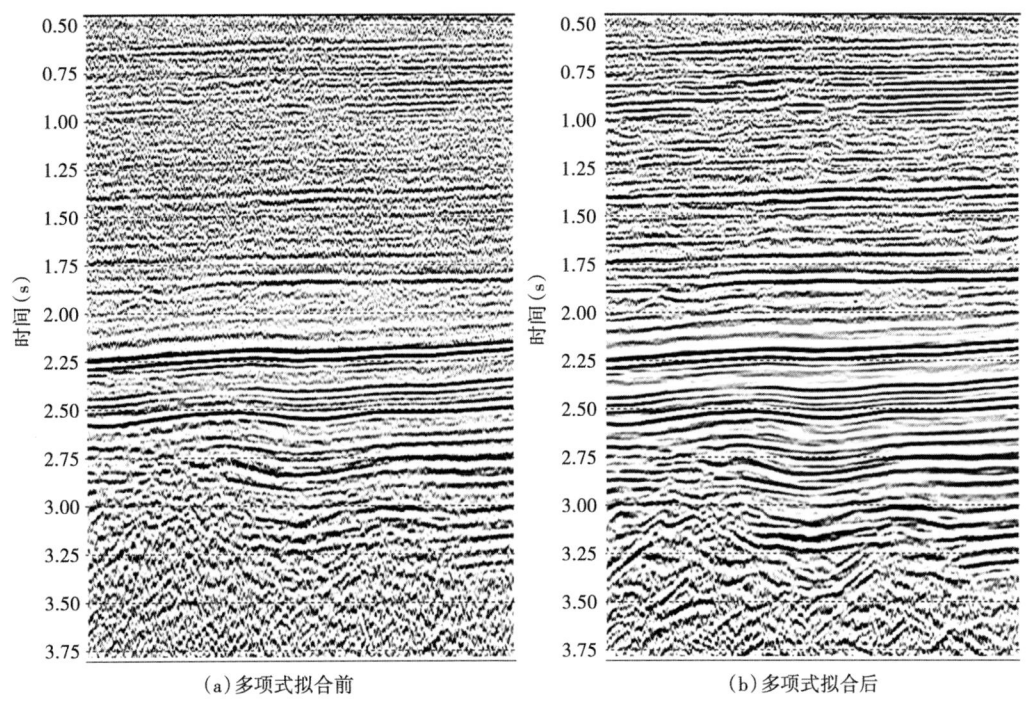

图 5-7　多项式拟合增强有效信号效果对比

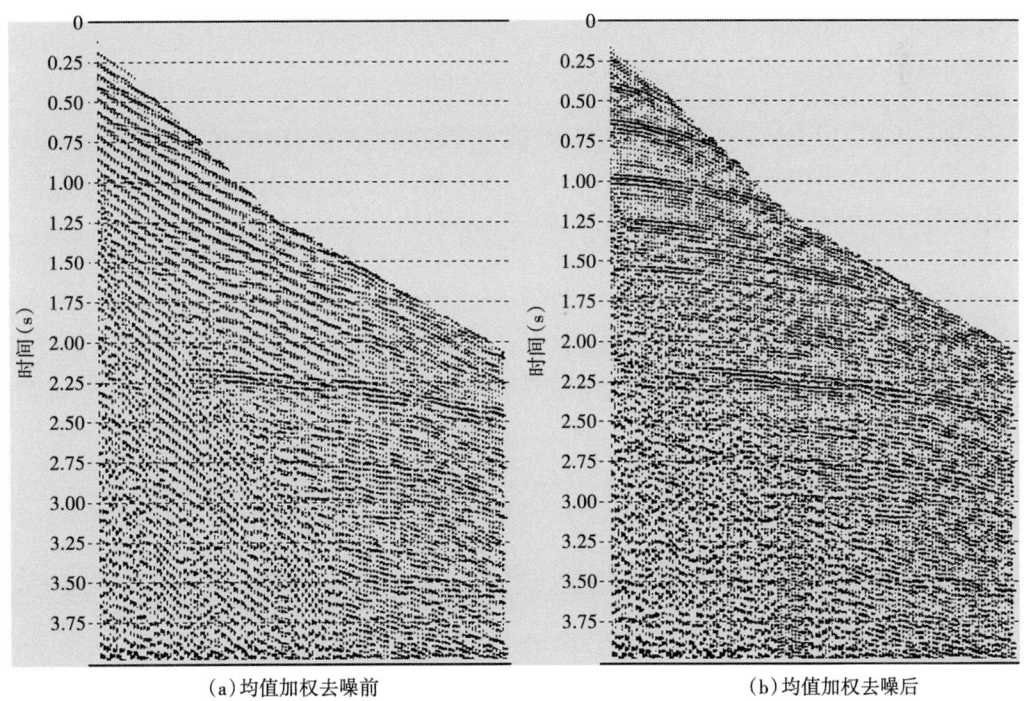

图 5-8　均值加权法消除浅层多次折射效果对比

上述去噪模块较以往去噪模块不同之处在于：（1）以往去噪模块主要在时空域进行处理，新的去噪模块主要在时频域进行处理，由于地震噪声在不同频段的能量强弱有变化，有的频段能量强，有的频段能量弱，通过分频处理技术可以针对不同频段数据采用不同的压制参数，从而最大程度地保留有效信号；（2）以往的许多去噪方法是基于二维方式进行处理，不能用于三维处理，为了使这些方法能够用于三维数据，首先对三维叠前数据进行波场变换，消除横向偏移距对线性噪声空间分布的影响，恢复线性噪声的线性规律，从而使基于二维方式的均值或中值滤波方法能够用于三维数据处理；（3）将普通的中值滤波方法改进为加权中值滤波方法，针对不同的地震道采用不同的加权系数，增加中值滤波提取地震噪声的准确性；（4）用高精度的倾角扫描方法代替普通倾角扫描方法，主要使用1/48样点插值公式求取非整样点处地震噪声的振幅值，从而提取出高精度的地震噪声；（5）用预测相减法替代普通的滤波方法，从而最大限度地保留有效信号。

除了噪声压制方法，提高复杂地区地震资料信噪比的有效手段依然是高覆盖的同相叠加，基于Kirchhoff型积分成像思路，新疆油田公司研发了新的提高信噪比的技术——输出道方式的共反射面元（CRS-OIS）叠加。该方法处理除了具备压制随机噪声、大幅提高信噪比、提高速度分析精度的效果外，还具备了数据插值的功效。在许多有缺失道的数据上，通过CRS-OIS处理获得了良好的插值效果。上述模块的开发起始于2006年，在2008—2009年进行了大量的改进、测试和应用推广工作，目前已经在准噶尔盆地南缘等多个二、三维处理项目中得到广泛应用，取得了良好效果。

第二节 随机噪声与高频噪声压制

随机噪声是地震资料中最主要的干扰，以往压制随机噪声干扰的方法主要是 FX 域预测方法，用于叠后随机噪声衰减。而时空域减去法主要在动校后的 CDP 道集上衰减随机噪声。减去法基本不改变有效波振幅，适于作有关岩性分析资料的去噪。同时，由于运算速度较快，可在叠前的共检波距数据集或动校后的 CDP 道集使用。

常规去噪技术大多在时空域进行，主要针对整个频段进行处理。而实际上噪声可能分布在不同频段，例如面波分布在低频端，有些异常干扰道分布在高频段。如果对地震数据进行分频处理，针对不同频段的数据采用不同的噪声压制方式和参数，可以最大限度地避免有效波的损失。对地震数据进行分时窗、分频处理称为时频域处理。常用的分频处理方法有普通滤波分频处理方法，小波变换方法。时频域处理方法处理的数据量往往数倍于时空域处理方法，运算量远远大于时空域处理方法。

岩性勘探需要高分辨率的地震资料，在准噶尔盆地地震资料中往往存在一些高频随机干扰，其能量较强，降低了地震资料信噪比，尤其是反褶积处理后，这类噪声的能量随着高频能量的提升而变得更强。现阶段对于地震数据高频段噪声还缺乏好的处理方法，为了压制这种噪声，研究人员提出了通过在时频域比较相邻频带振幅能量，进行自动识别并压制叠前高频随机噪声的方法。

该方法利用高频噪声与有效信号在频率域的差异，通过比较相邻频段的能量，预测并压制高频噪声。该方法由于使用了时频域处理方法，并且使用了噪声预测方法预测噪声的分布范围，只对存在噪声的地震数据分频段进行处理，可以最大限度保留有效波。

滤波分频处理方法与小波变换处理方法相比具有灵活、快速的特点，可以任意定义分频的起始、终止频率。由于滤波处理方法是基于傅里叶变换理论实现的，因此只能获得信号的整体频率特征，难以对局部特征进行刻画，且傅里叶变换在信号长度有限时会出现吉普斯现象，无法准确分离不同频段数据，精度不高。

小波变换分频处理方法运算速度慢，精度高，能够准确描述非平稳信号在时频域的变化关系，在实际处理过程中，本文主要采用了窄档等频小波变换处理技术。窄档等频小波变换是在倍频程小波变换基础上发展起来的一种非线性变换方法。众所周知，倍频程小波变换具有低频信号变化缓慢、高频信号变化迅速的特点，这种特点正好和高分辨率处理要求相悖。而等频小波变换，顾名思义，无论频率高低，各个频率通道所包含的频率范围相等，这对统计、分析各自其能量关系非常有益。

窄档等频小波变换，其本质仍是用两个彼此正交的高、低通算子分别对"抽稀"后的地震记录进行滤波处理，得到记录的高频和低频两部分，即所谓的"两分法"原理。图5-9 为模型炮集窄档等频小波分解为 16 个频段后，其中一个排列的示意图。图 5-10 为与上述分频结果对应的频谱，频谱为分贝显示，其结果说明窄档正交小波分频结果是可靠的。图5-11 为利用 16 个分频记录重构的单炮与原始单炮的对比，其面貌十分一致，频谱基本相当，说明了等频小波变换重构方法的正确性。

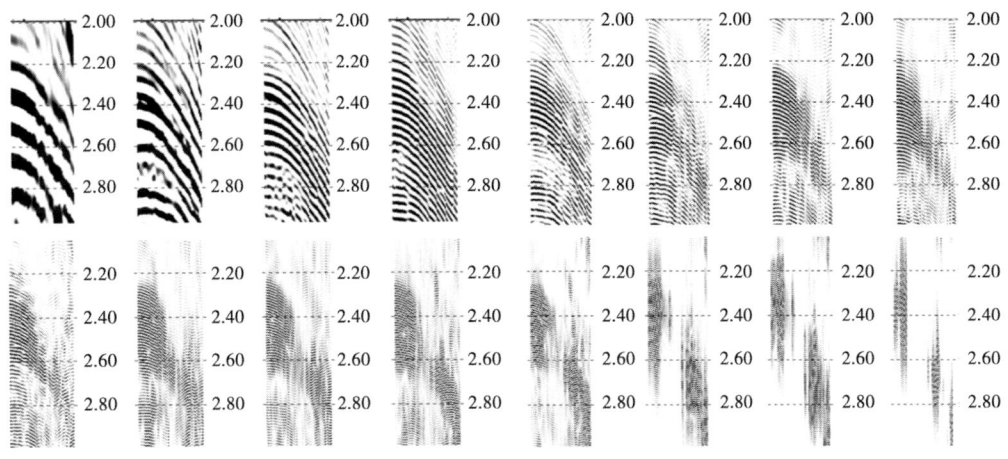

图5-9 模型炮集窄档等频小波分解成16个频率通道

由于正交小波算子具有线性相位性质，致使小波分解结果出现相位移。只有消除这种相位移，才能对小波分解后的数据进行其他后续处理。

等频小波分解后有时可能出现频率泄漏，需要把泄漏部分抽取出来，加到它应归属的频率通道中，这种频率泄漏处理可保证小波重构时减少频率缺失。这对相对振幅保持尤为重要。

在实际处理过程中需要灵活使用带通滤波分频处理方法和窄档等频小波变换方法，如果处理数据量大，为了提高运算速度，多采用普通滤波分频处理方法。对处理精度要求高的数据可采用窄档等频距分频处理方法。

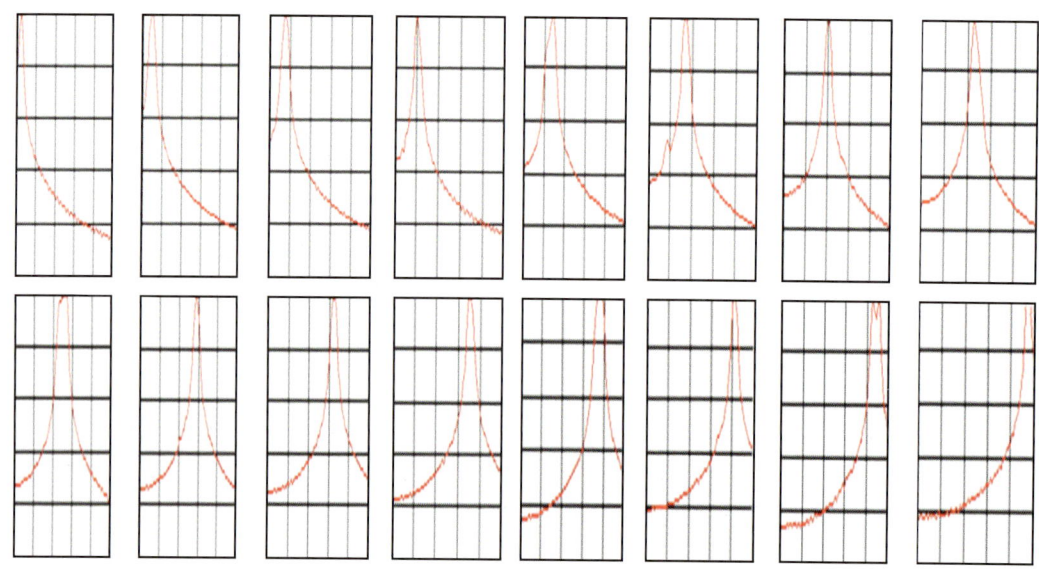

图 5-10　与图 5-9 对应的分频结果频谱

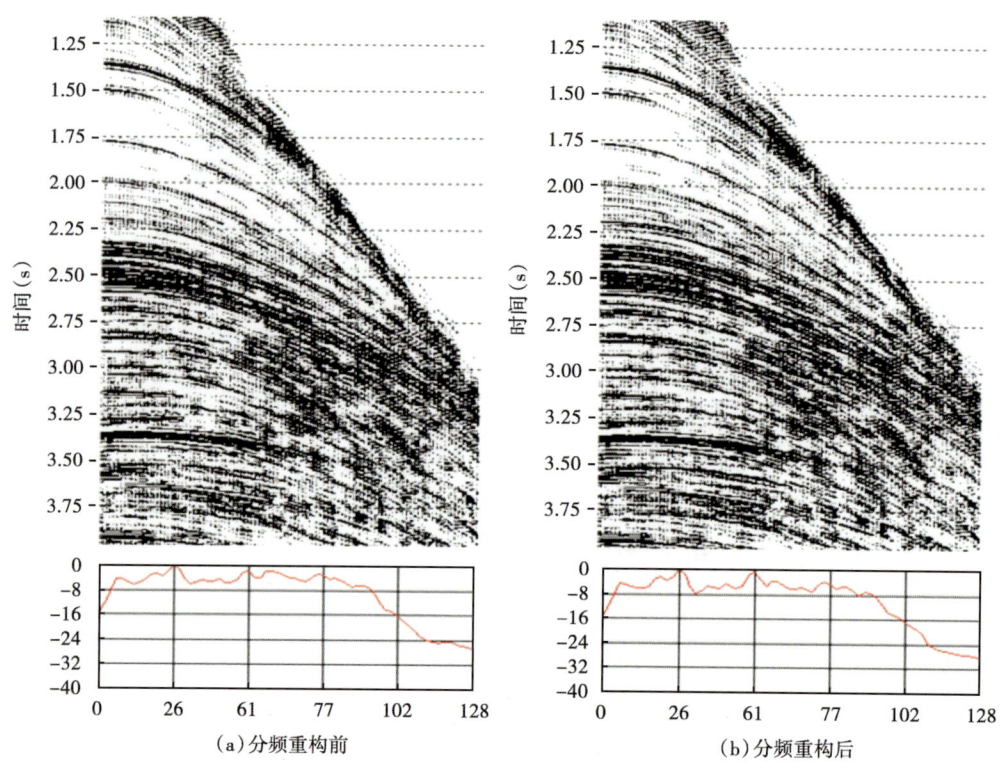

图 5-11　波动方程正演模型数据分频重构

本节主要论述时空域减去法消除随机噪声，时频域相邻频带振幅自动识别法压制高频噪声，以及频域自动识别与压制高频噪声等方法，实际资料处理显示了这些方法的有效性。

一、时空域减去法消除随机噪声

时空域减去法分时间域去噪和空间域去噪两种方式进行。时域去噪主要指在时域内按信号频宽定义一高通滤波器作为检噪算子将有效波滤掉，所得噪声取绝对值，按其局部极大值位置在原信号道上找出对应点，然后从原信号道上将它减去。由于时域有效波频带较宽，如噪声处于该范围内，检噪算子就无能为力。为此采用空间域去噪方法作为互补方法。

空间域去噪是将地震数据按道序排列，在空间域重新采样。由于地层是连续的，除变化剧烈的断块外，小范围内一般起伏不大，其空间频率（值波数）很低，常在10Hz以下。而随机噪声的波数很高，极易区分。用前述方法按信号空间域频宽设计出高通检测算子以查找噪声位置，再用减去法予以剔除即能去掉大部分噪声。

程序用优选法设计了八个检噪算子，使用时只需给出空间的高截频及每24道倾角的毫秒数，程序就会自动选择相应算子做计算。

图5-12展示了莫10井区三维叠前时间偏移道集时空域去噪效果对比，在去噪后剖面上有效波连续性增强，信噪比提高，在噪声剖面上未见有效信号。

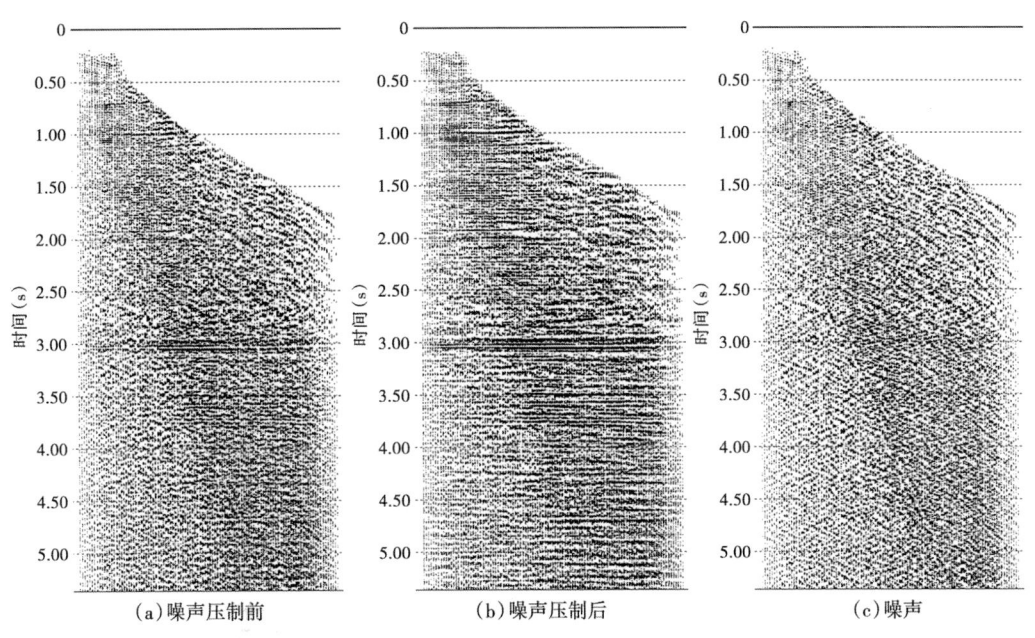

图5-12 时空域减去法消除随机噪声效果对比

二、时频域相邻频带振幅自动识别法压制高频噪声

由于大地的吸收作用与频率呈正比关系，即地震反射波随频率增加，其能量逐步衰减。张宇、张关泉等提出低信噪比区间的判定方法，即通过比较相邻频带小波系数的模的大小识别高频噪声，公式为

$$|\overline{Wf}[2^{-(L-m)}, t]| \leq |\overline{Wf}[2^{-(L-m-1)}, t]| \tag{5-1}$$

其中,$|\overline{Wf}(2^{-L}, t)|$ 表示尺度为 L 时的倍频程小波变换的模。当式（5-1）成立时,将尺度为 $L-m-1$ 频带的小波系数清零,该频带的高频信号就白白损失了。再者,倍频程小波变换的频带宽度随频率增大相应就扩大一倍,比较不同频带宽度对应的小波系数的模的意义不大。因此,把采用分频滤波函数作等频距分频后的相邻频带的能量做比较,可以更好地识别和压制高频噪声。

根据用户提供的正常能量（主频能量）和异常能量（含高频噪声能量）的频带范围,以压制高频噪声的起始频率至计算正常能量的起始频率为频带宽度,用分频滤波函数将原始数据 $f(t)$ 等频距分解成 n 个频带 $f_1(t)$, $f_2(t)$, $\cdots$, $f_n(t)$。其中 $f_1(t)$ 为主频频带之前预留的一个频带,$f_2(t)$ 为主频频带,异常能量从第三个频带开始向后排。

地震道的主频能量代表了地震道的主要能量,是压制其后高频随机噪声的标准能量。

计算第 $i(i \geq 2)$ 个频带、样点 t 处的平均振幅绝对值 $P_i(t)$:

$$P_i(t) = 1/(2\ell+1) \sum_{j=-\ell}^{\ell} |f_i(t+j \times \partial t)| \quad (2 \leq i \leq n) \tag{5-2}$$

式中,∂t——采样率;

$2\ell+1$——窗口样点数。

当 $P_i(t) > TH_i(t) \times P_{i-1}(t)$ 时,表明在 i 频带 t 时刻含高频噪声,压制公式为

$$f'_i(t) = f_i(t) \times P_{i-1}(t)/P_i(t)/TH_i(t) \tag{5-3}$$

式中,TH_i——该时刻压制高频噪声的门槛值。

把 $f_1(t)$、$f_2(t)$ 和压制高频噪声后的所有频带 $f'_i(t)$ 相加,即得到压制高频噪声后的剖面。

图 5-13 的原始炮集中,在 40~80Hz 之间 2s 以下存在较多的高频随机噪声,在 4.5s 以下噪声几乎将地震信号淹没。其压噪剖面表明,高频信号基本上保持下来。图 5-14 表明,

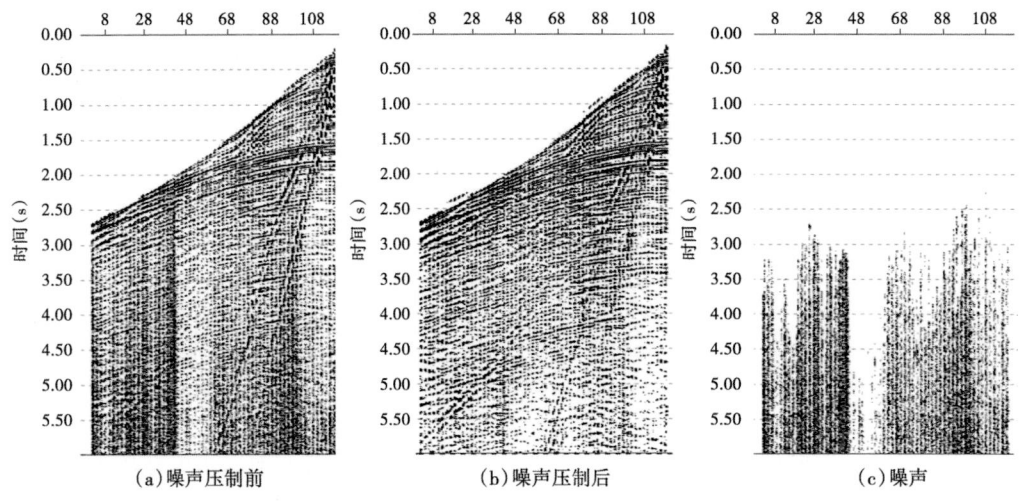

图 5-13 时频域比较相邻频带能量法压制高频随机噪声单炮效果图

FOCUS 处理系统的陷波模块对高频干扰压制效果不好，而本方法能有效压制 50Hz 附近的高频震荡。

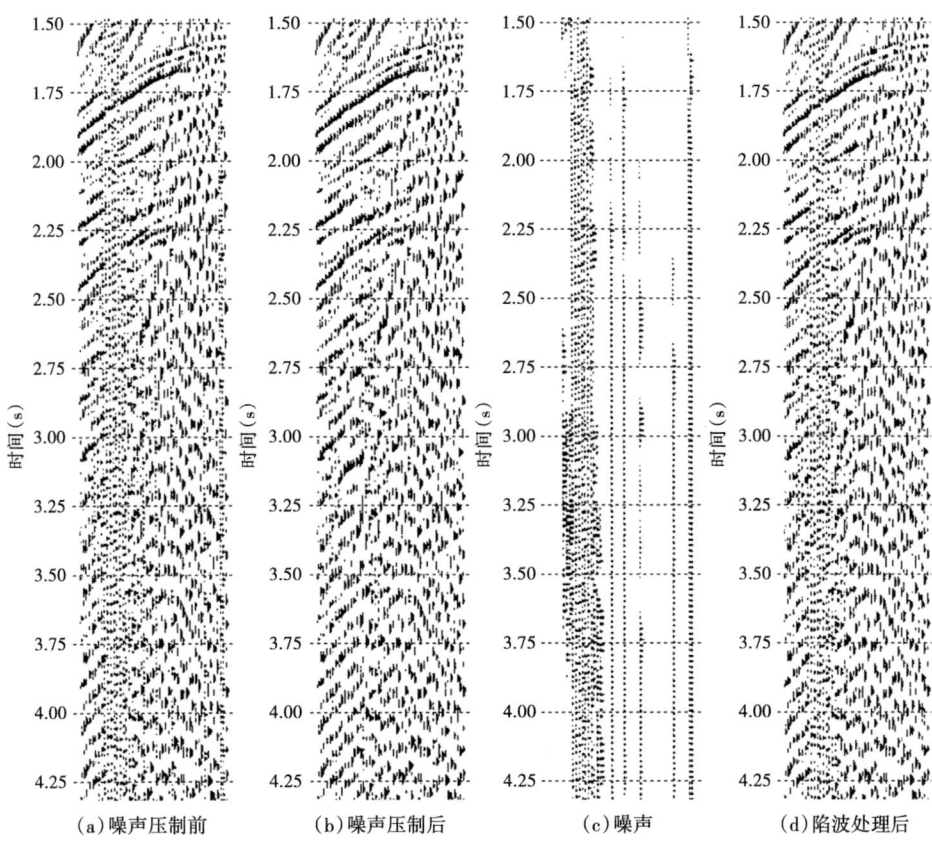

图 5-14　时频域比较相邻频带能量法压制高频噪声与陷波处理对比

三、频率域自动识别与压制高频噪声

叠前炮集中存在的高频噪声，降低了高频段的信噪比，影响了反褶积及一些常规高分辨率处理方法的效果。对叠前炮集中的强高频噪声如不加以压制，势必很难得到理想的叠加剖面。要提高分辨率，就需要在叠前压制高频噪声，从而提高叠前道集中高频部分的信噪比。为此，有必要对叠前炮集中的高频噪声进行自动识别与压制。

张宇等分析了高频噪声在小波变换下的特性，通过小波变换的模相对于尺度因子对数的变化曲线判断出低信噪比区间，提出了低信噪比区间的判定方法，如：

$$|\overline{Wf}[2^{-(L-m)}, t]| \leqslant C_{m+1}|\overline{Wf}[2^{-(L-m-1)}, t]| \tag{5-4}$$

其中，$|\overline{Wf}(2^{-L}, t)|$ 为尺度因子为 2^{-L} 时的倍频程小波变换的模，式（5-4）表明 t 点附近尺度因子为 $2^{-(L-m-1)}$ 时高频噪声占优势，必须加以压制；C_{m+1} 为人为设定的一个阈值。因此，比较相邻频带小波系数模的大小，可以作为识别高频噪声的判别准则。通过将确认为高频噪声的分频小波系数置零的方法来去除高频噪声，仅适用于在高截频以上的频带，如在高截频

以下的频带使用，其中包含的有效反射信号同时也被置零。付燕提出在小波变换的尺度 1 上做二次小波变换，将二次小波变换的尺度 1 的小波系数置零，以去除大部分高频随机噪声，尺度 1 所代表的频带通常大于地震勘探资料的高截频。

钱忠平等提出用正常子波振幅谱作为检测高频噪声的准则。其判别公式为

$$H_t(w) = \begin{bmatrix} 1 & y_t(w) < p_t(w) \\ p_t(w)/y_t(w) & y_t(w) > p_t(w) \end{bmatrix} \tag{5-5}$$

式中，$p_t(w)$——地震记录正常子波振幅谱的包络；

$y_t(w)$——地震道上时间 t 的振幅谱包络。

当 $y_t(w) > p_t(w)$ 时，说明 $y_t(w)$ 为含高频噪声的异常振幅谱包络，表示在频率为 ω 时间 t 处有高频干扰，需要加以压制。$H_t(w)$ 即为高频噪声的压制因子。钱忠平等通过比较正常子波振幅谱和每个较高频带的振幅谱来识别异常振幅谱。该方法不仅能压制强高频噪声，而且能压制较弱的（能量弱于有效波的主频能量，但强于该频带有效波能量）高频噪声。如何在时频域统计求取正常子波振幅谱？如何对张宇等提出的方法加以改进？

夏洪瑞等提出窄档等频距小波变换，它是在倍频程小波变换广泛应用的基础上发展起来的一种技术，具有较小的频带间频率泄漏和较高的重构精度。用窄档等频距小波变换将地震道 $f(t)$ 分解为频率范围相等的若干个频带 $f_i(t)$，表示为

$$f(t) \xrightarrow{wt} \sum_{i=1}^{M} f_i(t) + f_\varepsilon(t) \tag{5-6}$$

式中，$\xrightarrow{wt}$——窄档等频距小波分频；

M——高截频等分后最大的频带序号；

$f_i(t)$——分解后第 i 个频带部分；

$f_\varepsilon(t)$——大于高截频的那一部分。

由于大地的吸收衰减作用，地震记录的主要能量集中在某些较低频带上。用代表地震道主要能量的几个频带 $f_J(t)$，$f_{J+1}(t)$，…，$f_K(t)$ $(1 \leq J < K < M)$ 的平均振幅绝对值作为标准，其对应的主频范围 $[f_{\min}, f_{\max}] = [$第 J 个频带的起始频率，第 K 个频带的终止频率$]$，计算第 i 个频带、样点 t 处的平均振幅绝对值 $P_i(t)$：

$$P_i(t) = 1/(2\ell + 1) \sum_{n=-\ell}^{\ell} |f_i(t + n \times \partial t)| \quad (J \leq i \leq K) \tag{5-7}$$

式中，∂t——采样率；

$2\ell + 1$——窗口样点数。

对 $P_i(t)$ 进行归一化处理，得到

$$P'_i(t) = P_i(t)/\max[P_f(t)] \mid f \in [f_J, f_{J+1}, \cdots, f_K] \tag{5-8}$$

对 $P'_i(t)$ 求平均得到主频范围内平均振幅绝对值 $P(t)$：

$$P(t) = \frac{1}{(K - J + 1)} \sum_{i=J}^{K} P'_i(t) \tag{5-9}$$

由于地震波在传播过程中，高频成分衰减相对较快，在自上而下连续计算正常子波振幅绝对值时，要检查其深层反射波的高频成分振幅绝对值不能强于浅层反射波相应的高频成分振幅绝对值，由其求得正常子波振幅绝对值 $P'(t)$，定义高频噪声的压制因子为

$$H_j(t) = \begin{cases} 1 & Y_j(t) < P'(t) \\ P'(t)/Y_j(t) & Y_j(t) > P'(t) \end{cases} \qquad (5-10)$$

式中，$j \in (K, M)$，$Y_j(t) = 1/(2\ell_1 + 1) \sum_{n=-\ell_1}^{\ell_1} |f_j(t + n \times \partial t)|$ ——第 j 个频带 t 样点处的平均振幅绝对值；

$2\ell_1 + 1$ ——异常振幅绝对值的时窗长度；

K ——主频的最大频带号；

M ——高截频的频带号。

可以看出，当 $Y_j(t) > P'(t)$ 时，在第 j 个频带的 t 样点处有高频噪声，对第 j 个频带进行压制：

$$f'_j(t) = f_j(t) * H_j(t) \qquad (5-11)$$

将分频压制高频噪声的结果和小波分解序号小于、等于 K 的频带数据一起重构，则有

$$f'(t) \xleftarrow{IWT} \sum_{i=1}^{K} f'_i(t) + \sum_{i=K+1}^{M} f'_i(t) + f_\varepsilon(t) \qquad (5-12)$$

式中，$\xleftarrow{IWT}$ ——等频距小波变换的逆变换；

$f'(t)$ —— 压制高频干扰的结果。

准噶尔盆地山地资料叠前未压制高频噪声的叠加剖面，含有较强的高频噪声背景，地层走向难以辨别。叠前压制高频噪声处理后的叠加剖面（图 5-15），强高频噪声背景基本消除，为后续处理打下了良好基础。

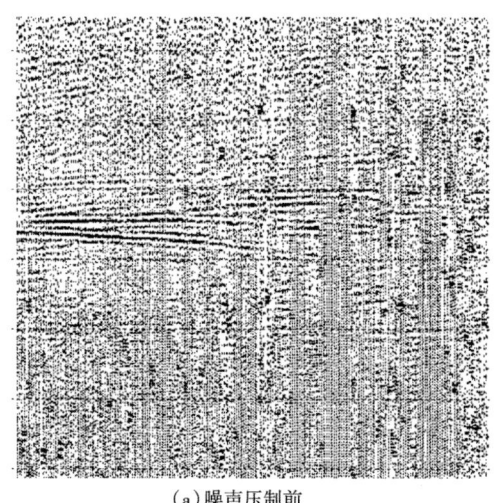
(a) 噪声压制前

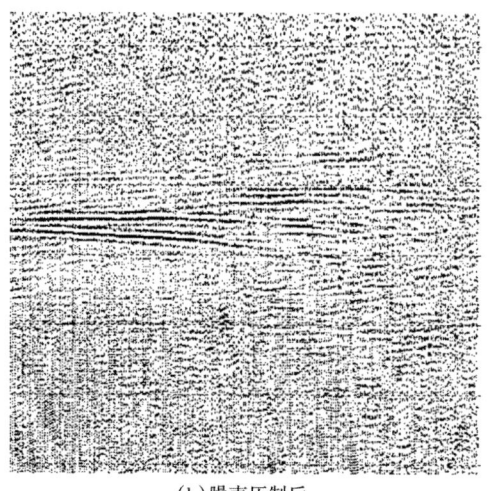
(b) 噪声压制后

图 5-15　时频域自动识别与压制高频噪声效果对比

第三节 异常能量道预测与衰减

一、振幅衰减法预测并压制异常能量道

在原始地震炮集上异常能量道主要表现为能量较强,且随着时间的变化振幅能量不发生衰减,而实际有效波能量是随着时间的增长而呈指数衰减。根据上述噪声特点,研究人员提出了振幅衰减法预测并压制异常能量道。

首先利用时频域处理技术对地震数据进行分频处理,地震数据分成 $f_1(t)$, $f_2(t)$, …, $f_K(t)$ 共 K 个频段,计算第 j 道、第 i 个频带、样点 t 处的平均振幅绝对值 $P_{ij}(t)$:

$$P_{ij}(t) = 1/(2\ell+1) \sum_{n=-\ell}^{\ell} |f_{ij}(t + n \times \partial t)| \quad (1 \leq i \leq K) \tag{5-13}$$

式中,∂t——采样率;

$2\ell+1$——窗口样点数。

计算道头和道尾的振幅衰减率:

$$K_{ij} = P_{ij}(S)/P_{ij}(E) \tag{5-14}$$

式中,$P_{ij}(S)$——第 j 道、频带 i 道头平均绝对值振幅;

$P_{ij}(E)$——第 j 道、频带 i 道尾平均绝对值振幅,如果振幅衰减率小于用户定义的门槛值,则将该频段数据充零,然后重构地震道,产生压制异常能量振幅后的地震道。这种异常能量道压制方法优于简单的剔道方法,因为该方法只剔除某些频段的异常能量数据,而剔道方法将整频段数据剔掉,会损失有效信号。

图 5-16 展示了一个受到严重异常能量道干扰的车 91 井区三维单炮,如果使用常规剔道

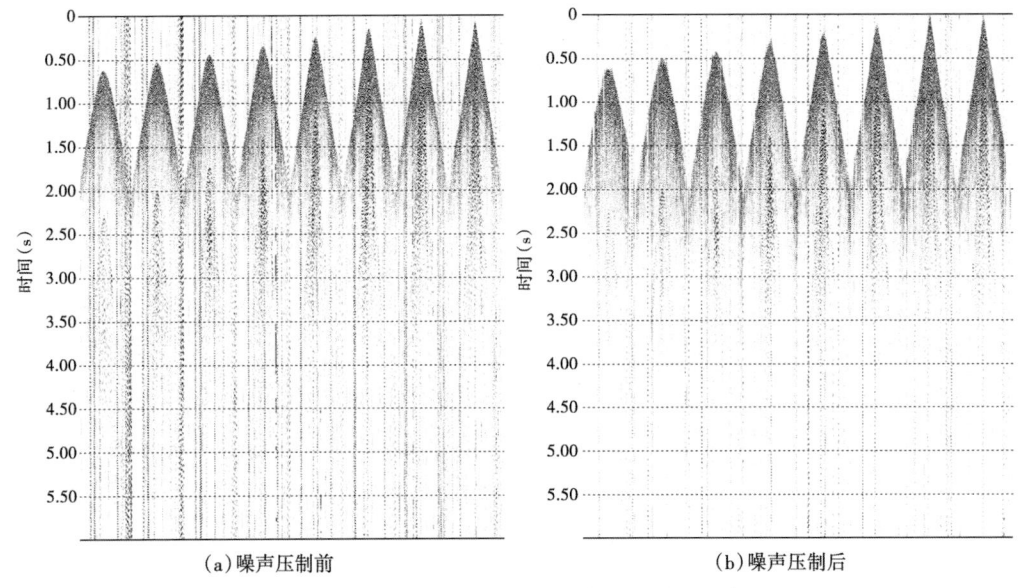

图 5-16 振幅衰减法预测并压制异常能量道方法效果对比

方法会剔掉大量异常道，严重损伤有效信号，而使用振幅衰减法预测并压制异常能量道的方法在压制大部分异常能量的同时将这些道的有效信号基本保留了下来。

二、加权中值滤波自动检测压制强干扰

中值滤波属于非线性滤波方法中的一种，中值滤波的结果代表预测出的中心道噪声能量，普通中值滤波的预测结果易受旁边道振幅值的影响，而加权中值滤波结果更能准确地反映中间道振幅能量的变化，因此其结果更准确。

加权中值滤波方法比普通中值滤波方法求取的噪声更准确，它通过控制权系数调整中值运算中道的权重，使靠近预测位置道的权重更大，而远离预测位置道的权重减小。

普通的中值滤波公式如下：

$$F_m = \text{MID}\{X_1, X_2, \cdots, X_N, \cdots, X_{2N-1}\} \tag{5-15}$$

其中，MID 为求出数列的中值。而加权中值滤波的公式如下：

$$F_{mw} = \text{MID}\{\overbrace{X_1, X_1, \cdots, X_1}^{W_1}, \overbrace{X_2, X_2, \cdots, X_2}^{W_2}, \cdots \overbrace{X_N, X_N, \cdots, X_N}^{W_N}, \cdots \overbrace{X_{2N-1}, X_{2N-1}, \cdots, X_{2N-1}}^{W_1}\} \tag{5-16}$$

式中，W_1，W_2，……W_N——加权系数；

$\{X_1, X_2, \cdots, X_N, \cdots, X_{2N-1}\}$——该数重复的数目。

在实际资料处理过程中表示 $2n-1$ 道的平均绝对值振幅，而加权中值滤波的权系数往往是越靠近中心道其权系数较大，表示参与中值运算的绝对值振幅数越多。参与加权中值滤波的运算数据量往往数倍于普通中值滤波数据量，因此其运算速度较慢。

首先在用户定义的频率窗口内，采用分频滤波函数分频。将道号为 i、样点号为 t 的地震道 $x(i, t)$ 分解成 M 个频带，将其中第 j 个频带表示为 $X_j(i, t)$。

识别强能量干扰的参考标准是相邻多道地震振幅包络的加权中值，地震振幅包络可以采用地震道的逐点平均绝对值振幅能量来描述。强能量干扰的逐点平均绝对值振幅能量比它邻近的横向上其他点的振幅能量要大得多。自动检测强能量噪声，首先需要确定一个参考量作为判断标准，这个参考量为该数组的加权中值，即某频带相邻 $2k+1$ 道在某一时刻 t 的平均绝对值振幅能量的加权中值。首先对某炮集第 i 道记录第 j 个频带计算某一样点时刻 t 的平均绝对值能量 $P_j(i, t)$，表示为

$$P_j(i, t) = \frac{1}{(2N+1)} \sum_{m=-N}^{N} X_j(i, t + m \times \partial t) \tag{5-17}$$

式中，$2N+1$——计算平均绝对值振幅时窗的样点数；

∂t——采样率。

设 t 时刻 $2k+1$ 道平均绝对值振幅能量序列为

$$\{P_j(1, t), P_j(2, t), \cdots, P_j(k+1, t), \cdots, P_j(2k+1, t)\} \tag{5-18}$$

所谓加权中值滤波的"权"即为中值滤波序列中某一项在加权中值滤波扩展时要重复

的整数次数。设式（5-18）的某一项 $P_j(i, t)$ 的权系数为 w_i，则式（5-18）相应的加权中值滤波序列扩展为

$$\left\{ \overbrace{P_j(1,t),\cdots,p_j(1,t)}^{w_1},\cdots,\overbrace{p_j(k+1,t),\cdots,P_j(k+1,t)}^{w_{k+1}},\cdots,\overbrace{p_j(2k+1,t),\cdots,p_j(2k+1)}^{w_{2k+1}} \right\}$$
(5-19)

它含有 $\psi = w_1 + w_2 + \cdots + w_{2k+1}$ 项元素，由于 $w_i \geq 1$，ψ 远比 $2k+1$ 要大得多。当 $w_1 = w_2 = \cdots = w_{2k+1} = 1$ 时，式（5-19）和式（5-20）相同。用 $W_j^w(t)$ 表示（5-18）的扩展序列（5-19）的简单中值，即为式（5-19）的加权中值。

在分析处理相邻 $2k+1$ 道地震数据后，可以检测并压制其中心道第 $k+1$ 道的强能量噪声。对于其 t 时刻的一个 $2k+1$ 维数组来说，第 $k+1$ 项与输出道相对应，将式（5-19）的中心项 $P_j(k+1, t)$ 除以加权中值 M_j^w 作为检测强能量噪声的识别参量。由于偏移前的地震信号在空间方向是连续的，信号振幅的空间变化是光滑的。如果当前输出道在 t 时刻是地震信号，那么 $P_j(k+1, t)/M_j^w(t)$ 就应该和 1 相接近。如果该识别参量大于某个压制门槛值，就可断定输出道在 t 时刻是强能量干扰需要进行压制。通过选择合适的权系数和压制门槛值既可将强能量干扰加以有效识别并压制，又能保证地震信号较少发生畸变。

为了准确的压制强能量干扰，需采用迭代方法，其迭代公式如下：

假定对其中心道第 $k+1$ 道数据进行 n 次迭代衰减后，得到第 $k+1$ 道 f_j 频带 t 时刻第 n 次迭代的平均绝对值振幅能量，（5-18）式表达为

$$P_j^{(N)}(k+1, t) = \frac{1}{(2N+1)} \sum_{m=-N}^{N} X_j^{(N)}(k+1, t+m \times \partial t)$$
(5-20)

由此可计算 $N+1$ 次迭代的衰减系数：

$$e_j^{(N+1)}(t) = \begin{bmatrix} aP_j^{(N)}(k+1, t)/M_j^w(t) \cdots P_j^{(N)}(k+1, t) > thr_j(t) \cdot M_j^w(t) \\ 1 \cdots P_j^{(N)}(k+1, t) < thr_j(t) \cdot M_j^w(t) \end{bmatrix}$$
(5-21)

式中，a——压制系数；

$P_j^{(N)}(k+1, t)$——输出道对应的中心道 j 频带 t 样点处第 N 次迭代后的平均绝对值振幅能量；

$thr_j(t)$——j 频带 t 样点处门槛值。

可对 j 频带作 $N+1$ 次衰减，公式为

$$X_j^{(N+1)}(k+1, t) = X_j^{(N)}(k+1, t)/e_j^{(N+1)}(t)$$
(5-22)

所有的 $X_j^{(N+1)}(k+1, t)$ 重构即可得到压制强能量干扰后的地震道 $X'(k+1, t)$。

图 5-17 显示了原始炮集中由浅至深存在类似双曲线的强能量干扰，应用加权中值滤波自动检测并压制强能量干扰技术后，这种噪声被压制，在噪声剖面中也未见有效信号，证明该方法的振幅保真度较好。图 5-18 的原始炮集中存在异常能量干扰道，使用该方法可以较好地将噪声压制，而普通的剔道方法会将整道剔除，该道的有效信息也完全损失。

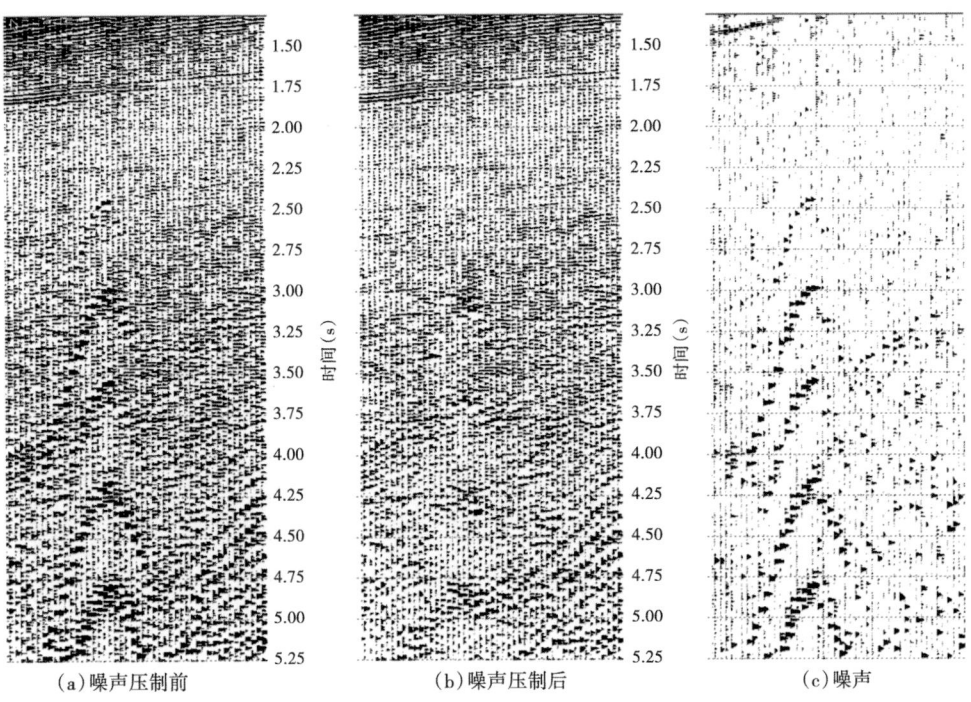

图 5-17　用加权中值滤波方法压制异常能量干扰效果对比

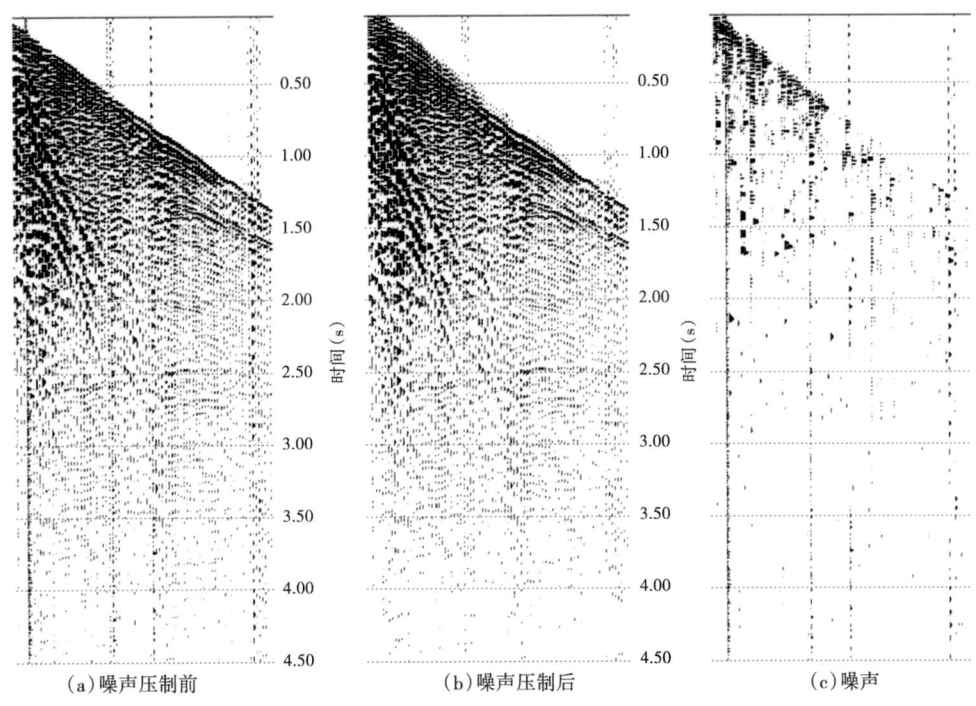

图 5-18　用加权中值滤波方法压制异常干扰道效果对比

三、时频空间域去噪方法应用

在借鉴已有方法和现有模块的基础上,本次异常能量研制思路希望模块能做到在时间、空间、频率域上自适应的压制噪声。针对各种异常道类型,压制技术研究思路与内容为:

(1) 单频异常能量道,现有模块只能压制40Hz干扰,频带单一。希望通过模块开发在频率域自动识别异常强能量位置并设计滤波因子,对其滤除;

(2) 宽频异常能量道,现有技术为人工交互剔道,效率低,质量控制难,希望通过模块开发在频率域中自动识别异常能量干扰范围,并设计宽频滤波因子,加以滤除;

(3) 强能量噪声道,现有模块 AUTOEDT 容易将能量较强的近偏移距有效道剔除,希望通过模块开发在空间域自动识别强能量道并剔除;

(4) 波形异常道,现有技术为人工交互剔道,效率低,质量监控难,希望通过模块开发在空间域利用波形相似度方法识别并剔除;

(5) 直流分量道,现有技术为人工交互剔道,效率低,质量监控难,希望通过模块开发在时间域利用道头或道尾的平均能量计算出直流分量并将其减去;

(6) 丢码道,现有技术为人工交互剔道,效率低,质量监控难,希望通过模块开发在时间域利用道尾振幅值的变化来识别和压制;

(7) 尖脉冲振幅值,现有模块 REMSPK 需要人工给出异常能量去除门槛值,不能自适应压制噪声。希望通过模块开发在时间域自动比较强能量与平均能量的方法识别和剔除。

1. 单频异常能量压制

将地震数据 $x(t)$ 通过傅氏变换从时间域转换到频率域:

$$x(f) = \int_{-\infty}^{+\infty} x(t) \mathrm{e}^{-i2\pi ft} \mathrm{d}t$$

在频率域寻找最大能量频率点 $x(f_{\max})$:

$$x(f_{\max}) = \max[x(f_i)] \quad (i \in [0, f_{\mathrm{Nyq}}]) \tag{5-23}$$

式中,f_{Nyq}——奈奎斯特频率。

将该点频率能量与相邻点频率能量比较,若大于门槛值 FTHROD:

$$|x(f_{\max})| > \mathrm{FTHROD} * |x(f_{\max+\Delta})| \tag{5-24}$$

其中,Δ 为相邻点时窗长度。根据该频率点设计一定带宽的带通滤波算子,将该噪声滤掉,带通子波的时间域表达式为

$$B(t) = \frac{\sin\{\pi t(f_3 + f_4) - \sin[\pi t(f_1 + f_2)]\}}{\pi t} \tag{5-25}$$

式中,f_1——低截频;

f_2——低通频;

f_3——高通频;

f_4——高截频。

图 5-19 所示为单频异常能量道压制效果图。

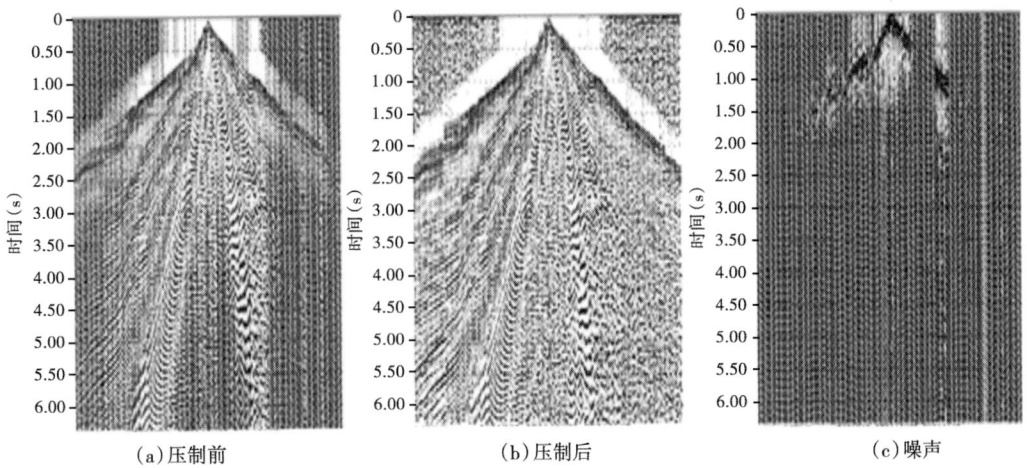

图 5-19 单频异常能量道压制效果

2. 宽频异常能量道的压制

将地震数据 $x(t)$ 从时间域变换到频率域：

$$x(f) = \int_{-\infty}^{+\infty} x(t) e^{-i2\pi ft} dt \qquad (5-26)$$

在频率域寻找最大能量频率点 $x(f_{\max})$，f_{Nyq} 为奈奎斯特频率。

$$x(f_{\max}) = \max[x(f_i)] (i \in [0, f_{Nyq}]) \qquad (5-27)$$

从该频率点开始朝小频率方向搜寻最小能量频率点，判断出该噪声的频率范围，计算该频率范围内的噪声平均能量，与相邻段的有效波平均能量进行比较：

$$\frac{\sum_{f_{\max}-\Delta}^{f_{\max}} |x(f_i)|}{\Delta} < \text{FIHROD} \times \frac{\sum_{0}^{f_{\max}-\Delta} |x(f_i)|}{\max - \Delta} (\Delta = 1, 2, \cdots, \max) \qquad (5-28)$$

如果小于门槛值 FTHROD，确定滤波范围 Δ，设计出带通滤波算子，将该噪声滤掉。带通子波的时间域表达式为

$$B(t) = \frac{\sin\{\pi t(f_3 + f_4) - \sin[\pi t(f_1 + f_2)]\}}{\pi t} \qquad (5-29)$$

式中，f_1——低截频；

f_2——低通频；

f_3——高通频；

f_4——高截频。

图 5-20 所示为宽频异常能量道压制效果图。

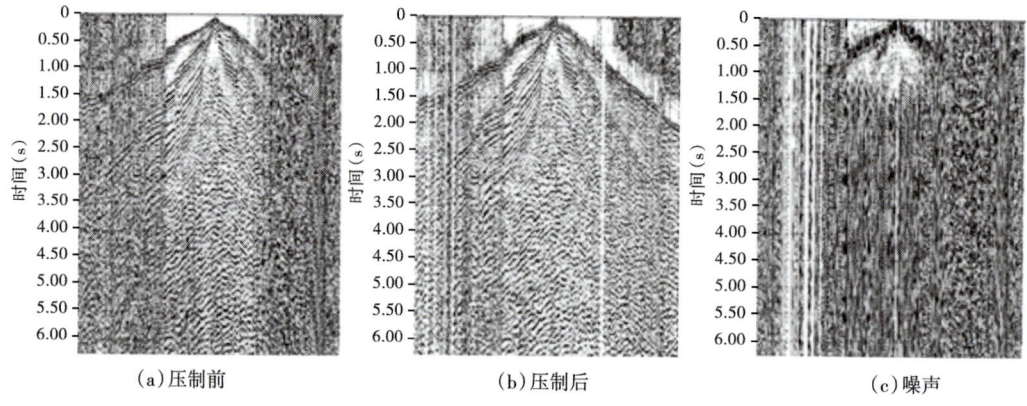

图 5-20　宽频异常能量道压制效果

3. 强能量噪声道的压制

比较中央地震道与相邻道的振幅：

$$\sum_{\text{LENGTH}}^{\text{LENGTH}-\text{ENDMS}} |X_i(t)| > STHROD \times \sum_{\text{LENGTH}}^{\text{LENGTH}-\text{ENDMS}} |X_{i+\Delta(t)}| \tag{5-30}$$

式中，$X_i(t)$——第 i 道的振幅值；

$\Delta = \pm 1, 2, \cdots, \pm NT$，$NT$——识别强能量噪声道的空间道数，用户给定；

ENDMS——用于识别噪声的道尾数据长度（单位 ms），用户给定。

为什么选择道尾数据进行统计，因为道尾部数据干扰强，有效波弱，更利于识别噪声。如果中央地震道振幅大于门槛值 STHROD，则将该道充零。图 5-21 所示为强能量噪声道压制效果图。

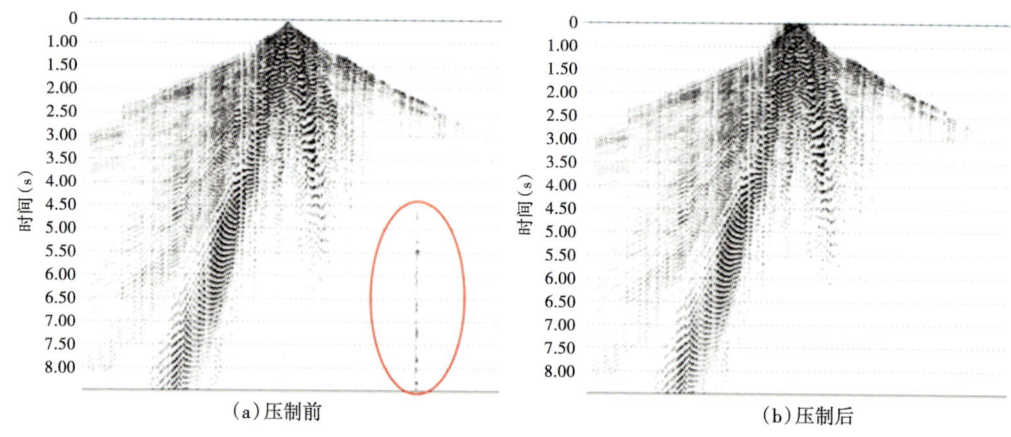

图 5-21　强能量噪声道压制效果图

4. 波形异常道的压制

计算中央地震道与相邻道的相似系数 c：

$$c = \frac{\sum_{\text{LENGTH}}^{\text{LENGTH-ENDMS}} (X_i(t) \times |X_{i+\Delta(t)}|)}{\sqrt{\sum_{\text{LENGTH}}^{\text{LENGTH-ENDMS}} |X_i^2(t)|} \times \sqrt{\sum_{\text{LENGTH}}^{\text{LENGTH-ENDMS}} |X_{i+\Delta}^2(t)|}} \quad (5-31)$$

式中，$X_i(t)$——第 i 道的振幅值；

　　$\Delta = \pm1, 2, \cdots, \pm NT$，$NT$——识别强能量噪声道与波形异常噪声道的空间道数，用户给定；

　　ENDMS——用户参数，如果小于门槛值 CC（用户参数），则将该道充零。

图 5-22 所示为波形异常道压制效果图。

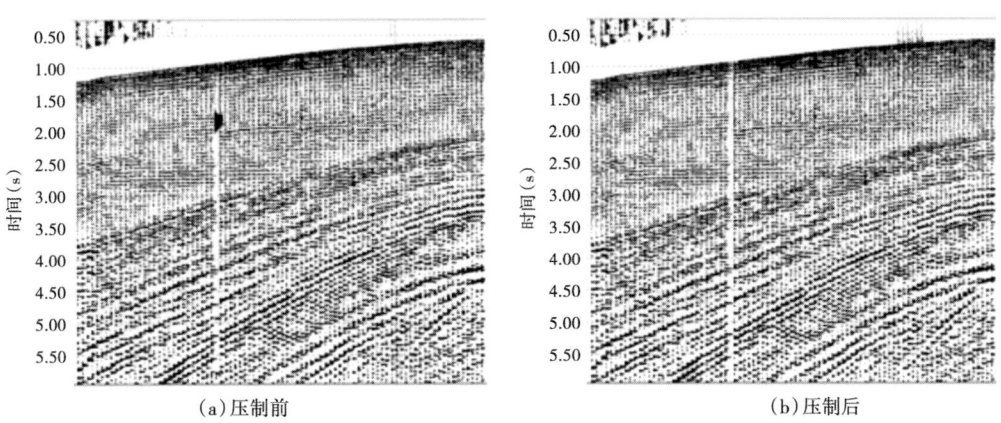

图 5-22　波形异常道压制效果图

5. 直流分量道的压制

若用户选择压制直流分量参数，则模块首先在道首或道尾一个窗口内，判断地震道样点过零点次数。如果过零点次数为零或者很少，则在时间域中，计算地震道的起始部位，或者道尾处计算一个时窗（w）的平均振幅值 $\text{avg}X(t)$，图 5-23 直流分量道压制效果图。

$$\text{avg}X(t) = \frac{\sum_{0}^{W} |X(t)|}{W} \quad (\text{起始部位}) \quad (5-32)$$

$$\text{avg}X(t) = \frac{\sum_{\text{LENGTH}-W}^{\text{LENGTH}} |X(t)|}{W} \quad (\text{道尾}) \quad (5-33)$$

式中，LENGTH——道长。

最后整道将该平均振幅减去，得到压制后地震道 $x'(t)$：

$$X'(t_i) = X(t_i) - \text{avg}X(t_i) \quad i = 1, 2, \cdots, \text{LENGTH} \tag{5-34}$$

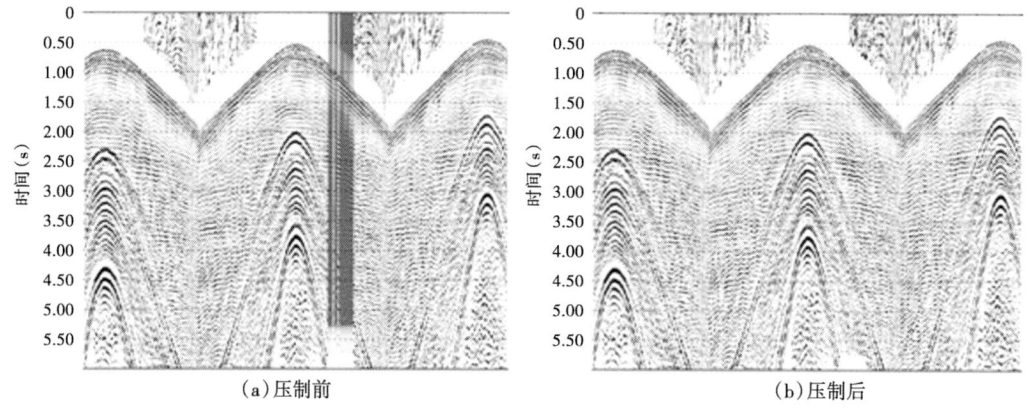

图 5-23　直流分量道压制效果图

6. 丢码道的处理

压制丢码道一般从道尾开始，比较地震样点振幅，如果不变，则将振幅值不变时窗内的振幅值充零。图 5-24 所示为丢码道压制效果图。

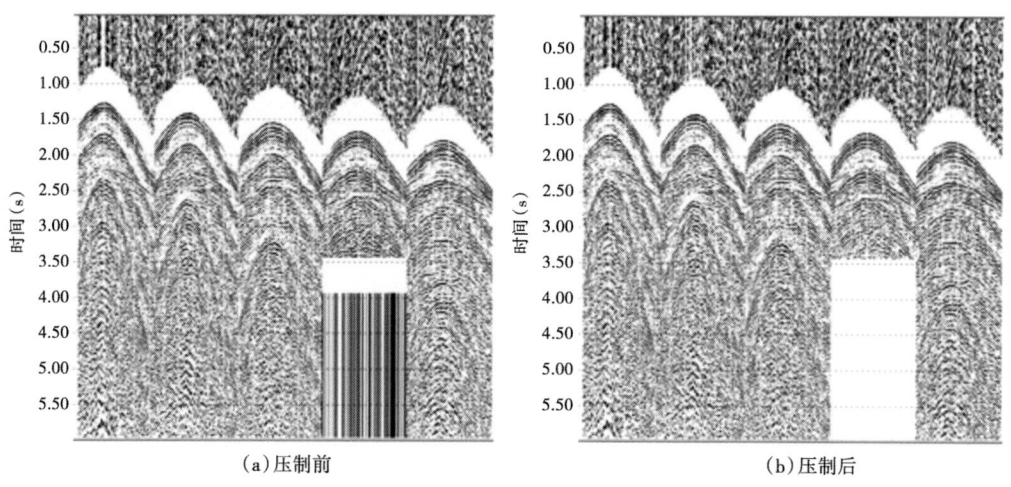

图 5-24　丢码道压制效果图

7. 尖脉冲振幅值的处理

尖脉冲振幅值一般在地震道上很难察觉。模块通过比较地震样点振幅与其相邻时间点平均绝对值振幅，如果大于一定门槛，则将该振幅值用平均绝对值振幅替换，正负号和该振幅值本身的正负号一致。图 5-25 所示为尖脉冲振幅值压制效果图。

本模块缩短了预处理周期，提高了地震资料品质，减轻了处理员工作量，为后续工作顺利进行建立了良好的开端。图 5-26、图 5-27、图 5-28 所示为南缘二维攻关项目，时频空间域异常能量识别与压制效果。通过该方法，地震资料上的异常能量被自动识别，并加以剔除。完全脱离了人工交互剔道的低效繁重的方式。

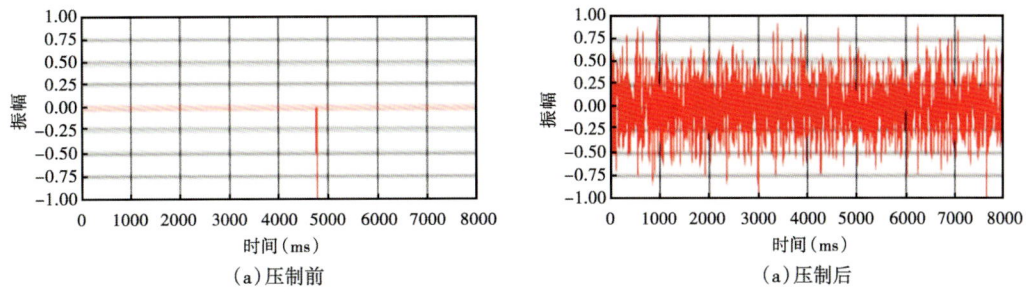

图 5-25　尖脉冲振幅值压制效果图

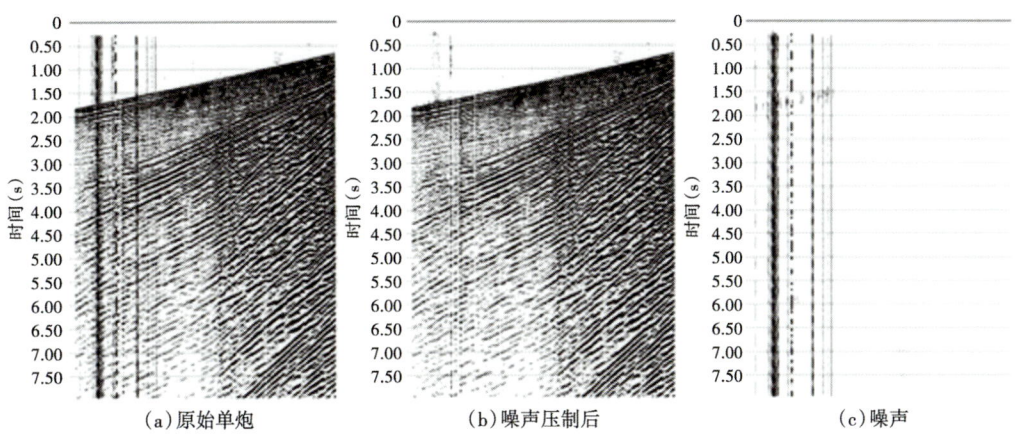

图 5-26　南缘二维攻关项目异常能量压制效果

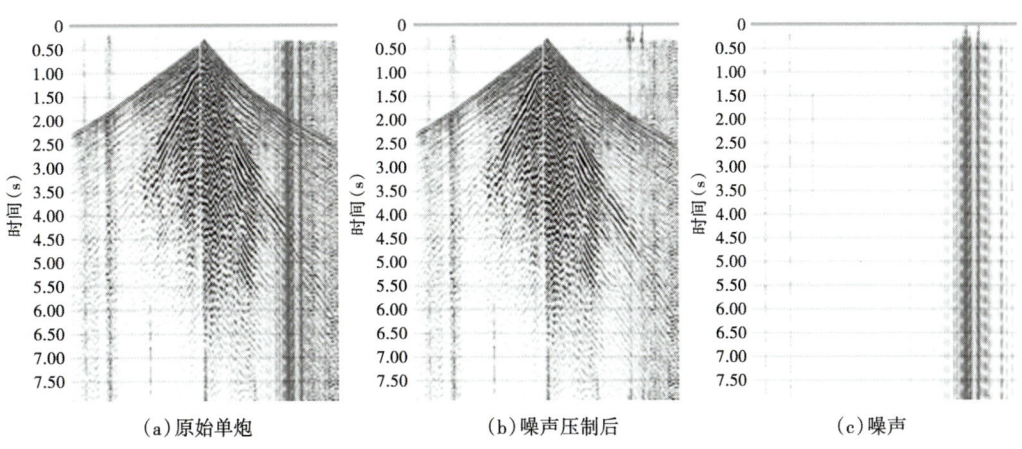

图 5-27　南缘二维攻关项目异常能量压制效果

— 197 —

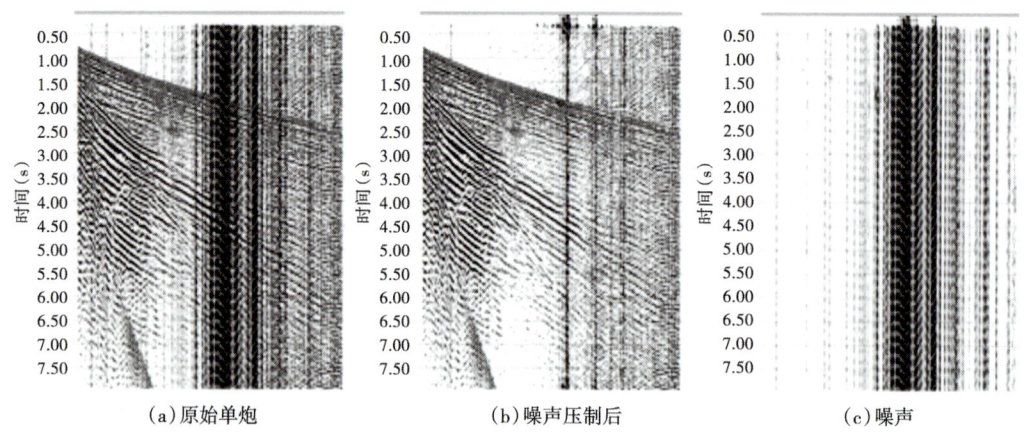

(a) 原始单炮　　　　　　　(b) 噪声压制后　　　　　　　(c) 噪声

图 5-28　南缘二维攻关项目异常能量压制效果

本模块在南缘二维攻关项目、玛河气田三维项目、沙门1井三维项目、阜东连片三维项目、霍尔果斯三维项目中取得了良好的效果。

应用自适应异常能量剔除方法，提高了地震道编辑效率，以沙门1井为例，实施前多人交互剔道需要一周时间，现利用该技术一天即可完成，效率提高了十几倍（图5-29）。实施后预处理资料品质提高，各种干扰道得到压制，弥补了人工交互剔道的主观性与现有剔道模块的局限性。

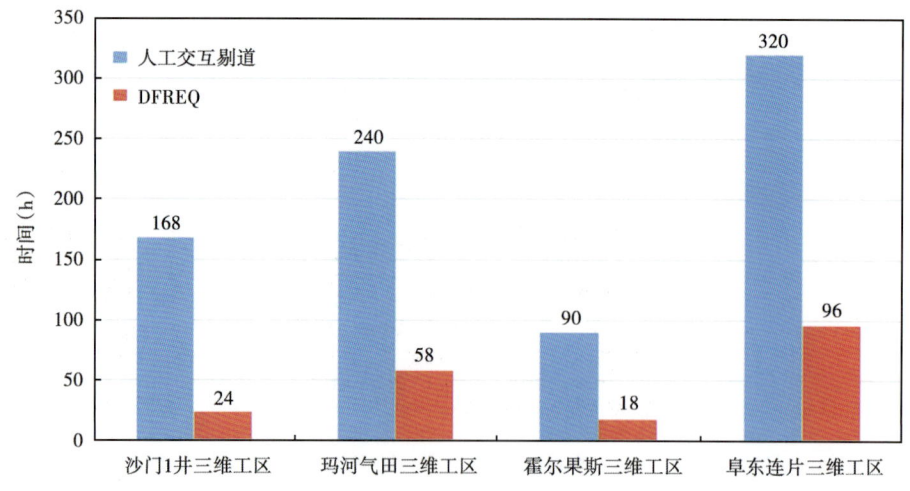

图 5-29　适应异常能量异常能量剔除模块效率提升直方图

同时，该方法提高了地震数据的利用率。以前针对异常道采用整道剔除的方法，现在，通过使用时频分析方法，压制某一频段范围的异常能量，而其他频段范围的地震数据可以继续利用，因此间接降低了地震数据采集成本。本模块与现有商业软件同类模块相比，具有能压制多类型异常能量的优点，同时可显著提高预处理效率，大大增加了数据的利用率，减轻了处理员的工作量。尽管考虑了很多噪声类型，但是野外噪声多种多样，本模块对某些特殊噪声依然无法压制。在压制噪声时，对有效信号还是有所损伤。在今后的模块开发中，将提高压制精度。本模块压制噪声功能比较多，用户参数也较多，应该设置更多的可选参数，供处理员灵活选择，以替代目前的全局参数方式。

第四节　矢量分解压噪技术

一、改进矢量分解压噪方法

去噪处理是地震勘探领域的重要研究内容，对地震资料的品质有较大影响。矢量分解法是利用噪声偏离信号的夹角来实现随机噪声的压制，属于角度滤波。该方法适用于叠前和叠后资料，且不受地层倾角限制，但仍存在信噪分离不彻底的问题。改进的矢量分解法通过提出高维矢量函数、样条函数来提高矢量夹角的计算精度，并针对常规压噪后相邻道夹角不连续的缺陷，提出进一步的夹角平滑处理改进方法，信噪分离更为有效、准确，也能更好地滤除随机噪声、部分多次波和斜干扰等。实际资料处理结果表明，该方法具有较好的压噪效果。

1. 常规矢量分解法

在地震资料处理方法中，一般都是基于"相邻道信号之间具有相关性"的假设展开，它在科研和生产中发挥着广泛的重要作用。矢量分解法也是基于这一假设条件展开，当两个信号在任意时刻的振幅之间比值稳定时，两个信号的相关性最好。为应用方便，构造一个单位矢量来描述从原点截取的半直线，称为单位相关矢量 d：

$$d = a_1 i_1 + a_2 i_2 \tag{5-35}$$

式中，i_1、i_2——x、y 轴方向的单位矢量；

a_1 和 a_2——模值，满足 $a_1 = \cos\theta$，$a_2 = \sin\theta$。

推广到 n 维情况，有

$$d = a_1 i_1 + a_2 i_2 + \cdots + a_n i_n \tag{5-36}$$

下面来简单说明一下矢量分解法的实现过程。假设一 N 维数据体（含 $M \times N$ 个样点，以列向量表示：

$$\begin{pmatrix} A_1 \\ A_2 \\ \vdots \\ A_M \end{pmatrix} = \begin{pmatrix} x_{11} & x_{12} & \cdots & x_{1N} \\ x_{21} & x_{22} & \cdots & x_{2N} \\ \vdots & \vdots & \vdots & \vdots \\ x_{M1} & x_{M2} & \cdots & x_{MN} \end{pmatrix} \begin{pmatrix} i_1 \\ i_2 \\ \vdots \\ i_N \end{pmatrix} \tag{5-37}$$

式中，$i_n(n=1, 2, 3, \cdots, N)$——第 n 道的单位方向矢量；

x_{ij}——第 j 道 i 个样点的振幅值；

A_i——第 i 个样点的振幅矢量。

取某一个振幅矢量 A_i 分析：

$$A_t = x_{t1}i_1 + x_{t2}i_2 + \cdots + x_{tN}i_N \tag{5-38}$$

假设已知单位相关矢量 d_t：

$$d_t = a_1 i_1 + a_2 i_2 + \cdots + a_N i_N \tag{5-39}$$

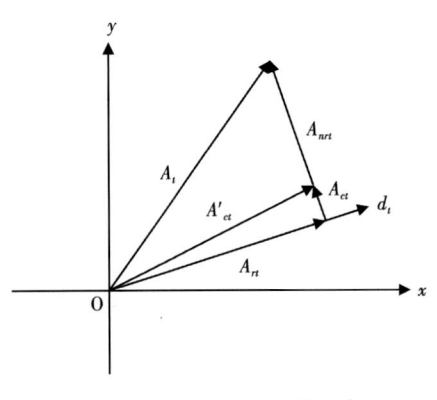

图 5-30　矢量分解及重构示意图

将 A_t 和 d_t 放到二维平面分析，如图 5-30 所示。根据分析，d_t 代表了有效信号的主要方向，对 A_t 进行矢量分解，一个分量 A_{rt} 平行于 d_t，另一个分量 A_{nrt} 垂直于 d_t：

$$A_{rt} = (A_t \cdot d_t) d_t \tag{5-40}$$

$$A_{nrt} = A_t - A_{rt} \tag{5-41}$$

其中，A_{rt} 中信号占主要成分，应予以保留；A_{nrt} 中噪声占主要部分，可用参数 $c(0 \leqslant c \leqslant 1)$ 进行压制，并与 A_{rt} 相加得压噪后的信号 A_t'：

$$A_t' = A_{rt} + c A_{nrt} \tag{5-42}$$

A_t' 作为压噪后的振幅矢量输出，各分量分别为 t 时刻各道的新振幅值，相邻道的相关性得到增强。

2. 改进的矢量分解法

高精度夹角的求取：矢量分解法是一种角度滤波压噪法，单位相关矢量的求取直接影响信噪分离效果，提高矢量夹角的计算精度，对于提高最终去噪效果的重要性不言而喻。下面拟通过高维矢量函数及样条函数来提高矢量夹角的计算精度。

首先，根据地震数据 A 的目的层信噪比、分辨率及横向连续性等品质，选取合适的高维矢量函数 Λ，从原始道集 A 中抽取待压噪的数据体 B。一般道间距较大，相邻道间数据存在一定的差异，假设数据体 B 为 N 维，选取适当的样条函数 ϕ，将数据体 B 映射为 kN 维的数据体 C：

$$C = \Phi[\Lambda(A)] \tag{5-43}$$

由于数据体 C 的维数较高，道间有效信号的差异较小，有效信号偏离单位相关矢量的夹角较小（差异程度小于数据体 A），而噪声的夹角变换基本不变，因此在压噪过程中可选取相对较小的压噪参数，即高维矢量函数和样条函数的参与，能够更好地实现信噪分离。对数据体 C 进行去噪后（假设去噪算子为 Z）得数据体 D，再将高维的数据体 D 通过逆变换 ϕ^{-1} 映射回低维 E，

$$E = \Phi^{-1}[Z(C)] \tag{5-44}$$

改进的矢量分解法处理步骤如下：
(1) 地震资料频谱分析，确定有效信号分布频带，了解资料品质；
(2) 选取合适的高维矢量函数从地震数据中提取待去噪的数据体 B；
(3) 选取合适的样条函数 Φ，将数据体 B 映射为高维数据体 C；

（4）对数据体 C 求取高精度的矢量夹角，并进行常规的矢量分解法压噪处理，得到数据体 D；

（5）对高维数据提 D 进行降维处理（降维函数为 $\Phi-1$），得数据体 E；

（6）分析数据体 E 的相邻道矢量夹角变化趋势，根据实际需要，决定是否需要进行夹角的平滑约束。

改进的矢量分解法压噪处理流程如图 5-31 所示。其中关键是高精度的矢量夹角计算及压噪后夹角平滑约束处理（即残余噪声的滤除）。

二、改进矢量分解压噪方法应用效果

本节主要应用改进的矢量分解法开展实际地震数据压噪试验分析。图 5-32 是改进的矢量分解法去噪道集效果对比，压噪前（图 5-32a）由于受干扰的影响，道集资料信噪比低，并且多次反射与有效反射交织在一起。压噪后，从浅层到深层信噪比显著改善（图 5-32b），振幅横向变化特征清晰，有利于提高反演及 AVO 分析精度。从滤除的噪声道集来看（图 5-32c），被去除的部分大多为随机噪声，对有效信号的损伤较小。

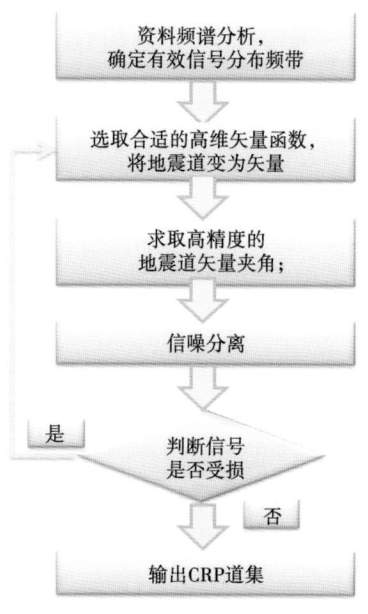

图 5-31　改进的矢量分解压噪流程图

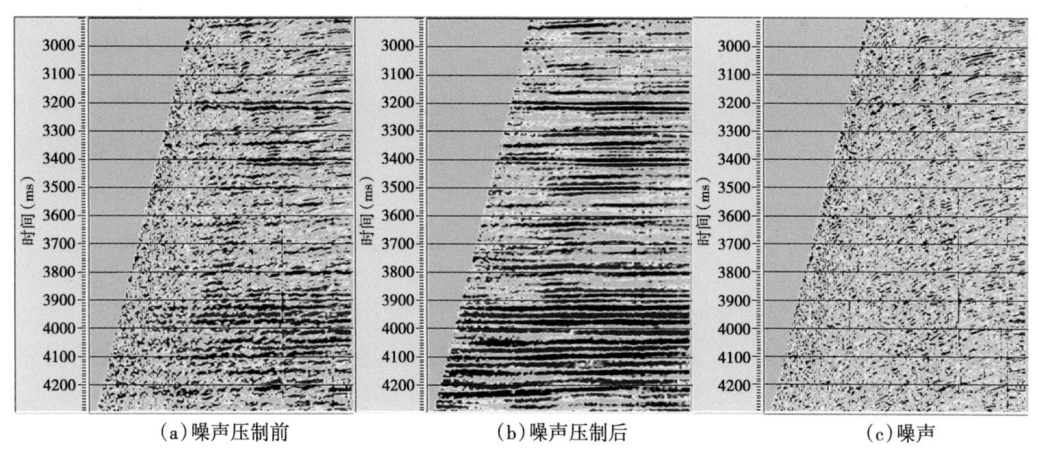

(a) 噪声压制前　　(b) 噪声压制后　　(c) 噪声

图 5-32　叠前 CRP 道集改进矢量法去噪效果

矢量夹角计算精度的提高和去噪后相邻道夹角的平滑处理是改进的矢量分解压噪方法的关键，与常规的矢量分解法相比，该方法信噪分离更有效、准确，能更好地滤除随机噪声、部分多次波和斜干扰等。其中高维矢量函数、样条函数的选取及相邻道地震矢量夹角的变化规律统计，是影响方法改进效果的主要因素。但该方法涉及数据体拓维处理，计算量偏大，尤其是叠前资料的去噪处理，运算成本较高。

第五节　提高信噪比处理的共反射面元零偏移距成像技术

中国西部地区由于存在巨大的油气储藏潜力，成为近年来国家勘探的重点地区。其中在山前带和沙漠区采集的地震资料存在相当严重的低信噪比问题。零偏移距（以下简称零偏）剖面是地震数据处理流程中一个重要的中间成果，由于其计算成本相对较低，与叠前偏移成像相比，基于零偏剖面的叠后偏移是一个更经济的选择。另一方面，叠前偏移的品质极其依赖于速度模型，它对速度变化非常敏感，有时甚至难以控制；而叠后偏移受速度影响不大，往往可以获得更可靠的成像结果。从这个角度来看，一张高质量的零偏剖面依然是重要的，有时甚至是必须的。共反射面元（以下简称 CRS）叠加方法是近年来国际上引人注目的一种零偏成像方法。CRS 零偏成像方法在旁轴射线理论指导下采取了大面元的叠加策略，其理论依据是菲涅尔带半径内的反射信息其实都是可以同相叠加的。这种超越单个 CMP 道集的叠加策略在实践中被证明是行之有效的。在 CRS 叠加剖面上，不仅有效反射信息的信噪比和连续性均得到大幅提高，原先很不显著的弱反射信息也在剖面上得到了很好的加强，基于 CRS 叠加剖面的叠后成像结果亦明显优于常规流程。上述特点使得该方法在低信噪比资料处理方面体现出很大的应用价值。

近年来国内外学者应用传统的二维、三维 CRS 零偏成像方法对中国西部地区一些典型低信噪比数据进行了处理，虽然取得了一些成果，但是也暴露出倾角歧视现象严重、对大偏移距数据利用不充分、叠后偏移难以归位等问题。20 世纪 90 年代提出的关于克希霍夫成像方法的统一成像理论是适用于所有积分叠加型方法的框架性理论，它对包括 CRS 零偏成像在内的所有积分叠加型成像方法在成像机制方面做出了高度概括，并给出了考虑振幅相对保真的统一表达式。最近两年，新疆油田公司联合协作单位基于统一成像理论提出了输出道成像方式的二维 CRS 零偏成像算子（以下简称 CRS-OIS），CRS-OIS 完全忠实于 CRS 零偏成像理论，但是它具有更精确的运动学特征，也更易于实现。该方法已经被用于处理西部山前带和沙漠区的二维实际数据，传统方法遇到的问题得到了很好的解决，其成像质量亦明显优于传统方法。上述研究成果仅是在这种研究思路指导下取得的一个良好开端。新疆油田公司相信基于统一成像理论对共反射面元零偏成像方法开展深入讨论，将获得更有意义的研究成果。这种讨论不仅是对 CRS 零偏成像理论的丰富和发展，也将提升 CRS 零偏成像方法的成像质量和应用水平，为低信噪比地震数据成像开辟一个新的实现途径。

任何一种成像或反演方法背后必定有对应的波传播理论作为支撑，CRS 零偏成像方法亦无例外，它的理论基础是旁轴射线理论。Schleicher（1993）借助傍轴射线理论中的 4×4 传播矩阵导出了三维双曲型与抛物型 CRS 零偏成像算子。Hoecht 等（1999）从共反射点（CRP）叠加公式入手，借助 NORMAL 波半径 R_n 将相邻的 CRP 叠加轨迹组合在一起，在旁轴近似意义下导出了完全相同的表达式。CRS 零偏成像的时距关系表明，叠加范围其实可以不限于某一个共中心点（CMP）道集，完全可以在相邻的若干个 CMP 道集内收集有效的反射能量参与叠加，只要确信这些能量都属于同一个菲涅耳带半径，那么对其实施同相叠加就是有意义的。最常用的双曲型二维 CRS 叠加算子由式（5-45）描述。

$$t^2(x_m, h) = \left(t_0 + \frac{2\sin\alpha}{v_0}(x_m - x_0)\right)^2 + \frac{2t_0\cos^2\alpha}{v_0}\left(\frac{(x_m - x_0)^2}{R_N} + \frac{h^2}{R_{NIP}}\right) \quad (5-45)$$

其中，循环变量有四个：x_0、t_0 为零偏移距剖面上的某一点；h 为半偏移距；x_m 为 x_0 附近某一点，x_m-x_0 的差即为叠加孔径。未知参数有四个：近地表速度 v_0，零偏移距射线的出射角 a，两种特征波的波前曲率半径 r_N 和 r_{NIP}。Hubral（1983）给出了两种特征波的具体物理含义。由于 v_0 相对容易获得，可视为已知量。所以真正的未知参数为 a、r_N 和 r_{NIP}。注意通过三重循环搜索三个属性参数的计算量是不可承受的，因此传统方法采用了"数据驱动"的搜索策略，将三参数寻优拆解为针对三个单参数的分步自动相关分析，随后再对其进行优化处理，合成能够对构造局部形态产生最佳照明的叠加算子，实现最优叠加得到高质量的零偏移距成像剖面（Jaeger 等，2001）。由于方程的未知参数中可以认为不含有速度参数，所以 CRS 叠加曾被人们称为"独立于宏观速度模型的成像方法"。以下针对新疆油田公司借助 Hubral 等（1999）优化照明的概念对传统方法的实现机制做一介绍。

如图 5-33 所示，图中下半部分为深度域的一个盐丘状模型，上半部分为基于该模型模拟得到的数据在共偏移距剖面内的分布情况（用细黑色线表示）。对于 R 点实现零偏成像意味着要沿着 R 点的共反射点（Common Reflection Point，以下简称 CRP）轨迹（图 5-33 中所示粗黑线）进行叠加，并将叠加结果置于 P_0 处，这种叠加方式也称为 CRP 叠加。CRS 叠加的范围则不限于 CRP 轨迹，理论上认为应该考察与 R 点局部形状拟合最好的一个反射弧段 CR 在（时间—中心点—半偏移距）域［以下简称（t-x_m-h）域］内的反射响应。如图

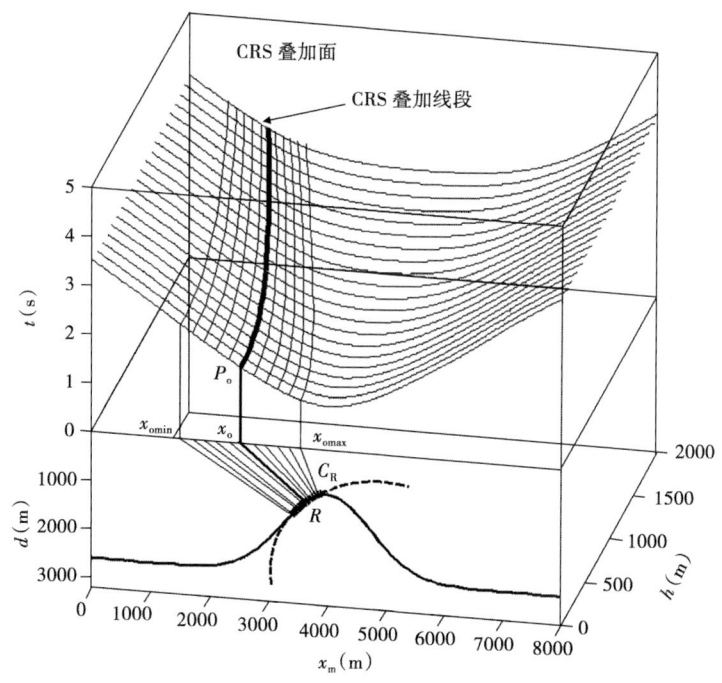

图 5-33　一个盐丘模型及其反射时距曲线，一个反射点 R 及其 CRS 叠加面在时间—空间—半偏移距域（t-x_m-h）的分布

5-33所示，该反射响应是（t-x_m-h）域内的多条细黑线组成，称其为CRS叠加面（或CRS算子），显然它覆盖了CRP轨迹。沿这个面进行叠加并将叠加结果置于P_0处可得到关于R点的最优零偏成像剖面。Hubral 等（1999）认为CRS叠加实现过程中得到的中间结果——若干个属性参数剖面可以用于反演速度模型，CRS叠加/叠后深度偏移的质量将超过叠前深度偏移。

从图5-33可看出，CRS叠加面不仅覆盖了R点的共反射点（CRP）轨迹，同时也覆盖了R点邻近的一些反射点的CRP轨迹，由于它集中了远多于CRP叠加的有效能量参与叠加，因此在实践中CRS零偏成像剖面的信噪比和同相轴连续性相比常规叠加均有大幅提高，在低信噪比地震数据成像处理中具有不错的实用价值。

至于三维CRS叠加，则需要八个属性参数来描述对应的三维特征波（Hoecht，2002）。此时三维CRS零偏成像算子已经无法通过一张示意图5-33来直观显示。与二维类似，三维CRS算子所需的八个参数同样通过逐步寻优的过程加以确定，Mueller（2003）给出了相应的处理流程。基于上述思路的三维CRS传统叠加方法已经被用于处理三维实际数据（Cristini 等，2002；Borrini 等，2005；Klein 等，2007）。但是三维CRS叠加的计算量十分惊人，即便是初始参数搜索，其计算量也数倍于三维克希霍夫叠前深度偏移。而随后对八个属性参数在五维空间内进行最优化处理即便是现有的多节点微机群也无法胜任，因此传统三维CRS叠加实际上只能提供初始成像剖面，这是传统方法在应用层面上面临的巨大困难。

一、基于克希霍夫统一成像理论对CRS叠加方法的分析

克希霍夫型成像方法是地震成像领域所有积分叠加型成像方法的总称。从CRS叠加方法的实现方式来看，CRS叠加无疑属于克希霍夫型成像方法。作为地震成像领域内最为成熟的方法，克希霍夫型积分成像方法早已经被人们深入讨论。其中最为重要的工作当属Hubral等（1996）提出的克希霍夫统一成像理论。克希霍夫统一成像理论是根据克希霍夫型成像方法中惠更斯面叠加方式和等旅行时面叠加方式的内在同一性提出的，它是一种可以概括所有积分叠加型成像方法的框架性理论，该理论认为各种成像方法、数据集变换与分选甚至包括基准面变换都可以归结为克希霍夫意义（或称积分叠加意义）的某种数据映射过程。

统一成像理论有一个重要结论：克希霍夫型成像方法有两种实现方式——惠更斯面叠加方式（或称为输入道成像方式）和等旅行时面叠加方式（或称为输出道成像方式）。如果对于目标成像空间的一个点，在输入数据空间内构造出对应的一个数据面（称为惠更斯面或数据输入面），沿着该面进行叠加并将叠加结果放到目标成像空间的这个点时，这种成像方式被称为惠更斯面叠加方式（或称为输入道成像方式）；如果基于输入数据空间的一个点能构造出目标成像空间内的一个面（或称为等旅行时面或数据输出面），根据输入数据空间内的所有点所构造出的所有等旅行时面在目标成像空间内相互叠加之后将得到成像结果。这种成像方式被称为等旅行时面叠加方式（或输出道成像方式）。统一成像理论表明这两种实现方式完全等效，它们将得到相同的成像结果。

如前所述，CRS零偏成像方法在理论和实践方面都具有一定的特殊性。经典的CRS时距关系表达式中甚至没有出现地下的宏观速度信息，因此传统CRS叠加方法一向以"独立于宏观速度"的特色著称，并由此发展出一套数据驱动、分步寻优的实现策略。而克希霍夫型统一成像理论高度依赖模型，长期以来人们从未想过在CRS叠加方法和统一成像理论之间建立起联系。但是统一成像理论认为应用不同的实现方式能够取得同样的成像结果，同

时 CRS 叠加方法也确定无疑地属于克希霍夫型成像方法，那么以另外一种方式实现 CRS 叠加显然是可能的。作者认为在克希霍夫统一成像理论框架下考察 CRS 叠加方法将提供一个全新的视角，将有可能得到一些不同以往的认识，而这些认识必然将有助于新疆油田公司进一步加深 CRS 零偏成像方法的理解。

Hubral 等（1996）提出了关于克希霍夫型方法的统一成像理论，认为如果将惠更斯面叠加方式和等旅行时面叠加方式作为偏移和反偏移手段交替使用，可以解决地震数据处理中的诸多问题，如再偏移、基准面重建、偏移距延拓、数据规则化及偏移到零偏移距（MZO）等。Tygel 等（1996）也指出由于惠更斯面叠加方式和等旅行时面叠加方式具有内在的同一性，使得等旅行时面叠加方式也可以用于偏移，惠更斯面叠加方式也可以用于反偏移。图 5-34 所示为应用惠更斯面叠加和等旅行时面叠加在完成共偏移距叠前深度偏移时所表现出的等效性。

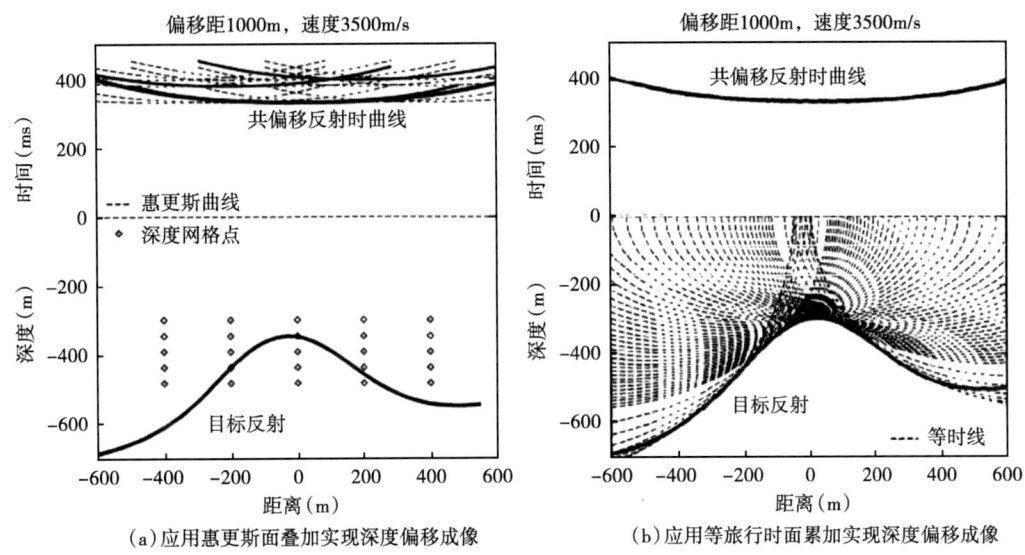

图 5-34　应用惠更斯面叠加和等旅行时面叠加完成叠前深度偏移的示意图（据 Hubral 等，1996）

如图 5-34 所示，假设反射层上覆介质的速度为常速，图 5-34a 显示了如何通过惠更斯面叠加方式实现叠前深度偏移。图 5-34a 上半部分表示输入的一个共偏移距剖面，图 5-34a 下半部分间表示深度域的目标成像空间，在成像空间内选择了某些网格点（以菱形表示），基于这些点逐点计算出对应的在共偏移距剖面内的绕射旅行时面（二维情形下，惠更斯面变成了惠更斯曲线）进行叠加，将叠加结果放到该位置就完成了对这些点的叠前深度偏移成像，如果对目标成像空间内的每一个点都重复上述步骤，就可得到基于该共偏移距剖面的惠更斯面叠加方式的深度成像剖面，如图 5-34a 下半部分所示。图 5-34b 显示了如何通过等旅行时面叠加方式实现叠前深度偏移。对于共偏移距剖面内某一个样点，可以构造出在目标成像空间内的等旅行时面，常速介质中这样的等旅行时面是一个椭圆。这个等旅行时面代表了共偏移距剖面内，该样点所代表的反射可能是来自深度域的一个椭圆上的任意一点。如果对于共偏移距剖面内的每一个样点都构造出对应的深度域等旅行时面，所有等旅行时面相互叠合之后的包络则构成深度成像剖面，如图5-34b所示。

从图5-34可以看出应用惠更斯面叠加和等旅行时叠加确实可以得到相同的结果。现在新疆油田公司重新审视图5-33所示的传统二维CRS叠加。如前所述，传统二维CRS叠加的实现过程是这样的：通过调谐三个属性参数，得到一个圆弧反射段CR在（$t-x_m-h$）域的最佳反射响应（即CRS叠加面），该反射响应与反射点R附近局部的真实反射最为贴近。然后沿着叠加面将有关能量叠加到P_0完成对R点的零偏移距剖面成像。可见，传统CRS叠加的实现方式是对于目标零偏移距成像剖面内某一点，找到叠前数据空间内对其有贡献的数据并将它们叠加到该点。据此不难判断传统CRS叠加的实现方式属于惠更斯面叠加成像方式（或称输入道成像方式）。

二、克希霍夫MZO方法的等旅行时面叠加方式（输出道成像方式）

在确定了传统CRS叠加属于惠更斯面叠加成像方式（输入道成像方式）之后，接下来需要考虑如何以等旅行时面叠加方式实现CRS叠加。虽然CRS叠加是一种相当特殊的MZO算法，但是它依然属于克希霍夫型MZO。新疆油田公司相信，以等旅行时面叠加方式实现克希霍夫MZO必将有助于实现CRS叠加。Tygel等（1998）在讨论真振幅MZO时已经涉及了通过惠更斯面叠加方式实现克希霍夫MZO与通过等旅行时面叠加方式实现克希霍夫MZO之间的关系。图5-35显示了横向非均匀介质下的惠更斯面叠加方式的MZO示意图。

图5-35上半空间为时空域，$N_0(\xi_0, t_0)$为零偏移距剖面内的一点，它代表地下反射点M^*出射到地表ξ_0的零偏移距反射时间。SG为一炮检对，h是半偏移距，ξ是中心点，η是ξ_0与ξ之间的距离。将N_0所代表的零偏移距反射信息偏移到深度域即得到图5-35下半部分的零偏移距等时面$z=\zeta_0(x;\xi_0,t_0)$，在常速介质下它是一个半圆。$N(\xi,t)$是偏移距为$2h$的共偏移距剖面内的一点，它代表SM^*G这根射线轨迹的反射旅行时与中心点位置，将$N(\xi,t)$所代表的共偏移距反射信息偏移到深度域就得到图5-35下半部分的共偏移距等时面$z=\zeta(x;\xi,t)$，在常速介质下它是一个半椭圆。

注意将零偏移距等时面$z=\zeta_0(x;\xi_0,t_0)$反偏移到共偏移距剖面，或者基于该等时面进行偏移距为$2h$的共偏移距观测就将得到如图5-35上半部分所示的惠更斯MZO叠加曲线$t=T_{MZO}(\xi;\xi_0,t_0)$，由于M^*点可能的地下位置在零偏移距等时面$z=\zeta_0(x;\xi_0,t_0)$内，因此惠更斯MZO叠加曲线意味着M^*点的反射在共偏移距剖面内所有的可能分布，因此沿着该曲线进行叠加一定能够覆盖M^*点的反射$N(\xi,t)$，最后将叠加结果放在N_0处就完成了对N_0点的MZO成像。

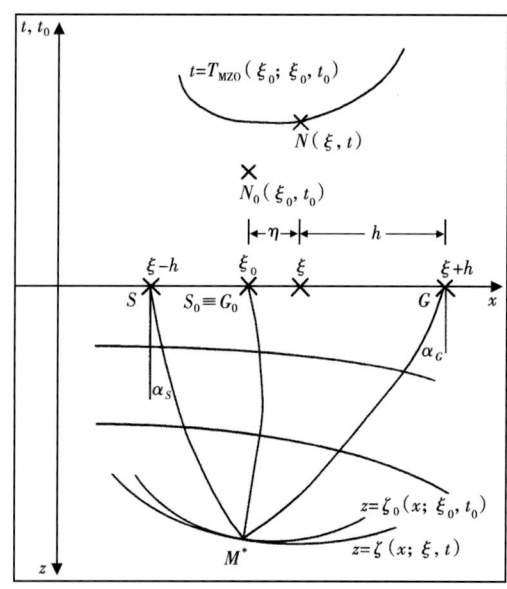

图5-35 惠更斯面叠加方式的克希霍夫MZO示意图（据Tygel等，1998）

如果不考虑振幅保真,那么惠更斯面 MZO 叠加可以用以下简单的积分公式表达:

$$U_0^A(\xi_0, t_0) = \int_A d\xi \bigg|_{t=\Gamma_{MZO}(\xi;\xi_0,t_0)} \tag{5-46}$$

Tygel 等(1998)指出,共偏移距剖面中的惠更斯 MZO 叠加曲线必然与来自该反射点的共偏移距反射旅行时曲线相切。这一事实符合克希霍夫型成像方法中的稳相原理,表示最大的叠加贡献来自惠更斯 MZO 叠加曲线与原共偏移距反射旅行时相切的那一点。这个结论在变速介质情况下同样成立。

为证实上述论断,新疆油田公司基于一个常速模型进行了有关的计算。图 5-36a 显示了一个盐丘模型,其上覆介质速度为 2000m/s,盐丘顶端的左侧有一个反射点 R、R 点的零

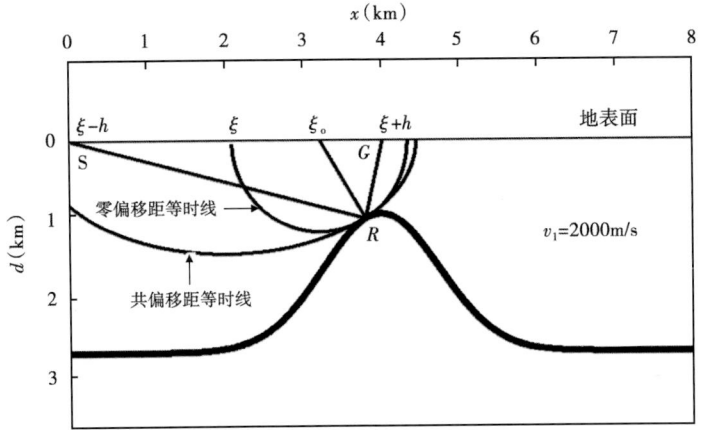

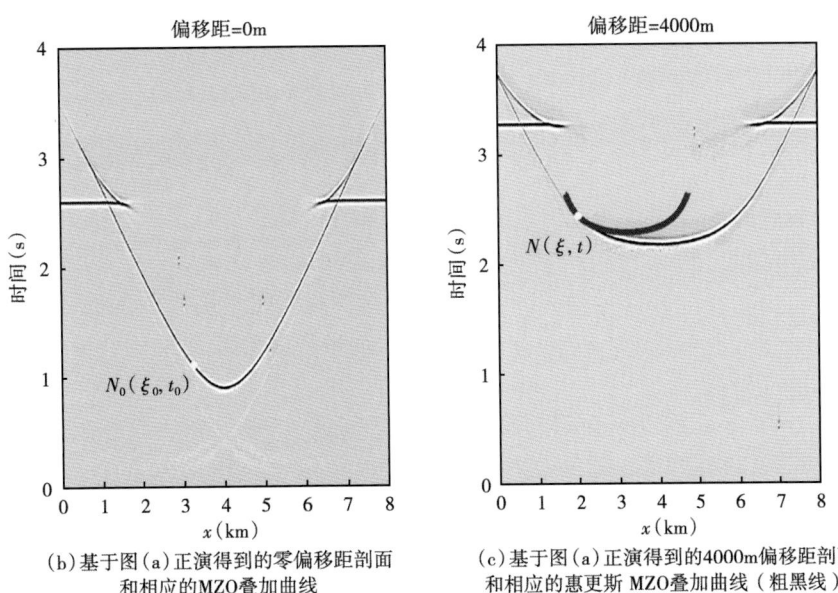

(a)盐丘模型上的一个反射点 R 及与 R 有关的零偏移距等时线与共偏移距等时线

(b)基于图(a)正演得到的零偏移距剖面和相应的 MZO 叠加曲线

(c)基于图(a)正演得到的 4000m 偏移距剖面和相应的惠更斯 MZO 叠加曲线(粗黑线)

图 5-36 一个盐丘模型以及基于该模型正演得到的零偏移距剖面及其惠更斯 MZO 叠加曲线,4000m 偏移距剖面及其惠更斯 MZO 叠加曲线

偏移距射线在 ξ_0 处出射到地表。以 ξ_0 为圆心，$\xi_0 R$ 为半径画出一个半圆构造，代表 ξ_0 处的零偏移距反射信息可能来自地下的这样一个零偏移距等时线构造，SG 之间的距离为 4000m，中点坐标为 ξ。S 点激发在 G 点接收代表了 4000m 偏移距观测时的一条射线路径，以 S 点与 G 点作为焦点坐标可以画出一个半椭圆构造，显然 G 点接收到的反射信息可能来自地下的这样一个共偏移距等时线构造。图 5-36b 显示了基于该模型正演得到的零偏移距剖面，浅色圆点表示 N_0 在零偏移距剖面内的位置，显然在零偏移距剖面内关于 N_0 的惠更斯 MZO 叠加曲线仅仅是一个点，其位置与 N_0 点重合。图 5-36c 显示了基于该模型正演得到的 4000m 偏移距剖面，粗黑色半椭圆线就是关于 N_0 的在 4000m 偏移距剖面内的惠更斯 MZO 叠加曲线，浅色圆点表示来自 R 点的反射在 4000m 偏移距剖面中的真实位置，即 $N(\xi, t)$。可以看出惠更斯 MZO 叠加曲线确实在 $N(\xi, t)$ 点处与反射界面的反射曲线相切，切点是克希霍夫成像方法中的稳像点。

对于常速介质下的惠更斯面 MZO 叠加曲线，Perroud 已经给出了解析公式即 CRP 轨迹计算公式：

$$x_m(h) = x_0 + r_T \left(\sqrt{\left(\frac{h}{r_T}\right)^2 + 1} - 1 \right) \tag{5-47}$$

$$t^2(h) = 4\frac{h^2}{v^2} + \frac{1}{2}t_0^2 \left(\sqrt{\left(\frac{h}{r_T}\right)^2 + 1} + 1 \right) \tag{5-48}$$

其中，$2r_T = t_0/t'_0$，$2r_T = \frac{v}{2}\frac{t_0}{\sin\alpha}$，$v$ 为介质速度，α 为出射角。若令 $x = x_m - x_0$，

$$t_n^2 = \frac{1}{2}t_0^2 \left(\sqrt{\frac{h^2}{r_T^2} + 1} + 1 \right) \tag{5-49}$$

从式（5-48）与（5-46）中消去 r_T，得到

$$t_0^2 = \left(1 - \frac{x^2}{h^2}\right) t_n^2 \tag{5-50}$$

显然这里 t_n 可以代表正常时差校正（NMO）之后的时间。式（5-49）就是人们非常熟悉的倾角时差校正（DMO）响应公式，如果将动校正公式

$$t_n^2 = t_h^2 - \frac{4h^2}{v^2} \tag{5-51}$$

代入公式（5-49）就得到

$$t_0^2 = \left(1 - \frac{x^2}{h^2}\right)\left(t_h^2 - \frac{4h^2}{v^2}\right) \tag{5-52}$$

这里 t_h 代表 NMO 校正之前的时间，式（5-52）即为 Deregowski（1981）导出的 NMO/DMO 脉冲响应曲线。上述推导证实通过式（5-50）描述的惠更斯 MZO 叠加曲线实现克希霍夫 MZO 叠加和通过式（5-52）表达的 NMO/DMO 脉冲响应实现克希霍夫 MZO 叠加必将得到同样的结果，因为式（5-50）与式（5-52）实质上是一个公式。当设定半偏移距 h 为 1400m 时，根据式（5-50）与就可以计算出相应的对应于 3000m 偏移距剖面的惠更斯 MZO

叠加曲线（图 5-37a）。同样根据式（5-52）就可以计算出在 3000m 偏移距剖面内的 NMO/DMO 响应曲线，图 5-37b 显示的响应曲线是以六个 Ricker 子波作为输入后得到的。

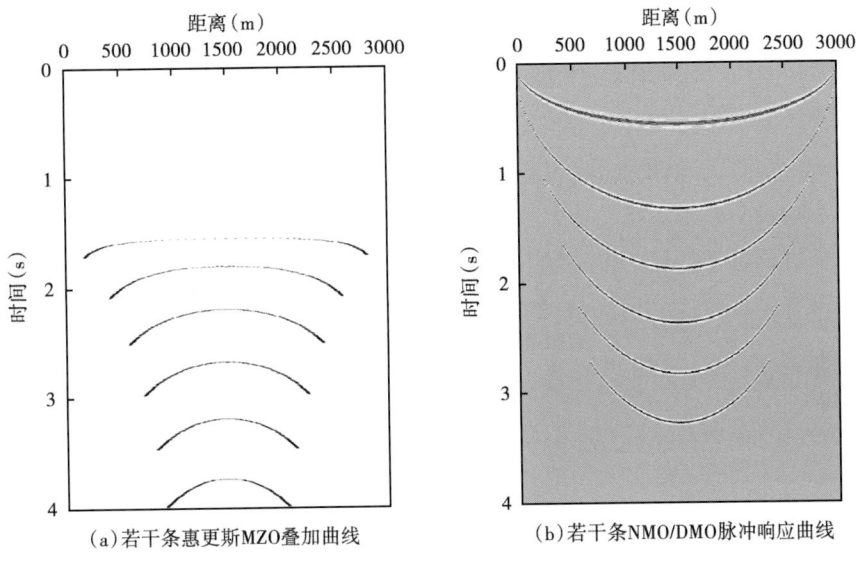

图 5-37　惠更斯 MZO 叠加曲线与 NMO/DMO 脉冲响应曲线

结合上述推导和对物理意义的阐述，可以判断根据惠更斯面 MZO 叠加曲线和 NMO/DMO 脉冲响应合成的零偏移距剖面应该是一样的。注意 NMO/DMO 脉冲响应曲线的产生机制是：从共偏移距剖面内一点出发，计算出相应的在目标零偏移距成像剖面内的一个面，这个过程符合等旅行时面的定义，因此 NMO/DMO 响应曲线就是克希霍夫 MZO 方法的等旅行时面，据此 NMO/DMO 可以认为是等旅行时面叠加方式的 MZO 方法。图 5-38 分别是应用

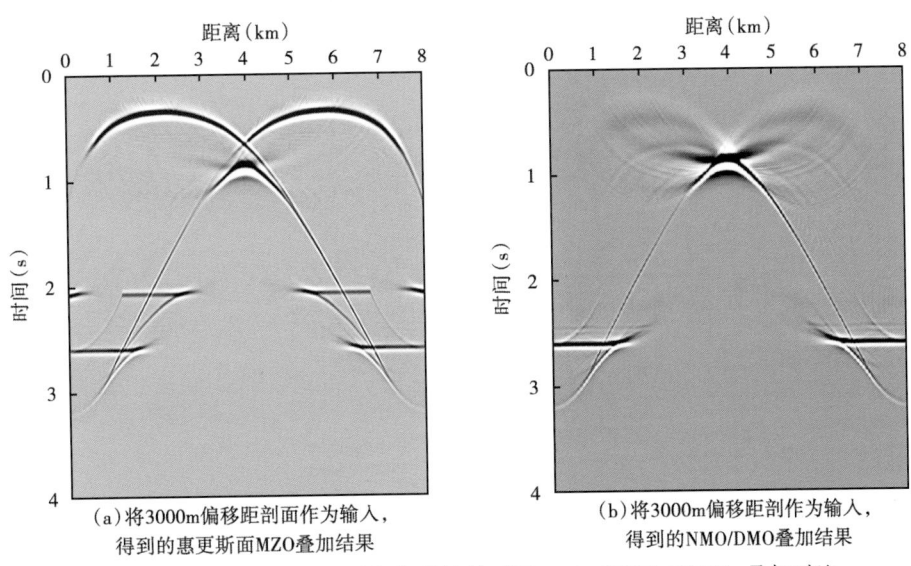

图 5-38　惠更斯面 MZO 叠加与等旅行时面 MZO（NMO/DMO）叠加对比

惠更斯面 MZO 叠加方式和等旅行时面（即 NMO/DMO 脉冲响应曲线）叠加方式得到的零偏移距剖面，其输入数据都是基于图 5-38a 正演得到的 3000m 偏移距剖面。由于两种实现方式都没有考虑加权系数，因此两种方式都产生了由于扫描叠加造成的人为噪声（改为噪声），相比之下惠更斯 MZO 叠加方式引起的噪声更为严重。但是可以看出，在运动学意义上两种成像方式得到的零偏移距剖面是完全一致的。事实上，只要在叠加过程中调整加权系数，两张叠加剖面的动力学特征也将完全一致。

三、CRS 叠加的等旅行时面叠加方式（输出道成像方式）

上一节证明了 NMO/DMO 响应曲线就是克希霍夫 MZO 方法的等旅行时面，本节将讨论如何得到 CRS 叠加的等旅行时面。要想实现等旅行时面叠加方式的 CRS 叠加，关键在于确定 CRS 叠加的等旅行时面。根据新疆油田公司对克希霍夫统一成像理论的理解，某种成像方法的脉冲响应曲线就是该方法的等旅行时面。因此得到 CRS 叠加的等旅行时面最直接的方式就是对 CRS 叠加方法本身进行脉冲响应测试。

为了得到 CRS 叠加的脉冲响应，新疆油田公司构造了如图 5-39 所示的 CRS-MZO 叠加面。首先必须解释一下图 5-39 中 CRS-MZO 叠加面 的物理含义。注意图 5-39 中粗红线所示为真实的 CRS 叠加面细红线则为潜在的 CRS 叠加面。真实的 CRS 叠加面与潜在的 CRS 叠加面合在一起统称为 CRS-MZO 叠加面。为什么要把 CRS-MZO 叠加面而不是真实的 CRS 叠加面作为测试脉冲响应的叠加算子呢？这是因为脉冲响应的物理含义使然。不要忘记脉冲响

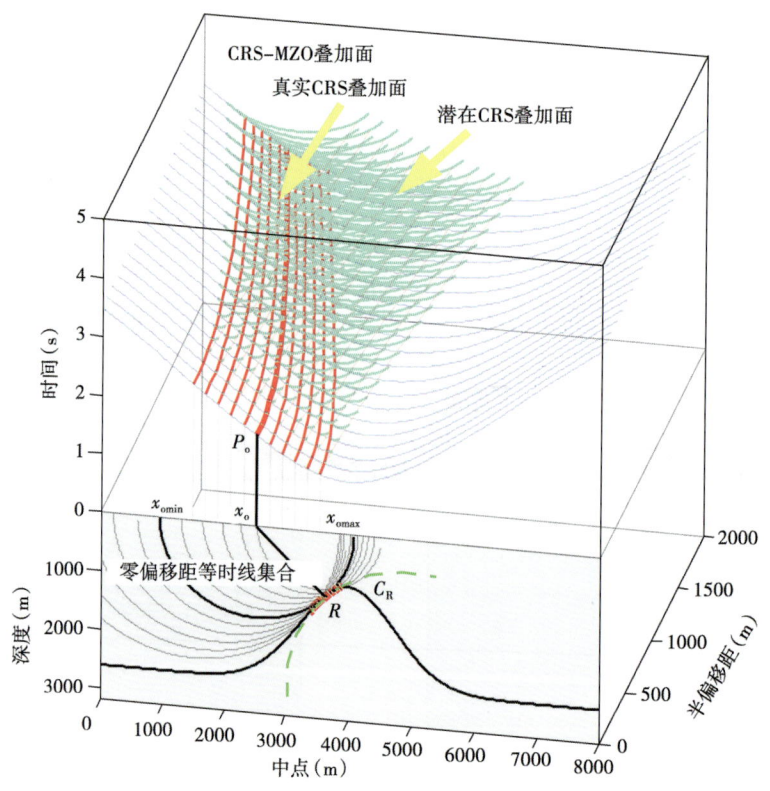

图 5-39　CRS 叠加中的惠更斯面—CRS-MZO 叠加面示意图

应的物理含义是这样的——它是对应于输入的一个点脉冲而言的、所有可能的成像结果。既然要考虑所有的可能性，当然需要考虑所有潜在的 CRS 叠加面，而不可以仅仅考虑真实的 CRS 叠加面这一种可能性。如果仅仅考虑某一种可能性，是无法观察到 CRS 叠加的脉冲响应的。因此在图 5-39 中，必须沿着 CRS-MZO 叠加面进行叠加，只有这样才能够得到正确的脉冲响应。

为了方便问题的讨论，这里仅显示一个偏移距剖面内的情形。图 5-40 显示了将图 5-39 中 2000m 偏移距单独抽取显示的结果。这时，CRS-MZO 叠加面降维成 CRS-MZO 叠加曲线族，真实的 CRS 叠加面也降维变成了真实的 CRS 叠加线段。可以看出，CRS-MZO 叠加曲线一定覆盖了真实的 CRS 叠加线段。这时如果将若干个离散的脉冲子波作为输入，然后将所有的 CRS-MZO 叠加曲线族作为惠更斯面，实施惠更斯面叠加，将观察到 CRS 叠加方法在一个共偏移距剖面内的脉冲响应。

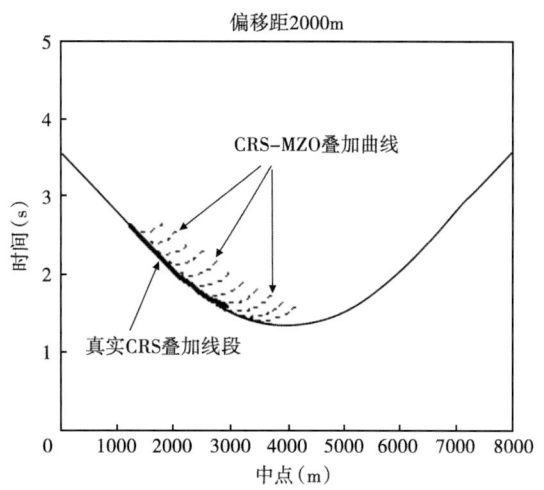

图 5-40　单个偏移距剖面中的 CRS 叠加的惠更斯面—CRS-MZO 叠加曲线族

图 5-41 展示了在一个共偏移距剖面内计算 CRS 零偏成像方法的脉冲响应的过程。图 5-41a 展示了在 2000m 偏移距剖面中的若干个 CRS-MZO 叠加曲线族。现在输入八个雷克子波，然后对于零偏移距剖面内的每一点 P_0，都计算出相应的在 2000m 偏移距内的 CRS-MZO 叠加曲线族，然后沿着每一条 CRS-MZO 叠加曲线族（注意绝不仅限于图 5-41a 中所示的 27 条 CRS-MZO 叠加曲线族）进行叠加，将叠加能量放回到 P_0 点，就得到了如图 5-41b 所示的 CRS 零偏成像方法的脉冲响应。

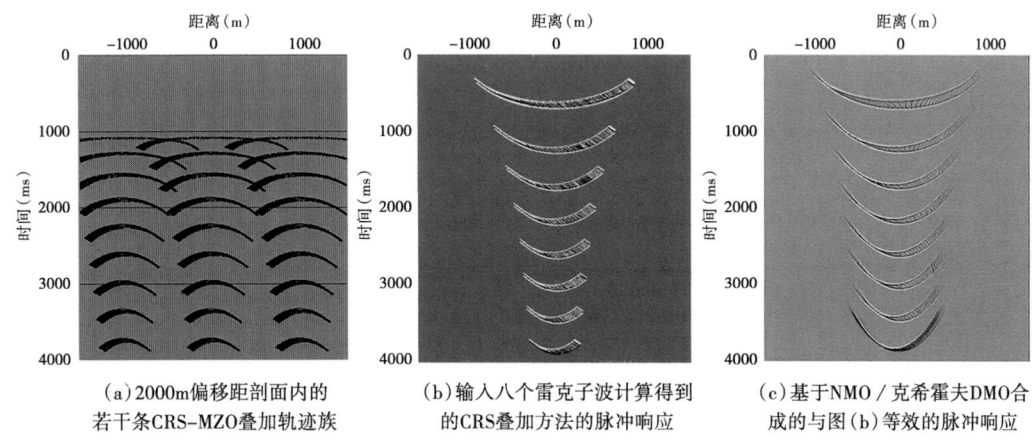

(a) 2000m 偏移距剖面内的若干条 CRS-MZO 叠加轨迹族　　(b) 输入八个雷克子波计算得到的 CRS 叠加方法的脉冲响应　　(c) 基于 NMO／克希霍夫 DMO 合成的与图 (b) 等效的脉冲响应

图 5-41　CRS 叠加在一个偏移距内的脉冲响应（即 CRS 叠加方法的等旅行时面）

现在很明确地知道，图 5-41b 所示就是 CRS 叠加的等旅行时面的形态。那么在实际计算中如何去构造这样的等旅行时面？首先应该记得，前人已经严格证明了 CRS 叠加面可以被视为是相邻 CRP 轨迹的线性组合（Hoecht 等，1999），而且在一个非零偏移距剖面内，CRS-MZO 叠加曲线族是相邻 CRP 叠加轨迹的线性组合（图 5-40、图 5-41）。因此，CRS 叠加的等旅行面应该是 CRP 叠加的等旅行面—NMO/克希霍夫 DMO 响应曲线的线性组合就是一个完全合乎逻辑的推论。

其次，CRS 叠加方法最重要的特征就是邻域叠加，而上述组合方式恰恰能够体现这一特征。显然，对反射同相轴上任一样点来说，这种组合必然是取其左右相邻若干个样点组成一个局部反射段，然后基于该局部反射段合成相关的 NMO/DMO 响应曲线族实现的。注意当对反射同相轴上的每一样点都重复上述过程，每一点产生的 NMO/DMO 响应曲线族相互叠合之后自然就达到了邻域叠加的目的。这完全符合 CRS 零偏成像的要求。

显然通过相邻 NMO/克希霍夫 DMO 响应曲线构造这样的等旅行时面是容易的，图 5-41c 就是通过适当组合相邻的 NMO/克希霍夫 DMO 响应曲线得到了运动学特征与图 5-41b 完全相同的 CRS 叠加等旅行时面。可见，只要先通过相关分析手段得到反射同相轴的局部同相性特征，构造 NMO/DMO 响应曲线族并不困难。

四、理论数据测试

接下来新疆油田公司通过一个典型的理论数据来验证这样实现 CRS 零偏成像的正确性。图 5-42 显示了基于理论数据构造 CRS 叠加的等旅行时面、并通过等旅行时叠加实现 CRS 零偏成像的过程。图 5-42a 显示了一个盐丘模型，图 5-42b 显示了基于图 5-42a 所示模型正演得到的 4000m 偏移距剖面，在反射同相轴上任意选择了三个样点，根据这三个样点邻近的同相性质搜索得到了三个局部反射线段，图 5-42c 显示了基于图 5-42b 的三个反射线段构造的 NMO/DMO 响应曲线族，这里选择的邻域叠加范围为 30 道。图 5-42d 是对于反射同相轴上的所有样点都重复上述过程之后，由所有样点的 NMO/DMO 响应曲线族相互叠合之后得到的零偏移距剖面。

显然，由于相邻样点间的 NMO/DMO 响应曲线族相互重叠，必然集中了更多的有效能量参与叠加，客观上相当于扩大了叠加面元，增加了覆盖次数。图 5-42e 显示了常规 NMO/DMO 计算得到的零偏移距剖面，图 5-42f 显示了图 5-42d 与图 5-42e 之间的差值剖面（即两张剖面直接相减之后的结果），可见两者的能量相差之大。因此以这种方式合成零偏移距剖面同样达到了拓展叠加范围、挖掘数据潜力的目的。根据统一成像理论，等旅行时面等同于数据输出面，因此将这种方法命名为 CRS-OIS。这里 NMO/DMO 响应曲线族就是 CRS-OIS 的等旅行时面（或数据输出面）。

最后，可以通过一个简单的概念实验进一步证明 CRS-OIS 实现方式的合理性。仔细观察上一节的图不难发现，传统的 CRS 叠加实质上可以分解为两步进行（以 P_0 点的成像为例）：（1）在每一个偏移距内沿着 CRS 叠加线段将能量叠加到当前偏移距的 CRP 轨迹处；（2）实施常规的 CRP 叠加即沿着 CRP 轨迹进行叠加将叠加结果放到 P_0 点即可。而 CRS-OIS 实质上也可以分解为两步：（1）与传统方法完全一样，也在每一个偏移距内沿着 CRS 叠加线段将能量叠加到当前偏移距的 CRP 轨迹处；（2）实施常规 Kirchhoff MZO。由于此前新疆油田公司已经论证了 Kirchhoff MZO 与 CRP 叠加是完全等效的，根据上述概念实验可以

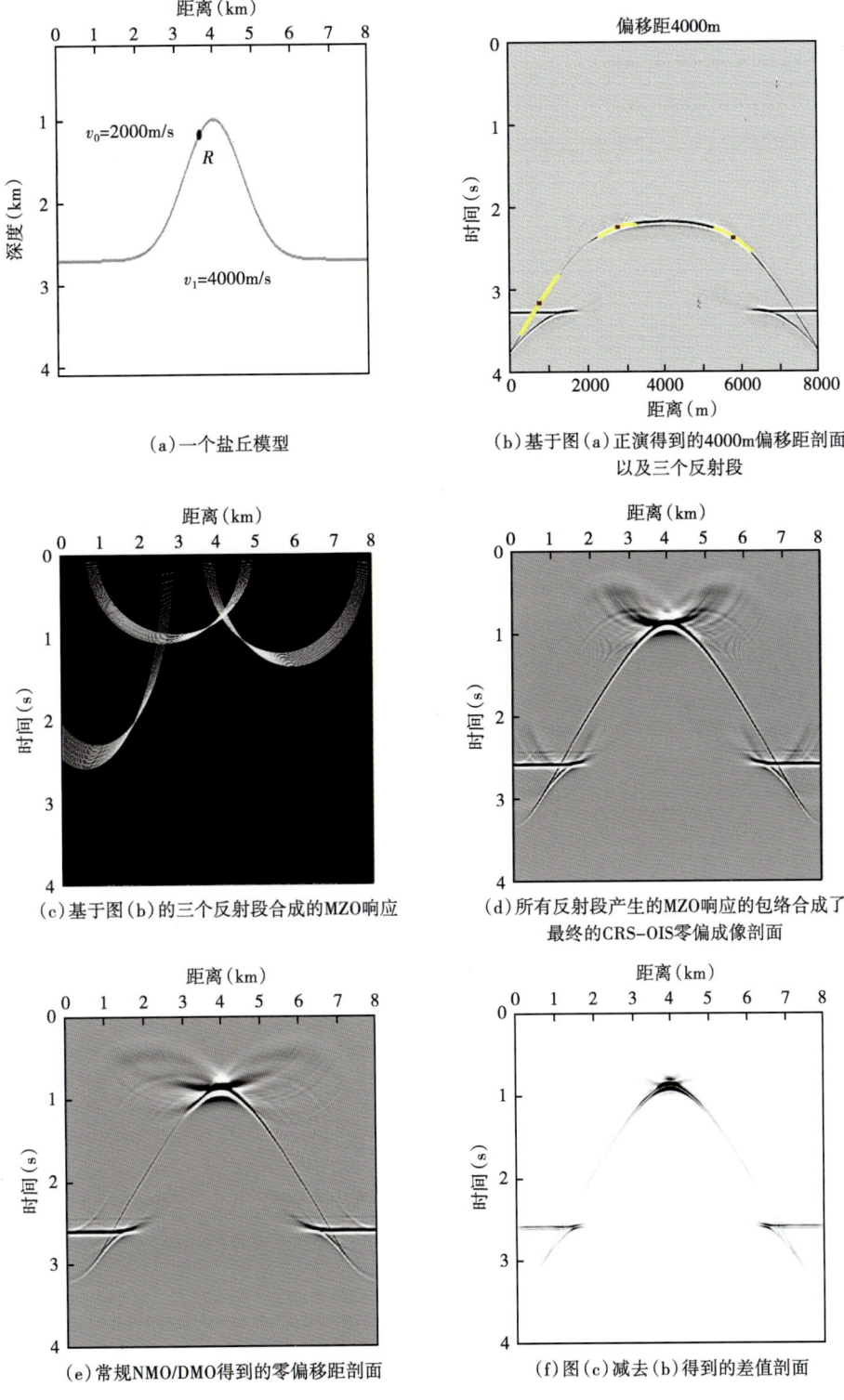

图 5-42　二维 CRS-OIS 方法的实现过程

断定，就所示的理论数据而言，CRS-OIS 零偏成像剖面将与传统 CRS 叠加方法得到的结果完全等效。

如前所述，新疆油田公司已经指出 CRS 方法的实质就是一种广义的、大面元的 MZO 方法。在传统 CRS 方法中，当反射面元退缩为反射点的时候，CRS 叠加面就退缩为 CRP 叠加轨迹，这是一个 Huygens 面叠加方式（输入道成像方式）的证明。而在新疆油田公司导出的 CRS-OIS 方法中，当局部 CRS 反射线段缩短为一个样点时，CRS-OIS 将准确退回到常规的 Kirchhoff MZO。这恰恰从等旅行时面叠加方式（或输出道成像方式）的角度再次证实了上述观点。因此尽管实现方式与传统方法有所不同，但可以看出 CRS-OIS 完全忠实于 CRS 零偏成像理论的核心理念。

除了实现方式与传统 CRS 叠加完全不同外，CRS-OIS 的一个明显优点在于它能够保证大偏移距剖面的成像精度。这是由于传统 CRS 叠加方法使用的双曲型时距关系在大偏移距情形下实际上存在不小的误差。图 5-43a、图 5-43b、图 5-43c 分别显示了应用传统二维

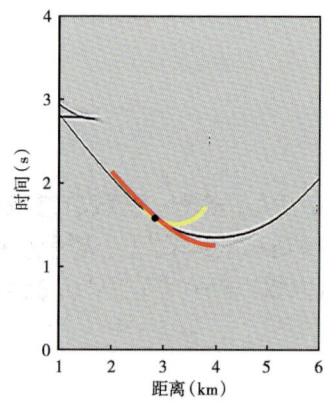

（a）2000m偏移距剖面时的反射时距曲线（黑色）、CRS叠加线段（红色）和惠更斯MZO叠加曲线（黄色）和CRP轨迹（圆黑点）

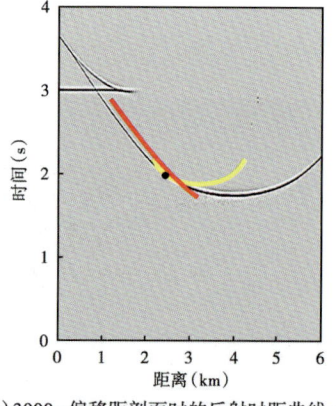

（b）3000m偏移距剖面时的反射时距曲线（黑色）、CRS叠加线段（红色）和惠更斯MZO叠加曲线（黄色），CRP轨迹（圆黑点）

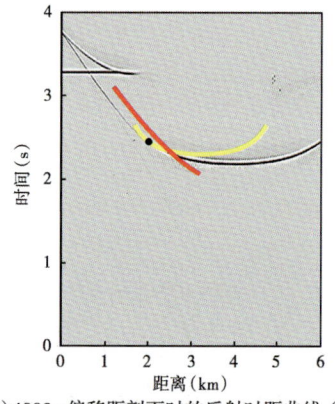

（c）4000m偏移距剖面时的反射时距曲线（黑色）、CRS叠加线段（红色）和惠更斯MZO叠加曲线（黄色），CRP轨迹（圆黑点）

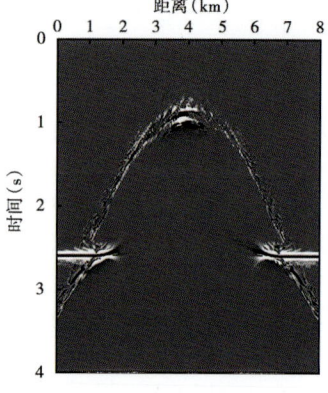

（d）仅仅输入3000m偏移距剖面得到的传统CRS叠加剖面

图 5-43 双曲型 CRS 时距关系的误差分析（据杨锴，2003）

CRS 叠加方法在仅输入 2000m、3000m 和 4000m 偏移距剖面情况下 CRS 叠加面（在单个偏移距情况下 CRS 叠加面缩为 CRS 叠加线段），可以看出随着偏移距增大，红色的 CRS 线段与反射同相轴的偏离越来越大，CRS 时距关系的精度越来越低。因此传统 CRS 叠加方法实际上只聚焦了来自中、小偏移距剖面的反射能量，来自大偏移距剖面的能量对最终的零偏移距剖面成像贡献很少，这意味着多次覆盖观测得到的地震数据有相当一部分没有能够参与零偏成像。

图 5-43d 是仅输入 4000m 偏移距剖面得到的传统 CRS 叠加成像结果，由于无法正常聚焦能量，连反射同相轴的连续性都无法保证，而等旅行时面方式的 CRS-OIS 方法直接在共偏移距剖面上搜索局部反射同相轴，然后基于局部反射信息完成 CRS 叠加，不存在大偏移距反射信息丢失的问题，从而完全避免了这个问题。对比图 5-43d 与图 5-43d，可以看到两种方法在大偏移距时相差悬殊的表现，更可以想象它们的叠后偏移结果将会有怎样的差别。

五、二维 CRS-OIS 应用实例

通过理论数据的测试，现在可以将 CRS-OIS 的实现过程归纳为：（1）在共偏移距剖面中，关于每一个样点搜索相应的局部 CRS 反射线段；（2）基于每一个局部 CRS 反射线段构造 NMO/DMO 响应。根据输出道成像方式的定义，基于所有的局部 CRS 反射线段构造相应的数据输出面，它们在相互叠加（即包络面）后即构成来自该偏移距的 CRS 零偏成像剖面。在实践环节上，CRS-OIS 和传统方法的最大区别在于它在单个共偏移距剖面内搜索属性参数，只需角度和曲率两个参数就足以确定局部 CRS 反射线段的形状，相比传统方法需要搜索三个未知参数更为便捷。综上所述，二维 CRS-OIS 的实现流程可以总结为如图 5-44 所示的流程图。该流程图显示了 CRS-OIS 在某一个偏移距剖面内的实现过程。处理实际数据时，只需要将 CRS-OIS 逐偏移距实施就可以完成整条二维数据的 CRS 零偏成像处理。

之所以选择以"NMO+Kirchhoff DMO"作为核心算法主要是出于实用的考虑，因为精确的 MZO 依赖于准确的速度模型，而这种要求并不现实。这种选择保证了只要是适用于 DMO 的场合，CRS-OIS 方法就不会失效，这无疑扩大了 CRS 零偏成像的适用范围。这里要强调指出，采用 CRS-OIS 突破了以往传统 CRS 叠加仅能提供一张叠加剖面的限制，在提供高质量零偏移距剖面的同时还可以得到信噪比大幅度提高的叠前道集。在 CRS-OIS 处理中，新疆油田公司只需在叠加成像前做一个反 NMO 或反 NMO/反 DMO 就可以得到信噪比提高后的叠前数据，基于这个新数据可以进行更加准确的叠加速度分析或叠前偏移速度分析，以提高后续处理的成像质量。从这个意义上说，CRS-OIS 可以作为压制随机噪声的模块来使用，注意这种压制随机噪声的原理依然是 CRS 零偏成像的核心思想——邻域叠加的体现。该叠加方法是基于 DMO 开发的，进行不会像传统 CRS 叠加方法那样对叠后偏移的质量产生影响。当强调从压制噪声的角度来使用 CRS-OIS 时，完全可以认为这就是一种大面元化处理，不妨形象地称其为 CRSBIN 处理（艾迪飞和杨锴，2008）。注意 CRSBIN 是对传统方法的重要改进，因为它拓宽了 CRS 方法的应用范围，充分体现了 CRS 方法作为广义 MZO 方法应具有的应用价值。

事实上，二维 CRS-OIS 已经在实际资料处理中体现出良好的性能。以下展示了三条实际二维数据处理结果：其中第一条测试线来自塔里木盆地沙漠腹部，第二、三条测线来自新疆油田公司 2006 年在准噶尔盆地采集的二维实际数据。新疆油田公司对其进行了 CRS-OIS

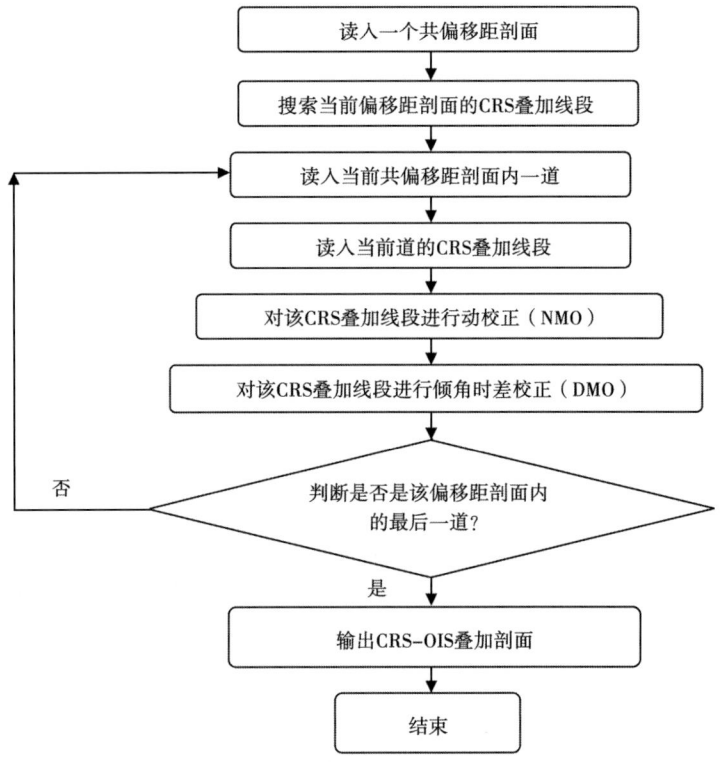

图 5-44　CRS-OIS 叠加处理流程

处理以检验方法对实际数据的处理能力。处理结果表明，CRS-OIS 方法有效提高了资料的信噪比，取得了满意的叠加效果。以下是该方法在准噶尔盆地南缘 KB200601 测线上的处理结果（图 5-45 至图 5-64）。

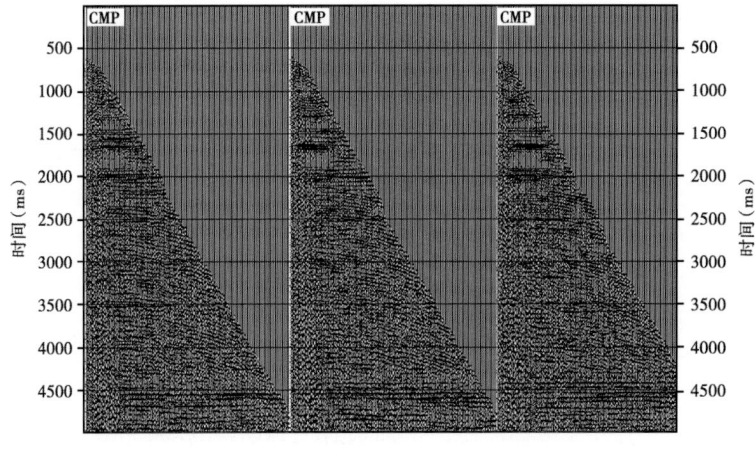

图 5-45　CRS-OIS 处理前的道集

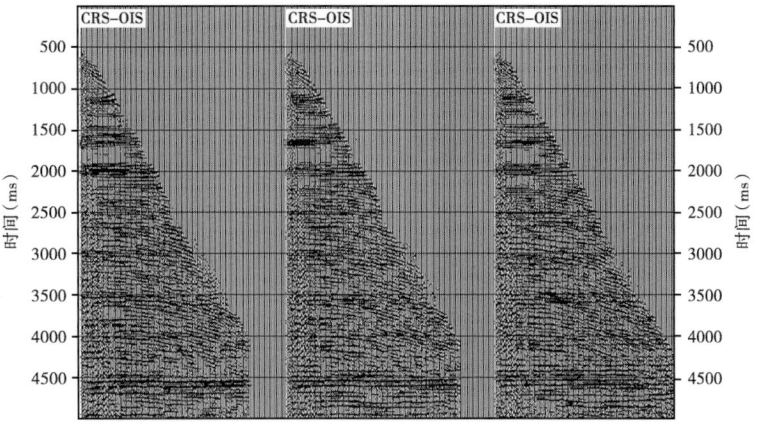

图 5-46　基于图 5-45CRS-OIS 处理后的 CMP 道集

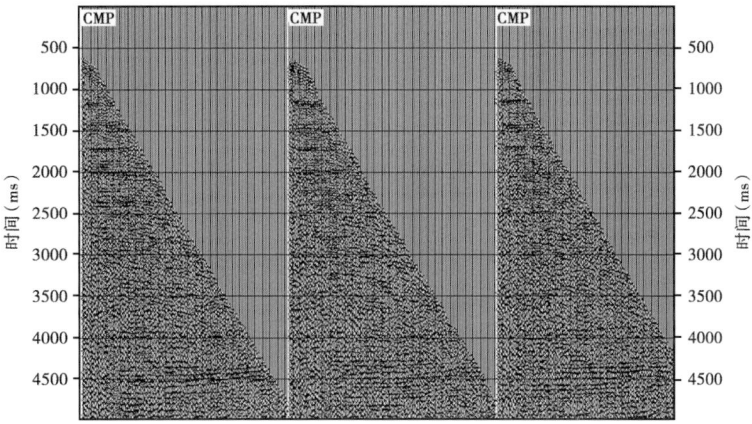

图 5-47　CRS-OIS 处理前的 CMP 道集

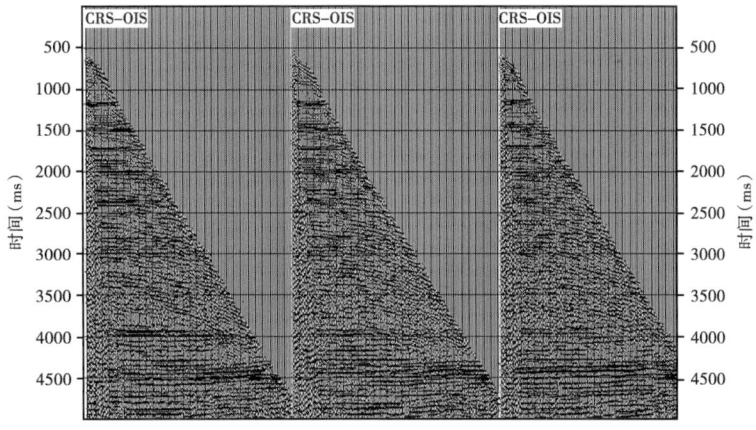

图 5-48　基于图 5-47CRS-ORS 处理后的 CMP 道集

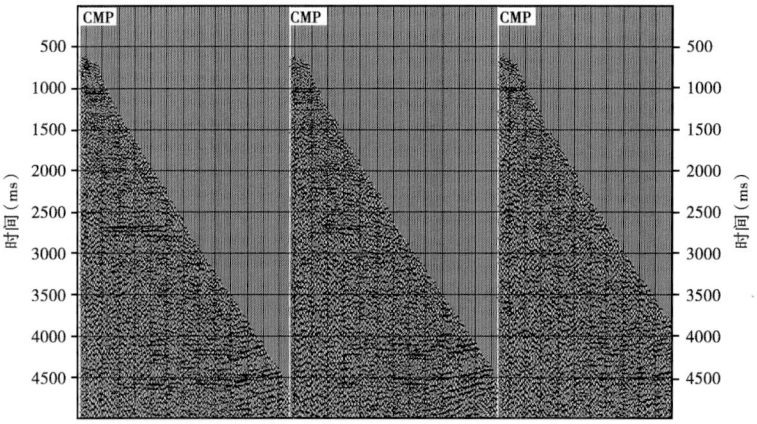

图 5-49　CRS-OIS 处理前的 CMP 道集

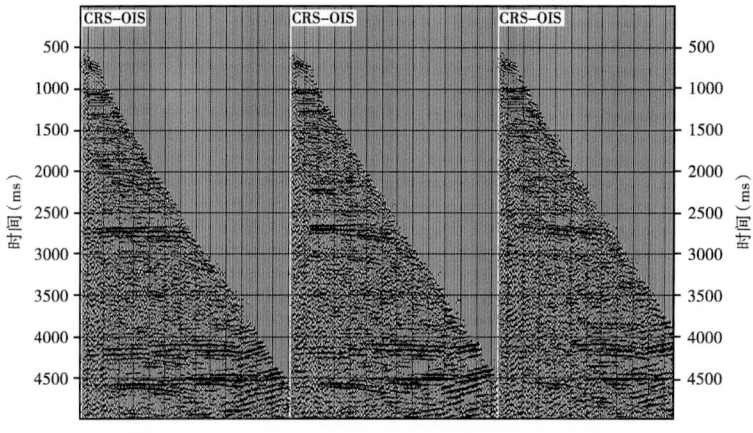

图 5-50　基于图 5-49CRS-OIS 处理后的 CMP 道集

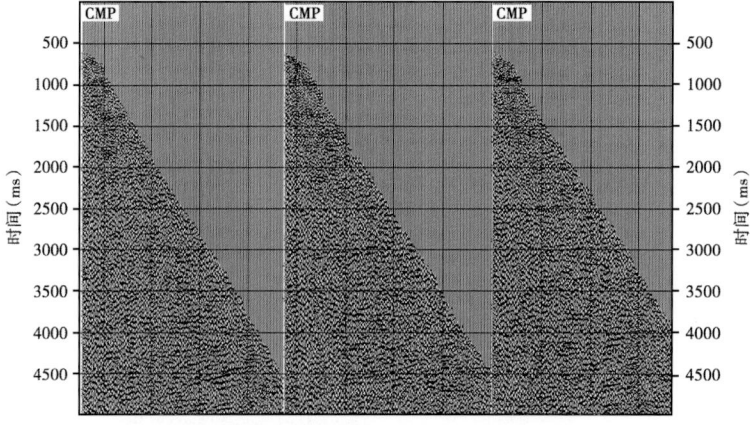

图 5-51　CRS-OIS 处理前的 CMP 道集

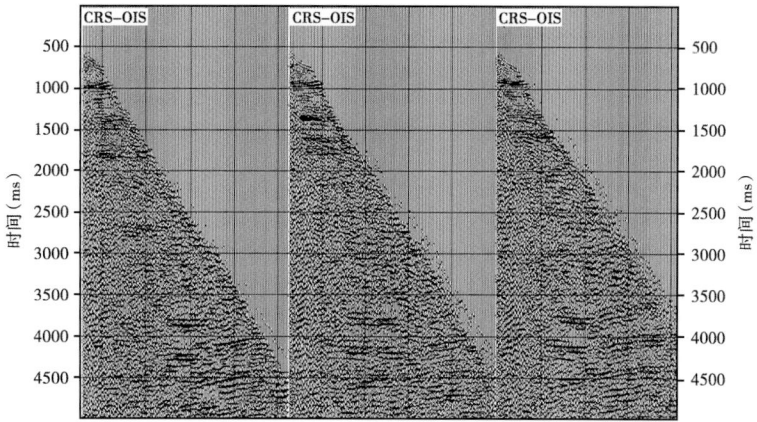

图 5-52　基于图 5-51CRS-OIS 处理后的 CMP 道集

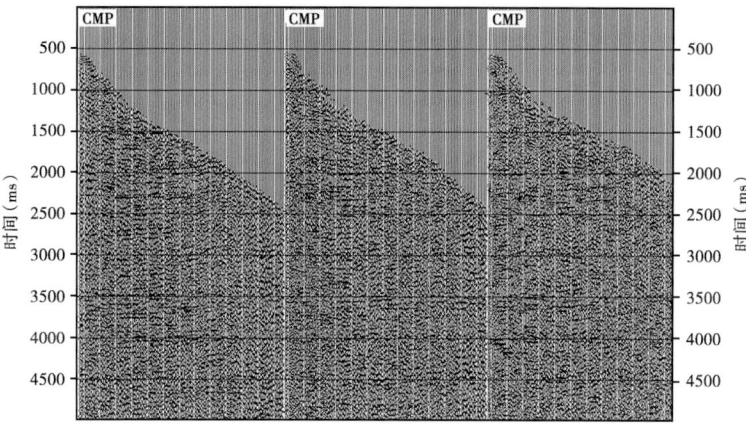

图 5-53　CRS-OIS 处理前的 CMP 道集

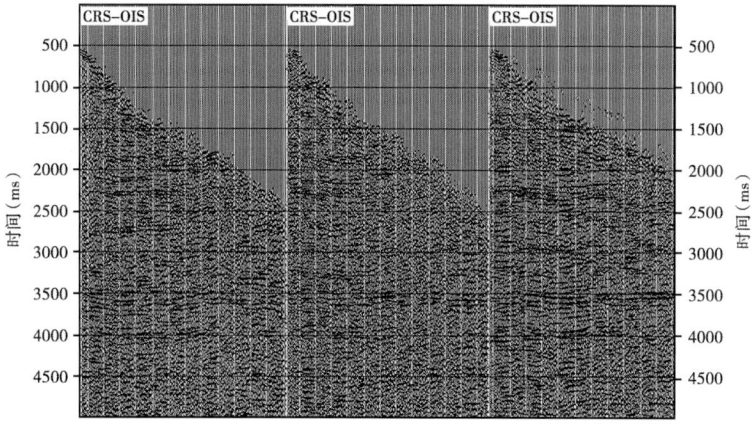

图 5-54　基于图 5-53CRS-OIS 处理后的 CMP 道集

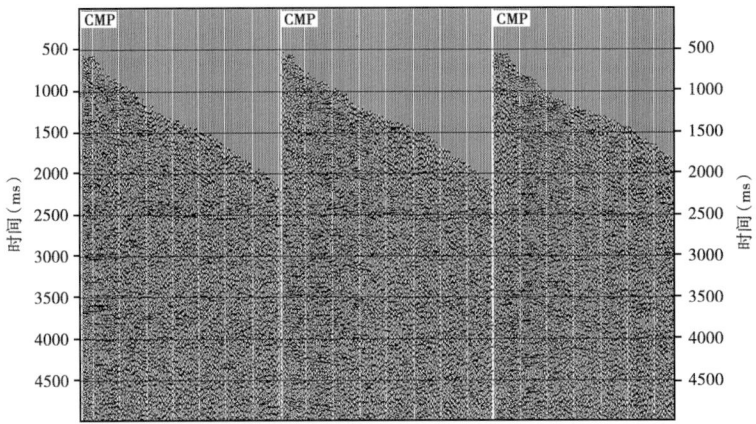

图 5-55　CRS-OIS 处理前的 CMP 道集

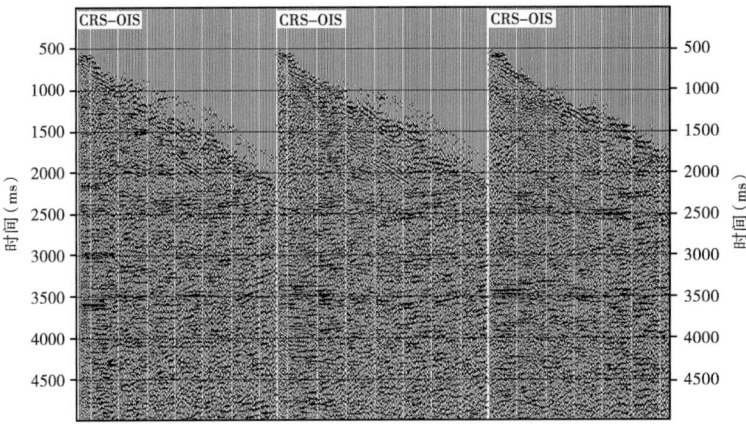

图 5-56　基于图 5-55CRS-OIS 处理后的 CMP 道集

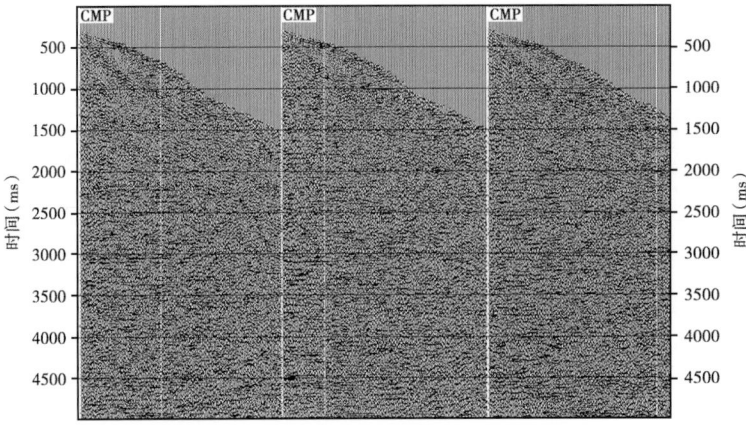

图 5-57　CRS-OIS 处理前的 CMP 道集

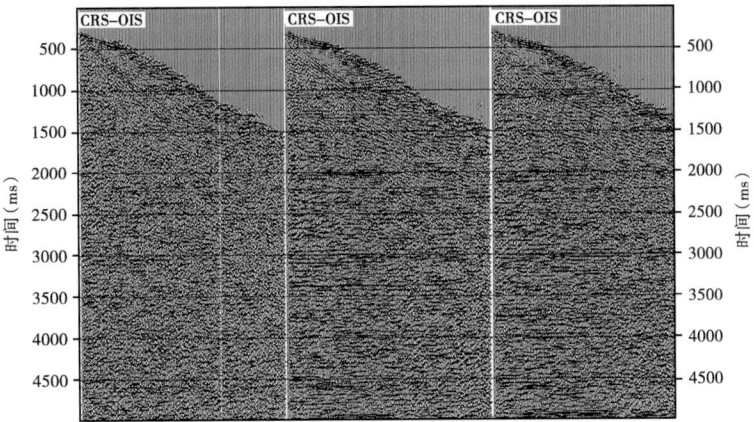

图 5-58　基于图 5-57CRS-OIS 处理后的 CMP 道集

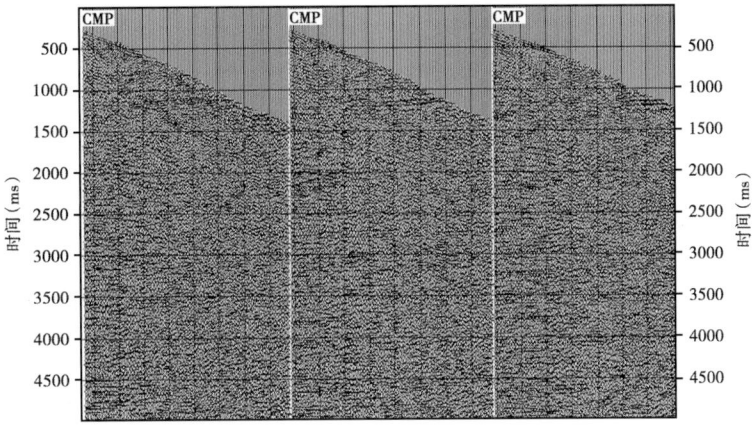

图 5-59　CRS-OIS 处理前的 CMP 道集

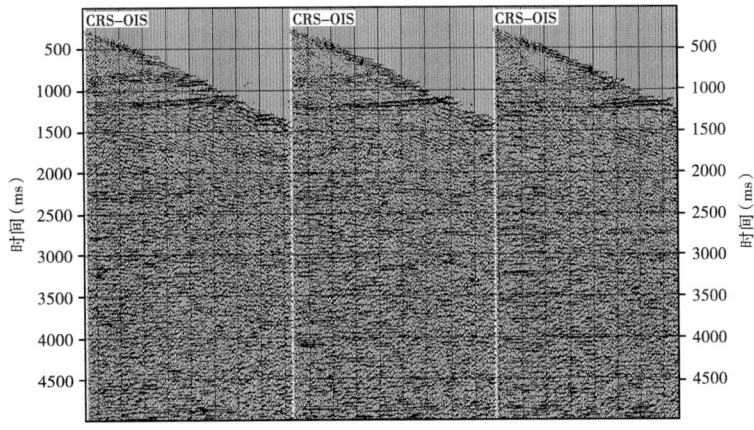

图 5-60　基于图 5-59CRS-OIS 处理后的 CMP 道集

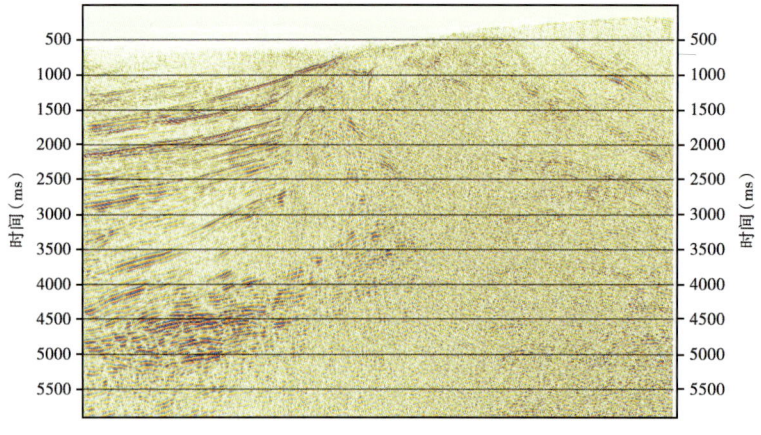

图 5-61 第一段 CMP 叠加剖面

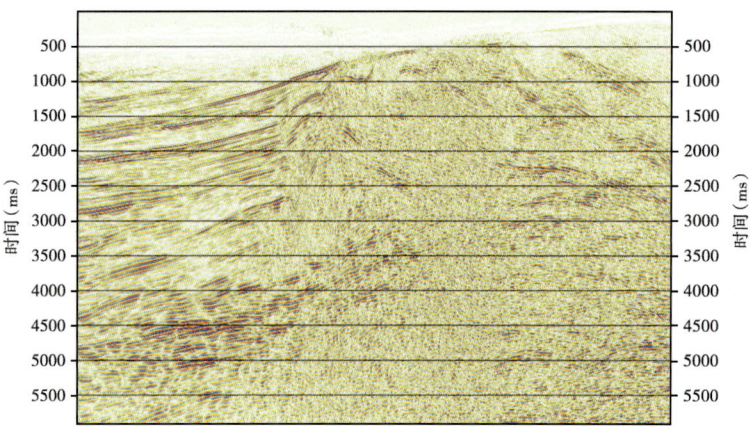

图 5-62 第一段 CRS-OIS 叠加剖面

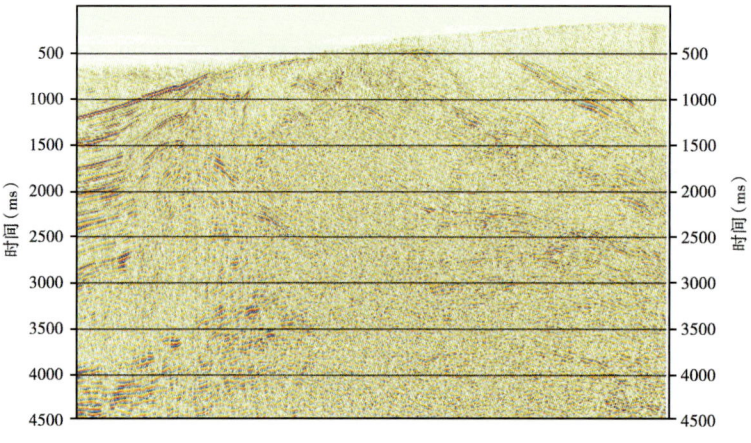

图 5-63 第二段 CMP 叠加剖面

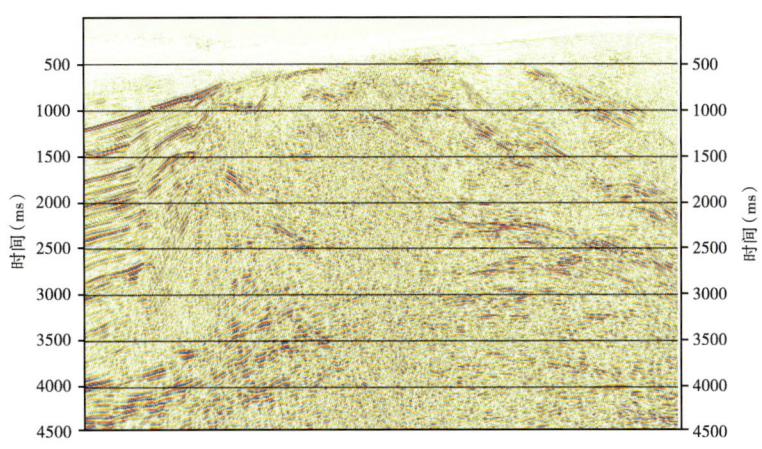

图 5-64 第二段 CRS-OIS 叠加剖面

从实例效果可以看出，相比传统方法，CRS-OIS 丝毫没有违背 CRS 叠加的初衷，基于相邻的局部反射线段（即 CRS 叠加线段）构造出的 NMO/Kirchhoff DMO 响应曲线相互叠合，压制了随机噪声，提高了信噪比，完全体现了 CRS 叠加邻域叠加的特色；当 CRS 叠加线段缩为一个点的时候，CRS-OIS 能准确地退化到常规的 Kirchhoff MZO，完全体现了 CRS 零偏成像方法作为广义的、大面元 MZO 的本质特征。同时它还在计算效率和大偏移距剖面成像精度方面拥有优势，因此 CRS-OIS 是一种既保留了 CRS 叠加的核心理念又对传统实现方式进行了充分改进的零偏成像方法。从应用的角度考察，CRS-OIS 的优势显而易见。因为它能够同时提供信噪比大幅度提高的叠前道集的叠加剖面，在实施反 NMO 或者反 MZO 之后，数据可以重新进行叠加速度分析或者是叠前偏移速度分析；只要使用得当，甚至可以在数据规则化与数据插值处理方面起到积极作用，这是传统方法无法企及的优势。只有让叠前道集也能够分享邻域叠加带来的优势，才算是充分体现了 CRS 方法作为"广义大面元 MZO 方法"应具有的应用价值，真正拓宽了 CRS 零偏成像的应用范围。

更重要的是 CRS-OIS 在三维实现方面的便利。不仅是因为它继承了 Kirchhoff DMO 在三维实现方面的优势，更因为三维 CRS-OIS 有可能是唯一可行的 CRS 零偏成像方式。要知道传统三维 CRS 叠加为搜索八个属性参数需要大量的计算，才能合成一张三维 CRS 初始叠加剖面，随后的三维优化处理则需要更为惊人的计算量，至今无法实现。相比之下，三维 CRS-OIS 的实现要简洁高效得多。

第六节 面向叠前偏移成像的去噪技术研究

南缘复杂构造区原始采集资料干扰严重，主体部位基本看不见有效反射。从工区典型单炮记录上看（图 5-65），主要干扰有面波、浅层多次折射和次生干扰。噪声能量强，分布范围广，尤其以面波最为严重。不同岩性激发资料差异大，中部砂泥岩出露区资料较好，面波速度在 1000~2500m/s，频率范围在 15Hz 以下；南部黄土夹砾石区资料较差，面波影响范围最大，最大速度达 2500m/s，频率范围在 15Hz 以下，并存在严重的浅层多次折射干扰；

北部黄土覆盖区能见有效波反射，但面波散射严重，能量强，最大速度1200m/s，频率影响范围达22Hz。

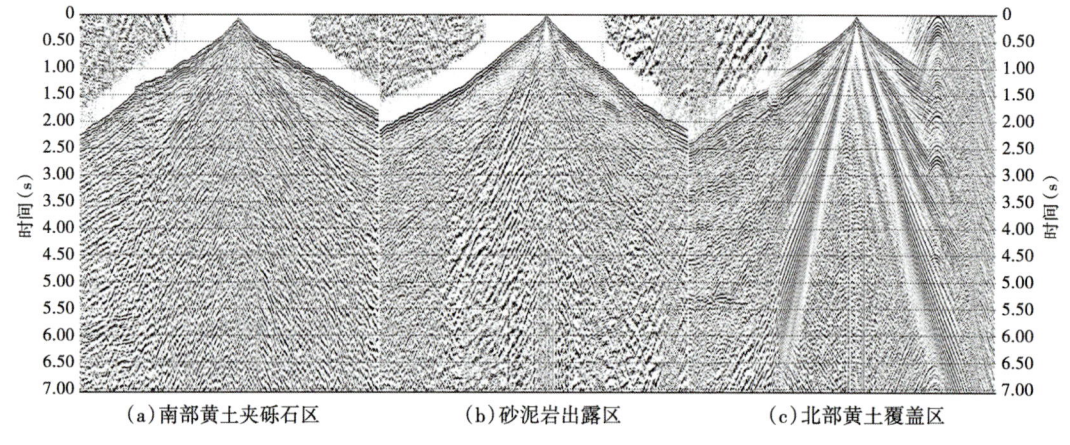

(a) 南部黄土夹砾石区　　　　(b) 砂泥岩出露区　　　　(c) 北部黄土覆盖区

图 5-65　吐谷鲁背斜 TG201101K 测线原始炮道集

针对南缘地区噪声特点，必须使用多种算法实施有针对性的多特征、多步骤、多域噪声压制方法，只有这样才能在成像阶段获得明显的效果。

一、浅层多次折射、高频噪声、面波压制对叠前深度偏移影响分析

玛纳斯、吐谷鲁背斜区浅层多次折射干扰严重，速度高，对时间域叠加成像与速度反演影响大。通过针对性浅层多次折射压制后，有效反射得到加强，远炮检距范围基本可见反射信号（图5-66）。叠前深度偏移后，浅层多次折射去除前后中下组合成像基本相当，浅层成像有差异，浅层多次折射去除后浅层斜干扰较少，层位追踪变得容易（图5-67）。因此，浅层多次折射对玛纳斯、吐谷鲁背斜区叠前深度偏移成像的中下组合影响较小，对浅层塔西河组的成像影响较大。

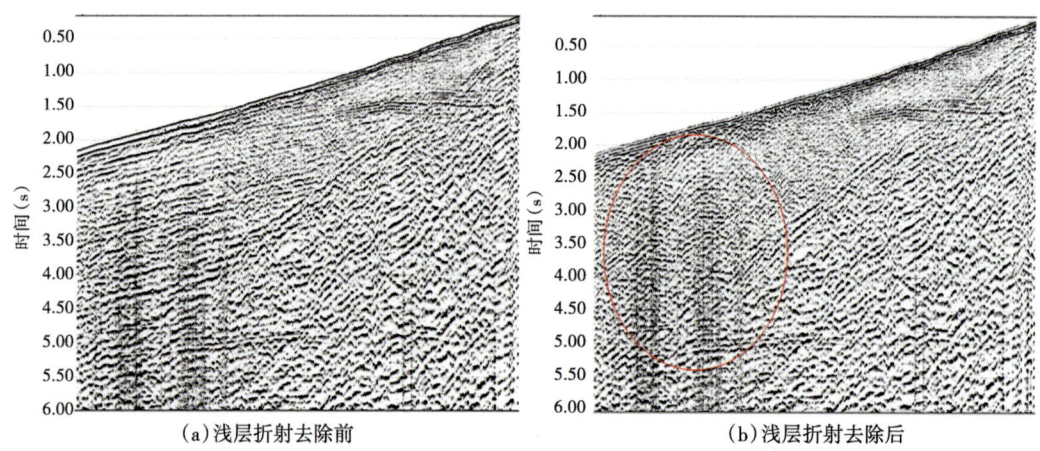

(a) 浅层折射去除前　　　　　　　(b) 浅层折射去除后

图 5-66　吐谷鲁背斜 TG201101K 测线典型单炮浅层折射去除前后效果对比

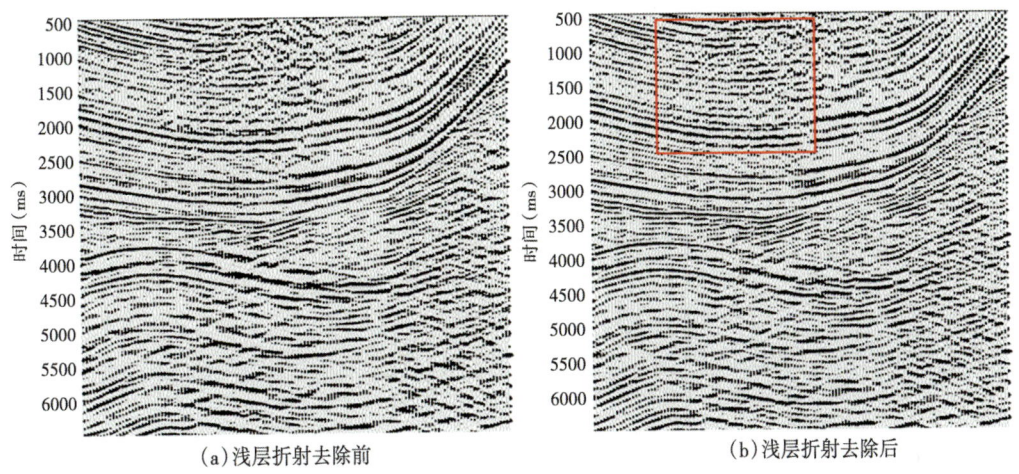

图 5-67 吐谷鲁背斜 TG201101K 测线浅层折射去除前后成像对比

玛纳斯、吐谷鲁背斜区原始炮集上存在大量高频噪声，对时间域叠加成像影响较大。通过时频域自动识别与压制可以有效消除这类高频随机噪声（图 5-68）。叠前深度偏移后，高频噪声去除前后中下组合成像基本相当（图 5-69）。因此，高频噪声对玛纳斯、吐谷鲁背斜区叠前深度偏移成像影响不大。

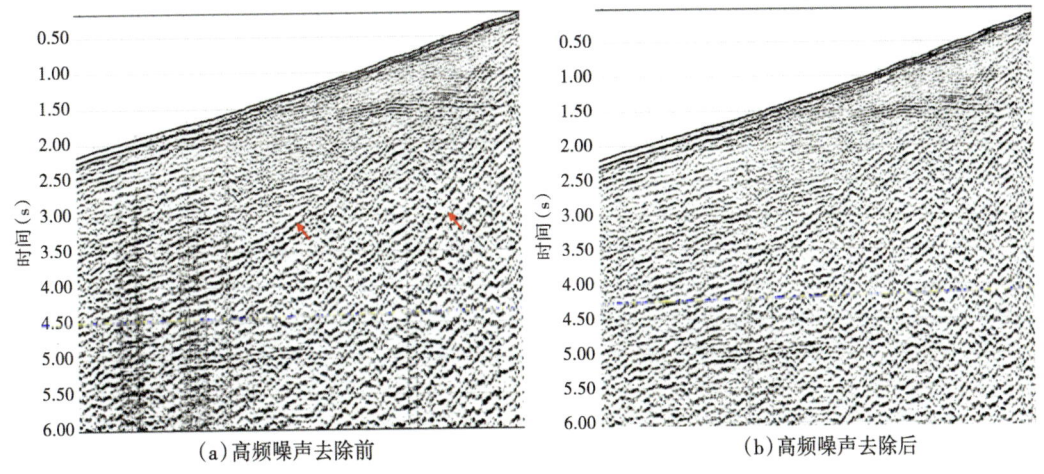

图 5-68 TG201101K 测线典型炮道集高频噪声去除前后效果对比

玛纳斯、吐谷鲁背斜区面波干扰非常严重，速度高，影响范围广，对时间域叠加成像与速度反演影响非常大。通过针对性压制后，中下组合有效反射得到加强，有效反射信号可见（图 5-70）。叠前深度偏移成果表明：面波去除后，中下组合成像得到改善，结构变得更加清晰，浅部成像基本无差异（图 5-71）。因此，面波是玛纳斯、吐谷鲁背斜区中下组合叠前深度偏移成像最大的影响因素，在实际生产中应重点关注。

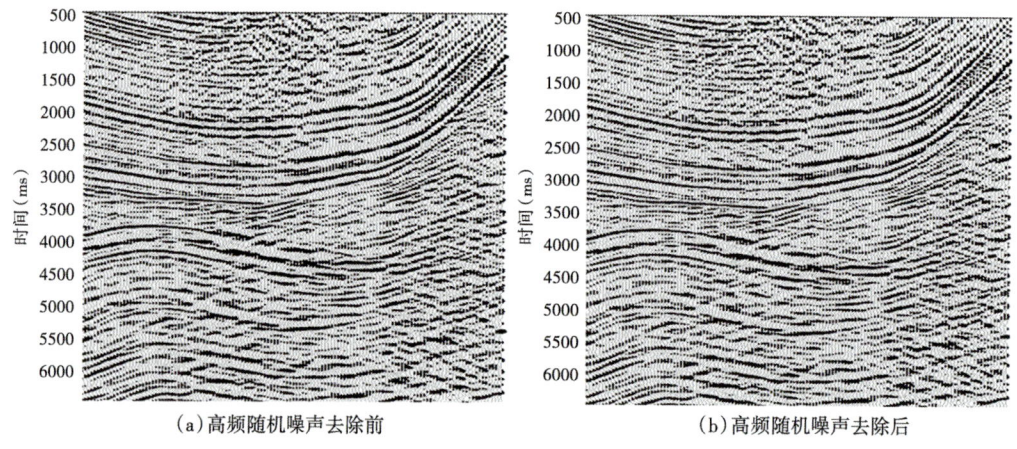

图 5-69 吐谷鲁背斜 TG201101K 测线高频随机噪声去除前后成像对比

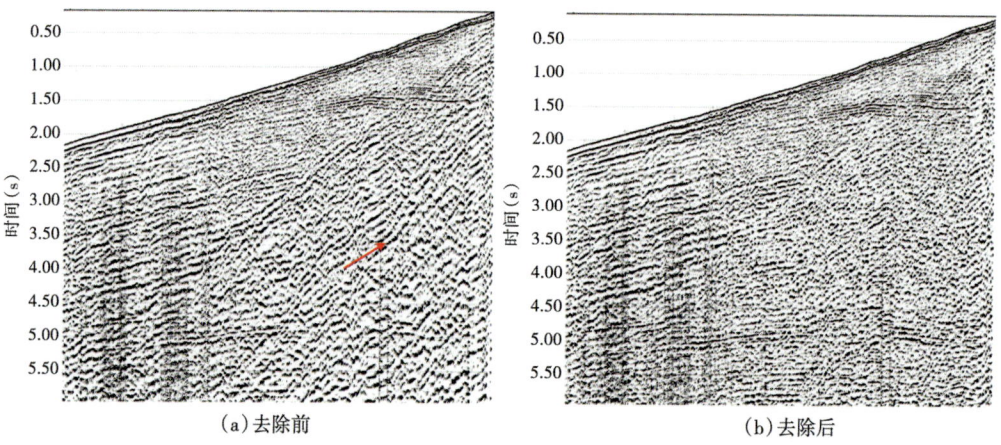

图 5-70 吐谷鲁背斜 TG201101K 测线典型炮道集面波去除前后效果对比

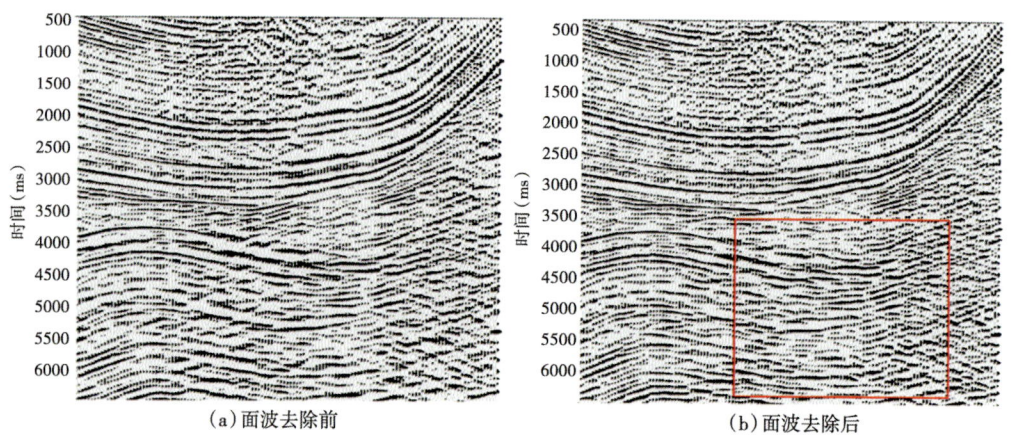

图 5-71 吐谷鲁背斜 TG201101K 测线面波去除前后成像对比

二、噪声压制强度对叠前深度偏移影响分析

时间域处理中,为了最大限度提高速度反演的准确性,往往采用相对较强的去噪方式。对比保护低频的弱去噪方式,速度谱上多解性减少(图5-72)。但是有时时间域处理中噪声压制过强,有可能引起深度偏移中波组特征,给后续的地震解释制造陷阱(图5-73)。因此需要注意,无论在频率域、波数域、XT、FK、$\tau\text{-}p$ 域,各类干扰都与反射有效波有着某些共同的成分,难以区分。在任何域中去噪都会留有噪声残余。因此,在叠前深度偏移中应采取保护低频的温和弱去噪方式,最大限度保留波的传播特征以避免为后续速度分析和地质解释制造陷阱。

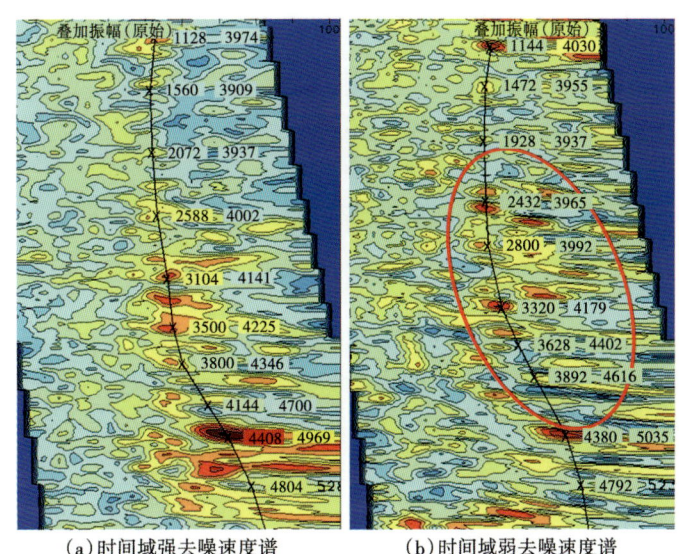

(a)时间域强去噪速度谱   (b)时间域弱去噪速度谱

图 5-72 时间域强去噪与弱去噪速度谱对比

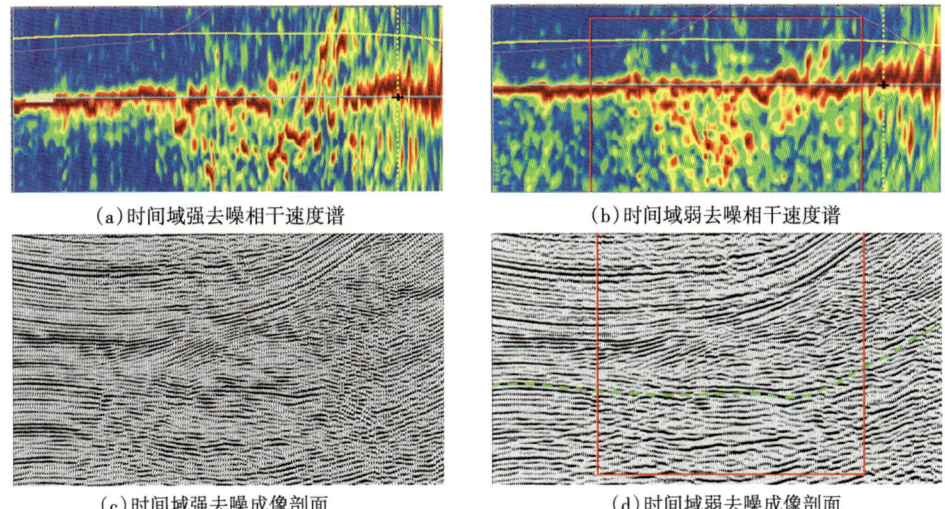

(a)时间域强去噪相干速度谱   (b)时间域弱去噪相干速度谱

(c)时间域强去噪成像剖面   (d)时间域弱去噪成像剖面

图 5-73 时间域强去噪与弱去噪相干速度谱及成像对比

三、十字排列（OVT）域去噪

十字排列（OVT）域是一种很适合噪声压制的数据域，在十字排列域，可制定如下噪声压制流程：首先针对振幅较高的外源干扰，例如对工区内水井钻井活动引起的强干扰进行压制。这些强干扰出现在共炮集和共检波点道集上。十字排列域应用非规则相干噪声压制模块可消除大部分直达面波和部分散射面波；最后再对资料应用地表一致性反褶积。反褶积之后资料的特征会有一些变化，此时可在十字排列域的炮点、检波点两个方向再进行两轮曲波变换，实现残余面波的有效压制。

针对工区发育较强的导波，可以应用径向变换对导波进行预测和相减，以达到较好的处理效果。针对环境噪声，采用十字排列域的非规则环境噪声压制算法对其进行压制。之后再进一步将数据分选到共中心点（CMP）域进行了分频噪声识别与压制，以保证环境噪声得到更彻底的消除；在OVT域实施匹配追踪规则化的过程中，一部分的弱相干随机噪声将进一步被有效压制。下面介绍几种噪声压制方法：

（1）异常振幅衰减：异常噪声衰减是一种叠前分频噪声衰减技术。该方法首先将道集转到频率域空间，然后分频带对给定时窗内的振幅进行统计，求取中值能量，偏离中间振幅超过门槛值的频带将被衰减、置零，或由邻道内插得到的好的频带来代替。

（2）非规则相干噪声压制：常规的处理流程中经常用到的相关噪声压制法一般包括三维 FK、线性拉冬变换、FX 扇形滤波等。实际应用中，这几种方法存在不同版本的变体，例如滤波之前先做动校正，来更好应付假频等。然而，很多方法要求道距是规则的，当炮检点太过偏离规则线时，其应用效果会打折扣。例如三维 FK，当数据很不规则时，滤波结果会有严重的噪声残留。非规则相干噪声压制可以很好地解决数据不规则时相干噪声发育不理想的问题。尤其当工区障碍较多，导致炮线或者检波线很不规则时，依然有很好的效果。这种技术的滤波引擎是 FX，但是滤波器是局部的，而非全局的。除了十字排列域外，该方法也可在共炮点域和共检波点域进行。其优势在于其可处理不规则采样的线性噪声。线性噪声的视速度具有一定的范围，它可用解析函数进行表示。因此非规则相干噪声压制可用 FX 变换，预测出线性噪声模型，然后从原始数据中减去。

（3）曲波变换：该方法实质上由脊波理论衍生而来，它是在小波变换基础上发展起来的一种新的多尺度变换，其结构元素除了尺度和位置参数以外，还包括方位或角度参数，这使得曲波变换具有良好的方向特性。曲波变换在所有可能的尺度上进行分解，它是由一种特殊的滤波过程和多尺度脊波变换组合而成，基于曲波变换这种多尺度变换，可以对时空信号进行最稀疏表达，能够获得最优的非线性逼近。通过分析地震信号在曲波变换域的特征，可以看出时空信号的不同波组成分在曲波变换域存在明显的差异，可以从频率、角度和空间位置实现有效反射波和干扰波的分离，同时可以较好地保持有效波信息。曲波变换中干扰波的定义可以用曲波面板来定义，曲波面板由尺度与角度两个参数控制，本质上是将 FK 域的数据用尺度与角度划分为多个面板，最佳地拟合时空域的数据。曲波变换对图像进行子带分解，然后对不同尺度的子带图像采用大小不同的块，分别对每个块进行脊波分析。这种频率划分方式使曲波变换具有强烈的各向异性，而这种各向异性随尺度的缩小呈指数增长。它结合了脊波变换的各向异性特点和小波变换的多尺度特点。其实施步骤如下：①将数据由 $t—x$ 域变换到 $F—K$ 域；②将 $F—K$ 域依据不同的尺度和角度分割为不同的区域；③选择代表信号和噪声不同的区域并在曲波域内进行处理；④反变换到 $t—x$ 域。

（4）非规则环境噪声压制技术：针对高密度采集数据白噪相对较重的特点，新疆油田公司采用了一种新方法，称为非规则环境噪声压制技术。该算法借鉴了解决不规则采样资料压制相干噪声的思路，在压制环境噪声时，算子是局部变化而非全局，充分利用了噪声与信号在频率能量方面的不同。另外，该方法不会破坏信号的 AVO 特征，是一种保幅的算法；同时对白噪的压制十分有效。

（5）径向变换线性噪声压制：径向变换是一种多道域的变换，它可以把叠前道集由 $t—x$ 域变换到径向域（$t'—v$）其中 v 是视速度，t' 则为零偏移距截距时间，如图 5-74 所示。在时间域表现为线性的同相轴会在径向域表现为低频率能量，利用这个特点可以在径向域对数据进行高切滤波，然后将其反变换回来，就可以模拟出线性同相轴，达到去除线性噪声的目的，如图 5-75 所示。在本项目中考虑到导波的视速度与有效反射波十分接近，因此应用依赖视速度来区分导波和有效反射波的方法存在较高风险；因此，这里采用径向变换法模拟并减掉导波。

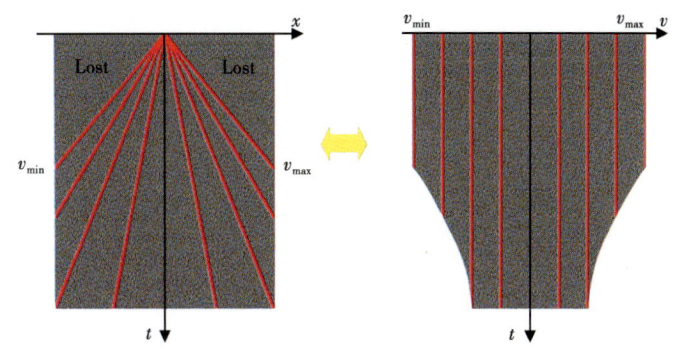

图 5-74 径向变换的示意图

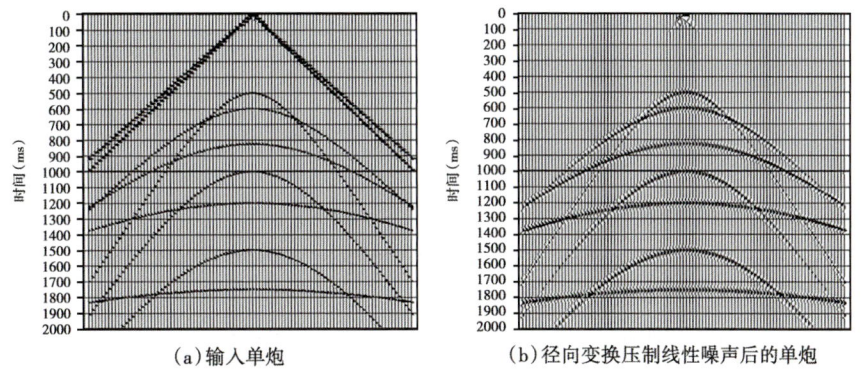

（a）输入单炮　　　　　　（b）径向变换压制线性噪声后的单炮

图 5-75 输入单炮与径向变换压制线性噪声之后的单炮

图 5-76 至图 5-99 详细展示了不同算法、不同处理步骤应用前后的单炮近、远排列的效果及叠加效果。从以上质控单炮及叠加中可以看出，资料的信噪比在每一个处理步骤后都得到了一定的改善，隐藏在噪声之下的有效信息被逐步挖掘出来；基本的背斜构造形态逐步清晰可见；同时同相轴连续不间断而且反射能量强弱关系保护完好，为后续处理工作打下了良好基础。由此可见在十字排列域实施噪声压制的效果和必要性。

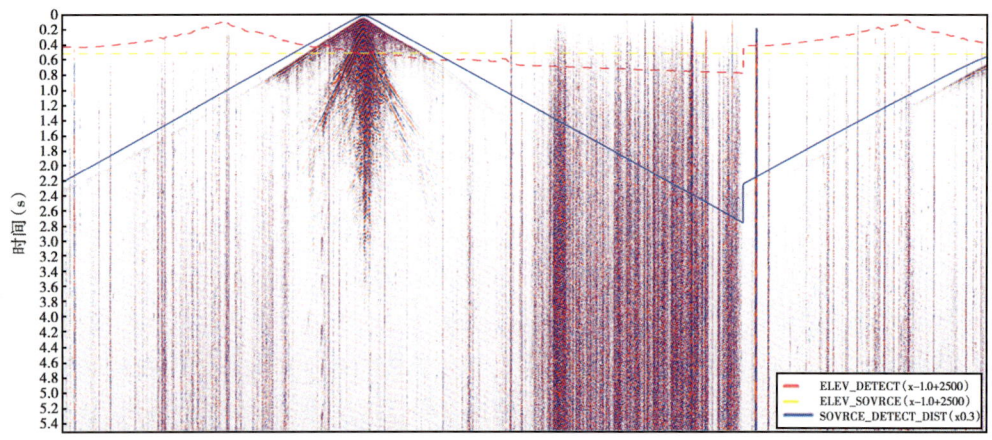

图 5-76 异常噪声压制前近排列炮集数据（应用折射层析静校正和初始振幅补偿后）

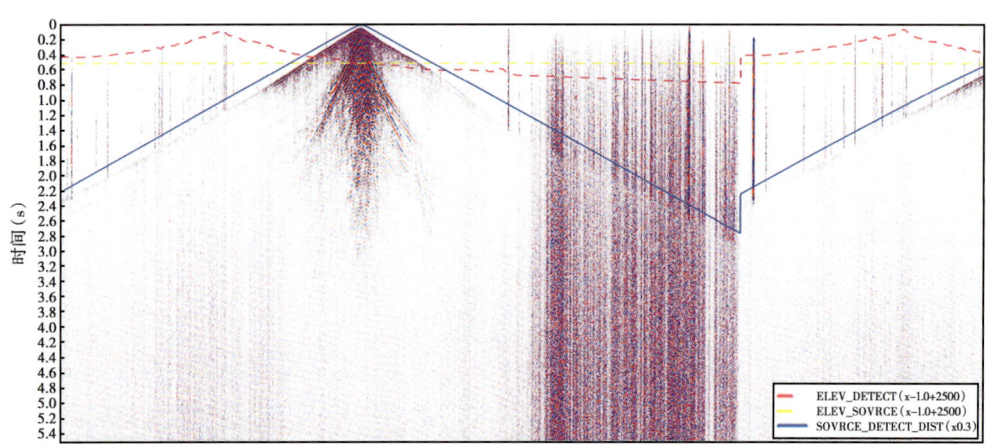

图 5-77 十字排列域异常噪声压制后近排列炮集数据

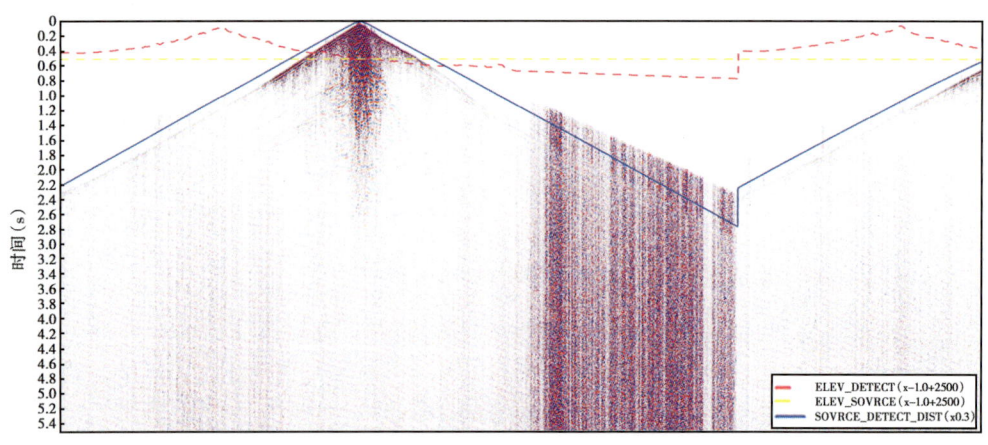

图 5-78 十字排列域上面波压制后近排列炮集数据

【第五章】 提高信噪比处理技术

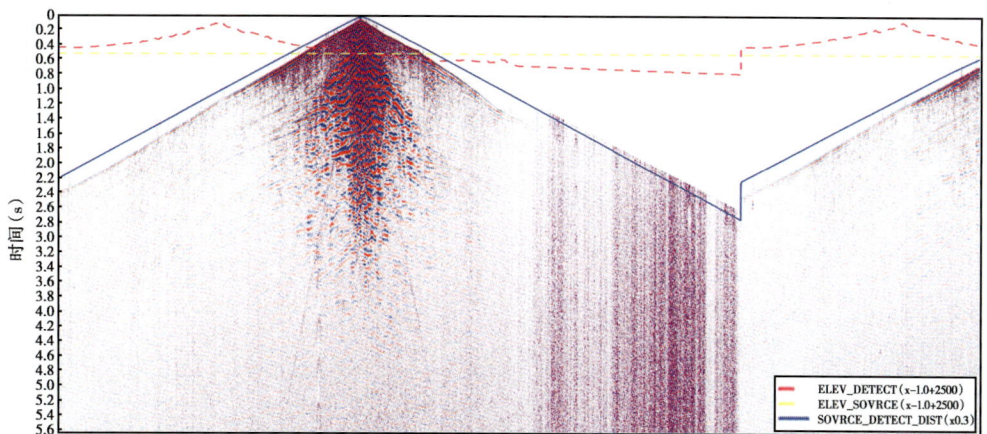

图 5-79　地表一致性反褶积后近排列炮集数据

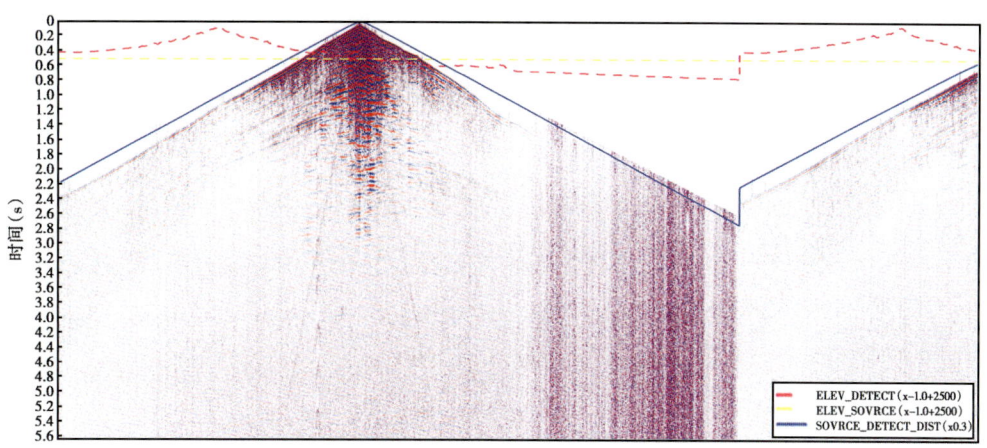

图 5-80　十字排列域剩余面波压制后近排列数据

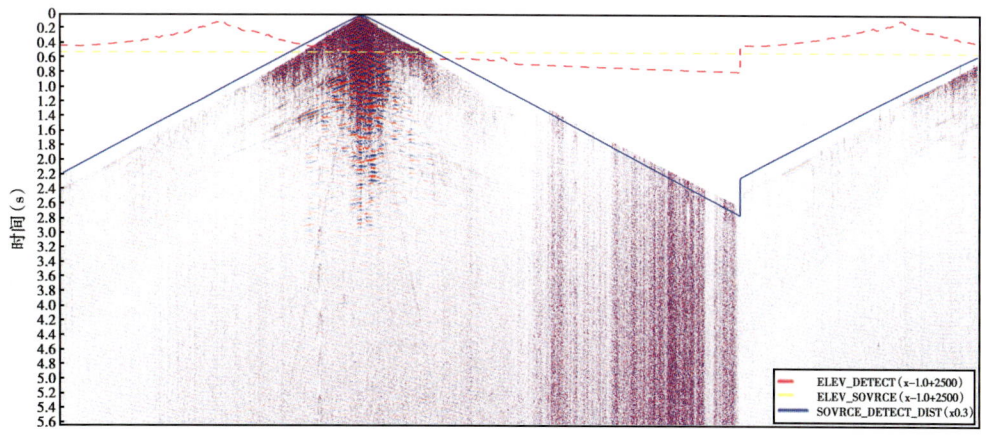

图 5-81　十字排列域导波压制后近排列数据

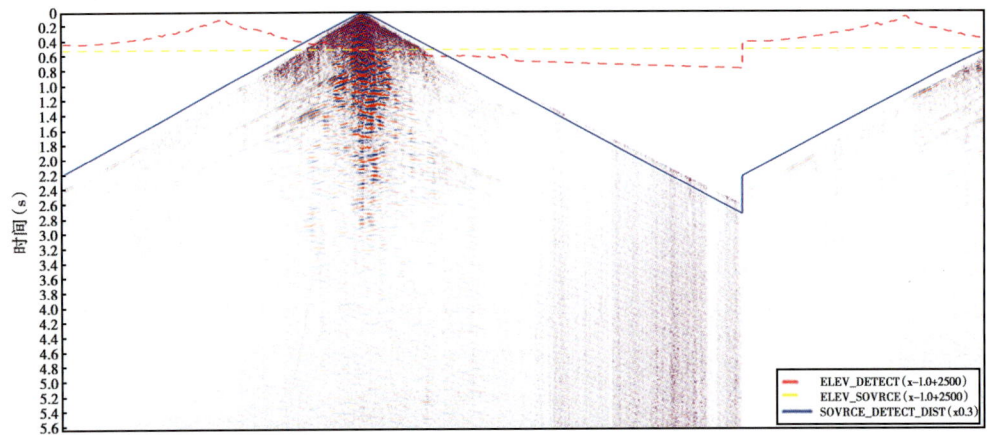

图 5-82　十字排列域环境噪声压制后近排列数据

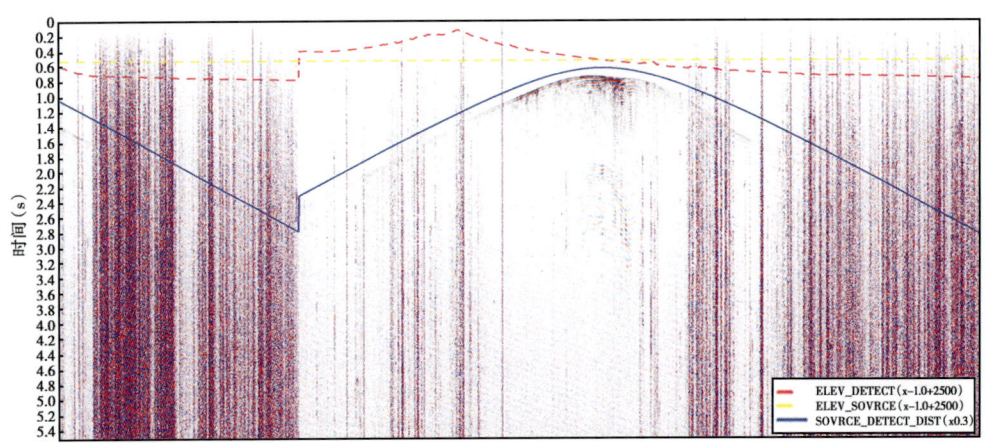

图 5-83　异常噪声压制前远排列炮集数据（应用折射层析静校正和初始振幅补偿后）

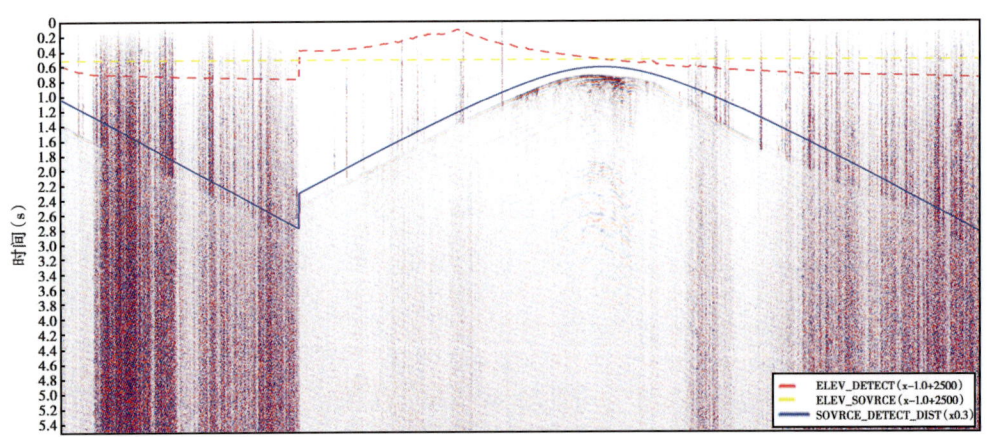

图 5-84　十字排列域异常噪声压制后远排列炮集数据

【第五章】 提高信噪比处理技术

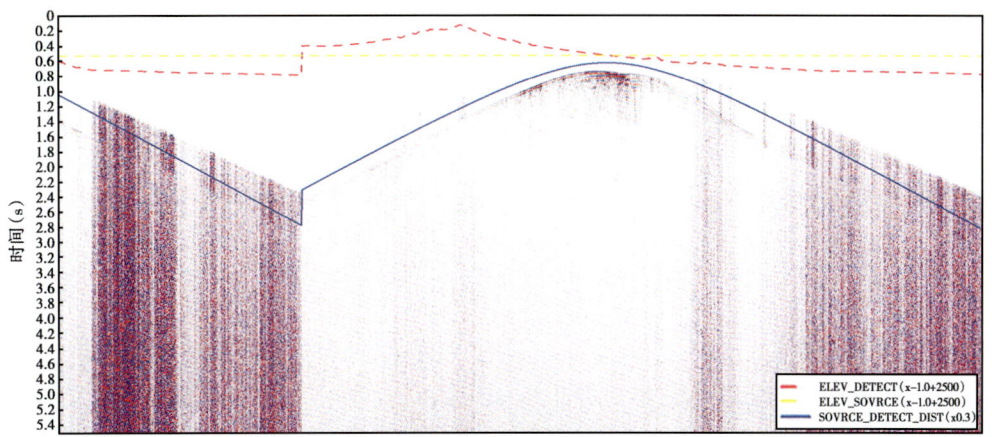

图 5-85　十字排列域面波压制后远排列炮集数据

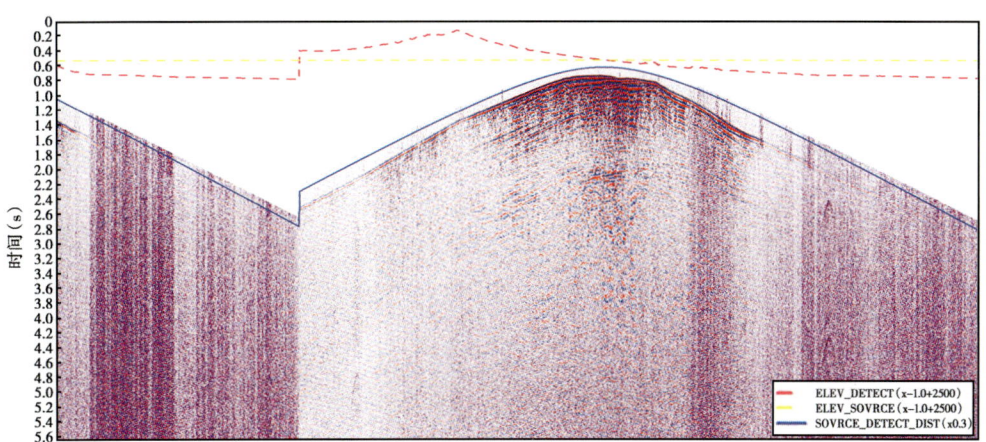

图 5-86　地表一致性反褶积后远排列炮集数据

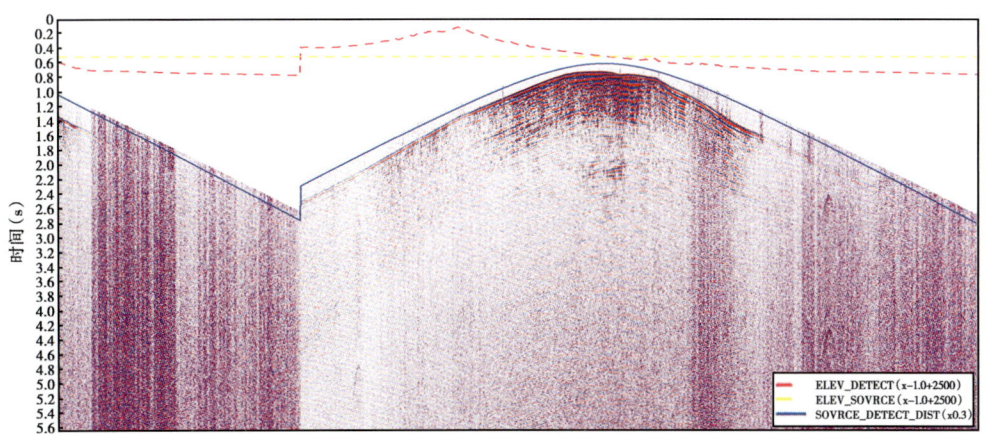

图 5-87　十字排列域剩余面波压制后远排列炮集数据

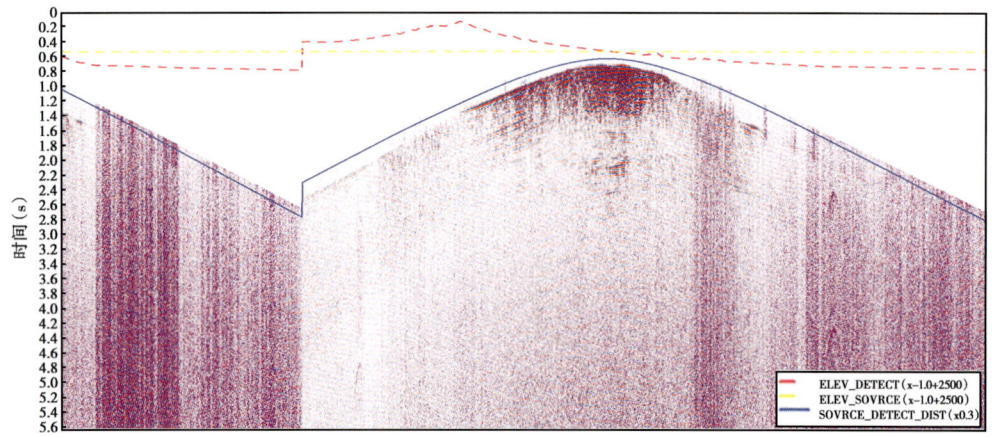

图 5-88 十字排列域导波压制后远排列炮集数据

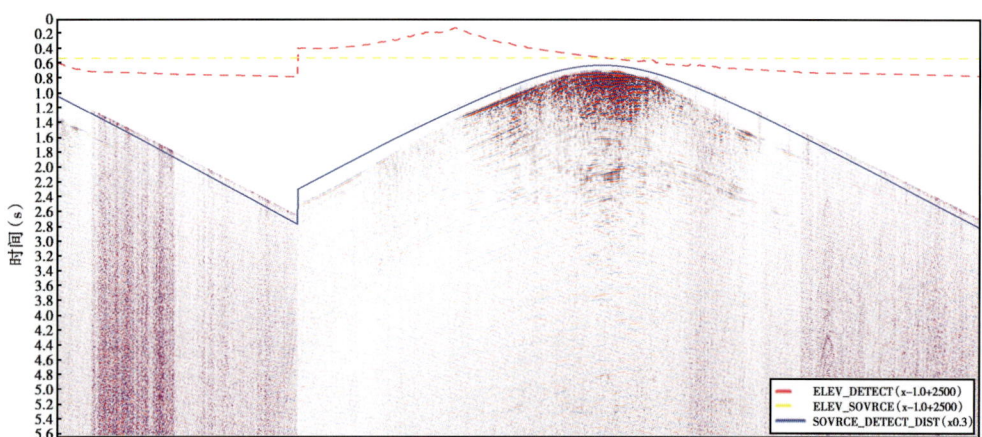

图 5-89 十字排列域环境噪声压制后远排列炮集数据

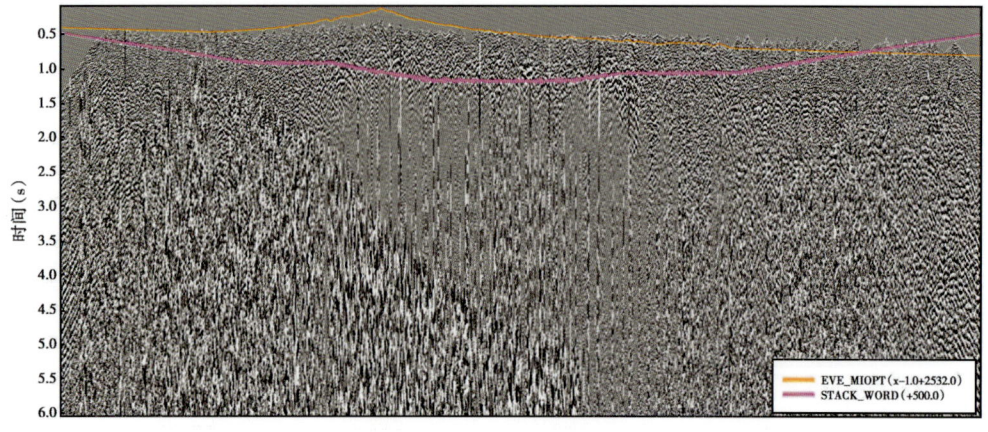

图 5-90 原始叠加剖面

【第五章】 提高信噪比处理技术

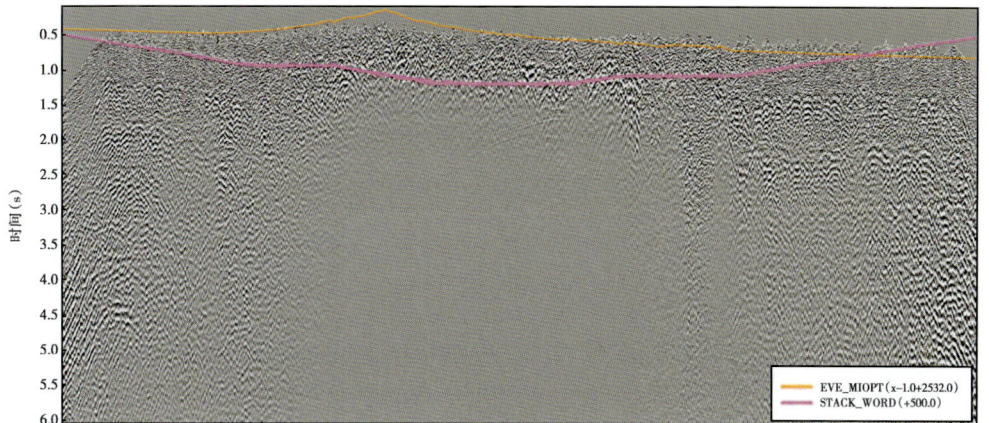

图 5-91　异常噪声压制后叠加剖面

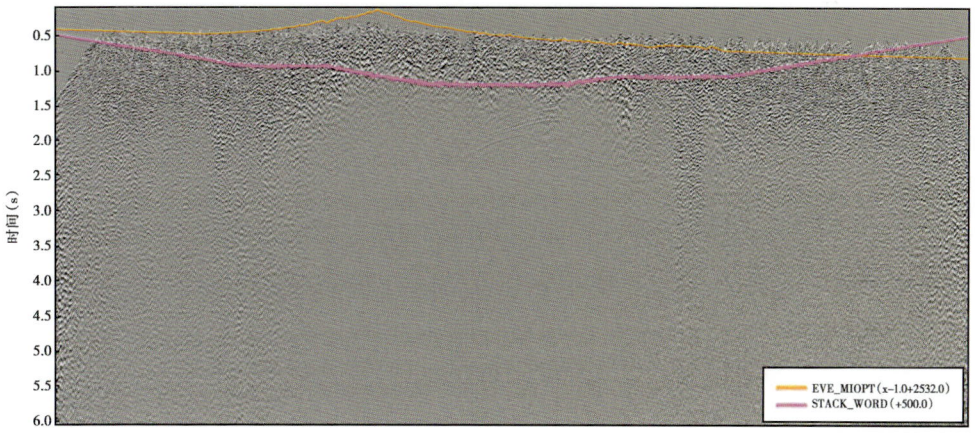

图 5-92　面波压制后叠加剖面

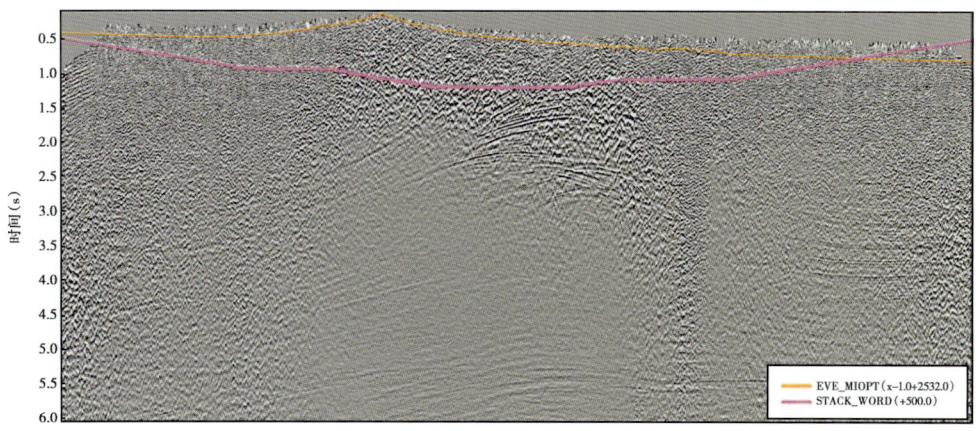

图 5-93　剩余面波压制后叠加剖面

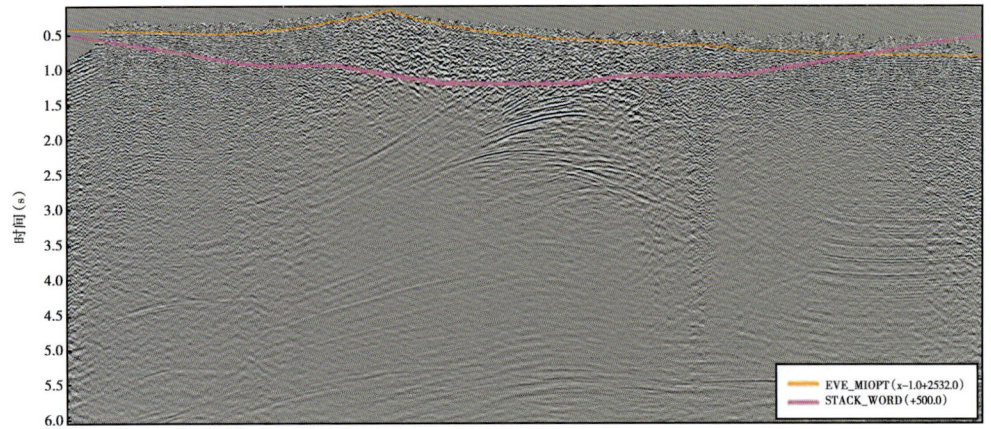

图 5-94　导波和环境噪声压制后叠加剖面

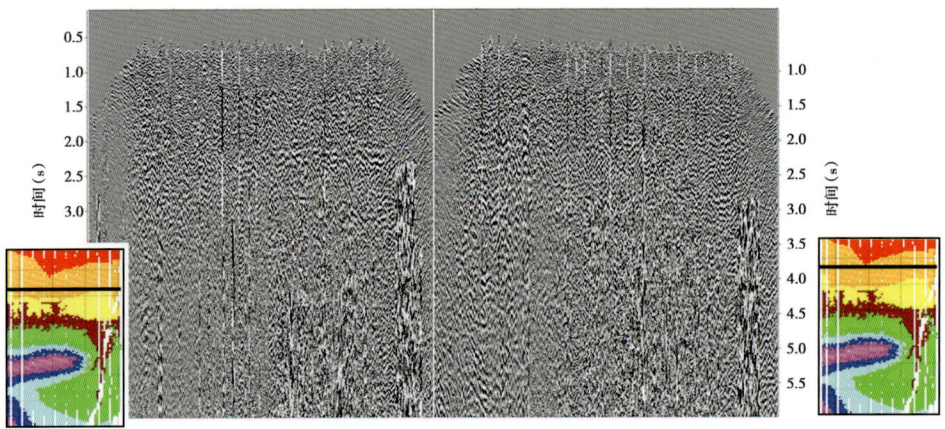

图 5-95　原始叠加剖面

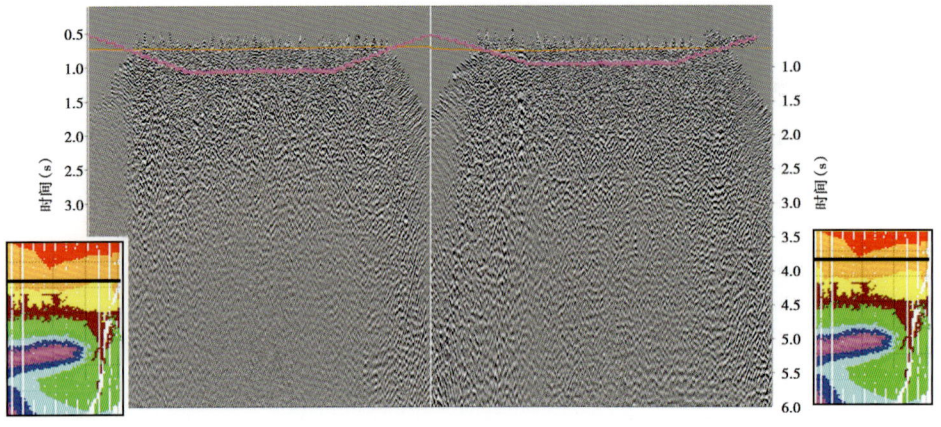

图 5-96　异常噪声衰减后叠加剖面

【第五章】 提高信噪比处理技术

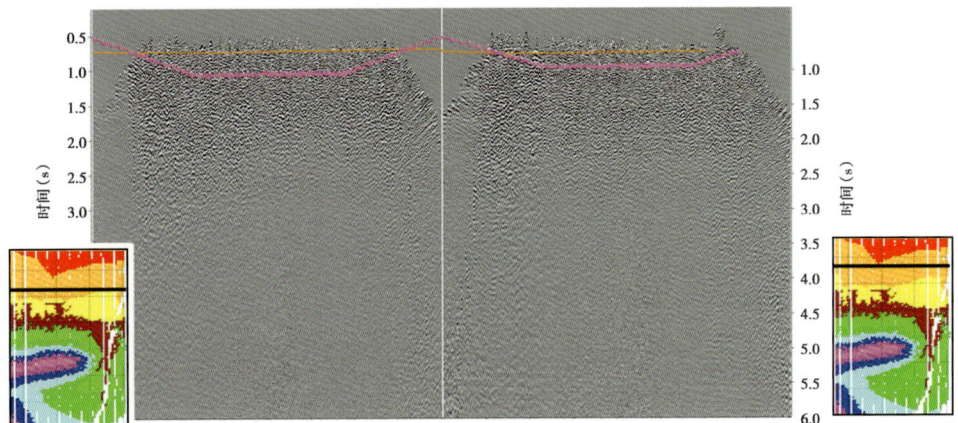

图 5-97 面波压制后叠加剖面

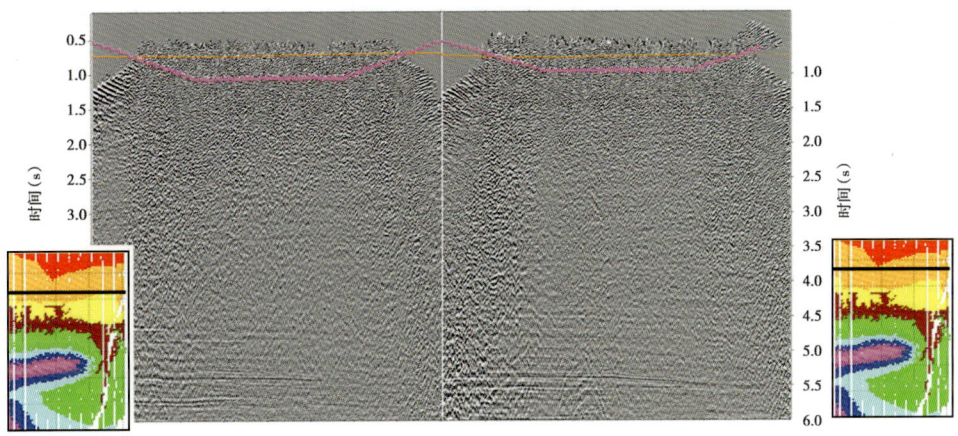

图 5-98 稳健性地表一致性反褶积后叠加剖面

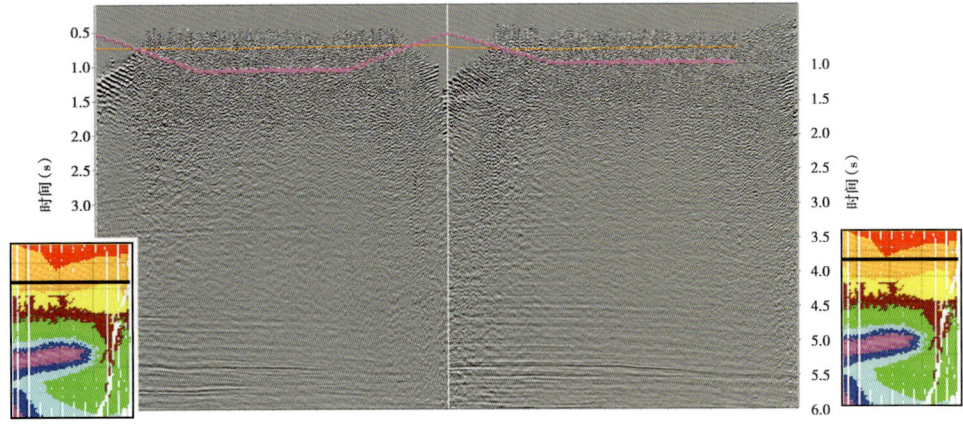

图 5-99 导波及环境噪声压制后叠加剖面

四、面向叠前偏移的去噪处理思路总结

综上所述，对面向叠前偏移的去噪处理思路做一总结。在叠前偏移生产中不妨采用如下去噪处理思路以同时满足时间域与深度域处理的需要：（1）在时间域处理中采用相对较强的去噪模式，提高速度分析精度；（2）在叠前深度偏移中采用相对较弱的面波及强能量干扰的压制模式，尽量保留有效低频信息，提高剩余延迟谱质量，改善深度域成像质量；（3）资料处理中，随机干扰、线性干扰等噪声在不同的域上表现形式不同，因此在不同域中去噪会有不同的效果，一般来说在不同域分别去噪比单域去噪效果更佳。图 5-100、图 5-101 分别显示了面向时间域与成像域的噪声压制流程与效果对比。

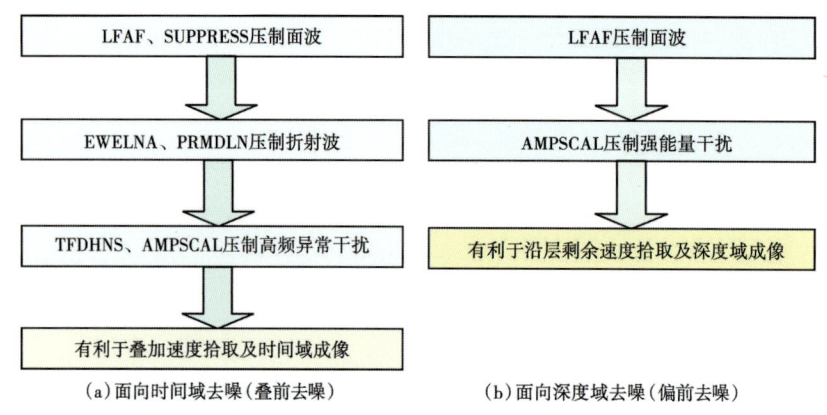

图 5-100　面向时间域与成像域的噪声压制流程

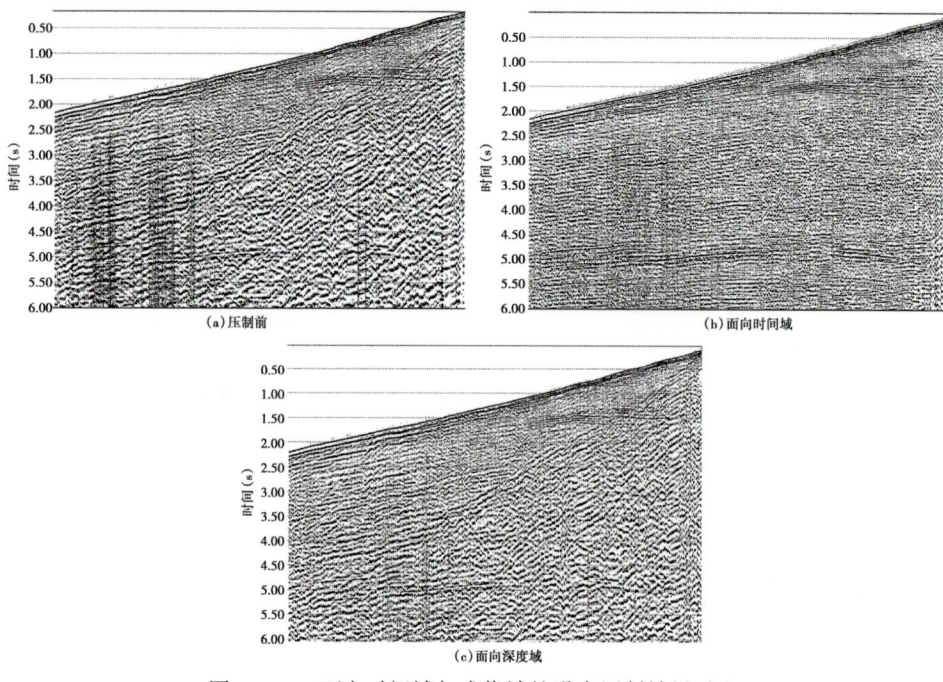

图 5-101　面向时间域与成像域的噪声压制效果对比

【第五章】 提高信噪比处理技术

基于以上思路，面向叠前偏移的去噪技术采用炮点域、检波点域、CMP 域、共偏移距域（三维即为 OVT 域）四个域进行叠前噪声去除。在炮点域、检波点域、CMP 域去除面波及规则干扰，在共偏移距域（OVT 域）衰减随机噪声并提高道集空间上的信噪比，满足叠前偏移需要。霍玛吐背斜区下组合叠前深度偏移成像生产中，四个域的联合去噪非常关键，缺一不可。

针对三维高密度采集数据的三维 OVT 域多轮多域噪声压制流程如图 5-102 所示。该流程在高密度采集数据上获得了理想的处理效果，对成像效果有了极大的改进，是一个值得借鉴和推广的噪声压制流程。

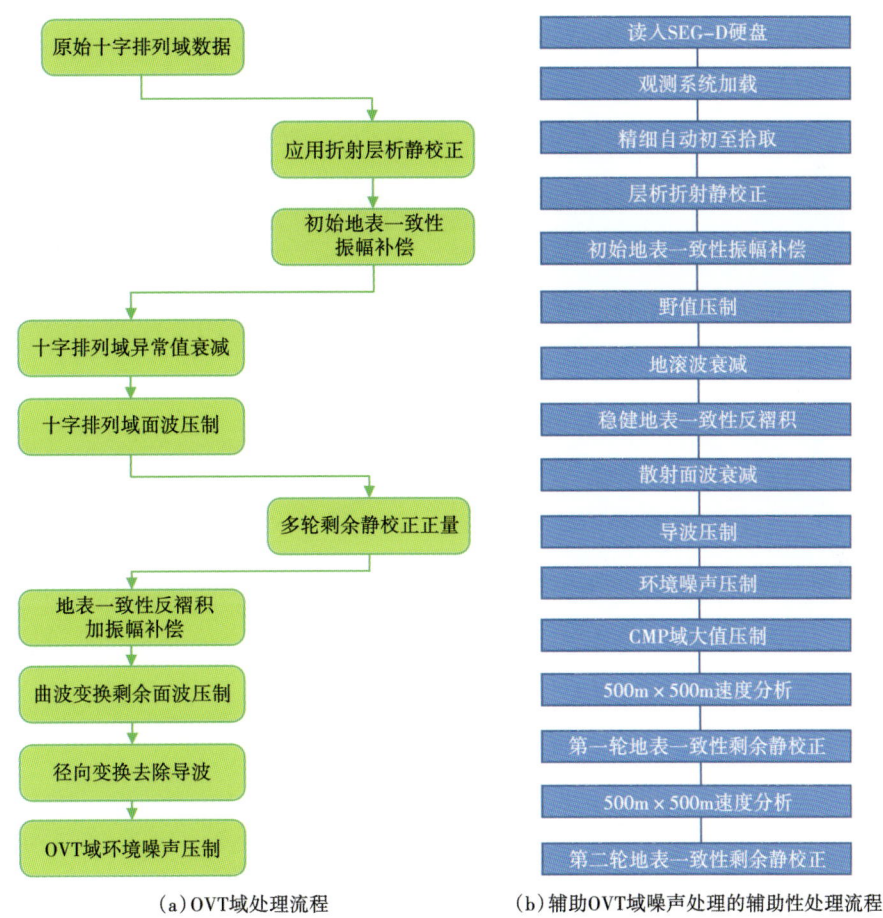

(a) OVT 域处理流程　　(b) 辅助 OVT 域噪声处理的辅助性处理流程

图 5-102　针对三维高密度采集数据的 OVT 域的多轮多域去噪流程

总之，经面向叠前深度偏移去噪技术处理后，单一道集信噪比不是最好的，但综合质量最高。如图 5-103 所示，霍尔果斯三维资料经上述方法处理后，成像品质改善明显。做进一步叠前时间偏移处理后，中下组合偏移划弧减少、结构清晰（图 5-104）。吐谷鲁地区 TG201101K 测线叠前深度成像试验也说明，上述面向叠前深度偏移成像的去噪技术是合理的。处理后的构造主体清楚、划弧减弱，资料可解释性增强（图 5-105）。

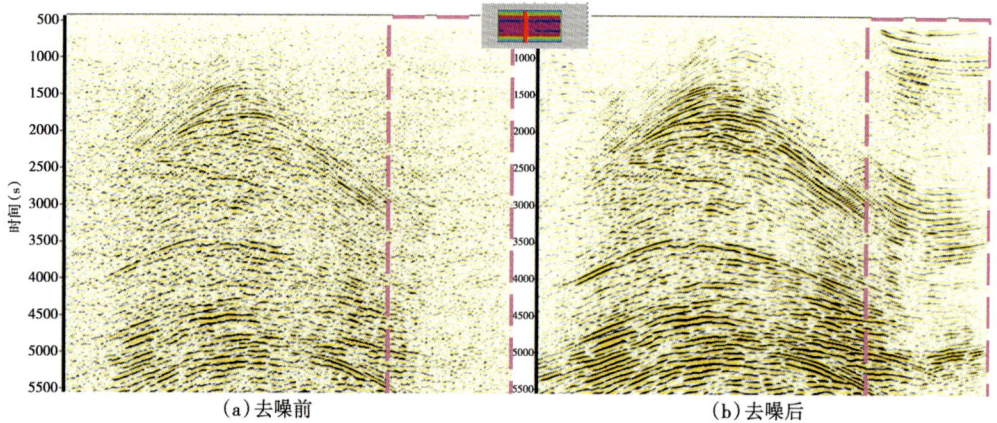

图 5-103　霍尔果斯三维面向叠前偏移的去噪前后叠加对比

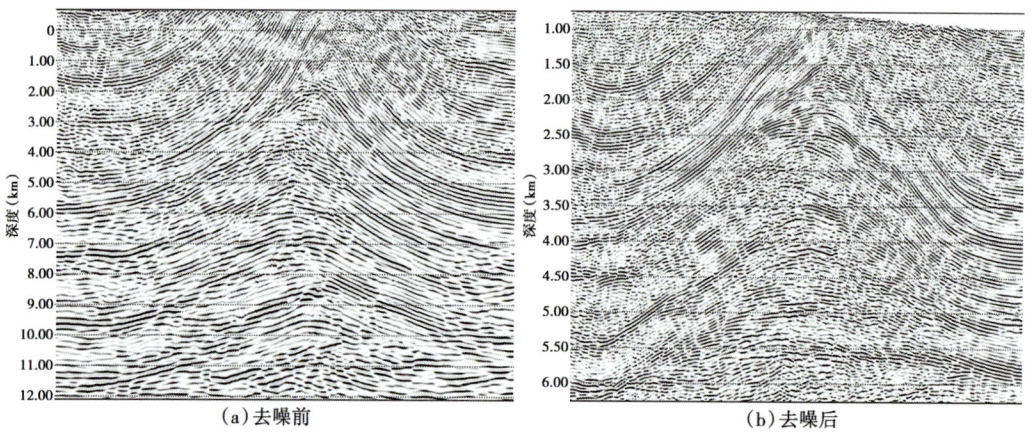

图 5-104　霍尔果斯三维面向叠前偏移去噪前后叠前时间偏移成像对比

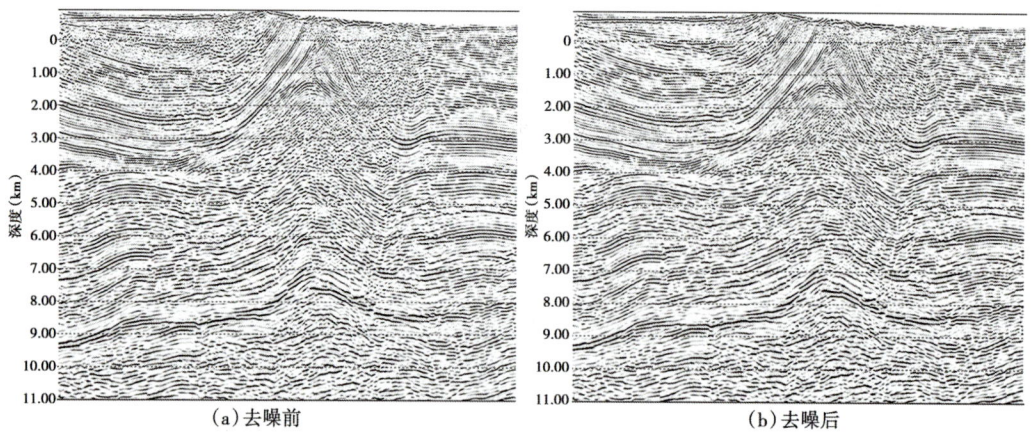

图 5-105　TG201101K 测线面向叠前偏移成像去噪前后深度偏移成像对比

参 考 文 献

丁建荣，王华忠，李代芳，居兴国.2003.共反射面元方法在下扬子地区的试验.石油物探，(3)：414-416.
韩立国，孙建国，何樵登，杨勤勇.2003.共反射面与共中心点联合迭加成象.石油物探，42（1）：25-28.
李振春，孙晓东，刘洪.2006.复杂地表条件下共反射面元（CRS）叠加方法研究.地球物理学报，49（6）：1794-1801.
李振春，姚云霞，马在田，王华忠.2003.基于参数多级优化的共反射面叠加方法及其应用.石油地球物理勘探，38（2）：156-161.
孙建国.2002. Kirchhoff 型真振幅偏移与反偏移.勘探地球物理进展，25（6）：1-5.
孙建国.2002.论三维等时线叠加反偏移中的有关问题.吉林大学学报（地球科学版），32（2）：273-278.
覃天，贾明辰，凌勋，等.2006.共反射面元叠加在复杂地区地震成像中的应用.新疆石油地质，27（5）：604-606.
谭未一，杨长春，李瑞忠，陈辉国.2004.共反射面元叠加的实现途径及流程.地球物理学进展，(2)：325-330.
王华忠，杨锴，马在田.2001.从共反射点（CRP）到共反射面元（CRS）——共反射面元叠加的应用理论基础.中国地球物理学会年刊：362.
王华忠，杨锴，马在田.2004.共反射面元叠加的应用理论——从共反射点到共反射面元.地球物理学报，47（1）：137-142.
杨锴，罗卫东.2006.基于广义 Radon 变换的共反射面元叠加方法.天然气工业，26（6）：50-53.
杨锴，马在田，罗卫东.2006.输出道方式的共反射面元叠加方法Ⅱ——实践.地球物理学报，49（3）：859-902.
杨锴，马在田.2005.关于共反射面元叠加方法在实际应用中的一些思考.地球物理学进展，20（1）：12-16.
杨锴，马在田.2006.输出道成像方式的共反射面元叠加方法Ⅰ——理论.地球物理学报，49（2）：546-553.
杨锴，王华忠，马在田.2001.共反射面元（CRS）叠加之初步实践.中国地球物理学会年刊，363.
杨锴，王华忠，马在田.2002.实现最佳零炮检距地震照明成像——CRS 叠加之几何阐述.勘探地球物理进展，25：27-31.
杨锴，王华忠，马在田.2004.共反射面元叠加的应用实践.地球物理学报，47（2）：327-331.
杨锴，王华忠，许士勇.2004.通过倾角扫描实现优化共反射面元（CRS）叠加.CPS/SEG2004 国际地球物理会议论文集：131-134.
杨锴，徐蔚亚，王华忠.2003.基于模型数据的共反射面元叠加初步实践.同济大学学报，31（3）：309-313.
杨锴，许士勇，王华忠，马在田.2005.倾角分解共反射面元叠加方法研究.地球物理学报，48（5）：1148-1155.
杨锴.2003.共反射面元叠加——从输入道观点到输出道观点.上海：同济大学博士论文.
Borrini D, Cristini A, Follino P, Marchetti P, Zamboni E. 2005. 3D CRS processing: a better use of pre-stack data. 75th Annual Internat. Mtg. , Soc. Expl. Geophys. , Expanded Abstracts：2233-2236
Cristini A, Cardone G, Marchetti P, Zambonini R. 2003. 3D ZO CRS stack: issues related to complex structures and real data. 73th Annual Internat. Mtg. , Soc. Expl. Geophys. , Expanded Abstracts：470-473.
Hale D. 1984. Dip-moveout by Fourier transform. Geophysics，49：741-757.
Hoecht G. 2002. Traveltime approximations for 2D and 3D media and kinematic wavefield attributes. PH. D thesis, University of Karlsruhe.
Hoecht G, de Bazelaire E, Majer P, Hubral P. 1999. Seismics and Optics: hyperbolae and curvatures, Journal of

Applicied Geophysics, 42: 261-281.

Hubral P, Hocht G, Jaeger R. 1999. Seismic illumination. The Leading Edge, 18: 1268-1271.

Hubral P, Schleicher J, Tygel M. 1996. A unified approach to 3D seismic reflection imaging, PART I: Basic Concepts. Geophysics, 61: 742-758.

Hubral P, Tygel M, Zien H. 1991. Three-dimensional true amplitude zero-offset migration. Geophysics, 56: 18-26.

Hubral P. 1983. Computing true amplitude reflections in a laterally inhomogeneous earth. Geophysics, 48: 1051-1062.

Jaeger R, Mann J, Hoecht G, Hubral P. 2001, Common-Reflection-Surface stack: image and attributes. Geophysics, 66: 97-109.

Jaeger R. 1999. The Common Reflection Surface Stack—Introduction and Application. MS thesis, University of Karlsruhe.

Mann J, et al. 1999. Common-reflection-surface stack—a real data example. Journal of Applied Geophysices, 42: 301-318.

Miriam Spinner. 2006. 3D CRS-based limited aperture Kirchhoff time migration. SEG Expanded Abstracts, 25: 2569-2572.

Mueller T, et al. 1998. Common Reflection Surface Stacking Method——Imaging with an unknown velocity model. 42, 68th Annual Internat. Mtg., Soc. Expl. Geophys., Expanded Abstracts, ST 11. 8.

Mueller N, A. 2003. The 3D Common Reflection Surface Stack: Theory and Application. MS thesis, University of Karlsruhe.

Norman Bleistein, Jack K Cohen, John W Stockwell, Jr. 2000. Mathematics of Multi-dimensional Seismic Imaging, Migration, and Inversion, by Springer Verlag, New York, ISBN 0-387-95061-3.

Schleicher J. 1993. Parabolic and hyperbolic paraxial two-point traveltimes in 3D media: Geophys. Prosp, 41 (4): 495-514.

Spinner M, Mann J. 2005. True-amplitude CRS-based Kirchhoff time migration for AVO analysis, 75th Annual Internat. Mtg., Soc. Expl. Geophys., Expanded Abstracts: 246-249.

Sun J. 2004. True-amplitude weight functions in 3D limited-aperture migration revisited. Geophysics, 69 (4): 1025-1036.

Sun J. 2000. Limited-aperture migration. Geophysics, 65: 584-595.

Tygel M, Schleicher J, Hubral P. 1996. A unified approach to 3D seismic reflection imaging, PART II: Theory. Geophysics, 61: 759-775.

Von Steht M, Goertz A. 2007. Imaging walkaway VSP data using the common-reflection-surface stack. The Leading Edge, 26: 764-767.

Von Steht. 2005. CRS-STACK-BASED SEISMIC IMAGING CONSIDERING TOP-SURFACE TOPOGRAPHY. EAGE Extended Abstracts, P012.

Wang H Z, Yang K, Mz Z T. 2004. An applied theory on common reflection surface stack—from common reflection point to common reflection surface. Chinese J. Geophys. (in Chinese), 47 (1): 137-142.

Yang K, Wang H Z, Dong L G, Xu S Y. 2006. An Output Imaging Scheme of the Common Reflection Surface Stack: Applications to real data. 76th SEG Expanded Abstracts: 2529-2532.

Yang K, Wang H Z, MA Z T. 2005. An output imaging scheme of the common reflection surface stack. Journal of Seismic Exploration, 14: 131-154.

Zhang Y, Höcht G, Hubral P. 2002. 2D and 3D ZO CRS stack for a complex top-surface topography. Expanded Abstract of the 64th EAGE Conference and Technical Exhibition: 781-784.

第六章 南缘复杂构造速度建模与偏移成像

第一节 引 言

在叠前偏移生产的每一个阶段，速度模型都是最为关键的影响因素，速度模型对成像精度的影响要远大于算法优劣。地下构造的复杂程度决定了具体成像方法的选择，而速度模型又直接决定了成像结果的好坏。叠前偏移速度信息蕴涵在多偏移距数据的旅行时中，归根结底依赖于勘探地震学中的单点激发多道接收的观测方式。目前所有的速度分析方法都在尽量地逼近波的真实传播路径，并考虑利用尽可能多的偏移距，增加速度反演时已知信息的冗余度，减小速度反演的非唯一性。

偏移速度建模与叠前成像算法密不可分。如何建立与波动类偏移算法相匹配的速度场是陆上叠前偏移技术应用的焦点与攻关方向。叠前偏移分为叠前时间偏移与叠前深度偏移两种方法。当前，普遍认为叠前深度偏移是解决准噶尔盆地南缘高陡逆掩构造成像的首选技术。不过在实际生产过程中，基于叠前时间偏移速度分析工具获得一个时间域模型，然后转到深度域作为叠前深度偏移速度分析的初始模型已经成为常规的生产流程。

南缘冲断带背斜主体构造复杂，断裂下盘断块破碎，逆掩断层发育，地层倾角大，波场复杂，资料信噪比低。在速度建模过程中，一方面需要考虑构造的复杂性，特别是中下组合断裂接触关系的刻画；另一方面需要结合地质认识，在构造精细解释与调整的基础上，准确把握宏观的层速度分布规律，通过井控初始模型建立、井控沿层速度反演、网格层析成像反演与垂向细节微调建立南缘较为准确的速度模型。

为了叙述方便，本章第二节首先简要回顾各种经典的叠前偏移速度模型建立方法原理、成像域和数据域的层析反演方法及实现策略；考虑到叠前偏移算法与偏移速度分析密不可分，在第三节对新疆油田公司技术人员大量使用的 Kirchhoff 积分、高斯束以及逆时偏移叠前成像算法做了详细介绍，并结合南缘的一些实例介绍其成功应用；第四节重点介绍新疆油田公司在南缘复杂构造成像实践中摸索出来的构造模型约束下的井控速度建模方法与多重约束下的二维拟三维构造建模技术，并结合独山子实例研究展示上述策略的价值和意义；第五节详细介绍基于高密度三维采集的霍尔果斯三维叠前成像实例。

第二节 叠前时间/深度偏移速度场建立方法与实践

一、实用的叠前时间偏移速度场建立方法

实际生产中常用的速度分析方法有四种：（1）Deregowski 循环法；（2）剩余速度分析法；（3）速度扫描法；（4）模型叠代法。

Deregowski 循环法（Deregowski，1992）就是通过对偏移后的成像道集运用常规 NMO 反

动校，并在该反动校后的 CRP 道集上利用常规速度分析方法进行均方根速度分析求取偏移速度，建立速度场用于下次偏移叠代及速度求取的方法。该方法的优点是：应用简单方便，掌握快，速度分析方法是处理人员熟知的常用工具，能消除倾角影响，求取速度较为准确；缺点是：当工区存在较大的速度横向变化时，单一控制点速度不能反映速度横向变化趋势，插值速度误差较大。

剩余速度分析法是指在偏移成像后的 CRP 道集上直接进行剩余速度分析与拾取，最后更新偏移速度的方法。该方法的优点是：简单方便，拾取速度快；缺点是：当地震资料信噪比差，速度横向变化大时，速度拾取精度较低，甚至无法正常拾取。

速度扫描法是指以偏移速度为基础，降低或提高不同百分比形成不同速度场，进行偏移成像，形成一系列偏移剖面用于速度解释与拾取，最后组合形成新的速度场的方法。其优点是：在地震资料信噪比极差，构造极其复杂区，能快速、直观、准确地求取速度；缺点是：计算量较大。

模型叠代法是指先对偏移剖面进行层位解释，在层模型下通过沿层速度分析，逐层递推来求取速度的方法。该方法的优点是：对区域速度具有较好的控制性，能反映速度变化规律；缺点是：模型复杂时，误差的传递对速度影响较大，同时当资料信噪比差时，与剩余速度分析一样，速度拾取精度不高。

以上四种方法各有优缺点。当资料信噪比较高，速度横向变化不大时可以采用 Deregowski 循环法或剩余速度分析法；当速度横向变化较大时可以采用模型叠代法或速度扫描法；当资料信噪比较差，构造复杂时，可以采用速度扫描法。

实际生产中往往根据资料特点，综合应用上述方法。先针对输入数据信噪比低、干扰多、构造复杂的特点，采取速度扫描或 Deregowski 循环法垂向确立地质真实速度的低频分量，提高中浅层及极低信噪比地区已知信息的冗余度，减小速度反演的非唯一性。当速度趋于稳定，成像结果可靠后，再采用模型叠代法、沿层相似函数反演或偏移剖面扫描方法提高速度反演的精度。

二、叠前时间偏移速度场建立过程控制手段

由于叠前偏移成像结果对模型十分敏感，因此在实际生产中，同一区块不同时期不同速度方案的成像结果差别较大。那么哪种结果的成像更加可靠？在勘探相对成熟区，可以通过地质人员的地质认识加以判断，但在勘探程度欠成熟区，往往不容易判断成像结果的真伪。一旦最后成像的结果出现问题，就需要重新进行速度模型建立与叠前偏移生产，处理周期过长会影响勘探进度。因此需要开展叠前偏移过程中的严格质量控制（QC），使得叠前偏移生产由原先的看重最终结果向看重过程的 QC 转化。叠前偏移过程 QC 主要体现在成像剖面、速度体（速度剖面）、成像道集、成像质量、t_0 的相互检查与相互验证，不能靠某一种结果就判断成像好坏。

（1）共成像点道集拉平准则。对于地下任一成像点，如果用于成像的速度模型正确，则由不同方位、不同炮检距得到的成像结果应该一致，且共成像点道集的同相轴是水平的；如果模型不正确，共成像点道集的同相轴就不会水平，速度高则共成像点道集上的同相轴下弯，速度低则共成像点道集上的同相轴上翘，出现剩余时差与剩余速度。

（2）t_0 检查。对于地下任一成像点，如果用于成像的速度模型正确，则由零时间成像条件得到的成像深度应与零炮检距成像条件得到的成像深度一致。如果速度过高，则深度偏深，如果速度过低，则深度偏浅。

（3）速度体合理性判断。仅依赖零时间成像深度与零炮检距成像深度一致性准则、共成像点道集拉平准则和等旅行时准则往往并不能确定地下速度场是否正确。一个不正确的速度场，在特定条件下也会满足上述三原则，但成像结果却差别很大，因此速度体合理性判断显得格外重要。由于叠前偏移需要的速度场是地质真实速度的低频响应，因此叠前偏移速度场表现应该相对宽缓，速度场迭代过程中的剧烈变化以及随意的高频变化都会影响成像结果的可靠与否。总的说来，叠前偏移速度场必须与区域地质认识一致并表现为地质真实速度的低频响应。

（4）成像结果判断，最后的成像结果仍是叠前偏移效果的最直接体现。

实际生产中，以上四点必须结合才能保证成像结果可靠、正确，不能孤立地应用某一种或二种方法判断成像好坏。如图 6-1 所示，区域速度研究表明，该地区为一单斜，速度整体趋势也应与地质规律相匹配。但在速度分析过程中，由于干扰等因素的影响，在某段出现了较大偏差，致使速度区域上不再是宽缓的单斜形态，而是出现了扭曲与跳跃。反映到对应的成像剖面就会出现假构造与断裂。通过速度检查发现问题，修改后速度体与区域速度分析结果大体一致，成像品质也有了改善，对应的 CRP 道集各段做到了同相轴平直，有的变化也与实际地质规律相符合。

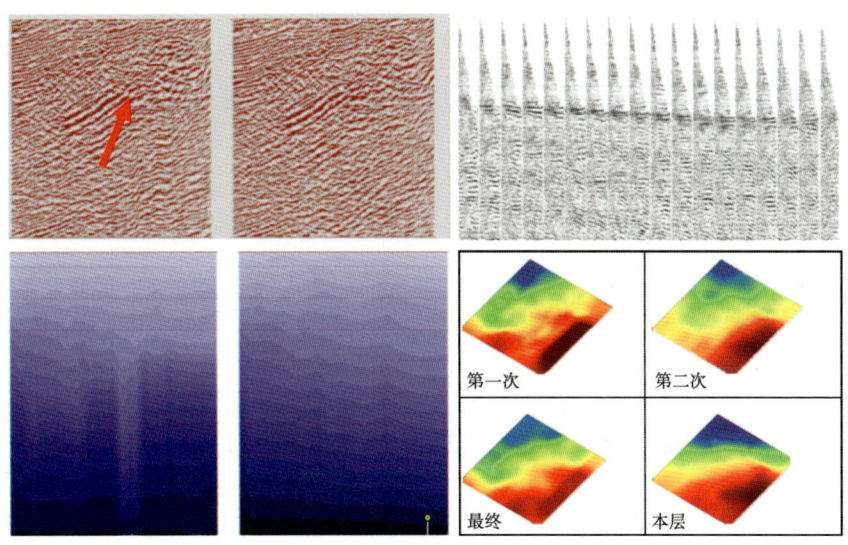

图 6-1　叠前偏移 QC 属性示意图

三、二维/三维叠前时间偏移在南缘山前带应用效果

叠前时间偏移是常规处理与叠前深度偏移之间最好的桥梁，通过好的叠前时间偏移处理，能使叠前深度偏移的初始模型更加准确，使叠前深度偏移收敛更加快、准。叠前时间偏移的结果也是判断是否进行叠前深度偏移的重要依据，如果叠前时间偏移已经能解决地质问

题，那么就可以降低成本，节约资源。并非任何地方都需要做叠前深度偏移，在构造比较简单、横向速度不很剧烈的情况下，叠前时间偏移就能满足地质要求。

在南缘山前带有部分区块仅用叠前时间偏移也能够获得较好的成像效果。

如位于霍尔果斯背斜顶部的 NS200324 线，其叠后时间偏移剖面上断点位置难以确定，深层构造偏移不到位，造成了两翼缓的假象（图 6-2a）；而叠前时间偏移剖面上断点就一目了然，滑脱断面清楚，内部反射信噪比提高，构造形态得到真实反映（图 6-2b）。

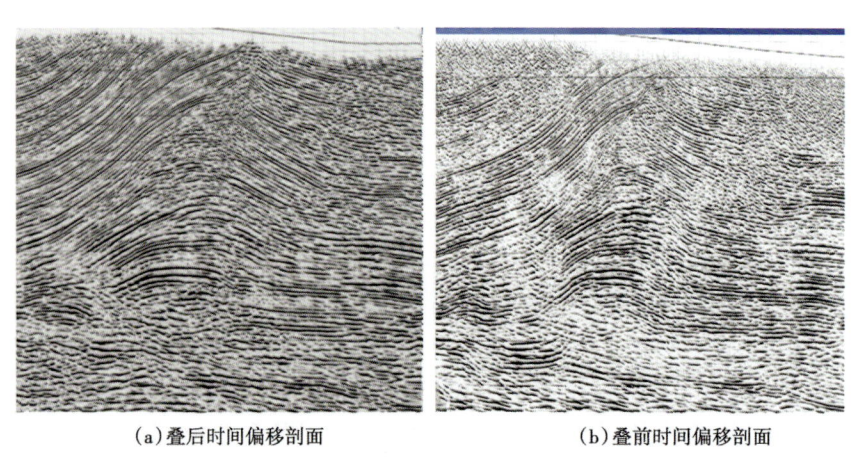

(a) 叠后时间偏移剖面　　　　　　　　(b) 叠前时间偏移剖面

图 6-2　NS200324 线叠后时间偏移与叠前时间偏移效果对比

霍尔果斯三维资料也有同样的结论。其构造主体部位东西向叠后时间偏移剖面上反射连续性差，不能进行连续追踪对比，难以完成构造解释任务；而叠前时间偏移剖面上断裂面反射连续、清晰，出油层段波组特征横向较稳定，反射连续性增强（图 6-3）。应用叠前偏移速度时深转换，比较真实地还原了霍 10 井、霍 003 井、霍 001 井之间的相对高低关系。

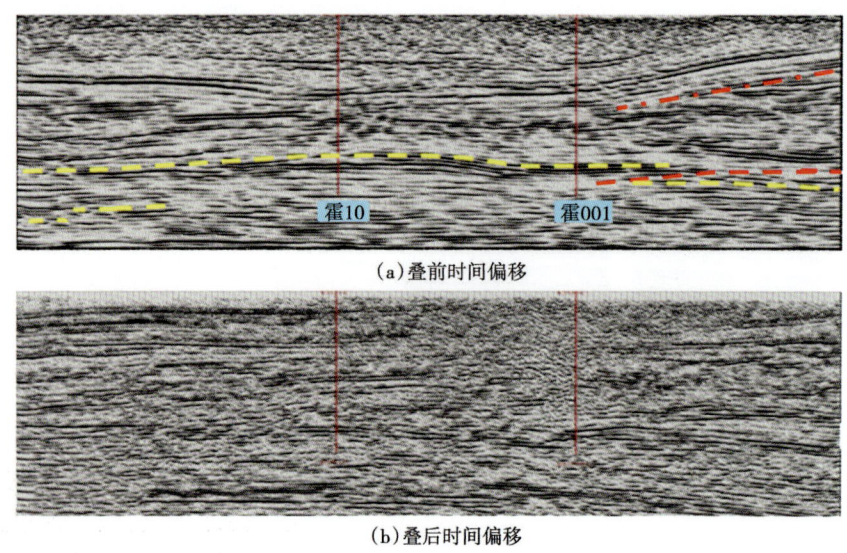

图 6-3　霍尔果斯三维叠前时间偏移与叠后时间偏移成像效果对比

四、叠前深度偏移应用及其速度场建立方法

深度成像直接体现了时间、速度、深度之间的紧密关系，成像剖面上的构造形态及目的层深度高度依赖于速度模型。常规叠前深度偏移速度分析多采用一维假设，将剩余曲率直接转化为速度更新量；更高级些的方法则基于旅行时信息或成像点道集信息实施层析成像，通过反复多次迭代，得到能够反映地下速度结构的较为准确的速度场。叠前深度偏移的核心是如何获取合理的地下宏观速度场，它要求地震数据具有较高信噪比。叠前深度偏移基本处理步骤如图 6-4 所示。

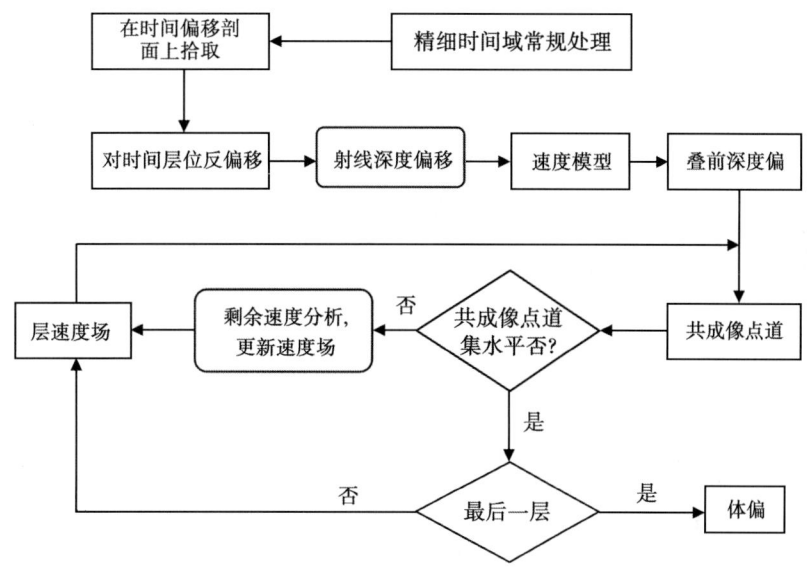

图 6-4　叠前深度偏移处理基本流程

南缘山前复杂构造带叠前深度偏移面临的主要挑战是低信噪比地区的速度分析及准确速度场获取。新疆油田公司的主要应用方法如下：

（1）偏移剖面速度扫描与控制点相结合进行叠前时间偏移速度求取。准噶尔盆地内的地震资料信噪比普遍较差，采用传统的同相轴判别准则求取偏移速度时，由于信噪比低，多次波严重，速度往往不易求取准确。通过偏移剖面速度扫描（图 6-5），结合地质认识，能了解地下的真实构造形态，求取相对准确的宏观偏移速度。通过叠前时间偏移，减少了时距曲线受倾斜地层、上覆层及构造剧烈变形等因素的影响。由于消除了绕射波对速度分析的干扰，因此求取的速度场更加准确，道集信噪比大大提高，横向分辨率提高，地下构造相对准确。在叠前时间偏移归位相对准确的前提下，进行层位解释，选取连续性好、能量强的同相轴追踪建立相对准确的速度深度模型（图 6-6）。

（2）区域井震联合方法建立偏移初始速度场。通常，叠前深度偏移初始模型是通过 Dix 公式转换叠前时间偏移得到的均方根速度场来建立的。这样得到的深度层速度体会有畸变点，是一个不稳定且没有地质意义的层速度体，偏移结果不稳定，不利于后续迭代处理与成像品质改善。采用区域井震联合方法建立的核心是连井剖面精细构造建模及井速度信息填

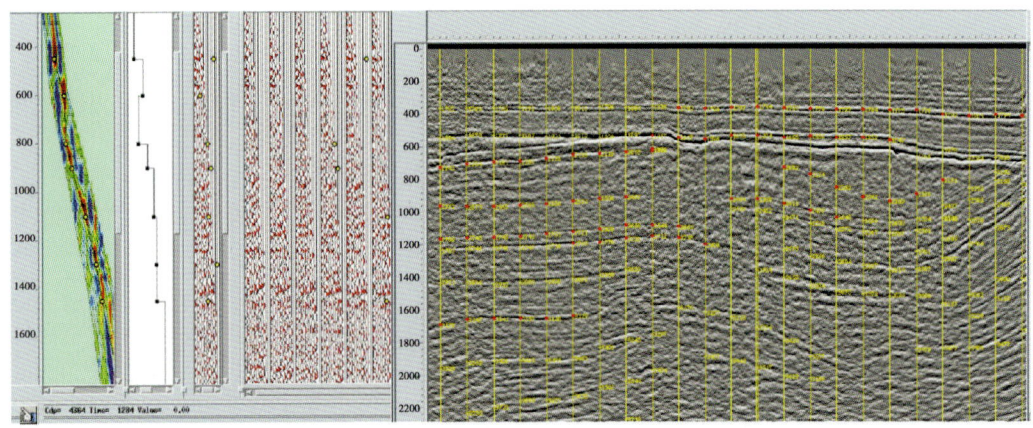

图 6-5　偏移剖面速度扫描与控制点相结合方式求取低信噪比地区偏移速度

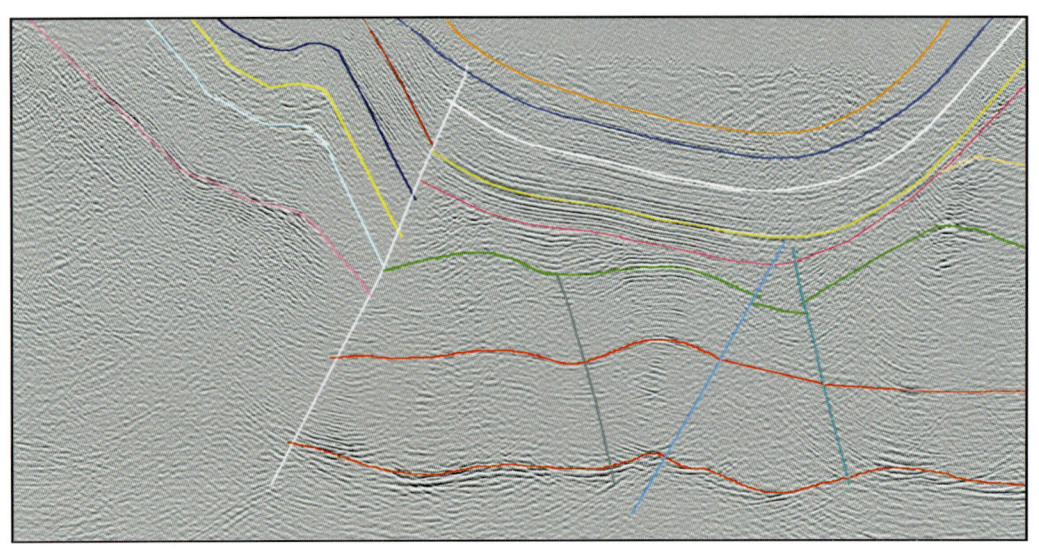

图 6-6　速度深度模型建立

充。其目的是得到具有地质含义并能宏观反映目标区速度变化规律的速度场。区域井震联合速度模型建立过程如下：

①优选区内纵横向连井剖面进行精细构造解释与建模，确定地层的宏观变化与大的层序结构，控制构造合理性；

②收集所有声波测井资料、VSP 资料与表层结构资料，在区域构造模型上利用井速度信息标定填充建立宏观速度模型，控制全区；

③利用全区低频宏观速度场对 Dix 转换模型进行约束反演，同时利用深度层速度与声波测井速度变化趋势基本一致的特性对约束反演速度场进行校正，得到有地质含义且符合井上宏观速度变化规律的初始偏移速度场。

（3）相干速度反演求成像速度。相干速度反演采用射线追踪得到旅行时曲线，并沿曲线的时间窗口计算未叠加道的相干值。通过不同的层速度处理，取最大相干值对应的层速度为期望输出，逐层迭代完成速度模型反演与更新。

（4）层析成像速度模型修正。地下界面上的每一反射点可被不同的炮检点记录到，将它们偏移到正确位置，可得到偏移后的共反射点（CRP）道集。如果在偏移中使用了正确的速度深度模型，则在偏移后的共反射点道集上反射点同相轴趋于同一深度，不同方位、不同炮检距得到的成像结果应该一致，即偏移后共反射点道集上的同相轴呈水平形态。若使用不正确的速度深度模型，则偏移后的 CRP 道集上的同相轴将出现深度偏差，即存在剩余延迟量并呈弯曲状态。层析成像就是以剩余延迟量为输入，通过求解大型非线性程函方程，得到较为稳定的成像速度的方法。在准噶尔盆地叠前深度偏移实际生产中，是在剩余延迟量趋于 0 的情况下应用层析成像修正速度模型。这样做的好处是充分利用了剩余延迟量求取的精度与速度，提高了层析成像的稳定性，避免了由于误差太大造成的反演假象。

（5）高斯束层析反演方法（蔡杰雄，2016）。目前，波动类叠前深度偏移算法的速度模型仍然采用 Kirchhoff 积分法来建立。主要原因是波动类叠前偏移不便于目标处理与成像道集输出，对观测系统适应能力差，计算资源消耗大。但由于 Kirchhoff 几何光学高频近似特性，其建立的速度模型不易完全满足波动类偏移算法的要求，成像品质在复杂地区受到影响较大。开展与波动类叠前深度偏移算法相匹配的速度模型建立方法是提高其偏移成像品质的关键环节。新疆油田公司通过试验选择高斯射线束（GBM）方法进行速度模型迭代求解。其理由有二：一是高斯射线束方法考虑波的多重到达，走时与 Kirchhoff 法相比较更接近波的实际传播路径；二是高斯射线束方法在逆掩构造区较 Kirchhoff 法能明显改善成像品质，较少偏移噪声，便于逆掩带的速度模型建立与整体偏移速度模型精度的提高（图 6-7b）。

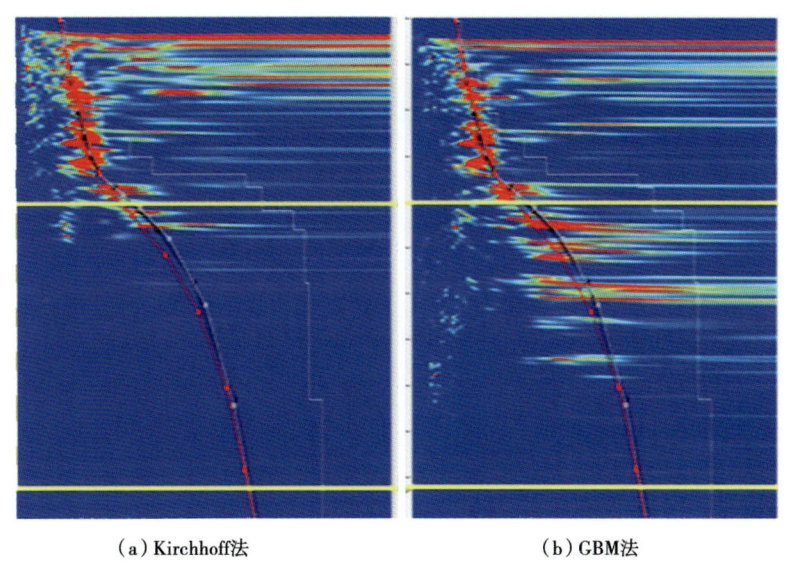

(a) Kirchhoff 法　　　　　　　　(b) GBM 法

图 6-7　Kirchhoff 与 GBM 相关法速度谱对比

（6）深度偏移处理的质量控制。利用井资料的地质分层及井曲线的低频特征检测垂向速度的合理性，利用区域地质认识及井上速度空间变化的低频响应，确定模型空间关系的合理性。

五、基于立体层析反演的偏移速度建模及其应用效果

1. 立体层析的模型与数据分量

首先介绍立体层析反演的模型空间、数据空间及层析矩阵的建立过程。简明起见，以二维为例。图 6-8a 显示了一根从炮点 S 出发，到地下反射点 X 反射，回到地表 R 的射线。从透射的角度，不妨将其理解为从 X 出发，分别以入射角 θ_s 与反射角 θ_r 发射至炮点和检波点的两根透射射线。当速度正确时，两根透射射线分别以正确的出射方向、正确的走时达到正确的炮点和检波点位置。这样构成的立体层析数据空间各分量为：$d = [s_x, r_x, t, p_{sx}, p_{rx}]$。其中，$s_x$、$r_x$ 为炮检点坐标；t 为走时；p_{sx}、p_{rx} 为炮检点处的射线参数水平分量。地下的模型空间 $m = (x_0, z_0, \theta_s, \theta_r, v)$，其中 x_0、z_0 为地下反射点 x 的坐标；θ_s、θ_r 分别代表从炮点一侧与检波点一侧出射的地下张角，v 代表地下介质速度信息。注意图 6-8b 中所示的 p_{sx} 可以在共检波点道集内搜索同相轴的局部倾角得到，p_{rx} 可以在共炮点道集内搜索同相轴的局部倾角得到。原理如下：在图 6-8b 所显示的炮记录中，如果考察其中某一局部相干同相轴，由几何关系以及射线理论中慢度矢量的定义得

$$p_{\text{slope}} = \lim_{\Delta x \to 0} \frac{\Delta t}{\Delta x} = p_{rx} \tag{6-1}$$

式中，p_{slope}——局部相干同相轴的斜率；

p_{rx}——检波点处慢度矢量的水平分量。

式（6-1）表明共炮数据上同相轴的斜率对应于检波点处慢度矢量的水平分量 p_{sx}，由炮检互易原理可知，共检波点数据上同相轴的斜率必对应于炮点处慢度矢量的水平分量。

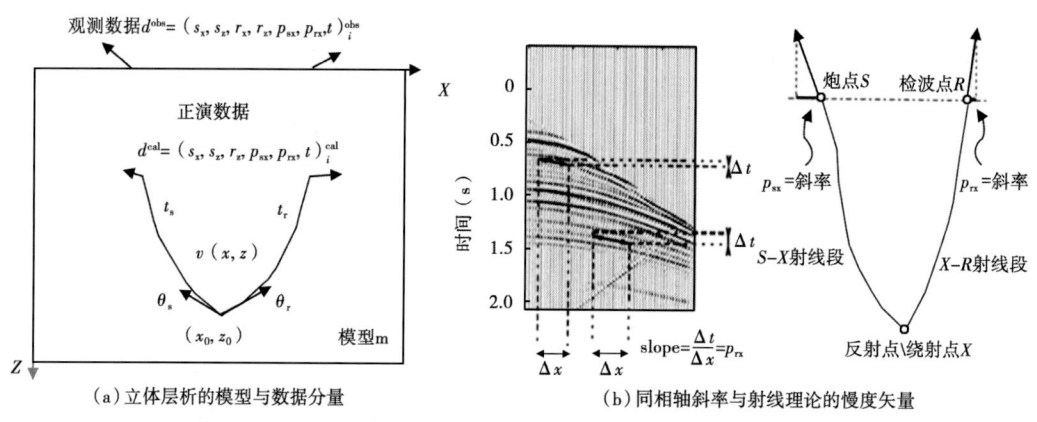

(a) 立体层析的模型与数据分量　　(b) 同相轴斜率与射线理论的慢度矢量

图 6-8　二维立体层析数据空间各分量与模型空间各分量

Billette 和 Lambare（1998）指出，正是由于 p_{rx}、p_{sx}（共炮道集和共检波点道集数据内同相轴的斜率）被引入层析数据空间，使得在层析反演中反射/散射波在炮检点处的局部传播方向得到强有力的约束。具体的优势体现在立体层析反演中无须拾取连续的反射同相轴，只要选择连续性好、信噪比高的局部波包即可。同时，将反射问题化为透射问题，也回避了

传统反射层析中速度与反射层深度耦合的问题。由于在数据空间中引入了 p_{rx}、p_{sx}，模型空间必然也随之扩大。因此在反演速度的同时必须还要反演反射点的深度位置及反射层的倾角。这使得立体层析反演成为运动学层析反演方法中唯一一种可以同时反演速度、反射点位置及局部倾角的层析反演方法。式（6-2）展示了二维立体层析反演的层析矩阵（或 FRECHET 偏导数矩阵），其中 σ 为针对层析矩阵每一行物理量的数量级不同设置的均衡系数。可以看到常规层析反演由于其模型空间一般仅由速度 v 构成，其数据空间一般仅考虑走时 t，可认为其层析矩阵仅相当于式（6-2）中的右上角那一部分。可以看出立体层析矩阵无论从规模还是稀疏性方面都超过了常规的旅行时层析矩阵。如果能够实现高密度、高质量的数据空间提取，对于改善层析矩阵的条件数，降低求解时对规则化的要求，进而提高求解精度是非常有意义的。

$$F = \begin{bmatrix} \frac{1}{\sigma_T}[\frac{\partial t}{\partial x_0}] & \frac{1}{\sigma_T}[\frac{\partial t}{\partial z_0}] & \frac{1}{\sigma_T}[\frac{\partial t}{\partial \theta_s}] & \frac{1}{\sigma_T}[\frac{\partial t}{\partial \theta_r}] & \frac{1}{\sigma_T}[\frac{\partial t}{\partial v}] \\ \frac{1}{\sigma_s}[\frac{\partial s_x}{\partial x_0}] & \frac{1}{\sigma_s}[\frac{\partial s_x}{\partial z_0}] & \frac{1}{\sigma_s}[\frac{\partial s_x}{\partial \theta_s}] & \frac{1}{\sigma_s}[\frac{\partial s_x}{\partial \theta_r}] & \frac{1}{\sigma_s}[\frac{\partial s_x}{\partial v}] \\ \frac{1}{\sigma_R}[\frac{\partial r_x}{\partial x_0}] & \frac{1}{\sigma_R}[\frac{\partial r_x}{\partial z_0}] & \frac{1}{\sigma_R}[\frac{\partial r_x}{\partial \theta_s}] & \frac{1}{\sigma_R}[\frac{\partial r_x}{\partial \theta_r}] & \frac{1}{\sigma_R}[\frac{\partial r_x}{\partial v}] \\ \frac{1}{\sigma_{p_s}}[\frac{\partial p_{sx}}{\partial x_0}] & \frac{1}{\sigma_{p_s}}[\frac{\partial p_{sx}}{\partial z_0}] & \frac{1}{\sigma_{p_s}}[\frac{\partial p_{sx}}{\partial \theta_s}] & \frac{1}{\sigma_{p_s}}[\frac{\partial p_{sx}}{\partial \theta_r}] & \frac{1}{\sigma_{p_s}}[\frac{\partial p_{sx}}{\partial v}] \\ \frac{1}{\sigma_{p_r}}[\frac{\partial p_{rx}}{\partial x_0}] & \frac{1}{\sigma_{p_r}}[\frac{\partial p_{rx}}{\partial z_0}] & \frac{1}{\sigma_{p_r}}[\frac{\partial p_{rx}}{\partial \theta_s}] & \frac{1}{\sigma_{p_r}}[\frac{\partial p_{rx}}{\partial \theta_r}] & \frac{1}{\sigma_{p_r}}[\frac{\partial p_{rx}}{\partial v}] \end{bmatrix} \quad (6-2)$$

2. 立体层析反问题的建立与求解

立体层析反演属于数据拟合类的速度估计方法，即找到一个模型矢量 m，使得正演计算得到的数据空间 $d=f(m)$ 与式（6-3）定义的拾取数据 d 的误差最小化。f 表示立体层析的非线性正算子，即反射点至炮（检）方向的运动学与动力学射线追踪。若以二范数衡量数据拟合误差，则立体层析反演归结为如下泛函的求极值问题：

$$S(m) = \frac{1}{2} \| d - f(m) \|_2^2 = \frac{1}{2} \Delta d^T(m) \Delta d(m) \quad (6-3)$$

其中，$\Delta d(m) = d - f(m)$。对角阵 $\boldsymbol{C}_D^{-1}$ 也称为数据协方差矩阵，起加权不同数据分量的作用。由于算子 f 是非线性的，需要利用全局最优化的方法寻找误差泛函的极值点。但考虑到计算效率，本文采用迭代的局部化方法。对非线性正算子 f 作局部线性化近似，误差泛函最小化问题可归结为迭代求解一个线性最小二乘问题。初始给定一个模型 m_0，通过求解该轮迭代的线性最小二乘问题得到相应的模型更新量 Δm，在合适的条件下，期望模型收敛到全局极小值点。

将正算子 f 在给定模型 m_n 处作线性化得，$f(m_n + \Delta m) = f(m_n) + F\Delta m$，其中 F 为在 m_n 处取值的 Fréchet 导数矩阵，$\boldsymbol{F}_{ij} = \frac{\partial f_i}{\partial m_j}\bigg|_{m=m_n}$。Fréchet 导数由射线扰动理论求得。对误差泛函

$S(m)$ 求梯度得

$$\nabla S(m) = -\boldsymbol{F}^T \boldsymbol{C}_D^{-1} \Delta d(m) = -\boldsymbol{F}^T \boldsymbol{C}_D^{-1} (\Delta d(m_n) - \boldsymbol{F}\Delta m) \tag{6-4}$$

由于 $\nabla_m S(m) = 0$ 是泛函存在极值点的必要条件，可得到如下矩阵形式的线性方程：

$$\boldsymbol{F}^T \boldsymbol{C}_D^{-1} \boldsymbol{F} \Delta m = \boldsymbol{F}^T \boldsymbol{C}_D^{-1} \Delta d(m_n) \tag{6-5}$$

式（6-5）可写成如下最小二乘法方程的形式：

$$(\boldsymbol{C}_D^{-1/2} \boldsymbol{F})^T (\boldsymbol{C}_D^{-1/2} \boldsymbol{F}) \Delta m = (\boldsymbol{C}_D^{-1/2} \boldsymbol{F})^T (\boldsymbol{C}_D^{-1/2} \boldsymbol{F})^T \Delta d(m_n) \tag{6-6}$$

相应的最小二乘问题为

$$\boldsymbol{C}_D^{-\frac{1}{2}} \boldsymbol{F} \Delta m = \boldsymbol{C}_D^{-\frac{1}{2}} \boldsymbol{F} \Delta d(m_n) \tag{6-7}$$

其中，$(\boldsymbol{C}_D^{-\frac{1}{2}})^T \boldsymbol{C}_D^{-\frac{1}{2}} = \boldsymbol{C}_D^{-1}$。

若 F 的逆存在，式（6-7）的解即为该轮迭代的模型更新方向。然而，矩阵 F 一般是病态的，这是因为数据往往是有限的，并不足以约束所有的模型分量。而且数据中往往含有噪声，根据奇异值分解（SVD）分析可以看出，欠定情况下数据中很小噪声会被无限放大，使得所估计的解完全地偏离真实解，破坏了反演的稳定性。因此，必须引入额外的信息去规则化反问题，即加入一些先验约束，使得解向所约束的方向发展。改造式（6-7）的泛函，得到如下新的误差泛函：

$$S(m) = \|d - f(m)\|_2^2 + \varepsilon_d^2 \|m - m_r\|_2^2 + \varepsilon_{C_1}^2 \|D_1(m - m_r)\|_2^2 + \varepsilon_{C_2}^2 \|D_2(m - m_r)\|_2^2 \tag{6-8}$$

其中，ε_d^2、$\varepsilon_{C_1}^2$、$\varepsilon_{C_2}^2$ 为较小的正实数，用于加权数据拟合项与规则化项之间的权重；m_r 为某给定的参考模型，一般取 $m_r = 0$ 或 $m_r = m_n$；$\varepsilon_d^2 \|m - m_r\|_2^2$ 为阻尼项，这项的引入使得每次迭代的模型更新量较小。$\varepsilon_{C_1}^2 \|D_1(m - m_r)\|_2^2$ 和 $\varepsilon_{C_2}^2 \|D_2(m - m_r)\|_2^2$ 分别约束速度模型在横向和纵向上的光滑程度，D_1，D_2 分别是对 B 样条基函数系数更新量在横向和纵向上的一阶差分算子。对于更改后的误差泛函（6-8），每次迭代需要求解的线性方程组变为

$$\begin{bmatrix} DF \\ \varepsilon_d I \\ \varepsilon_{C_1} D_1 \\ \varepsilon_{C_2} D_2 \end{bmatrix} \Delta m = \begin{bmatrix} D\Delta d \\ -\varepsilon_d (m - m_r) \\ -\varepsilon_{C_1} D_1 (m - m_r) \\ -\varepsilon_{C_2} D_2 (m - m_r) \end{bmatrix} \tag{6-9}$$

其中，$D = \boldsymbol{C}_D^{-\frac{1}{2}}$，$(\boldsymbol{C}_D^{-\frac{1}{2}})^T \boldsymbol{C}_D^{-\frac{1}{2}} = \boldsymbol{C}_D^{-1}$。为方便起见，本文算法取 $m_r = m_n$。

本文利用最小二乘 QR 方法（LSQR）求解矩阵方程组（6-9），该方法是一种迭代的方法，可以在最小二乘意义下高效地求解大规模稀疏矩阵。反演开始之前，首先实施局部倾斜叠加挑选出一些合理的离散数据点，每个数据点之间是完全独立的。挑选的数据应尽可能地均匀分布在数据体上。定义 B 样条节点的个数以及在横向和纵向方向上的间隔，赋值各个二维 B 样条基函数的系数完成对速度模型的初始化。一般将初始模型给定为常梯度模型，

这只需将相应的 B 样条基函数系数在纵向方向上给定为相应的常梯度即可。

对每个挑选到的数据点,在炮点(检波点)处的初始速度模型中向下作运动学射线追踪,得到该数据点对应的初始模型参数,这样便完成了对其他模型分量的初始化。以初始的反射点位置和角度向炮(检)点作运动学与动力学射线追踪,得到观测面上正演计算的数据分量,本文采用 Runge-Kutta 方法数值求解微分方程组(6-4)、(6-5)来实施具体的运动学与动力学射线追踪;正演完成后,利用倪瑶(2013)推导的公式计算 Fréchet 导数。层析方程组建立后求解得到模型更新量 Δm,由公式 $m_{n+1}=m_n+\lambda \Delta m$ 更新速度模型,其中 $0<\lambda<1$。然后在更新后的速度模型中实施运动学与动力学射线追踪正演计算误差泛函(6-3),若误差泛函增大,减小 λ 的值并重新计算误差泛函;否则进入下一次迭代,并在更新后的速度模型中计算数据分量和 Fréchet 导数。随着迭代次数增加,规则化加权因子的大小可以随着误差泛函的减小而减小,这样,更多的模型细节能被恢复出来。当误差泛函下降到某个指定值,或者在 λ 很小的情况下误差泛函仍然不降低时,可认为误差泛函到达了极值点处,可停止迭代。

3. 二维理论数据数值实验

此数值实验在理想无噪声数据中进行,即反演的数据输入由运动学、动力学射线追踪直接正演得到。图 6-9 为新疆岩性模型,模型大小为横向 30km、纵向 6km。为了验证立体层析对强非均质性模型的适应能力,对图 6-9 进行光滑,在横向 500~299500m,纵向 200~5700m 范围内均匀分布 101×26 个反射点,从这些反射点出发,向地表实施运用运动学与动力学射线追踪,射线到达地表时停止,运动学与动力学射线追踪为数值实验提供理想的数据输入。二维 B 样条基函数之间的间隔剖分为横向 300m、纵向 200m。图 6-10 为初始给定的常梯度模型,据前文所述,只需将 B 样条基函数系数在纵向给成相应的常梯度即可完成。根据地表的数据分量,在初始模型中由炮点(检波点)向下出射射线,当单程旅行时用完时停止,可以完成对反射点位置坐标和出射角的初始化。

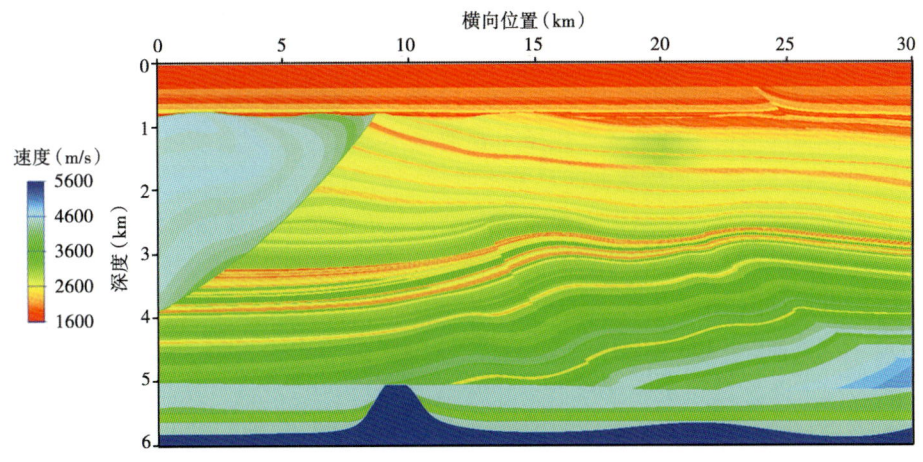

图 6-9 新疆岩性模型

输入数据分量与初始模型分量,便可开始立体层析的模型迭代更新过程。图 6-11 为第 4 次迭代更新后的速度场,可以看出,表层的速度得到有效修改。随着迭代的进行,速度模

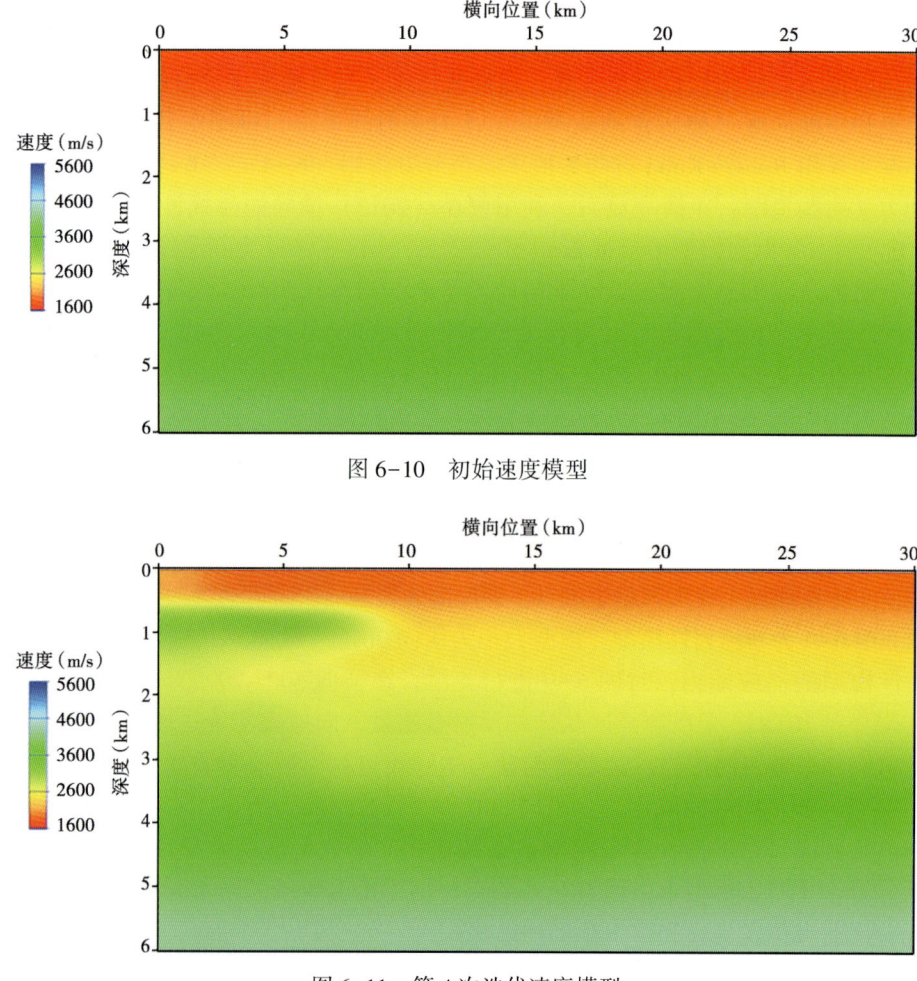

图 6-10 初始速度模型

图 6-11 第 4 次迭代速度模型

型逐渐收敛，迭代 10 轮后的速度模型如图 6-12 所示，地表至 4km 范围内的速度模型得到了较好的恢复，深部的模型由于采集孔径问题覆盖不足，未能完全恢复出来。迭代 20 次后的速度模型如图 6-13 所示，反演此时已基本收敛。如图 6-14 所示，迭代 50 次后的速度模型依然是光滑的，并没有在模型中出现振荡假象，这也证明了反演过程是稳定收敛的。

图 6-15 为数据残差的二范数随着迭代次数增加的下降曲线，纵轴取以 10 为底的对数，整体而言数据残差在前 15 次迭代下降较快，后面的迭代下降十分缓慢，说明反演已收敛至极值点附近。本实验采用的规则化因子分别为 $\varepsilon_d = 0.02$、$\varepsilon_{C_1} = 0.05$、$\varepsilon_{C_2} = 0.01$。值得注意的是，本实验前三次迭代固定速度模型，只更新 $(x_0, z_0, \theta_s, \theta_r)$，从第四次迭代开始同时更新所有的模型分量，数据残差在第四次迭代后出现增加情况下仍然接受模型更新量，数值实验表明这种分步骤优化的策略可以增加反演的稳定性。

图 6-16 为采用有限差分法对新疆岩性模型进行正演的炮道集（显示部分）。以反演第 50 次迭代的结果作为速度输入，实施 Kirchhoff 叠前深度偏移。偏移叠加图像如图 6-17 所

【第六章】 南缘复杂构造速度建模与偏移成像

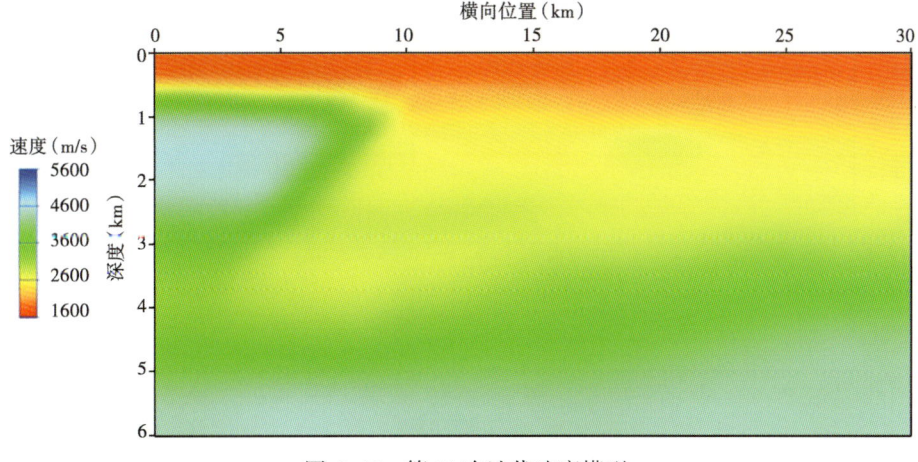

图 6-12 第 10 次迭代速度模型

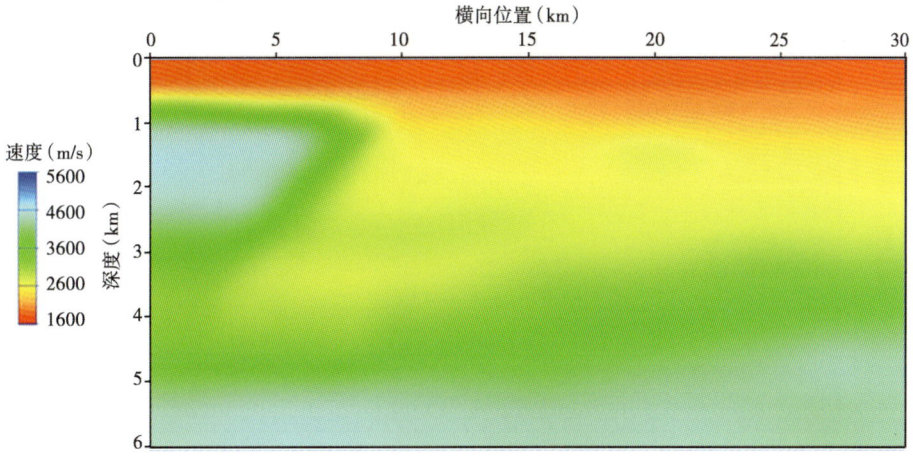

图 6-13 第 20 次迭代速度模型

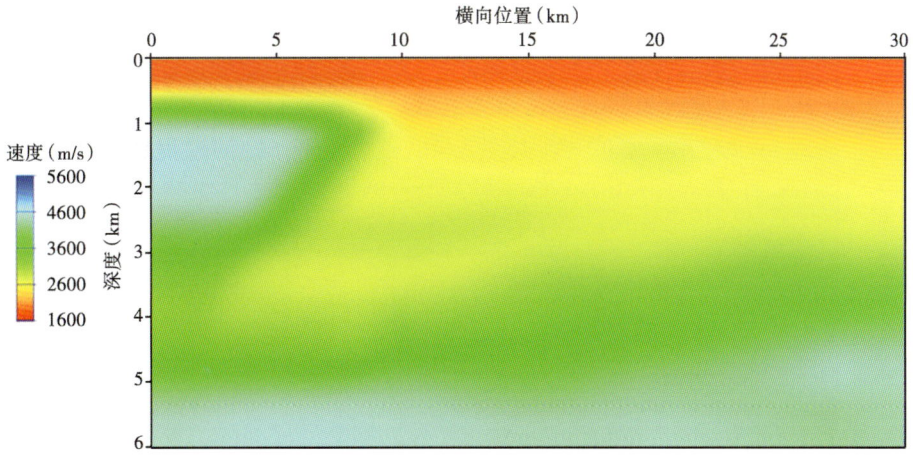

图 6-14 第 50 次迭代速度模型

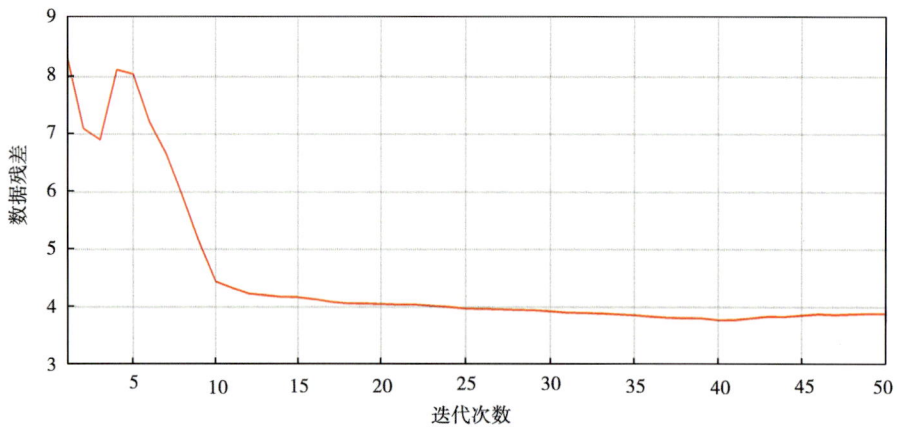

图 6-15　数据残差（二范数）下降曲线，纵轴取 10 为底的对数

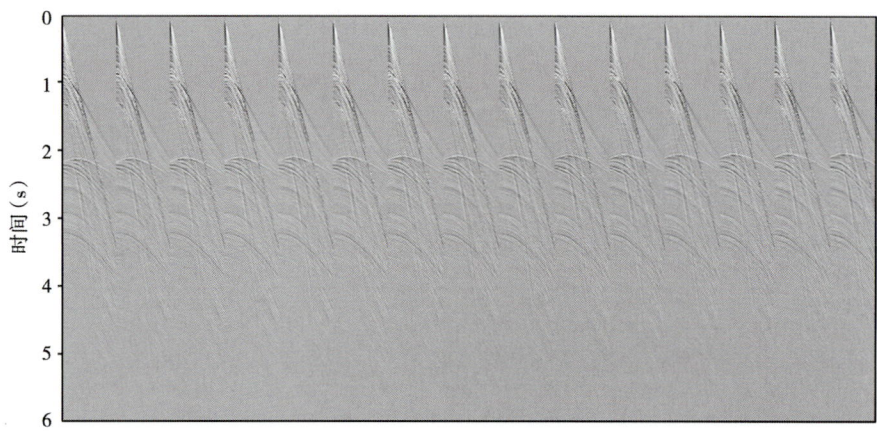

图 6-16　部分炮道集

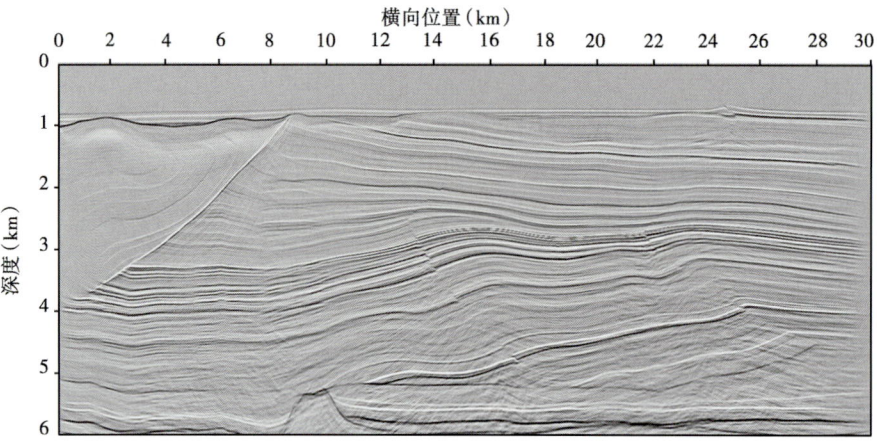

图 6-17　Kirchhoff 叠前深度偏移结果

示，可以看出浅部与中部的构造形态已得到较好地成像，但模型底部反射层的位置未能较好归位，这是由于数据覆盖不充足，反演结果存在一些偏差。图 6-18 为抽出的部分偏移距域共成像点道集，其中最大偏移距为 4km，道集基本上被拉平，也进一步验证了立体层析反演算法的精度。

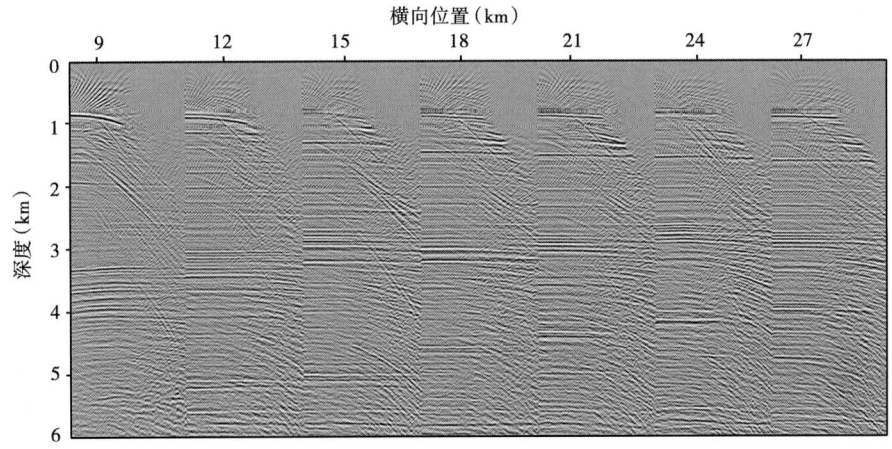

图 6-18　部分偏移距域共成像点道集，最大偏移距 4km

六、基于角道集层析成像的偏移速度建模原理

基于射线理论的层析反演称为射线层析。在数学上可以表示为沿着射线路径的 Radon 变换：

$$\tau(S, R) = \int_{L(s, r)} f(x, y, z) dl \tag{6-10}$$

式中，S 和 R——激发点和接收点；

$L(S, R)$——从 s 到 r 的射线路径；

$f(x, y, z)$——慢度或剩余慢度；

τ——接收点对应的旅行时或沿射线的剩余时差。

当慢度是离散网格值时，上述积分变为累加求和，公式如下：

$$\tau(s, r) = \sum_{j}^{N} f_j \Delta l_j \tag{6-11}$$

式中，Δl_j——当前射线在 j 网格内的长度。

每一条射线都建立一个方程，所有射线的方程组成一个庞大的稀疏线性方程组：

$$T = LF \tag{6-12}$$

这样射线层析反问题就变成了迭代的线性问题。通过求解该稀疏方程组，就可以得到慢度或剩余慢度。

1. 角道集层析速度分析的基本流程

角道集是 21 世纪国际勘探地球物理界的一个重要成果（Xu 等，2001）。角道集层析速度反演属于反射波反演,相对于透射波反演与初至波反演。反射波反演的缺点是射线覆盖的角度范围小、模型中的速度与界面位置相互耦合,优点是可以反演中深层速度且对地震数据要求不高。在成像域角道集进行反射层析反演的优势是可以通过偏移和层析解耦模型中的反射层位置和速度场,其中反射层位置通过偏移获取,速度场利用层析进行更新。角道集层析的数据信息从角道集中的同相轴提取,此外,层析过程中需要从成像剖面中提取反射面的倾角信息。综上,可设计出如图 6-19 所示的角道集层析速度分析流程。从初始模型出发进行叠前深度偏移,输出偏移剖面和角度域成像道集,通过判断角道集中的同相轴是否足够水平来判断速度模型的质量,如果角道集中同相轴是平的则说明速度场已足够精确,否则利用同相轴的弯曲信息来更新速度场。在角道集中拾取出不同角度的成像深度,同时在成像剖面中扫描出相应点处的反射界面倾角信息,把这两种信息进一步筛选,挑出信噪比较高且符合物理意义的反射点并做质量监控,利用成像深度和界面倾角模拟反射射线建立层析方程,求解层析方程得到速度模型的更新量并更新初始速度模型。把新速度模型提供给叠前深度偏移进行下一次的角道集层析迭代。如此循环则完成整个角道集层析的反演流程。

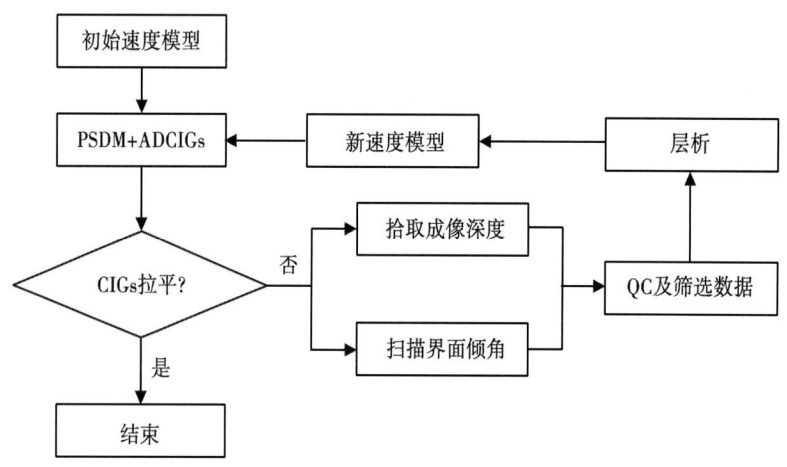

图 6-19 角道集层析偏移速度分析流程图

1)成像深度的自动拾取策略

角道集中成像深度的自动拾取是在剩余曲率的约束下进行的,对于每一条成像线的每个需要拾取的 CDP 来说,首先计算角道集的剩余曲率谱,从谱中自动识别出极值点对应的剩余曲率,进而计算约束曲线。地下介质不是很复杂时剩余曲率在角道集中的曲线公式为

$$z^{\text{mig}}(\theta_\gamma) = \frac{z^{\text{mig}}(0)}{\gamma}\sqrt{\gamma^2 + (\gamma^2 - 1)\tan^2\theta_\gamma} \tag{6-13}$$

式中,γ——剩余曲率;

θ_γ——反射角;

$z^{\text{mig}}(\theta_\gamma)$——角度 θ_γ 的成像深度。

针对每个要拾取剩余深度差的成像点,在道集内每一道的理论成像深度(约束曲线)

附近开窗（窗的长度作为一个参数在参数卡中给出），用滑动时窗内的值与上一道做相关，公式为

$$r_{xy}(\tau) = \sum_{n=1}^{\text{trace\_len}} x_n y_{n-\tau} \qquad (6-14)$$

找出最大相关值对应窗口移动量 τ，从而确定下一道拾取的成像深度 $z_m = (n+\tau)dz$（dz 为深度上的采样间隔）。对一个共成像点道集中的所有道进行循环，则完成该成像点偏移深度的自动拾取。

2）界面倾角的自动扫描策略

为了确定层析速度反演射线追踪中反射射线的方向，须已知三维成像剖面中的反射界面法向。在某一反射点处，分别沿 Lnline 方向和 Crossline 方向截取二维成像剖面，一旦确定界面在两个二维剖面中的界面切向方向向量，则三维法向方向向量可以计算得到。把两个二维切向方向向量写成 (l_x, l_y, l_z) 和 (c_x, c_y, c_z)，三维法向方向向量写成 (t_x, t_y, t_z)，则有

$$\begin{cases} t_x l_x + t_y l_y + t_z l_z = 0 \\ t_x c_x + t_y c_y + t_z c_z = 0 \\ t_x^2 + t_y^2 + t_z^2 = 1 \\ t_z < 0 \end{cases} \qquad (6-15)$$

这样就把求三维法向量的问题变成了求解 Lnline 和 Crossline 方向的两个二维切向方向向量的问题，使得问题的难度大大降低。下面是我们确定二维同相轴方向的方法。

首先定义互相关函数。用 $s(\vec{x}, t)$ 表示地震数据体，$\vec{x}$ 为空间坐标，t 为时间坐标。对于给定的数据点 $(\vec{x}_i, t)$，该点所对应的互相关函数（CCF）定义如下

$$CCF(\vec{g}, \vec{x}_i, t) = \sum_{0 < \|\vec{x}_i - \vec{x}_k\|_2 < D} \int_{t-\Delta}^{t+\Delta} s(\vec{x}_i, t')s(\vec{x}_k, t' + (\vec{x}_k - \vec{x}_i) \cdot \vec{g})dt' \qquad (6-16)$$

其中，D 为空间窗的半径；2Δ 为时窗的长度；$\vec{g}$ 为同相轴的法线方向；同 $\vec{g}$ 垂直的超平面方向即为同相轴的方向。可以看出，当 $(\vec{x}_i, t)$ 是常数时，上式的互相关函数是一个关于 $\vec{g}$ 的函数。然后沿着以向量 $\vec{g}$ 为法线方向的超平面对数据过行重采样，求出重采样信号的方差 COV：

$$COV(\vec{g}, \vec{x}_i, t) = \sum_{\|\vec{x}_i - \vec{x}_k\|_2 < D} \| s(\vec{x}_k, t + (\vec{x}_k - \vec{x}_i) \cdot \vec{g}) - E \|_2$$

$$E = \frac{1}{n} \sum_{\|\vec{x}_i - \vec{x}_k\|_2 < D} s(\vec{x}_k, t + (\vec{x}_k - \vec{x}_i) \cdot \vec{g}) \qquad (6-17)$$

式中，E——重采样信号的期望；

n——空间窗内地震道的数量。

利用上面求得的互相关函数和方差，可以将原始数据每一个采样点处的 $\vec{g}$ 值由下面的公式确定

$$g\_get(\vec{x}_i,\ t) = \arg\max_{\vec{g}} \frac{CCF(\vec{g},\ \vec{x}_i,\ t)}{COV(\vec{g},\ \vec{x}_i,\ t) + 1} \quad (6-18)$$

其中，$g\_get(\vec{x}_i,\ t)$ 表示在点 $(\vec{x}_i,\ t)$ 处求得的 $\vec{g}$ 值，其值为一个向量。最终反射层析的切向量为

$$grad(\vec{x}_i,\ t) = \arg\min_{\vec{g}} \sum_{\|\vec{x}_i - \vec{x}\|_2 < D} \| \vec{g} - g\_get(\vec{x}_i,\ t + (\vec{x}_i - \vec{x})\vec{g}) \|_2 \quad (6-19)$$

2. 利用剩余曲率换算旅行时差以及层析方程组的建立与求解

层析方程组的建立包括两部分，一为层析矩阵的计算，二为方程组右端向量的计算。在层析原理部分已经说明，层析矩阵的一行即为一条射线在模型离散网格中的射线段长度，所以计算层析矩阵的过程即为射线追踪过程，在角道集层析速度分析中为反射射线追踪。对一个反射点的一个反射角来说，反射射线的追踪的模拟从反射点出发，在已知反射层法线的情况下依反射角模拟出入射射线和反射射线路径，即可计算出整条反射射线，进而计算出层析矩阵的一行。对所有反射点和所有反射角度遍历，均模拟出相应的反射射线，即得到完整的层析矩阵。

层析方程组右端向量的元素是对应反射射线的旅行时差。图 6-20 是一个反射射线在真实速度和初始速度中的传播路径，其局部放大如图 6-21 所示。在反射点局部，可以假定慢度 s 是常数，又因为在远离反射点的地方两条射线路径比较接近，其引起的时差可以认为是零。这样，在反射点局部，层析方程右端向量元素是两条射线路径之差乘以慢度 s，即

$$\Delta T = 2s\Delta l \quad (6-20)$$

其中，$\Delta l = \Delta z \cos\theta \cos\phi$；$\Delta z = AB$；但是 s 未知，我们可以用 $s_m r$ 来表示，其中 r 是共成像点道集扫描的剩余曲率，因此式（6-20）就可以表示为

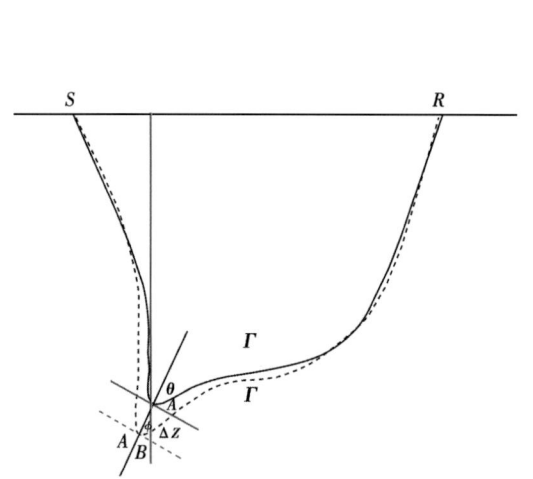

图 6-20 反射射线路径及成像深度示意图

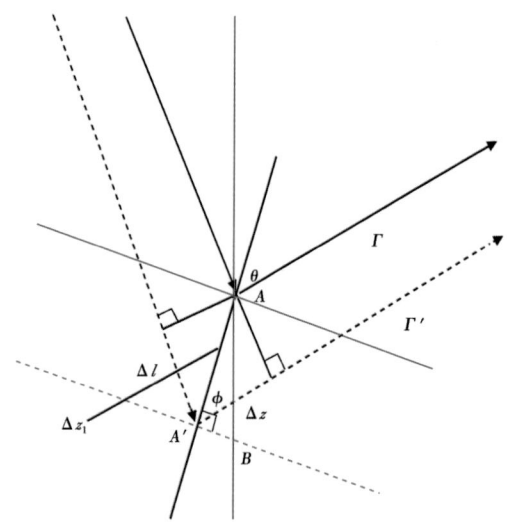

图 6-21 成像点局部示意图

$$\Delta T = 2s_m r \Delta z \cos\theta \cos\varphi \tag{6-21}$$

此时即可得到一条反射射线对应的层析方程：

$$\int_\Gamma \delta s dl = 2s_m r \Delta z \cos\theta \cos\varphi \tag{6-22}$$

这样我们每一个拾取的剩余深度差 Δz，就跟一条确定的射线路径相匹配，建立一个方程。为了便于计算机求解，对式（6-22）左端项进行离散化，得到下式：

$$\sum_{i=1}^{N_{grid}} \Delta s_i l_i = 2s_m r \Delta z \cos\theta \cos\varphi \tag{6-23}$$

式中，Δz_i——第 i 个网格点的慢度扰动量；

l_i——该射线在第 i 个网格内的射线长度。

所有射线及其对应的时差就构成了大型稀疏矩阵：

$$L\Delta s = \Delta T \tag{6-24}$$

式中，L——系数矩阵，其元素为每条射线在每个速度网格上的射线路径；

Δs——慢度修正量向量；

ΔT——剩余时差向量。

3. 理论模型测试

本节针对角道集层析偏移速度分析的几个子模块分别进行了二维的理论模型和实际资料测试。这里设计了一个理论模型用于上述角道集层析偏移速度分析的测试，该模型的相关参数及速度描述如图 6-22 所示，理论模型参数及观测系统描述列于表 6-1 中。

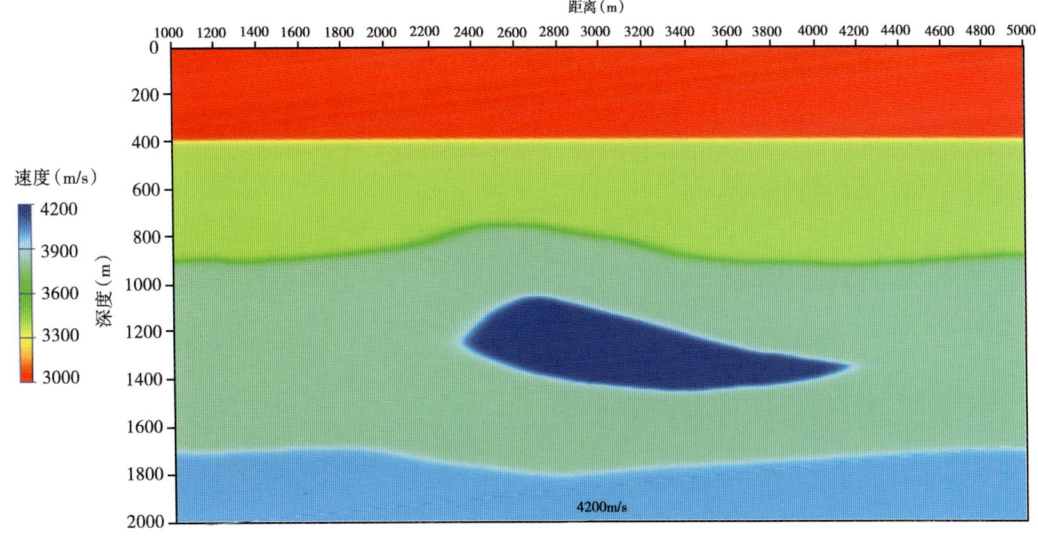

图 6-22　理论速度模型

表 6-1　理论模型参数与观测系统参数

工区 CDP 范围	0~601	工区 CDP 间隔（m）	10
炮检点深度（m）	0	炮间距（m）	20
炮点范围（m）	1000~5000	炮数	201
观测方式	双边对称接收	偏移距范围（m）	−1000~1000
检波点间距（m）	20	每炮检波点数	101

初始模型是如图 6-23 所示的常梯度速度场，以此速度场为基础的偏移剖面和角道集置于图 6-24 中，可以看出初始速度相对于真实速度明显偏小。经过一次层析偏移速度分析之后更新的模型如图 6-25 所示。图 6-26 和图 6-27 分别对比了层析模型和真实模型偏移出的成像剖面及角度域成像道集，可以看出理论模型的实验中，层析更新模型的偏移的结果和真实模型几乎没有差别。

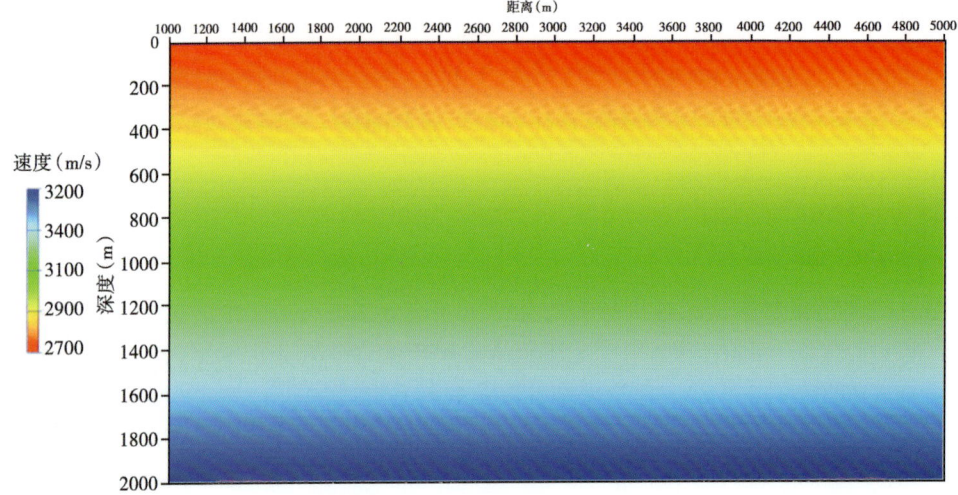

图 6-23　理论模型初始速度场

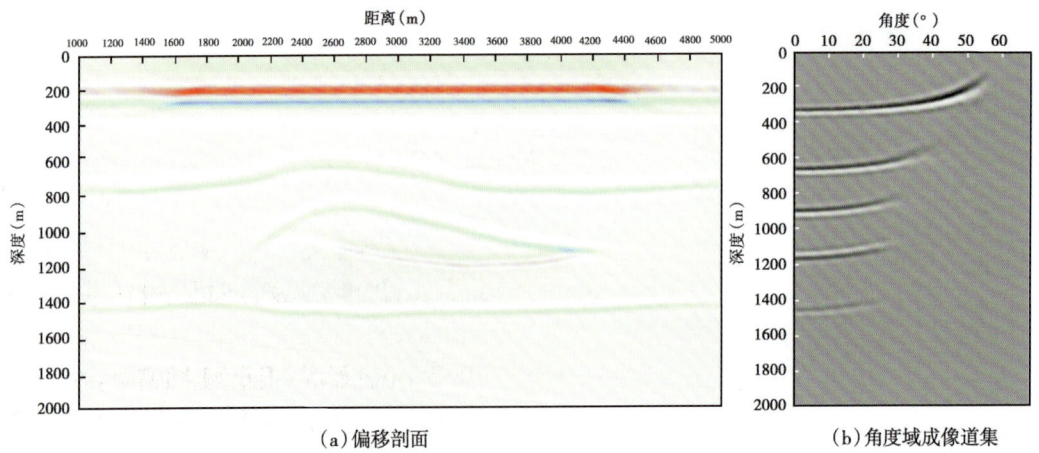

（a）偏移剖面　　　　　　　　　　（b）角度域成像道集

图 6-24　理论模型初始速度场的偏移剖面和角度域成像道集

【第六章】 南缘复杂构造速度建模与偏移成像

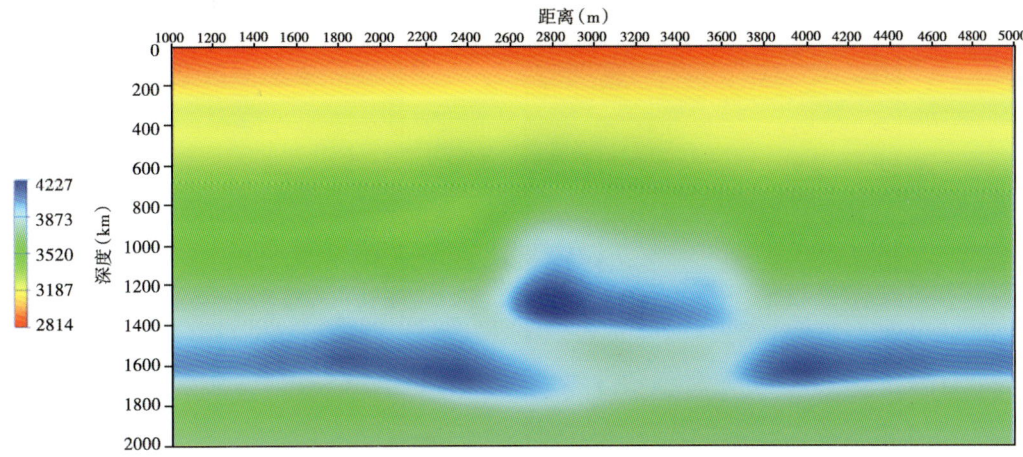

图 6-25 层析偏移速度分析更新的速度模型

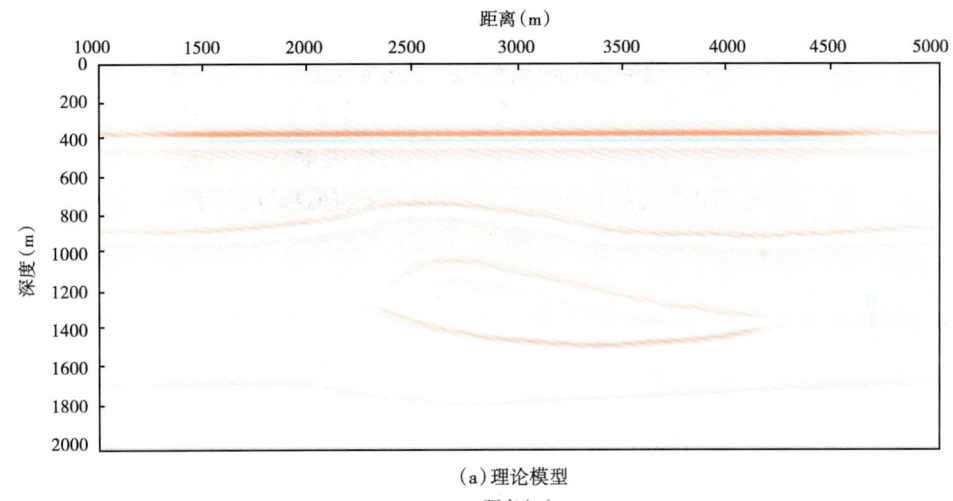

（a）理论模型

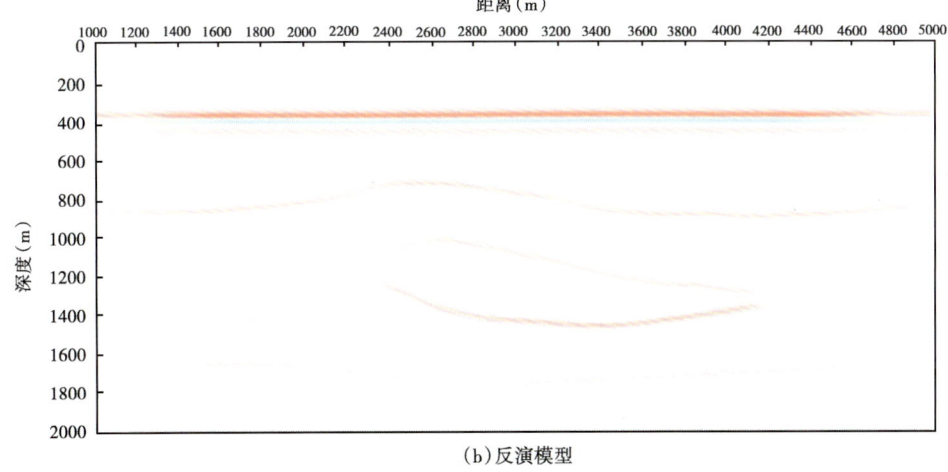

（b）反演模型

图 6-26 理论模型和反演模型偏移出的成像剖面

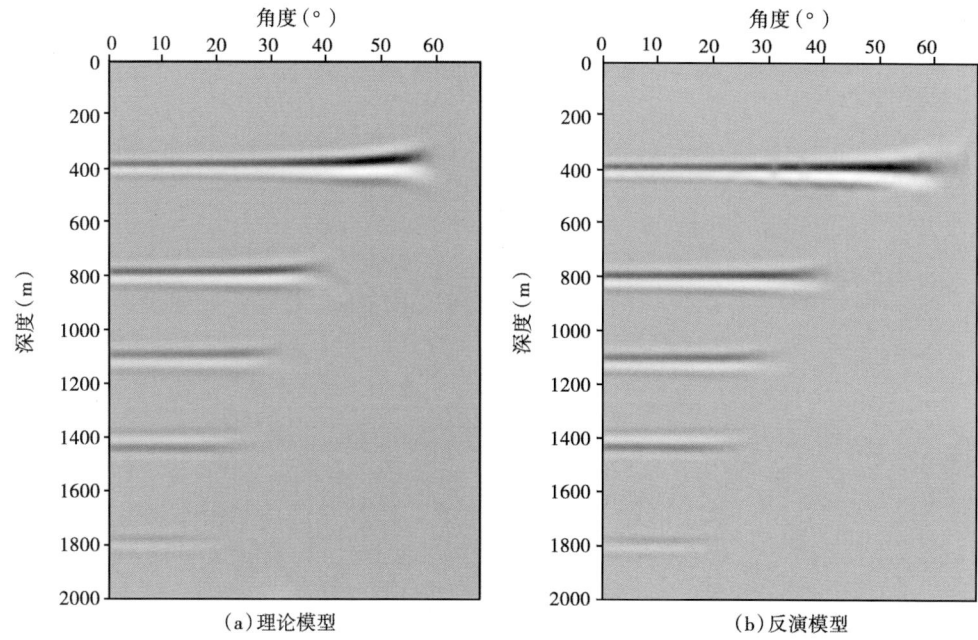

图 6-27 理论模型和反演模型偏移出的角度域成像道集

第三节 各种叠前深度偏移算法理论与成像效果分析

一、Kirchhoff 积分偏移方法原理

1. 三维叠后 Kirchhoff 积分偏移

若已知地表一个线段上（二维情形）或一个面积上（三维情形）的地震观测值，我们可以计算该线段外或该面积外任意点处的波场，这就是菲涅尔—惠更斯原理所描述的内容。对应的数学描述就是 Kirchhoff 积分公式（Schneider，1978）：

$$u(\vec{r};\omega) = \int dA \frac{\partial G(\vec{r},\vec{x};\omega)}{\partial n} U(\vec{x};\omega) \tag{6-25}$$

上式是地震波传播的描述公式。已知 Green 函数 $G(\vec{r},\vec{x};\omega)$ 和局部观测值 $U(\vec{x};\omega)$，就可以计算观测面外任意点的波场。局部观测值 $U(\vec{x};\omega)$ 可以认为是二次源，Green 函数是二次源到计算点之间的脉冲响应。

对于 Kirchhoff 积分偏移，已知 Green 函数 $G(\vec{r},\vec{x};\omega)$ 和局部观测值 $U(\vec{x};\omega)$，把局部观测值 $U(\vec{x};\omega)$ 作为二次源（虚拟的二次源），反向传播后，观测到的能量汇聚于散射点（真实的二次源）。显然，Kirchhoff 积分偏移实现了绕射波的叠加。

因此，在时间空间域，对于零偏移距剖面，假设地表波场为 $u(\vec{r}_0,t_0)$，把速度折半后，可得地下任意一点的波场（成像值）：

$$I(\vec{r},\ t=0)=-\frac{1}{2\pi}dA_{0}\frac{\cos\theta}{Rv}\left[\frac{\partial u}{\partial t}(r_{0},\ t_{0})+\frac{v}{R}u(r_{0},\ t_{0})\right]_{t_{0}=t+\frac{v}{R}} \quad (6-26)$$

式中，A_0——地表炮点和检波点的分布范围；

$\cos\theta=\dfrac{z}{R}$ ——倾斜因子，表示振幅随出射角的变化；

$t_0=t+\dfrac{v}{R}$ ——延迟时间。

式（6-26）是假设地下介质为常速时得到 Green 函数并代入式（6-25）导出的。式（6-26）中的加权系数就是由 Green 函数决定的。显然，在变速介质中这样的加权系数是不正确的。在变速介质中，一般用波场的 WKBJ 近似来表示 Green 函数，即

$$G(\vec{r},\ \vec{x},\ t)=A(\vec{r},\ \vec{x})e^{i\psi(\vec{r},\ \vec{x})} \quad (6-27)$$

式中，$A(\vec{r},\ \vec{x})$——Green 函数的振幅；

$\psi(\vec{r},\ \vec{x})$ —— 相位，主要由波传播的旅行时决定；

$\vec{r}$ —— 场点；

$\vec{x}$ —— 源点。

实际上，比较复杂的变速介质中，Green 函数很难表达。当前，工业界大规模使用的 Kirchhoff 积分偏移的加权系数还是由常速介质下的 Green 函数导出的。

2. 三维叠前 Kirchhoff 积分偏移

Kirchhoff 积分叠前偏移可以认为由两步聚焦实现。一是检波点波场的聚焦；二是炮点波场的聚焦。通过两步聚焦把地表观测的来自地下绕射点的能量汇聚到该绕射点上。下面的公式就反映了这样的两步聚焦过程：

$$I(\vec{y})=\int d\omega\int d\Omega_r\int d\Omega_s\frac{\partial G^*(y,\ x_r;\ \omega)}{\partial z_r}G^*(y,\ x_s;\ \omega)U(x_s,\ x_r;\ \omega) \quad (6-28)$$

实际使用的 Kirchhoff 积分叠前偏移公式可以表示为

$$I(x,\ y,\ z)=\int_{\Omega_S}d\Omega_R\int_{\Omega_R}d\Omega_R\frac{\cos\theta_R}{R_Rv}\frac{\partial U(\xi,\ \eta)}{\partial t} \quad (6-29)$$

式中，$(\xi,\ \eta)\epsilon\Omega_S$ 和 $(\xi,\ \eta)\epsilon\Omega_R$；

Ω_S 和 Ω_R ——炮点和检波点分布的范围。

在常速介质情况下，

$$R=\frac{\sqrt{(x_i-x_s)^2+(y_i-y_s)^2+z_i^2}}{v}+\frac{\sqrt{(x_i-x_r)^2+(y_i-y_r)^2+z_i^2}}{v} \quad (6-30)$$

或者

$$R = \frac{\sqrt{(x_m - x_0 - h_x)^2 + (y_m - y_0 - h_y)^2 + z_i^2}}{v} + \frac{\sqrt{(x_m - x_0 - h_x)^2 + (y_m - y_0 + h_y)^2 + z_i^2}}{v}$$

(6-31)

式中，$(x_s, y_s, 0)$——炮点坐标；

$(x_r, y_r, 0)$——检波点坐标；

$(x_m, y_m, 0)$——CMP 点坐标；

(x_i, y_i, z_i)——地下反射点坐标；

v——地震波波速。

实际上，Kirchhoff 积分叠前偏移主要还是一步聚焦来完成的。对一步聚焦过程中 Green 函数的理解可以认为实际震源被一个虚拟震源取代，观测到的地震波从虚拟震源发出到达检波器。但是，无论两步聚焦还是单步聚焦，振幅的处理是一样的，就是仅考虑从检波点到散射点之间的球面扩散校正。这是由于偏移成像本身是为了得到入射波与反射系数褶积后的结果。同样，式（6-28）仅考虑常速介质情况下的 Green 函数，得到的振幅加权因子还是不适应横向变速情况。在横向变速情况下，式（6-28）中的振幅加权因子仅是一种近似，很可能近似程度还比较低。

3. 基于 Kirchhoff 统一成像理论深入理解 Kirchhoff 偏移

"Kirchhoff 型成像方法"是地震成像领域所有积分叠加型成像方法的总称。从 Kirchhoff 积分方法的实现方式来看，Kirchhoff 积分无疑属于 Kirchhoff 型成像方法。作为地震成像领域内最为成熟的方法，Kirchhoff 型积分成像方法早已经被人们深入讨论。其中最为重要的工作当属 Hubral 等（1996）提出的 Kirchhoff 统一成像理论。Kirchhoff 统一成像理论是根据 Kirchhoff 型成像方法中 Huygens 面叠加方式和等旅行时面叠加方式的内在同一性提出的，它是一种可以概括所有积分叠加型成像方法的框架性理论，该理论认为各种成像方法、数据集变换与分选甚至包括基准面变换都可以归结为 Kirchhoff 意义下（或称积分叠加意义下）的某种数据映射过程。

统一成像理论有一个重要结论：Kirchhoff 型成像方法总共有两种实现方式——Huygens 面叠加方式（或称为输入道成像方式）和等旅行时面叠加方式（或称为输出道成像方式）。如果对于目标成像空间的一个点，在输入数据空间内构造出对应的一个数据面（这个输入数据空间内的数据面被称为 Huygens 面或数据输入面），沿着该面进行叠加并将叠加结果放到目标成像空间的这个点，这种成像方式被称为 Huygens 面叠加方式（或输入道成像方式）；如果基于输入数据空间的一个点能构造出目标成像空间内的一个面（这个数据面被称为等旅行时面或数据输出面），根据输入数据空间内的所有点所构造出的所有等旅行时面在目标成像空间内相互叠加之后得到成像结果，这种成像方式被称为等旅行时面叠加方式（或输出道成像方式）。统一成像理论表明这两种实现方式完全等效，它们将得到相同的成像结果。Hubral 等（1996）提出了关于 Kirchhoff 型方法的统一成像理论，认为如果将 Huygens 面叠加方式和等旅行时面叠加方式作为偏移和反偏移手段交替使用，可以解决地震数据处理中的诸多问题，如再偏移、基准面重建、偏移距延拓、数据规则化及偏移到零偏移距（MZO）等。Tygel 等（1996）也指出由于 Huygens 面叠加方式和等旅行时面叠加方式具有内在的同一性，使得等旅行时面叠加方式也可以用于偏移，Huygens 面叠加方式也可以用于反偏移。图 6-28 展示了应用 Huygens 面叠加和等旅行时面叠加在完成共偏移距叠前深度偏移时所表现出的等效性。

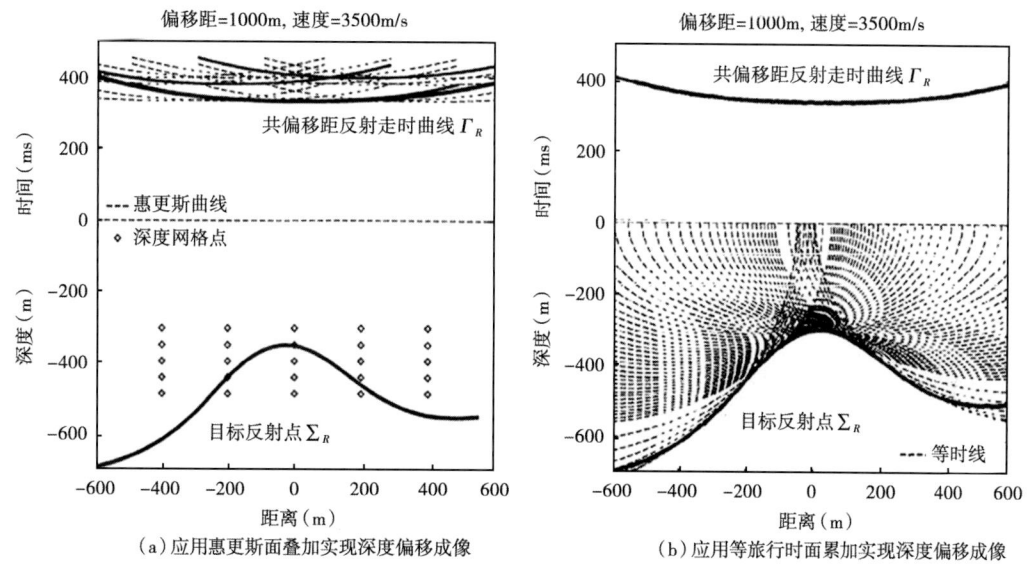

图 6-28　应用惠更斯面叠加和等旅行时面叠加完成叠前深度偏移的示意图（据 Hubral 等，1996）

如图 6-28 所示，假设反射层上覆介质的速度为常速，图 6-28a 显示了如何通过 Huygens 面叠加方式实现叠前深度偏移。图 6-28a 上半部分表示输入的一个共偏移距剖面，图 6-28a 下半部分间表示深度域的目标成像空间，在成像空间内选择了某些网格点（以菱形表示），基于这些点逐点计算出对应的在共偏移距剖面内的绕射旅行时（二维情形下，Huygens 面变成了 Huygens 曲线）进行叠加，将叠加结果放到该位置就完成了对这些点的叠前深度偏移成像，如果对目标成像空间内的每一个点都重复上述步骤，就可得到基于该共偏移距剖面的惠更斯面叠加方式的深度成像剖面，如图 6-28a 下半部分所示。图 6-28b 显示了如何通过等旅行时面叠加方式实现叠前深度偏移。对于共偏移距剖面内某一个样点，可以构造出在目标成像空间内的等旅行时面，常速介质中这样的等旅行时面是一个椭圆。这个等旅行时面代表了共偏移距剖面内该样点所代表的反射可能是来自深度域的这样一个椭圆上的任意一点，如果对于共偏移距剖面内的每一个样点都构造出对应的深度域等旅行时面，所有等旅行时面相互叠合之后的包络则构成深度成像剖面。

从图 6-28 可以看出应用 Huygens 面叠加和等旅行时面叠加确实可以得到相同的结果。如前所述，传统二维 Kirchhoff 积分的实现过程是这样的：通过调谐三个属性参数，得到一个圆弧反射段 C_R 在 $(t-X_m-h)$ 域的最佳反射响应（即 Kirchhoff 积分面），该反射响应与反射点 R 附近局部的真实反射最为贴近。然后沿着叠加面将有关能量叠加到 P_0 完成对 R 点的零偏移距剖面成像。可见，传统 Kirchhoff 积分的实现方式是"对于目标零偏移距成像剖面内某一点，找到叠前数据空间内对其有贡献的数据并将它们叠加到该点"。据此不难判断传统 Kirchhoff 积分的实现方式属于 Huygens 面叠加成像方式（或称输入道成像方式）。

4. 任意介质中动态规划法计算三维旅行时

基于 Fermat 原理的动态规划旅行时计算方法（Wang 等，1999）与差分法求解程函方程得到的旅行时实际上是统一的。此方法的核心是构造从源点到当前计算点的平均慢度，基于 Fermat 原理，用球面波近似导出走时计算的公式，并用动态规划法搜索到达当前计算点的初至走时。具体可以通过求解局部极值问题得到当前点的最短旅行时，再通过适当的策略让搜索过程符合波传播因果律，使得计算的旅行时符合 Fermat 原理。下面简述动态规划旅行时计算的关键步骤。

如图 6-29 所示，假设已知 (x_1, y_1, z_c)、(x_2, y_1, z_c)、(x_1, y_2, z_c) 和 (x_2, y_2, z_c) 四点的旅行时分别为 t_1、t_2、t_3 和 t_4，并认为波可能穿过由此四点构成的矩形小面元而到达 (x, y, z) 点。明显的，应该在此小面元中找到一点 (x_0, y_0, z_c)，穿过该点到达 (x, y, z) 的旅行时最小。由于上述四点相距很近，因此可以近似地写成

$$t_1^2 = s_a^2(x_1^2 + y_1^2 + z_c^2) \tag{6-32}$$

$$t_2^2 = s_a^2(x_2^2 + y_1^2 + z_c^2) \tag{6-33}$$

$$t_3^2 = s_a^2(x_1^2 + y_2^2 + z_c^2) \tag{6-34}$$

$$t_4^2 = s_a^2(x_2^2 + y_2^2 + z_c^2) \tag{6-35}$$

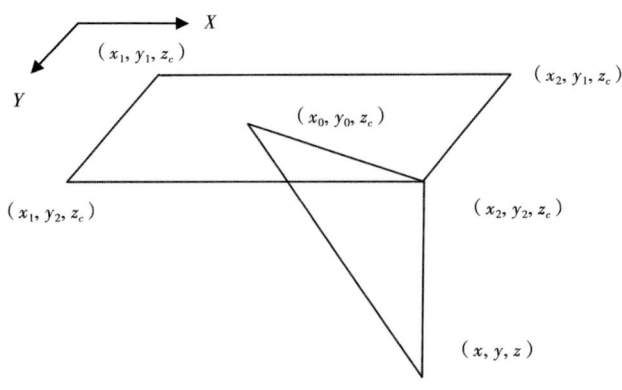

图 6-29 三维旅行时计算

式中，s_a——源点到当前计算点的平均慢度。

此处，我们把二维旅行时计算公式直接推广到三维。分析后知，平均慢度 w 不必显式地构造出来。与式（6-33）类比知，t_0^2 应当是由 t_1^2、t_2^2、t_3^2 和 t_4^2 线性插值得到的。插值公式构造成如下的形式：

$$t_0^2 = \alpha t_1^2 + \beta t_2^2 + \gamma t_3^2 + \eta t_4^2 \tag{6-36}$$

其中：

$$\alpha = \frac{(x_2^2 - x_0^2)(y_2^2 - y_0^2)}{(x_2^2 - x_1^2)(y_2^2 - y_1^2)} \tag{6-37}$$

$$\beta = \frac{(x_0^2 - x_1^2)(y_2^2 - y_0^2)}{(x_2^2 - x_1^2)(y_2^2 - y_1^2)} \tag{6-38}$$

$$\gamma = \frac{(x_2^2 - x_0^2)(y_0^2 - y_1^2)}{(x_2^2 - x_1^2)(y_2^2 - y_1^2)} \tag{6-39}$$

$$\eta = \frac{(x_0^2 - x_1^2)(y_0^2 - y_1^2)}{(x_2^2 - x_1^2)(y_2^2 - y_1^2)} \tag{6-40}$$

显然，当(x_0, y_0, z_c)位于(x_1, y_1, z_c)时，$\alpha = 1$，$\beta = \gamma = \eta = 0$
当(x_0, y_0, z_c)位于(x_2, y_1, z_c)时，$\beta = 1$，$\alpha = \gamma = \eta = 0$
当(x_0, y_0, z_c)位于(x_1, y_2, z_c)时，$\gamma = 1$，$\alpha = \beta = \eta = 0$
当(x_0, y_0, z_c)位于(x_2, y_2, z_c)时，$\eta = 1$，$\alpha = \beta = \gamma = 0$

已知t_0后，可求出(x, y, z)点的旅行时为

$$t = t_0 + S \cdot \sqrt{(x_2 - x_0)^2 + (y_2 - y_0)^2 + \Delta z^2} \tag{6-41}$$

为使求出的t最小，需求t关于x_0和y_0的导数。且令

$$\begin{cases} \dfrac{\partial t}{\partial x_0} = 0 \\ \dfrac{\partial t}{\partial y_0} = 0 \end{cases} \tag{6-42}$$

$$\begin{cases} \dfrac{\partial t}{\partial x_0} = \dfrac{\partial t_0}{\partial x_0} - \dfrac{(x_2 - x_0)S}{\sqrt{(x_2 - x_0)^2 + (y_2 - y_0)^2 + \Delta z^2}} \\ \dfrac{\partial t}{\partial y_0} = \dfrac{\partial t_0}{\partial y_0} - \dfrac{(y_2 - y_0)S}{\sqrt{(x_2 - x_0)^2 + (y_2 - y_0)^2 + \Delta z^2}} \end{cases} \tag{6-43}$$

$$\frac{\partial t_0}{\partial x_0} = \frac{x_0}{t_0 \cdot (x_2^2 - x_1^2)(y_2^2 - y_1^2)} \left[(y_2^2 - y_0^2)(t_2^2 - t_1^2) + (y_0^2 - y_1^2)(t_4^2 - t_3^2) \right] \tag{6-44}$$

$$\frac{\partial t_0}{\partial y_0} = \frac{y_0}{t_0 \cdot (x_2^2 - x_1^2)(y_2^2 - y_1^2)} \left[(x_2^2 - x_0^2)(t_3^2 - t) + (x_0^2 - x_1^2)(t_4^2 - t_2^2) \right] \tag{6-45}$$

重写式（6-43）得

$$\begin{cases} f(x_0, y_0) = \dfrac{\sqrt{(x_2 - x_0)^2 + (y_2 - y_0)^2 + \Delta z^2}}{[(x_2^2 - x_1^2)(y_2^2 - y_1^2)]} \\ \quad x_0[(y_2^2 - y_0^2)(t_2^2 - t_1^2) + (y_0^2 - y_1^2)(t_4^2 - t_3^2)] \\ \quad - (x_2 - x_0) \cdot t_0 \cdot S = 0 \\ g(x_0, y_0) = \dfrac{\sqrt{(x_2 - x_0)^2 + (y_2 - y_0)^2 + \Delta z^2}}{[(x_2^2 - x_1^2)(y_2^2 - y_1^2)]} \\ \quad y_0[(x_2^2 - x_0^2)(t_3^2 - t_1^2) + (x_0^2 - x_1^2)(t_4^2 - t_2^2)] \\ \quad - (y_2 - y_0)t_0 S = 0 \end{cases} \tag{6-46}$$

式（6-45）为关于 x_0、y_0 的非线性方程组。此处我们用牛顿法求解。最终的牛顿法迭代公式由下列两式组成：

$$\begin{bmatrix} f(x_0, y_0) \\ g(x_0, y_0) \end{bmatrix} = \begin{bmatrix} \dfrac{\partial f}{\partial x_0} & \dfrac{\partial f}{\partial y_0} \\ \dfrac{\partial g}{\partial x_0} & \dfrac{\partial g}{\partial y_0} \end{bmatrix} \begin{bmatrix} \Delta x_0 \\ \Delta y_0 \end{bmatrix} \quad (6-47)$$

$$\begin{cases} x_0^{i+1} = x_0^i + \Delta x_0 \\ y_0^{i+1} = y_0^i + \Delta y_0 \end{cases} \quad (6-48)$$

我们如此给出 (x_0, y_0) 的初始值：

$$\begin{cases} x_0 = \dfrac{x_1 + x_2}{2} \\ y_0 = \dfrac{y_1 + y_2}{2} \end{cases} \quad (6-49)$$

给出初始的 (x_0, y_0) 后，迭代求解非线性方程组 (6-47)，(x_0, y_0) 的修正用式 (6-48)，用 (x_0, y_0) 的改变量、$f(x_0, y_0)$ 和 $g(x_0, y_0)$ 的值及迭代次数三方面控制实际迭代次数和计算精度，可以得到令 (x, y, z) 处的旅行时最小的 (x_0, y_0)。然后用式 (6-30) 算出 t_0。用式 (6-36) 最终求出 (x, y, z) 点的最小旅行时 t。具体实现时，需考虑全方位可能到来的波。矩形网格剖分时，应进行 24 次计算，保留其中最小的一个作为当前计算点的旅行时。

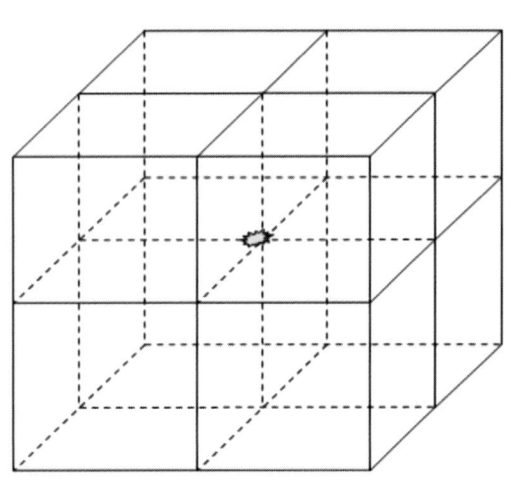

图 6-30　三维旅行时计算的剖分网格

三维旅行时计算实现过程的原则是在旅行时计算过程中，必须按照波传播过程的因果律，构造出合适的计算方法或制定合适的计算策略。违反因果律的任何计算方法或计算过程都不可能得到正确的旅行时。我们用前面讨论的计算方法计算每一点的旅行时，然而为满足因果律，计算每一点的旅行时必须考虑从所有可能方向来的波的旅行时，由 Fermat 原理知，只有旅行时最小波的传播是符合因果律的。由图 6-30 可知，为计算长方体中心那个网格点的旅行时，必须考虑通过周围 24 个小面元来波的旅行时，其中最小的一个即我们所求的。也就是说，我们必须针对当前计算点算出 24 个旅行时值，从中选择最小的一个作为当前计算点的旅行时。另外，源点周围 26 个点的旅行时按直达波计算，而且不被后面的计算更新。

三维旅行时计算步骤为：（1）首先用二维旅行时计算方法计算震源所在层的旅行时，依此作为初始层，才能应用三维旅行时计算公式进行三维旅行时场的计算，一般情况下，震源位于表层,震源所在层的速度场可以是任意非均匀的,原则上,震源可以位于速度场的任何位置;(2)假定震源在速度场的表层,从震源所在层开始,沿深度增加的方向一层层地计算旅行时场,直到速度场的最深层,每一层的计算方法是完全相同的;(3)从速度场的最深层开始,一层层地回退到震源所在层,每一层的计算方法完全相同,而且非常类似于第二步中的计算过程。此时应注意的是由于 z 方向计算顺序的变化,旅行时计算公式中的各坐标对应的位置应作相应的变化。如果震源不在速度场的表层,我们建议用如下的计算顺序,先从震源所在层向 $z=0$ 层计算,然后从 $z=0$ 层向速度场的最深层计算,最后由速度场的最深层退回 $z=0$ 层,如此计算顺序可以保证充分地考虑到回转波前面对应的初至到达时的正确。

5. VTI 介质叠前时间偏移方法

对于 Kirchhof 叠前时间偏移来说,需要考虑反射路径的非对称特性(图 6-31)。因此,要将前面 NMO 时差方程扩展成 DSR 形式,例如,常规 Kirchhof 叠前时间偏移采用的双曲 DSR 时差方程可写成

$$t = t_s + t_g \approx \frac{1}{2}\sqrt{\tau^2 + \frac{x_s^2}{v_{nmo}^2}} + \frac{1}{2}\sqrt{\tau^2 + \frac{x_g^2}{v_{nmo}^2}} \tag{6-50}$$

式中,x_s——炮点、反射点水平间距 h_s 的二倍;
x_g——接收点、反射点水平间距 h_g 的二倍。

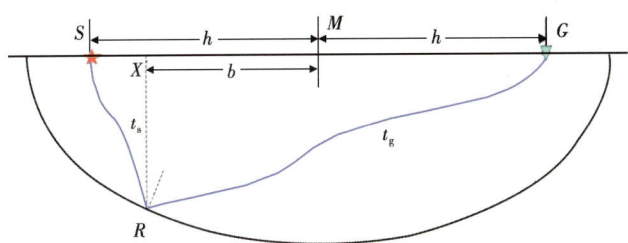

图 6-31 反射路径与叠前时间偏移脉冲响应示意图

当 $x_s \neq x_g$ 时,反射路径是非对称的。在二维情况下它们满足:

$$x_s = 2h_s = 2(h - b) \tag{6-51}$$

$$x_g = 2h_g = 2(h + b) \tag{6-52}$$

Alkhalifah 和 Tsvankin 的级数展开逼近 DSR 时差方程可写成

$$t = t_s + t_g \approx \frac{1}{2}\sqrt{\tau^2 + \frac{x_s^2}{v_{nmo}^2} - \frac{2\eta x_s^4}{v_{nmo}^2[\tau^2 v_{nmo}^2 + (1+2\eta)x_s^2]}} +$$
$$\frac{1}{2}\sqrt{\tau^2 + \frac{x_g^2}{v_{nmo}^2} - \frac{2\eta x_g^4}{v_{nmo}^2[\tau^2 v_{nmo}^2 + (1+2\eta)x_g^2]}} \tag{6-53}$$

对于理论模型,已知纵波垂直速度和两个 Thomsen 参数,就可以按理论公式计算得到

v_{nmo} 和 η 供偏移算法使用。但对于实际地震资料，则要基于偏移后共成像点道集迭代更新速度模型。v_{nmo} 可以按传统速度分析得到。在炮检距足够大（炮检距/深度大于 1 甚至 1.5 以上）的情况下，可以利用大炮检距信息估计等效各向异性参数 η。

二维和三维 Kirchhoff 叠前时间偏移公式分别写成

$$I(x,\ \tau) = \iint_L w_{2D} \left[\left(\frac{\partial}{\partial t} \right)^{1/2} p(x_s,\ x_g,\ t) \right] dx_s dx_g \tag{6-54}$$

$$I(x,\ \tau) = \iint_\Omega w_{3D} \left[\frac{\partial}{\partial t} p(x_s,\ x_g,\ t) \right] dx_s dx_g \tag{6-55}$$

式中，p——观测地震波场；

I——时间域成像结果；

t——双程走时；

τ——双程垂直走时；

w_{2D}、w_{3D}——二维、三维振幅加权函数；

L、Ω——二维、三维情况下的偏移孔径。

数学上，对于二维速度模型与二维采集系统但是三维波场传播（具有球面几何扩散损失），需要采用 2.5 维的偏移算子。式（6-54）中半偏导数算子实际上是相移滤波因子 $\sqrt{|\omega|}$ 的时间域表达式；式（6-55）中偏导数算子实际上是相移滤波因子 i^ω 的时间域表达式。当用二维算子去偏移三维数据时，2.5 维相移校正 $\sqrt{|\omega|} e^{isign(\omega)\pi/4}$ 的是必须施加的。x_s 与 x_g 对应二维情况下炮点和接收点的坐标，$\boldsymbol{x}_s$ 与 $\boldsymbol{x}_g$ 对应三维情况下炮点和接收点的坐标矢量。可见，Kirchhoff 叠前时间偏移算法的核心是走时和权系数的计算。当然，偏移孔径的设置对计算成本与成像效果均有影响。此外，对于积分偏移算子来说，反假频处理也是算法中必须考虑的。

Kirchhoff 积分偏移算法中的振幅加权因子主要考虑地震波传播过程中的几何扩散效应，理论上它具有非常复杂的表达式（Bleistein 等，1987，2001；Schleicher 等，1993）。从 Bleistein（1987）的真振幅反演理论出发，Delliger（2000）给出的 2.5 维常速介质近似加权因子，Zhang Y 等（2000）推导了横向均匀介质中权函数的解析表达式。它与几何扩散因子和射线在地表入射和出射的角度有关，涉及复杂的数值计算。为了降低计算成本，通常采用均匀介质中的权函数（Zhang Y 等，2000；Delinger，2000）。

对共炮检距叠前时间偏移，权函数满足：

$$w_{2D} = \frac{z}{v^2} \frac{1}{\sqrt{t_s t_g}} \left(\frac{t_g}{t_s} + \frac{t_s}{t_g} \right) = \frac{\tau}{2v} \frac{1}{\sqrt{t_s t_g}} \left(\frac{t_g}{t_s} + \frac{t_s}{t_g} \right) \tag{6-56}$$

$$w_{2.5D} = \frac{z}{v} = \frac{\sqrt{t_s + t_g}}{\sqrt{t_s t_g}} \left(\frac{t_g}{t_s} + \frac{t_s}{t_g} \right) = \frac{z}{v} \frac{\sqrt{t}}{\sqrt{t_s t_g}} \left(\frac{t_g}{t_s} + \frac{t_s}{t_g} \right) = \frac{\tau}{2} \frac{\sqrt{t}}{\sqrt{t_s t_g}} \left(\frac{t_g}{t_s} + \frac{t_s}{t_g} \right) \tag{6-57}$$

$$w_{3D} = \frac{z}{v^2} = \left(\frac{t_g}{t_s} + \frac{t_s}{t_g} \right) \left(\frac{1}{t_s} + \frac{1}{t_g} \right) = \frac{\tau}{2v} \left(\frac{t_g}{t_s} + \frac{t_s}{t_g} \right) \left(\frac{1}{t_s} + \frac{1}{t_g} \right) \tag{6-58}$$

二、高斯束叠前深度偏移

之前的 Kirchhoff 积分是基于射线追踪计算旅行时,它利用高频近似将波场分解到一系列射线上,通过射线追踪获取射线路径和旅行时,模拟波场传播,从而实现正演与偏移。射线法的优点是效率高,灵活性好,并且能够对带有起伏地表的复杂模型进行快速正演和偏移。然而传统的射线追踪仅能反映地震波的运动学特征,而且存在射线阴影区、焦散区和多值走时等问题,因而在复杂介质中处理效果不是十分理想。为了克服传统射线法的缺点,提高射线方法的精度,20 世纪 80 年代初,Cerveny 将电磁学领域的高斯射线束方法引入地球物理领域,并成功应用到波场正演中。随后,Ross 和 Dave 又将这一方法推广到偏移处理中并取得了较好的成像效果。从上节内容可以看出,渐进射线理论下可以通过运动学和动力学射线追踪方便地求得波动方程的近似解。然而经典的射线方法存在射线阴影区和焦散区的问题。针对上述问题,国内外学者提出了一系列改进方法(Chapman,1982;Cerveny 等,1982;Kendall,1993)。其中在石油勘探工业界应用最为广泛的是高斯束方法(Hill,1990,2001;Hale,1992)。本节将在经典高斯传播算子基础上,通过适当的简化,推导简化的高斯束(SGB)传播算子来传播特征波场。

1. 经典的高斯束传播算子

经典 GB 传播算子的主要思想是将笛卡尔坐标系中的全局波动方程变换到射线中心坐标系,从而进行局部平面波或球面波传播。由于射线坐标系和射线中心坐标系在射线传播方向基函数上是一致的,在数学上可以通过动力学射线追踪得到局部平面波或者球面波的解。高斯束推导的主要过程包括:首先引入射线中心坐标系表达波动方程,然后再用抛物方程法求取该波动方程在射线附近的解,最后再通过给定适当的初始条件来解决焦散问题。由于高斯束相比单根射线有一定宽度,射线阴影区的问题也在一定程度上得到了克服。本节直接给出三维情况下 GB 传播算子基本公式如下:

$$U_{GB}(s, q_1, q_2, w) = \frac{v(s)\det[Q(s_0)]^{\frac{1}{2}}}{v(s_0)\det[Q(s)]}\exp\left[iwt + \frac{iw}{2}q^T M(s)q\right] \quad (6-59)$$

式中,U_{GB}——频率域射线中心坐标系中的局部平面波解;

w——频率;

s、q_1、q_2——射线中心坐标系的坐标轴;

s_0——中心射线的弧长;

v——速度;

Q——射线中心坐标系关于射线坐标系的雅克比;

t——中心射线旅行时。

在射线切面上有 $q^T = (q_1, q_2)$,矩阵 M 是沿射线旅行时对射线中心坐标 q_1 和 q_2 的二阶偏导数,可由动力学射线追踪得到。

高斯束通过选取合适的动力学射线追踪初始条件,可以解决焦散问题(Cerveny 等,1982;Hill,1990),具体的动力学射线追踪方程和初始条件可以表示为

$$\frac{\mathrm{d}Q^{GB}}{\mathrm{d}s} = v_0 P^{GB} \qquad Q_0^{GB} = \frac{w_r w_0^2}{v_0(x_0)} I$$

$$\frac{\mathrm{d}P^{GB}}{\mathrm{d}s} = -v_0^{-2} v Q^{GB} \qquad P_0^{GB} = \frac{i}{v_0(x_0)} I \qquad (6-60)$$

式中，GB——经典高斯束对应的动力学射线追踪参数；

Q_0^{GB}、P_0^{GB}——初始值；

w_r——最低频率；

w_0——该参考频率下的射线初始宽度；

$v_0(x_0)$——射线路径上的速度。

在上式中 Q_0^{GB} 为纯实数，P_0^{GB} 为纯虚数，该初始条件的选择可以规避由于坐标变换引入的焦散问题。对上述方程把实部和虚部分别写开，可以得到

$$\frac{\mathrm{d}\mathrm{Re}(Q^{GB})}{\mathrm{d}s} = v_0 \mathrm{Re}(P^{GB}) \qquad \mathrm{Re}(Q_0^{GB}) = \frac{w_r w_0^2}{v_0(x_0)} I$$

$$\frac{\mathrm{d}\mathrm{Re}(P^{GB})}{\mathrm{d}s} = -v_0^{-2} v \mathrm{Re}(Q^{GB}) \quad \mathrm{Re}(P_0^{GB}) = 0 \qquad (6-61)$$

$$\frac{\mathrm{d}\mathrm{Im}(Q^{GB})}{\mathrm{d}s} = v_0 \mathrm{Im}(P^{GB}) \qquad \mathrm{Im}(Q_0^{GB}) = 0$$

$$\frac{\mathrm{d}\mathrm{Im}(P^{GB})}{\mathrm{d}s} = -v_0^{-2} v \mathrm{Im}(Q^{GB}) \qquad \mathrm{Im}(P_0^{GB}) = \frac{1}{v_0(x_0)} I \qquad (6-62)$$

引入上标 ART 表示渐进射线理论下点源初始条件的动力学射线追踪系统，可以得到

$$\frac{\mathrm{d}Q^{ART}}{\mathrm{d}s} = v_0 P^{ART} \qquad Q_0^{ART} = 0$$

$$\frac{\mathrm{d}P^{ART}}{\mathrm{d}s} = -v_0^{-2} v Q^{ART} \qquad P_0^{ART} = \frac{1}{v_0(x_0)} I \qquad (6-63)$$

由于在射线中心坐标系和射线坐标系下的运动学射线追踪系统是一致的，而对比式（6-62）和式（6-63）可以看出，高斯束的虚部和经典渐进射线理论下的动力学射线系统也是一致的。由此可知高斯束中心射线的旅行时和振幅与经典的渐进射线理论波动方程的高频近似解是一致的。高斯束的动力学射线追踪方程（6-61）和方程（6-62）可分别从物理上解释为：前者控制射线束内波前曲率进而控制射线束的旅行时，后者控制射线束内的振幅衰减。由于振幅衰减函数有高斯函数形式，所以这种在射线中心坐标系中传播局部平面波的方法称为高斯束。

2. 高斯束传播算子的简化

高斯束的旅行时是由中心射线旅行时和射线束传播矩阵 $\boldsymbol{M}$ 的实部共同决定的。在旁轴射线理论下，上述经典高斯束的旅行时可以表示为

$$t(q_1, q_2, s) = t(0, 0, s) + \frac{1}{2} q^T \mathrm{Re}[\boldsymbol{M}(s)] q \qquad (6-64)$$

其中,Re$[M(s)]$ 表示矩阵 M 的实部,可由式(6-60)的动力学射线追踪得到,它与速度的乘积在物理上表示波前曲率。假设射线附件沿着垂向速度变化很小,则射线上速度在垂向的二阶导数为0,即式(6-62)中 $v=0$,动力学射线追踪系统(6-60)可以写成:

$$\frac{\mathrm{d}Q^{SGB}}{\mathrm{d}s} = v_0 P^{SGB} \qquad Q_0^{SGB} = \frac{w_r w_0^2}{v_0(x_0)}I$$

$$\frac{\mathrm{d}P^{SGB}}{\mathrm{d}s} = 0 \qquad P_0^{SGB} = \frac{i}{v_0(x_0)}I \qquad (6-65)$$

式中,SGB——简化的高斯束。

上式的控制方程和初始条件结合可以得到 Q^{SGB} 和 P^{SGB} 的解析表达式:

$$Q^{SGB} = Q_0^{SGB} + P_0^{SGB} Q_{ray} v \mathrm{d}s \qquad (6-66)$$

$$P^{SGB} = P_0^{SGB} = \frac{i}{v_0(x_0)}I \qquad (6-67)$$

矩阵 M 的实部可以写成

$$\mathrm{Re}[M^{SGB}(s)] = \mathrm{Re}(\frac{P^{SGB}}{Q^{SGB}}) = \mathrm{Re}(\frac{P_0^{SGB}}{Q_0^{SGB} + P_0^{SGB} \grave{O}_{ray}) v \mathrm{d}s}I \qquad (6-68)$$

利用变量 $s = \grave{O}_{ray} v \mathrm{d}s$ 来表征上式中随射线变化的部分,再将(6-65)中的初始条件代入上式可得

$$\mathrm{Re}[M^{SGB}(s)] = \mathrm{Re}(\frac{P^{SGB}}{Q^{SGB}}) = \mathrm{Re}(\frac{i}{v_0(x_0) Q_0^{SGB} + si})I \qquad (6-69)$$

引入实数变量 $s_0 = v_0(x_0) Q_0^{SGB}$ 可以将上式重写为

$$\mathrm{Re}[M^{SGB}(s)] = \frac{s}{s^2 + s_0^2}I \qquad (6-70)$$

将式(6-69)代入式(6-64)可得

$$t(q_1, q_2, s) = t(0, 0, s) + \frac{1}{2}(\frac{s}{s^2 + s_0^2})q^T q \qquad (6-71)$$

其中

$$s = \grave{O}_{ray} v \mathrm{d}s \quad s_0 = w_r w_0^2 \qquad (6-72)$$

式(6-71)和式(6-72)仅为 SGB 旅行时的表达式,并未涉及 SGB 宽度和振幅随射线传播的变化。上一节讨论了经典 GB 在中心射线的振幅和相位是满足 ART 下波动方程的,其射线宽度则由初始条件和波场传播过程中振幅衰减控制的。尽管经典 GB 的解是满足波动方程的,但在具体实现上高斯束的宽度传播时间或者距离增加会出现扩展过快的现象(Nowack,2008)。许多学者在宽度控制上做了深入研究,提出聚束(focused beam)、凝固束(frozen beam)、激光束(laser beam)等实用化的手段来实现射线束传播和成像(Liu

等，2011；Yang 等，2013；Xiao 等，2014）。本文采用类似 Liu（2011）的方法。在二维情况下，假设出射角为 q_0，对任意成像点 X 而言，两条相邻的射线之间距离可以表示为

$$w = Dq_0 \left\| \frac{\partial x}{\partial q_0} \right\| \tag{6-73}$$

中心射线的控制方程可以写成如下积分形式：

$$x = p_x \int_{ray} v ds = \frac{\sin q_0}{v_0} s$$

$$z = p_z \int_{ray} v ds = \frac{\cos q_0}{v_0} s \tag{6-74}$$

则式（6-73）可以重写为

$$w = Dq_0 \frac{s}{v_0} \tag{6-75}$$

在三维情况下，两条射线可能是不共面的，射线束的宽度也变成了射线管的横截面积。一般高斯束在实现过程中取以射线束宽度为直径的圆的面积作为射线管的横截面积。在射线束初始宽度选取，射线束间隔和同一个激发点射线角度（射线参数）间隔继承经典高斯束表达（Hill，1990）的情况下，其具体形式分别为

$$w_0 = 2 p v_a / w_r \tag{6-76}$$

$$Db = 2 w_0 \sqrt{w_r / w_h} \tag{6-77}$$

$$Dp = p / (4 w_0 \sqrt{w_r w_h}) \tag{6-78}$$

式中，v_a——全局空间的平均速度；

w_r 和 w_h——最低和最高频率，可通过输入参数直接获得。

在振幅衰减控制上，借鉴高斯束的思想，引入加权函数使得空间中射线束的叠加满足以下归一化条件

$$1 \gg \frac{Db}{w\sqrt{2p}} \sum_{m=1,n} e^{-(x-x_m)^2/2w^2} \tag{6-79}$$

式中，w——射线束宽度；

$(x-x_m)$——射线束经过的成像点到中心射线距离；

n——对该成像点有贡献的射线束个数。

至此，由式（6-71）和式（6-73）就可以得到 SGB 的旅行时和射线束宽度。相比经典 GB 传播方程的求解需要反复求解复数的动力学射线追踪，SGB 仅需要进行式（6-72）的一个辅助的运动学射线追踪，这极大地简化了正算子传播的实现，为后续偏移处理实现提供了更实用的工具。由于该方法射线束旅行时计算公式相比 GB 有一个速度在垂直射线方向变化缓慢的假设，而且射线束关键参数的选取和振幅衰减的权函数类似于经典 GB，所以可以把该算子称为 SGB。当然，这种简化的方式在振幅计算上不再是严格意义上波动方程的精确

解，但旅行时部分在满足假设条件下与经典 GB 一致，用此作为特征波构造成像以及输出 ADCIGs 用于后续速度分析的情况是完全可以接受的。该正问题可以方便地推导到 VTI、TTI、正交各向异性（ORT）等各向异性介质情况，也可方便地发展到吸收衰减介质中对振幅和相位进行补偿。

3. 数值试验

二维高斯束叠前偏移的偏移结果验证了二维高斯束延拓算子及成像条件的正确性，计算效率比单程波偏移效率高，接近于积分法效率（图 6-32、图 6-33）。

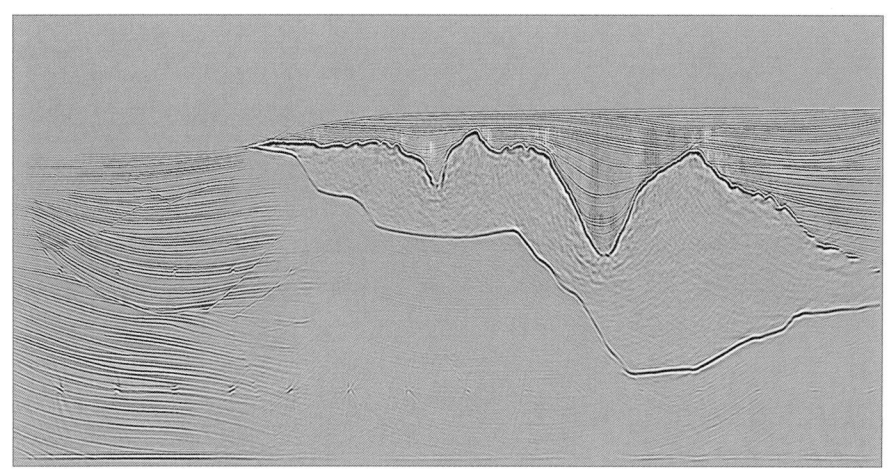

图 6-32　Sigsbee2a 理论模型偏移结果，折合单核单炮耗时 4min

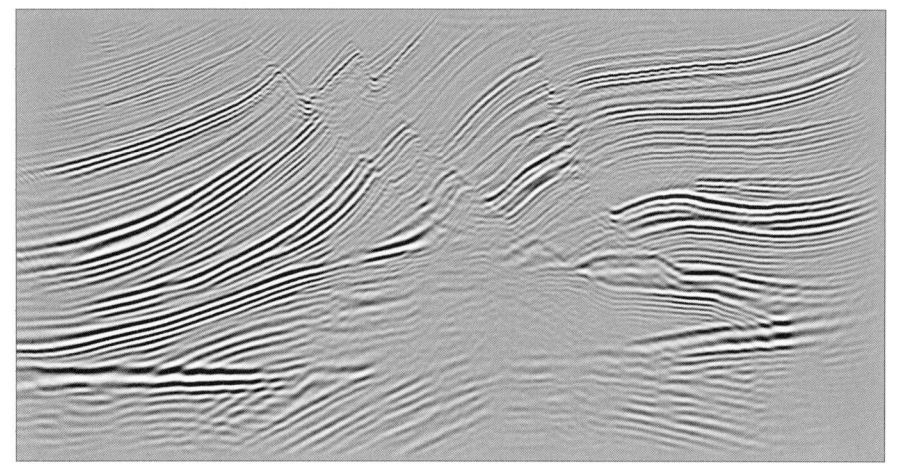

图 6-33　Marmousi 理论模型偏移结果，折合单核单炮耗时 12s

三、逆时叠前深度偏移

逆时偏移主要包括基于双程波方程逆时波场外推和应用成像条件两个步骤。首先对震源波场利用双程波方程进行正向外推，并保存外推波场；然后对接收波场利用逆时的双程波方程进行反向外推，在时间上每反向外推一步之后应用成像条件，求和得到局部成像数据体；最后，所有炮集的逆时偏移结果叠加即可得到最终叠前深度偏移成像。Symes（2008）详细讨论了逆时偏移的实现过程，指出使用什么策略可以节省内存。因为三维逆时偏移时，炮点波场如果实现全部保存起来，会占用巨大的硬盘空间。张宇（2009）和刘法启（2007）分别提出了滤波方法压制低频噪声和波场分解方法提取成像值，保证了逆时偏移的成像质量。

1. 波场外推

三维介质双程声波方程为

$$\frac{1}{v^2}\frac{1}{\rho}\frac{\partial^2 P}{\partial t^2} = \frac{\partial}{\partial x}\left(\frac{1}{\rho}\frac{\partial P}{\partial x}\right) + \frac{\partial}{\partial y}\left(\frac{1}{\rho}\frac{\partial P}{\partial y}\right) + \frac{\partial}{\partial z}\left(\frac{1}{\rho}\frac{\partial P}{\partial z}\right) + s(x, y, z, t) \quad (6-80)$$

式中，$P = P(x, y, z, t)$——介质中的压力场；

$\rho = \rho(x, y, z)$——介质密度；

$v = v(x, y, z)$——速度场；

$s(x, y, z, t)$——震源项。

要实现波动方程的逆时传播，需要构造合适的波场传播算子，在逆时偏移中一般采用有限差分法来构造。有限差分法的基本原理是通过对式（6-80）中的二阶偏导数进行差分离散，以差分代替微分，从而求解波动方程，实现波场外推。Dablain 详细地讨论了三维双程波动方程的高阶有限差分解法。此处仅仅列出正向和逆时外推的基本计算公式。

截断误差为 $O(\Delta x^M, \Delta y^M, \Delta z^M, \Delta t^2)$ 的统一的三维正演模拟高阶差分方程为

$$u_{i,j,k}^{n+1} = 2u_{i,j,k}^n - u_{i,j,k}^{n-1} + \frac{1}{2}\left(\frac{v\Delta t}{\Delta x}\right)^2\left[\omega_0 u_{i,j,k}^n + \sum_{m=1}^{\frac{M}{2}}\omega_m(u_{i+m,j,k}^n + u_{i-m,j,k}^n)\right]$$

$$+ \frac{1}{2}\left(\frac{v\Delta t}{\Delta y}\right)^2\left[\omega_0 u_{i,j,k}^n + \sum_{m=1}^{\frac{M}{2}}\omega_m(u_{i,j+m,k}^n + u_{i,j-m,k}^n)\right]$$

$$+ \frac{1}{2}\left(\frac{v\Delta t}{\Delta z}\right)^2\left[\omega_0 u_{i,j,k}^n + \sum_{m=1}^{\frac{M}{2}}\omega_m(u_{i,j,k+m}^n + u_{i,j,k-m}^n)\right] \quad (6-81)$$

截断误差为 $O(\Delta x^M, \Delta y^M, \Delta z^M, \Delta t^2)$ 的统一的三维逆时深度偏移高阶差分程为

$$u_{i,j,k}^{n-1} = 2u_{i,j,k}^n - u_{i,j,k}^{n+1} + \frac{1}{2}\left(\frac{v\Delta t}{\Delta x}\right)^2\left[\omega_0 u_{i,j,k}^n + \sum_{m=1}^{\frac{M}{2}}\omega_m(u_{i+m,j,k}^n + u_{i-m,j,k}^n)\right]$$

$$+ \frac{1}{2}\left(\frac{v\Delta t}{\Delta y}\right)^2\left[\omega_0 u_{i,j,k}^n + \sum_{m=1}^{\frac{M}{2}}\omega_m(u_{i,j+m,k}^n + u_{i,j-m,k}^n)\right]$$

$$+ \frac{1}{2}\left(\frac{v\Delta t}{\Delta z}\right)^2\left[\omega_0 u_{i,j,k}^n + \sum_{m=1}^{\frac{M}{2}}\omega_m(u_{i,j,k+m}^n + u_{i,j,k-m}^n)\right] \quad (6-82)$$

下面列出几种常用截断误差的高阶差分方程中的系数：

当 $M=4$ 时，$\omega_0=5.0$，$\omega_1=2.666667$，$\omega_2=-0.1666667$；

当 $M=6$ 时，$\omega_0=-5.444444$，$\omega_1=3.000000$，$\omega_2=-0.3000003$，$\omega_3=0.0222225$；

当 $M=8$ 时，$\omega_0=-2.847222054$，$\omega_1=-3.20000000$，$\omega_2=-0.4000002$，$\omega_3=0.05079369$，$\omega_4=-0.003571436$；

当 $M=10$ 时，$\omega_0=-5.8544445$，$\omega_1=3.333333$，$\omega_2=-0.4761901$，$\omega_3=0.07936513$，$\omega_4=-0.009920621$，$\omega_5=0.0006349185$；

有了上述系数可直接写出具体某一种截断误差的高阶差分方程。

2. 随机边界条件

在边界区域设置随机变化的速度场构成随机边界条件，我们提出的设置随机边界的方法为

$$v(\vec{x}_B) = \bar{v}(\vec{x}_B) + [Ran(Idum) - 0.5] \times \frac{|\vec{r}|}{R} \times \alpha \tag{6-83}$$

式中，α——与速度有关的量，与速度量纲相同；

R——随机边界区域的厚度；

$|\vec{r}|$——随机边界区域中的点距边界的距离；

$Ran(Idum)$——有种子数 $Idum$ 产生的随机数，$Ran(Idum) \in (0.1)$；

$\vec{x}_B$——随机边界中的点；

$v(\vec{x}_B)$——随机边界中点 $\vec{x}_B$ 处的随机速度值；

$\bar{v}(\vec{x}_B)$——随机边界外一点的速度值，由它产生随机边界中各点随机速度值。

通过调节 α 和 R 可以得到合适的成像结果。

3. 成像条件

逆时偏移中常用成像条件有三种。Calearbout 提出反射地震波成像条件：上行波到达时等于下行波的出发时，此为激励时间成像条件。据此成像条件，王华忠（1997）提出炮点波场用下行波旅行时计算来代替，用下行波的到达时到检波点逆时外推波场中挑选满足激励时间成像条件的振幅值进行逆时外推成像。频率空间域的互相关成像条件也很常用，但是这会产生低频噪声，为此刘法启提出波场分解后的相关成像。上下行波振幅比成像成为反演成像条件，也是满足激励时间成像条件的。在频率空间域实施上述成像条件等价于互相关成像加反褶积。其成像结果是估计出的反射系数。一般来说逆时偏移采用零延迟互相关成像条件，可以表示为

$$I(x, y, z) = \sum_{t=0}^{t_{max}} s(x, y, z, t) r(x, y, z, t) \tag{6-84}$$

式中，t_{max}——最大记录时间；

$s(x, y, z, t)$——正向外推的震源波场；

$r(x, y, z, t)$——反向外推的记录波场；

$I(x, y, z,)$——(x, y, z) 点的成像结果。

根据 Claerbout（1977）提出的激励时间成像条件，我们可以把它推广为：反射界面处入射波场到达时等于反射波场出发时。修改后的激励时间成像条件不仅适用于单向波算子的波场外推偏移，也适用于双向波逆时偏移的成像。但是对不同倾角的反射我们需要区分出不同情形的波场进行相关。

情形1：相对于地表观测系统，反射界面倾角小于90°，反射点处，震源波场的下行波和检波点波场的上行波进行相关，就可以得到所要的图像。没有回转波成像和双次反射成像，不宜再细分为左、右行波对应的上、下行波。

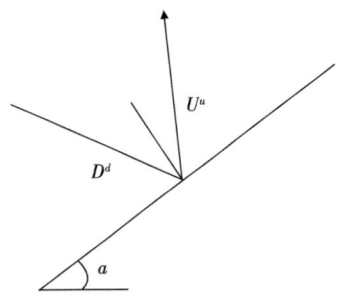

图6-34 震源波场的下行波与检波点波场的上行波相关得到所要的图像

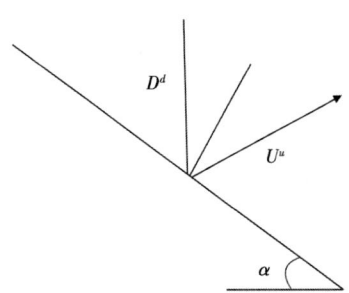

图6-35 震源波场的下行波与检波点波场的上行波相关得到所要的图像

情形2：回转波成像的第一种情形。

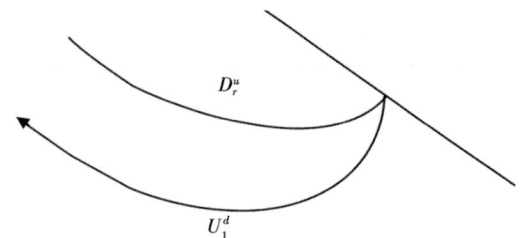

图6-36 震源波场的右行上行波与检波点波场的左行下行波相关得到所要的图像

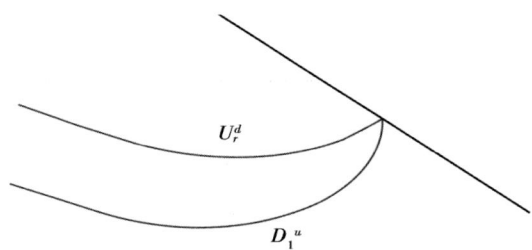

图6-37 震源波场的左行上行波与检波点波场的右行下行波相关得到所要的图像

情形3：回转波成像的第二种情形。

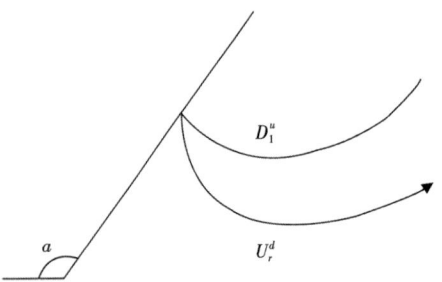

图6-38 震源波场的左行上行波与检波点波场的右行下行波相关得到所要的图像

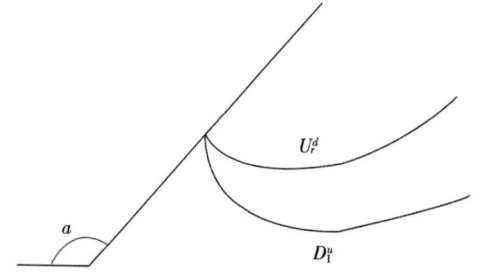

图6-39 震源波场的左行上行波与检波点波场的右行下行波相关得到所要的图像

情形4：双次反射的第一种情形。

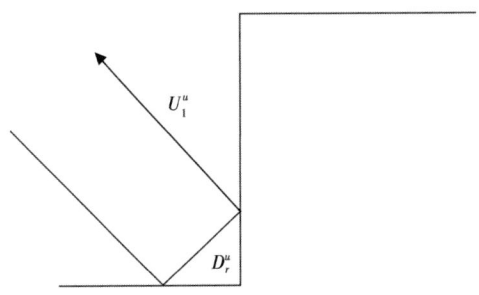

图6-40　震源波场的右行上行波与检波点波场的左行上行波相关得到所要的图像

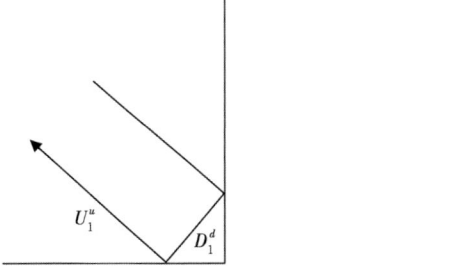

图6-41　震源波场的左行下行波与检波点波场的左行上行波相关得到所要的图像

情形5：双次反射的第二种情形。

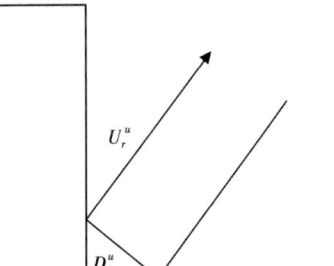

图6-42　震源波场的左行上行波与检波点波场的右行上行波相关得到所要的图像

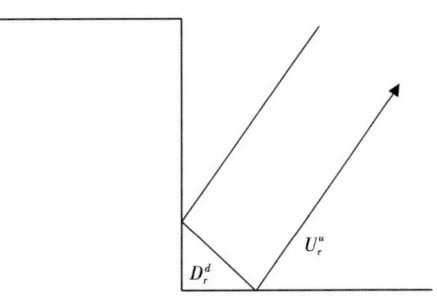

图6-43　震源波场的右行下行波与检波点波场的右行上行波相关得到所要的图像

上图中，仅图6-34、图6-35所示的情况符合下行波到达时等于上行波出发时的条件，不会产生成像噪声。其他情形下用Claerbout成像条件均会产生低频成像噪声。上述各种情形仅仅列出了反射界面角度不大时，以垂直向下的方向作为参考方向来区分反射界面处的上下行波。从地面地震勘探的角度，利用这样的区分来发展相应的成像条件（见下面的讨论）是合适的。但是，若利用逆时偏移进行VSP数据的成像，必须考虑以X和Y方向为参考方向来区分反射界面处的左、右行波和前、后行波，来发展相应的成像条件。

逆时偏移的实现流程可以用图6-44来表示。

4. 逆时偏移中的计算效率与存储

1）效率问题

计算效率问题是逆时偏移遇到的首要问题。在炮域偏移时逆时偏移效率不高表现尤为明显，而采用平面波逆时偏移，既能达到与炮域逆时偏移同样的成像效果，又能提高计算速度。Vigh等比较了炮域偏移与平面波偏移两种方式的效率和效果，当成像精度相当时，平面波逆时偏移比炮域逆时偏移快二、三倍。Karazincir等利用时域显式二阶及空间域高阶有限差分格式，并在多个CPU上采用域分解方法分割成像数据体，使得大数据量三维叠前逆

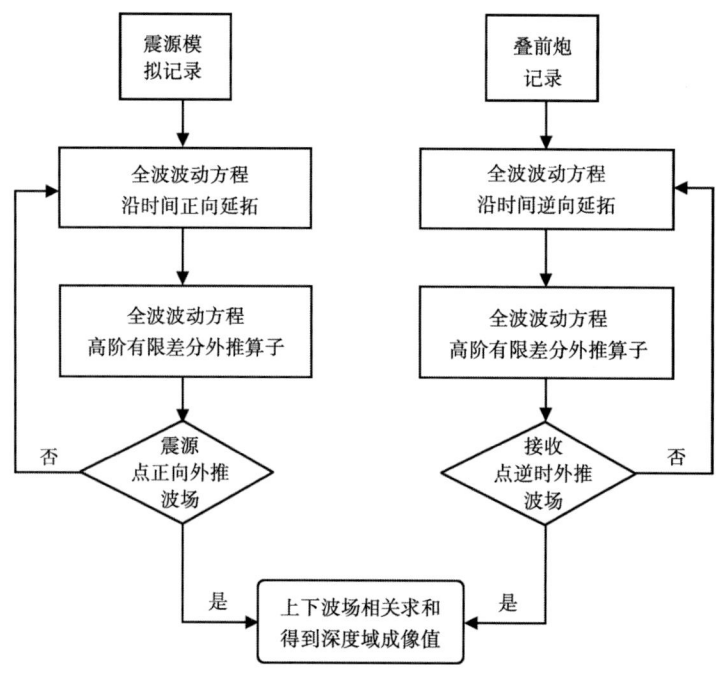

图 6-44 逆时偏移流程图

时深度偏移变得实用。Zhang 等提出一个可以提高炮延迟逆时偏移效率的相位编码技术——谐源偏移。Soubaras 等提出一个求解双程波方程的新技术——两步显式匹配法，该方法基于高阶多项式展开，在确保数值稳定和最小频散时可以采用大的时间步长。提高计算速度和减少内存需求都对逆时偏移的实用化至关重要。Guan 等介绍了一种多步逆时偏移思路，按照速度模型在深度上把地下体分割成两个或三个部分，自上而下依次对每部分应用逆时偏移，如此可使逆时偏移在实际应用中变得高效。更进一步，在速度相对简单、逆时偏移优势不明显之处，可用 Kirchhoff 积分偏移或单程波方程偏移代替逆时偏移。Guan 把数据体分成三部分进行逆时偏移，计算时间可以减少约 30%，内存和磁盘空间需求可以减少约 25%。为了显著地减少逆时偏移的计算时间和内存开支，Luo 等建议采用有限差分法外推波场到盐下一个基准面，进行面向目标的逆时偏移。Wards 等提出一种新的方法以代替有限差分波场传播。该方法基于高保真度的傅里叶变换时间步进方程，它在满足假频条件下对均匀介质是精确的。用短时傅里叶变换（即 Gabor 变换）代替全局傅里叶变换，该方法可以拓展到变速情况。由于波方程中的空间导数在傅里叶域计算准确且高频处不存在频散，因此时间步进方程中可采用较大时间步长。另外，随着 GPU 技术的发展，把适合计算密集型算法的 GPU 应用于逆时偏移计算，可使得计算性能提升 10~20 倍。

2) 存储问题

由于震源波场是沿时间正向的，叠前炮记录波场是时间逆向的，要将这两个波场进行零延迟互相关，就必须要保存其中一个波场，这就是逆时偏移面临的存储问题。因为要保存的这个全波场是非常巨大的。

二维情形：$D(t, x, z)$ 是一个巨大的数据体，典型的：$N_x = 2000$，$N_z = 1500$，$L_t = 3000$，这个波场是一个 36G 的数据体。若每隔 10 个时间步长存储一次波场，约需要存 3.6G 的空间。

三维情形：$D(t, x, y, z)$ 是一个巨大的数据体，典型的：$N_x = 2000$，$N_y = 2000$，$N_z = 1500$，$L_t = 3000$；这个波场是一个 3.6T 的数据体。若每隔 10 个时间步长存储一次波场，约需要存 360G 的空间。

注意：这是每一炮的实现。并行计算时需要巨大的存储空间。

3) 存储问题的解决方案

从上面的讨论中可以看出，逆时偏移的存储问题是制约逆时偏移发展的重要问题，其巨大的硬盘需求是无法接受的，它大大增加了逆时偏移的成本。为了解决这个问题，William（2007）提出了使用 checkpointing 技术来解决存储问题，这种方法的核心思想是将偏移过程沿时间分成若干的片段，每次偏移其中一段时间，这样，只需要存储当前时间片段中的波场即可。其所要付出的代价是增加 0.5 倍的计算量，但是并没有将存储问题从根本上解决。

另外，GPU 计算单元对于大量的矢量乘积运算特别高效，而且单炮道集的计算规模（$NX \times NY \times NZ$）越大，GPU 的加速比越高。但是，吸收边界条件的加入会破坏上述良好的计算特性。因为边界条件的差分计算格式与内部波场的高阶差分格式不同。

为此，Robert（2009）提出了使用随机边界条件的方法进行逆时偏移。首先在不加任何吸收边界条件的情况下，震源波场先推到 T_{max}，存储最后两个时间的波场快照。该快照中保存了震源激发出的所有波场信息。然后，利用存储的两个波场快照进行初值问题的求解，按与震源波场正传相反的方向逆时外推波场，该波场外推时也不能加吸收边界条件。同时，把检波器观测的波场作为边界条件差分求解双程波动方程逆时间外推波场。该波场外推可以加散射边界条件。每推一个时间步长都进行震源波场与检波点波场的零延迟互相关，得到成像结果。这样做的目的一是使得存储的波场最小化，仅仅是两个波场快照；二是没有吸收边界条件，非常适合 GPU 的运算特点，使得逆时偏移在 GPU 上达到最大的加速比。

四、各种叠前深度偏移在南缘应用效果分析

1. 叠后时间偏移与叠前时间偏移成像效果对比

图 6-45 是南缘地区 N200002 剖面叠前偏移结果。经叠前时间偏移处理后，滑脱断裂较叠后时间偏移清楚，齐古北断块的轮廓有显示，东湾背斜出现了南陡反射；经叠前深度偏移处理后，齐古北断块的轮廓更加清晰，其内部反射品质得到改善，东湾背斜南陡反射更为清楚。

叠前偏移成像技术在南缘山前油气勘探中得到广泛应用，并在南缘山前油气勘探中发挥了重要作用。先后完成了 956.19km² 三维勘探、3689.59km 二维勘探的叠前偏移生产，涵盖了南缘所有构造，改善了南缘复杂构造区地震资料成像品质，提高构造主体部位层位与断裂解释的可靠性（图 6-45 至图 6-48）；同时，主体构造成像品质较以往显著提高（图 6-49、图 6-50）。目标区信噪比提高以及成像品质改善，为南缘油气勘探的构造与圈闭特征落实提供了资料保障。

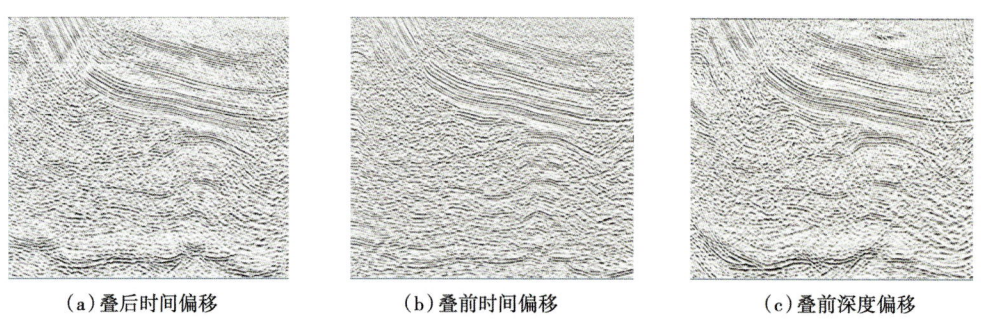

(a) 叠后时间偏移　　　　　　　(b) 叠前时间偏移　　　　　　　(c) 叠前深度偏移

图 6-45　N200002 剖面叠后时间偏移与叠前时间偏移及叠前深度偏移对比

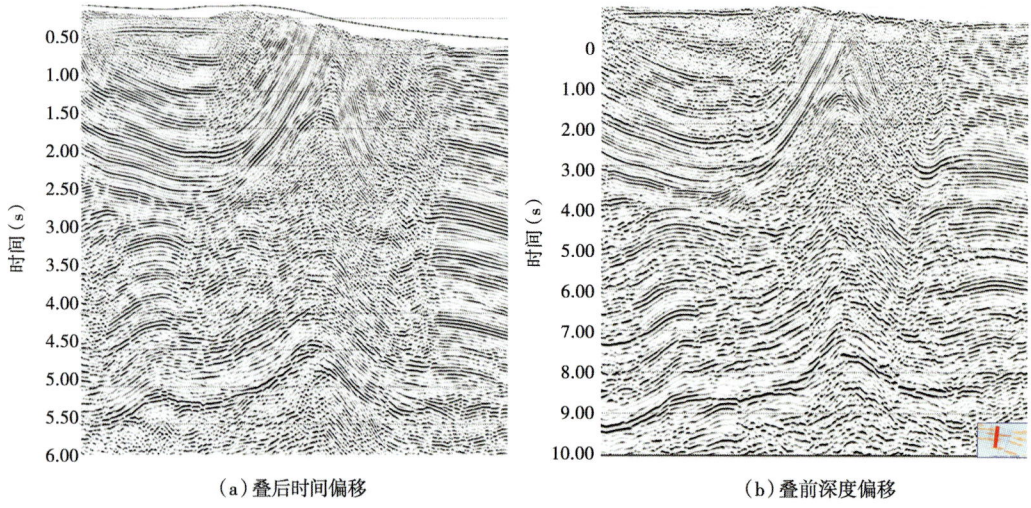

(a) 叠后时间偏移　　　　　　　　　　　　　(b) 叠前深度偏移

图 6-46　TG201101K 测线叠后时间偏移与叠前深度偏移成像对比

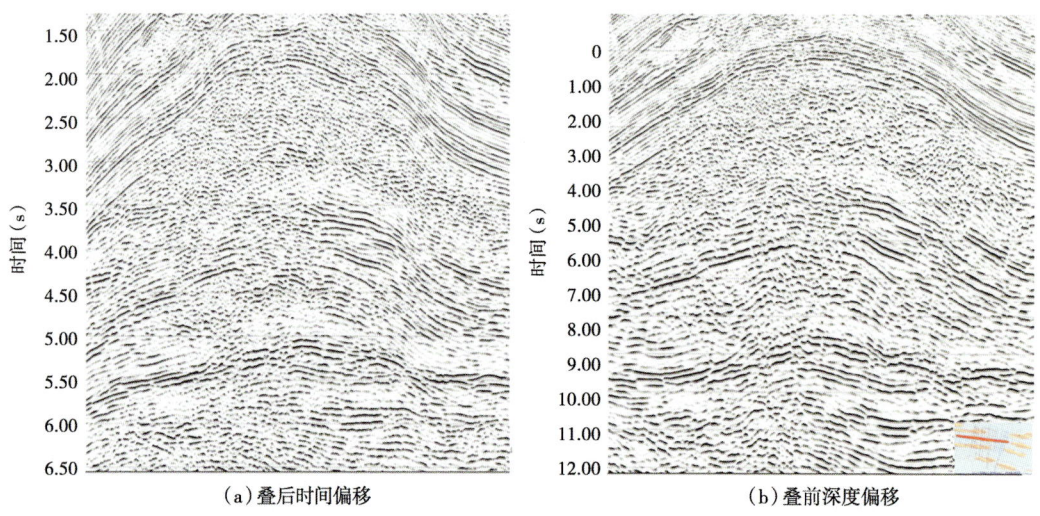

(a) 叠后时间偏移　　　　　　　　　　　　　(b) 叠前深度偏移

图 6-47　TG201102K 测线叠后时间偏移与叠前深度偏移成像对比

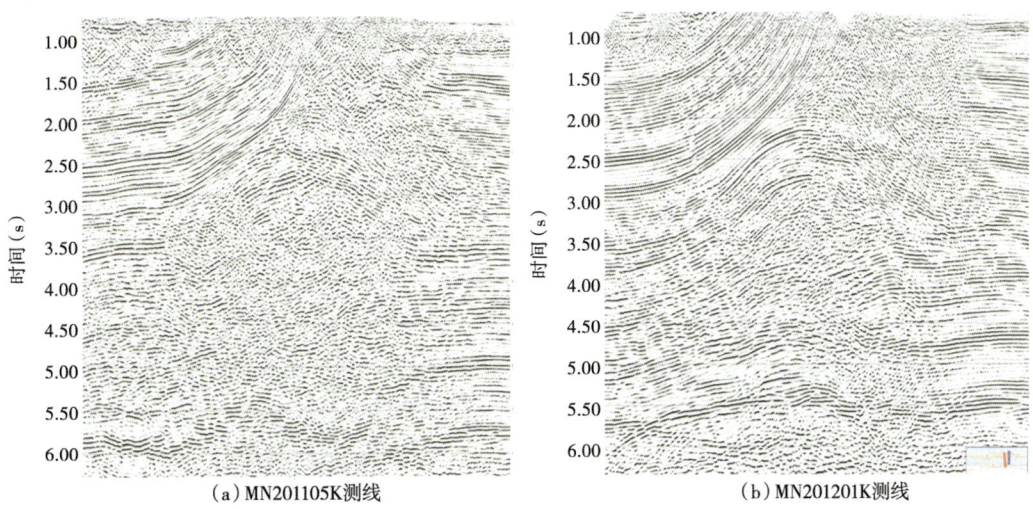

图 6-48　MN201105K 测线与 MN201201K 测线叠后时间偏移成像对比

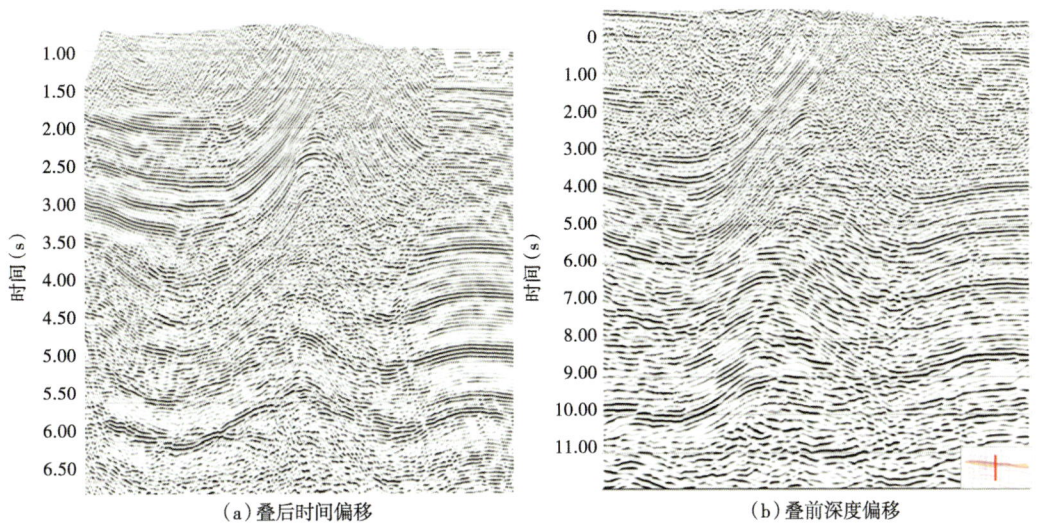

图 6-49　MN201106K 测线叠后时间偏移与叠前深度偏移成像对比

2. 叠前深度偏移不同算法成像效果对比

叠前深度偏移是解决准噶尔盆地南缘高陡构造成像的理想方法。通过速度模型攻关试验，Kirchhoff 叠前深度偏移取得了较理想的成像效果。同时利用攻关速度模型试验了高斯射线束偏移和逆时偏移算法，局部成像得到了进一步改善，取得了高斯射线束偏移和逆时偏移算法应用的初步认识。

针对南缘独山子背斜构造特点以及速度变化规律，确定在浮动基准面进行偏移。通过试验确定的关键参数为：4000ms 偏移孔径 10000m，三角滤波，中等偏弱去除假频强度。通过叠前偏移速度模型攻关试验及合理的偏移参数，独山子地区叠前深度偏移取得了明显效果，

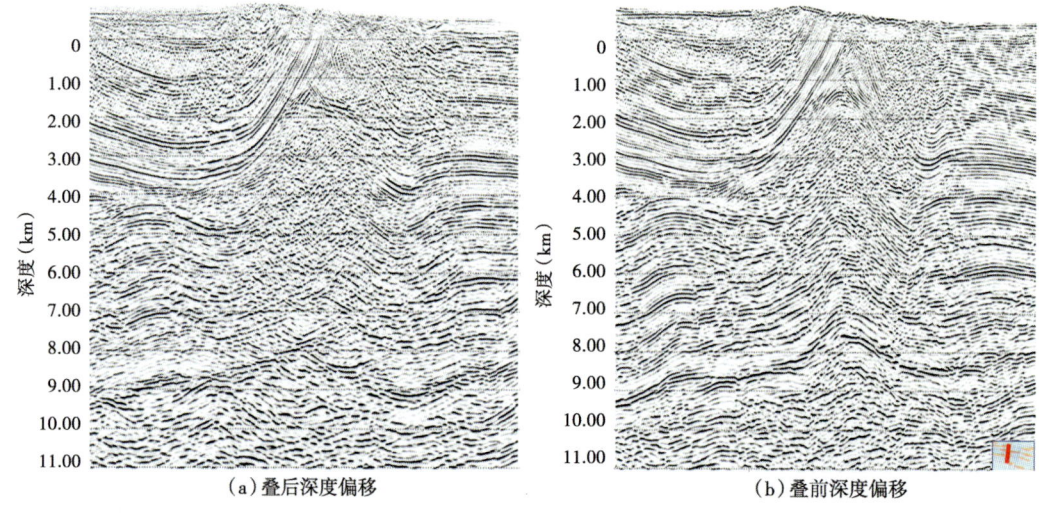

图 6-50　TG201101K 测线叠后深度偏移成果与叠前深度偏移成果对比

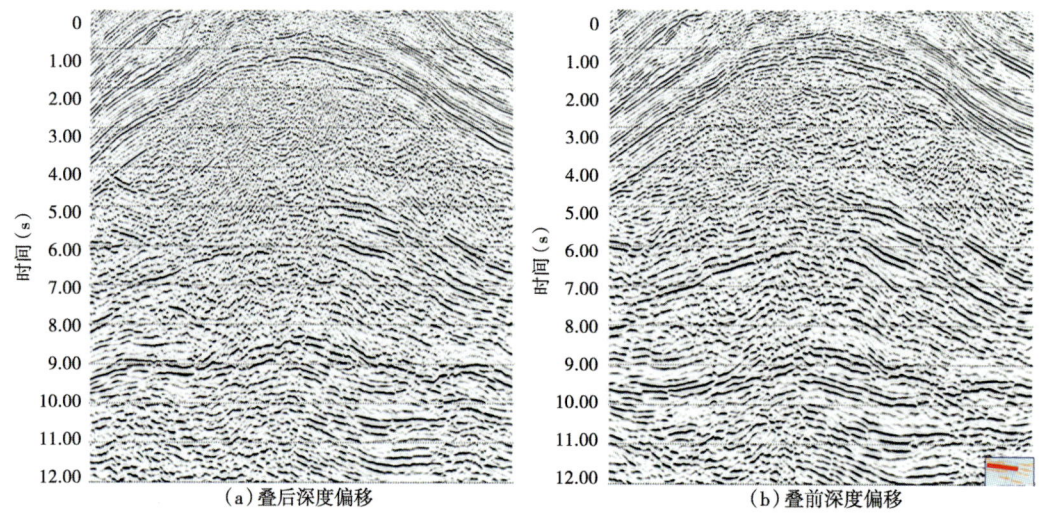

图 6-51　TG201102K 测线叠后深度偏移 2011 年成果与叠前深度偏移 2012 年成果对比

构造主体中下组合内幕成像以及接触关系较时间域处理有较大改善，圈闭高点也得到落实，为独山 1 井论证提供了较为可靠的深度域基础资料（图 6-52、图 6-53）。

在准噶尔盆地南缘低信噪比地区，复杂构造叠前深度偏移成像的关键有两个方面：第一是建立较为准确的地层速度模型，第二需要优化道集质量，在适度压制叠前噪声的基础上尽可能保留资料低频信息及相对振幅关系。在较好解决这两方面问题之后，可以尝试新的偏移方法，以得到更好的成像结果。

高斯射线束叠前深度偏移技术提供了一个介于 Kirchhoff 和波动方程偏移之间的新方法。它不但保留了 Kirchhoff 偏移的高效性及陡倾角成像能力，而且，类似于波动方程偏移能够

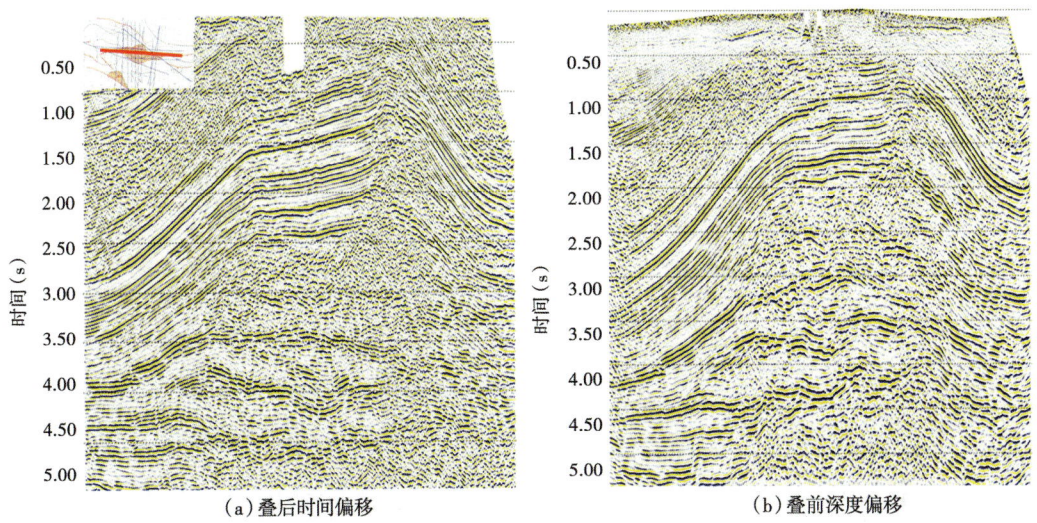

图6-52 独山子背斜叠后偏移与深度偏移剖面对比（DS201103K测线）

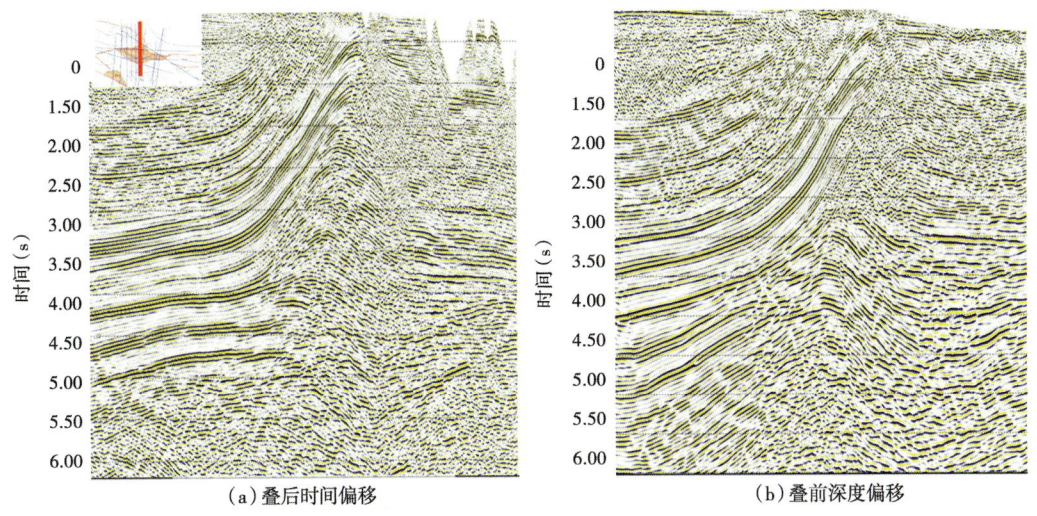

图6-53 独山子背斜叠后偏移与深度偏移剖面对比（DS201101K测井）

一定程度解决波的多路径到达及单一射线阴影问题，理论上多逆掩断裂应该具有较好的应用效果。独山子背斜DS20110测线实际试验表明，高斯射线束偏移能较好地对逆掩断裂下盘成像，相对于Kirchhoff偏移，断裂下盘逆掩区及陡倾角反射成像改善明显（图6-54）。

逆时叠前深度偏移，是全波场的双程波动方程算法。全波场考虑了地震波的绕射和折射效应，算法上可以实现横向变速，能够解决地下介质纵、横向上的剧烈变速问题，较好处理回转波成像，不受倾角限制及速度横向变化影响。因此对于复杂的地下构造，逆时偏移是最为理想的技术手段。独山子地区二维实际资料成像表明，逆时叠前深度偏移能有效减弱背斜主体中深层画弧噪声，剖面构造可解释性明显优于Kirchhoff叠前深度偏移（图6-55）。

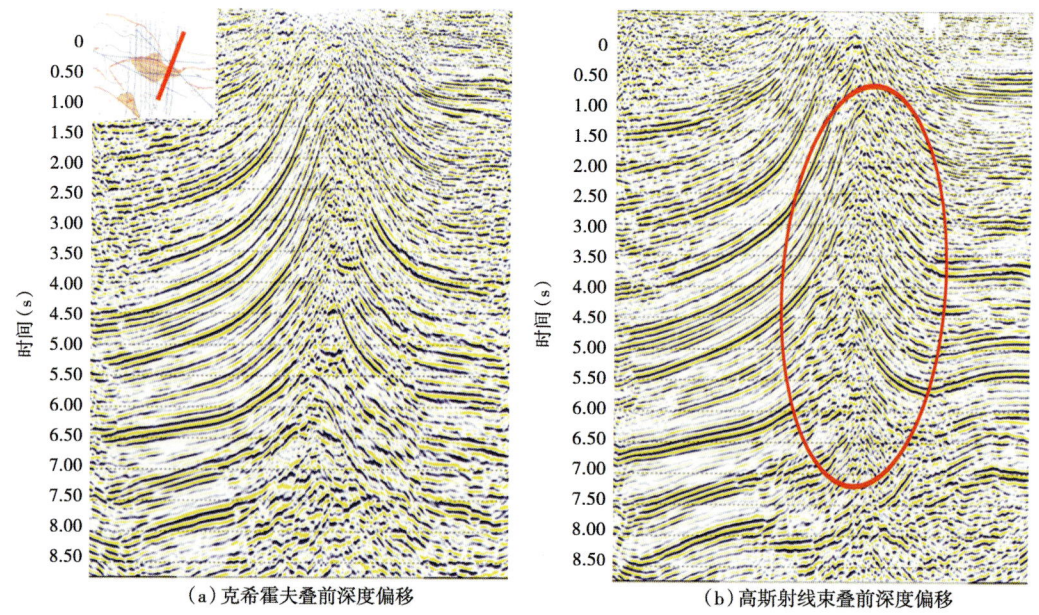

图 6-54 独山子背斜克希霍夫与高斯射线束偏移对比（DS201102K 测线）

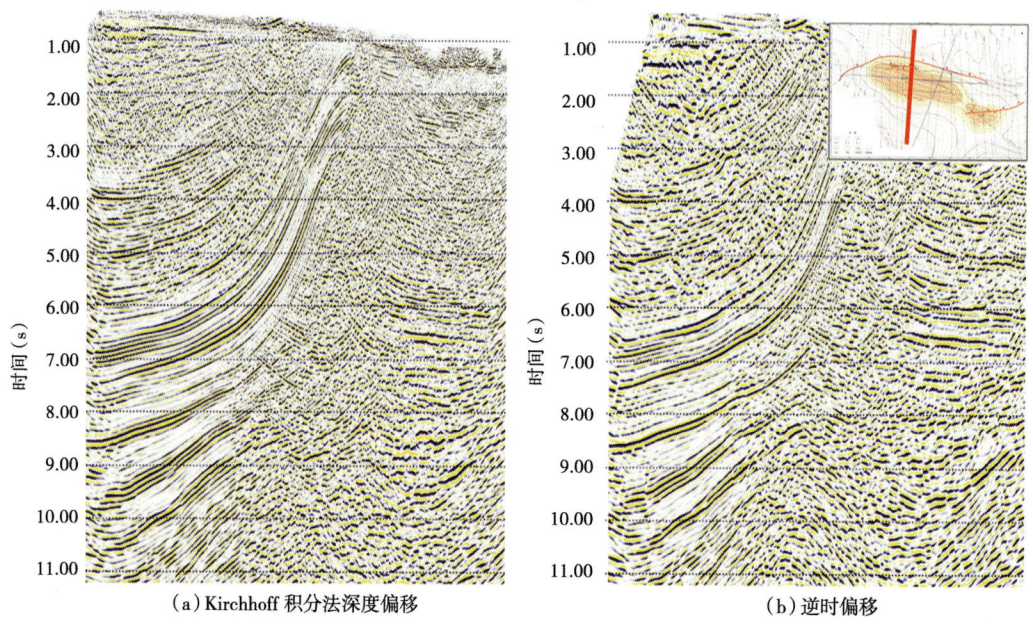

图 6-55 Kirchhoff 积分法深度偏移及逆时偏移剖面图

利用叠前深度偏移资料落实了独山子背斜圈闭特征与高点位置，结合储层预测，上钻独山 1 井（图 6-56）。目的层深度符合预期。

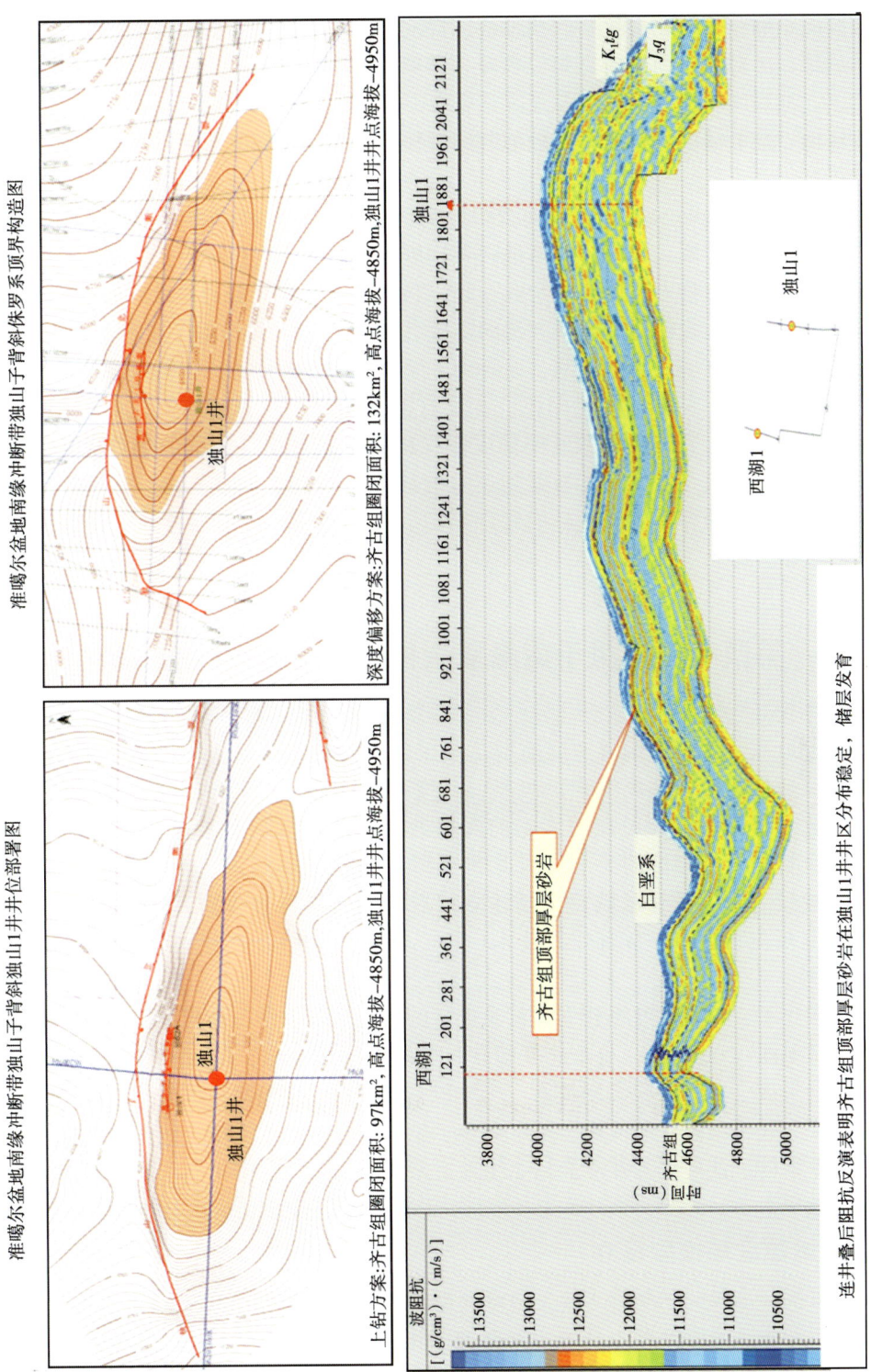

图 6-56 独山子背斜独山 1 井井位部署图

从以上各节可以看出，在构造复杂区，由于地层内部反射信噪比低，常规叠后偏移不能实现反射波的正确归位，地震反射同相轴连续性差，断裂不清楚。经过叠前偏移处理后地层接触关系清楚，可对比性强；断点归位较好，断裂显示清晰，减少了断裂解释的多解性；在构造复杂区，地层内部反射信噪比及连续性较叠后资料有了很大的提高，实现了构造复杂区准确构造建模。叠前深度偏移资料与叠前时间偏移资料相比，在陡反射区及速度剧烈变化区成像效果更好。

以上三种算法在准噶尔盆地南缘均有很好的应用，其中 Kirchhoff 积分法由于商业软件推广较早，使用更为广泛，为准噶尔盆地内各构造的精确成像提供了有效手段。高斯射线束法将射线理论和波动方程方法紧密结合在一起，利用高斯束替代普通射线方法中的单根射线进行波场正演和延拓，既保持了射线方法的高效性和灵活性，又保留了波场的动力学特征，不仅克服了普通射线方法的焦散问题，而且由于无须两点射线追踪，因而效率比较高，同时还解决了 Kirchhoff 偏移的多值走时问题。在没有很强横向变速的地域，高斯束偏移已经可以解决构造成像问题。三维逆时深度偏移成像（RTM）是目前最精确的偏移成像方法，但是对速度精度的要求很高。在速度有强烈反差的地域，RTM 是最佳算法。我们相信在未来速度建模更为精准及计算性能更优越的硬件基础上，RTM 技术将会在南缘山前带成像方面获得更多的应用。

第四节　适用于南缘复杂构造的速度建模技术

获得具有地质一致性的偏移速度模型是勘探地球物理界长期以来寻求的目标。所谓地质一致性偏移速度建模，从反演理论出发，其实质就是在层析反演中如何施加地层格架信息的正则化。新疆油田公司在南缘山前资料处理中采用的构造模型约束下的井控速度建模技术完全符合反演理论的要求，因此在实践中获得了较好的应用效果。除了构造约束井控速度建模之外，还有区域速度场建立及二维拟三维深度偏移速度建模这两项貌似朴实无华，但是在实践中非常有效的技术，这三项技术的联合使用在南缘山前带数据处理中非常实用。

从应用顺序上，区域速度场建立是首先进行的一项基础工作。新疆油田公司技术人员基于全盆地二维测线 4000 多条，叠加速度谱点 80000 多个，构造出了一个合理的区域速度场。在这个基础上形成了后面两项实用技术：二维拟三维叠前深度偏移速度建模及构造模型约束下的井控建模。这三项技术的应用，基本避免了工区内各二维测线交点位置上的构造深度与速度的闭合差问题。这些技术在有大量二维地震采集的南缘山前带得到了大量应用，取得了很好的应用效果。

一、区域速度场模型建立

区域速度场建立是一项基础工作。新疆油田公司技术人员将南缘以及盆地腹部 20 年来的地震速度资料做了系统整理，共使用全盆地测线 4357 条，叠加速度谱点 85283 个，钻井资料 2160 口，建立了全盆地 17 层 T_0 和区域层速度库。以钻测井资料和准噶尔盆地地震速度研究系统为基础，开展面向叠前深度偏移的区域速度场模型研究，并取得一定效果。纵向上，通过测井速度约束层速度，形成与钻测井速度吻合的趋势。横向上，保留地震处理速度低频趋势，建立反映空间相对变化关系的层速度场，作为深度偏移初始层速度模型。图6-57显示了区域速度场建立流程。

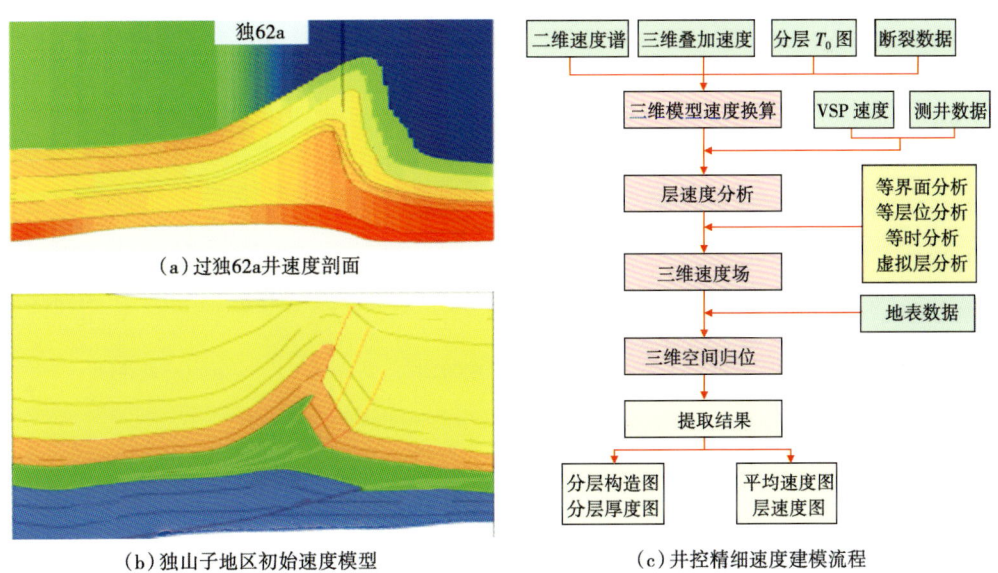

图6-57 区域速度场建立流程图

区域速度研究表明，南缘复杂构造区浅层高速砾岩从南向北厚度变化剧烈，对深层影响较大；安集海河组大套低速度泥岩对背斜构造高点的埋深影响较大（图6-58）；背斜南翼的速度变化幅度大，层速度大于北翼。图6-59显示了用于约束的测井曲线中的速度信息。

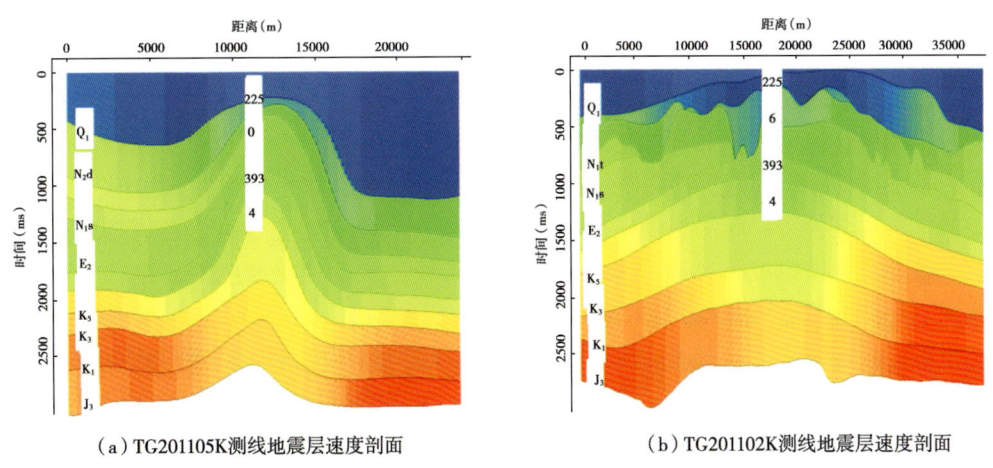

图6-58 南缘南北向及东西向区域速度场示意图

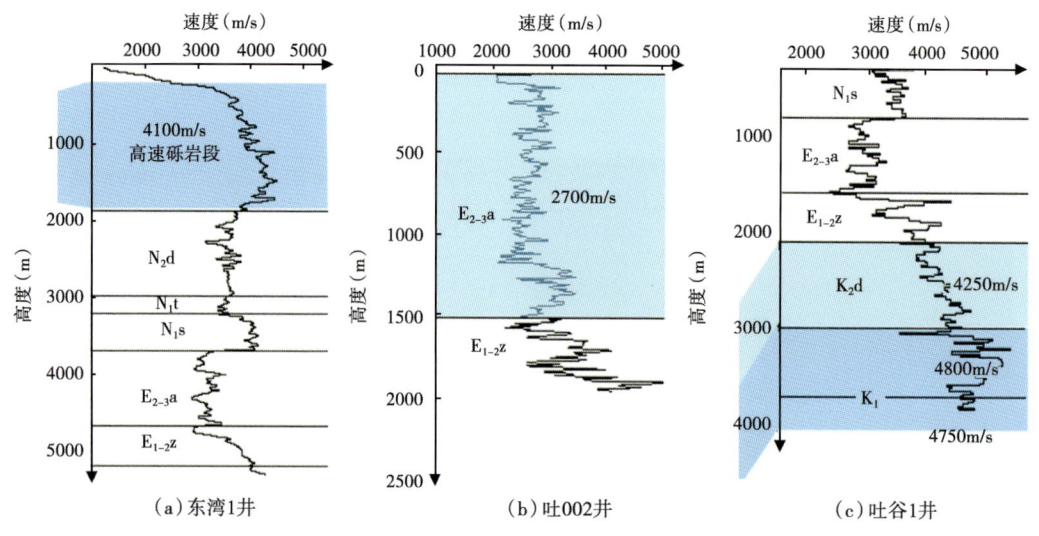

图 6-59 测井曲线中的速度信息

二、多重约束二维拟三维构造建模技术

受地形及采集条件的限制,南缘山前以二维采集为主(1989—2014 年完成采集项目 71 个,二维实物工作量 14349.8km,343806 炮),地震成像品质普遍较差。主要问题如下:(1)受南缘地形地貌影响,近地表结构复杂,表层模型不准,影响成像效果;(2)背斜主体逆掩带照明不均匀,资料成像品质差;(3)速度横向变化剧烈,资料信噪比差,速度反演模型难以准确建立;(4)各测线交点存在速度、深度不闭合的问题。

新疆油田公司技术人员利用南缘山地东西联络线速度稳定的特性,通过联络线确定背斜主体速度规律,同时采用二维拟三维速度建模技术消除交点位置速度、深度误差,较好地提高了南缘山地复杂构造区的资料品质与交点深度、速度的闭合问题(图 6-60)。

其过程如下:(1)建立统一的二维网格工区,确定每条测线的位置,将所有测线置于该工区中,把每条线时间域道集、偏移剖面及井数据加载到统一工区中;(2)在全工区内建立统一的三维构造模型和三维层速度模型;(3)在统一的三维构造模型基础上,将单线层速度进行三维网格化处理,得到统一的三维层速度模型后对时间域构造模型进行转深,得到统一的三维深度模型,确保深度模型在各交点的闭合;(4)在三维深度模型和层速度模型中抽取各单线深度模型和层速度模型,建立每条线的深度域层速度剖面进行叠前深度偏移,实现二维拟三维建场及数据的叠前深度偏移生产。

二维拟三维叠前深度偏移速度建场与叠前偏移生产后,能保证二维测线间速度模型的闭合。经二维拟三维层速度建场后,各测线间深度、速度闭合差较单线独立运行得到极大改善,深度域地震层位闭合误差减小,为准确落实圈闭奠定了基础(图 6-61)。

图 6-62、图 6-63、图 6-64、图 6-65 依次显示了在二维拟三维地质建模中使用的四种约束。约束 1:利用倾角标定及地面露头标定确定中浅层解释方案。约束 2:区域格架引层大剖面确定下组合层序,提高构造主体部位层位与断裂解释的可靠性(三横四纵)。约束 3:

【第六章】 南缘复杂构造速度建模与偏移成像

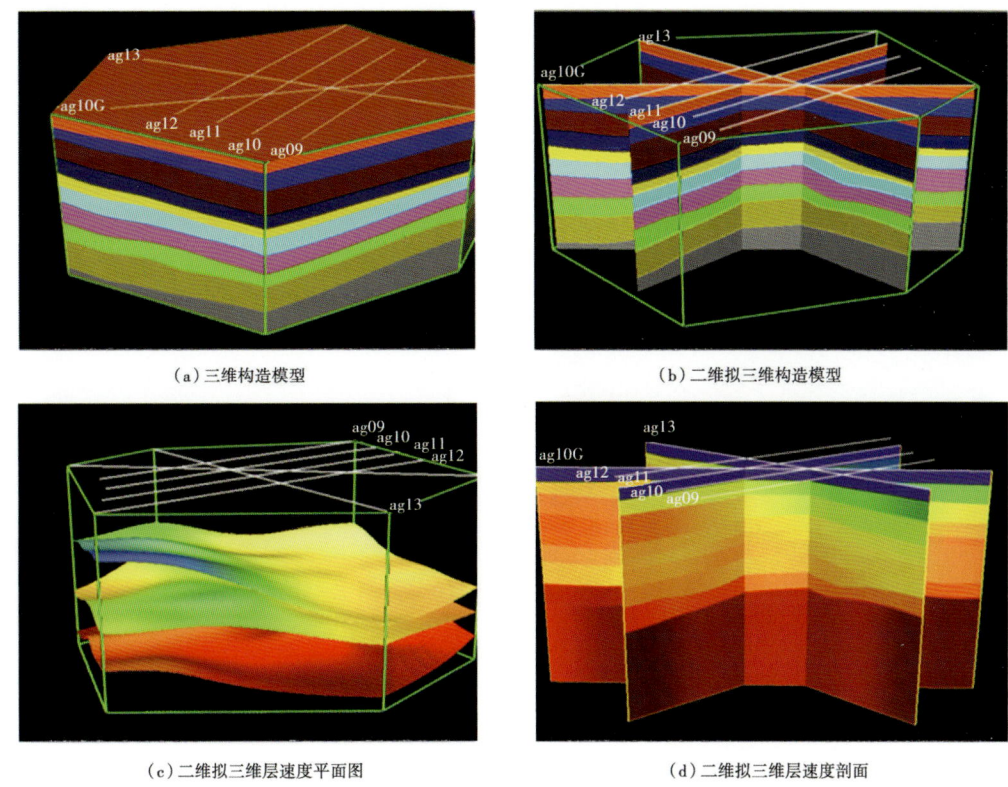

(a) 三维构造模型   (b) 二维拟三维构造模型

(c) 二维拟三维层速度平面图   (d) 二维拟三维层速度剖面

图 6-60 二维拟三维叠前深度偏移速度建场示意图

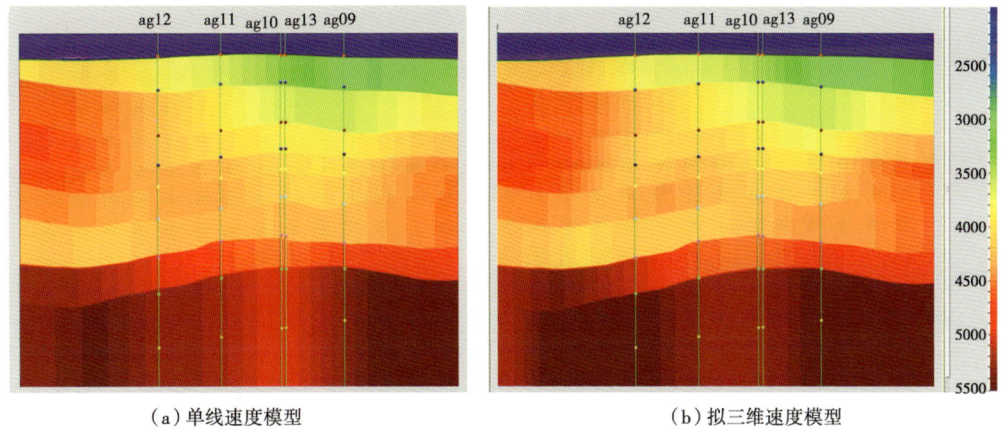

(a) 单线速度模型   (b) 拟三维速度模型

图 6-61 单线与二维拟三维模型深度域地震层位闭合误差图

模型正演及成因分析，验证构造建模的合理性。约束4：二维资料拟三维空间建模，提高构造建模精度。采用深浅层分层控制、复杂断块分组控制、单块层位网格约束控制的方法，更加直观地明确各构造的空间展布形态及相互间转换关系。这些约束对于建立合理的地质模型至关重要。

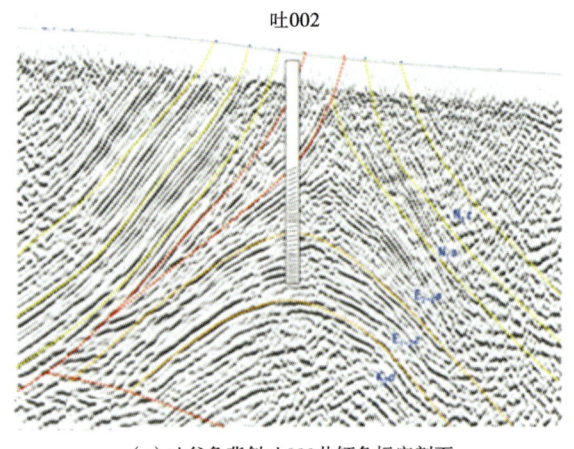
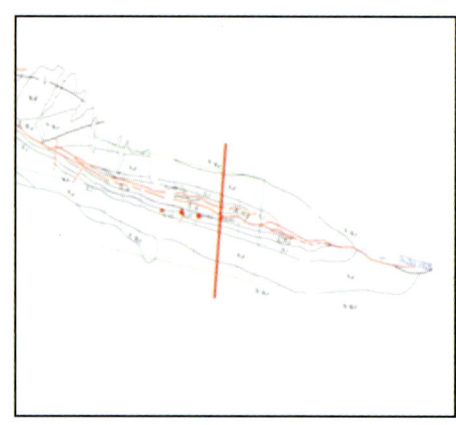

（a）吐谷鲁背斜吐002井倾角标定剖面　　　（b）准噶尔南缘吐谷鲁背斜区地面地质露头平面图

图6-62　倾角及地面露头标定确定中浅层解释方案

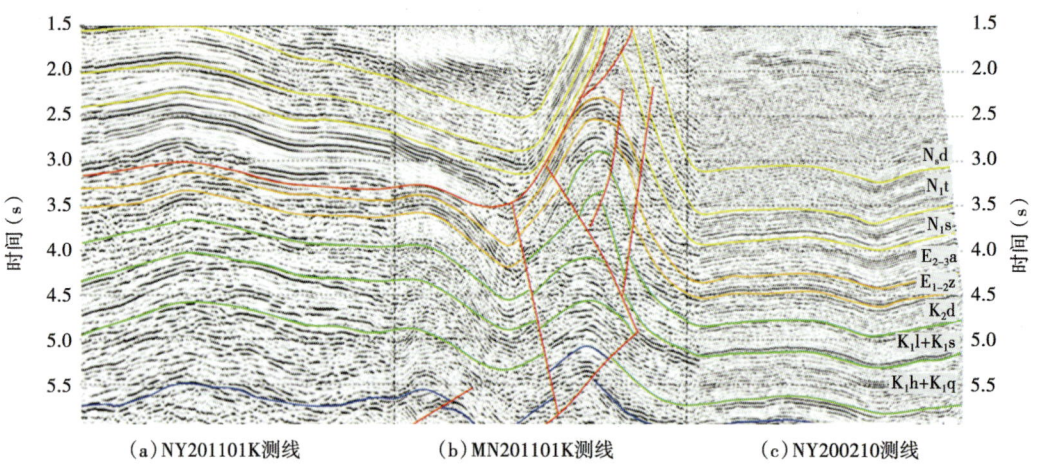

（a）NY201101K测线　　　（b）MN201101K测线　　　（c）NY200210测线

图6-63　区域格架引层大剖面确定下组合层序

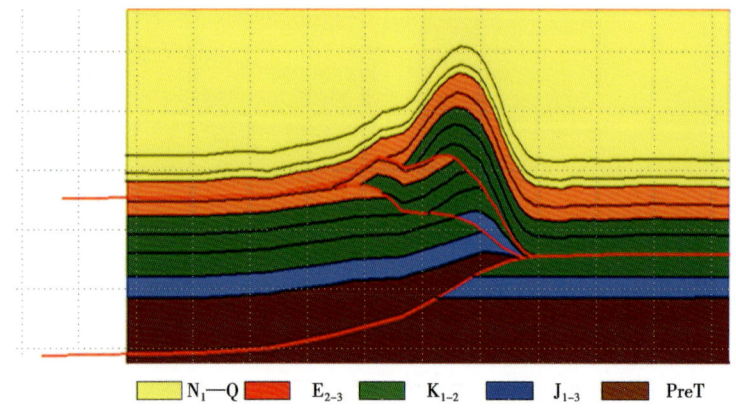

图6-64　吐谷鲁背斜模型正演（TG201107K测线）模型正演

【第六章】 南缘复杂构造速度建模与偏移成像

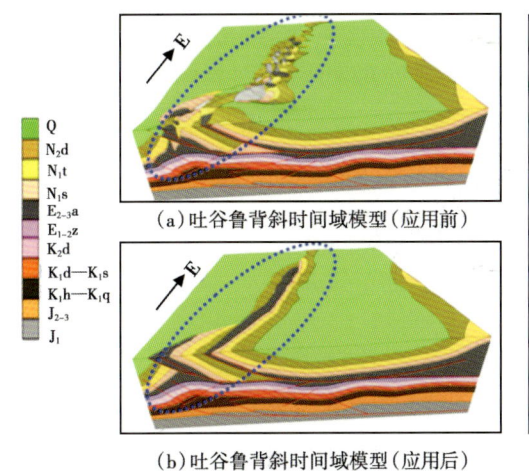
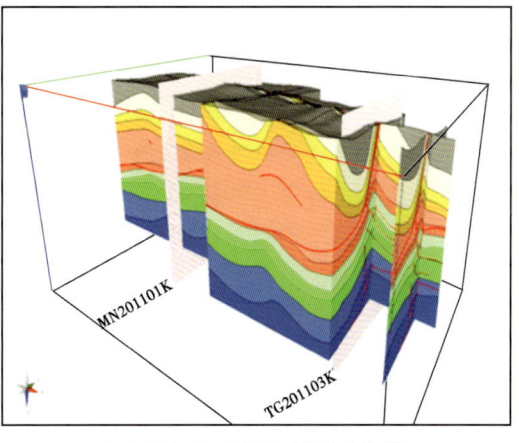

(a) 吐谷鲁背斜时间域模型（应用前）

(b) 吐谷鲁背斜时间域模型（应用后）

(c) 玛纳斯—吐谷鲁背斜时间域模型

图 6-65　二维三维空间建模

经二维拟三维空间建模处理后，实现了叠前深度偏移成像交点闭合（图 6-66），交点处深度一致，证实了建模的有效性，为准确落实圈闭奠定了基础。

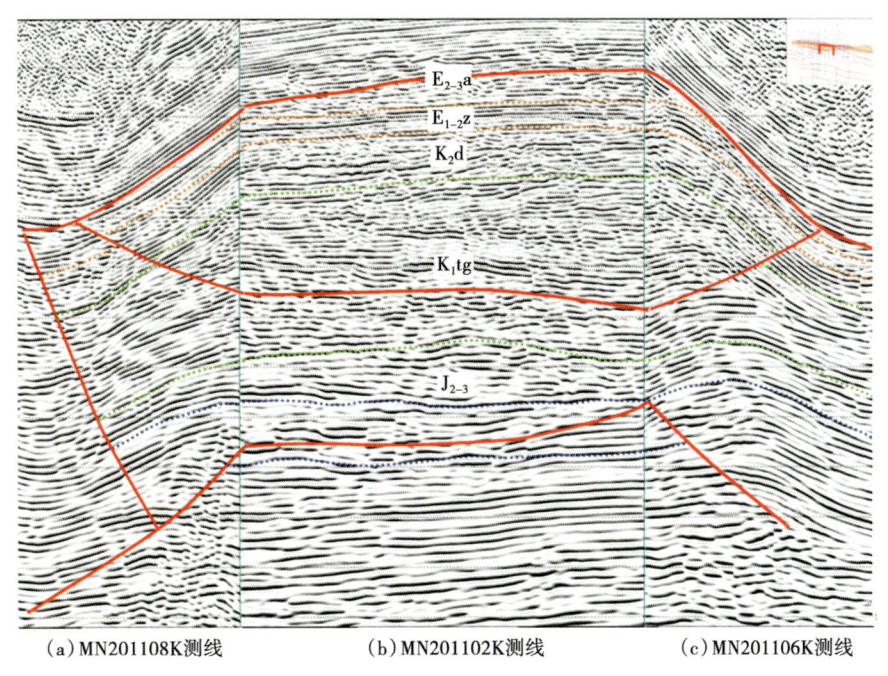

(a) MN201108K 测线　　　(b) MN201102K 测线　　　(c) MN201106K 测线

图 6-66　二维拟三维叠前深度偏移后线间交点闭合图

三、构造模型约束下的井控速度建模方法

目前存在多种速度估计方法，譬如基于 CMP 道集的常规速度分析方法、基于 CIG 道集的剩余速度分析方法、基于初至到达时间或反射到达时间的层析速度估计方法等，都必须要

利用具有一定信噪比的道集数据。但是，南缘复杂构造区，信噪比普遍很低，速度反演必然存在不确定性。为了降低不确定性，很多人采用了不同的规则化算子约束速度的快速变化进行速度场平滑。从地质观点分析，对速度场进行平滑也许是正确的，但是在某些区域（如碳酸盐岩、盐体、断层发育区等），速度可能是突变的。因此构造约束与井控约束下的速度模型建立应该深入到偏移速度初始模型建立的过程中。

新疆油田公司技术人员认为，和地质同行的密切合作是极其重要的。通过总结构造建模的关键点，应用断层褶皱理论研究构造几何学和运动学，建立断层和褶皱构造模型。这些关键点包括：（1）复杂构造定量分析技术；（2）构造变形时间判别技术；（3）三维构造建模技术；（4）构造变形机制判别技术。

南缘冲断带背斜主体构造复杂，断裂下盘断块破碎，逆掩断层发育，地层倾角大，波场复杂，资料信噪比低。在速度建模过程中，一方面需要考虑构造的复杂性，特别是中下组合断裂接触关系的刻画；另一方面结合地质认识，准确把握宏观的层速度分布规律。通过井控初始模型建立以及井控沿层速度反演，在构造精细解释与调整的基础上，再次经过井控沿层速度反演与网格层析成像反演后，最后通过垂向微调可以建立南缘较为准确的速度模型。

1. 速度反演中的地质一致性正则化

层析反演属于数据拟合类的速度估计方法，即找到一个如模型矢量 m，使得正演计算得到的数据 $d=f(m)$ 与拾取数据 d 的误差最小化，这里 f 表示立体层析的非线性正算子，即反射点分别至炮点、检波点方向的初值射线追踪。以二范数衡量数据拟合误差，立体层析反演归结为如下泛函的求极值问题：

$$S(m) = \frac{1}{2} \| d - f(m) \|_2^2 = \frac{1}{2} \Delta d^T(m) C_D^{-1} \Delta d(m) \tag{6-85}$$

其中，$\Delta d(m) = d - f(m)$。对角阵 $C^{-1}D$ 也称为数据协方差矩阵，起加权不同数据分量的作用。众所周知，由于采集数据往往是有限带宽，有限采样间隔的，因此勘探地震中的速度反演问题一般都是病态的。归结到层析线性方程组的求解时，这个线性系统一定是欠定的。更重要的是，在实际数据反演中噪声是一定存在的。根据奇异值分解（SVD）分析（Vogel，2002），欠定情况下数据中很小噪声会被无限放大，使得所估计的解完全偏离真实解，破坏了反演的稳定性。因此，必须引入额外的信息去规则化反问题，即加入一些先验约束，使得解向所约束的方向发展。改造式（6-84）（Costa 等，2008），得到如下新的误差泛函：

$$S(m) = \| d - f(m) \|_2^2 + \varepsilon_d^2 \| m - m_r \|_2^2 + \\ \varepsilon_{C_1}^2 \| D_1(m - m_r) \|_2^2 + \varepsilon_{C_2}^2 \| D_2(m - m_r) \|_2^2 \tag{6-86}$$

式中，ε_d^2、$\varepsilon_{C_1}^2$、$\varepsilon_{C_2}^2$——较小的正实数，用于加权数据拟合项与规则化项之间的权重；

m_r——某给定的先验模型，一般取 $m_r = 0$ 或 $m_r = m_n$，两者的差异见文献（Shaw 和 Orcutt，1985）；

$\varepsilon_d^2 \| m - m_r \|_2^2$——阻尼项，这项的引入使得每次迭代的模型更新量较小；

$\varepsilon_{C_1}^2 \| D_1(m - m_r) \|_2^2$ 和 $\varepsilon_{C_2}^2 \| D_2(m - m_r) \|_2^2$——约束速度模型在横向和纵向上的光滑程度；

D_1、D_2——对 B 样条基函数系数更新量在横向和纵向上的一阶差分算子。

对于更改后的误差泛函（6-85），每次迭代需要求解的最小二乘问题变为

$$\begin{bmatrix} DF \\ \varepsilon_d I \\ \varepsilon_{C_1} D_1 \\ \varepsilon_{C_2} D_2 \end{bmatrix} \Delta m = \begin{bmatrix} D\Delta d \\ -\varepsilon_d(m-m_r) \\ -\varepsilon_{C_1} D_1(m-m_r) \\ -\varepsilon_{C_2} D_2(m-m_r) \end{bmatrix} \quad (6-87)$$

其中，$D = C_D^{-\frac{1}{2}}$，$(C_D^{-\frac{1}{2}})^T C_D^{-\frac{1}{2}} = C_D^{-1}$ 为方便起见，本文算法取 $m_r = m_n$。一般可以采用最小二乘方法（LSQR）（Paige 和 Saunders，1982）求解矩阵方程组（6-87），该方法是一种迭代的方法，可以在最小二乘意义下高效地求解大规模稀疏矩阵。不过需要注意的是，无论是阻尼正则化项还是纵横向一阶梯度光滑正则化项，都会使得反演结果变得非常光滑，然而真正有地质意义的速度模型往往是强波阻抗界面分隔的块状模型，这种特征的模型用常规的规则化手段是无法得到的。

李振伟（2014，2015）提出一种基于地层格架信息的正则化手段，其基本原理如图 6-67 所示。该模型是一个横向 12km、纵向 6km 的六层盐丘模型。该模型的六个地质层位之间都是常速，需要求解的速度未知数其实就是六个。但是如果采用常规的 $dx=dz=10m$ 的矩形网格剖分，该速度模型将有 1201×601 = 721801 个未知数，这显然不是一个最优选择。即便采用立体层析中常用的 B 样条系数表达，选择 100m 的间隔定义一个 B 样条系数，也有多达 121×61 = 7381 个 B 样条系数作为未知数需要求解。图 6-68 显示了使用 6800 个射线对，使用 7381 个 B 样条系数定义模型反演得到的模型，可以看出，尽管倾角条的反演结果相当完美，但是层内的常速却无论如何也难以达到理想的反演结果。我们可以证明，即便 B 样条系数再增加，射线再加密，也不可能达到层内常速的反演效果。这并非是反演算法出了问题，而是模型描述非最优所致。这是由于无论 B 样条描述或传统的正则化手段都将会使得反演出的模型比模型本身更平滑。然而，从地质学的角度来说，真正的地下速度分布往往是块状。

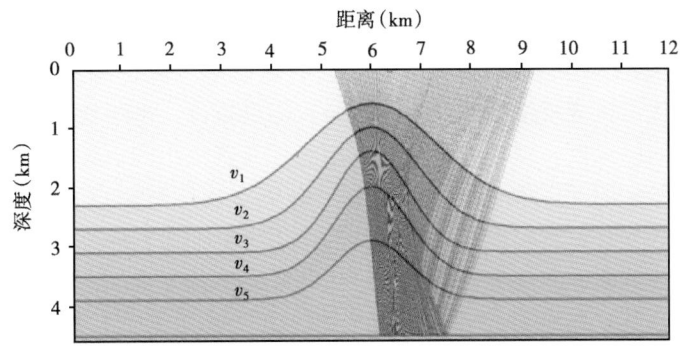

图 6-67 真实模型以及射线追踪结果

那么，如何在反演中利用地层格架信息凸显出地质模型的块状特征？其实这就是地层格架正则化所要完成的任务。注意图 6-67 所示的模型中，速度未知数实质上只有六个，因此

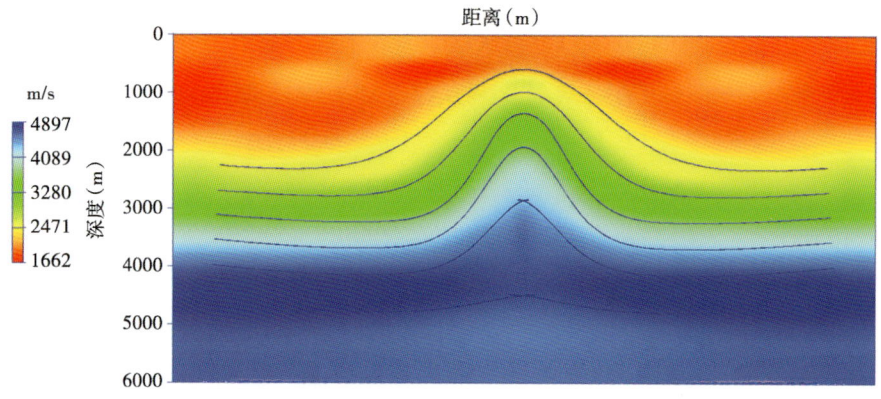

图 6-68　常规 B 样条描述下的立体层析速度反演结果

最合理的正则化手段显然应该是一个地质块体内的速度在更新后趋于一致。这种正则化手段的实施应该是建立了 Frechet 偏导数矩阵之后，针对速度变量的求解时实施。Frechet 偏导数矩阵的形式如式（6-88）所示。至于初始的地层格架如何提取，显然应该基于初始模型的偏移成像结果提取，更简洁的方式则是基于零偏移距剖面内的层位不变量实施运动学偏移获得更新后的层位信息。地层格架约束下的立体层析速度反演流程实施过程如下：

（1）利用初始速度做叠前深度偏移；

（2）在初始的偏移剖面上拾取层位，然后做一个运动学反偏移，获得零偏移距剖面内的层位不变量，在每个块中的速度被假定为常数或线性变量；

（3）根据地质块状构造构建 Frechet 导数矩阵，使得模型空间大幅度压缩，然后求解，得到 Δm；

（4）更新模型；

（5）对更新的模型轻微平滑；

（6）基于更新模型，实施运动学正偏移来更新层位；

（7）重复以上流程。

图 6-69 显示了利用上述流程获得的六层盐丘反演结果。可见反演得到的模型有明显的块状特征，体现了很好的地质一致性，基于最后一轮反演结果的叠前深度偏移其 CIG 与深度成像结果也明显优于常规反演结果（图 6-70）。需要指出，基于地层格架信息的正则化极大地压缩了模型空间的尺度，对于改善方程的病态性有着突出的表现。

本节的算法实验证明了一件事情：基于地层格架（或构造信息）约束下的层析反演对于提供地质一致性的偏移速度建模有至关重要的作用。一个最大的优势所在就是层析方程组的病态性有了极大的改善，未知数大幅变少意味着在同等数据空间密度下，求解的精度和效率同时得到了大幅提高。更重要的一点是，这种约束（或正则化）的使用摆脱了之前传统正则化手段导致光滑模型的缺陷，甚至无需用传统的 B 样条系数表达速度模型，具有明确的地质意义，可以认为是最合理的正则化手段。

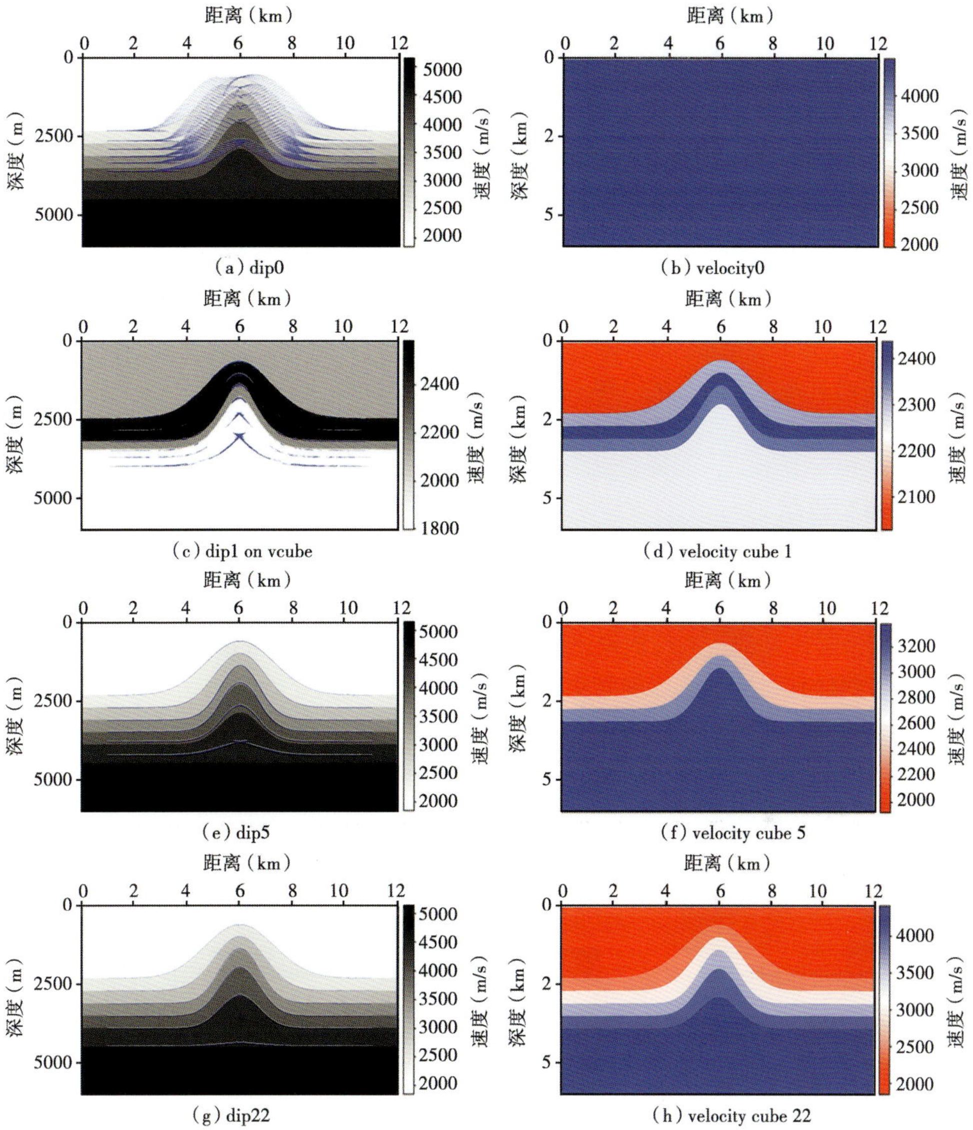

(a) dip0　(b) velocity0　(c) dip1 on vcube　(d) velocity cube 1　(e) dip5　(f) velocity cube 5　(g) dip22　(h) velocity cube 22

图 6-69　地层格架约束下的立体层析速度反演结果

(a) CIG1　(b) CIG2

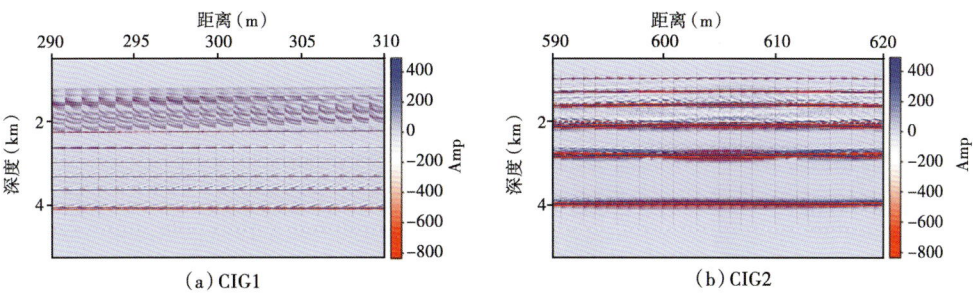

图 6-70　常规立体层析得到的 CIG1 与地层格架约束立体层析的 CIG2 对比（据李振伟，2014）

$$F = \begin{vmatrix} \frac{1}{\sigma_\tau}[\frac{\partial t}{\partial x}] & \frac{1}{\sigma_\tau}[\frac{\partial t}{\partial z}] & \frac{1}{\sigma_\tau}[\frac{\partial t}{\partial \theta_s}] & \frac{1}{\sigma_\tau}[\frac{\partial t}{\partial \theta_r}] & \frac{1}{\sigma_\tau}[\frac{\partial t}{\partial v_0}] & \frac{1}{\sigma_\tau}[\frac{\partial t}{\partial kx}] & \frac{1}{\sigma_\tau}[\frac{\partial t}{\partial kz}] \\ \frac{1}{\sigma_s}[\frac{\partial S}{\partial x}] & \frac{1}{\sigma_s}[\frac{\partial S}{\partial z}] & \frac{1}{\sigma_s}[\frac{\partial S}{\partial \theta_s}] & \frac{1}{\sigma_s}[\frac{\partial S}{\partial \theta_r}] & \frac{1}{\sigma_s}[\frac{\partial S}{\partial v_0}] & \frac{1}{\sigma_s}[\frac{\partial S}{\partial kx}] & \frac{1}{\sigma_s}[\frac{\partial S}{\partial kz}] \\ \frac{1}{\sigma_r}[\frac{\partial R}{\partial x}] & \frac{1}{\sigma_r}[\frac{\partial R}{\partial z}] & \frac{1}{\sigma_r}[\frac{\partial R}{\partial \theta_s}] & \frac{1}{\sigma_r}[\frac{\partial R}{\partial \theta_r}] & \frac{1}{\sigma_r}[\frac{\partial R}{\partial v_0}] & \frac{1}{\sigma_r}[\frac{\partial R}{\partial kx}] & \frac{1}{\sigma_r}[\frac{\partial R}{\partial kz}] \\ \frac{1}{\sigma_{p_s}}[\frac{\partial p_s}{\partial x}] & \frac{1}{\sigma_{p_s}}[\frac{\partial p_s}{\partial z}] & \frac{1}{\sigma_{p_s}}[\frac{\partial p_s}{\partial \theta_s}] & \frac{1}{\sigma_{p_s}}[\frac{\partial p_s}{\partial \theta_r}] & \frac{1}{\sigma_{p_s}}[\frac{\partial p_s}{\partial v_0}] & \frac{1}{\sigma_{p_s}}[\frac{\partial p_s}{\partial kx}] & \frac{1}{\sigma_{p_s}}[\frac{\partial p_s}{\partial kz}] \\ \frac{1}{\sigma_{p_r}}[\frac{\partial p_r}{\partial x}] & \frac{1}{\sigma_{p_r}}[\frac{\partial p_r}{\partial z}] & \frac{1}{\sigma_{p_r}}[\frac{\partial p_r}{\partial \theta_s}] & \frac{1}{\sigma_{p_r}}[\frac{\partial p_r}{\partial \theta_r}] & \frac{1}{\sigma_{p_r}}[\frac{\partial p_r}{\partial v_0}] & \frac{1}{\sigma_{p_r}}[\frac{\partial t}{\partial kx}] & \frac{1}{\sigma_{p_r}}[\frac{\partial p_r}{\partial kz}] \end{vmatrix}$$

(6-88)

2. 初始模型建立

一个合理的正则化手段，如果能结合一个好的初始模型，显然将大幅提高反演收敛的概率。合理的初始速度模型能够提高偏移成像的稳定性与速度反演的准确性，从而为精确速度模型的迭代反演提供基础。从反演理论的角度来说，建立一个具有正确构造意义的初始模型等于同时做了两件有利于反演正确收敛的事情。因此，应该充分利用已有的 VSP 速度资料以及钻井资料约束叠前偏移速度场，在纵向上通过测井速度约束层速度，形成与钻测井速度吻合的趋势，横向上保留地震处理速度低频趋势，建立反映空间相对变化关系的层速度场，作为深度偏移初始层速度模型。

首先在均方根速度场建立过程中，利用钻测井速度进行约束，保证在时间方向上的变化趋势与钻测井规律一致（图 6-71a、b）。其次由于 DIX 公式（或 CVI 约束速度反演）转换

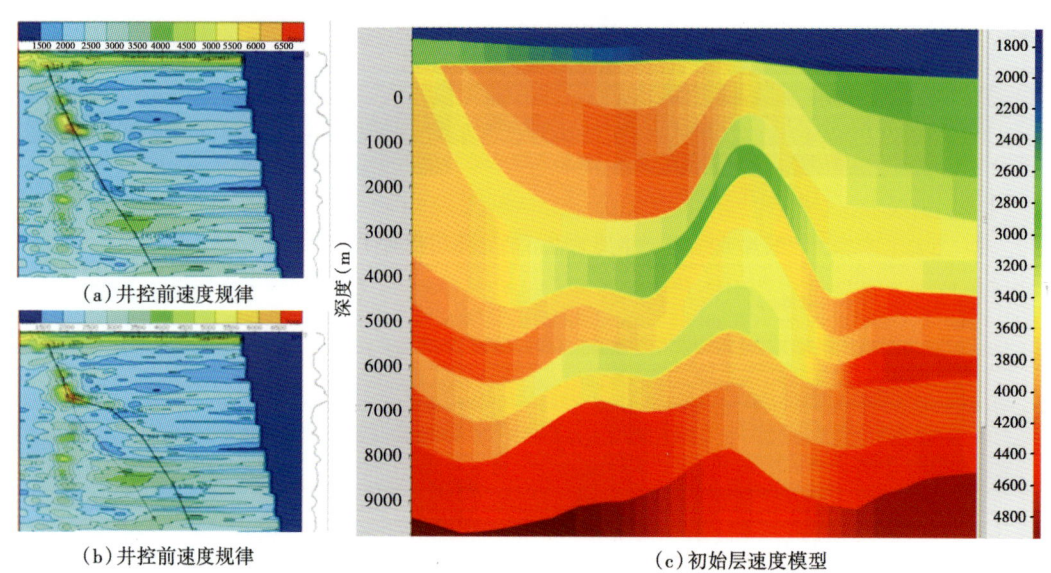

图 6-71　TG201101K 测线井控速度前后速度变化趋势及初始层速度模型示意图

得到的层速度剖面会有变点，特别在构造复杂、断裂发育、地层倾角大、速度场变化剧烈的区域误差很大，不利于后续迭代处理与速度修正，因此必须利用层位约束进行编辑与平滑处理，使初始的层速度模型更加符合实际地质规律（图 6-71c）。具体实现过程如下：

（1）通过全区域构造建模，确定每条测线上大的层序结构、背斜主体构造与两翼及主控滑脱断裂接触关系。在时间域构造建模过程中，拾取速度界面时尽量与地质层位分层相统一。这样的好处一方面便于测井、VSP 资料层速度相匹配，另一方面便于统一标准，利于后续二维多线拟三维建模。

（2）搜集工区内所有探井的声波测井资料、VSP 资料及表层结构资料，建立全区宏观层速度模型，并利用声波测井资料判断速度模型与声波测井速度变化趋势是否基本一致，来进一步确定中上组合各层系之间层速度的变化规律。

在井信息约束下建立的初始速度模型，既能保留处理过程中成像速度的横向变化，又能与地质统计规律相符合，较好地控制了全区低频宏观速度场，因此能得到稳定的成像结果供后续速度模型进行精确调整。

3. 沿层速度模型迭代反演

根据 CRP 道集同相轴上翘则速度偏低，同相轴下拉则速度偏高的判断原则进行剩余延迟（剩余速度）分析，通过相干反演或层析成像技术修正层速度模型。针对吐谷鲁、玛纳斯二维构造特点及速度变化规律，在初始速度模型的基础上，先采用相干反演法确立速度场的低频趋势，再针对背斜北翼断裂下盘及反射杂乱区利用层析成像法建立有效速度模型，最后通过扫描法对速度进行微调。

（1）相干速度反演：相干反演是基于射线方法正演的地震速度分析方法。在叠前深度偏移中，通过射线追踪某一时窗内反射同相轴的时差曲线来估算层速度。优点是避开了双曲线假设，精度高。不足之处是在追踪的孔径范围内假设层内速度横向不变，只适用于较小炮检距数据的速度分析；同时速度误差会由浅到深累计。相干速度反演在层速度的更新上直接可以用剩余延迟由浅到深逐层修正层速度，在速度不是很准确的情况下，层速度更新幅度较大，成像效果较好。当速度迭代到较为准确后，为了进一步优化层速度及对反射杂乱区成像，必须选择层析成像方法。

（2）层析成像方法：层析成像速度模型修正方法是一个多次迭代的过程，先解决长波长速度问题，后解决短波长速度问题。具体的处理过程是对 CRP 道集内的同相轴进行自动剩余曲率拾取，利用剩余曲率反映的深度速度误差信息进行网格层析成像，修正速度—深度模型，直到道集拉平。在背斜构造主体及北翼反射杂乱区无法获得稳定有效的相干谱，采用相干速度反演方法效果不佳，而层析成像技术借助于自动剩余曲率拾取，能够有效优化速度模型。

（3）速度扫描法：速度扫描法是以偏移速度为基础，降低或提高不同百分比形成不同速度场进行偏移，形成一系列偏移剖面，并在此系列偏移剖面上进行速度解释与拾取并形成新的参考速度场供下次偏移使用的方法。该方法在构造复杂及低信噪比地区具有速度求取快速直观的特点。

在整个速度模型优化过程中，需要始终关注初始速度趋势，使速度变化趋势尽量与钻测井趋势一致。通过井控约束，修正后的深度更合理（图 6-72）。断裂下盘及中下组合构造主体成像改善明显，资料品质明显提高（图 6-73）。

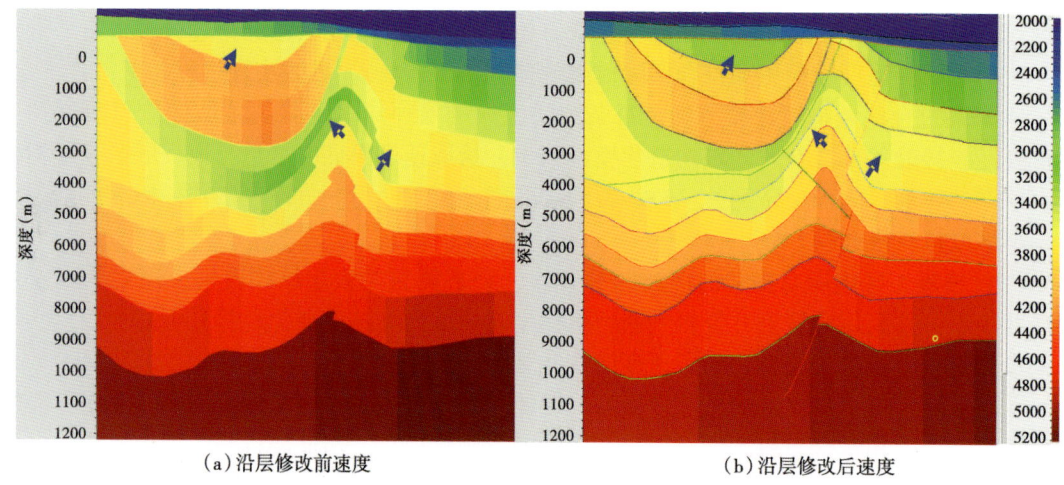

图 6-72　TG201101K 测线沿层速度修改前后速度变化对比图

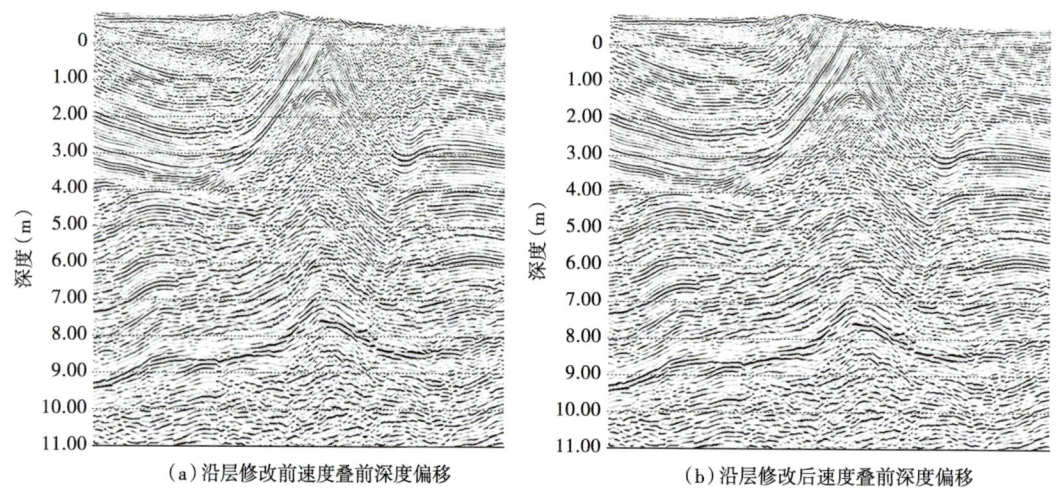

图 6-73　TG201101K 测线沿层速度修改前后叠前深度偏移成像对比图

4. 构造精细解释与速度调整

在相对理想的叠前深度偏移成像基础上，通过构造精细解释与调整，可以刻画出更加符合地质规律的构造模型，在此基础上再次利用沿层相干反演和网格层析成像工具对速度进行细致刻画，可以进一步提高模型精度（图 6-74）及叠前偏移成像质量（图 6-75）。

5. 垂向剩余速度调整

由于沿层速度场是速度的中低频速度场，对于复杂区，难以描述速度的高频变化。因此，在最终偏移成像道集上，需要进行垂向剩余速度校正处理的微调。通过调整，可以进一步改善主体部位成像质量（图 6-76）。

【第六章】 南缘复杂构造速度建模与偏移成像

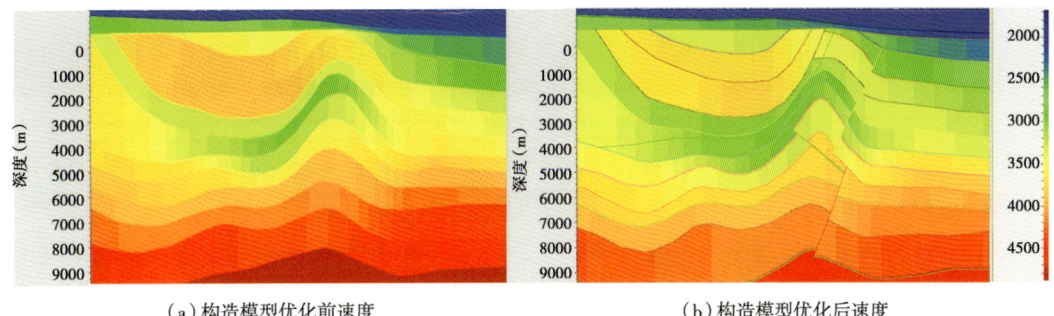

(a) 构造模型优化前速度　　　　　　(b) 构造模型优化后速度

图 6-74　TG201101K 测线构造模型优化前后速度模型对比

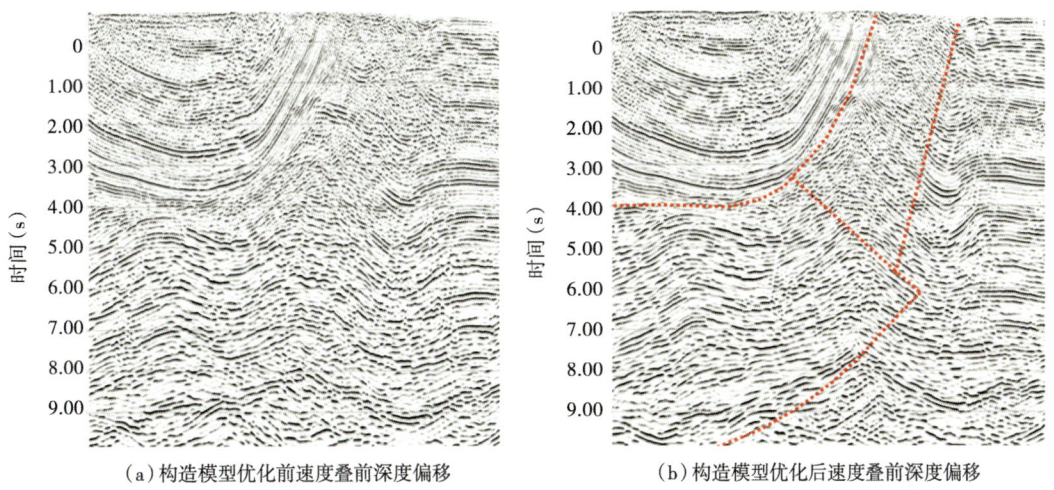

(a) 构造模型优化前速度叠前深度偏移　　　　　(b) 构造模型优化后速度叠前深度偏移

图 6-75　TG201101K 测线构造模型优化前后叠前偏移成像对比

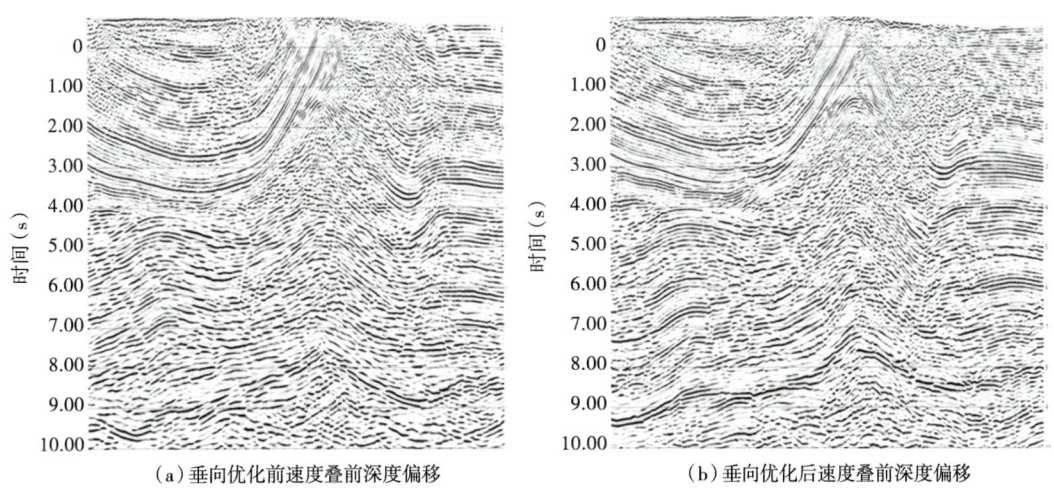

(a) 垂向优化前速度叠前深度偏移　　　　　　(b) 垂向优化后速度叠前深度偏移

图 6-76　垂向剩余速度校正处理前后叠前深度偏移成像对比

四、构造认识对速度建模的约束影响：以独山子二维勘探区为例

准噶尔盆地南缘独山子地区近地表结构复杂，地下地质特征多表现为上陡下缓的构造形态，断裂发育，波场极其复杂，以往地震叠前深度偏移成像十分困难，严重制约了南缘油气勘探的进程。近几年随着物探技术的进步和对叠前深度偏移成像技术的攻关，地震成像品质较以往有了明显提高。本节通过对独山子地区地震叠前偏移速度模型构建及成像技术的关键环节进行分析，论述各种成像与建模方法叠前深度偏移效果。

独山子背斜位于准噶尔盆地南缘冲断带西部，位于准噶尔盆地南缘冲断带四棵树凹陷，南北方向位于盆地南缘第三排构造西部。20 世纪 80 年代在背斜两侧开展地震勘探，对独山子背斜深层结构有了初步的认识。1998 年钻探独深 1 井，从断裂上盘的安集海河组直接钻入断层下盘地层的安集海河组，地层倾角达 80°～90°，未获突破。2007 年针对独—安构造带重新部署了 18 条二维地震测线，进一步认识了独山子背斜、安集海背斜、独南背斜的构造特征及三个背斜之间的构造关系。为了重新认识独山子背斜未钻揭圈闭的构造特征，特别是背斜深层白垩系—侏罗系下组合（主要指中生界的白垩系下统和侏罗系）的构造形态，2011 年针对下组合部署 3 条宽线，通过新老测线联合地震叠前深度偏移成像攻关处理，地震资料品质明显改善，以较少的投入加快拓展独山子背斜下组合油气藏勘探目标，进一步认识独山子背斜下组合油气成藏规律。独山子背斜古近—新近系高陡，为一北翼被系列南倾断裂切割的南翼缓、北翼陡的断背斜，地层倾角达 65°～85°，而白垩系底部及以下地层为褶皱缓、断裂规模较小的断褶，构成上陡、下缓两大构造层。因此，在独山子断裂下盘，地层褶皱挤压剧烈，加之逆断层多次切割，地层破碎，导致地震反射层杂乱，地震资料品质差，地震成像十分困难。由于浅层高陡复杂构造的影响，进入深层反射波路径也极为复杂，使得背斜北翼侏罗系地震层序普遍较差，大部分剖面背斜北翼波组连续性差，断点不清晰；南翼地震资料品质相对较好，波组较连续。所以，大部分地震剖面难以准确刻画深层构造形态和圈闭特征。

由于以往独山子地区野外采集多为单线施工，主要针对中上组合地震反射，中下组合地震反射波照明度欠缺，因此构造成图精度较低，圈闭不可靠。

南缘独山子背斜构造复杂，上组合浅部构造窄陡，中下组合深层构造宽缓，上滑脱断裂活动强，断裂下盘构造变化剧烈，速度横向变化大。叠前深度偏移技术是解决复杂构造和速度横向变化剧烈地区地震资料成像问题的较好方法，而速度建模是叠前深度偏移准确成像的核心，只有建立准确的速度模型，叠前深度偏移才能取得比较满意的成像效果。该区叠前深度偏移成像存在以下几方面难点：（1）近地表结构复杂，表层速度模型构建难，静校正问题突出；（2）近地表局部地区存在高速的西域砾岩，对下伏地层的速度影响较大；（3）构造埋深大、地震成像资料品质差、构造模型难以建立；（4）地震资料信噪比低，波场复杂，偏移速度场建立及精度提高十分困难。

独山子背斜区的二维速度建模以地质认识驱动下的井约束速度模型建立技术为基础，将叠加速度进行井控约束处理，形成区域速度场，获得符合地质规律的宏观层速度分布，建立较为精确的初始速度—深度模型。速度模型迭代优化过程中，采用二维相干反演法确立速度场的低频趋势，针对背斜北翼断裂下盘及杂乱反射区利用二维层析成像建立有效速度模型，最后通过多次速度扫描迭代进行调整。在建立了较为准确的速度模型并取得较理想成像的基

础上,再将全工区二维测线统一起来,采用拟三维建场方式进行多线速度闭合建模,保证全区二维测线叠前深度偏移层速度及构造模型层位闭合。

1. 区域初始模型建立与井控速度建模

最初的速度模型是利用均方根速度场,通过 Dix 公式转换成层速度得到。由于均方根速度转换得到的层速度会产生许多畸变点,特别在构造复杂、断裂发育、地层倾角大、速度场变化剧烈的南缘山前地区误差很大,不利于后续迭代处理与速度修正。可以说利用均方根速度转换得到的是一个不稳定的没有地质意义的层速度,如果将这种层速度用于偏移,势必会导致偏移结果不理想。大量试验表明简单平滑及编辑可以消除一些异常点,但是无法建立起与实际地层速度—深度趋势较吻合的宏观层速度场。以独山子背斜 DS201101K 测线为例,采用最终叠加速度转成均方根速度,通过较为稳定的约束速度反演 CVI 技术把均方根速度转化成层速度,再进行编辑平滑产生深度域层速度剖面,偏移剖面中背斜主体构造及断裂下盘成像效果较差(图 6-77)。

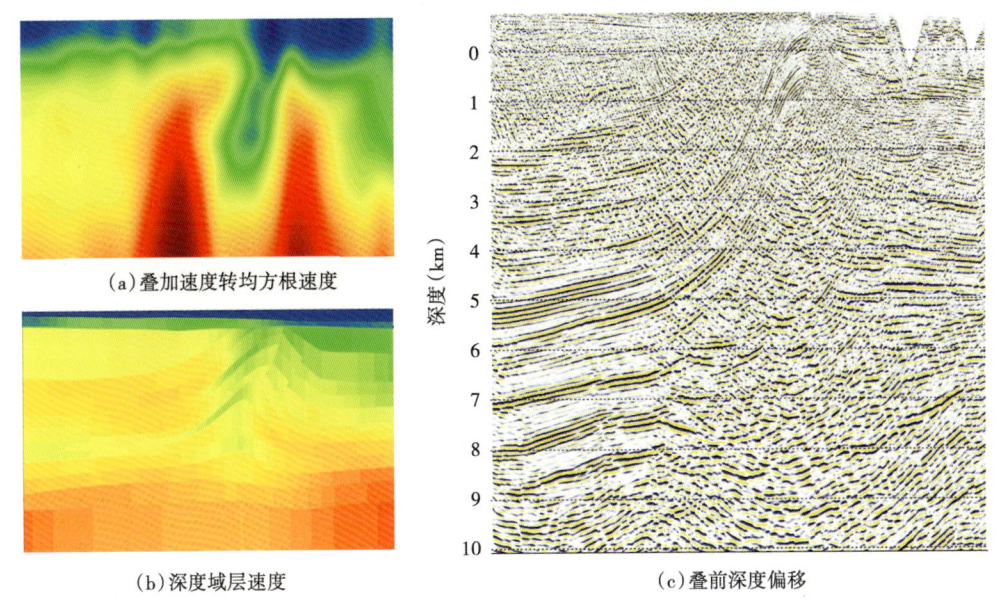

图 6-77 均方根速度转层速度建立的初始速度模型及偏移效果

结合区域地质认识,利用井资料信息,对资料处理中的成像速度进行约束转换,可以使初始的层速度模型更加符合实际地质规律。具体实现过程如下:(1)通过全区域构造建模,确定每条测线上构造的宏观变化与大的层序结构、背斜主体构造与两翼及主控滑脱断裂接触关系。时间域构造建模过程中,在统一基准面的基础上,拾取速度界面时尽量与地质层位分层相统一,一方面便于构造模型与测井、VSP 资料层速度相匹配,另一方面便于统一标准,利于后续二维网格拟三维建模;(2)搜集工区内所有探井的声波测井资料、VSP 资料及表层结构资料,在区域地质认识的基础上建立三维构造模型,参考每条线的均方根速度趋势,根据工区所有井速度信息建立全区宏观层速度模型,利用声波测井资料反映垂向速度的变化特性,判断速度模型与声波测井速度变化趋势是否基本一致,来进一步确定中上组合各层系之间层速度的变化规律；（3）针对背斜南翼浅地表高速砾岩层，参考不同位置井速度变化规律，根据砾岩厚度变化进行适当平滑，确定高速砾岩层速度规律，针对中下组合井资料较少的情况，根据构造变化趋势以及井速度向下估算，确定一个横向变化稳定的层速度。在井信息约束下建立初始速度模型，既能保留处理过程中成像速度的横向变化，又能与地质统计规律相符合，较好地控制了低频宏观速度场，因此能得到稳定的成像结果供后续速度模型进行精确调整（图6-78）。

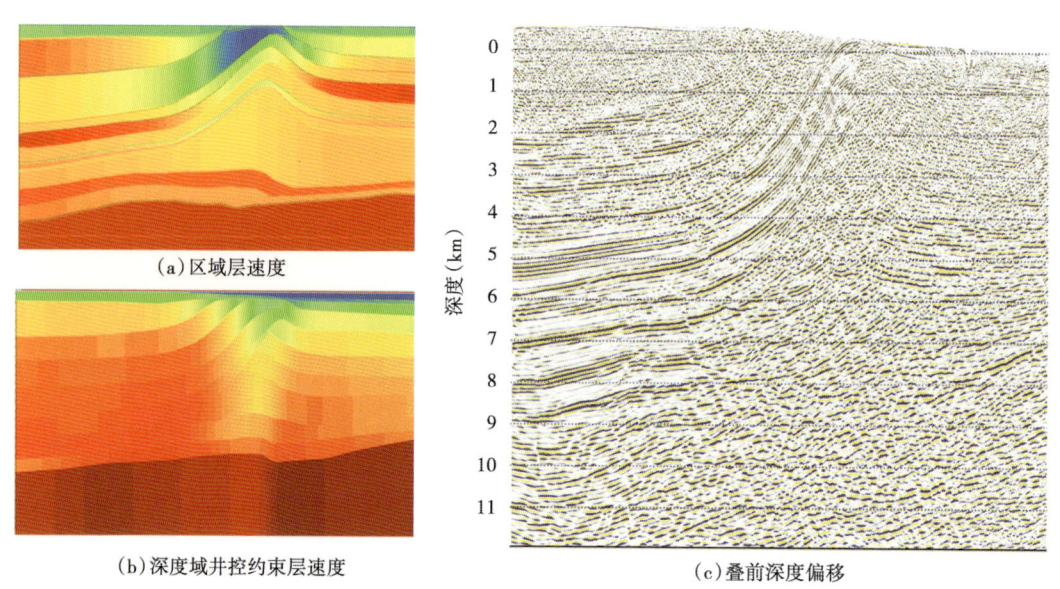

图6-78 井控初始速度模型及偏移效果

针对北斜北翼反射杂乱区利用不同速度扫描试验，根据成像结果判断速度高低范围，通过速度微调局部成像有一定改善。在整个速度模型优化过程中，必须参考初始速度趋势，另外还需要参考实际井信息，使速度变化趋势尽量与其一致，避免构造形变，通过井控约束，修正后的深度更合理。在速度建模合理的同时结合构造模型不断优化完善叠前偏移建模方案，持续改进深度偏移成像效果，最终使CRP道集同相轴拉平，成像得到改善（图6-79、图6-80）。实际成像表明，采用井控速度建模及优化技术，断裂下盘及中下组合构造主体成像改善明显，资料品质明显提高（图6-81）。

2. 二维拟三维的偏移速度建模过程

图6-82所示为本次独山子二维工区内的测线平面图。实施过程如下：（1）建立统一的二维网格工区，确定每条测线的位置，将所有测线置于该工区中，把每条线时间域道集、偏移剖面以及井数据加载到统一工区中来；（2）建立拟三维构造模型，保证在叠前深度偏移过程中不产生新的闭合差，在全工区内建立统一的三维构造模型和三维层速度模型，通过在偏移剖面上拾取速度界面，并将拾取的层位建立三维构造模型，拾取过程中保证全工区所有测线每个交点时间域T_0闭合；（3）在统一的三维构造模型基础上，抽取每条单线层速度模型，将层速度进行三维网格化处理，转换成层速度平面图，每个交点位置用适当的平滑半径

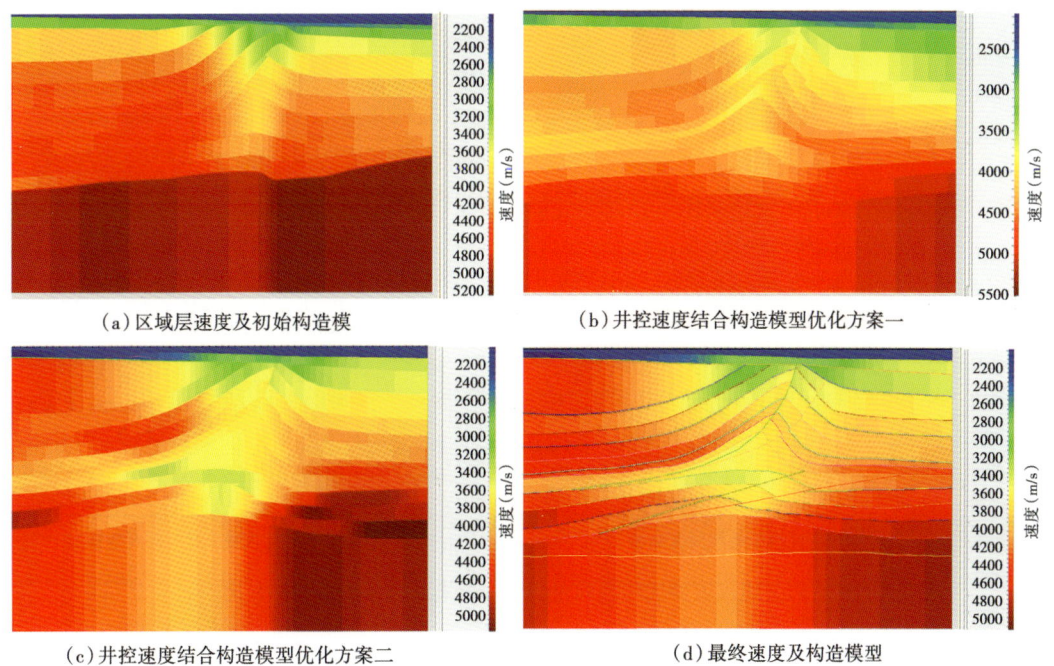

图 6-79 速度—构造模型优化（DS201101K 测线）

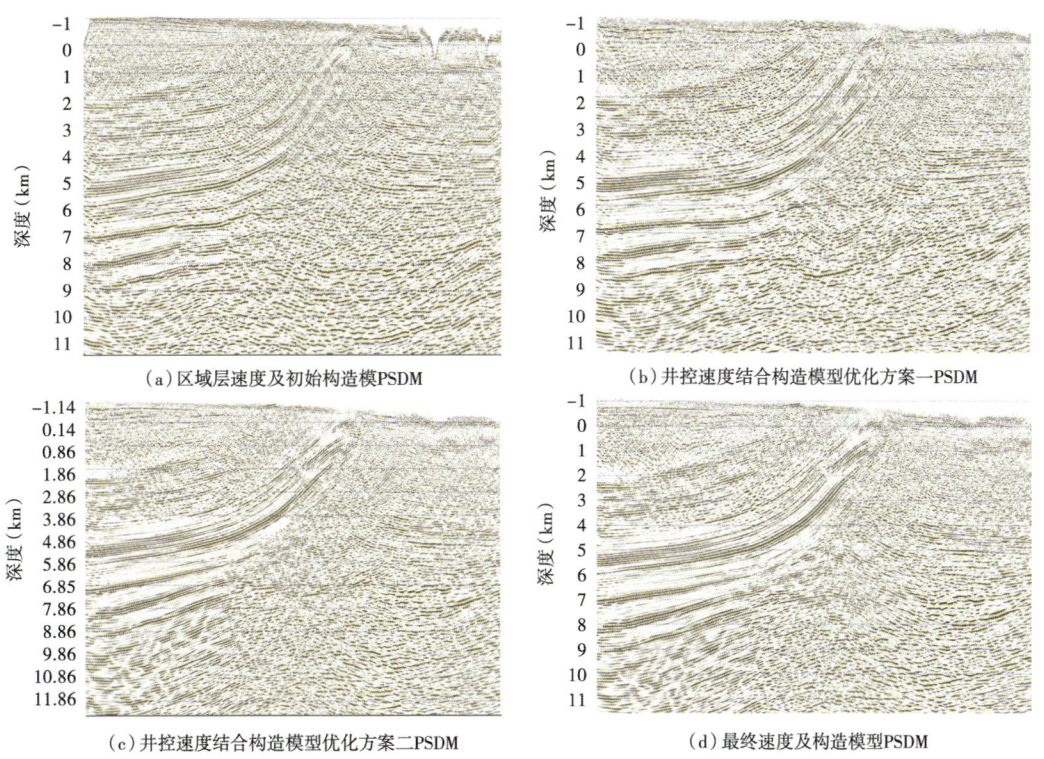

图 6-80 速度—构造模型优化过程偏移效果对比（DS201101K 测线）

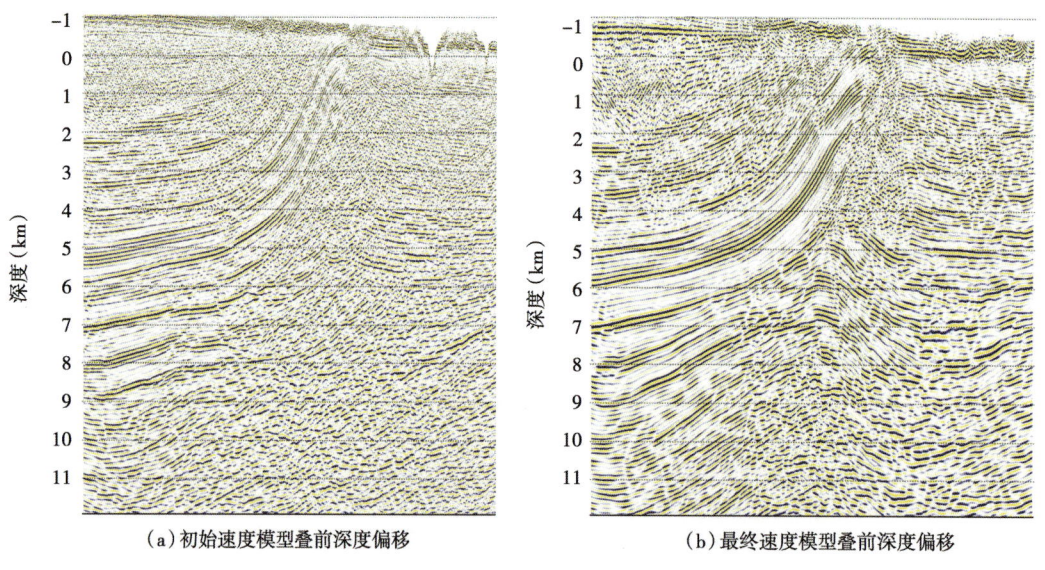

(a)初始速度模型叠前深度偏移　　　　　　(b)最终速度模型叠前深度偏移

图6-81　速度模型优化前后偏移成像效果对比(DS201101K测线)

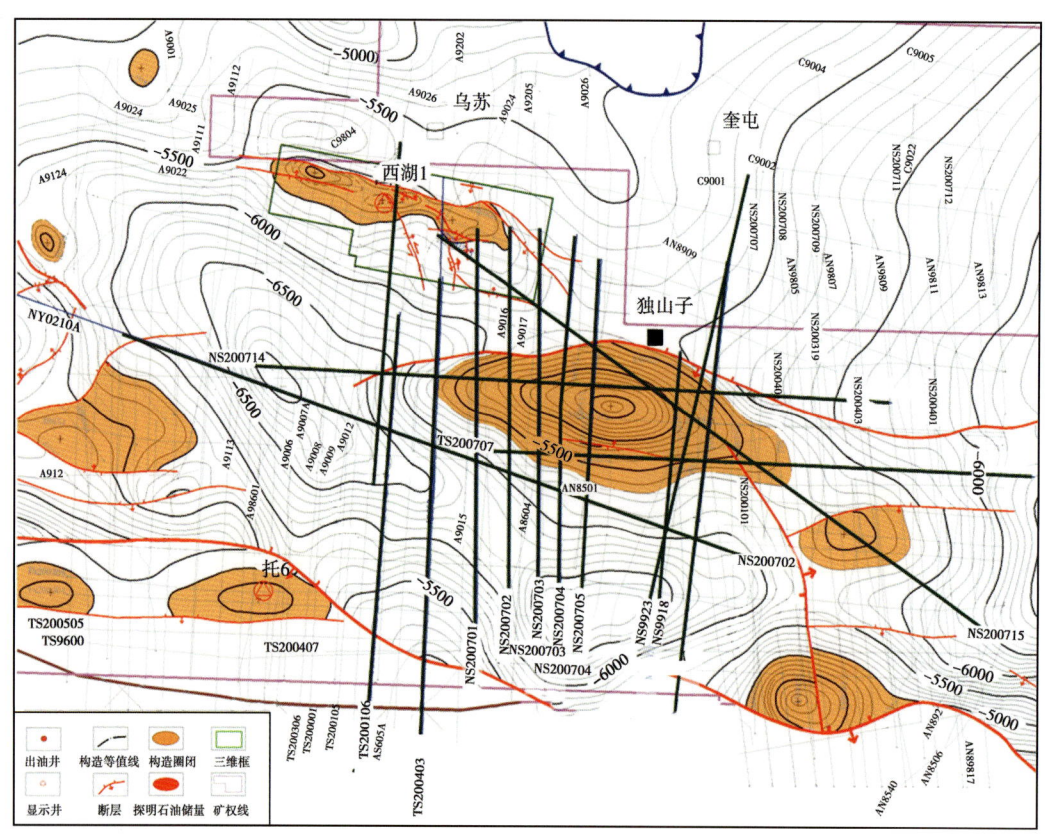

图6-82　独山子背斜统一工区测线位置图

对其进行平滑，确保交点位置层速度闭合，得到统一的三维层速度模型，再用三维层速度模型将时间域构造模型进行转深，得到统一的三维深度模型，这样保证了深度模型在各交点的闭合（图6-83）；（4）在三维深度模型和层速度模型中抽取各单线深度模型和层速度模型，建立每条线的深度域层速度剖面进行叠前深度偏移（图6-84），从而在保证精确成像的基础上，实现了二维数据叠前深度偏移层速度及层位闭合。以独山子背斜DS201101K测线和DS201103K测线为例，叠前深度偏移中下组合关键位置速度及层位闭合较好，便于在深度剖面进行追踪对比（图6-85）。

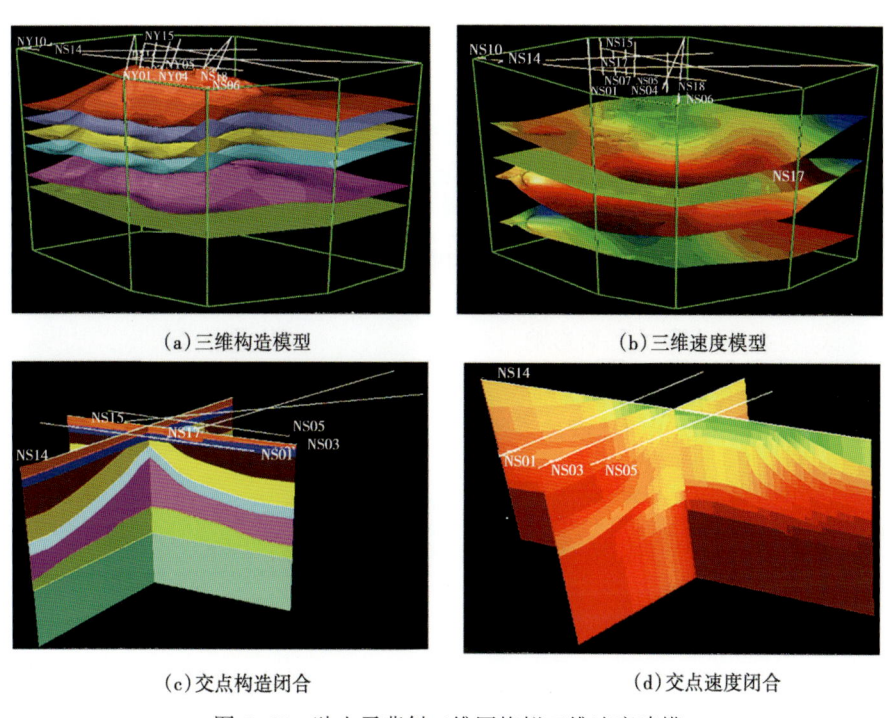

图6-83 独山子背斜二维网格拟三维速度建模

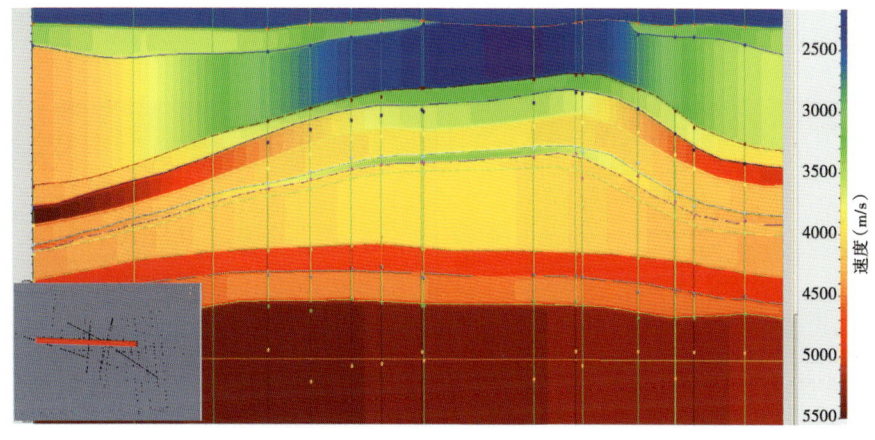

图6-84 独山子背斜DS201103K测线速度模型

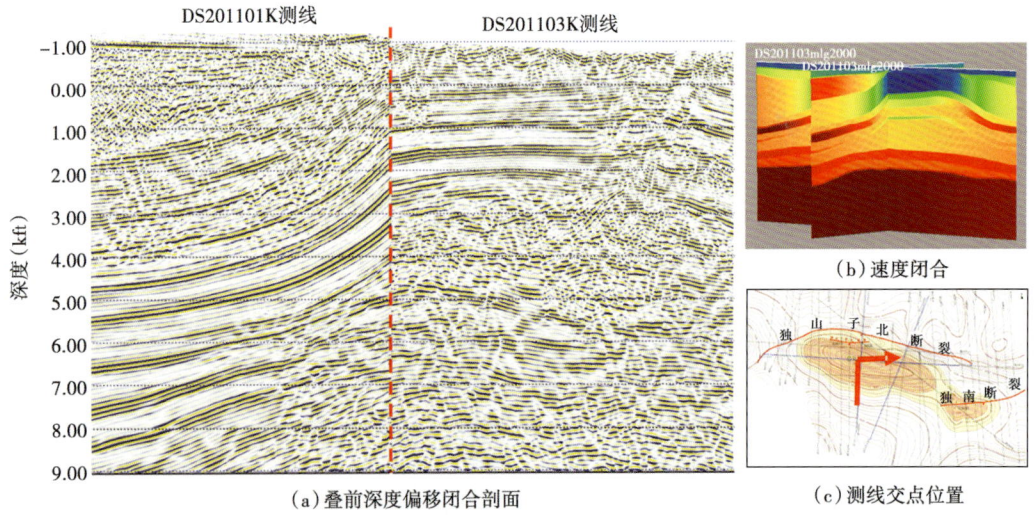

图6-85 独山子背斜DS201101K测线、DS201103K测线叠前深度偏移剖面及速度、层位闭合图

3. 构造认识对速度建模的约束影响

本节展示了基于构造认识对速度建模实施精细化处理后,相应的速度建模与偏移成像实例。图6-86展示了构造认识对速度建模的约束影响,简单刻画构造及速度模型,优化构造

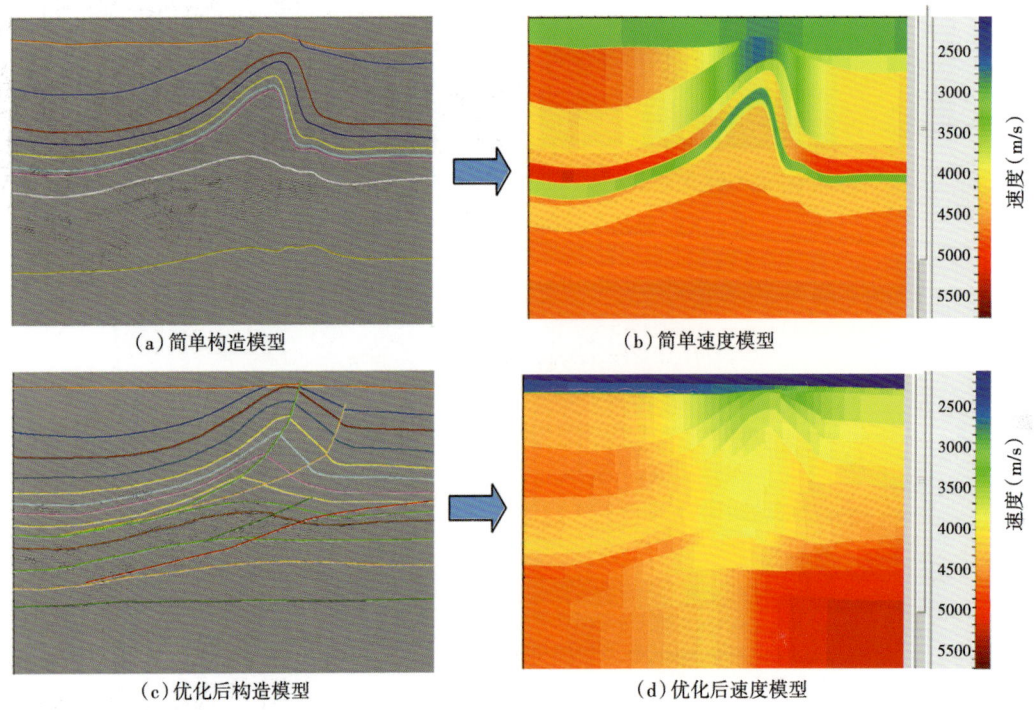

图6-86 简单刻画构造及速度模型以及优化构造及速度模型对比

及速度模型对比；图6-87展示了构造认识对速度建模的约束影响，简单刻画构造及速度模型，优化构造及速度模型对叠前深度偏移造成的影响对比。图6-88展示了构造认识对速度建模的约束影响，初始速度模型及最终速度模型的叠前深度偏移对比；图6-89展示了构造认识对速度建模的约束影响，简单刻画构造及速度模型，优化构造及速度模型对叠前深度偏移造成的影响对比。可以看到在精细构造解释信息对偏移速度模型实施约束之后，对应的偏移成像结果有相当大的改善，对构造细节和大角度的高陡构造成像尤为有利。

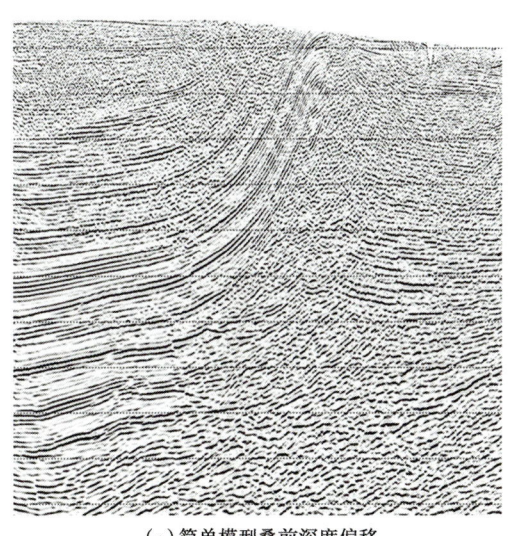
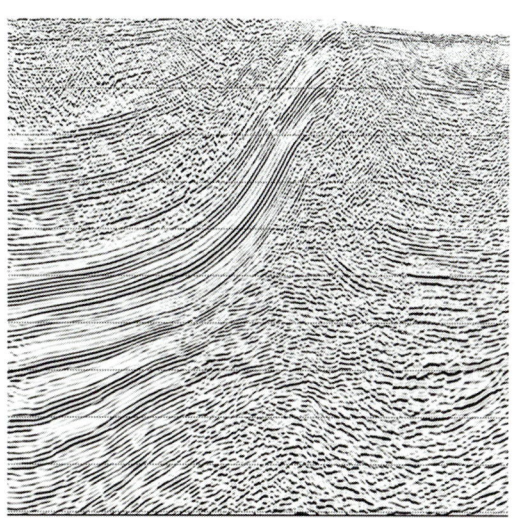

(a) 简单模型叠前深度偏移　　　　　　(b) 优化模型叠前深度偏移

图 6-87　简单刻画构造及速度模型与优化构造及速度模型对叠前深度偏移造成的影响对比

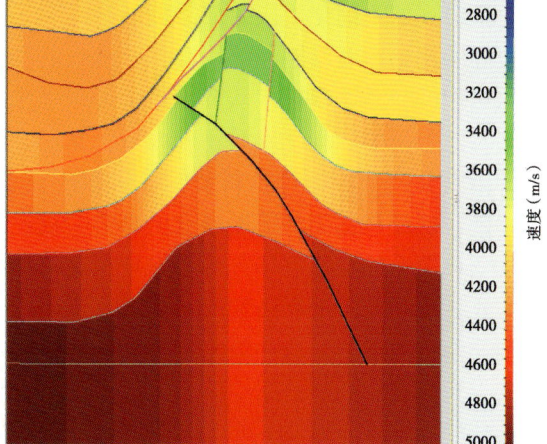

(a) 初始速度模型　　　　　　　　　　(b) 最终速度模型

图 6-88　简单刻画构造及速度模型以及优化构造及速度模型对叠前深度偏移造成的影响对比

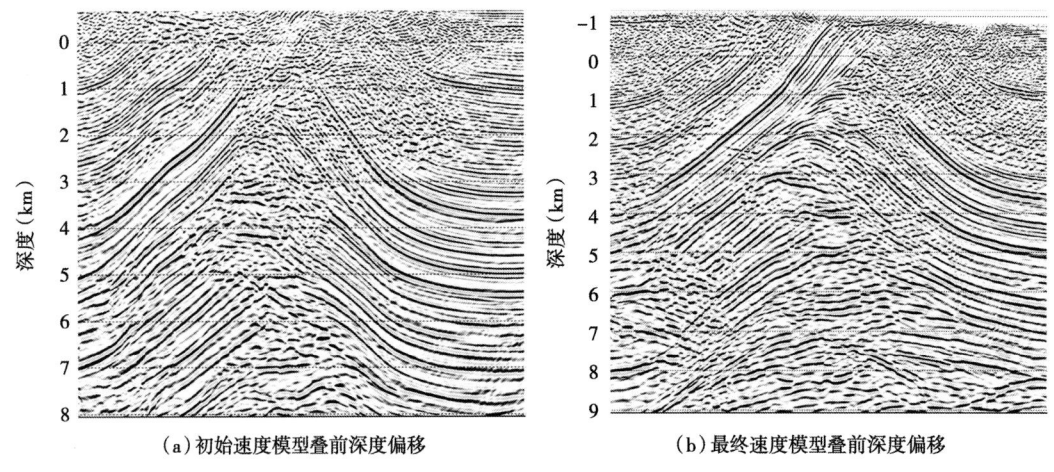

(a)初始速度模型叠前深度偏移　　　　(b)最终速度模型叠前深度偏移

图 6-89　初始速度模型及最终速度模型的叠前深度偏移对比

五、小结

获得具有地质一致性的偏移速度模型是勘探地球物理界长期以来寻求的目标。从反演理论出发，获得地质一致性模型的本质就是在层析反演中如何施加地层格架信息的一个正则化问题。有趣的是，新疆油田公司在偏移速度建模方面的研究和积累符合地质一致性偏移速度建模理论的所有要求。比如构造约束建模一直是新疆油田公司在偏移速度建模方面的一个很有特色的应用成果；而基于大量二维测线的区域速度场建立则是实现构造约束建模的一个重要的前期工作；二维拟三维深度偏移速度建模使得从大量二维测线深度模型近似转换为三维模型在实践中不再有任何障碍；构造约束下的井控偏移速度建模则用一种朴实无华的手段将地质一致性偏移速度建模转化成为现实。

一个合理的正则化手段，如果能结合一个好的初始模型，显然将大幅提高反演收敛的概率。合理的初始速度模型能够提高偏移成像的稳定性与速度反演的准确性，从而为精确速度模型的迭代反演提供基础。从反演理论的角度来说，建立一个具有正确构造意义的初始模型等于同时做了两件有利于反演正确收敛的事情。因此如新疆油田公司技术人员在实践中所坚持的，用已有的 VSP 速度资料及钻井资料约束叠前偏移速度场，在纵向上通过测井速度约束层速度，形成与钻测井速度吻合的趋势，横向上保留地震处理速度低频趋势，建立反映空间相对变化关系的层速度场，作为深度偏移初始层速度模型，正是反演理论所要求的。

需要指出，基于地层格架（或构造信息）约束下的层析反演对于提供地质一致性的偏移速度建模至关重要。这种策略的最大优势是层析方程组的病态性有了极大的改善，未知数大幅变少意味着在同等数据空间密度下，求解的精度和效率同时得到了大幅提高。更重要的是，这种约束（或正则化）的使用摆脱了之前传统正则化手段导致模型光滑的缺陷，甚至无需用传统的 B 样条系数表达速度模型，具有明确的地质意义，可以认为是最合理的正则化手段。新疆油田公司在南缘山前资料处理中所做的一切，都完全符合反演理论的要求，因此在实践中获得良好的应用效果是意料之中的。

第五节 霍尔果斯地区三维复杂构造建模与偏移成像

一、概况

霍尔果斯背斜在区域上属于准噶尔盆地南缘山前第二排构造带，与吐谷鲁背斜、玛纳斯背斜统称准噶尔盆地南缘霍玛吐背斜带，在空间上呈"品"字形分布。霍尔果斯构造是准噶尔盆地南缘西部典型的山前高陡型构造，构造形态为一完整的长轴背斜构造，位于滑脱断裂下盘，走向为东西向。该区地下构造复杂，地层倾角大。霍尔果斯背斜构造主体及东、西围斜缓坡带，处于油气运移指向区（图6-90，图6-91），油气源落实，构造位置优越。控制储量：油气当量4775×10^4t。2003年8月26日，霍尔果斯背斜钻探霍10井在古近系紫泥泉子组获得重大突破，展示了该区油气勘探前景。但由于霍尔果斯背斜存在构造与油气藏两大复杂因素，霍001井、霍002井、霍003井等钻探相继失利。

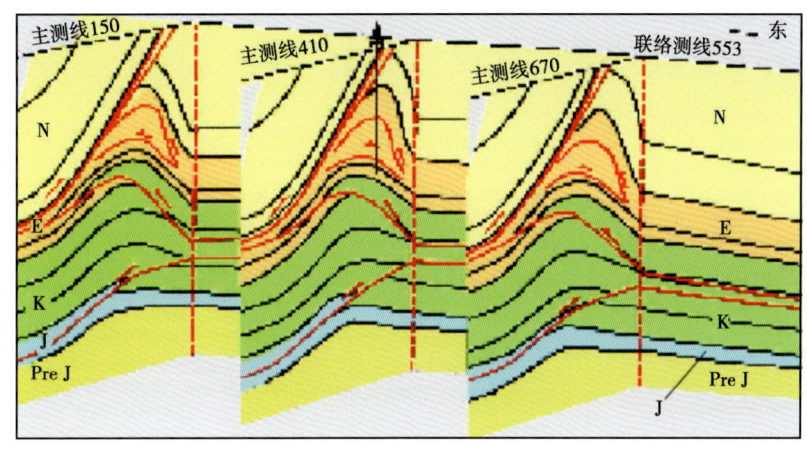

图6-90 霍尔果斯背斜构造模式

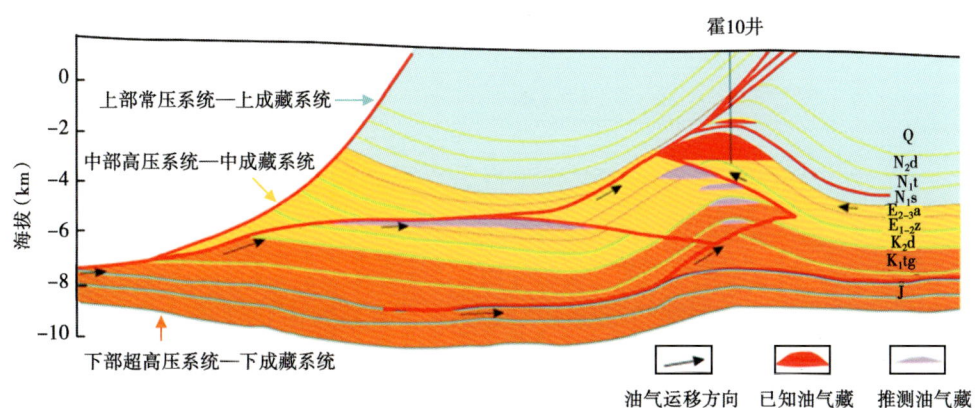

图6-91 霍尔果斯背斜油气成藏模式

为了深入研究本区的复杂构造和油气藏模式，进一步查明准噶尔盆地南缘霍尔果斯背斜中浅层构造形态，寻找中下组合油气藏圈闭及新的油气藏目标、优选可钻探目标，新疆油田公司于2013年在准噶尔盆地南缘霍尔果斯背斜部署了一块满覆盖面积40km²的单点激发、单点接收的高密度三维地震的采集与处理工区，设计面元大小5m×5m，设计满覆盖次数360次，该项目采集部分由川庆物探公司采用斯伦贝谢UniQ采集系统完成。表6-2是工区野外一些重要的采集参数。

表6-2　霍尔果斯背斜高密度三维工区野外采集因素及工作量综合表

	名称	参数	名称	参数
观测系统	观测系统类型	正交24L20S1200R	最大炮检距（m）	6456
	接收道数	24×1200=28800	最大纵距（m）	5995
	覆盖次数	12横×30纵=360次	最大非纵距（m）	2395
	CMP面元（m）	5×5	横纵比	0.4
	接收线距（m）	200	炮线距（m）	200
	炮点距（m）	10	道距（m）	10
	束间滚动距离（m）	200		
激发因素	震源类型	炸药	药量（kg）	3~6
	井深（m）	6~10	井数	单井
接收因素	检波器型号	GAC加速度检波器	检波器频率（Hz）	1.45~250
	仪器型号	UniQ系统	记录格式	SEGD
	记录长度（s）	8	采样间隔（ms）	2（部分1）
工作量	总炮数（炮）	50460	总检波点数	151840
	炮排	87	束线数	29
	检波线数	52	总地震道	18亿道
	施工面积（km²）	216.138	野外总数据量	32TB
	资料面积（km²）	153.6	满覆盖面积（km²）	40.25（11.5×3.5）

霍尔果斯构造位于准噶尔盆地南缘山前构造带，渐新统安集海河组倾角大，泥页岩层理发育、断层多、破碎，构造地应力在纵、横方向上的分布复杂。需要进一步查明南缘霍尔果斯背斜东围斜中浅层构造形态，寻找中下组合油气藏圈闭，寻找新的油气藏目标，优选可钻探目标。

本次处理的主要目的包括：（1）落实勘探目的层古近系紫泥泉子组、白垩系东沟组（参见图6-92）；（2）落实霍尔果斯背斜目的层轴部断裂特征及断点准确位置；（3）落实霍10井与霍101井间目的层层位及构造关系；（4）落实三维区内断裂系统、构造结构与目的层圈闭特征。

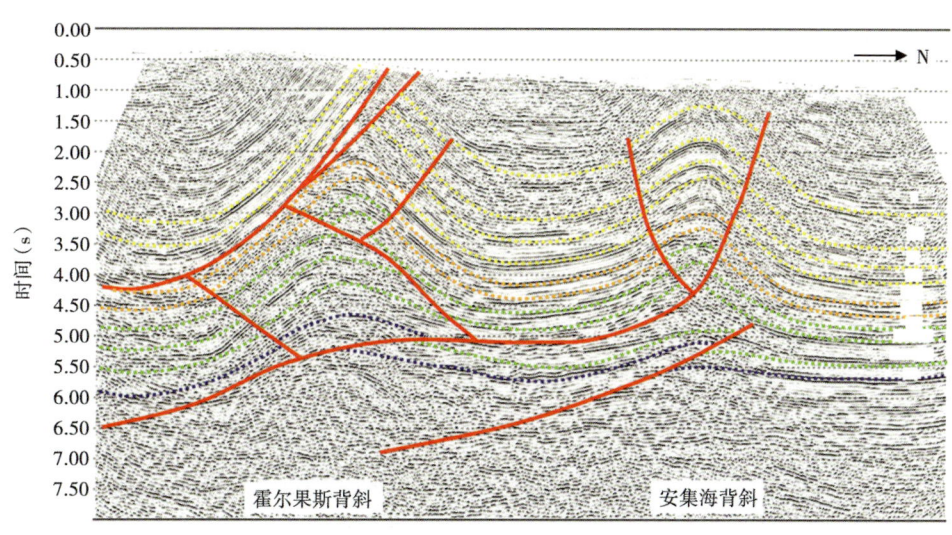

图 6-92 霍尔果斯背斜主测线剖面及地层关系

二、地震数据处理总体思路

1. 技术思路

通过对原始资料分析和处理难点分析，根据地质任务要求，本次资料处理以提高信噪比和提高成像精度为主。基本处理原则是：在保真与相对保幅处理的前提下，最大程度保护弱有效信号，提高信噪比；能量平衡补偿不破坏岩性的地震响应特征；建立符合地质规律的地下速度场，保证最终偏移成像质量。整个处理的基本技术流程如图 6-93 所示。

首先，针对工区由于地形起伏、地表条件多变引起的严重静校正问题，采用基于初至拾取的折射层析静校正方法结合地表一致性剩余静校正来解决。在静校正尤其是中短波长静校正得到有效解决的基础上，接下来采用面向偏移成像的多域、多种算法逐级去噪的思路，逐步解决了工区的外源干扰、面波、导波和环境噪声。

面波、异常能量对叠前深度偏移成像影响较大，相对规则的浅层折射和随机噪声影响较小。面向时间域强去噪方法能够提高叠加速度分析精度，有利于时间域成像；叠前深度偏移相对常规叠加对规则噪声有较好的压制作用，因此面向深度域的去噪方式应该采用相对较弱的去噪方法以尽可能保护低频，提高剩余延迟谱质量。图 6-94 展示了面向时间域叠前去噪和面向深度成像的叠前去噪效果对比。

针对资料的振幅、子波地表一致性问题，采用稳健地表一致性反褶积。相对传统的地表一致性振幅补偿及地表一致性反褶积，稳健地表一致性具有运行效率高、算法稳健、不易受噪声干扰、一步实现振幅补偿和反褶积运算等几大特点。值得一提的是，尽管稳健地表一致性反褶积在处理流程当中位于噪声压制之后，但是为了更好地保护有效波并压制真正噪声，在去噪前首先应用了初始的地表一致性振幅补偿，在去噪之后又去除了初始地表一致性振幅补偿，然后进行了稳健地表一致性反褶积及振幅补偿。

本资料的采集设计纵横比只有 0.4 左右，属于窄方位角资料。为了尽可能应用前沿的处

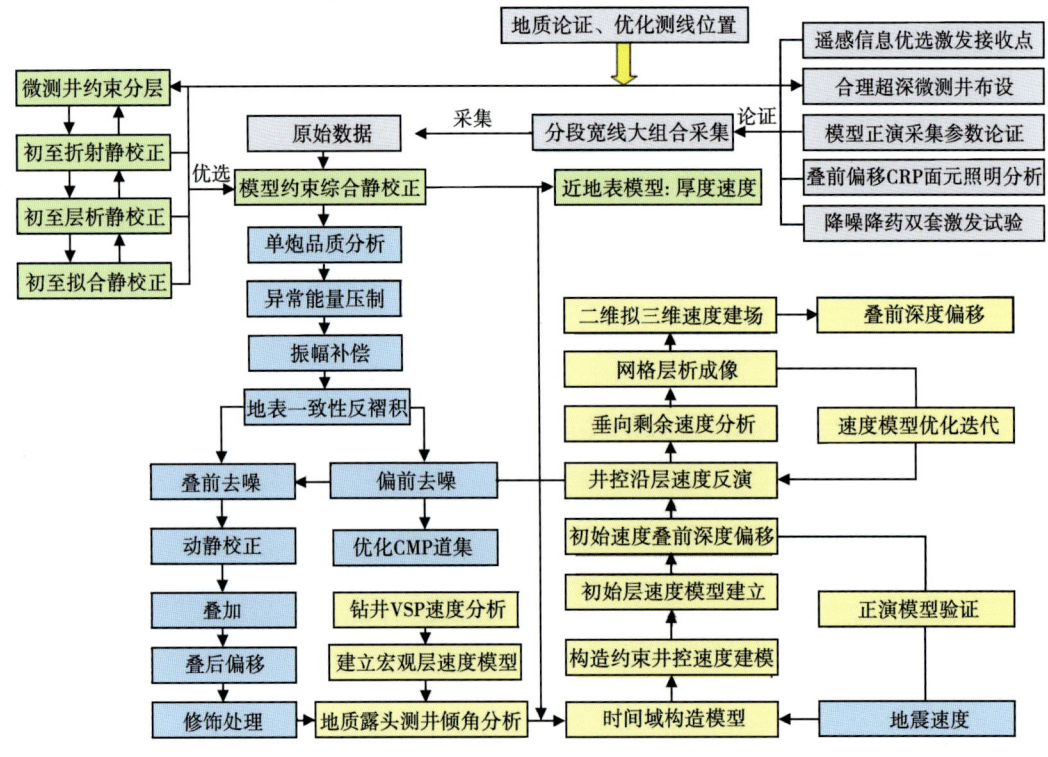

图 6-93 南缘复杂构造成像关键技术处理流程

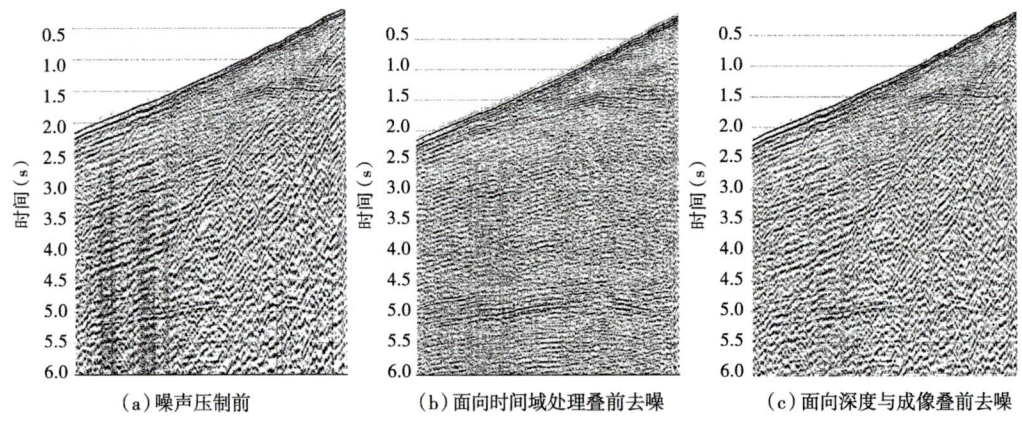

图 6-94 面向时间域叠前去噪和面向深度成像的叠前去噪效果对比

理技术,针对本资料采用了 OVT 域处理,如 OVT 域匹配追踪 Fourier 插值及规则化、OVT 域叠前偏移、真方位层析反演等。对霍尔果斯背斜复杂构造来说最关键的速度建模问题,在这一环节,基本思路是:(1)多种技术联合建模,例如回转波层析反演为建立深偏浅层速度模型的主要手段,反射波层析反演为更新深偏深层模型的主要手段;(2)建模早期阶段即建立 TTI 各向异性模型,模型和各向异性参数以有限井资料为参考但不作为硬约束;

（3）一个好的速度模型必须尊重道集的拉平和成像的合理性；（4）真正的好模型应该可以同时适应叠前深度偏移、叠前时间偏移和叠后时间偏移，因此在处理中叠前、叠后时间偏移应以适应于叠前深度偏移的速度模型作为统一的模型来源。

2. 关键处理技术及参数选定

1）关键处理技术及参数选定——折射层析静校正

传统方法如初至波和折射波法各自存在优缺点，而折射层析技术综合以上两种方法的优点，同时利用初至波和折射波信息，以及更多炮检距的信息进行反演，在无法得到相对准确的初始模型的情况下可得到更好的结果。折射层析静校正计算的方法能适宜一定精确度范围内的初至，但是要求提供的初至信息有一致的趋势。其计算方法是随着偏移距增加，回转波射线经历速度也增加，使得初至显示为一个有曲率的曲线。根据用户给定的折射波的最小偏移距和最大偏移距范围来划分模型网格。根据每个网格中的射线路径反演出层速度和对应厚度。根据反演模型可算出"低频"静校正即模型静校正，而模型预测出的初至与输入初至拾取之间的残差又可进一步经地表一致性分解，求取出所谓"高频"部分。实际应用的静校正量为二者总和。因此层析静校正可以同时解决中、长波长静校正量和大部分的高频静校正量。

折射层析静校正法测试参数包括：采用的最小、最大偏移距范围，模型层数，替换速度，中间基准面的选择等。本资料拾取的初至最大偏移距可达 5.5km，研究测试了最大偏移距 2.4km、3.0km、3.5km、4.0km；测试了不同的替换速度 2500m/s、3000m/s、3500m/s；也测试了不同的中间基准面，包括缺省的高速层顶界面及给定一个固定水平面作为中间基准面。

测试结果确定了最终参数如下：最大偏移距 2.4km，三层模型，替换速度 2500m/s，中间基准面缺省状态即第三层的顶面高程，最终基准面海拔 1500m。图 6-95 到图 6-97 给出未应用任何静校正量的叠加剖面、应用高程静校正量的叠加剖面及应用折射层析静校正量的叠加剖面。从这些图件中可以发现，无论背斜核部、两翼的陡倾构造区还是工区最南、最北边水平构造区，折射层析静校正法对不同倾角同相轴的连续性都带来了较大改善，成像质量得到较大提高。

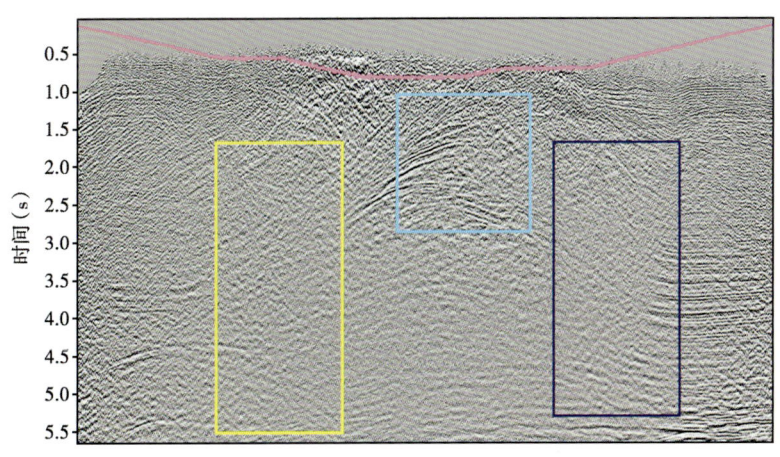

图 6-95　未应用静校正量的叠加剖面

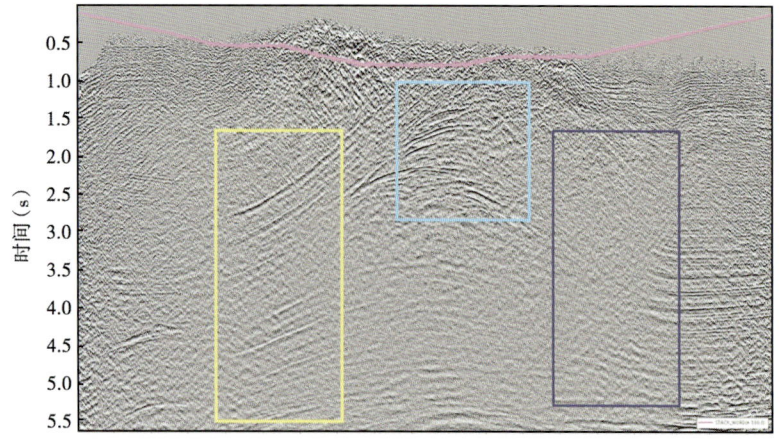

图 6-96　应用高程静校正量后叠加剖面

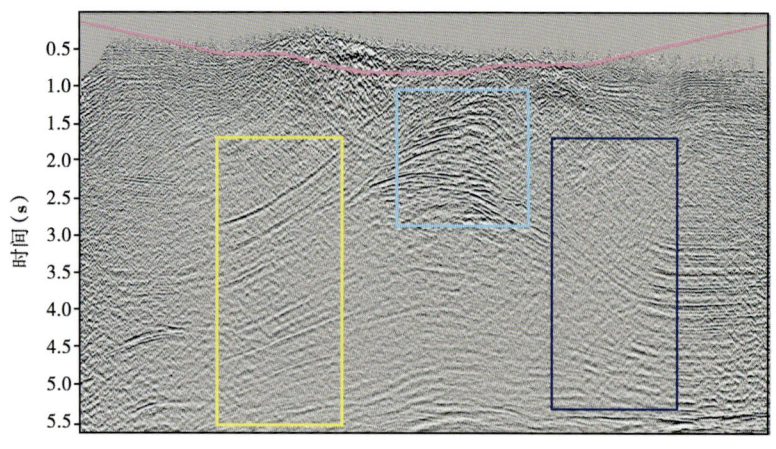

图 6-97　应用折射层析静校正量后叠加剖面

2）关键处理技术及参数选定——叠加速度拾取

已钻井的 VSP 测井速度分析表明，霍尔果斯背斜发育大型逆掩断裂，目的层紫泥泉子组之上存在两大速度结构层，新近系沙湾组之上为高速层，其位于霍玛吐断裂上盘；霍玛吐断裂下盘为安集海河组欠压实泥岩低速层。受霍玛吐逆掩推覆断裂的控制，高速层逆掩推覆在低速层之上，逆冲面两侧介质速度差别较大而形成横向速度急剧变化，倒转现象明显。逆冲面是极强的波阻抗面，不均匀介质会使能量散射，射线经过断面发生很大转折，速度横向变化大，由此导致叠加剖面出现局部弱反射区和盲区，求取正确的叠加速度异常困难。断裂附近的叠加速度谱时常出现速度倒转且紊乱，甚至无法拾取的情况。因此，根据工区地下复杂构造形成机制及构造特征，总结出一套合理获取霍尔果斯背斜叠加速度场的方法，同时在叠加速度谱的拾取过程中强调层位与断裂的控制。

针对该区构造特点，指定相应的速度分析方案：

(1) 在数据处理早期，首轮速度拾取采用常速速度扫描（CVS）方式，在一个足够宽的速度范围内从浅至深寻找能够产生最佳叠加效果的速度值。同时，速度分析流程中采用扩大面元来增加道集覆盖次数，从而提高输入道集信噪比和速度扫描小叠加段的质量，此外，这步过程特别需要处理人员对该地区速度场背景有一定了解，可辅以其他非地震勘探成果，如 VSP、测井、地质解释、构造演化等等先验知识，才能够时时指导、质控速度场的各种变化，排除一些不确定性；

(2) 地震数据经过基础去噪处理后，资料信噪比得到很大程度的提高，此时，采用变速度扫描（MVFS）及人工交互速度拾取的方式，围绕参考速度场在一定百分比范围内扰动，调整速度，以尽量保证叠加效果最佳、并兼顾道集拉平为原则来拾取速度；

(3) 在每次剩余静校正量应用之后，继续对速度进行解释，但基本上属于速度微调的过程；

(4) 人工速度拾取点的密度毕竟有限，难以做到非常细致，空间连续速度拾取 SCVA 技术可以自动拾取更密的速度场改进偏移后叠加质量，实现了叠加速度体的高精细化拾取。

以下图件来自第一轮叠加速度拾取的过程。在目标线中从南向北选取四个速度分析点产生速度分析质控图（图6-98、图6-99），从左至右分别为速度谱、CMP 道集和采用21 个常数速度函数的扫描叠加。在速度谱图中，白色线代表人工拾取的 RMS 速度趋势线，黑色实线为该位置处 VSP 速度，黄色折线代表层速度。对应 MVFS 图中，黑色线表示人工拾取的 RMS 速度变化趋势，其他颜色分别表示该速度分析点之前和之后的 RMS 速度变化趋势。这些辅助曲线可以帮助我们在拾取速度的过程中参考浅层 VSP 速度、借鉴相邻速度点速度场来质控当前分析点的速度。

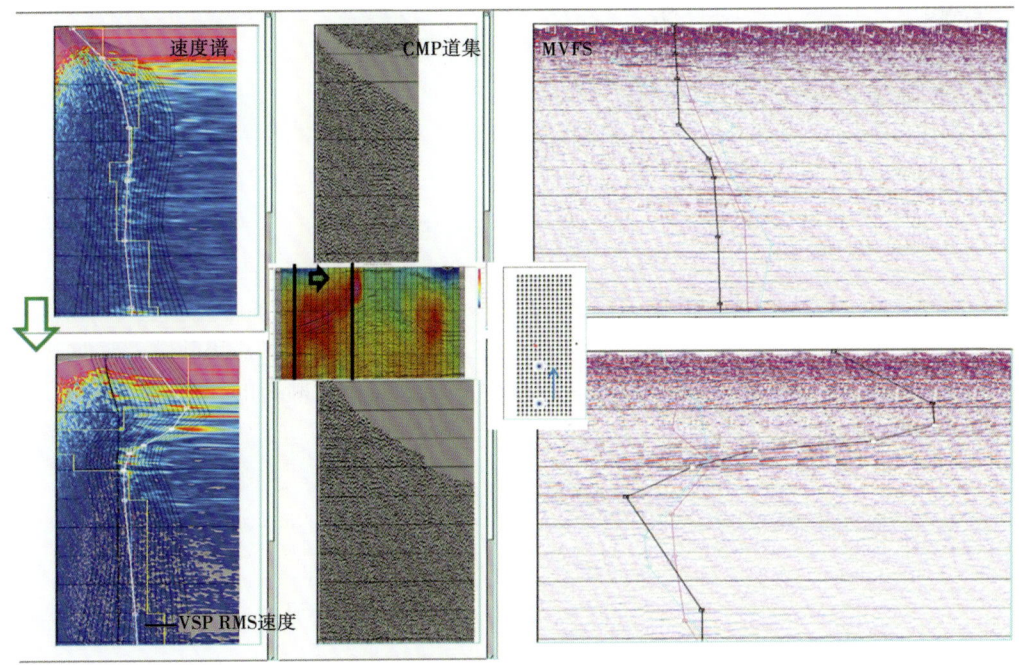

图6-98 叠加速度拾取质控点1~2

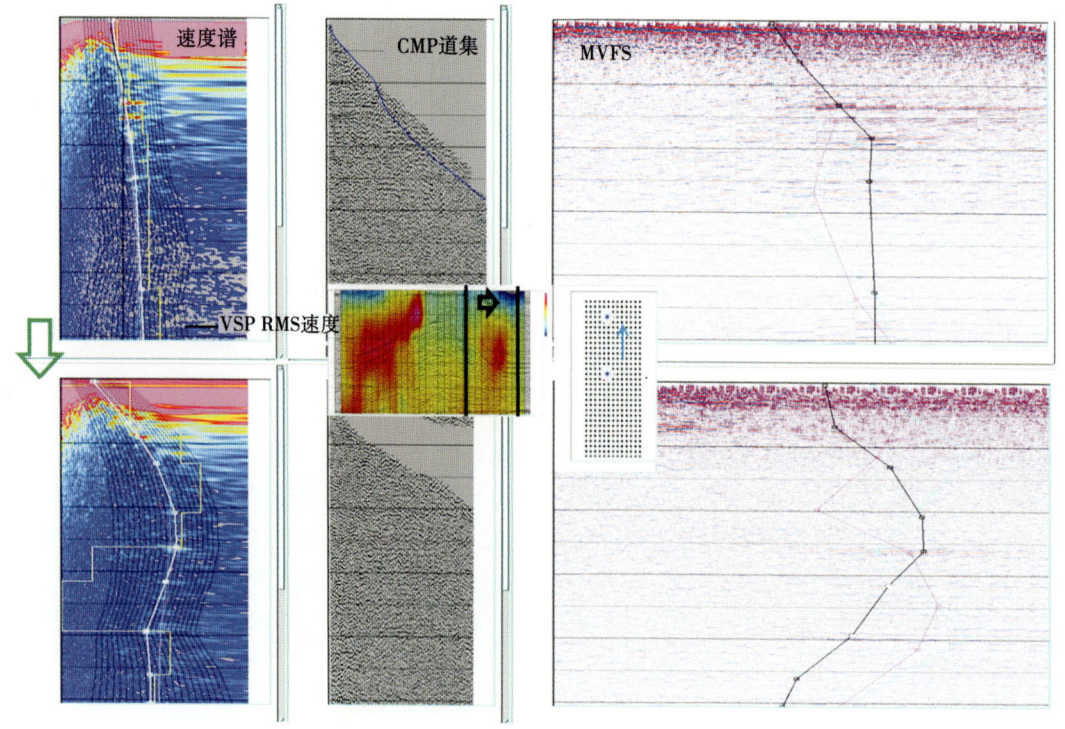

图 6-99 叠加速度拾取质控点 3~4

从图中可以看到，层速度反转现象出现在勘探目标区，这一反转已经经过早期地质结构调查的验证，也是我们所期待的现象。但是如何准确量化这一现象，只有通过是否能够改善目标区叠加效果来判断。图 6-100 给出了三条目标线叠加速度场，在逆掩推覆构造处，RMS 速度的横向和纵向梯度变化较大。远离陡倾构造区，速度趋势基本上满足随深度递增的关系。

3）关键处理技术及参数选定——叠前时间偏移建模及成像

在复杂构造模型建立中，尽管在初始模型的建立上利用了地质先验信息，但是在迭代过程中，一旦地质信息不能有效地在速度分析中发挥作用，就会造成速度规律与区域地质认识不符的现象，成像就会不理想。因此，速度场建立基本原则是：遵循地质规律、充分认识区域地质特点、牢记构造特点、利用井资料，共同指导速度拾取，特别是逆冲面附近。令地质信息在处理的各环节发挥作用，才可以使速度分析合理，构造模型符合地质规律，成像质量才能有效提高。

Kirchhoff 叠前时间偏移方法具有如下特点：（1）适用于二维/三维；（2）回转射线算法可以使 90°倾角地层归位；（3）考虑直射线、曲射线及各向异性；（4）对所有倾角均具有抗假频特性；（5）真振幅处理；（6）偏移基准面选取灵活，可以从不规则的浮动基准面开始偏移。Kirchhoff 叠前时间偏移的关键是偏移速度场的准确性。

传统速度拾取步骤是：首先利用前期平滑后的叠加速度作为参考速度场，进行目标线叠

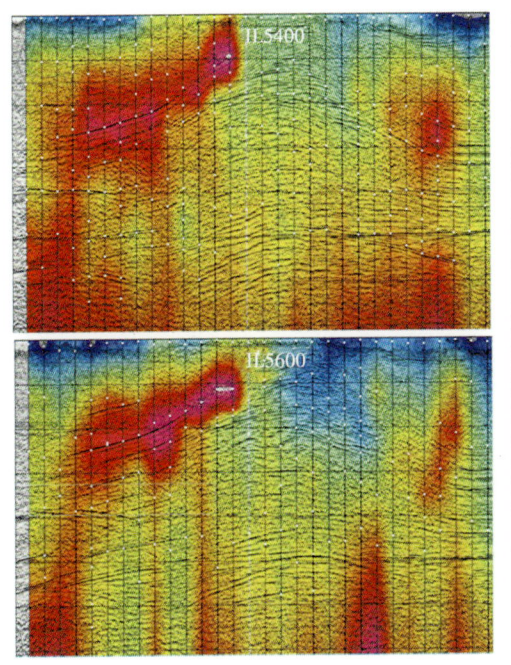
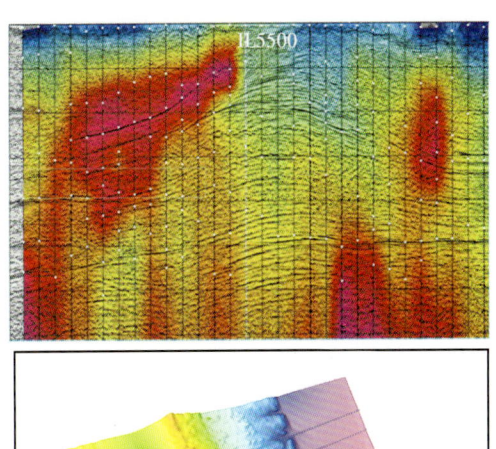
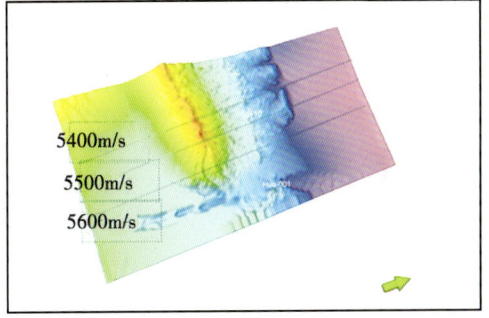

图 6-100　目标线叠加速度场

前时间偏移，得到 CRP 道集，开始速度分析，多次迭代优化层速度，根据偏移道集是否被拉平、成像是否优化建立叠前时间偏移速度场。这一思路应用于简单地质构造，效果比较明显。但是，对于类似霍尔果斯背斜这样多期复杂构造重叠的区域，叠前时间偏移速度建模与成像都会面临严峻考验。

叠前时间偏移的重要假设是速度横向变化缓慢，不适应霍尔果斯背斜高陡构造；即便采用准确的速度场进行叠前时间偏移也不能保证高陡构造部位的道集完全被拉平；因此一味地在目标线上追求道集拉平进行速度建模永远不会得到有地质意义的、合理的速度模型；目前出现的叠前时间偏移算法都无法考虑 TTI 各向异性；同时，研究表明本区不是简单的各向同性或者 VTI 各向异性介质，这是不能依赖于时间偏移道集拉平来建立时间偏移速度场的又一原因。

地下速度模型只有一个，一个准确的速度模型将会适用于所有偏移算法（叠后偏移、叠前时间偏移和叠前深度偏移）。因此，提出了适合该区的叠前时间偏移速度场建模思路，具体来说：（1）以最新叠前深度偏移速度模型为起点，转换到时间域建立全局时间域速度场；（2）针对构造核心部位，结合速度扫描手段，保证偏移成像效果具有地质合理性，同时一定程度上兼顾道集基本拉平，共同确立合适的速度扰动系数；（3）加入速度扫描的认识，重新修正速度模型，同时参考钻井中地层压力值、霍 10 井 VSP 速度及声波速度，将低速层的速度微调到一个合理的水平，最终确定叠前时间偏移体偏速度场。

图 6-101 给出采用不同扫描参数得到的偏移速度场。扫描过程保证解释层位安集海河组之上速度不变，仅扫描该层位之下的速度场，从 40% 至 100%，速度最大可降至 1800m/s。对应的过霍 10 井线的叠前时间成像结果见图 6-102 至图 6-108，可以看出：对于目的层紫

泥泉子组附近，较低的速度可以让成像结果更趋于合理；但是深层，特别西山窑煤层上下，速度过低明显导致欠偏移，绕射明显收敛不够；在南北两侧缺乏井资料，但速度分析上明确指示出安集海河组低速层的存在。通过速度扫描，该低速带的深度范围大致可以限制在安集海河组与紫泥泉子组之间，横向延伸至整个工区。图6-109展示了过霍10井主测线IL5390的最终时间偏移速度场。

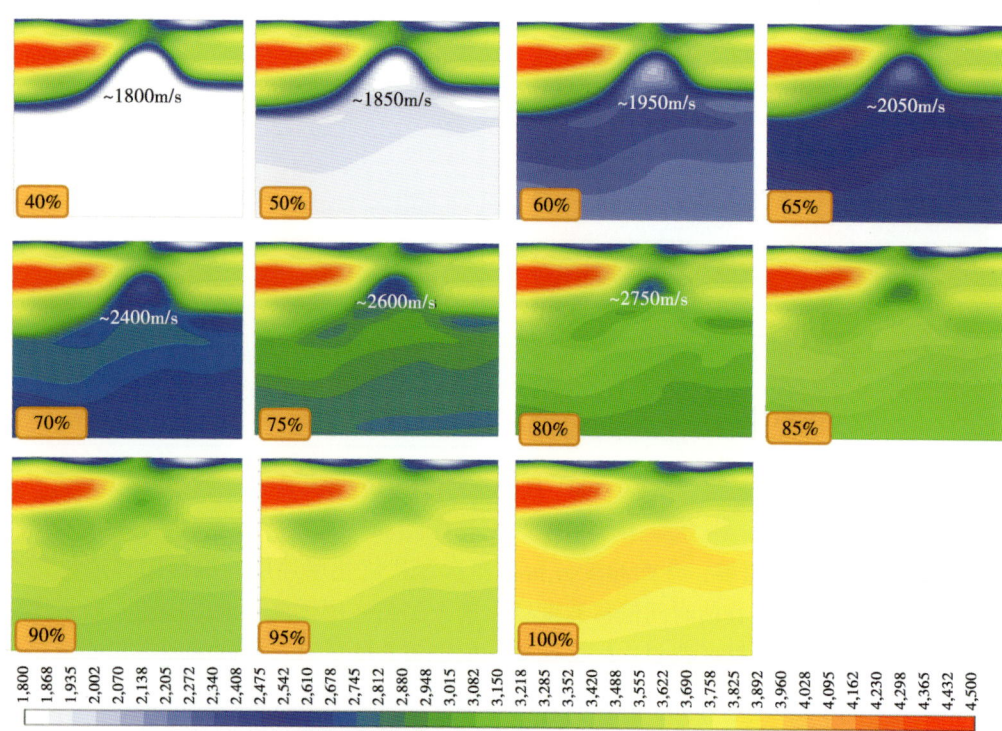

图6-101 叠前时间偏移速度扫描中不同比例的速度场

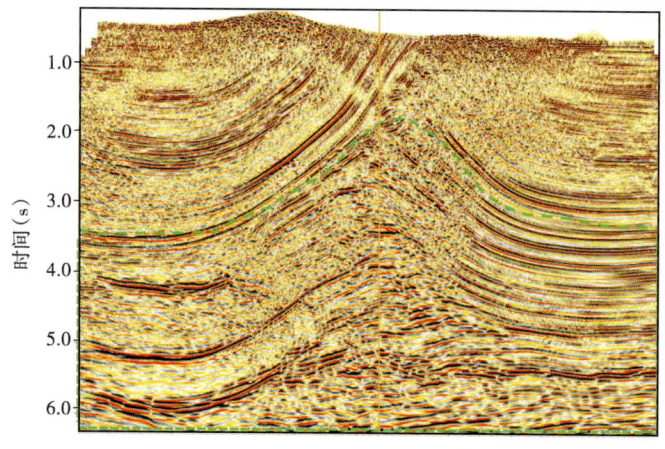

图6-102 100%扫描比例的叠前时间偏移结果

【第六章】 南缘复杂构造速度建模与偏移成像

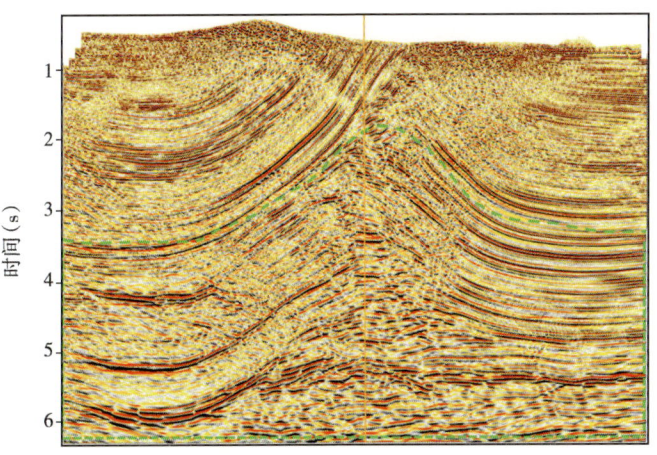

图 6-103　90%扫描比例的叠前时间偏移结果

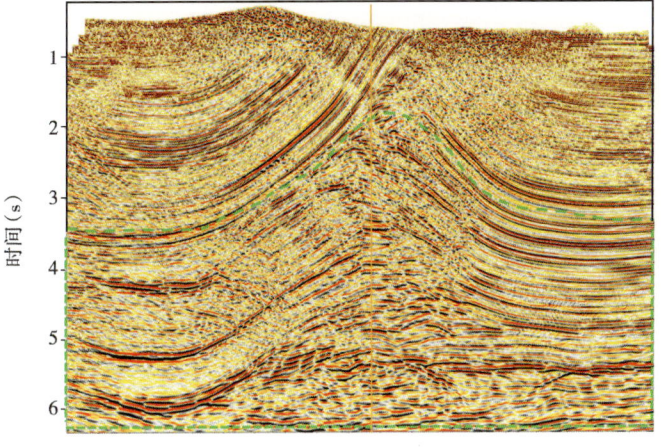

图 6-104　80%扫描比例的叠前时间偏移结果

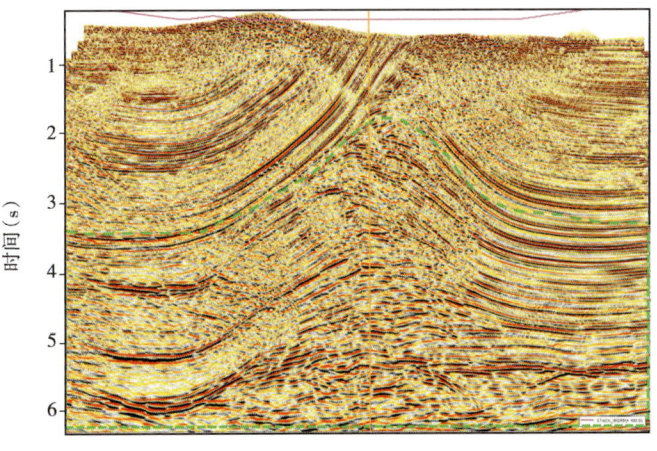

图 6-105　70%扫描比例的叠前时间偏移结果

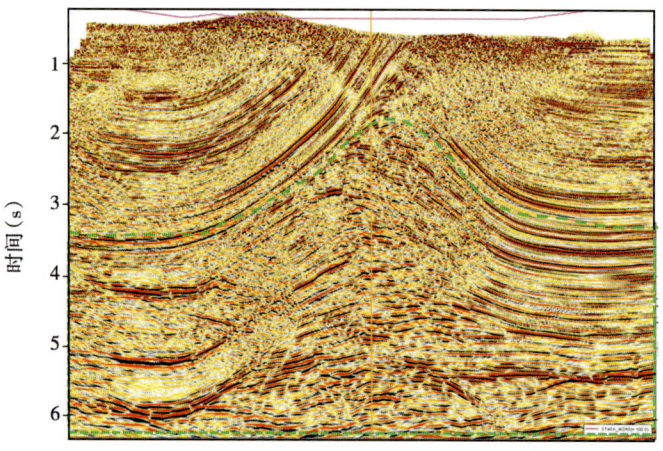

图 6-106 60%扫描比例的叠前时间偏移结果

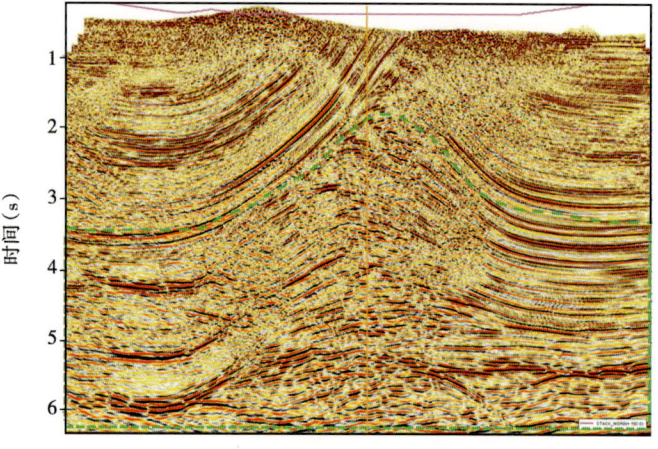

图 6-107 50%扫描比例的叠前时间偏移结果

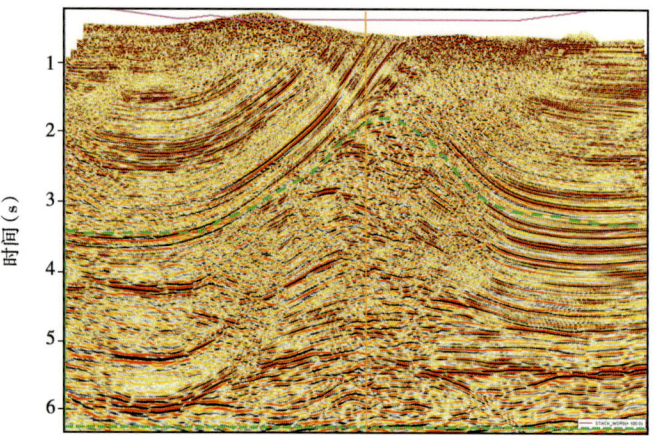

图 6-108 40%扫描比例的叠前时间偏移结果

【第六章】 南缘复杂构造速度建模与偏移成像

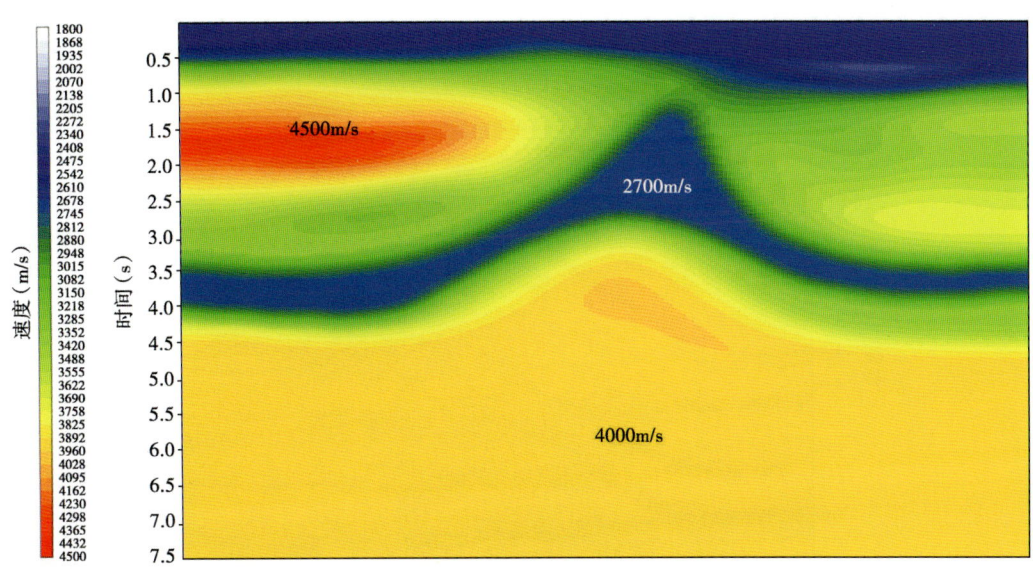

图 6-109　最终的叠前时间偏移及叠后时间偏移速度场

速度模型确立之后，对 Kirchhoff 叠前时间偏移进行了关键参数测试，包括偏移孔径、最大地质倾角、反假频参数等，以确保最佳偏移成像效果。首先，确定偏移孔径，偏移孔径大小的确定原则是在满足构造最大倾角完全归位的前提下，尽可能降低偏移孔径，减小偏移耗时。偏移孔径是由需要偏移的最深目的层时间、倾角和层速度确定的，所以需要选择大倾角测线进行偏移倾角扫描测试。最终确定的最大倾角 70°，最大偏移半孔径为 6km。图 6-110、图 6-111、图 6-112 分别展示了某目标线（IL5500 测线）的叠加成果、叠后时间偏移和叠前时间偏移结果。可以看出，时间偏移对地下构造的改变整体表现为：（1）将陡倾构造向其上倾方向移动，反射界面倾角更大，背斜两翼收紧，背斜水平高点保持不变，长度缩短，背斜整体范围缩小；（2）在主测线两侧中深层，叠加上"蝴蝶结"构造，偏移将会使

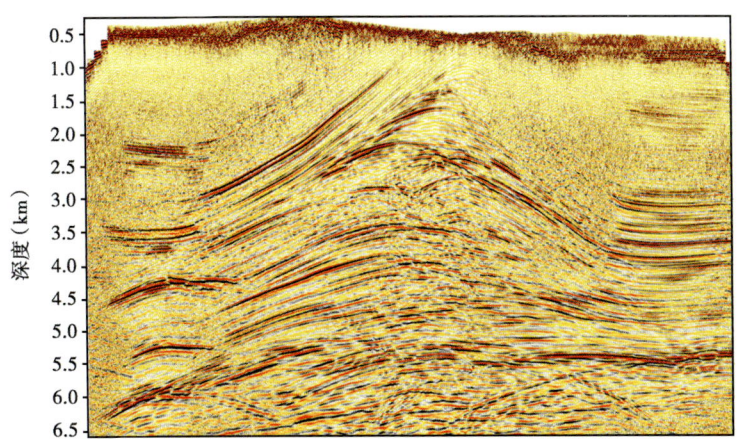

图 6-110　叠加成果目标线

— 325 —

绕射尾巴收敛，呈现向斜构造；（3）叠加上南北两侧水平地层仍表现为水平状；（4）叠后时间偏移和叠前时间偏移对目标层紫泥泉子组中发育的断裂带特征的成像相似，其中，霍—玛—吐断裂、层间滑脱断层以及逆断层的走向、倾向及倾角均相近。

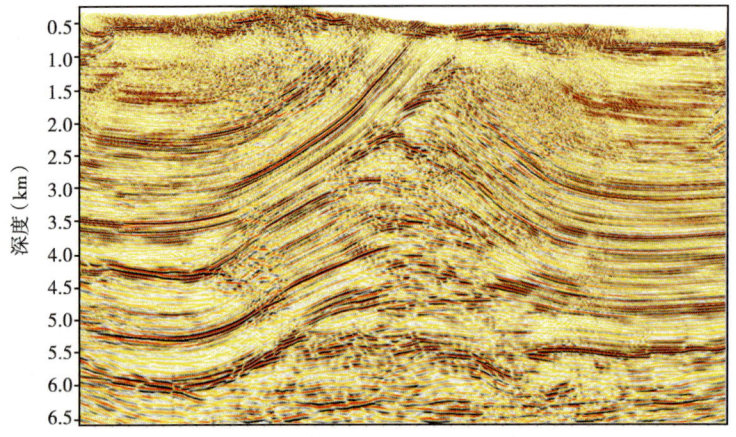

图 6-111　叠后时间偏移结果目标线

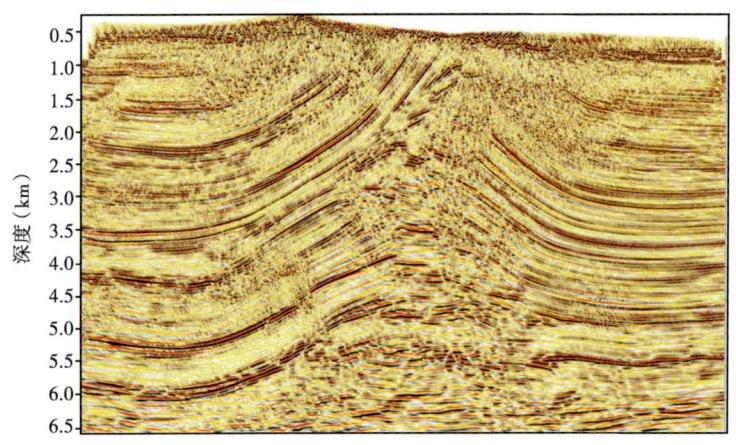

图 6-112　叠前时间偏移结果

时间偏移结果是否合理？这需要广泛论证。首先，Kirchhoff 时间偏移是基于横向速度变化弱的水平层状介质模型。在此假设前提下，不得不承认的事实是：违背了应用前提，很难保证成像结果的合理性；其次，时间偏移速度场必须要足够平滑，面对横向速度变化剧烈以及存在局部速度异常的情况，不够精确的速度场会对成像质量大打折扣；再次，在承认地下真实结构的复杂性、以及承认目前大部分地球物理技术建立在相对合理的假设条件下，做出适度的简化是技术发展的要求。但是，选择更合适、更先进的技术手段也是技术发展的趋势。

4）关键处理技术及参数选定——TTI 叠前深度偏移建模及成像

如第二节所述，时间偏移只适用于介质速度横向变化缓慢的情况。当速度在横向上剧烈变化时，时间偏移剖面所反映的构造形态不准确，而深度偏移可以较好地解决这个问题。理论上深度偏移可以在叠前进行，也可以在叠后进行。但是水平叠加的能量并非来自地下同一反射点，这时偏移速度无法反映速度突变的情况。当速度横向变化剧烈时叠后深度偏移将无法准确成像。而叠前深度偏移却能够满足这种速度横向剧烈变化对正确成像的要求，因此叠前深度偏移更适用于介质（速度）横向突变的地质条件。

叠前深度偏移成像方法更能实现地下构造的精确成像。但是叠前深度偏移对速度模型的依赖性很强，要求有一个能加入地质信息约束、宏观反映地下速度变化的深度域层速度模型，因此叠前深度偏移中的大部分工作是进行多轮反复的速度分析，以获得成像效果最好的层速度模型，并且在建模过程中要求处理人员与地质解释人员紧密合作，对地下地质情况的认识能在很大程度上影响叠前深度偏移的效果。而如何精确地建立叠前深度偏移的速度场，已成为三维叠前深度偏移成败的关键。目前求取速度场的方法有三种：层位控制法、网格层析成像法和网格层析成像、层位控制法、井控相结合的方法。本次建模采用第三种方法。Kirchhoff叠前深度偏移其实现原理是首先把地下地质体划分为一个个的单元网格，然后计算从地面每一个激发点位置到地下不同单元网格的旅行时。最后在孔径范围内沿着不同旅行时射线路径"收集"能量并叠加放在输出点位置上。

复杂山区的深度域构造成像存在很大的难题，主要是近地表条件复杂，高程变化剧烈，同时浅层资料覆盖次数低，有效反射信号弱，中深层速度变化剧烈，信噪比不高。这些都给深度域速度建模与成像带来了很大的难题。对此采用如下的技术对策，如图6-113所示。

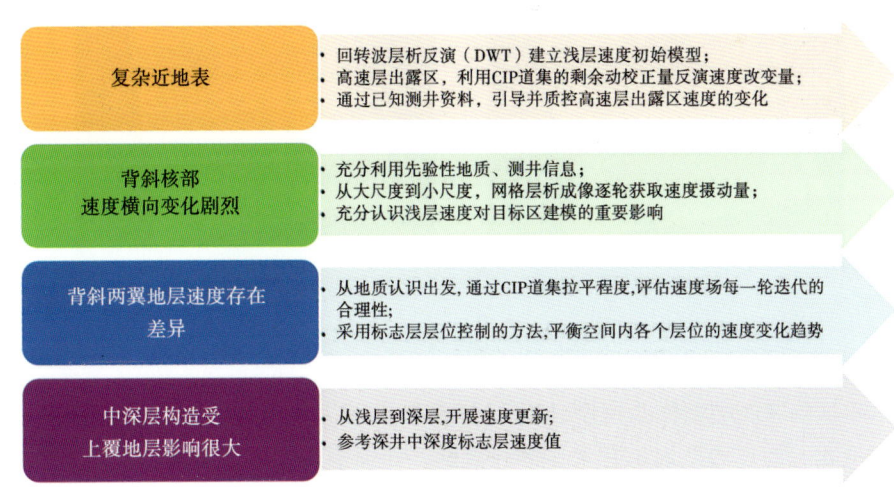

图6-113 深度域速度建模对策图

由于霍尔果斯山区高程变化剧烈，近地表结构复杂，低降速带中小尺度速度异常体会带来高频静校正差异，此外，深偏模型的分辨率没有能力分辨出小尺度速度异常体的存在。因此，速度建模需选取光滑地表面作为速度建模基准面。图6-114是偏移面选取示意图，黄线为真实起伏地表，蓝线为光滑地表，即选取的偏移基准面。霍尔果斯真地表和平滑地表见图6-115。为了保持速度模型与输入数据的基准面一致，也需要将地震数据校正到平滑地表。

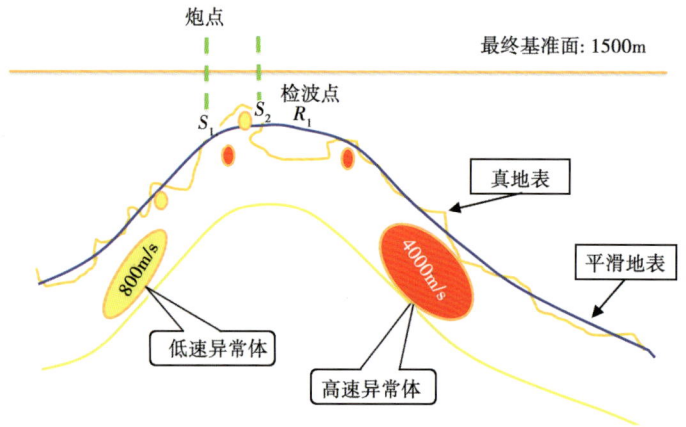

图 6-114　偏移基准面选取示意图

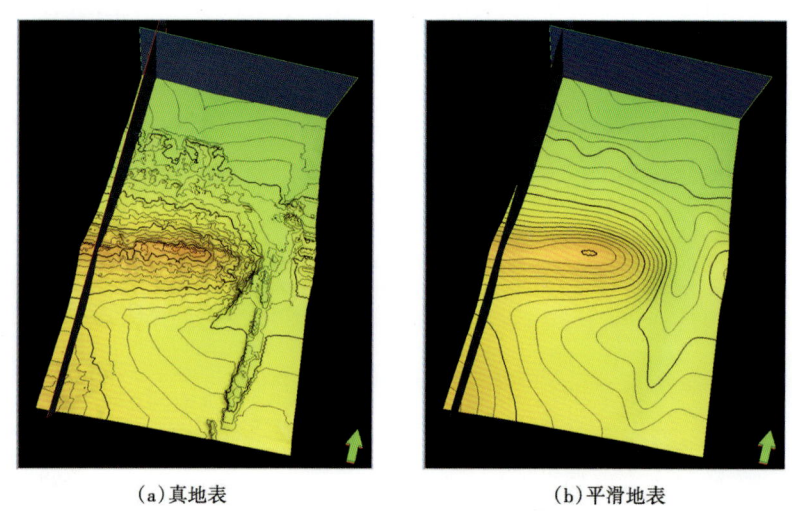

（a）真地表　　　　　　　　　　　（b）平滑地表

图 6-115　霍尔果斯真地表和平滑地表

注意这里选择 TTI 模型作为速度建场的主要考虑是：（1）裂缝及薄层的作用；（2）地下应力场的变化。经过前期地质背景、测井数据、处理报告、以往老成果甚至公开出版物等资料的大量搜集，对 TTI 深偏建模技术应用在霍尔果斯背斜的可行性做了系统的论证。

论据 1：构造高陡、断裂发育、速度空间变化剧烈。从成藏模式（图 6-116）可以看出，霍尔果斯背斜属于断裂—背斜油气藏。在浅部，受霍玛吐逆掩推覆断裂的控制，新近系沙湾组高速地层逆掩推覆在安集海河组低速地层之上，速度倒转现象显著。另外，地层高陡、断裂发育，断裂附近速度场横向变化剧烈；其次，褶皱调节断层会使得地层重叠、局部增厚，形成上陡下缓的构造形态特征；而深部的构造三角楔反向逆冲断层上盘地层褶皱变形明显。以上种种，说明了该区地下构造异常复杂，经过多期构造的改造运动影响，形成了复杂的复合构造。这直接导致地下速度场具有带有构造特征的各向异性。

【第六章】 南缘复杂构造速度建模与偏移成像

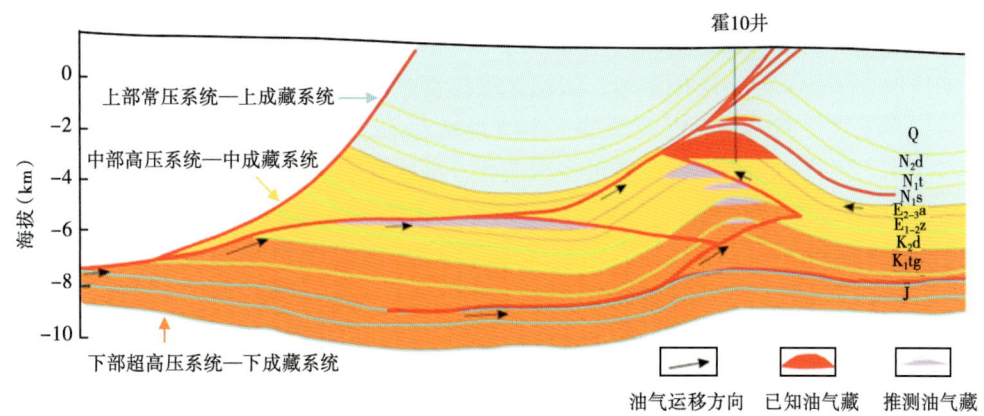

图 6-116 霍尔果斯背斜成藏模式

论据 2：岩性变化快。安集海河组是准噶尔盆地区域性盖层之一，以一套稳定湖相泥岩沉积为主，上段巨厚泥岩夹薄层砂岩组成，上段底部为泥质砂岩。安集海河组中泥岩塑性地层在构造活动中容易产生滑脱面和层间褶皱调节断裂，因此，地表露头可见泥岩塑性地层向上推覆冲至地表。

论据 3：地下应力场。安集海河组不但具有良好的物性封闭能力，而且具有压力和烃浓度封闭能力。从地层测试中看出，安集海河组普遍存在异常高压，压力系数可达 1.5~2.0。

以上三个论据，说明霍尔果斯背斜完全满足各向异性产生的条件。如此复杂的地下构造系统，需要一个合适的理论模型、科学的表现形式、高效的实施手段、有效的质控方式相互配合的综合深偏建模策略。

TTI 各向异性深偏建模技术是本工区深度成像的解决办法。TTI 各向异性模型一方面考虑到并能够正确反映地层产状信息；另一方面，弯曲射线、各向异性叠前深度偏移方法考虑了成像射线的弯曲及速度各向异性，更有利于消除地层倾角、地下构造横向变化、反射点弥散的影响，建立的速度模型更准确、更符合地质变化规律。用来描述 TTI 各向异性速度模型的基本元素有五个：三维纵波垂向传播速度，三维倾角场，三维方位角场，三维各向异性参数 ε 和 δ。图 6-117 是 TTI 速度模型基本参数的倾角场和方位角场的关系示意图，其中倾角定义为地层反射界面法线方向向外与垂直轴（Z 轴）的夹角，介于 $0°~90°$；方位角定义为由正北方向顺时针旋转到地层反射界面法线在 XOY 平面内投影的角度，介于 $0°~360°$。

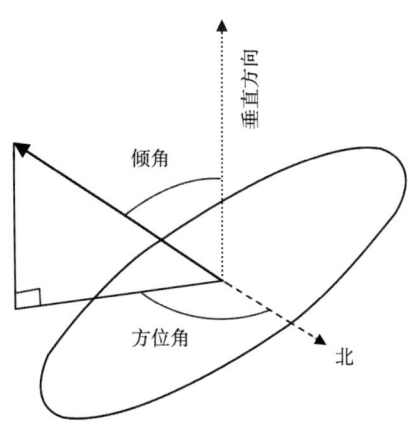

图 6-117 TTI 速度模型中倾角场和方位角场的关系示意图

5) 浅层速度建模

对于建模与成像，建立符合实际复杂地质形态的模型和采用适用该地质模型的算法才可以取得更好的成像效果。首先，由于近地表的复杂性，近偏移距资料上反射波信噪比低，而且越靠近浅层，资料的有效覆盖次数越低，每一个道集内浅层往往只有几道可以进行反射剩余速度的拾取，因此，对于陆地资料，浅层速度模型难以通过反射波层析成像来建立。

面对这个挑战，回转波层析成像是一个值得推荐的方案。它由一个简单的初始模型开始，一步步由大网格，到小网格，经过多次迭代，最终求得一个较精细的浅层速度模型。通常，回转波能够反演的最可靠深度约为初至拾取最大偏移距的1/4~1/5。在拾取初至的阶段，考虑到折射静校正的要求，尽力做到从近偏移距一直到5.5km偏移距的高质量初至拾取。这样，回转波层析反演的有效深度就可以达到1~1.5km。

利用初至时间进行折射层析反演是一个迭代的过程，包括初始速度模型的建立、旅行时的计算，并通过速度模型的更新使得计算的旅行时和实际旅行时的时差最小化。回转波层析流程包括以下几个步骤：（1）在炮点域/共偏移距域拾取初至；（2）建立初始的三维近地表速度模型；（3）正演模拟从炮点到检波点的初至时间；（4）基于正演模拟的旅行时和实际旅行时的时差，求解速度模型扰动的线性系统方程；（5）更新速度模型；（6）重复（2）~（5），直到旅行时差异达到最小。

图6-118给出工区中部过霍10井的初始速度和反演速度模型，图6-119分别给出了过霍10井和霍001井处回转波反演速度与VSP声波测井速度，从图中与已知井的标定情况来

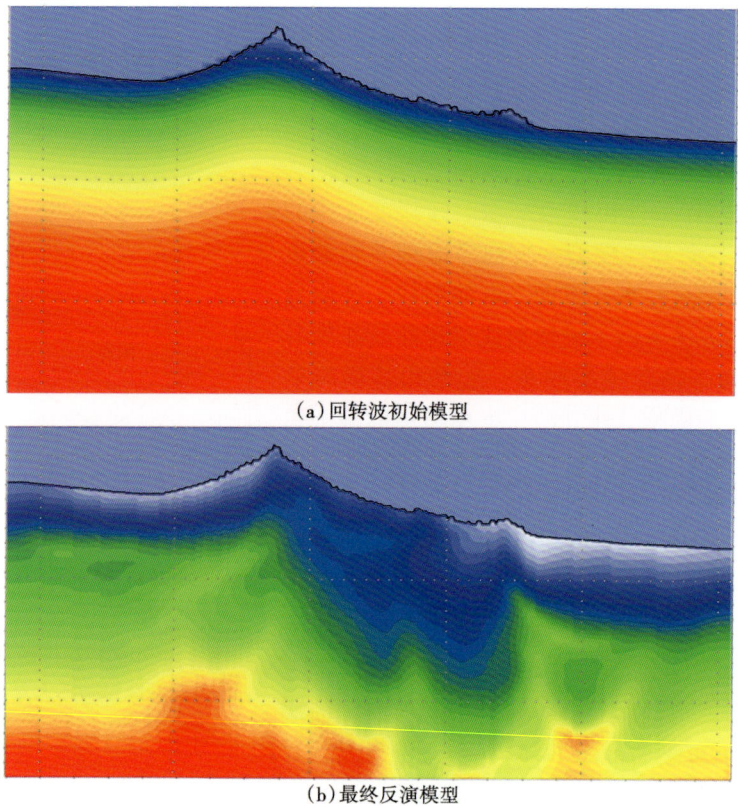

(a) 回转波初始模型

(b) 最终反演模型

图6-118 回转波初始模型及最终反演模型

看,两口井回转波可信深度分别在 1.3km 和 1.5km 处,回转波反演出速度值与理论预测吻合。最后,将回转波迭代结果进行适度平滑,可作为深度偏移的浅层速度模型,为深度偏移速度场建模打下了较好的基础。

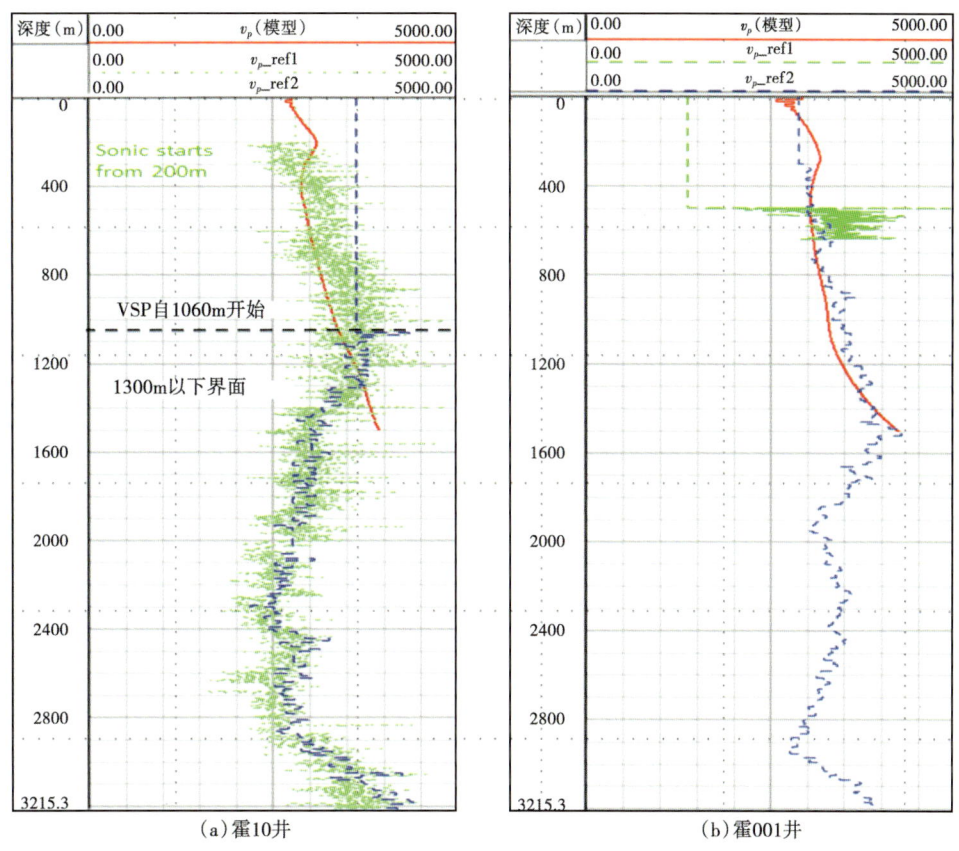

图 6-119 霍 10 井和霍 001 井处回转波反演速度与 VSP 及声波测井的吻合

6) 中深层速度建模

中深层速度建模采用反射层析的方法如图 6-120 所示,基本原理是根据目标线深度偏移后的 CIP 道集拉平情况,对每一层 CIP 道集的同相轴进行拾取,获得 RMO 曲线,通过反射层析反演获得各个方位角的速度场和各向异性参数场,从而产生深度偏移的输入模型。该方法的最大优点是不需要靠拾取层位来确定速度场的走势,适应构造暂不落实无法确定层位的情况,同时相对于传统的一维速度更新方法,它有以下明显的优势:(1) 提供针对全区数据的优化更新方案,而不是局部的迭代更新;(2) 在计算中加入了对倾角的考虑;(3) 无须拾取层位,只需要在速度场突变的区域进行适当划分即可;(4) 可进行井控的速度模型更新和各向异性参数求取。

除了上面提到对三维垂向速度场的更新之外,还可以采用相似的流程计算各向异性参数的更新量。这个更新需要足够可靠的先验信息和经验判断 CIP 道集的 RMO 残留是否来自各向异性分量的贡献。

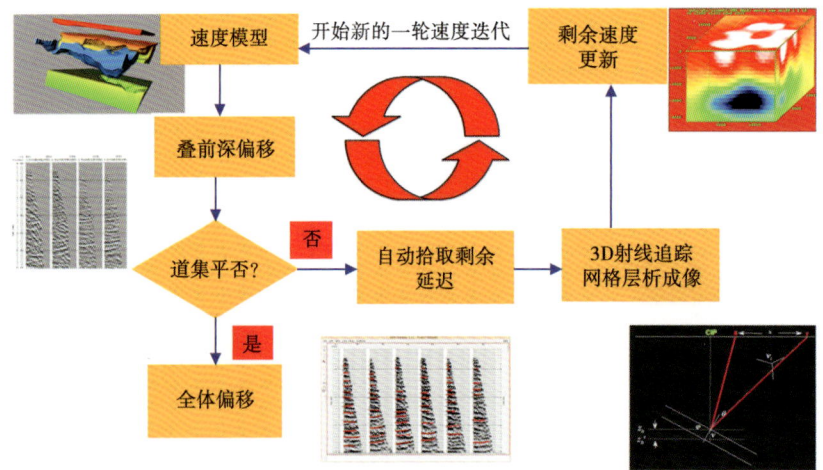

图 6-120　网格层析中深层建模流程

初始各向异性参数 ε 和 δ 场的确定是以工区中已知的 VSP 资料为参考，结合 SeisCal 工具来交互标定各向异性参数（图 6-121），利用 SeisCal 工具，提取各向异性参数需要以下数据：（1）过井位置的目前最佳速度深度偏移后道集；（2）对应位置的深度域层速度场；（3）井场的层速度场；（4）对应标志层的深度。

在霍尔果斯工区深偏建模后期，我们还考虑了地质导向约束反演，一方面可以保证网

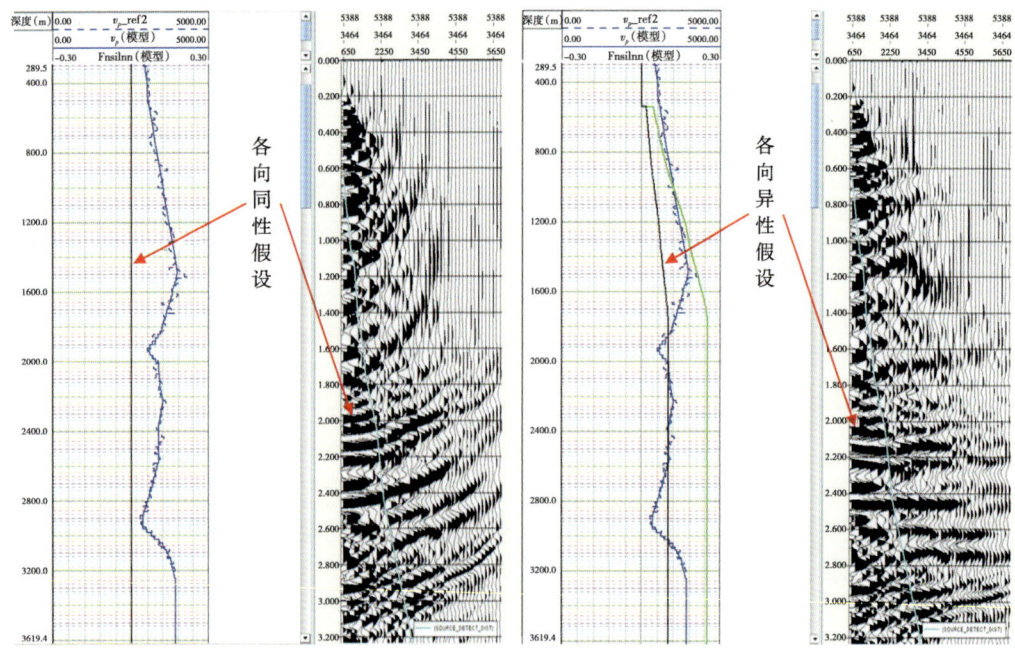

图 6-121　利用 SeisCal 工具来标定各向异性参数（蓝色点线代表 VSP 速度，黑色和绿色折线分别代表两个各向异性参数）

格层析反演出的速度模型与地质层位整合更好,更接近地质构造;另一方面,在迭代次数同等的情况下,还能加快模型收敛速度。

7) 速度建模质控

在深度偏移速度模型逐轮更新过程中,如何有效、合理地质控速度更新量及更新方向是否具有地质意义至关重要。每一轮更新必须对剩余动校正量的拾取实施多维度质量控制,包括一维全局化 RMO 拾取质控、RMO 拾取与道集叠合显示、RMO 拾取与叠加叠合显示、二维 Gamma 剖面、三维 Gamma 体等。所有这些质控方式可以大大促进整个建模过程朝着更高效、更合理的方向进行,降低深偏建模过程的反复。在霍尔果斯工区深偏建模中,我们采用了以下几种质控手段。

(1) RMO 拾取与道集叠合:将拾取的 RMO 与对应道集叠合一起显示,如图 6-122 所示;既可以直观考察拾取参数是否有效,又同时评价了道集内拾取结果是否准确反映真实 RMO 随偏移距变化趋势,特别是远偏移距地震道、地下速度异常在近远偏移距在深度域引起的时移,也可以检查工区内不同区域各拾取总数是否足够多产生期待的 RMO 拾取效果,如图 6-123 所示。

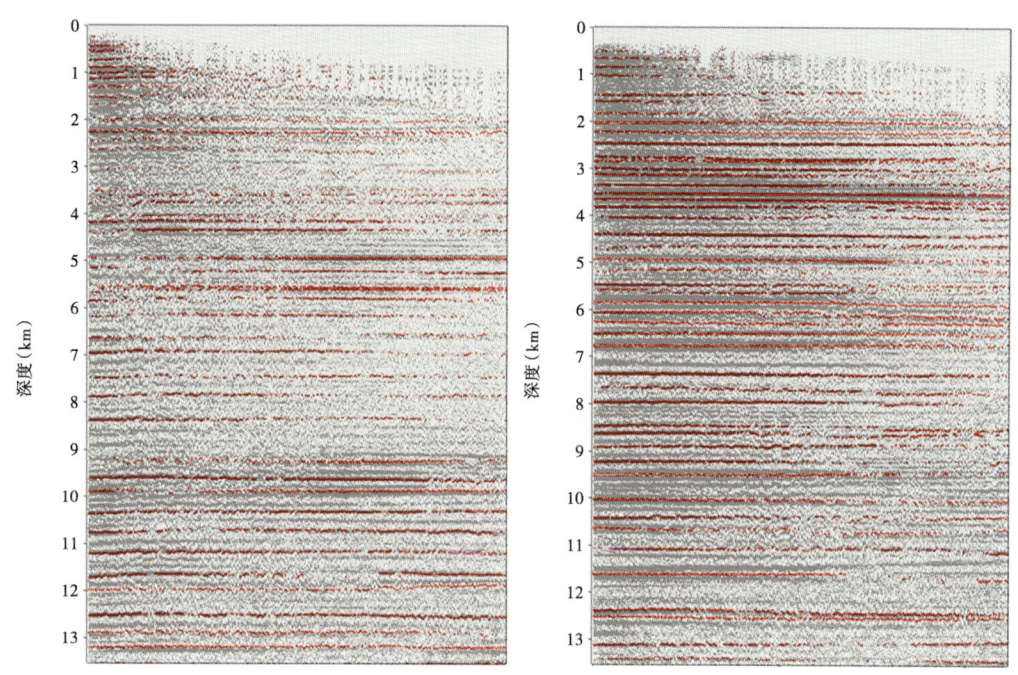

图 6-122 RMO 拾取与道集叠合显示

(2) 一维全局化 RMO 统计:统计全工区等间隔深度范围内 RMO 拾取量,全局上帮助我们定性地统计出每一轮速度更新方向是否正确并收敛。图 6-124 分别给出深偏建模第 1、4、15、20 轮速度更新后,全工区 Gamma 参数统计直方图,纵轴代表深度,每 1km 等间隔统计;横轴代表 Gamma 参数,其值等于 1,说明该深度范围内道集已经被拉平,深偏速度准确,而大于 1,说明速度过快,小于 1 则说明速度过慢。若深偏速度模型足够合理,理想的 Gamma 参数统计直方图会在各个深度范围内都呈现正态分布,且峰值出现在 1 附近。

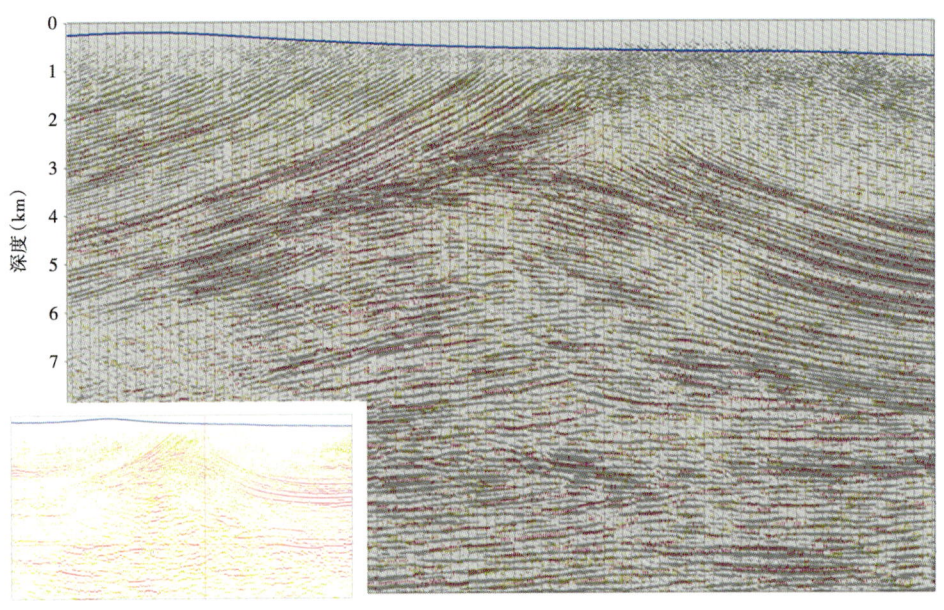

图 6-123　RMO 拾取与叠加叠合显示

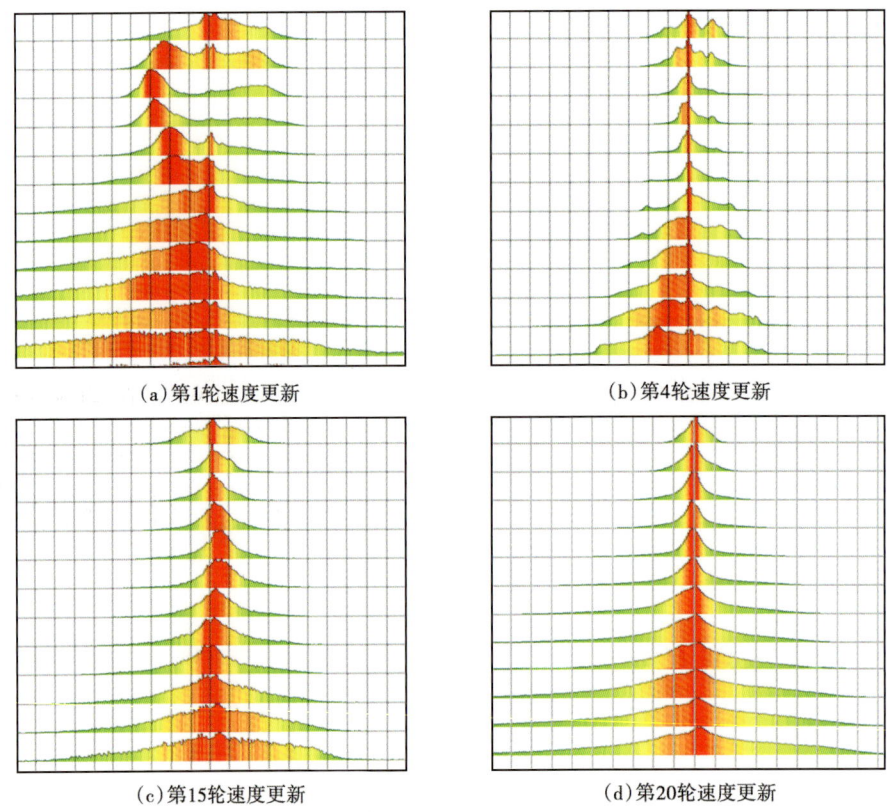

(a) 第1轮速度更新　　(b) 第4轮速度更新

(c) 第15轮速度更新　　(d) 第20轮速度更新

图 6-124　深偏迭代过程（第 1、4、15 和 20 轮），工区 Gamma 参数统计直方图

（3）通过法向速度场 v_0 的地质意义实施监控：图 6-125 至图 6-127 展示了 TTI 模型中法向速度场 v_0 的变化，即沿地层法线方向的速度分量。在 TTI 模型中 TI 的对称轴为地层法线方向，在地层沿层变化稳定的前提下，v_0 基本上满足沿地层均匀分布，它的空间形态一般在中浅部与地下构造大体上保持一致。

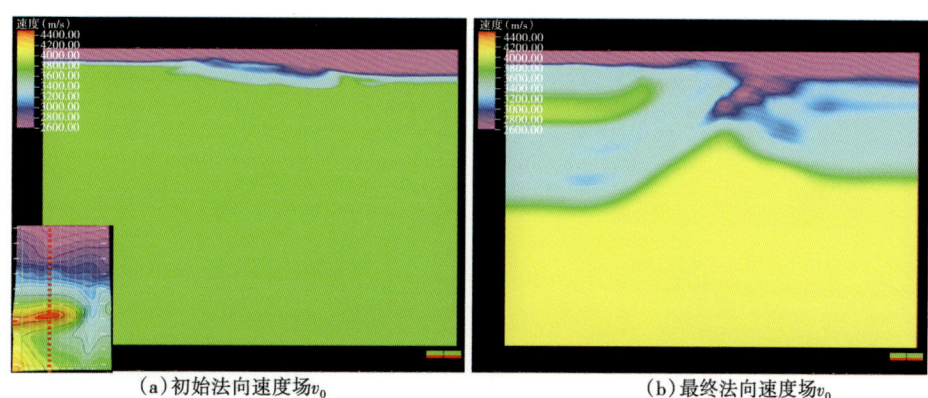

(a) 初始法向速度场 v_0　　　(b) 最终法向速度场 v_0

图 6-125　深偏速度建模

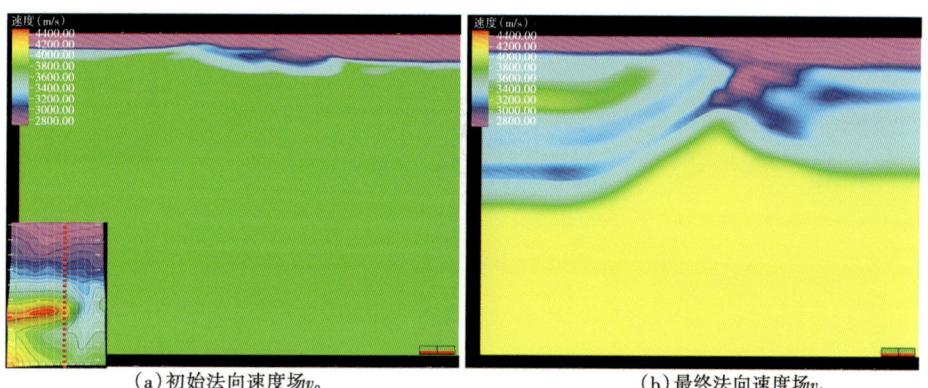

(a) 初始法向速度场 v_0　　　(b) 最终法向速度场 v_0

图 6-126　深偏速度建模

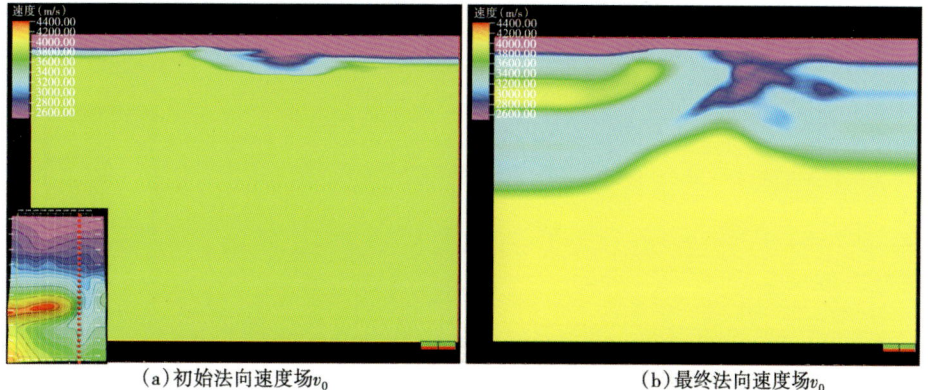

(a) 初始法向速度场 v_0　　　(b) 最终法向速度场 v_0

图 6-127　深偏速度建模

（4）通过井震误差对速度场进行质控：井震标定是作为衡量深偏建模是否合理的重要质控手段之一，通过解释人员提供的五个标志层（N_2d、N_1t、N_1s、$E_{2-3}a$ 和 $E_{1-2}z_1$），在霍10井做了最新叠前深度偏移剖面的井震标定分析，如图6-128、图6-129、图6-130，可见深度误差在10m之内。

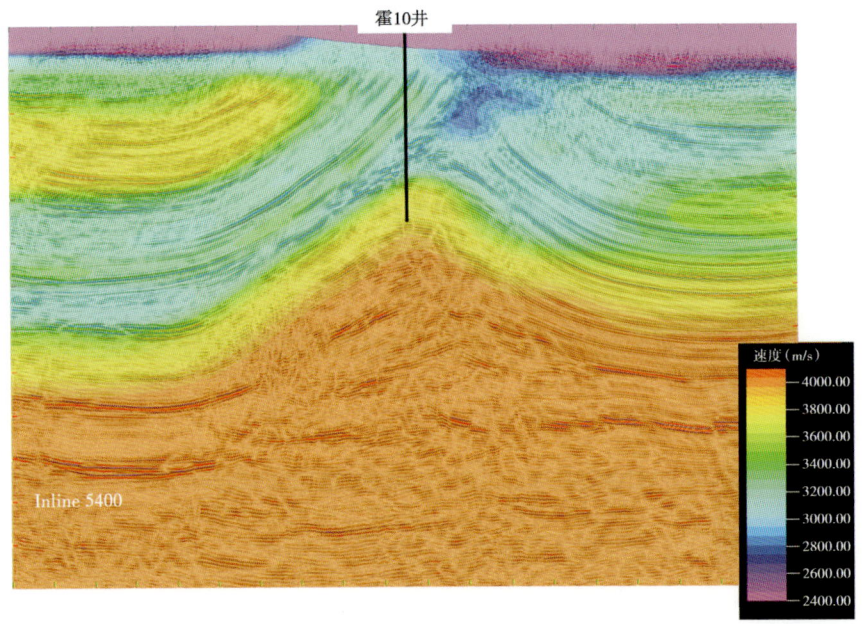

图6-128　最终法向速度与地震剖面叠合显示

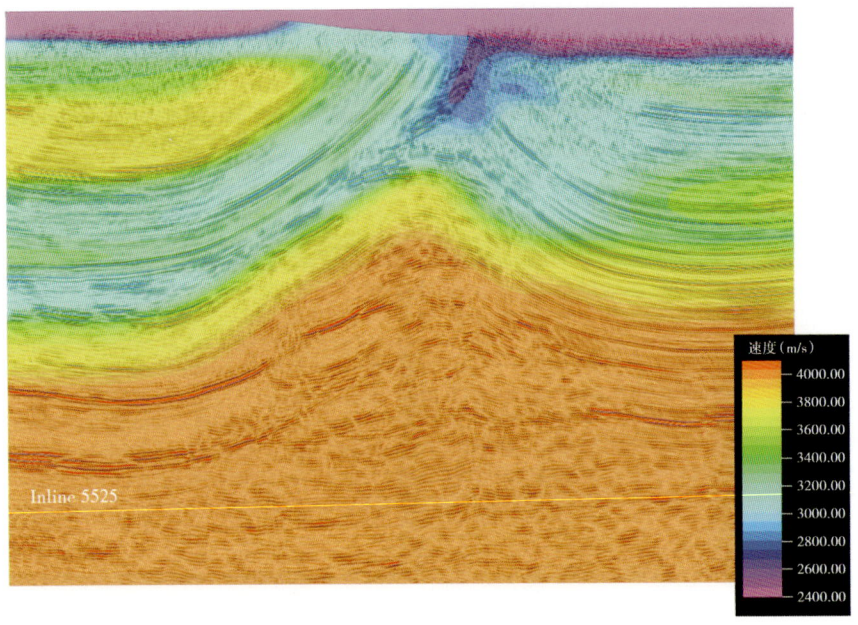

图6-129　最终法向速度与地震剖面叠合显示

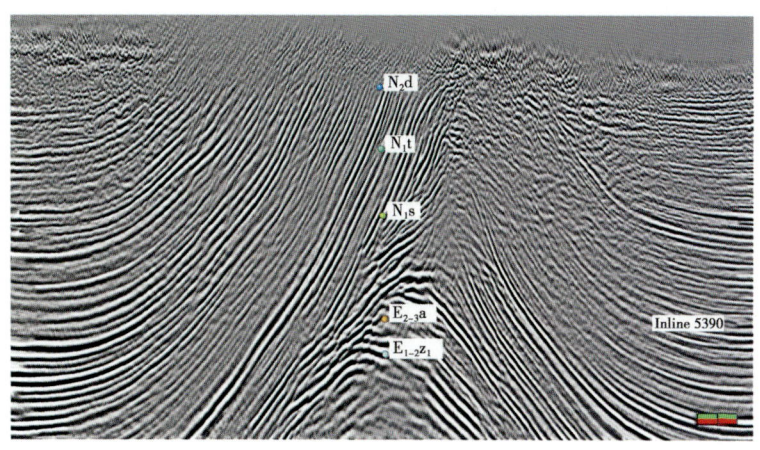

图 6-130 霍 10 井井深标定

类似叠前时间偏移,我们用最终确立的速度模型对 Kirchhoff 叠前深度偏移的关键参数进行了测试,如偏移孔径、倾角等,最终确立如下参数:偏移半孔径 7km;倾角,1km 深度—40°、3km 深度—55°、7km 深度—55°。

四、效果分析

1. 对成果资料的分析与评价

新资料在数据采集、处理、成像过程中,很好地保护了信号的有效频宽。我们分析了 500~4000ms 时窗内叠后时间偏移老剖面和新剖面,图 6-131 中分别给出两者信号谱、噪声

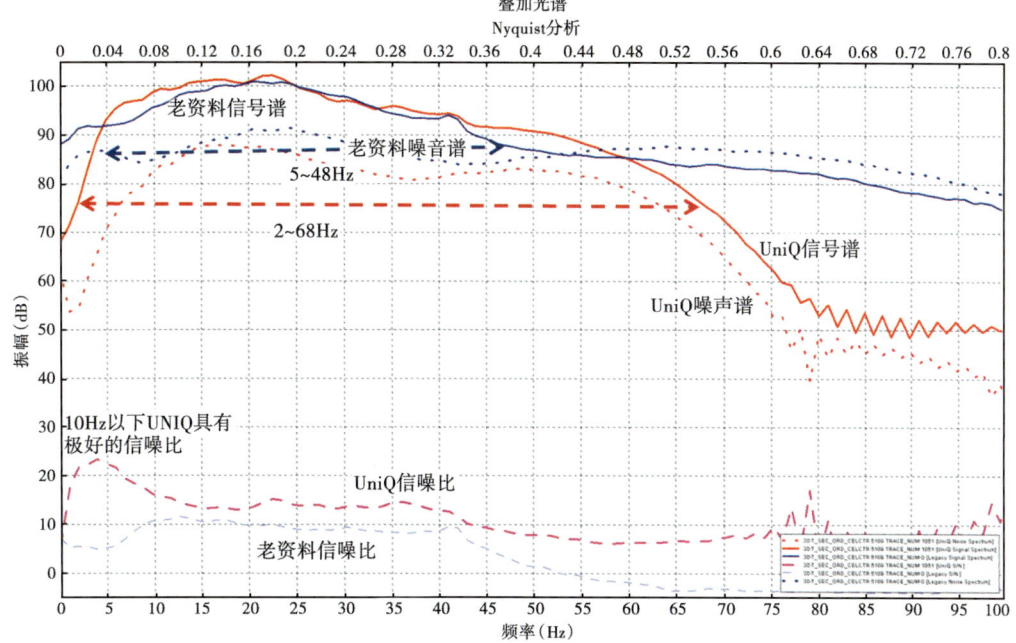

图 6-131 新老资料频谱分析(时窗 500~4000ms)

谱以及信噪比,可以发现,老资料信号频宽在 5~48Hz,新资料的有效频宽为 2~68Hz,显然,新资料拓宽了有效频带,丰富了低频信息,10Hz 之下低频信息成分的信噪比更高(更可靠),如图 6-132 和图 6-133 所示,这样的资料为后期的储层解释工作的顺利开展打下坚实的基础。

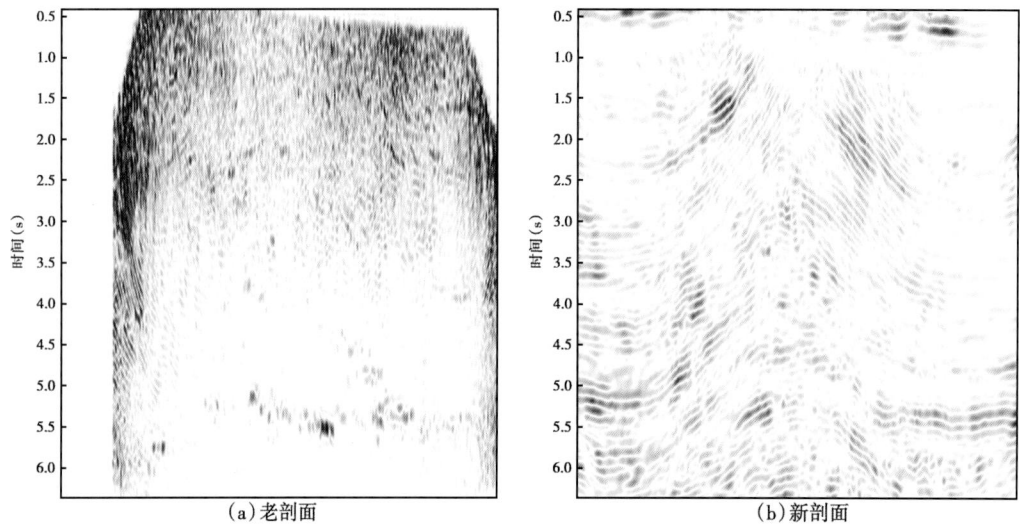

图 6-132 叠后时间偏移剖面 0~4Hz 高切滤波后

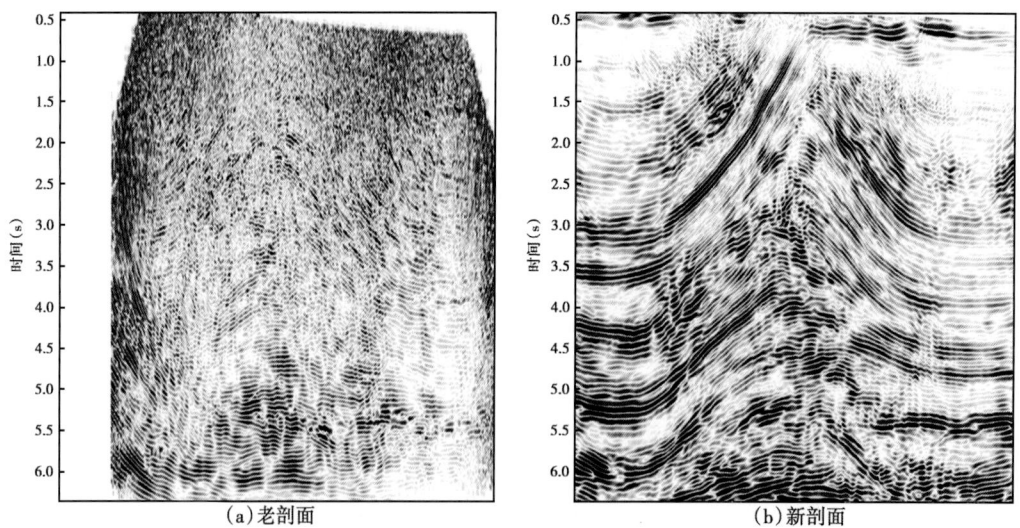

图 6-133 叠后时间偏移剖面 0~8Hz 高切滤波后

图 6-134、图 6-135 分别给出过霍 10 井和霍 101 井叠前深度偏移老剖面和新剖面,可以看出新剖面中,构造形态更加清晰、细节刻画更好、同相轴波组特征保留更好,可降低对目标层断裂系统地质特征解释的不确定性。据可靠的测井资料,霍 10 井钻遇紫泥泉子组的

【第六章】 南缘复杂构造速度建模与偏移成像

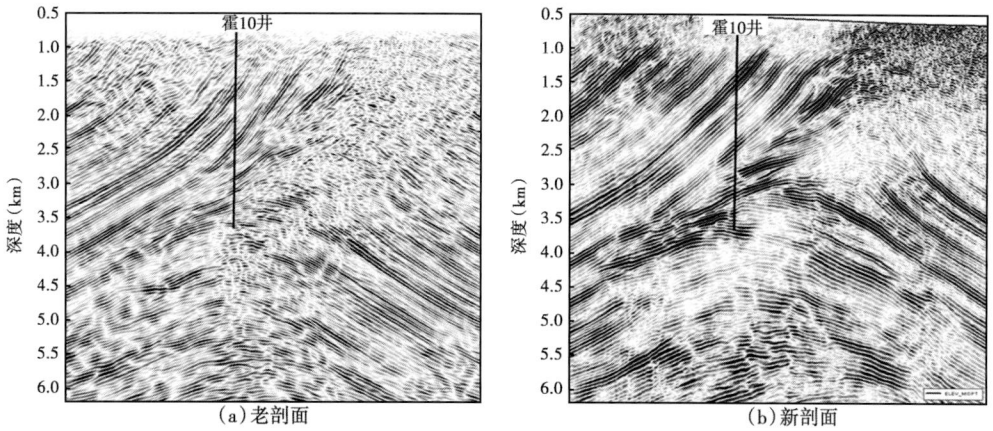

图 6-134　过霍 10 井叠前深度偏移剖面

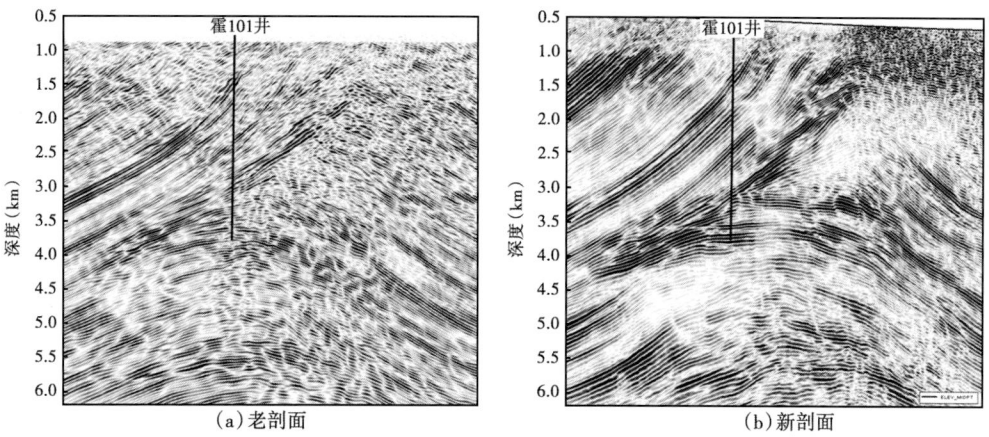

图 6-135　过霍 101 井叠前深度偏移剖面

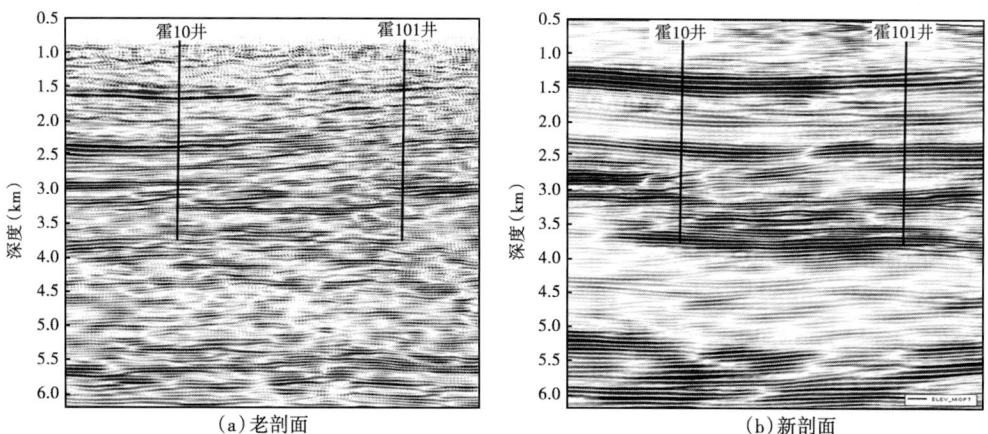

图 6-136　过霍 10 井和霍 101 井叠前深度偏移 XL 剖面

地层倾角很小,新剖面符合这一地质特征。这里给出一条目标线(IL5400)霍尔果斯背斜高密度资料最终叠加、叠后时间偏移、叠前时间偏移以及叠前深度偏移成像结果,以及与老资料同样位置的处理结果对比,可以看出成像品质大幅提高。如图6-137至图6-142所示。

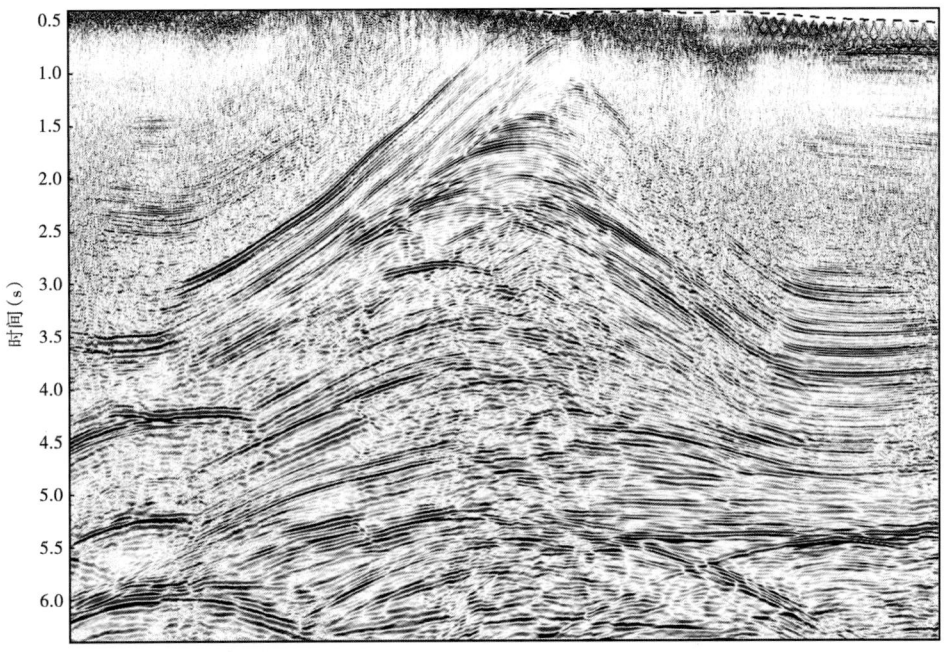

图6-137 霍尔果斯背斜高密度三维叠加剖面

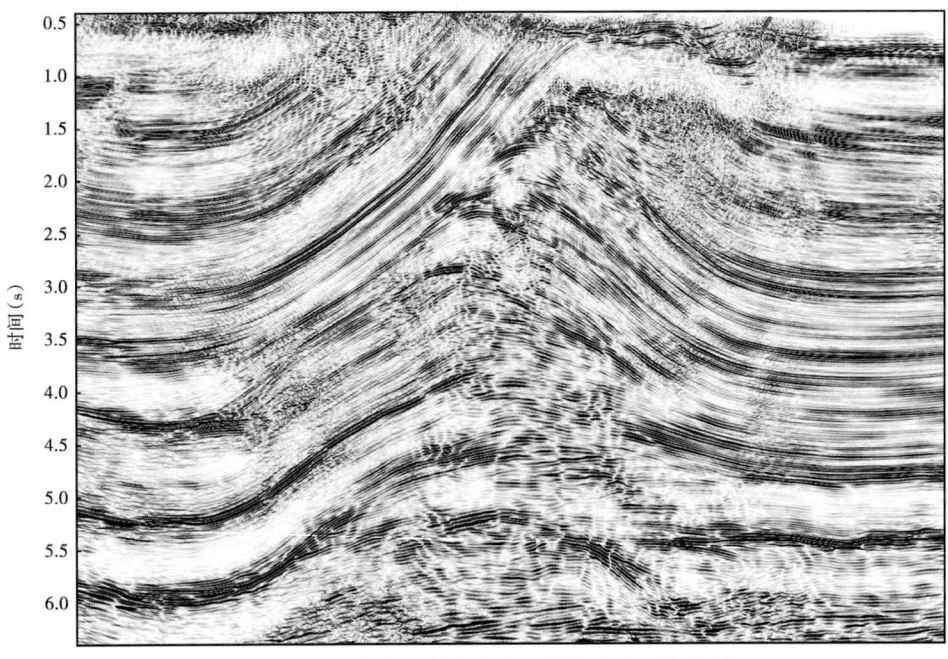

图6-138 霍尔果斯背斜高密度三维叠后时间偏移剖面

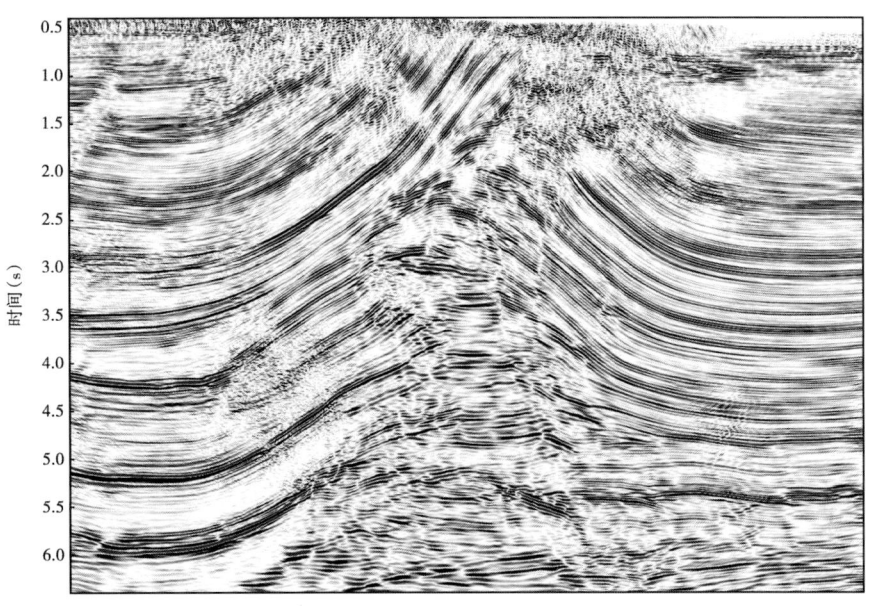

图 6-139　霍尔果斯背斜高密度三维叠前时间偏移剖面

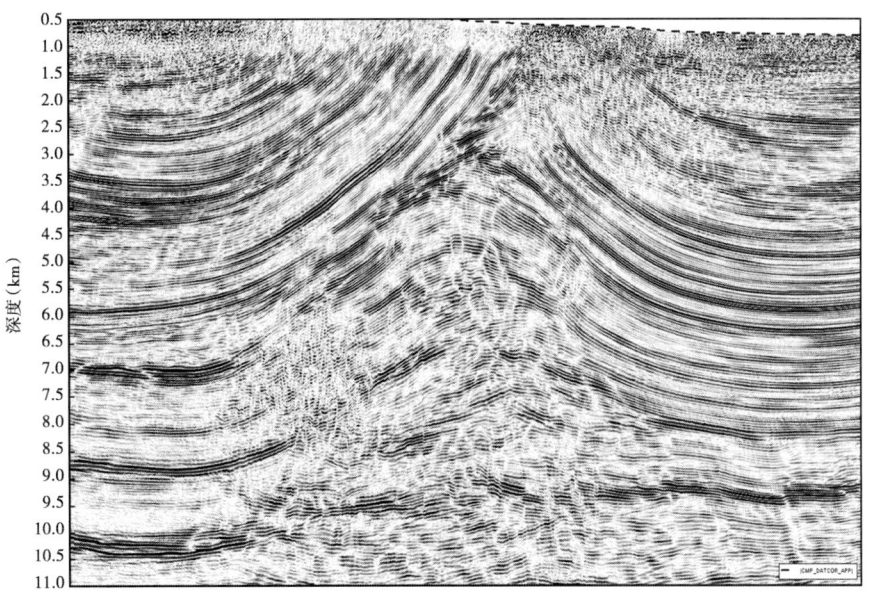

图 6-140　霍尔果斯背斜高密度三维叠前深度偏移剖面

2. 地质效果分析

如前所述。此次处理的主要地质任务是：

（1）落实勘探目的层古近系紫泥泉子组、白垩系东沟组（见图 6-92）；（2）落实霍尔果斯背斜目的层轴部断裂特征及断点准确位置；（3）落实霍 10 井与霍 101 井间目的层层位及构造关系；（4）落实三维区内断裂系统、构造结构与目的层圈闭特征。

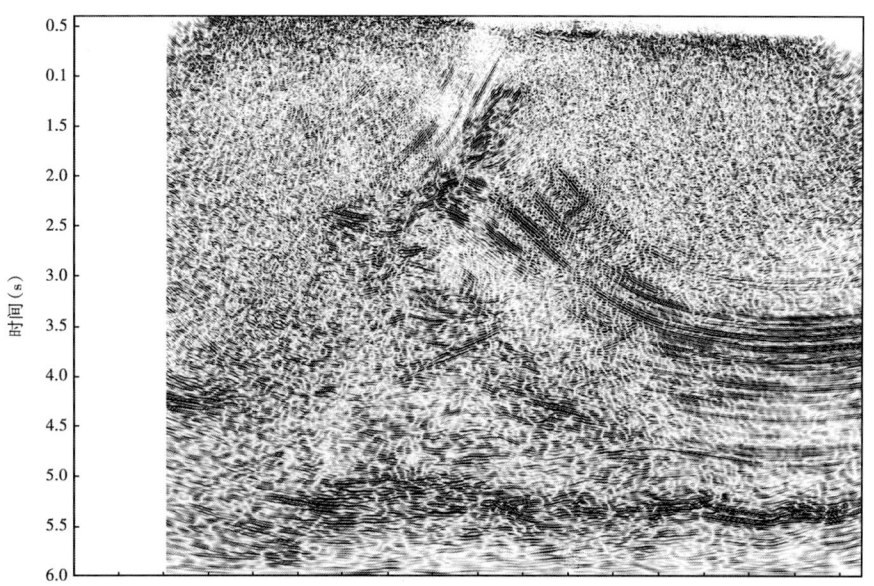

图 6-141 霍尔果斯背斜老三维叠前时间偏移剖面

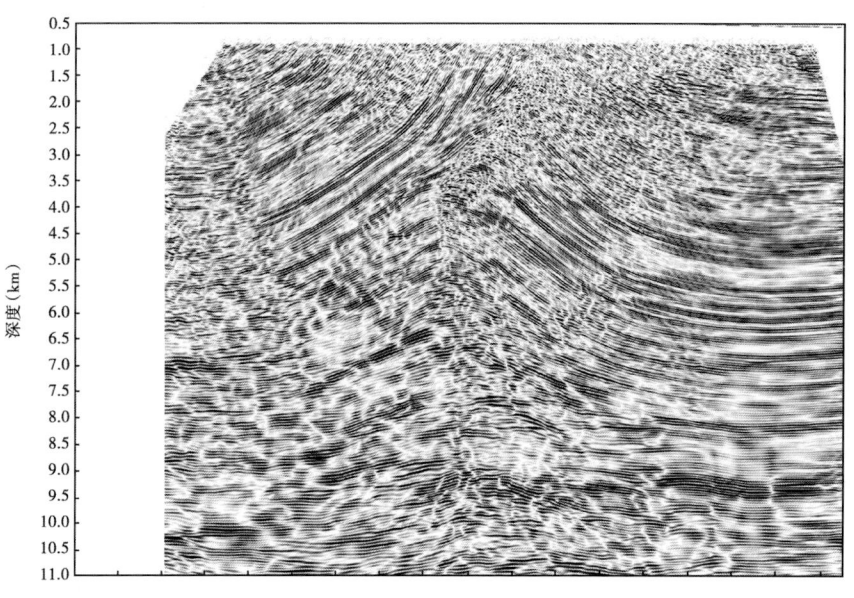

图 6-142 霍尔果斯背斜老三维叠前深度偏移剖面

2013年高密度资料得到的最终深度成像成果表明：(1) 勘探目的层古近系紫泥泉子组、白垩系东沟组的地震反射波组信噪比高，波组特征清楚，偏移归位好，构造特征清楚，断点清楚；(2) 人工合成地震记录标定的结果显示，井下的地质分层层位与区域统层剖面的解释层位一致；(3) 新处理深偏成果显示，在霍10井附近背斜构造的顶部断层发育，构造相对狭窄且不完整，往东 2.5km，即在 L1050 测线附近，虽然构造顶部断层依然发育，但是构造形态逐渐宽缓;(4)根据高密度资料的深度偏移结果并参考叠后、叠前时间偏移结果,部署了新的井位——霍101井,时间切片和连井剖面资料显示,目的层段紫泥泉子组的地震反射资料在霍10井与霍101井之间存在一个低幅度向斜鞍部。霍10井、霍101井在不同的背斜构造圈闭上,无明显断裂显示,如图6-143至图6-149所示。

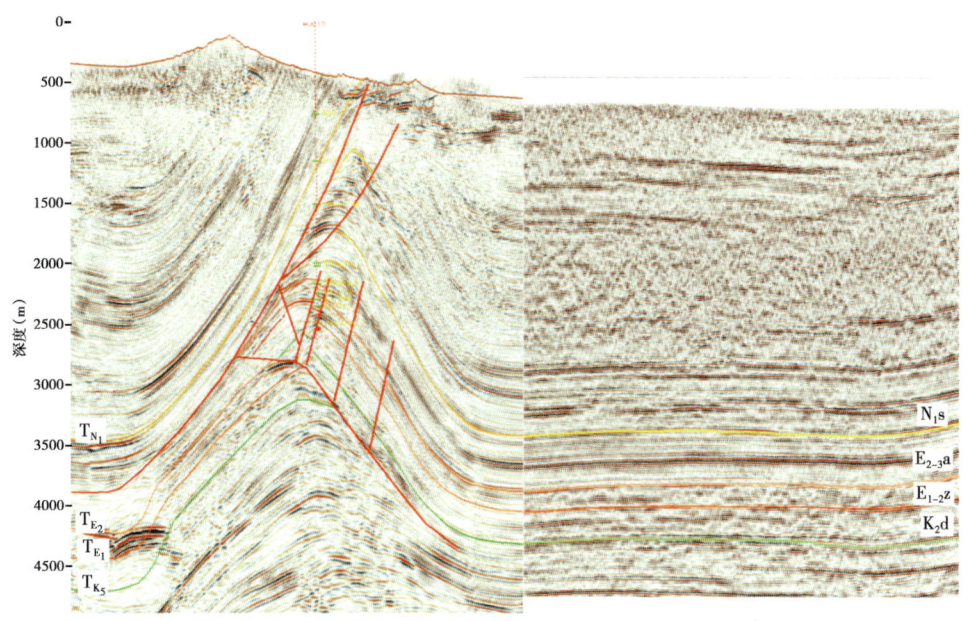

图6-143　高密度最终偏移结果与区域统层剖面的解释层位一致

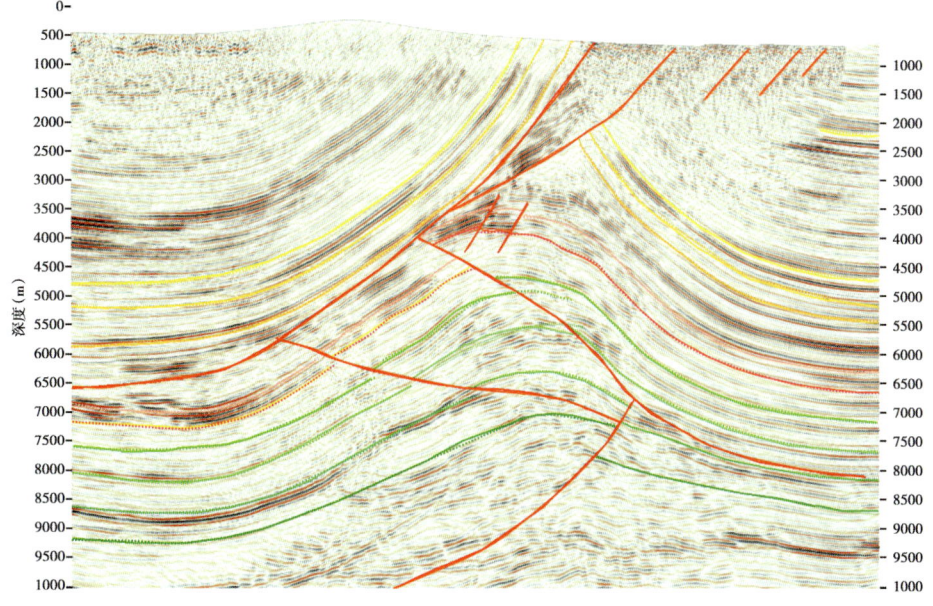

图6-144　L1050测线的构造解释显示高密度叠前深度偏移成像较好,构造形态协调

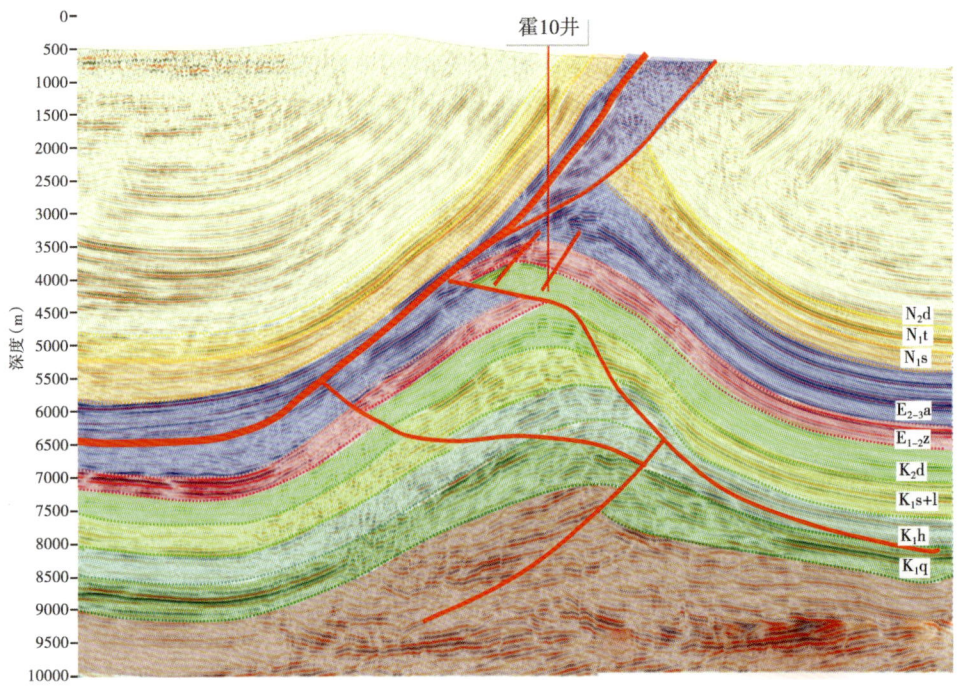

图 6-145　霍 10 井过井剖面解释结果

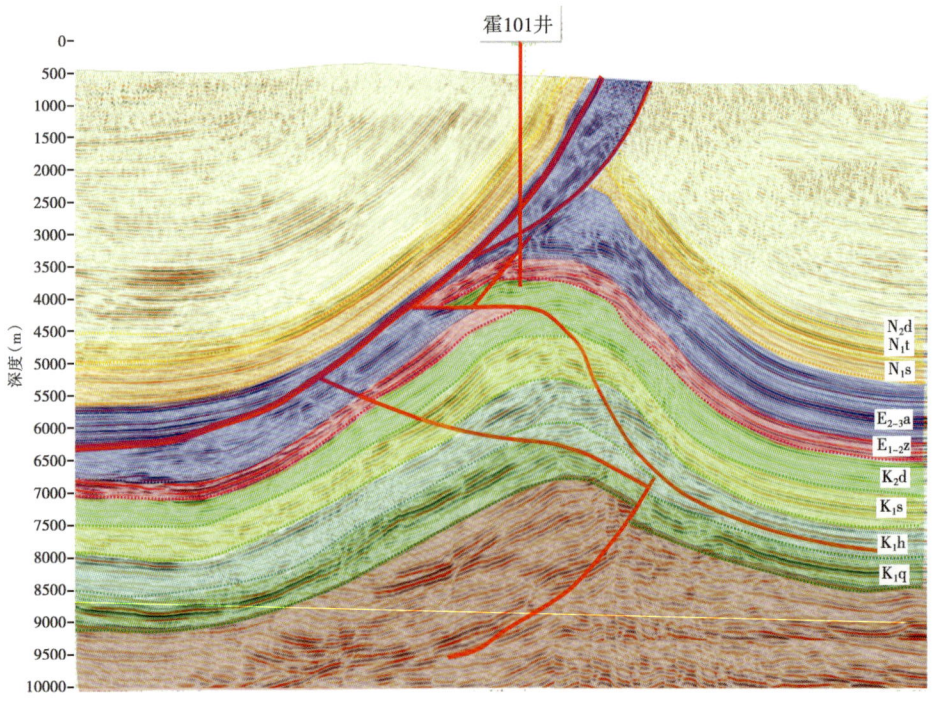

图 6-146　L1050 测线剖面解释结果

【第六章】 南缘复杂构造速度建模与偏移成像

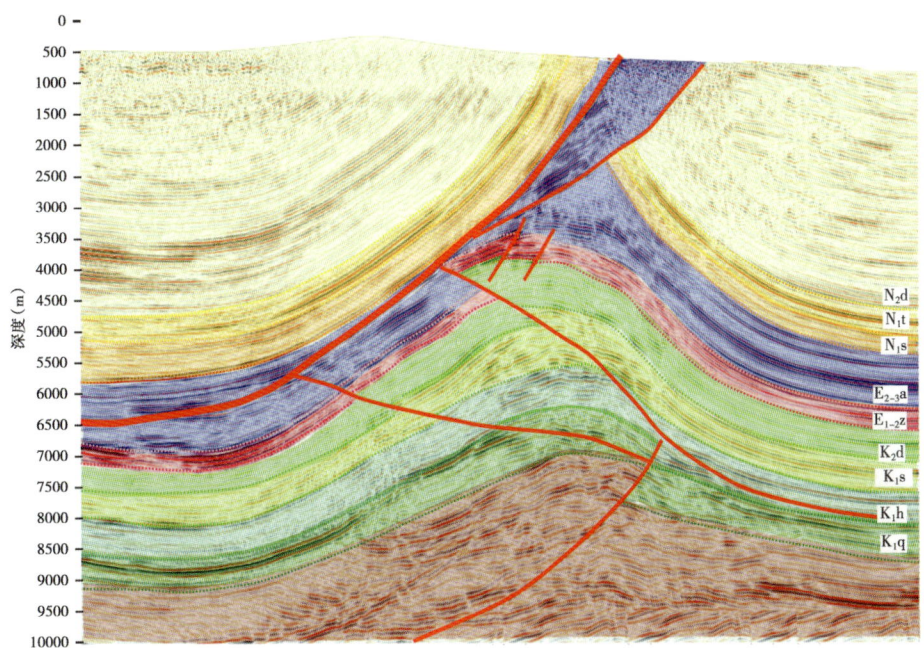

图 6-147　L1350 测线过霍 101 井剖面解释结果

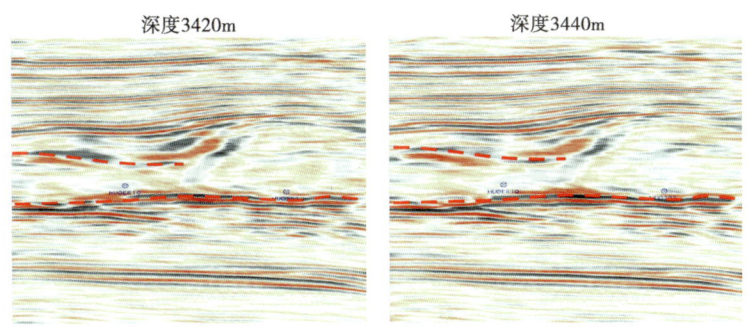

图 6-148　过霍 10 井与霍 101 井的连井剖面

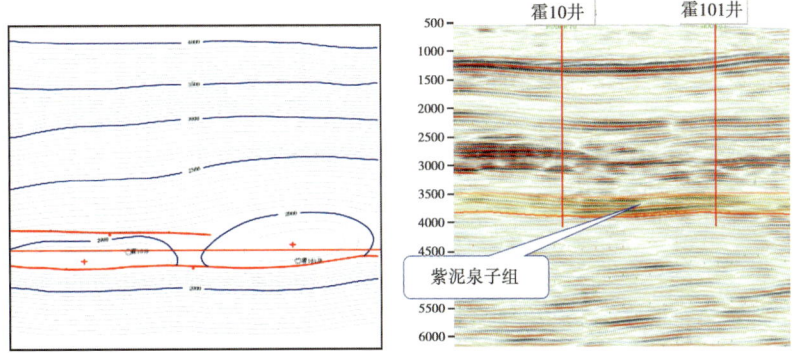

图 6-149　过霍 10 井与霍 101 井的连井剖面

— 345 —

五、小结

1. 结论

（1）霍尔果斯背斜单点激发、单点接收高密度地震采集方法明显促进了资料品质的改进，具体体现在：第一，资料总体信噪比得到很大的改善；特别是低频区信噪比明显提高；第二，资料的有效频带更宽；第三，整体满覆盖区构造成像，特别是侏罗系中深层地层接触关系较老资料，改善尤为明显；第四，目的层紫泥泉子组附近新处理结果比老资料展现了更丰富的细节。

（2）本次处理初步形成了一套适用于准噶尔盆地南缘的高密度资料处理流程和方法，例如创新性高精度迭代式自动初至拾取、NUCNS+曲波变换+径向变换+NUENS压制噪声、OVT域处理、匹配追踪数据规则化、回转波回转波层析反演结合网格层析速度建模、TTI各向异性建模等技术和流程。

（3）最终资料在信噪比、有效频宽和偏移归位三方面相对老三维资料都取得了显著的改进。

（4）此次资料处理的叠后时间偏移、叠前时间偏移及叠前深度偏移成像及解释结果对该区域的霍101井位部署方案都提供了重要的依据。

2. 认识

（1）霍尔果斯背斜叠前深度偏移的结果与时间偏移差异较大，具体体现在以下几个方面：首先，主体构造形态发生了变化：在时间域结果上沿东西方向看，霍10井所在构造幅度都更大，显示霍10井处于构造高点，而在叠前深度偏移的结果上，构造幅度更小，较平缓；另外，沿南北方向看，时间域结果显示目的层北倾，而深度域较平缓，这与霍10井倾角测量结果更加吻合；其次，在构造核部，断面的位置也发生了横向位移，最终深度偏移结果显示霍10井落在了中间的夹块上。

（2）工区东部满覆盖边界及以外区域某些井的井震误差较大；分析认为主要原因可能是资料横向太窄（满覆盖3.5km宽），该部位数据不足，影响建模准确度及偏移孔径；因此，建议对这部分资料的使用应该慎重。

（3）处理中曾经对PSDM结果分OVT详细分析，结果发现：东西方位OVT与南北方位OVT成像差异较大；一个规律是南北方位OVT结果普遍更好；这或许揭示本区地下模型存在明显的方位各向异性；同时也启发今后的三维采集纵横比应该更宽，以促进成像模型能充分适合各个方位；

（4）PSDM建模方法的理论先进性、其实际结果的合理性，都加强了对南缘高陡构造区积极开展TTI建模及采用叠前深度偏移方法的信心；

（5）南缘的地质情况非常复杂，要想资料处理到尽善尽美，局部小尺度构造精确刻画，完全满足地质需求，依然是个漫长的攻关过程，需要不断深化研究。

参 考 文 献

蔡杰雄. 2016. 基于高斯束传播算子反射波偏移与层析成像方法研究与应用. 同济大学.
李振伟. 2014. 地层格架约束下的立体层析反演方法研究. 同济大学硕士论文.

倪瑶, 杨锴, 陈宝书. 2013. 立体层析成像方法理论分析与应用测试. 石油物探, 52 (2): 430-436.

倪瑶. 2013. 基于局部波场属性的有限频立体层析反演方法研究. 同济大学.

Billette F, Lambare G. 1998. Velocity macro-model estimation by Stereotomography, Geophys. J. Int., 135 (2), 671-680.

Bleistein et al. 1987. On the imaging of reflectors in the earth. Geophysics, 52: 931-942.

Dellinger. 2000. Efficient 2.5D true-amplitude migration. Geophysics, 65 (3): 943-950.

Deregowski S M. 1990, Common-offset migrations and velocity analysis, First Break, 8, 6.

Gao F, Zhang P, Wang B, Dirks V. 2006. Fast beam migration-a step toward interactive imaging. 76th SEG Annual International Meeting Expanded Abstracts: 2470-2473.

Hale D. 1992. Migration by the Kirchhoff Slant Stack and Gaussian beam Methods. Center for Wave Phenomena Research Report, CWP-126.

Hill N R. 1990. Gaussian beam migration. Geophysics, 55: 1416-1428.

Hubral P, Schlecher J, Tygel M. 1996. A unified approach to 3D seismic reflection imaging, part I: Basic concepts. Geophysics, 61: 742-758.

Landa E, Gurevich B, Keydar S, Trachtman P. 1999. Application of multifocusing method for subsurface imaging. J Appl Geophys, 42: 283-300.

Liu Faqi, Zhang Guanquan, Morton S A. 2008. An anti-dispersion wave equation for modeling and RTM. SEG Expanded Abstracts, 2008: 2277-2281.

Liu J, Palacharla G. 2011. Multiarrival Kirchhoff beam Migration. Geophysics, 27 (1): 109-118.

Soubaras and Zhang. 2008. Two-step explicit marching method for RTM. SEG Expanded Abstracts: 2272-2276.

Sun Y. 2000. 3-D prestack Kirchhoff beam migration for depth imaging. Geophysics. 65: 1592-1603.

Symes. 2008. Migration velocity analysis and waveform inversion. Geophysical Prospecting, 56 (6): 65-790.

Tygel M, Schleicher J, Hubral P. 1996. A unified approach to 3D seismic reflection imaging, part II: Theory. Geophysics, 61: 759-775.

Vogel. 2002. Computational Methods for Inverse Problems. Society for Industrial and Applied Mathematics. W Li, K Yang, K Xiong, Y Ni, Y X Wang. 2015. Towards an edge-preserving stereotomography with a practical model regularization technique. EAGE 77th Annual meeting.

Xu et al. 2001. Common-angle migration: A strategy for imaging complex media. Geopysics, 66, (6): 1877-1894.

Yu Zhang, Sheng Xu, Bing Tang, Bing Bai, Yan Huang, Tony Huang. 2010. Angle gathers from reverse time migration. Leading Edge, 29 (11): 1364-1371.

Zhang Y, Gray S, Young J. 2000. Exact and approximat e weights for Kirchhoff migration. 70th Ann. Mtg., SEG Expanded Abstracts: 1036-1039.